精细有机合成化学及工艺学

（第 二 版）

唐培堃　主编

天津大学出版社

内 容 提 要

精细化工包括医药、兽药、农药、染料、有机颜料、香料、助剂、添加剂等约 40 个行业,其中绝大部分行业都与精细有机合成有关。

本教材第一版曾获化工部优秀教材一等奖。第二版仍保持原来的体系,共分 16 章。作者在阐明理论基础和技术基础之后,介绍了主要单元反应的历程、影响因素和实际应用,并论述了具体产品的多种合成路线与单元反应之间的关系。

本书可作普通高校、职工大学、电视大学精细化工等专业的教材,也可作有机合成专业的选修或必修教材及从事精细化工、有机合成工作的科技人员的参考书。

图书在版编目(CIP)数据

精细有机合成化学及工艺学/唐培堃主编.—天津:天津大学出版社,1993.11 (2021.7重印)

ISBN 978-7-5618-0517-6

Ⅰ.精…　Ⅱ.唐…　Ⅲ.精细化工－有机合成－高等学校－教材　Ⅳ.TQ2

中国版本图书馆 CIP 数据核字(2000)第 69646 号

出　　版	天津大学出版社	
地　　址	天津市卫津路 92 号天津大学内(邮编:300072)	
电　　话	发行部:022-27403647	
网　　址	www.tjupress.com.cn	
印　　刷	天津泰宇印务有限公司	
经　　销	新华书店天津发行所	
开　　本	185mm×260mm	
印　　张	23.5	
字　　数	590 千	
版　　次	1993 年 11 月第 1 版　2002 年 9 月第 2 版	
印　　次	2021 年 7 月第 18 次	
印　　数	70 001－72 000	
定　　价	39.00 元	

第一版前言

根据全国高等学校工科专业调整方案,将原来的"基本有机合成专业"和"石油化工专业"调整为"有机合成专业",将原来的"中间体及染料专业"调整为"精细化工专业"。两个专业的覆盖面都扩宽。"有机合成专业"以基本有机合成为主,兼顾精细有机合成。"精细化工专业"以精细有机合成为主,兼顾精细无机合成。各学校可根据地区特点,对两个专业的教学内容有所侧重。

1984年唐培堃主编的《中间体化学及工艺学》一书,原为"中间体及染料专业"的必修教材。该书只涉及芳香族中间体,现已不能适应上述两个专业的需要。为此,我们在《中间体化学及工艺学》一书的基础上,对单元反应的划分做了重新安排。对各单元反应增加了脂肪族的内容,着重讨论各单元反应的历程、主要影响因素以及实际应用,对各具体产品的多种合成路线与单元反应之间的关系也给予了适当的重视;另外,还增加了第3章"精细有机合成的技术基础",集中介绍了化学计量学、化学反应器、有机反应的溶剂效应、气固相接触催化、相转移催化、均相络合催化、光有机合成、电解有机合成等的基本知识。

本教材共分16章,其中第1、3、9、10、11、12、13、14、15章由唐培堃编写,第2、8章由穆振义编写,第4、5章由陈昌藻编写,第6章由邢文康编写,第7、16章由王多禄编写。全书由唐培堃主编。此外,在编写过程中还得到沈阳化工研究院王震、高榕两位高级工程师的帮助和指正,特此致谢。

由于水平有限,时间仓促,书中难免有不足甚至谬误之处,诚恳希望读者给予批评指正,以便今后修改增补。

唐培堃

第二版前言

本教材第一版自 1993 年出版以来,在高等学校精细化工等专业教学中得到广泛应用,荣获化工部优秀教材一等奖。这次修订,在继续保持原教材选材适当、系统性好、文字通俗易懂等特点基础上,对有些内容做了少量增、删和修改,全书体系未作变动。参加修订工作的仍是第一版教材的作者。

限于我们的水平,书中存在缺点和错误之处,敬请读者批评指正。

编者

2002.4 于天津大学

目　　录

第1章 绪 论

1.1 精细化工的范畴

生产精细化学品的工业,通称精细化学工业,简称精细化工。所谓精细化学品,一般指的是批量小、纯度或质量要求高,而且利润高的化学品。最早的精细化工行业,例如染料、医药、肥皂、油漆、农药等行业,在 19 世纪前就已出现。关于精细化学品的分类,每个国家根据自身生产和管理体制的不同而略有不同。中国原化学工业部 1986 年 3 月 6 日颁布了《关于精细化工产品的分类的暂行规定和有关事项的通知》规定,中国精细化工产品包括 11 个产品类别:它们是①农药,②染料,③涂料(包括油漆和油墨),④颜料,⑤试剂和高纯物,⑥信息用化学品(包括感光材料、磁性材料等能接受电磁波的化学品),⑦食品和饲料添加剂,⑧粘合剂,⑨催化剂和各种助剂,⑩(化工系统生产的)化学药品(原料药)和日用化学品,⑪(高分子聚合物中的)功能高分子材料(包括功能膜、偏光材料等)。每一门类又可以分为许多小类,例如在催化剂和各种助剂门类中又分为催化剂、印染助剂、塑料助剂、橡胶助剂、水处理剂、纤维抽丝用油剂、有机提取剂、高分子聚合物添加剂、机械和冶金用助剂、油品添加剂、炭黑(橡胶制品补强剂)、吸附剂、电子工业专用化学品、纸张用添加剂、其他助剂等 20 个小类。再如印染助剂又可细分为扩散剂、固色剂、匀染剂、涂料印花助剂、树脂整理剂、柔软剂、抗静电剂、防水剂、防火阻燃剂等。

中国的分类暂行规定中,不包括国家医药管理局管理的药品,中国轻工业总会所属的日用化学品和其他有关部门生产的精细化学品,还有待进一步补充和完善。

随着科学技术的不断发展,一些新兴的精细化工行业正在不断出现。例如,到 1981 年列入日本《精细化工年鉴》的精细化工行业共有 34 个,即医药、兽药、农药、染料、涂料、有机颜料、油墨、催化剂、试剂、香料、粘合剂、表面活性剂、化妆品、感光材料、橡胶助剂、增塑剂、稳定剂、塑料添加剂、石油添加剂、饲料添加剂、食品添加剂、高分子凝聚剂、工业杀菌防霉剂、芳香防臭剂、纸浆及纸化学品、汽车化学品、脂肪酸及其衍生物、稀土金属化合物、电子材料、精密陶瓷、功能树脂、生命体化学品和化学促进生命物质等。由此可见,精细化工的范畴相当广泛。

1.2 精细化工的特点

精细化学品在量和质上的基本特点是小批量、多品种、特定功能和专用性质。精细化学品的全生产过程,除了化学合成(包括前处理和后处理)以外,还涉及剂型(制剂)和商品化(标准化)两部分。这就导致精细化工必然要具备以下特点。

(1)高技术密集度,因为精细化工涉及到各种化学的、物理的、生理的、技术的、经济的等多方面的要求和考虑。

(2)多品种,例如,根据《染料索引》(Colour Index)1976 年第三版的统计,共包括不同化学结构的染料品种 5 332 个,其中已公布化学结构的 1 536 个。主要国家经常生产的染料品在

2 000个以上。

(3)综合生产流程和多用途、多功能生产设备,由于精细化工品种多、批量小,并经常更换和更新品种,为了取得高经济效益,目前许多工厂已采用上述措施。

(4)商品性强,市场竞争激烈。

(5)新品种开发成功率低、时间长、费用高。

(6)技术垄断性强、销售利润高、附加价值高。

1.3　精细化工在国民经济中的作用

精细化工是国民经济中不可缺少的一个组成部分,其作用主要有以下几方面。

(1)直接用作最终产品或它的主要成分,例如,医药、兽药、农药、染料、颜料、香料、味精、糖精等。

(2)增加或赋予各种材料以特性,例如,塑料工业所用的增塑剂、稳定剂等各种助剂,彩色照像所用的成色剂、显影剂和增感剂等。

(3)增进和保障农、林、牧、渔业的丰产丰收,例如,选种、浸种、育秧、病虫害防治、土壤化学、改良水质、果品早熟、保鲜等都需要借助精细化学品的作用来完成。

(4)丰富人民生活,例如,保障和促进人类健康、提供优生优育条件、保护环境清洁卫生以及为人民生活提供丰富多彩的衣食住行等享受性用品,都需要添加精细化学品来发挥其特定功能。

(5)促进技术进步,例如,电子液晶显示器所用的液晶染料、电传纸所用的热敏材料、功能树脂、人造器官、化学促进物质等对于科学技术的进一步发展都起了重要作用。

(6)高经济效益,这已影响到一些国家的技术经济政策,把精细化工视为生财和聚财之道,不断提高化学工业内部结构中精细化工所占的比重。

1.4　本书的讨论范围

有机化工产品按其所起作用和相互关系,大体上可分为三大类:基本有机原料、有机中间体和有机产品。

基本有机原料,是指从石油、天然气或煤等天然资源经过一次或次数较少的化学加工而制得的结构比较简单的有机物。例如,脂肪族的乙烯、丙烯、乙炔、一氧化碳,芳香族的苯、甲苯、二甲苯、萘和蒽等十余种。

中间体,是指将基本原料经进一步化学加工而制得的结构比较复杂但还不具有特定用途的有机物。例如,脂肪族的甲醇、乙醇、乙酸、乙醛、丙酮、丙烯腈、环氧乙烷、氯乙烷、氯乙酸、甲胺、二甲胺等,芳香族的异丙苯、苯酚、氯苯、硝基苯、苯胺、2-萘酚、蒽醌等。

有机化工产品,是指将有机中间体再经过化学加工而制得的有特定用途的有机物。例如,医药、农药、染料、合成纤维、塑料、合成橡胶以及其他各种精细化学品等。它们都是与广大消费者或使用部门直接见面的有机化工产品。

应该指出,上述分类并不是绝对的,例如乙醛和异丙苯既可以列为中间体,也可以列为有机原料;而三氯乙醛和水杨酸主要用作中间体,但有时也用作有机产品(医药)。在有机化工产品中,产量最大的是三大合成材料,即合成纤维、塑料和合成橡胶,而品种最多的则是精细化学品。

前面已经提到,精细化学品的行业很多,其中许多行业已经建立了专门的学科,并且各有许多专著。本书限于篇幅,主要讨论用于制备精细化学品,特别是它的中间体所涉及的主要单元反应及其理论基础和工艺学基础。

中间体的范围相当广泛,品种非常多。有些中间体可用于多种类型化工产品的制备。这些通用中间体的化学结构一般都比较简单,例如,脂肪族的甲醇、乙醇、乙酸,芳香族的氯苯、苯酚、邻苯二甲酸酐等。它们虽然品种不多,但生产量都非常大,常常在综合性大型化工厂生产,并且有些已属于基本有机合成的范畴。大多数中间体专用于个别几个精细化学品的制备。专用中间体的化学结构比较复杂,产量比较小,它们常常和最终的精细化学品配套生产。

1.5　精细有机合成的单元反应

精细化学品及其中间体虽然品种繁多,但是从分子结构来看,它们大多数是在脂链、脂环、芳环或杂环上含有一个或几个取代基的衍生物。其中最主要的取代基有:

(1)—Cl、—Br、—I、—F 等;

(2)—SO$_3$H、—SO$_2$Cl、—SO$_2$NH$_2$、—SO$_2$NHR 等(R 表示烷基或芳基);

(3)—NO$_2$、—NO;

(4)—NH$_2$、—NHAlk、—NH(Alk)Alk′、—NHAr、—NHAc、—NH$_2$OH 等(Alk 表示烷基、Ar 表示芳基、Ac 表示酰基);

(5)—N$_2^+$Cl$^-$、—N$_2^+$HSO$_4^-$、—N=NAr、—NHNH$_2$ 等;

(6)—OH、—OAlk、—OAr、—OAc 等;

(7)—Alk,例如—CH$_3$、—C$_2$H$_5$、—CH(CH$_3$)$_2$ 等;

(8)　
$$\overset{O}{\overset{\|}{-C}}-H、\quad \overset{O}{\overset{\|}{-C}}-Alk、\quad \overset{O}{\overset{\|}{-C}}-Ar、\quad \overset{O}{\overset{\|}{-C}}-OH、\quad \overset{O}{\overset{\|}{-C}}-OAlk、\quad \overset{O}{\overset{\|}{-C}}-OAr、$$
$$\overset{O}{\overset{\|}{-C}}-Cl、\quad \overset{O}{\overset{\|}{-C}}-NH_2、\quad -CN 等。$$

为了在有机分子中引入或形成上述取代基,以及为了形成杂环和新的碳环,所采用的化学反应叫做单元反应或单元作业。最重要的单元反应有:①卤化;②磺化和硫酸化;③硝化和亚硝化;④还原和加氢;⑤重氮化和重氮基的转化;⑥氨解和胺化;⑦烃化;⑧酰化;⑨氧化;⑩水解;⑪缩合;⑫环合;⑬聚合。由此可见,精细化学品及其中间体虽然品种非常多,但是其合成过程所涉及的单元反应只有十几种。考虑到同一单元反应具有许多共同的特点,因此按单元反应来分章讨论,有利于掌握精细有机合成所涉及的单元反应的一般规律。应该指出,关于单元反应的分类和名称在各种书刊中并不完全相同。本书将按照上述分类进行讨论。

上述单元反应可以归纳为三种类型:第一类是有机分子中碳原子上的氢被各种取代基所

取代的反应,例如卤化、磺化、硝化和亚硝化、C-酰化、C-烃化等;第二类是碳原子上的取代基转变为另一种取代基的反应,例如硝基的还原为氨基等;第三类是在有机分子中形成杂环或新的碳环的反应,即环合反应。

上述三类反应之间有密切的联系。第一类反应常常为后两类反应准备条件,进行第二类反应时所形成的取代基的位置常常就是上一步进行第一类反应所引入的取代基的位置。而第三类反应也需要由碳原子上的取代基来提供 C、N、O、S 等原子来形成杂环或新的碳环。

同一个精细化学品或中间体,有时可以用几个不同的合成路线或者用几个不同的单元反应来制备。例如苯酚的合成路线很多,其中在工业生产上曾经采用过的合成路线至少有以下五个,它们各有优缺点(见 12.2.5.1、12.2.9、13.4.2.3 等)。

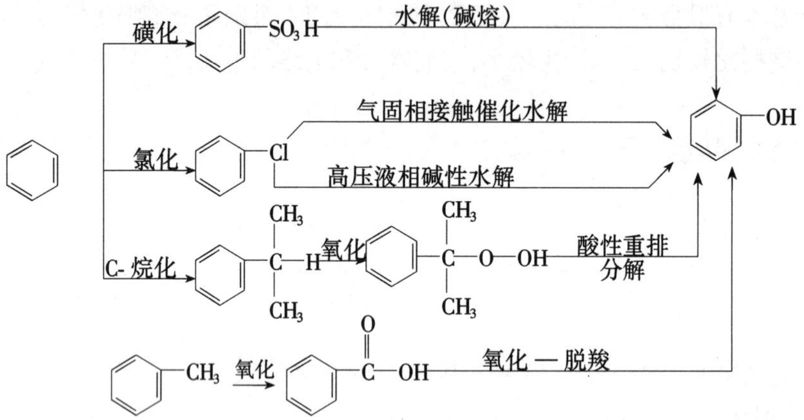

当制备在分子中含有多个取代基的中间体或精细化学品时,合成路线的合理选择就更为重要。本书将结合某些具体产品讨论其合成路线的选择。

考虑到精细有机合成所涉及的内容非常广泛,本书既不可能论述过细,更不可能包罗万象,因此在每章之末附有一定数量的参考文献。读者根据所列参考资料还可以找到许多早期和原始的参考文献。

1.6 精细有机合成的原料资源

精细有机合成的原料资源主要是煤、石油、天然气和农副产品。分别扼要叙述如下。

1.6.1 煤的加工

煤的主要成分是碳。煤的成分非常复杂,除了碳、碳氢化合物以外,还有含氧以及少量含硫、含氮化合物。另外还含有一些无机矿物质。煤的加工主要有四种方式:①炼焦;②气化;③生产电石;④破坏加氢。其中与精细有机合成有密切关系的是炼焦副产的回收,因为它可以提供多种芳香族原料。

煤在炼焦炉中在隔绝空气下进行高温炼焦($1\,000\,℃ \sim 1\,200\,℃$)时,除了生成焦炭以外,还得到粗苯和煤焦油等副产品。另外煤在高温用空气或水蒸气处理转化为煤气($CO + CH_4 + H_2$ 的混合物)时,也得到粗苯和煤焦油。

粗苯中约含有 50 % ～ 70 % 苯、12 % ～ 22 % 甲苯和 2 % ～ 6 % 二甲苯,可以用精馏法将它们分离开。由于苯、甲苯和二甲苯的需要量很大,炼焦工业已不能满足需要,现在已发展到以石油加工为主要来源。

煤焦油的成分非常复杂,其中含量较多而且可以分离利用的一些重要组分有:萘、1-甲基萘、2-甲基萘、蒽、菲、芴、苊、芘、苯酚、甲酚、二甲酚、氧芴、吡啶和咔唑等。其中萘的含量最多,需要量也最大,萘目前仍以焦油萘为主。从石油加工制取萘的方法,只适用于规模很大的生产,目前只有少数发达国家已投入工业生产。蒽主要用于制蒽醌,蒽醌的需要量也很大,但目前蒽还不能从石油加工来提供,为此在工业中又出现许多合成蒽醌及其衍生物的方法(见15.2.1)。

1.6.2 石油加工

石油是一种棕黑色的粘稠液体。它含有几万种碳氢化合物,另外还含有一些含氮和含硫的化合物。石油的主要成分是烷烃、环烷烃和少量芳烃。石油加工的第一步是将原油经过常压、减压精馏,分割成若干馏分。适当沸程的馏分在脱硫之后,再进一步加工可以得到各种基本化工原料和石油产品。其中以制取化工原料为目的的加工方法主要有以下几种。

1)催化重整

重整的最初目的是将重整原料油(沸程90 ℃以下)和直馏汽油(沸程95 ℃~130 ℃)里的一部分环烷烃和烷烃转变为芳烃,以提高汽油的辛烷值。后来由于化学工业对芳烃的需要量日益增长,使重整成为制取苯、甲苯和二甲苯等芳烃的重要方法之一。汽油重整主要采用含铂催化剂的铂重整法。反应一般在490 ℃~530 ℃和0.25~0.30 MPa和氢气存在下进行。铂重整时发生多种反应,其中生成芳烃的反应叫做芳构化,主要有:六员环烷烃脱氢生成芳烃、五员环烷烃异构化-脱氢生成芳烃以及烷烃的脱氢环合生成环烷烃再脱氢生成芳烃等。重整油约含30 %~50 %芳烃,经分离可得到苯、甲苯和二甲苯等。

2)热裂解

当将直馏汽油、轻柴油、减压柴油等原料油加热750 ℃~800 ℃进行热裂解时,除了发生高碳烷烃裂解为低碳烯烃和二烯烃的主要反应以外,还发生各种芳构化反应。裂解的主要目的是制取乙烯、丙烯和丁二烯等烯烃。另外,裂解汽油中约含40 %~80 %芳烃,其中主要是苯、甲苯和二甲苯。

3)催化裂化

催化裂化的主要目的是将直馏轻柴油、重柴油或润滑油等高沸程原料油中的高碳烷烃加氢裂化成低碳烷烃,同时发生异构化、环烷化和芳构化等反应而得到高辛烷值汽油。催化裂化一般用硅酸铝作催化剂,在450 ℃~560 ℃和0.10~0.25 MPa下进行。所得到的轻柴油馏分(沸程180 ℃~340 ℃)中含有相当多的重质芳烃,其中主要是多烷基苯和烷基萘。

4)临氢脱烷基化

重整的石脑油馏分(沸程66.5 ℃~156 ℃)中苯、甲苯和二甲苯的质量比约为1:5.4:3.8。由于甲苯的需要量比苯和二甲苯少,又发展了甲苯在氢气存在下脱烷基制取苯的方法(Cr_2O_3/Al_2O_3催化剂,540 ℃)。

从催化裂化轻柴油中分离出来的多烷基苯和烷基萘也可以通过临氢脱烷基法制取苯类产品和石油萘。但这种方法投资高,只有炼油量大的国家才可能使用。

1.6.3　天然气的利用

天然气是埋藏在地下的可燃性气体,它的主要成分是甲烷。天然气可直接用来制碳黑、乙炔、氢氰酸(氨氧化法)、各种氯代甲烷、二硫化碳、甲醇、甲醛等产品。另外,天然气也可先制成合成气(CO 和 H_2 的混合气体),一氧化碳经各种羰基合成反应可制得甲醇、高碳醇、正丁醛、甲酸、乙酸、丙酸、丙烯酸、丙烯酸酯和人造石油等化工产品。

1.6.4　农林牧渔副产品的利用

含糖或淀粉的农副产品经水解可以得到各种单糖,例如葡萄糖、果糖、甘露蜜糖、木糖、半乳糖等。如果用适当的微生物酶进行发酵,可分别得到乙醇、丙酮/丁醇、丁酸、乳酸、葡萄糖酸和乙酸等。

从含纤维素的农副产品经水解可以得到己糖 $C_6H_{12}O_6$(主要是葡萄糖)和戊糖 $C_5H_{10}O_5$(主要是木糖)。己糖经发酵可得到乙醇,戊糖经水解可得到糠醛。

从含油的动植物可以得到各种动物油和植物油。它们也是有用的化工原料。油脂经水解可以得到甘油和各种脂肪酸。

另外,从某些动植物还可以提取药物、香料、食品添加剂以及制备它们的中间体。

参考文献

1　殷宗泰.精细化工概论.北京:化学工业出版社,1985

2　北京化工研究院编.基本有机原料.北京:燃料化学工业出版社,1972

3　化工百科全书编辑委员会.化工百科全书,第 8 卷.北京:化学工业出版社,1994.817～837

4　李和平,葛虹.精细化工工艺学.北京:科学出版社,1997

5　陆辟疆,李春燕.精细化工工艺.北京:化学工业出版社,1995

6　许国希.我国精细化工发展战略的建议.精细化工,1996(5):5～8

7　成思厄.中国精细化工的发展战略.精细化工.1996(6):1～5

第 2 章　精细有机合成的理论基础

精细有机合成反应按照进行方式不同,从形式上可以分为取代反应、加成反应、消除反应以及重排反应等。每一种反应又可以分为若干种类。

取代反应根据反应试剂性质和反应物分子中碳—氢键断裂方式的不同,分为亲电取代、亲核取代和自由基取代反应。加成反应根据加成的基本途径不同,可以分为亲电加成、亲核加成、自由基加成和环加成。消除反应可以根据被消除原子或原子团位置不同,分为 β-消除和 α-消除等。重排反应也可以分为许多类。

2.1　反应试剂的分类

有机化学反应通常是在反应试剂的作用下,有机物分子发生共价键断裂,然后与试剂生成键,提供碳原子的物质叫"基质",从基质上分裂下来的部分叫"离去基"。促使有机物共价键断裂的物质叫进攻试剂,也称为反应试剂,有如下两种。

2.1.1　极性试剂

极性试剂是指那些能够供给或接受一对电子以形成共价键的试剂。极性试剂又分为亲电试剂和亲核试剂。

2.1.1.1　亲电试剂

亲电试剂是从基质上取走一对电子形成共价键的试剂。这种试剂电子云密度较低,在反应中进攻其他分子的高电子云密度中心,具有亲电性,包括以下几类:

(1)正离子:NO_2^+、NO^+、R^+、$R\!-\!C^+\!=\!O$、ArN_2^+、R_4N^+ 等;

(2)含有可极化和已经极化共价键的分子:Cl_2、Br_2、HF、HCl、SO_3、$RCOCl$、CO_2 等;

(3)含有可接受共用电子对的分子(含未饱和价电子层原子的分子):$AlCl_3$、$FeCl_3$、BF_3 等;

(4)羰基的双键;

(5)氧化剂:Fe^{+3}、O_3、H_2O_2 等;

(6)酸类;

(7)卤代烷中的烷基:$R\!-\!X$。

由该类试剂进攻引起的反应叫亲电反应,例如,亲电取代、亲电加成。

2.1.1.2　亲核试剂

把一对电子提供给基质以形成共价键的试剂称亲核试剂。这种试剂具有较高的电子云密度,与其他分子作用时将进攻该分子的低电子云密度中心,具有亲核性能,包括以下几类:

(1)负离子:OH^-、RO^-、ArO^-、$NaSO_3^-$、NaS^-、CN^- 等;

(2)极性分子中偶极的负端:$\ddot{N}H_3$、$R\ddot{N}H_2$、$RR'\ddot{N}H$、$ArN\ddot{H}$ 和 $\ddot{N}H_2OH$ 等;

(3)烯烃双键和芳环:$CH_2\!=\!CH_2$、C_6H_6 等;

(4)还原剂:Fe^{+2}、金属等;

(5)碱类;

(6)有机金属化合物中的烷基:$RMgX$、$RC\equiv CM$（M 表示金属原子)等。

由该类试剂进攻引起的反应叫亲核反应,例如,亲核取代、亲核置换、亲核加成等。

2.1.2 自由基试剂

含有未成对单电子的自由基或是在一定条件下可产生自由基的化合物称自由基试剂。例如,氯分子(Cl_2)可产生氯自由基($Cl\cdot$)。

2.2 亲电取代反应

精细有机合成中的亲电取代反应也可称为正离子型取代反应。进攻试剂的性质和反应物分子中 C—H 键的断列方式,可用以下反应通式表示:

$$R\text{:}|\text{—}|H + Z^+ \longrightarrow R\text{—}Z + H^+ \tag{2-1}$$

或

$$R\text{:}|\text{—}|H + Z\text{—}|\text{—}|Y \longrightarrow R\text{—}Z + H\text{—}Y \tag{2-2}$$

式中 R(烃基)可表示 Ar(芳基)和 Alk(烷基)。此式表明反应既包括芳香族亲电取代也可包括脂肪族亲电取代,但应用较多是芳香族亲电取代反应。

芳香环是一个环状共轭体系,由于环上 π 电子云高度离域,电子云密度较高,容易发生亲电取代反应。

2.2.1 芳香族 π 配合物与 σ 配合物

芳烃具有和一系列亲电试剂形成配合物的特性。同亲电能力较弱的试剂形成 π 配合物,它与芳环平面两侧的环状 π 电子云发生松散结合,亲电质点同芳环的碳原子之间没有形成真正的化学键。

而亲电能力较强的试剂同芳环形成 π 配合物后在反应瞬间能从芳环上夺取一对电子,与芳环上某一特定的碳原子形成 σ 键,形成 σ 配合物(或称芳正离子)。π 配合物和 σ 配合物之间存在着平衡。σ 配合物较为稳定,在某种情况下,能将其分离得到。例如,苯三氟甲烷、硝基氟和三氟化硼在 $-100\ ℃$ 时生成一个黄色的结晶态配合物,即 σ 配合物。它在 $-50\ ℃$ 以下是稳定的,高于 $-50\ ℃$ 则分解成间硝基三氟甲苯、氟化氢和三氟化硼:

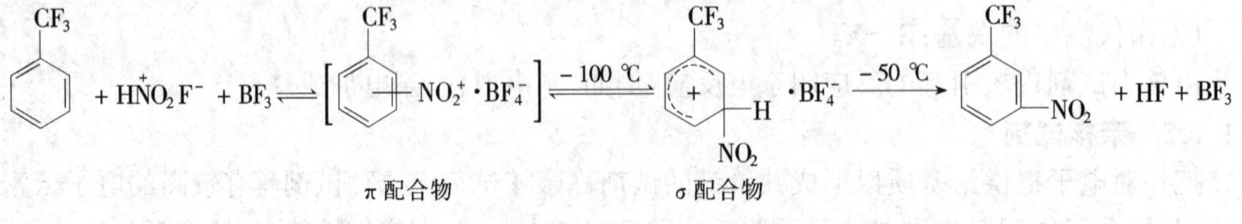

π 配合物   σ 配合物

2.2.2 芳香族亲电取代反应历程

已经有多方面的研究结果足以证明,大多数亲电取代反应是按照经过 σ 配合物中间产物的两步历程进行的。而亲电质点 E^+ 的进攻和质子的脱落同时发生的一步历程则一直没有发现过。至于在亲电质点进攻芳环以前质子就已经脱落下来的单分子历程，只在极个别的情况下才遇到。

两步历程的通式表示如下：

$$\text{第一步} \quad Ar{-}H \;+\; E^+ \;\underset{k_{-1}}{\overset{k_1}{\rightleftharpoons}}\; Ar^+\!\!\begin{array}{c} H \\[-2pt] \diagdown \\[-2pt] E \end{array} \tag{2-3}$$

$$\sigma\text{ 配合物（或芳正离子）}$$

$$\text{第二步} \quad Ar^+\!\!\begin{array}{c} H \\[-2pt] \diagdown \\[-2pt] E \end{array} \;\overset{k_2}{\rightleftharpoons}\; ArE + H^+ \tag{2-4}$$

在芳正离子中，芳环本身的高度稳定性已不存在，通常是一个非常活泼的中间产物，它存在两种可能性，或者快速地脱掉 E^+ 转变为起始反应物 Ar—H，即 $k_2 \ll k_{-1}$，没有发生正反应；或者快速地脱落 H^+ 转变为产物 Ar—E，即 $k_2 \gg k_{-1}$，发生了亲电取代反应。

两步历程主要是通过动力学同位素效应和 σ 配合物中间体的分离及其相对稳定性证明。

2.2.2.1 动力学同位素效应

对于任何反应，所谓"动力学同位素效应"是指如果将反应物分子中的某一原子用它的同位素代替时，该反应速度所发生的变化。例如，氢的三种同位素氢 H、氘 D 和氚 T 的质量数不同，三种氢构成的碳氢键断裂速度是有差别的，即质量大的断裂较慢。根据实验数据，C—H 键的断裂速度约比 C—D 键快 7 倍，即 $k_H/k_D \approx 7$；约比 C—T 键快 20 倍，即 $k_H/k_T \approx 20$。若按照两步历程而且速度控制步骤是 H^+ 的脱落（即 $k_2 \ll k_1$）；按照一步历程或者按照单分子历程，那么它的同位素效应 k_H/k_D 都将接近于 7，或者 k_H/k_T 都将接近于 20。若按照两步历程而且速度控制步骤是 σ 配合物的生成（即 $k_2 \gg k_1$、k_{-1}），将没有同位素效应，即 k_H/k_D 和 k_H/k_T 都将接近于 1。某些亲电取代的同位素效应如表 2-1 所示。

表 2-1　某些亲电取代反应的同位素效应

反应类型	被作用物	亲电试剂	k_H/k_D 或 k_H/k_T
硝　化	苯-t，甲苯-t	$HNO_3{-}H_2SO_4$	< 1.2
	硝基苯-d_5	$HNO_3{-}H_2SO_4$	~ 1.0
磺　化	硝基苯-d_5	$H_2SO_4{-}SO_2$	1.6 ~ 1.7
卤　化	1-溴-2,3,5,6-四甲苯-d	Cl_2	~ 1.0
	1-溴-2,3,5,6-四甲苯-d	Br_2	1.4
	1,3,5-三特丁基苯-t	Br_2	10.0
偶　合	1-萘酚-4-磺酸-2d	$C_6H_5N_2$	1.0
	2-萘酚-8-磺酸-1d	$C_6H_5N_2$	6.2

从表 2-1 中可以看出，硝化时一般没有同位素效应，即硝基取代 H、D 或 T 的速度几乎相同。当 $k_2 \gg k_1$、k_{-1}，σ 络合物生成是控制步骤时，就属于这种情况。还可以看出，空间位阻较小的卤化和偶合反应也属于这种情况。这都同两步历程相一致。

从表 2-1 中还可以看出，某些亲电取代反应有同位素效应，根据其他研究证明反应仍按两步历程进行。同位素效应的出现可有下列原因。

（1）$k_2 \le k_1$，即第二步的速度同第一步相差不大或小于第一步，都会有同位素效应。当 k_2

$= k_1$ 时,将具有中等程度同位素效应,例如 1-溴-2,3,5,6-四甲苯-d 的溴化。当 $k_2 \ll k_1$ 时,质子脱落是控制步骤,出现更大的同位素效应,例如 1,3,5-三叔丁基苯-t 的溴化和 2-萘酚-8-磺酸-1d 的偶合反应:

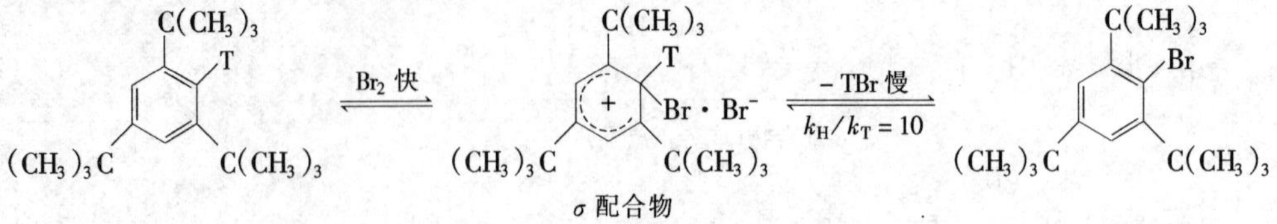

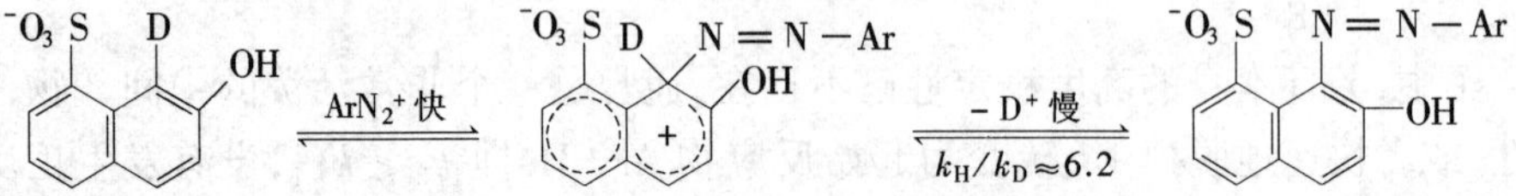

即 σ 配合物中的 T 和 Br 不在苯环同一平面上,没有空间位阻;而在产物分子中 Br 同苯环在同一平面上,因此 T⁺ 脱落生成产物时,邻位两个叔丁基的存在,空间位阻相当大,成为速度最慢的控制步骤。

(2) $k_2 \leqslant k_{-1}$,很多亲电取代反应,第一步的反应速度都比第二步慢得多,同位素效应是由第一步反应的可逆性引起的。σ 络合物 $\mathrm{Ar^+}\!\!\diagdown\!\!{}^{\mathrm{H}}_{\mathrm{E}}$ 和 $\mathrm{Ar^+}\!\!\diagdown\!\!{}^{\mathrm{D}}_{\mathrm{E}}$ 的 k_1 相同,但 k_2 后者小于前者,

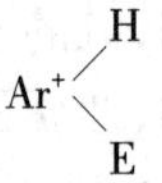

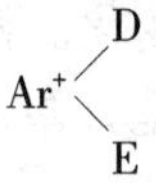

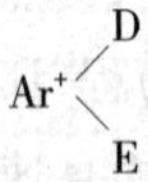

$\mathrm{Ar^+}\!\!\diagdown\!\!{}^{\mathrm{D}}_{\mathrm{E}}$ 转变为 Ar—E 的速度比 $\mathrm{Ar^+}\!\!\diagdown\!\!{}^{\mathrm{H}}_{\mathrm{E}}$ 的慢,即 $\mathrm{Ar^+}\!\!\diagdown\!\!{}^{\mathrm{D}}_{\mathrm{E}}$ 回到起始反应物的部分比较大,因此可以观察到一定的同位素效应,例如硝基苯-d_5 的磺化反应。

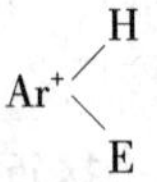

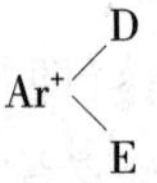

不同控制步骤的能阶图如后面图 2-1 所示。

2.2.2.2 σ 配合物的分离和其相对稳定性

σ 配合物生成是控制步骤时,它一经生成就快速地脱质子而转变为产物。一般不能把它们分离出来,也不易观察到它们的存在。仅在某些特殊情况下,才能分离出中间产物 σ 配合物。例如,前述苯三氟甲烷、硝基氟和三氟化硼在 −100 ℃时生成的黄色结晶态配合物,是该硝化反应的中间产物 σ 配合物,后者再分解形成产物间硝基三氟甲苯(见 2.2.1)。

芳香亲电取代反应最初步骤是亲电试剂进攻芳香环,首先形成 π 配合物,然后转变为 σ 配合物。芳烃溶于无水液态氟化氢时存在着 π 配合物和 σ 配合物的平衡,即

$$\mathrm{ArH + HF} \underset{\text{HF的π配合物}}{\overset{K_1}{\rightleftharpoons}} \mathrm{ArH \cdot HF} \underset{\text{σ配合物}}{\overset{K_2}{\rightleftharpoons}} \mathrm{Ar^+ H_2 \cdot F}$$

苯在无水氟化氢中的溶液是无色的,而且导电能力很低,这表示溶液中的苯主要形成 π 配合物,而 σ 配合物的浓度则非常低。如果苯环上有了一个或几个甲基,则它们的 HF 溶液就会呈现很深的颜色,而且导电能力也增加,表示平衡向右移动,K_2 增大了。

向上述溶液中通入三氟化硼,也会使 π 配合物更多地转变为 σ 配合物:

$$\underset{\text{π配合物}}{\mathrm{ArH \cdot HF}} \overset{K_2}{\rightleftharpoons} \underset{\text{σ配合物}}{\mathrm{Ar^+ H_2 \cdot F^-}} + \mathrm{BF_3} \overset{K_3}{\rightleftharpoons} \underset{\text{σ配合物}}{\mathrm{Ar^+ H_2 \cdot BF_3^-}}$$

通常以 K_1、K_2 或 K_3 估计各种芳烃两类配合物的稳定性,如表 2-2 所示。

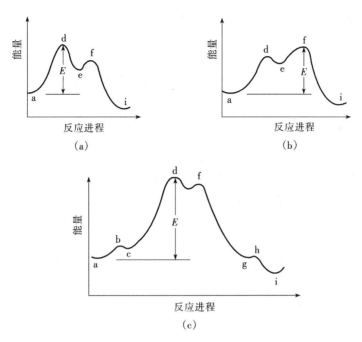

图 2-1 不同速度控制步骤的能阶图

(a)无氢同位素效应 (b)有氢同位素效应 (c)包括 π 配合物,无氢同位素效应

a—反应物 $ArH + E^+$ b,d,f—相应的过渡态 g—π 配合物

e—σ 配合物 i—产物 $ArE + H^+$ E—反应的活化能

表 2-2 σ 配合物、π 配合物的相对稳定性和氯化、硝化的相对速度(对二甲苯的为 1.00)

| 芳 烃 | σ 配合物的相对稳定性 | | π 配合物的相对稳定性(K_1) | 氯化速度 $k_{氯化}$（乙酸中,Cl_2) | 硝化速度 $k_{硝化}$（环丁砜中 $NO_2 \cdot BF^-$) |
	(K_3)	(K_2)			
苯		0.09	0.61	0.000 5	0.51
甲苯	0.01	0.63	0.92	0.157	0.85
对二甲苯	1.00	1.00	1.00	1.00	1.00
邻二甲苯	2	1.1	1.13	2.1	0.89
间二甲苯	20	26	1.26	200	0.84
1,2,4-三甲苯	40	63	1.36	340	
1,2,3-三甲苯	~ 40	69	1.46	400	
1,2,3,4-四甲苯	170	400	1.63	2 000	
1,2,3,5-四甲苯	5 600	16 000	1.67	240 000	
五甲苯	8 700	29 000		360 000	

从表中数据可以看出,π 配合物的稳定性因甲基取代变化很小,但是 σ 配合物的稳定性改变很大;也表明各种芳烃的相对氯化速度常数 $k_{氯化}$ 和相应的 σ 配合物的相对稳定性 K_2（或 K_3)之间有密切关系。如果取 $\lg k_{氯化}$ 与 $\lg K_3$ 作图,可以得出一条直线,说明上述氯化过程和生成 σ 配合物过程有很强的相似性,即氯化速度取决于生成相应的 σ 配合物的相对难易。由此可以推断,上述氯化反应的历程是经过 σ 配合物的步骤,而且 σ 配合物的生成是控制步骤。根据各种芳烃相对反应速度常数的实验数据,可以推测大多数亲电取代反应是经过 σ 配合物,而且它的生成速度为控制步骤。

σ 配合物的相对稳定性还可以用来解释亲电取代的定位规律。

2.2.3 芳香族亲电取代定位规律

2.2.3.1 影响定位的主要因素

芳环上已有一个或几个取代基,若再引入新取代基时,其进入的位置和反应进行的速度,主要取决于以下因素。

(1)已有取代基的性质,包括极性效应和空间效应。如果已有几个取代基则决定于它们的性质和相对位置。

(2)亲电试剂的性质,也包括极性效应和空间效应。

(3)反应条件,主要是温度、催化剂和溶剂的影响。

在上述因素中,最重要的是已有取代基的极性效应。在芳香族取代反应中,苯系的亲电取代研究得最多,也最重要。

2.2.3.2 两类定位基

在亲电取代中,苯环上已有取代基对新取代基的定位作用有两种类型,即邻、对位定位和间位定位。通常把邻、对位定位基叫做第一类定位基,把间位定位基叫做第二类定位基。

属于第一类定位基的主要有:

$-O^-$、$-N(CH_3)_3$、$-NH_2$、$-OH$、$-OCH_3$、$-NHCOCH_3$、$-OCOCH_3$、$-F$、$-Cl$、$-Br$、$-I$、$-CH_3$、$-CH_2Cl$、$-CH_2COOH$、$-CH_2F$ 等。

属于第二类定位基的主要有:

$-N^+(CH_3)_3$、$-CF_3$、$-NO_2$、$-C\equiv N$、$-SO_3H$、$-COOH$、$-CHO$、$-COOCH_3$、$-COCH_3$、$-CONH_2$、$-N^+H_3$、$-CCl_3$ 等。

这里所谓邻、对位定位或间位定位,都是对反应的主要产物而言。

2.2.3.3 苯环的定位规律

1. 已有取代基的极性效应

在不可逆亲电取代中,可以根据苯环上已有取代基的极性效应,对生成各异构的 σ 配合物的相对稳定性来解释定位作用。

苯一取代物发生亲电取代可以生成邻、对和间位的三种 σ 配合物,每一种配合物都可以看做是三种共振结构杂化的结果。在邻位和对位的配合物中,都有一个共振结构,其正电荷集中在同已有取代基 Z 相连的碳原子上。因此在杂化结构中,同 Z 相连的碳原子上具有部分正电荷。在间位的配合物中,三个共振结构在同 Z 相连的碳原子上都没有正电荷集中。因此在它的杂化结构中,同 Z 相连的碳原子上没有部分正电荷。这种差别是解释已有取代基定位作用的基础。

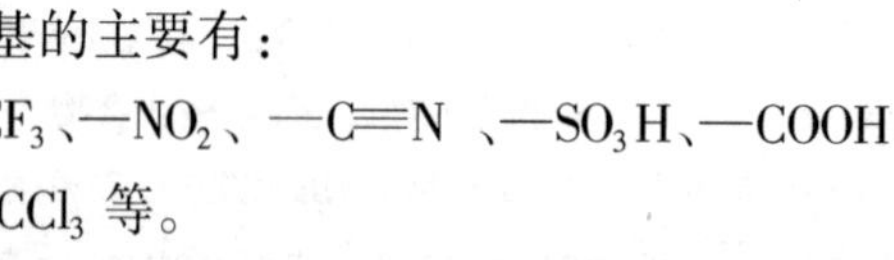

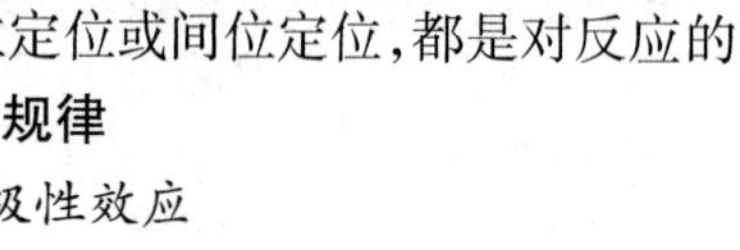

对位共振结构

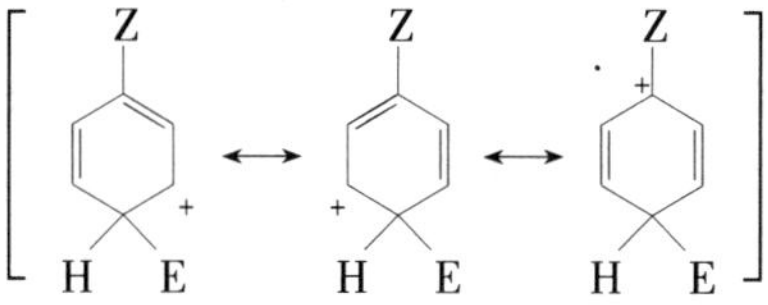

或表示为杂化结构

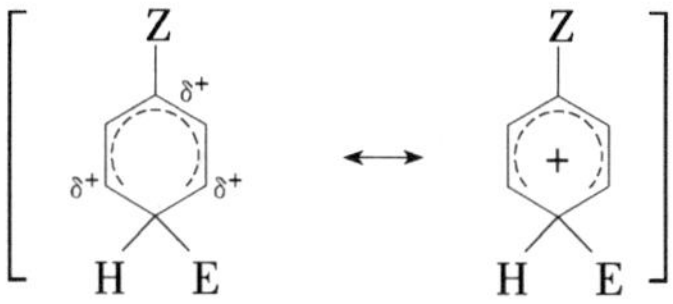

间位共振结构

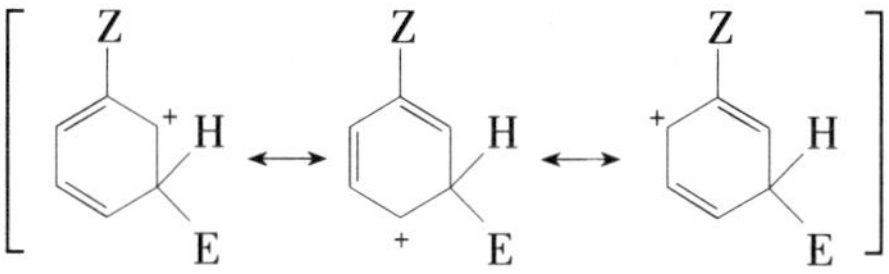

或表示为杂化结构

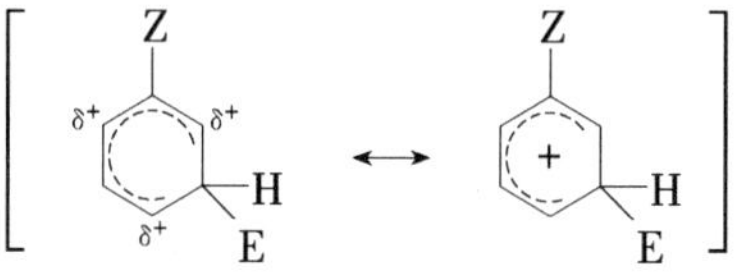

当 Z 具有诱导效应时,其影响随距离的增加而减弱,由此可见对于同 Z 相连的碳原子影响最大。如果具有正的诱导效应 + I(即供电效应),对于邻位或对位的配合物更容易使正电荷分散到 Z 上,从而使配合物更稳定。对于间位的配合物,Z 对于苯环正电荷的分散作用要比邻位和对位的小。因此具有 + I 效应的取代基使三种配合物都稳定,但邻位和对位更稳定,所以这类取代基使苯环活化,并且是邻、对位定位。如果 Z 具有负的诱导效应 – I(即吸电效应),则与上述相反,使苯环上电子云密度降低,使三种配合物都不稳定,邻位和对位更不稳定,所以这类取代基使苯环钝化,并且是间位定位。

当 Z 和苯环之间有共轭效应时,某些情况下同诱导效应的方向一致,而另一些情况,则同诱导效应的方向相反。一般来说,共轭效应起主导作用。当 Z 中同苯环相连的原子具有未共有电子对时,可以把未共有电子对分散到苯环上,使配合物稳定,尤其是对于邻位和对位配合物,还可以多画出一个正电荷集中在 Z 上的共振结构:

邻位

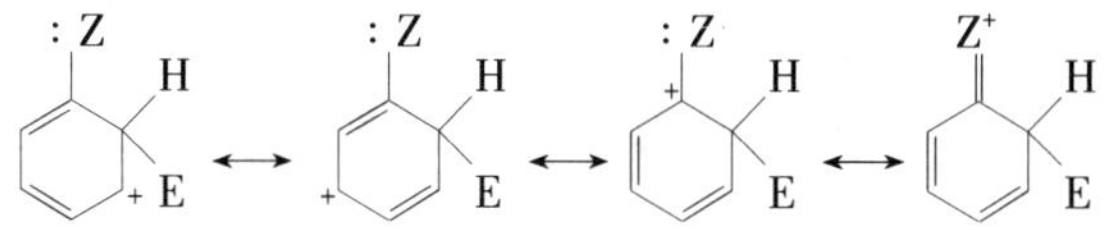

对位

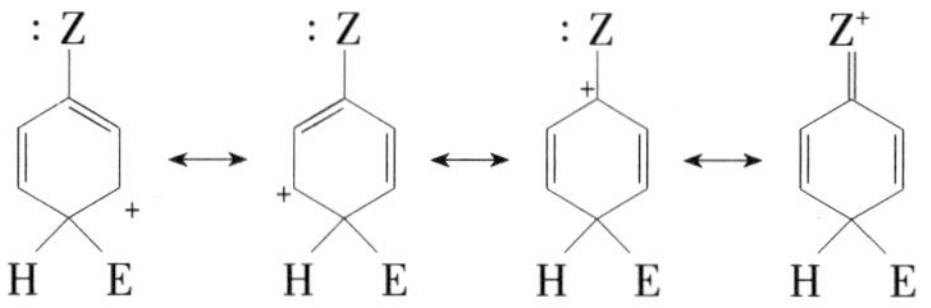

这个额外的共振结构比其他共振结构更稳定,即在杂化结构中邻位和对位配合物更稳定。因此这类取代基使苯环活化,而且是邻、对位定位。

根据以上讨论,各种取代基可归纳为下列三类。

(1)取代基只有正的诱导效应,例如烷基。它们都使苯环活化,而且是邻、对定位,其中甲基还具有超共轭效应,其活化作用大于其他烷基。

(2)取代基中同苯环相连的原子具有未共有电子对,例如:—$\ddot{\text{O}}^-$、—$\ddot{\text{N}}R_2$、—$\ddot{\text{N}}HR$、—$\ddot{\text{N}}H_2$、—$\ddot{\text{O}}H$、—$\ddot{\text{O}}R$、—$\ddot{\text{N}}HCOR$、—$\ddot{\text{O}}COR$、—$\ddot{\text{F}}$、—$\ddot{\text{C}}l$、—$\ddot{\text{B}}r$、—$\ddot{\text{I}}$ 等,其未共有电子对和苯环形成正的共轭

效应($+T$),它们都是邻、对位定位基。除正共轭效应外,这些取代基也都具有诱导效应,其中 —Ö⁻ 为正诱导效应($+I$),其他的都具有负的诱导效应。对于氨基和羟基,其正的共轭效应($+T$)大于负的诱导效应($-I$),所以它们都使苯环活化。对于卤素,其正的共轭效应小于负的诱导效应,所以使苯环稍稍钝化。

(3)取代基具有负的诱导效应,而且同苯环相连的原子没有未共有电子对,例如:—N^+R_3、—NO_2、—CF_3、—CN、—SO_3H、—CHO、—COR、—$COOH$、—$COOR$、—$CONH_2$、—CCl_3、和—N^+H_3 等,其中某些取代基除诱导效应外,还有负的共轭效应,它们都使苯环钝化,而且是间位定位。

上述三类取代基的定位作用归纳在表 2-3 中。

表 2-3　取代基的分类及定位作用

类　型	电子历程	实　　例	定位作用	活化作用
$+I$, $+T$	Ar←Ż	—O^-	邻、对位	活化
$+I$, $+T_{超}$	Ar↶Z	—CH_3	邻、对位	活化
|$-I$| < |$+T$|	Ar⇄Ż	—OH、—OCH_3、—NH_2、—$N(CH_3)_2$、—$NHCOCH_3$	邻、对位	活化
|$-I$| > |$+T$|	Ar⇄Ż	—F、—Cl、—Br、—I	邻、对位	稍钝化
$-I$	Ar→Z	—$N^+(CH_3)_3$、—CF_3、—CCl_3	间位	钝化
$-I$, $-T$	Ar⇄Z	—NO_2、—CN、—$COOH$、—CHO	间位	钝化

2. 已有取代基的空间效应

苯环上已有取代基的空间效应,这里指的是空间位阻作用。从表 2-4 可以看出,单烷基苯一硝化时,随着烷基体积增大,邻位异构产物的比例减小。

应该指出,这种空间位阻的解释只有在已有取代基的极性效应相差不大时才能成立。如果已有取代基的极性效应相差较大,则极性效应起主要作用。从表 2-5 可以看出,四种卤代苯在一硝化时随着卤素所占空间的增大,邻/对比不是减少,而是增大了。这是因为四种卤素的电负性是 $F \gg Cl > Br > I$(分别为 4.0,3.2,3.0 和 2.7)。其负的诱导效应的次序也是:—$I_{氟苯}$ > —$I_{氯苯}$ > $I_{溴苯}$ > —$I_{碘苯}$。它对于距离较近的邻位的影响比距离较远的对位大一些,因而邻位异构产物的生成比例氟苯比碘苯少。

表 2-4　单烷基苯一硝化时异构产物比例和相对反应速度常数 k_R/k_B(AcONO$_2$,0 ℃)

烷基苯	异构产物生成比例%			邻/对	k_R/k_B
	邻　位	间　位	对　位		
甲　苯	61.4	1.6	37.0	1.66	27.0
乙　苯	45.9	3.3	50.8	0.90	22.8 ± 1.9
异丙苯	28.0	4.5	67.5	0.41	17.7 ± 0.7
叔丁苯	10.0	6.8	83.2	0.12	15.1 ± 0.8

3. 亲电试剂的极性效应

亲电质点 E^+ 的活泼性对定位作用也有重要影响。表 2-6 列出了甲苯在不同亲电取代中的异构产物比例,甲苯与苯的相对反应速度常数 k_T/k_B。

表 2-5　四种卤代苯一硝化时异构产物比例(HNO_3;67.5 % H_2SO_4,25 ℃)

卤代苯	异构体生成比例,%			邻/对
	邻 位	间 位	对 位	
氟 苯	13	0.6	86	0.15
氯 苯	35	0.94	64	0.55
溴 苯	43	0.9	56	0.77
碘 苯	45	1.3	54	0.83

表 2-6　甲苯在亲电取代中的异构产物比例和相对反应速度常数

反应类型	反 应 条 件	k_T/k_B	异构产物比例%		
			邻位	间位	对位
卤 化	$Cl_2(CH_3CN,25 ℃)$	1 650	37.6	—	62.4
	$Cl_2(CH_3COOH,25 ℃)$	340	59.8	0.5	39.7
	$HClO,HClO_4(H_2O,25 ℃)$	60	74.6	2.2	32.3
C-酰化	$C_6H_5COCl(AlCl_3,C_2H_4Cl_2,25 ℃)$	117	9.3	1.45	89.3
	$CH_3COCl(AlCl_3,C_2H_4Cl_2,25 ℃)$	128	1.17	1.25	97.6
磺 化	$H_2SO_4 - H_2O(25 ℃)$	31.0	36	4.5	59
硝 化	$HNO_3(CH_3COOH-H_2O,45 ℃)$	24.5	56.5	3.5	40.0
	$HNO_3(CH_3NO_2,25 ℃)$	21	61.7	1.9	36.4
C-烷化 (短时间)	$CH_3Br(GaBr_3,C_6H_5CH_3,45 ℃)$	5.7	55.7	9.9	34.4
	$C_2H_5Br(GBr_3,C_6H_5CH_3,25 ℃)$	2.47	38.4	21.0	40.6
	$CH(CH_3)_2Br(GaBr_3,C_6H_5CH_3,25 ℃)$	1.82	26.2	26.2	47.2
	$C(CH_3)_3Br(GaBr_3,C_6H_5CH_3,25 ℃)$	1.62	0	32.1	67.9

k_T/k_B 是指在相同条件下,以苯为基准,甲苯的相对反应速度常数。苯有六个可取代位置,甲苯只有五个可取代位置,如果 E^+ 极活泼(即亲电能力极强),它每次同甲苯分子或苯分子碰撞时几乎都能反应,则 $k_T/k_B \doteq 5/6 = 0.833$。由于甲苯比苯活泼,所以 k_T/k_B 的比值总是大于 0.833。根据相对反应速度常数值的大小可推测反应试剂的活泼性和解释 E^+ 活泼性对定位的影响。

当 E^+ 极活泼时,k_T/k_B 值小,即 E^+ 进攻甲苯或进攻苯的选择性很差,同理进攻甲苯环上不同位置的选择性也很差,结果生成相当数量的间位异构产物。例如甲苯的 C-烷化就接近这种情况,说明—$\overset{+}{C}H_3$、$\overset{+}{C}H_2CH_3$ 等烷基正离子都是非常活泼的亲电质点。

反之,当 E^+ 极不活泼时,它进攻甲苯和苯的选择性很好,k_T/k_B 主要决定于甲苯和苯的相对活性,即主要决定于甲基的活化作用,因此 k_T/k_B 很大。同理,E^+ 进攻甲苯各不同位置的选择性也很好,几乎不生成间位异构产物。例如甲苯的卤化和 C-酰化就接近这种情况,这说明分子态氯(Cl_2)和 $\overset{+}{C}OCH_3$ 是很弱的亲电质点。

硝化、磺化时 k_T/k_B 不太大,而且也生成一定数量的间位异构产物,这表明亲电质点 $\overset{+}{N}O_2$ 具有中等的活泼性。

4.新取代基的空间效应

新取代基的空间位阻也会影响邻位异构产物的生成比例。如表 2-6 中甲苯的 C-烷化中的叔丁基化就是如此,几乎没有邻位异构产物,可能是因为迅速异构化的缘故。

5.反应条件的影响

1)温度的影响

温度升高可以使不可逆的磺化和 C-烷化转变为可逆反应。例如:以甲苯在 $AlCl_3$ 存在下与丙烯进行异丙基化,在 0 ℃时是不可逆反应,在 σ 配合物中异丙基和甲基不在同一平面上,空间位阻较小,各异构产物的比例主要取决于各异构的 σ 配合物的相对稳定性,得到34 %的邻位产物。而在 110 ℃时反应变为可逆,在烷化产物中异丙基和甲基处于同一平面上,邻位由于空间位阻,稳定性低,易通过质子化——脱异丙基和再异丙基化转变为稳定性较高的间位体,即邻位产物只有1 % ~ 2 %,而间位产物达65 % ~ 70 %。

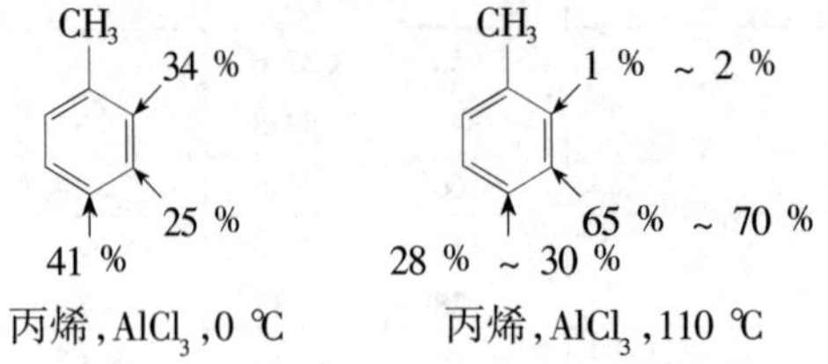

丙烯,$AlCl_3$,0 ℃　　　　丙烯,$AlCl_3$,110 ℃

温度的变化对不可逆亲电取代的异构产物比例也有影响。例如硝基苯的再硝化反应,升高硝化温度,主产物间二硝基苯的生成比例将下降。

2)催化剂的影响

催化剂可以改变亲电试剂的极性效应或空间效应。例如甲苯用混酸硝化时,加入一定量磷酸,可以提高对位异构体的收率,即对位产物组成由36 %提高到40 %。这可能是磷酸与 NO_2^+ 构成的配合物作为进攻质点,体积增大,使邻位异构产物减少,对位异构产物增加。催化剂也可以改变反应历程,如蒽醌的磺化有汞盐时,磺基主要进入 α 位,无汞盐磺基主要进入 β 位(见 2.2.3.5)。

3)介质的影响

主要是介质酸度的影响,例如,乙酰苯胺的硝化,用乙酐比用硫酸作介质将生成更多的邻位异构产物。

6.已有两个取代基的定位规律

当苯环上已有两个取代基,引入第三个取代基时,新取代基进入环上位置主要决定于已有取代基的类型、定位能力的强弱和它们的相对位置。一般有两个取代基定位作用一致和不一致两种情况。

当两个取代基属于同一类型(都属于第一类或第二类定位基),并处于间位,其定位作用是一致的,例如:

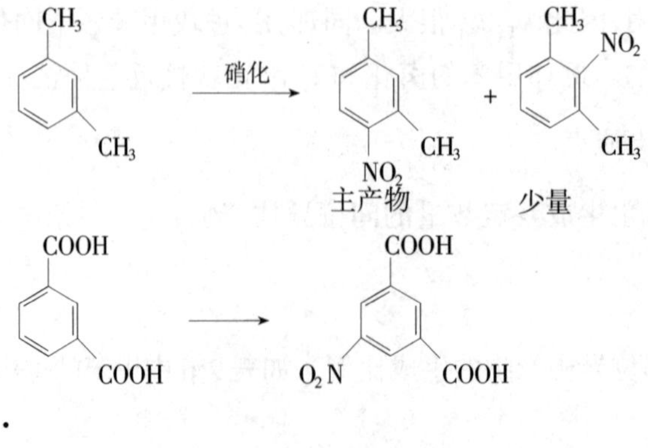

由上可见新取代基很少进入两个处于间位的取代基之间。显然这是空间效应的结果，随着已有取代基或进攻质点体积的增大而更加明显。

当两个取代基属于不同类型并处于邻位或对位时，其定位作用也是一致的。例如：

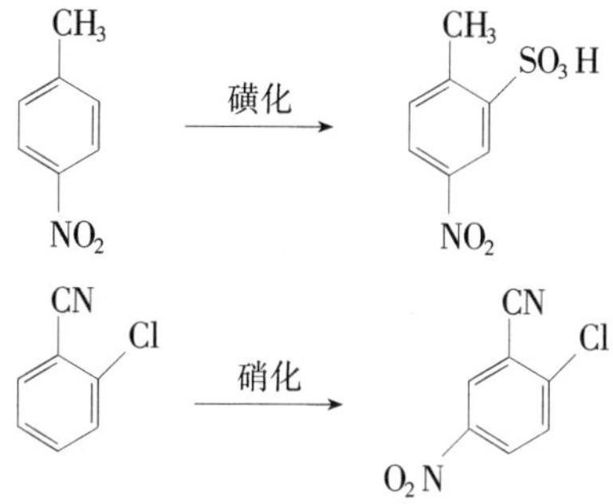

如果两个已有取代基对新取代基的定位作用不一致，新取代基进入的位置将决定于已有取代基的相对定位能力。通常第一类取代基的定位能力比第二类强得多。同类取代基定位能力的强弱与 2.2.3.2 中两类定位基的排列次序是一致的。

当两个取代基属于不同类型并处于间位时，其定位作用就是不一致的，这时新取代基主要进入第一类取代基的邻位或对位。例如：

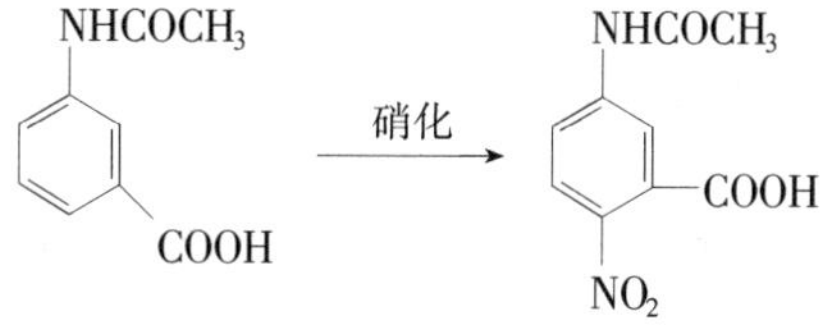

当两个取代基属于同一类型并处于邻位或对位，则新取代基进入的位置决定于定位能力较强的取代基。例如：

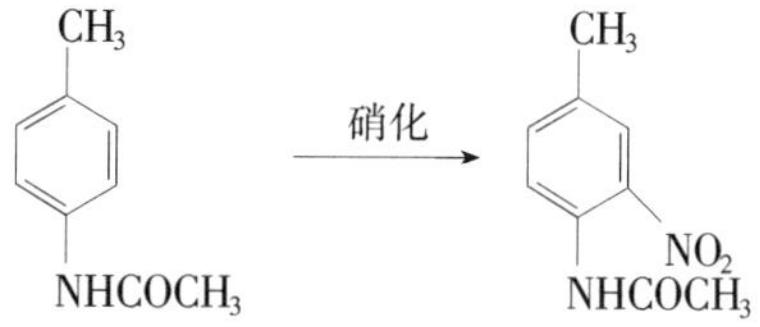

2.2.3.4 萘环的定位规律

E^+ 进攻萘环时可以生成 α 位和 β 位两种芳正离子，它们都可以看做是五个共振结构杂化的结果。

α 位芳正离子：

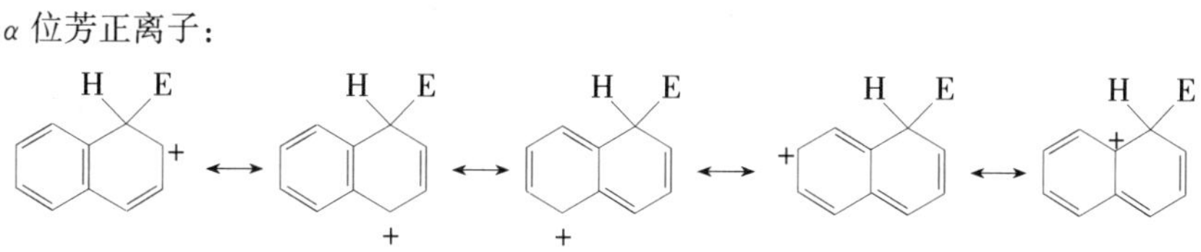

β 位芳正离子：

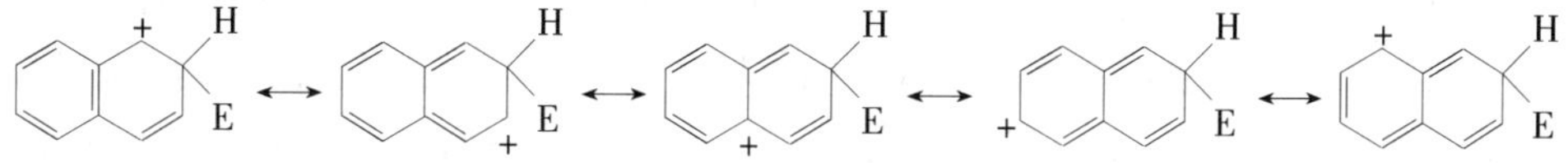

在 α 位芳正离子中有两个共振结构具有稳定性较高的苯型结构，而在 β 位芳正离子中则只有一个苯型结构，所以 α 位芳正离子比 β 位的更稳定，即 α 位比 β 位活泼，E^+ 优先进攻 α 位。从

定域能方面来看,萘的 α 位和 β 位都比苯低,萘环上 α 位比 β 位低,所以萘的 α 位和 β 位都比苯活泼,而且萘的 α 位比 β 位活泼。

萘在某些一取代反应中异构产物比例如下:

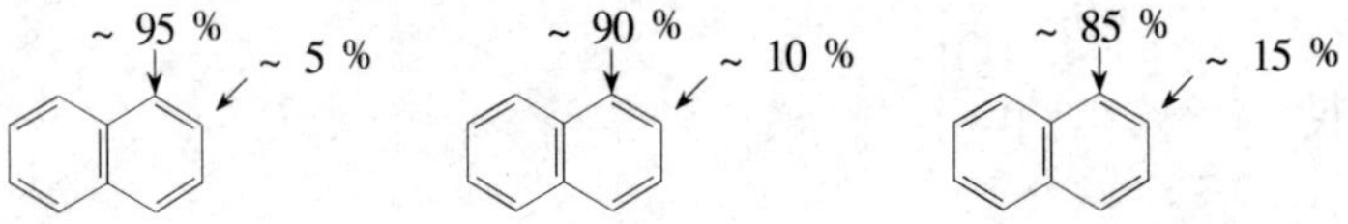

如果已有取代基在 β 位,则新取代基主要进入同环的 α 位,生成 1,2-异构产物。例如:

当萘环上已经有了一个取代基,再引入第二个取代基时,新取代基进入环上的位置不仅同已有取代基的性质和位置有关,而且还同反应试剂类型和反应条件有关。

当萘环上已有了一个第一类取代基时,新取代基进入它的同环,如果已有取代基在 α 位,则新取代基进入它的邻位或对位,并且常常以其中一个位置为主。例如:

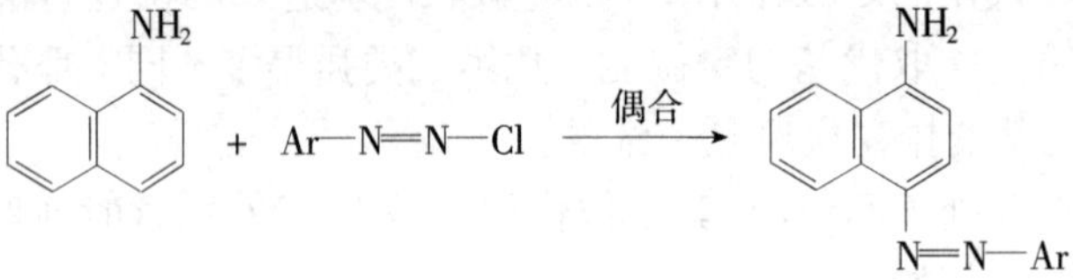

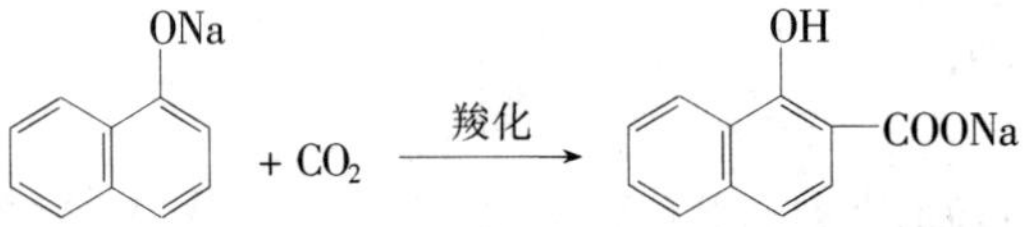

如果已有取代基在 β 位,则新取代基主要进入同环的 α 位,生成 1,2-异构产物。例如:

但在个别情况下也会主要生成 2,3-异构产物。例如:

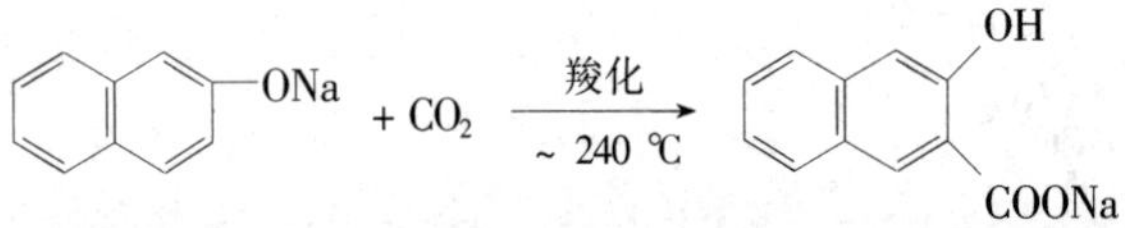

如果已有取代基是第二类的,新取代基通常进入没有取代基的另一环上,并且主要是 α 位。例如:

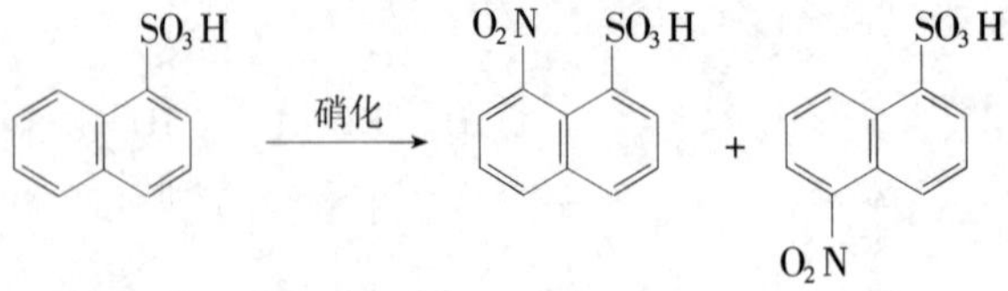

2.2.3.5 蒽醌环的定位规律

蒽醌分子中的两个边环是等同的,每一个边环都可以看做是在邻位有两个第二类取代基(羰基)的苯环。因此蒽醌环的亲电取代比苯环和萘环要困难得多。蒽醌的 α 位的定域能比 β 位略低一些,所以蒽醌一硝化和一氯化主要生成 α 异构产物,但同时副产较多的 β 异构产物。

蒽醌用发烟硫酸磺化时,如果有汞盐存在,磺基主要进入 α 位。如果没有汞盐,则磺基主要进入 β 位。

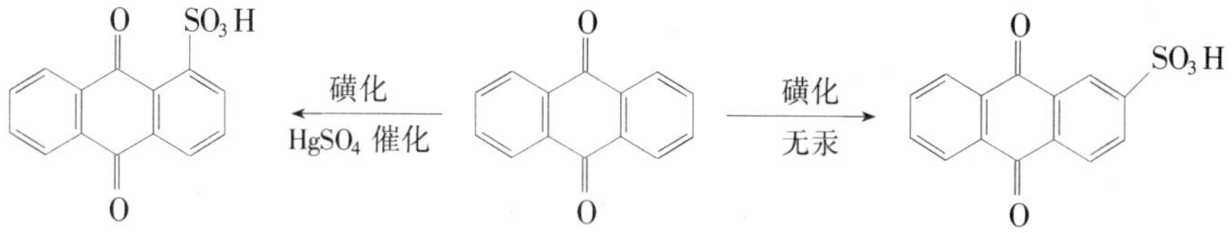

由于蒽醌的两个边环是隔离的,在一个边环上引入磺基或硝基后,对另一个边环的影响不大,所以一磺化时常同时生成相当数量的二磺化物。为了减少二磺化物的生成量,需要在只有一部分蒽醌参加反应时作为终点。

蒽醌环上已有一个取代基,再引入第二个取代基时,其定位规律和萘环的定位规律基本上是相同的,所以不再重复讨论。

芳香族亲电取代反应在精细有机合成中,既可以应用于芳环上氢原子的亲电取代,如芳环上取代卤化、芳香族磺化、硝化和亚硝化、芳香环上 C-烷化、C-酰化、C-羧化和氯甲基化;也可以应用于某些取代基中的氢原子的亲电取代,如氨基的 N-烷化、N-酰化和重氮化以及羟基的 O-烷化、O-酰化等。这些反应将在后面有关章节中详细讨论。

2.3 亲核取代反应

精细有机合成中的亲核取代也可称为负离子型取代反应,进攻试剂的性质和反应物分子中 C—H 键的断裂方式,可用以下反应通式表示:

$$R \vdots H + Z \longrightarrow R—Z + H \tag{2-5}$$

或

$$R \vdots H + Z \vdots Y \longrightarrow R—Z + H—Y \tag{2-6}$$

这类反应既包括芳香族亲核取代也包括脂肪族的亲核取代,但应用较多的为脂肪族的亲核取代反应,芳香族的则主要应用于亲核置换反应。

2.3.1 脂肪族亲核取代反应历程

在饱和碳原子上的亲核取代反应,最典型的反应是卤代烷与多种亲核试剂发生的亲核取代,常以 S_N 表示,其反应历程有 S_N1 和 S_N2 两种形式。下面分别讨论。

2.3.1.1 双分子历程(S_N2)

S_N2 表示双分子亲核取代。这个历程中旧的化学键断裂和新的化学键形成是同时的,没有中间产物生成,反应同步进行。其一般通式为:

$$Nu^- + R—X \longrightarrow [\overset{\delta-}{Nu}\cdots R\cdots \overset{\delta-}{X}] \longrightarrow Nu—R + X^- \tag{2-7}$$
$$\text{过渡态}$$

亲核试剂的进攻从背面与离去基成 180° 的位置接近作用物,先与碳原子形成较弱的键,同时离去基与碳原子的连接减弱,两者与碳原子成一条直线,而碳原子其他三个键则处于同一平面内,即 Nu……C……X 的直线与平面成直交,表明过渡态形式。这一过程进行较慢,是反应的控制步骤。当反应由过渡态转化成产物时,碳原子上另外三个键由平面向另一边偏转,所得产物的构型与原作用物的相反。因为在控制反应速度这一步是两种作用物分子参加，所以叫双分子亲核取代，例如伯卤烷的水解反应：

$$OH^- + \underset{\substack{H \\ | \\ H}}{H-C-X} \xrightleftharpoons{慢} \left[H\overset{\delta^-}{O} \cdots \overset{}{C} \cdots \overset{\delta^-}{X} \right] \longrightarrow HO-\underset{\substack{H \\ | \\ H}}{C}H + X^-$$

在反应中发生了分子的构型逆转，过去把它称为"瓦尔登转化"。在反应中，凡发生构型逆转的作为 S_N2 型反应的重要标志。

这个双分子历程是二级反应，其反应速度与卤代烷的浓度成正比，也与亲核试剂 OH^- 的浓度成正比，即

$$速度 = k[R-CH_2X][OH^-] \tag{2-8}$$

如果在反应中使用大量过量的亲核试剂，历程仍是双分子的，但实验测定的动力学反应速度为一级，即

$$速度 = k[RX] \tag{2-9}$$

这种动力学反应叫做"假一级"的。

2.3.1.2 单分子历程（S_N1）

S_N1 表示单分子亲核取代。在这个反应历程中分两步进行取代反应。第一步是离去基与中心碳原子之间的键发生异裂，生成一个不稳定的碳正离子，是一个慢步骤；第二步是这个高能量的碳正离子中间体，迅速与亲核试剂结合构成新键。例如下式：

$$R-X \xrightleftharpoons{慢} R^+ + X^-$$

$$R^+ + Nu^- \xrightarrow{快} R-Nu$$

整个反应速度决定于第一步的慢过程。由于该步骤中只有一个作用物分子参加，所以叫做单分子亲核取代。这里，烷基正离子稳定性越大，作用物（R—X）按单分子历程进行反应的倾向越大。例如叔卤烷的水解反应：

$$R_3C-X \xrightarrow{慢} R_3C^+ + X^-$$

$$R_3C^+ + OH^- \xrightarrow{快} R_3C-OH$$

或 $$R_3C^+ + H_2O \xrightarrow{快} R_3C-OH + H^+$$

该反应历程所以是单分子的，一是由于烷基在 α-碳原子上积累，无论从电子效应还是空间效应，都给亲核试剂的进攻造成一定困难，使按 S_N2 历程的反应速度降低；二是由于 α-碳原子上电子云密度增大，卤原子就较容易成为负离子而离去，生成的烷基正离子由于超共轭效应存在，有较大的稳定性，这些因素都促使叔卤烷的水解反应按 S_N1 历程进行。

按 S_N1 历程的动力学反应速度仅与作用物浓度成正比，而与亲核试剂的浓度无关，是一级反应。

$$速度 = k[R_3C \vdots X] \tag{2-10}$$

2.3.2 反应的影响因素

影响亲核取代反应历程和速度的因素,主要是作用物的结构、亲核试剂、离去基团和溶剂的性质等,并且它们之间是相互联系的。

2.3.2.1 作用物结构的影响

作用物结构对 S_N1 和 S_N2 反应速度的影响有电子效应和空间效应两种因素。例如卤代烷的水解反应,如果按 S_N2 历程进行,则

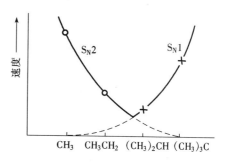

图 2-2　卤代烷烷基对水解速度的影响

$$伯卤烷 > 仲卤烷 > 叔卤烷$$

其相对反应速率从伯烷基作用物到叔烷基作用物大约减小了 10^3 倍。而按单分子历程进行,则

$$叔卤烷 > 仲卤烷 > 伯卤烷$$

其相对反应速度大约相差 10^6 倍。甲基和伯烷基作用物是按 S_N2 历程进行反应;叔烷基作用物按 S_N1 历程进行反应;仲烷基作用物则介于 S_N1 和 S_N2 的边界状态。可以用图 2-2 表示。

在作用物分子中,被进攻的碳原子上有其他给电基,如 α-氯醚、3-氯丙烯等。

$$醚:\quad R\overset{\cdot\cdot}{\underset{\cdot\cdot}{O}}\!-\!\overset{|}{C}\!-\!X \longrightarrow R\overset{\cdot\cdot}{O}\!=\!\overset{|}{C}{}^{+} + X^-$$

$$（p-p\ 共轭）$$

$$丙烯基:\quad \overset{}{C}\!=\!C\!-\!\overset{|}{C}\!-\!X \longrightarrow \overset{}{C}\!=\!C\!-\!\overset{|}{C}{}^{+} + X^-$$

$$（p-\pi\ 共轭）$$

由于取代基的 $p-p$ 共轭或 $p-\pi$ 共轭效应,使生成的碳正离子稳定,它们的反应速度比没有取代基的大上千倍、甚至上万倍,其反应按 S_N1 历程进行。

在被进攻的碳原子上有吸电基,如 α-卤代羰基化合物、α-卤代氰基化合物等:

$$R\!-\!\overset{\overset{\text{O}}{\|}}{C}\!-\!CH_2\!-\!Cl \qquad N\!\equiv\!C\!-\!CH_2\!-\!Cl$$

由于取代基的吸电子作用,使被进攻的碳原子的部分正电荷增加,有利于 S_N2 反应。同时,在形成过渡态时,取代基的 π-电子云也可与正在形成键和正在断裂键的电子云交盖,使过渡态能量降低,使 S_N2 的反应速度增加。

总之在作用物分子中,被进攻的碳原子上有给电取代基,有利于 S_N1 反应;分子中有吸电取代基,则有利于 S_N2 反应。

2.3.2.2 被取代离去基团的影响

不论在 S_N1 或 S_N2 的反应中,被取代的基团 X 均是带着原来共有的一对电子离去,所以 X 接受电子能力越强越易离去,也越有利于亲核取代反应的进行。一般说来,其被取代的难易次序为:

$$RSO_3^- > I^- > Br^- > Cl^- > RCOO^- > \!-\!OH > \!-\!NH_2$$

其中—OH、—OR基等在亲核取代中不易离去,在酸性条件下被质子化,转化成质子化基团

$-\overset{+}{O}H_2$、$-\overset{+}{O}-R$ 具有正电荷,吸电子能力增强,可以使之变成更好的离去基团。例如:
$\quad\quad\quad\quad\quad\quad\quad\quad H$

$$
\underset{\substack{|\\CH_3CH_2CHCH_3}}{\overset{\substack{OH\\|}}{}}
\begin{cases}
\xrightarrow{\text{NaBr}} \text{无反应}\\[4mm]
\xrightarrow{\text{HBr}} CH_3CH_2CHCH_3 \cdot Br^- \xrightarrow{-H_2O} CH_3CH_2\overset{+}{C}HCH_3 \cdot Br^-
\end{cases}
$$

$$CH_3CH_2\overset{\overset{+}{O}H_2}{\underset{|}{CHCH_3}} \cdot Br^- \xrightarrow{-H_2O} \underset{\substack{|\\Br\\CH_3-CH_2CHCH_3}}{CH_3CH_2\overset{+}{C}HCH_3} \cdot Br^-$$

2.3.2.3 亲核试剂的影响

在 S_N1 反应中,亲核试剂的性质对反应速度没有影响,因为亲核试剂不参予整个反应过程的速度控制步骤。在 S_N2 的反应中,亲核试剂参予了过渡态的形成,所以亲核能力的变化对取代反应速度有明显影响。绝大多数试剂的亲核能力与其碱性的强弱是一致的。例如下列亲核试剂活泼次序为:

$$C_2H_5O^- > OH^- > C_6H_5O^- > C_2H_5S^- > H_2O$$

在同族元素的试剂中,亲核性是按电负性的下降而提高的。例如:

$$I^- > Br^- > Cl^- > F^- \text{ 和 } C_6H_5S^- > PhO^-$$

由于原子序数越大,越容易极化,所以供电性倾向也越大。

2.3.2.4 溶剂的影响

溶剂的极性对亲核取代反应机理和反应速度都有很大影响。绝大部分 S_N1 反应,反应的第一步是一个中性化合物离解为两个带有不同电荷的离子,因此极性溶剂有利反应进行。

$$R-X \xrightarrow{\text{慢}} R^+ + X^-$$

并且溶剂极性越大,越使反应速度加快。S_N2 的反应,由于溶剂与亲核试剂可以形成氢键,使亲核试剂活泼性减弱;在反应中试剂与反应物形成过渡态,首先得消耗一部分能量破坏生成的氢键,所以反应在不形成氢键的溶剂中进行有利,反应速度快。总之,S_N1 反应在质子传递溶剂中进行有利;而 S_N2 反应在非质子传递溶剂中进行有利。

脂肪族亲核取代反应在精细有机合成中较为常用,广泛用于碳杂新键和碳碳新键的形成。例如用于醇、醚和酯类的合成,即卤代烃发生溶剂解,形成碳-氧新键;用水为溶剂生成醇,用醇为溶剂生成醚,用羧酸为溶剂则生成酯。又如用于硫醇、硫醚的合成形成碳-硫新键。用于卤代烃的氨解形成碳-氮新键,这是合成脂胺类的主要方法。亲核取代反应中以形成碳—碳新键最为重要。反应是以碳负离子作为亲核试剂,对碳负离子来说,使分子中引入烃基,又称烃基化反应,用以合成腈类和炔烃;如果碳负离子为烯醇负离子,进行烃基化反应是合成酮、羧酸、羧酸酯和腈等化合物的重要合成方法。

亲核取代反应还常常采用相转移催化法(见 3.6)。

2.3.3 芳香族环上氢的亲核取代反应

在该类反应中,亲核试剂优先进攻芳环上电子云密度最低的位置,所以在反应的难易和定

位规律方面都与芳香族亲电取代反应相反。

以硝基苯的羟基化为例,这类亲核取代反应历程可简单表示如下:

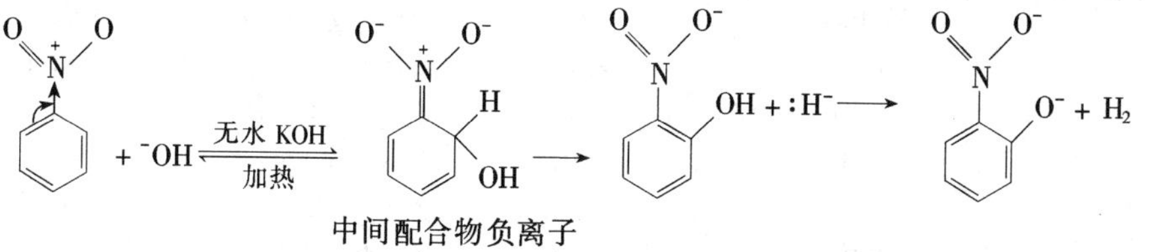

中间配合物负离子

上述历程得到一些实验结果的支持。例如,加入适量的温和氧化剂(包括空气),常有利于反应的进行。氧化剂的作用在于帮助氢负离子脱落,并使它转变为稳定的氢分子或水分子。

上述历程可以解释反应的难易和取代基的定位作用。吸电性的硝基,使邻位和对位的电子云密度下降得比间位更多,亲核试剂较易进攻这个位置,羟基进入硝基的邻对位,由于芳环和亲核试剂电子云密度都比较高,这类反应不易顺利进行,在实际应用上很少遇到。下面是有实际意义的例子:

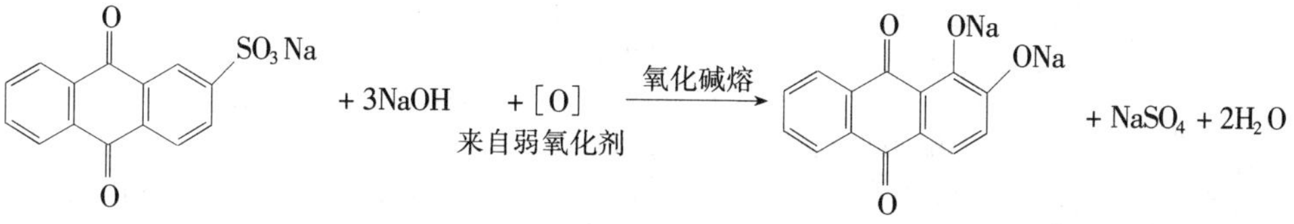

除氧化碱熔制茜素外,直接胺化可制备 4-硝基-2,6-二氰基苯胺。

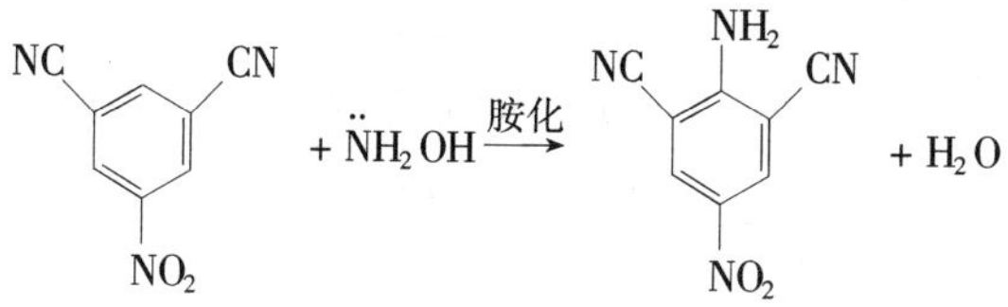

2.3.4 芳香族已有取代基的亲核置换反应

2.3.4.1 重要性

一般说来,亲电取代只能在芳环上引入磺基、硝基、亚硝基、卤基、烷基、酰基、羧甲基和偶氮基等。在芳环上具有—OH、—OR、—OAr、—NH$_2$、—NHR、—NRR′、—NHAr、—CN 和—SH 等取代基的化合物,在精细有机合成中也是相当重要的。芳环上形成这些基团,采用环上氢的亲核取代相当困难,常要用芳环上已有取代基的亲核置换反应。例如:

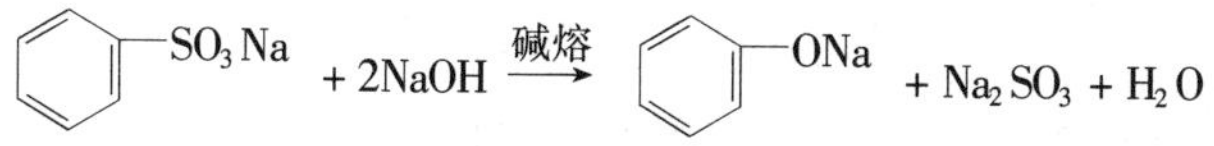

前面已经提到,芳环上的吸电基,主要是指—Cl、—Br、—SO$_3$H、—N$_2^+$ Cl$^-$ 和—NO$_2$ 等,会使芳环上同它相连的碳原子上的电子云密度比其他碳原子降低得更多,因此亲核质点容易进攻这个位置而发生已有取代基的亲核置换反应。在许多情况下,这类反应较易进行,不但产率较高,而且类型也很多,其重要类型如表 2-7 所示。

表 2-7　芳环上已有取代基亲核置换反应类型

反 应 物	亲 核 试 剂	产 物	单 元 反 应	有关章节
ArCl 或 ArBr	NaOH 或 H_2O	ArOH	苦环卤基水解	13.3
	RONa	ArOR	芳环上卤基水解	13.3
	Ar'ONa 或 Ar'OK	ArOAr'	烷氧基化和芳氧基化	10.3.7
	NH_4OH 或 NH_3	$ArNH_2$	芳环上卤基的氨解	9.7
	RNH_2	ArNHR	芳环上卤基的氨解	9.7
	$Ar'NH_2$	ArNHAr'	芳环上卤基的氨解	9.7
	Na_2SO_3	$ArSO_3Na$	置换磺化	5.2.4.6
	$Na_2S_2O_3$	$ArSSO_3Na$	——	
	Na_2S	ArSH		
	NaCN	ArCN		
Ar—SO_3H	NaOH 或 KOH	ArOH	芳磺酸盐的碱性水解(碱熔)	13.4.2
	NH_4OH	$ArNH_2$	芳环上磺基的氨解	9.9
	$Ar'NH_2$	ArNHAr'		
	NaCN	ArCN		
$ArNO_2$	ROK	ArOR	硝基化合物的 O—烷基化	10.3.7.2
	Ar'OK	ArOAr'	硝基化合物的 O—芳基化	10.3.7.2
	NH_4OH	$ArNH_2$		
	Na_2SO_3	$ArSO_3Na$	置换磺化	5.2.4.6
$ArN_2^+Cl^-$ 或 $ArN_2^+HSO_4^-$	H_2O	Ar'OH	重氮基置换为羟基	8.4.2.1
	HCl(CuCl 催化)	ArCl	重氮基置换为卤基	8.4.3
	$Na[Cu(CN)_2]$	ArCN	重氮基置换为氰基	8.4.4
	Na_2S_2	ArSSAr	重氮基置换为含硫基	8.4.5
$ArNH_2$	H_2O 或 $NaHSO_3$	ArOH	芳环上氨基的水解	13.6
	$Ar'NH_2$	ArNHAr'	芳伯胺的芳胺基化	10.2.8.2
Ar—OH	NH_4OH 或 NH_3	$ArNH_2$	芳环上羟基的氨解	9.8
	$Ar'NH_2$	ArNHAr'	酚类的芳胺基化	10.2.8.3

有时为在指定位置引入磺基或卤基,也要用到这类亲核置换反应,其重要实例表示如下:

2.3.4.2　反应历程

这类亲核置换反应历程可以分为三种类型:双分子历程、单分子历程和去氨苯历程。

1.双分子历程

在动力学上是二级反应。亲核质点的浓度和芳香族被置换物的浓度对反应速度都有影响。由此推测它们一般都是双分子反应,是属于 S_N2 历程。其他事实也说明这类反应大多是按两步历程进行的,其中第一步是速率控制步骤。

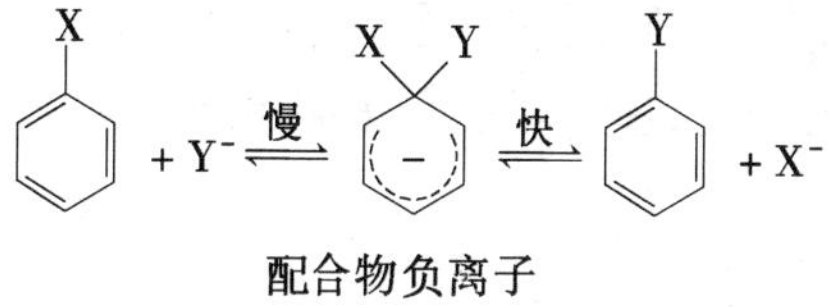

配合物负离子

上式中的配合物在某些反应中已经被分离出来了。例如 2,4,6-三硝基苯乙醚与甲醇钾反应及 2,4,6-三硝基苯甲醚与乙醇钾反应,确实得到负离子中间配合物。这类负离子配合物称为迈森海默(Meisenheimer)配合物。

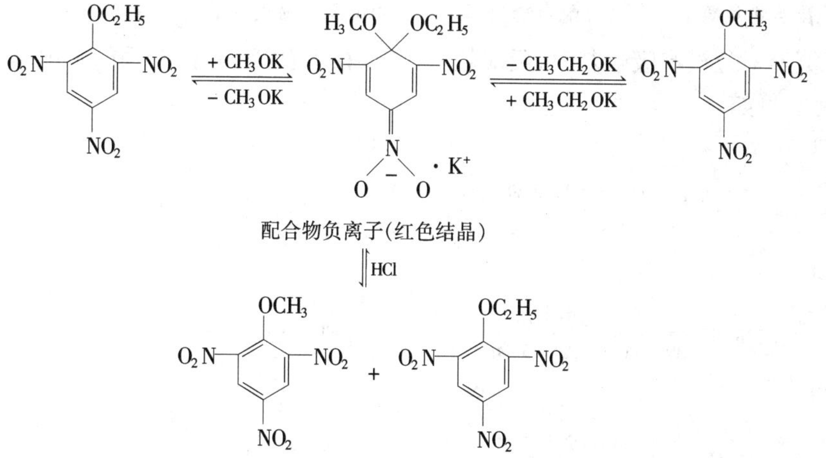

配合物负离子(红色结晶)

(2-11)

2.单分子历程

重氮盐的水解或醇解生成酚或醚是亲核置换反应,其历程按 S_N1 进行,可简单表示如下:

$$ArN_2^+ X^- \xrightarrow{\text{慢}} Ar^+ + N_2 + X^-$$

$$Ar^+ + H_2O \longrightarrow ArOH + H^+$$

或 $$Ar^+ + ROH \longrightarrow ArOR + H^+$$

这可以说明为什么反应速度与重氮盐的浓度成正比,而与亲核试剂的浓度无关。

3.去氢苯历程

不活泼的芳香族卤化物,在通常发生亲核取代的条件下,卤原子不易被羟基、氨基、氰基等取代。如果在强烈的条件下,例如,氯苯用 10% ~ 15% 的氢氧化钠溶液处理,在一定温度下,发生氯原子被羟基的取代;氯苯用 KNH_2 在液氨中氨解,发生被氨基的取代反应,其反应是通过去氢苯(苯炔)中间体历程进行的。即反应首先是消除卤化氢,形成去氢苯中间体,继而亲核加成生成取代产物。可用同位素方法对该历程加以证明,即在氯苯中与氯相连的碳原子如果是 C^{14},经水解后,新的取代基有 58% 连在 C^{14}(* 表示)上,有 42% 连在邻近的原子上,即

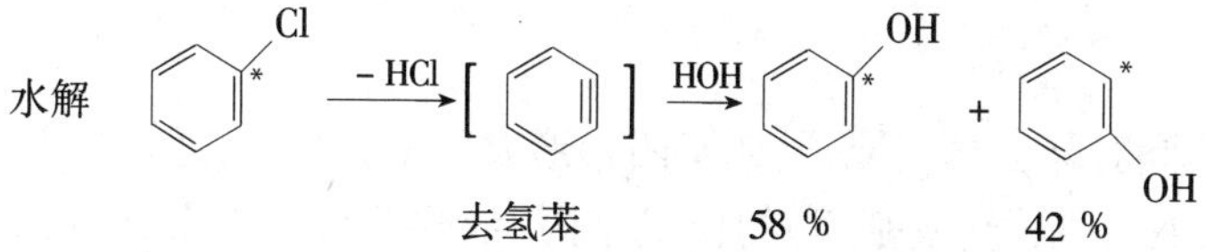

上述三种历程,以双分子(S_N2)历程的反应最多。

2.3.4.3 芳环上其他取代基对反应的影响

在 S_N2 反应中,当取代基 X 的邻位或对位有吸电基时,对配合物负离子的负电荷能起分散作用,降低了配合物的能量,从而降低了反应的活化能,使反应较易进行;当吸电基在 X 的间位时,它对配合物负离子的负电荷的分散作用很弱,对反应的活化能影响很小。

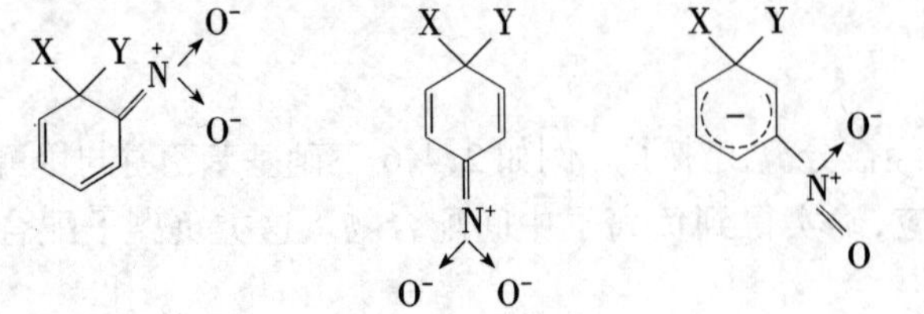

邻位配合物负离子　　对位配合物负离子　　间位配合物负离子

在 X 的邻位、对位没有吸电基时,反应较难进行;在 X 的邻、对位有强的吸电基时,可以使反应较易进行。例如

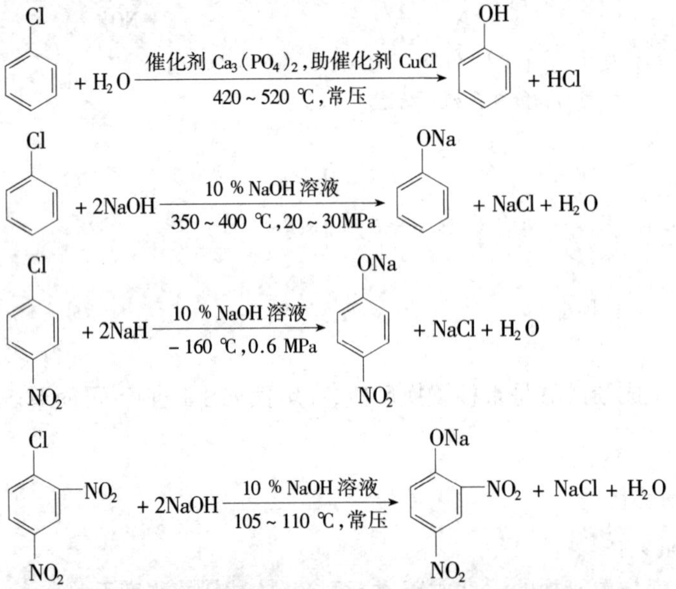

不同的取代基对卤基活性的影响差别很大。它们有如下次序:

$$-NO_2 > -SO_2CH_3 > -\overset{+}{N}(CH_3)_3 > -CN > -COC_6H_5 > -CHO > -COCH_3$$

$$> -COOCH_3 > -CONH_2 > -Cl > -COO^- > -H$$

当芳环上同时有卤基和其他吸电基时,通常都是卤基优先发生亲核置换,而其他吸电基不发生变化。但在一般情况下,重氮基容易分解,氰基容易水解。

其他如离去基团的影响、溶剂的影响均与脂肪族亲核取代一致,不再讨论。

2.4　消除反应

消除反应是指有机物分子中同时除去两个原子(或基团),形成一个新分子,通常是不饱和程度增加的反应。由于被除去的两个原子(或基团)的位置不同,消除反应主要分两种,即 β-消除和 α-消除。

β-消除是生成烯(或炔)烃化合物的反应,即在相邻的两个碳原子上除去两个基团:

$$\underset{\beta\ \ \ \alpha}{\overset{X\ \ \ Y}{-C-C-}} \xrightarrow[\beta\text{-消除}]{-X,-Y} \ \ C=C$$

α-消除是生成卡宾(Carbene)的反应,即在同一个碳原子上除去两个基团:

$$\overset{X}{\underset{Y}{-C-}} \xrightarrow[\alpha\text{-消除}]{-X、-Y} \ \ C:$$

$$CHCl_3 \xrightarrow[-H^+]{-OH} CCl_3^- \xrightarrow{-Cl^-} :CCl_2$$

$$(\text{二氯卡宾})$$

其中以 β-消除应用较广。

2.4.1　β-消除反应

消除反应的历程可分双分子历程(E_2)和单分子历程(E_1)两类。

2.4.1.1　双分子消除反应历程(E_2 历程)

双分子消除反应通常在强碱性试剂存在下发生。当亲核性的碱性试剂 B 接近 β-氢时,在 B 和 H 间形成弱键的同时,原有 C—H 键、C—X 键减弱而形成过渡态,而后发生 C—H 键和 C—X 键同时断裂,构成烯键。

$$\underset{\underset{B:}{\overset{|}{H}}}{\overset{X}{-C-C-}} \longrightarrow \left[\underset{\underset{B}{\overset{\vdots}{H}}}{\overset{\overset{\vdots}{X}}{-C\cdots C-}} \right]^- \longrightarrow \ -C=C- \ + BH + X^-$$

过渡态

反应为二级,反应速率为:

$$r = k[\text{B}:^-][\text{RX}]$$

可见 E_2 历程和 S_N2 历程很相似。区别是在 E_2 历程中碱性试剂进攻 β-氢原子;而在 S_N2 历程中反应发生在 α-碳原子上。所以在不饱和碳原子上的亲核取代常伴有消除反应发生。

按 E_2 历程进行反应,离去基团的空间排布在理论上有两种,即顺式消除和反式消除。

$$\underset{\text{顺式}}{\overset{H\ \ X}{-C-C-}} \qquad \underset{\text{反式}}{\overset{H}{\underset{X}{-C-C-}}}$$

对于烷基化合物,单键可以自由旋转,很难确定按哪种方式进行。

但是在烯烃衍生物和脂环化合物中,双键和环上的单键自由旋转受到阻碍,就以一种消除方式为主。如1,2-二氯乙烯与碱作用生成氯乙炔的反应。

$$\underset{H}{\overset{Cl}{\underset{/}{C}}}=\underset{H}{\overset{Cl}{C}} \xrightarrow[\text{快}]{OH^-} HC≡CCl \xleftarrow[\text{慢}]{OH^-} \underset{H}{\overset{Cl}{C}}=\underset{Cl}{\overset{H}{C}}$$

离去基处于反式位置的异构体比离去基处于顺式位置的易于消除,所以顺式二氯乙烯的反应速度比反式二氯乙烯快 20 倍。

脂环化合物在进行消除反应时,被消除的两个原子(或基团)处于反式位置易于消除;并且被消除的原子和它们相连的碳原子在同一平面上,反应最易进行。

2.4.1.2　单分子消除反应历程(E₁ 历程)

单分子消除反应历程分两步进行。第一步是离去基解离而形成碳正离子。这步速度较慢,是反应的控制步骤。第二步消除 β-质子形成烯烃。

$$-\underset{\underset{H}{|}}{C}-\underset{|}{C}-X \underset{-X^-}{\overset{慢}{\rightleftharpoons}} -\underset{\underset{H}{|}}{C}-\overset{+}{C}- \underset{+B}{\overset{快}{\longrightarrow}} \quad C=C \quad + BH$$

反应速率与碱的浓度无关。

$$r = k[\mathrm{RX}]$$

可见,当形成的碳正离子比较稳定时,反应优先按 E₁ 历程进行。E₁ 和 S_N1 反应常同时发生,两者比值常根据溶剂的极性和温度不同而异。

高极性溶剂有利于质子从碳正离子中离去,有利于 E₁ 历程的反应。

利用控制温度的办法可以使某一反应有利。例如乙醇脱水,乙醇在硫酸作用下先形成乙基碳正离子 $CH_3CH_2^+$,而后在不同温度下发生不同的反应。

$$CH_3CH_2^+ \quad \begin{cases} \xrightarrow[140\ ℃]{CH_3CH_2OH} CH_3CH_2-\underset{\underset{H}{|}}{O}-CH_2CH_3 \xrightarrow{-H^+} C_2H_5OC_2H_5 \\ \\ \xrightarrow[160\ ℃]{-H^+} CH_2=CH_2 \end{cases}$$

2.4.1.3　β-消除反应的定向

在消除反应中,可以生成不同结构的烯烃。关于消除的方向,从实验中总结出几条经验法则。

1)查依采夫(Saytzeff)法则

从卤代烷消除卤化氢时,氢从含氢最少的碳原子上消除,主要生成不饱和碳原子上连有烷基数目最多的烯烃。例如:

$$CH_3CH_2-\underset{\underset{CH_3}{|}}{\overset{\overset{Br}{|}}{C}}-CH_3 \begin{cases} \xrightarrow{主} CH_3CH_2C=\underset{\underset{CH_3}{|}}{\overset{\overset{CH_3}{|}}{C}}-CH_3 \\ \\ \xrightarrow{次} CH_3CH=\underset{\underset{CH_3}{|}}{\overset{}{C}}-\underset{\underset{CH_3}{|}}{\overset{}{C}}-CH_3 + CH_3CH_2-\underset{\underset{CH_2CH_3}{|}}{\overset{}{C}}=CHCH_3 \end{cases}$$

2)霍夫曼(Hofmann)法则

季铵碱分解时,主要生成在不饱和碳原子上连有烷基数目最少的烯烃。例如:

$$CH_3-\underset{\underset{^+NR_3}{|}}{\overset{\overset{CH_3}{|}}{C}H}-CH_2-CH_3 \xrightarrow{-HNR_3} \underset{主}{CH_3-\overset{\overset{CH_3}{|}}{C}H-CH=CH_2} + \underset{次}{CH_3-\overset{\overset{CH_3}{|}}{C}=CH-CH_3}$$

研究表明,在 E₂ 历程反应中季铵碱消除按霍夫曼法则,卤代烷消除按查依采夫法则;而在 E₁ 历程的反应中按查依采夫法则。

3)第三种情况

若分子中已有一个双键($\diagup_{\diagdown}C={C}^{\diagup}_{\diagdown}$，$C=O$），消除反应后形成新的双键位置，不论按何种消除历程，均以形成共轭双键产品为主。例如：

$$CH_3CH=CHCH_2\underset{\underset{Br}{|}}{CH}CH_2CH_3 \xrightarrow[-HBr]{\text{二甲基吡啶}} CH_3CH=CHCH=CHCH_2CH_3$$

2.4.2 α-消除反应

α-消除反应是在相同的碳原子上消除两个原子(或基团)，形成高度活泼的缺电性质点(卡宾)的反应。卡宾具有特殊的价键状态和化学结构，可以发生多种化学反应。卡宾能与多种单键发生插入反应，例如：

$$\diagup_{\diagdown}C-H \ +\ :CH_2 \longrightarrow \left[\begin{array}{c} \diagup_{\diagdown}C\cdots\cdots H \\ | \\ CH_2 \end{array}\right] \longrightarrow \diagup_{\diagdown}C-CH_2-H$$

卡宾能与碳-碳重键进行亲电加成反应：

$$\begin{array}{c} |C| \\ \| \\ |C| \end{array} +\ :CH_2 \longrightarrow \begin{array}{c} C \\ \vdots \\ C \end{array} CH_2 \longrightarrow \begin{array}{c} C \\ | \\ C \end{array} CH_2$$

卡宾与芳香族化合物也能发生加成反应，生成扩环产物，用以合成环烯，例如：

$$\bighexagon + CH_2N_2 \xrightarrow{h\nu} \bigcirc + \overset{CH_3}{\bighexagon} \quad (+N_2)$$

2.4.3 消除反应影响因素

在同样反应条件下，消除反应和亲核取代反应是同时发生的。下列因素将有利于消除反应的进行。

2.4.3.1 反应物分子结构的影响

1.反应物分子的空间效应

被消除原子所连的碳原子上有支链时，如果按双分子反应，在 S_N2 历程中亲核试剂进攻 α-碳原子，而在 E_2 历程中进攻 β-氢原子，支链的空间效应对 S_N2 不利，而相对对 E_2 有利。如果按单分子反应，无论是 S_N1 或 E_1 的历程，在反应速度决定步骤中形成同样的碳正离子，只是第二步不同，若连有较多的烷基按 E_1 消除 β-氢后，形成双键可减少分子张力，使分子稳定。按 S_N1 取代，碳正离子与亲核试剂结合，键角被压缩(由 120° 减至 109.5°)，反而张力增加。可见无论按双分子或按单分子反应都对消除反应有利。

2.反应物分子的电子效应

分子中在 β-碳原子上有吸电基(X、CN、NO$_2$ 等)，增加 β-氢原子的活性，使 E_2 消除反应加速。

3.离去基团的性质

离去基团吸电能力增加，使 β-氢原子的电子云密度下降，有利于双分子 E_2 消除反应；离

去基团对在 E_1 历程反应无明显影响。

2.4.3.2 反应条件的影响

1. 碱的影响

试剂的碱性对于双分子反应 E_2 或 S_N2 是有影响的。碱性即是对质子的亲和力,因此试剂碱性增大按 E_2 进行反应更容易。例如,伯仲卤代烷的水解,为了提高醇的收率避免消除反应,不用苛性碱而用乙酸钠作试剂。因为 CH_3COO^- 的碱性比 OH^- 的弱得多,反应按 S_N2 历程进行。

总之,在消除和取代之间,强碱有利于消除不利于取代。而高浓度的强碱在非离子化溶剂中,有利于双分子历程,而且对 E_2 比对 S_N2 更有利。碱的浓度低或没有碱存在时,在离子化溶剂中,有利于单分子历程,而且对 S_N1 比对 E_1 更为有利。

2. 溶剂(介质)的影响

溶剂的极性对反应的影响与亲核取代很相似。按单分子反应是先生成碳正离子,而后按 E_1 或 S_N1 历程进行,增加溶剂极性只促进解离中间物的速率,而对 E_1 和 S_N1 产物的比例影响较小。按双分子反应,在极性小的溶剂中对于形成 E_2 的过渡态条件有利,有利于烯烃的生成。

3. 温度的影响

无论是单分子历程还是双分子历程,提高反应温度都有利于消除反应的进行。这可能是消除反应的活化过程需要拉长 β-碳氢键的原因。

2.5 自由基反应

自由基反应又称游离基反应,是精细有机合成中一类较重要的反应。它一经引发,通常都能很快进行下去,是快速链反应。但反应也能受到某些物质的抑制,这些物质能非常快地与自由基结合,使反应终止。

为了使自由基反应能够顺利发生,必须先产生一定数量的自由基。常用的方法有三种:热离解法、光离解法和电子转移法。

2.5.1 热离解法

化合物受热到一定温度发生热离解,产生自由基。不同化合物的热离解所需温度不同。例如,氯分子的热离解在 100 ℃以上可具有一定的速度,烃、醇、醚、醛和酮受热到 800~1 000 ℃时离解。金属有机化合物所需温度低些,四甲基铅蒸气通过灼热至 600 ℃的石英管,可离解成甲基自由基:

$$Cl_2 \xrightarrow[\text{加热}]{100\ ℃以上} 2Cl\cdot$$

$$(CH_3)_4Pb \xrightarrow[\text{加热}]{600\ ℃} Pb + 4CH_3\cdot$$

含有弱键的化合物裂解所需温度低些,例如含有 O—O 键的过氧化二苯甲酰及偶氮二异丁腈都是常用的引发剂:

$$2(\ C_6H_5\overset{\overset{\displaystyle O}{\|}}{-C-O}\ )_2 \xrightarrow{60\sim100\ ℃} 2C_6H_5COO\cdot + 2C_6H_5\cdot + 2CO_2$$

$$\underset{(CH_3)_2}{\overset{CN}{C}}—N{=}N—\underset{C(CH_3)_2}{\overset{CN}{C}} \xrightarrow{60 \sim 100\ ℃} 2(CH_3)_2\overset{CN}{C}\cdot + N_2$$

2.5.2 光离解法

分子受到光的照射而被活化,活化分子具有较高的能量,它们可以满足化学键均裂所需要的能量。例如,卤素分子用光照射生成它们的原子:

$$Cl_2 \xrightarrow{h\nu} 2Cl\cdot$$

$$Br_2 \xrightarrow{h\nu} 2Br\cdot$$

光离解可在任何温度下进行,并且能通过调节光的照射强度控制生成自由基的速度。

2.5.3 电子转移法

重金属离子具有得失电子的性能($Me^{n+} \rightleftharpoons Me^{(n+1)+} + e$)常被用于催化某些过氧化物的分解。例如,亚铁离子将一个电子转移给过氧化氢,使它生成一个羟基自由基和一个更稳定的羟基负离子。三价的钴离子可以从过氧化叔丁醇中获取一个电子,使过氧化叔丁醇转变成一个过氧自由基及一个质子。

$$Fe^{2+} + H—O—O—H \longrightarrow Fe^{3+} + OH^- + HO\cdot$$

$$Co^{3+} + (CH_3)_3C—O—O—H \longrightarrow Co^{2+} + H^+ + (CH_3)_3COO\cdot$$

自由基反应属于链反应,其反应历程包括三个阶段,即链的引发、链的传递和链的终止。自由基反应在精细有机合成中有广泛的应用。例如,卤素对烷烃和芳环侧链的卤化,卤素和卤化氢对碳碳重键的加成卤化,烷烃的氯磺化和氧磺化,重氮基置换为卤基(Sandmeyer 反应)和重氮基置换为芳基的反应,用空气的液相氧化,加聚和共聚反应等。这些应用的重要实例,将在卤化、磺化、重氮基的转化、氧化和聚合各章中论述。

2.6 加成反应

加成反应分三种类型,即亲电加成、亲核加成和自由基加成。

2.6.1 亲电加成

亲电加成一般发生在碳-碳重键上,因为烯烃、炔烃分子中的 π-电子具有较大的活动性,表现出亲核性,所以它们容易与多种亲电试剂发生亲电加成反应。常用的亲电试剂有:强酸(例如硫酸、氢卤酸)、Lewis 酸(例如 $FeCl_3$、$AlCl_3$、$HgCl_2$)、卤素、次卤酸、卤代烷、卡宾、醇、羧酸和羧酰氯等。其反应历程分两步进行。首先生成碳正离子中间产物,它是速率控制步骤。

$$\overset{|}{\underset{|}{C}}{=}\overset{|}{\underset{|}{C}} + X{\cdots}Y \xrightarrow{慢} -\overset{|}{\underset{X}{C}}-\overset{|}{\overset{+}{C}}- + Y^-$$

然后是

$$-\overset{|}{\underset{X}{C}}-\overset{|}{\overset{+}{C}}- + Y^- \xrightarrow{快} -\overset{|}{\underset{X}{C}}-\overset{|}{\underset{Y}{C}}-$$

烯烃的结构不同,对反应速度的影响也完全与上述亲电分步加成历程一致。当碳-碳重键上连有供电基时,由于增加了碳-碳重键上的电子云密度,可使碳正离子稳定,因而加快了反应速度。当连有吸电基时,由于降低了重键上的电子云密度,降低了碳正离子的稳定性,因而减慢了反应速度。其活性次序为:

$$R_2C{=}CR_2 > R_2C{=}CHR > R_2C{=}CH_2 > RCH{=}CH_2 > CH_2{=}CH_2 > CH_2{=}CHCl$$

亲电加成的典型实例是卤素在 Lewis 酸存在下对碳碳双键的加成反应。例如:

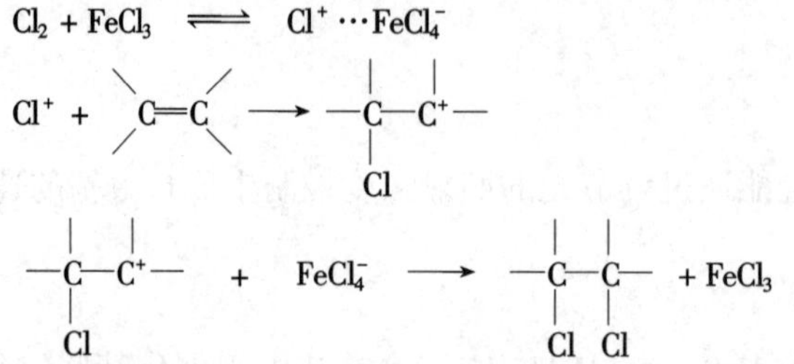

$$
\begin{aligned}
&Cl_2 + FeCl_3 \rightleftharpoons Cl^+ \cdots FeCl_4^- \\
\end{aligned}
$$

(2-12)

与烯烃反应的卤素,随着亲电性的增加,反应速度加快。例如,Cl^+ 的亲电性比 Br^+ 强,而 Br^+ 比 I^+ 强,所以卤素与烯烃反应的活性次序为:$Cl_2 > Br_2 > I_2$。

还应该指出,在没有 Lewis 酸存在,而是在光照、高温或自由基引发剂的存在下,卤素对碳碳双键的加成将转变成自由基加成。

另外碳氧双键也可以发生亲电加成反应,例如丙酮的酸催化羟醛缩合反应(Aldol 反应)。

丙酮　　　　　　　　碳正离子　　　　　　丙酮的烯醇型

4羟基-4甲基-2-戊酮

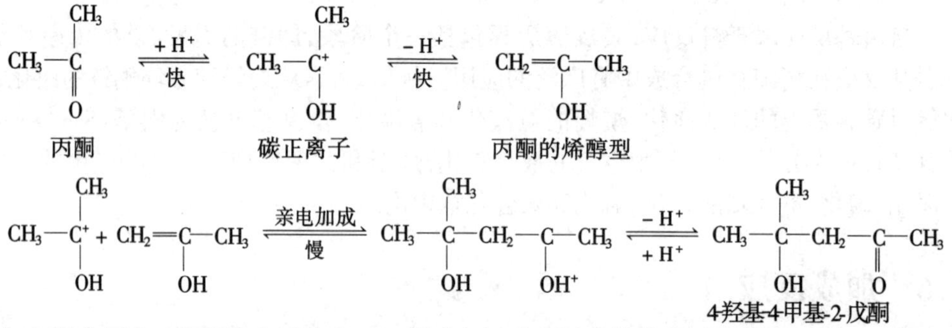

但是在实际应用上,醛酮缩合反应(Aldol 反应)主要采用碱催化的亲核加成反应。详见 2.6.2 和 14.2。

重要的亲电加成反应,以碳碳重键为被作用物,亲电试剂是卤素、卤化氢、次卤酸、卤代烷和硫酸。例如,卤素对碳碳重键的亲电加成,形成 C—X 键的反应;卤化氢对碳碳重键的亲电加成,形成 C—X 键和 C—H 键的反应;次卤酸对碳碳重键的亲电加成,形成 C—X 键和 C—OH 键的反应;卤代烷对碳碳重键的亲电加成,形成 C—C 键和 C—X 键的反应;硫酸对碳碳重键的亲电加成,形成 C—H 键和 C—O 键的硫酸化反应。详见卤化和磺化有关章节。也有碳碳重键作为亲电试剂。例如,碳碳重键对氨基氮原子的亲电加成,形成 C—N 键的 N-烃化反应;碳碳重键对羟基氧原子的亲电加成,形成 C—O 键的 O-烃化反应;炔烃对脂键的亲电加成,形成 C—C 键的 C-烃化反应;环氧乙烷对氨基氮原子的亲电加成,形成 C—N 键的 N-烃化反应;环氧乙烷对羟基氧原子的亲电加成,形成 C—O 键的 O-烃化反应,详见第 10 章烃化。用双乙烯酮对氨基氮原子的亲电加成,形成 C—N 键的 N-酰化反应,见第 11 章酰化。烯烃的亲电加成环合,形成 C—C 键,例如生成 1-甲基-3-苯基茚满,见第 15 章。烯烃的亲电加成聚合,见第 16 章。羧酰氯对碳碳双键的亲电加成,形成 C—C 键,生成酮的 C-酰化反应,例如:

$$\text{C}_2\text{H}_5-\underset{\substack{|| \\ \text{O}}}{\text{C}}-\text{Cl} + \text{CH}_2=\text{CH}_2 \xrightarrow{\text{AlCl}_3} \text{C}_2\text{H}_5-\underset{\substack{|| \\ \text{O}}}{\text{C}}-\text{CH}_2\text{CH}_2\text{Cl}$$

羧酸或酰氯对碳碳叁键的亲电加成,形成 C—O 键,生成酯的 O-烷化反应,例如:

$$\text{CH}_3-\underset{\substack{|| \\ \text{O}}}{\text{C}}-\text{OH} + \text{CH}\equiv\text{CH} \xrightarrow{\text{BF}_3/\text{HgO}} \text{CH}_3-\underset{\substack{|| \\ \text{O}}}{\text{C}}-\text{O}-\text{CH}=\text{CH}_2$$

2.6.2 亲核加成

亲核加成中最重要的是碳氧双键(羰基)的亲核加成。在碳氧双键中氧原子的电负性比碳原子高得多,因此氧原子带有部分负电荷,而碳原子则带有部分正电荷:

$$\underset{\delta+}{>\!\!\text{C}}=\underset{\delta-}{\text{O}}$$

碳氧双键在进行加成反应时,带负电荷的氧总是要比带正电荷的碳原子稳定得多,因此在碱性催化剂存在下,总是带正电荷的碳原子与亲核试剂发生反应,即碳氧双键易于发生亲核加成反应。参与加成反应的亲核试剂,按其性质可分为三类。

1.能形成碳负离子的化合物

主要是含有活泼 α-氢的醛、酮、羧酸及其衍生物和亚砜等。它们在碱催化剂的作用下能形成碳负离子,碳负离子与羰基化合物容易发生亲核加成反应。例如:

$$\text{CH}_3-\underset{\substack{|| \\ \text{O}}}{\text{C}}-\text{H} + \text{OH}^- \underset{\text{快}}{\xrightarrow{\text{脱质子}}} \left[{}^-\text{CH}_2-\underset{\substack{|| \\ \text{O}}}{\text{C}}-\text{H} \rightleftharpoons \text{CH}_2=\underset{\substack{| \\ \text{O}^-}}{\text{C}}-\text{H} \right]$$

$$\text{CH}_3-\underset{\substack{|| \\ \text{O}}}{\overset{\delta+}{\text{C}}}\underset{\delta-}{-}\text{H} + {}^-\text{CH}_2-\underset{\substack{|| \\ \text{O}}}{\text{C}}-\text{H} \underset{\text{慢}}{\xrightarrow{\text{亲核加成}}} \text{CH}_3-\underset{\substack{| \\ \text{O}^-}}{\text{CH}}-\text{CH}_2-\underset{\substack{|| \\ \text{O}}}{\text{C}}-\text{H}$$

$$\xrightarrow[\text{(加质子)}]{+\text{H}_2\text{O}/-\text{OH}^-} \text{CH}_3-\underset{\substack{| \\ \text{OH}}}{\text{CH}}-\text{CH}_2-\underset{\substack{|| \\ \text{O}}}{\text{C}}-\text{H}$$

这类亲核加成是在脂键上形成新的 C—C 键的重要方法,详见第 14 章缩合。

2.具有未共用电子对的化合物或离子

例如 H_2O、ROH、H_2S、SO_3H^-、NH_2OH、$\text{C}_6\text{H}_5\text{NHNH}_2$ 等。这些亲核试剂能与羰基化合物加成,形成 C—O、C—S 和 C—N 键等。这类反应的重要实例有:

(1)醛、环氧化合物和不饱和化合物与亚硫酸氢钠的亲核加成,生成烷基磺酸化合物(见第5章磺化5.3.4);

(2)乙酰乙酰胺与苯肼有亲核加成生成腙(见第 15 章环合 15.5.1)。

3.含氢负离子的金属氢化物

例如,LiAlH_4、NaBH_4 等。它们能与碳氧双键、碳碳重键等发生亲核加成的加氢反应(见第7章氢化与还原7.6)。

2.6.3 自由基加成

自由基加成是反应试剂在光、高温或引发剂的作用下先生成自由基,然后与碳碳重键发生

加成反应,它们都是链反应。重要的自由基加成反应有:

(1)卤素和卤化氢对碳碳重键的加成(见第 4 章卤化,4.4.1 和 4.4.2);

(2)自由基的聚合反应(见第 16 章聚合反应,16.2.3,16.3.3,16.4.3)。

2.7 重排反应

重排反应是指在试剂作用下或其他因素影响下,有机物分子中发生某些基团的转移,形成另一种化合物的反应。重排反应种类很多,这里只讨论芳香族化合物侧链向环上迁移,以及迁移发生在邻近两个原子间的1,2-迁移:

(Z表示迁移基)

重排反应可以分为分子间重排与分子内重排两类。

2.7.1 分子间重排

分子间重排反应过程中能够获得分裂出来的迁移基(Z)。例如,在盐酸催化下 N-氯 N-乙酰苯胺的重排反应:

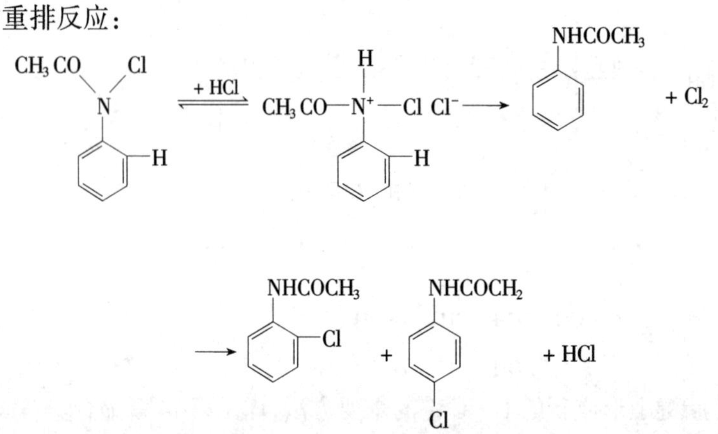

首先通过置换生成氯分子,然后氯分子与乙酰苯胺发生芳环上的亲电氯化反应。

2.7.2 分子内亲电重排

2.7.2.1 联苯胺重排

这是在酸的作用下氢化偶氮苯转化成联苯胺的反应:

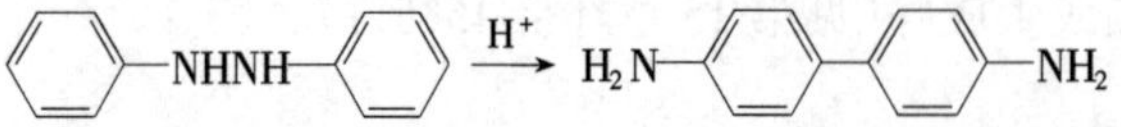

重排的反应历程,首先是氢化偶氮苯质子化,在氮氮键断裂的同时,一个苯环作为 π-电子的给予体与另一苯环形成 π-配合物,通过对位偶联生成联苯胺,在 π-配合物中一个苯环对另一苯环旋转,导致重排产品形成。

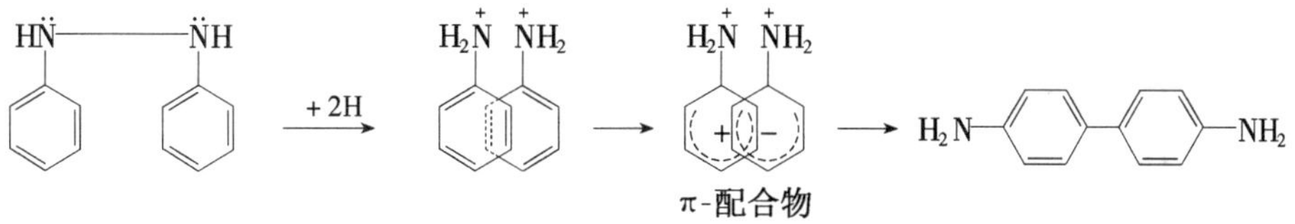

反应中还有邻位迁移生成 2,4'-二氨基联苯、邻位和对位氨基二苯胺:

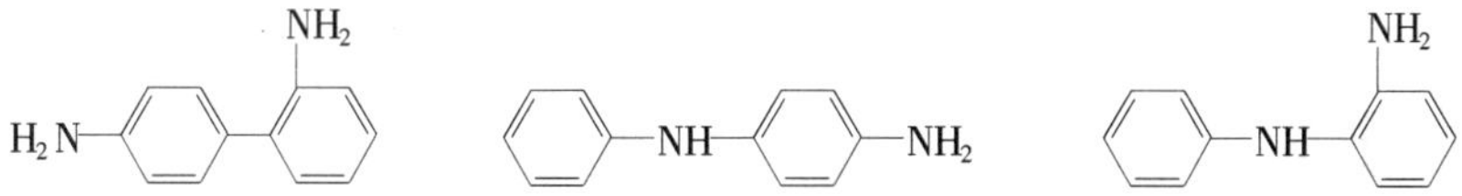

2.7.2.2 N-取代苯胺的重排

N-取代苯胺在酸性条件下迁移基从氮原子迁移到环的邻位或对位上。例如,亚硝基的迁移,它是亲电性的重排反应。仲芳胺的 N-亚硝基衍生物用盐酸处理时发生重排,主要生成对位异构产物。这个反应的重要性在于,生成的对亚硝基仲胺一般是不能通过仲芳胺直接 C-亚硝化而制得的。

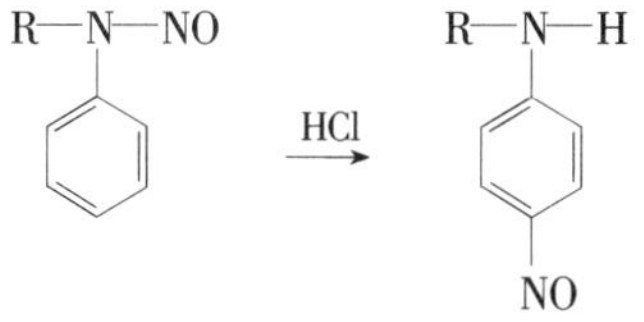

2.7.2.3 羟基的迁移

迁移基团作为亲核性质点带着它原先与支链相结合的电子对,从支链迁移至芳环上,这种重排称为芳香族亲核重排。例如,用稀硫酸作用于苯基羟胺,即发生 OH⁻ 的迁移,生成了氨基苯酚:

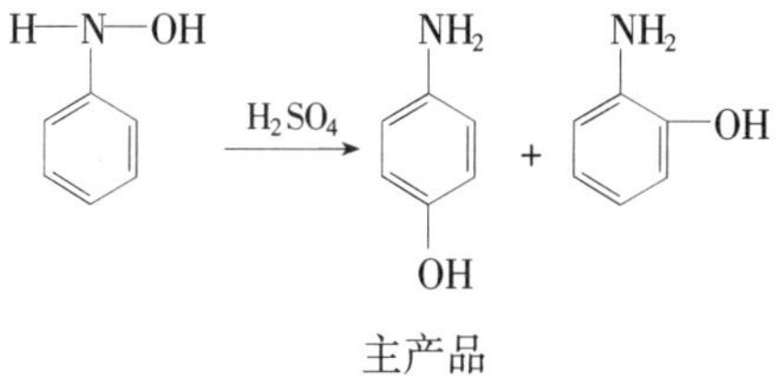

2.7.3 分子内亲核重排(1,2-迁移)

多数 1,2-迁移是亲核性的。在亲核迁移中,迁移基团带着成键的一对电子迁移到相邻的缺电子的亲电中心。

2.7.3.1 亲电中心是碳正离子引起的重排反应

在试剂的作用下首先形成碳正离子,相继邻近原子上的基团带着一对电子,向带正电荷的碳原子迁移,发生亲核重排反应。而迁移基团离开的碳原子带了正电荷,成为新的碳正离子,继而与亲核试剂(Nu:)反应或脱质子,形成重排产物,即

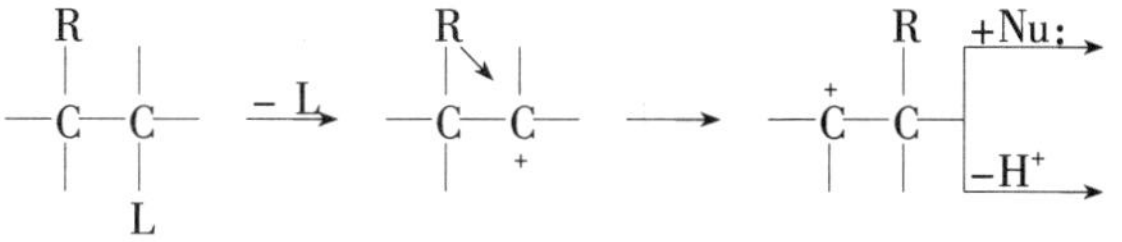

由呫吨醇合成呫吨酮即是这一反应的应用,例如:

$$R-\overset{\overset{\displaystyle R}{|}}{\underset{\underset{\displaystyle OH}{|}}{C}}-\overset{\overset{\displaystyle R}{|}}{\underset{\underset{\displaystyle OH}{|}}{C}}-R \xrightarrow[-H_2O]{+H^+} -R-\overset{\overset{\displaystyle R}{|}}{\underset{+}{C}}-\overset{\overset{\displaystyle R}{|}}{\underset{\underset{\displaystyle OH}{|}}{C}}-R \longrightarrow R-\overset{\overset{\displaystyle R}{|}}{\underset{\underset{\displaystyle R}{|}}{C}}-\overset{\overset{\displaystyle R}{|}}{\underset{\underset{\displaystyle O}{\|}}{C}}-R + H^+$$

呋呐醇   呋呐酮

2.7.3.2 亲电中心是卡宾引起的重排反应

卡宾通常由重氮基($-\overset{|}{\underset{|}{C}}-N_2$)失去 N_2 而形成。例如,重氮酮热分解或光分解,失去氮而重排成烯酮。若重排反应有水、醇或氨的存在,则生成的烯酮立即与它们加成,分别生成羧酸、酯或酰胺。这个反应通常称为伍尔夫(Wolff)重排:

$$O=\overset{\overset{\displaystyle \ \ }{}}{\underset{\underset{\displaystyle R}{|}}{C}}-CH{::}\overset{+}{N}{:}\overset{\cdot\cdot}{N}{:} \xrightarrow{-N_2} \left[O=C{-}\overset{\cdot\cdot}{\underset{\underset{\displaystyle R'}{}}{CH}} \right] \longrightarrow O{=}C{=}CHR \begin{array}{l} \xrightarrow{H_2O} RCH_2COOH \\ \xrightarrow{R'OH} RCH_2COOR' \\ \xrightarrow{NH_2} RCH_2CONH_2 \end{array}$$

2.7.3.3 亲电中心是氮宾引起的重排反应

此反应是迁移基团带着成键的一对电子迁移到相邻的氮原子上。反应过程是先从氮原子上失去取代基,形成氮宾,引起碳原子上迁移基的亲核重排:

$$R-\overset{\overset{\displaystyle O}{\|}}{\underset{\underset{\displaystyle H}{|}}{C}}-\overset{|}{\underset{}{N}}-L \xrightarrow{-L,\,-H^+} \left[R-\overset{\overset{\displaystyle O}{\|}}{C}-\overset{\cdot\cdot}{N}{:} \right] \longrightarrow O{=}C{=}N-R$$

属于这一类型的重排有多种。这里介绍以下几种。

1)霍夫曼(Hofmann)重排

这是氮卤代酰胺在碱的作用下转化成少一个碳原子胺的反应。其反应历程是,N-卤代酰胺在碱的作用下,消除卤化氢形成氮宾,同时发生烃基转移形成异氰酸酯,最后异氰酸酯与水作用生成胺:

$$R-\overset{\overset{\displaystyle O}{\|}}{C}-NH_2 \xrightarrow{Br_2+NaOH} R-\overset{\overset{\displaystyle O}{\|}}{C}-\overset{\overset{\displaystyle H}{|}}{\underset{\underset{\displaystyle Br}{|}}{N}} \xrightarrow[-Br^-,\,-H_2O]{OH^-} \left[R-\overset{\overset{\displaystyle O}{\|}}{C}-\overset{\cdot\cdot}{N}{:} \right]$$

$$\longrightarrow O{=}C{=}N-R \xrightarrow{H_2O} \left[HO-\overset{\overset{\displaystyle O}{\|}}{C}-NHR \right] \longrightarrow CO_2 + RNH_2$$

2)贝克曼(Beckmann)重排

这是在酸性催化剂(如 H_2SO_4、HCl、CH_3COCl、PCl_5 等)存在下,使酮肟转化成酰胺的反应:

$$\overset{\displaystyle R}{\underset{\displaystyle R}{}}\hspace{-0.8em}{>}C{=}N-OH \xrightarrow{H^+} R-\overset{\overset{\displaystyle O}{\|}}{C}-NHR$$

贝克曼重排的历程比较复杂,在硫酸催化下的重排历程可表示如下:

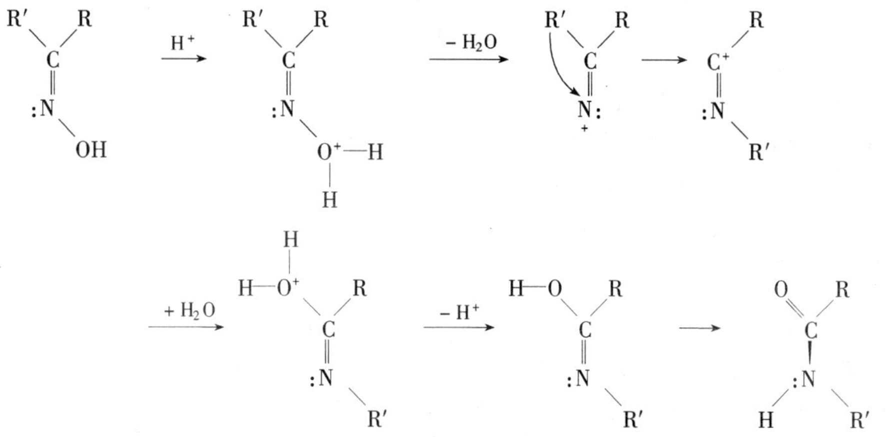

如果以羟肟酸为原料称罗森(Lossen)重排;以酰叠氮化合物为原料则称为寇梯斯(Curtius)重排。在这两个反应中都先形成氮宾,再重排成异氰酸酯中间产物。

3)罗森重排

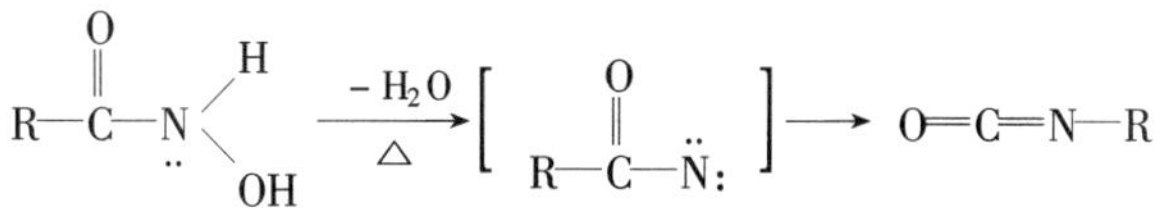

4)寇梯斯重排

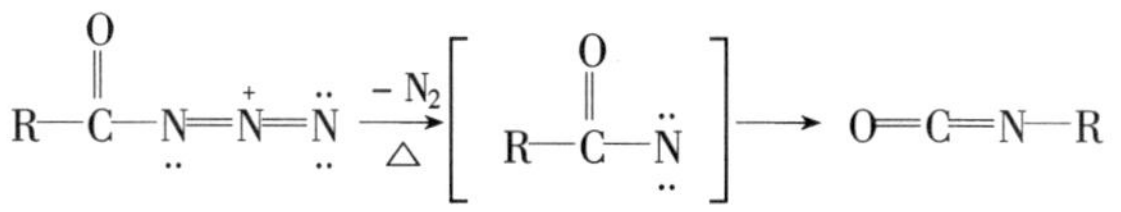

亲电中心是锌正离子引起的重排反应,这是常见的反应。例如,异丙苯的过氧化氢物用酸分解为苯酚和丙酮的过程中,包含着苯基从碳原子向氧原子的迁移重排。反应历程是异丙苯过氧化氢物先质子化,消除水后发生苯迁移,继而又与水反应,生成产物。

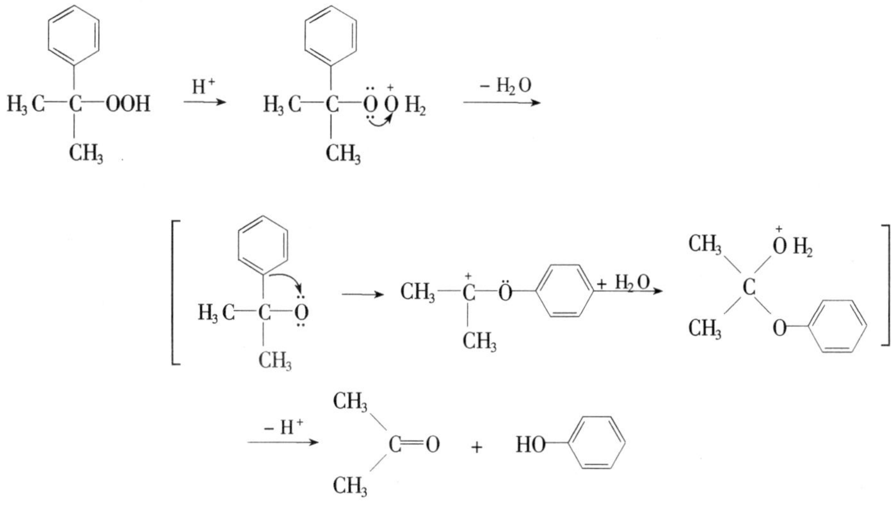

此外重排反应还有脂肪族化合物的亲电重排,这里不一一介绍。

参考文献

1　唐培堃.中间体化学及工艺学.北京:化学工业出版社,1984

2　Mare,Ridd.Aromatic Substitution.Nitration and Halogenation,1959

3　黄宪,陈振初.有机合成化学.北京:化学工业出版社,1983

4　高振衡.物理有机化学.北京:高等教育出版社,1983

5　朱淬砺.药物合成反应.北京:化学工业出版社,1982

6　何九龄.高等有机化学.北京:化学工业出版社,1987

7　〔美〕马奇著.高等有机化学.陶镇熹,赵景旻合译.北京:人民教育出版社,1981

8　乌锡康,包泉兴,吴达俊等.有机人名反应集(第一册).北京:化学工业出版社,1983

9　王葆仁.有机合成反应.北京:科学出版社,1985

10　苏企洵.有机化学反应历程.北京:高等教育出版社,1965

11　姚蒙正等.精细化工产品合成原理.北京:中国石化出版社,2000

12　张铸勇.精细有机合成单元反应.上海:华东化工学院出版社,1990

13　恽魁宏.有机化学.第二版.北京:高等教育出版社,1990

第3章 精细有机合成的工艺学基础

3.1 概述

精细有机合成的工艺学主要包括以下内容:对具体产品选择和确定技术上和经济上最合理的合成路线和工艺路线;对单元反应确定最佳工艺条件、合成技术和完成反应的方法,以得到高质量、高收率的产品。

合成路线指的是选用什么原料,经由那几步单元反应来制备目的产品。例如,在1.5中提到,苯酚的生产可以有好几条合成路线,它们各有优缺点。关于合成路线将结合具体产品在各单元反应中讨论。

工艺路线是指:对原料的预处理(提纯、粉碎、干燥、熔化、溶解、蒸发、气化、加热、冷却等)和反应物的后处理(蒸馏、精馏、吸收、吸附、萃取、结晶、冷凝、过滤、干燥等)应采用哪些化工过程(单元操作),什么设备和什么生产流程等。关于化工过程及设备是前期的课程,而且有许多专著,本书不再讨论。

反应条件是指:反应物的分子比、主要反应物的转化率(反应深度)、反应物的浓度、反应过程的温度、时间和压力以及反应剂、辅助反应剂、催化剂和溶剂的使用和选择等。考虑到反应条件与单元反应的特点有密切关系,将在以后结合各单元反应讨论。但本章仍扼要介绍"化学计量学"和"有机反应的溶剂效应"。

合成技术主要是指:非均相接触催化、相转移催化、均相络合催化、光有机合成和电解有机合成以及酶催化等。这是本章讨论的重点。由于内容太广,限于篇幅,只能扼要介绍。但关于酶催化的基本知识在大学有机化学中已经讲过,本书不再重复。

完成反应的方法主要是指:间歇操作和连续操作的选择,反应器的选择和设计等。考虑到反应器(化学反应工程学)是后续课程,本章仍将扼要介绍。

为了完成化工生产,我们必须对所涉及的物料性质有充分了解。各种物料的重要性质主要有下列几项。

(1)物料在一定条件下的化学稳定性、热稳定性、光稳定性以及贮存稳定性(包括与空气和水分长期接触的稳定性)等。

(2)熔点(凝固点)、沸点、在不同温度下的蒸气压;物料在水中的溶解度、水在液态物料中的溶解度;物料与水是否形成共沸物,以及共沸温度和共沸物组成等。

(3)相对密度、折光率、比热、导热系数、蒸发热、挥发性和粘度等。

(4)闪点、爆炸极限和必要的安全措施。

(5)毒性,对人体的危害性,在空气中的允许浓度,必要的防护措施以及中毒的急救措施。

(6)物料的商品规格、各种杂质和添加剂的允许含量、价格、供应来源、包装和贮运要求等。

以上性质可以查阅各种有关手册。

在精细有机合成中的分析、测试和检验以及生产过程中的环境保护和三废治理可查阅有关的参考书籍和刊物,本书不作专题讨论。

3.2 化学反应的计量学

3.2.1 反应物的摩尔比

反应物的摩尔比指的是加入反应器中的几种反应物之间的物质的量(摩尔)之比。这个摩尔比可以和化学反应式中的物质的量之比相同,即相当于化学计量比。但是对大多数有机反应来说,投料的各种反应物的摩尔比并不等于化学计量比。

3.2.2 限制反应物和过量反应物

化学反应物不按化学计量比投料时,其中以最小化学计量数存在的反应物叫做"限制反应物",而某种反应物的量超过限制反应物完全反应的理论量,则该反应物称为"过量反应物"。

3.2.3 过量百分数

过量反应物超过限制反应物所需理论量部分占所需理论量的百分数叫做"过量百分数"。若以 n_e 表示过量反应物的物质的量,n_t 表示它与限制反应物完全反应所消耗的物质的量,则过量百分数为:

$$过量百分数 = \frac{n_e - n_t}{n_t} \times 100 \ \%$$

(3-1)

氯苯的二硝化:

$$ClC_6H_5 + 2HNO_3 \longrightarrow ClC_6H_3(NO_2)_2 + 2H_2O$$

物料名称	氯苯	硝酸
化学计量比(系数)	1	2
投料摩尔数	5.00	10.70
投料摩尔比	1	2.14
投料化学计量数	5	5.35

因此,氯苯是限制反应物,硝酸是过量反应物。

$$硝酸过量百分数 = \frac{5.35 - 5}{5} \times 100 = 7 \ \%$$

或 $\frac{2.14 - 2}{2} \times 100 = 7 \ \%$

应该指出,对于苯的一硝化或一氯化等反应,常常使用不足量的硝酸或氯气等反应剂,但这时仍以主要反应物(苯)作为配料的基准。例如,在使 1 mol 苯进行一硝化时用 0.98 mol 硝酸,通常表示为苯:硝酸摩尔比是 1:0.98,硝酸用量是理论量的98 %。但这种表示法不利于计算转化率。

3.2.4 转化率

转化率以 X 表示。某一种反应物 A 反应掉的量 $n_{A,R}$ 占其向反应器中输入的反应物 $n_{A,in}$ 的百分数叫做反应物 A 的转化率 X_A。

$$X_A = \frac{n_{A,R}}{n_{A,in}} = \frac{n_{A,in} - n_{A,out}}{n_{A,in}} \times 100\%$$ (3-2)

上式中 $n_{A,out}$ 表示 A 从反应器输出的量,均以摩尔数表示。

一个化学反应以不同的反应物为基准进行计算可得到不同的转化率。因此,在计算时必须指明某反应物的转化率,若没有指明,则常常是主要反应物或限制反应物的转化率。

3.2.5 选择性

选择性(以 S 表示)指的是某一反应物转变成目的产物理论消耗的物质的量占该反应在反应中实际消耗掉的总量的百分数。设反应物 A 生成目的产物 P,n_p 表示生成目的产物的物质的量,a、p 分别为反应物 A 和目的产物 P 的化学计量系数,则选择性为:

$$S = \frac{n_p \frac{a}{p}}{n_{A,in} - n_{A,out}} \times 100\%$$ (3-3)

3.2.6 理论收率

收率指的是生成的目的产物的物质的量(n_p)占输入的反应物的物质的量($n_{A,in}$)的百分数。这个收率又叫做理论收率(以 Y 表示)。

$$Y_p = \frac{n_p \frac{a}{p}}{n_{A,in}} \times 100\%$$ (3-4)

转化率、选择性和理论收率三者之间的关系是:

$$Y = S \cdot X$$ (3-5)

例如,100 mol 苯胺在用浓硫酸进行焙烘磺化时,反应物中含 87 mol 对氨基苯磺酸,2 mol 未反应的苯胺,另外还有一定数量的焦油物,则苯胺的转化率

$$X = \frac{100 - 2}{100} \times 100\% = 98.00\%$$

生成对氨基苯磺酸的选择性为

$$S = \frac{87 \times \frac{1}{1}}{100 - 2} = 88.7\%$$

生成对氨基苯磺酸的理论收率为

$$Y = S \cdot X = 98\% \times 88.7\% = 87.00\%$$

或　　$$Y = \frac{87 \times \frac{1}{1}}{100} = 87.00\%$$

3.2.7 质量收率

理论收率一般用于计算某一反应步骤的收率。但是在工业生产中,为了计算反应物经过预处理、化学反应和后处理之后所得目的产物的总收率,还常常采用质量收率 $Y_质$。它是目的产物的质量占某一输入反应物的质量百分数:

$$Y_{\text{质}} = \frac{\text{所得目的产物的质量}}{\text{某输入反应物的质量}} \times 100\% \tag{3-6}$$

例如，100 kg 苯胺(纯度 99%，相对分子质量 93)经焙烘磺化和精制后得 217 kg 对氨基苯磺酸钠(纯度 ≥97%，相对分子质量 231.2)，则按苯胺计，对氨基苯磺酸钠的理论收率

$$Y = \frac{(217 \times 97\% / 231.2)}{(100 \times 99\% / 93)} \times 100\% = 85.6\%$$

对氨基苯磺酸钠的质量收率 $\quad Y_{\text{质}} = \dfrac{217 \times 97\%}{100 \times 99\%} \times 100\% = 212.6\%$

在这里，质量收率大于 100%，主要是因为目的产物相对分子质量比反应物相对分子质量大。

3.2.8 原料消耗定额

原料消耗定额是指每生产一吨产品需要消耗多少吨(或千克)各种原料。对于主要反应物来说，它实际上就是质量收率的倒数。在上例中，每生产一吨对氨基苯磺酸钠时，苯胺的消耗定额是：

$$(100 \times 99\%) \div (217 \times 97\%) = 0.470 \text{ t} = 470 \text{ kg}$$

3.2.9 单程转化率和总转化率

有些生产过程，主要反应物每次经过反应器后的转化率并不太高，有时甚至很低，但是未反应的主要反应物大部分可经分离回收循环套用。这时要将转化率分为单程转化率 $X_{\text{单}}$ 和总转化率 $X_{\text{总}}$ 两项。设 $n_{A,\text{in}}^{R}$ 和 $n_{A,\text{out}}^{R}$ 表示反应物 A 输入和输出反应器的物质的量。$n_{A,\text{in}}^{S}$ 和 $n_{A,\text{out}}^{S}$ 表示反应物 A 输入和输出全过程的物质的量。则：

$$X_{\text{单}} = \frac{n_{A,\text{in}}^{R} - n_{A,\text{out}}^{R}}{n_{A,\text{in}}^{R}} \times 100\% \tag{3-7}$$

$$X_{\text{总}} = \frac{n_{A,\text{in}}^{S} - n_{A,\text{out}}^{S}}{n_{A,\text{in}}^{S}} \times 100\% \tag{3-8}$$

例如，在苯的一氯化制氯苯时，为了减少副产二氯苯的生成量，每 100 mol 苯用 40 mol 氯，反应产物中含 38 mol 氯苯、1 mol 二氯苯，还有 61 mol 未反应的苯，经分离后可回收 60 mol 苯，损失 1 mol 苯，如下图所示：

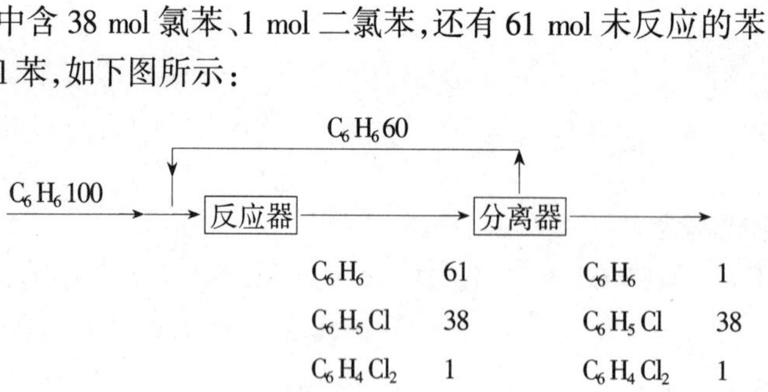

苯的单程转化率 $\quad X_{\text{单}} = \dfrac{100 - 61}{100} \times 100\% = 39.00\%$

苯的总转化率 $\quad X_{\text{总}} = \dfrac{100 - 61}{100 - 60} \times 100\% = 97.50\%$

生成氯苯的选择性 $\quad S = \dfrac{38 \times \frac{1}{1}}{100 - 61} \times 100\% = 97.44\%$

生成氯苯的总收率　　$Y_总 = \dfrac{38 \times \dfrac{1}{1}}{100 - 60} \times 100\% = 95.00\%$

或　$97.50\% \times 97.44\% = 95.00\%$

由上例可以看出,对于某些反应,其主反应物的单程转化率可以很低,但是总转化率和总收率却可以很高。

参考文献

1　葛婉华,陈鸣德.化工计算.北京:化学工业出版社,1990
2　于宏奇,单振业.化工工艺及计算.北京:中央广播电视大学出版社,1986

3.3　化学反应器

化学反应器是反应原料在其中进行化学反应、生成目的产物的设备。化学反应器在结构和材料上必须满足以下要求:

(1)对反应物料(特别是非均相的气液反应物、液液反应物、气固反应物、液固反应物、气液固三相反应物)提供良好的传质条件,便于控制反应物系的浓度分布,以利于目的反应的顺利进行;

(2)对反应物料(特别是强烈放热或强烈吸热的反应物系)提供良好的传热条件,便于热效应的移除或供给,以利于反应物系的温度控制;

(3)在反应的温度、压力和介质条件下,具有良好的力学强度和耐磨蚀性能;

(4)能适应反应器的操作方式(间歇操作或连续操作)。

3.3.1　间歇操作和连续操作

在反应器中实现一个化学反应可以有两种操作方式,即间歇操作和连续操作。

间歇操作是将各种反应原料按一定的顺序加到反应器中,并在一定的温度、压力下经过一定时间完成特定的反应,然后将反应好的物料从反应器中放出。因为反应原料是分批加到反应器中的,所以又叫做"分批操作"。在间歇操作时,反应物的组成随时间而改变;另外,反应物的温度和压力也可以随时间而改变。

连续操作是将各种反应原料按一定的比例和恒定的速度连续不断地加入到反应器中,并且从反应器中以恒定的速度连续不断地排出反应产物。在正常操作下,反应器中某一特定部位的反应物料的组成、温度和压力原则上是恒定的。

连续操作比间歇操作有许多优点。第一,连续操作比较容易实现高度自动控制,产品质量稳定;而间歇操作的程序自动控制则相当困难而且费用昂贵,因此间歇操作比连续操作需要较多的劳动,而且反应的效果常常受人的因素影响。第二,连续操作很容易缩短反应时间;而间歇操作则需要有加料、调整操作的温度和压力、放料以及准备下一批投料等辅助操作时间。因此,对于生产规模大、反应时间短的化学过程都尽可能采用连续操作。特别是气相反应和气固相接触催化反应则必须采用连续操作。第三,连续操作容易实现节能。例如从反应器中移出的热量以及热的反应产物在冷却时通过热交换器传出的热量可用来预热冷的反应原料,或者把热量传递给水以产生水蒸气。而要把间歇操作组合到节能系统中一般是难于实现的。

但是,间歇操作也有它独特的优点。第一,连续操作的技术开发比间歇操作困难得多。节能和节省劳动力一般是与生产规模成正比例的,对于小规模生产来说,开发一个连续操作常常是不值得的。第二,间歇操作的开工和停工一般比连续操作容易。间歇操作的设备在产量的大小上有较多的伸缩余地,更换产品也有灵活性,而连续操作的设备通常只能生产单一产品。第三,在某些情况下,由于反应原料或产物的物理性质(例如粘稠度和分散状态),或是由于反应条件的控制(例如温度、压力和操作步骤)等因素,难于采用连续操作。例如用固相法生产2,3-酸就必须采用间歇操作(见11.4.3)。因此,对于多品种、产量小的精细化工产品来说,间歇操作有相当广泛的应用。

3.3.2 间歇操作反应器

液液相或液固相间歇操作的反应器基本上和实验室的设备相似,所不同的是规模大,制造材料和传热方式不同。这种间歇操作反应器可以是敞口的反应槽(相当于烧杯),也可以是带回流冷凝器的反应锅(相当于四口烧瓶),或者是耐压的高压釜。对于某些物料非常粘稠的液固相反应,则常常采用卧式转筒球磨机式反应器(固相罐)。

最常用的传热方式是在锅外安装夹套或在锅内安装蛇形盘管。冷却一般用冷水或冷冻盐水。加热一般用水蒸气,需要较高温度时(180~260 ℃)则用耐高温导热油。对于转筒球磨机式反应器(例如苯胺固相焙烘磺化制对氨基苯磺酸,料温约200 ℃)或其他高温反应过程(例如2-萘磺酸钠的碱熔制2-萘酚,料温280~320 ℃),还可以采用直接火加热(燃烧煤气、燃料油或煤)或者直接用电热。在个别情况下,也可以直接向反应器中加入碎冰进行冷却(例如重氮化和偶合反应),或者直接通入水蒸气进行加热(例如1-萘磺酸的水解反应)。

气液相间歇操作的反应器,其结构和连续操作反应器基本相同,将在以后讨论。

3.3.3 液相连续反应器

在连续操作的反应器中,有两种极限的流动模型,即"理想混合型"和"理想置换型"。

3.3.3.1 理想混合型反应器

它通常是装有搅拌器和传热装置的反应锅,如图3-1(a)所示。反应原料连续不断地加入到锅中,在搅拌下于锅内停留一定时间,同时反应产物也连续不断地从锅中流出。这种反应器的特点是:强烈的搅拌产生了反向混合作用(简称返混),即新加入的物料与已存留在锅内的物料能瞬间完全混合,所以锅内各处物料的组成和温度都相同,并且等于出口处物料的组成和温度。但是,物料中各个粒子在反应器内的停留时间并不相同。

锅式连续反应器的主要优点是:强烈的搅拌有利于非均相反应物的传质,可加快反应速度;另外,也有利于强烈放热反应的传热,可加大反应锅的生产能力。例如,苯、甲苯和氯苯的一硝化都采用锅式连续反应器。

锅式连续操作也有很多缺点:①锅内物料的组成等于出口物料的组成,即其中反应原料的浓度相当低,这就显著影响反应速度;②流出的反应产物中势必残留有一定数量未反应的原料,从而影响收率;③锅内已经生成的反应产物的浓度相当高,它容易进一步发生连串副反应。例如,苯用混酸的一硝化过程,如果采用单锅连续操作,不仅设备生产能力低,反应产物中含有较多未反应的苯和硝酸,最不利的是产品硝基苯中含有高达2 %~4 %的副产物二硝基苯。因此,单锅连续操作在工业上很少采用。

为了克服这个缺点,一般都采用多锅串联法,如果 3-1(b)所示。反应原料连续地加到第一个反应锅中,反应物料依次地连续流经第二个(和第三个)反应锅,而反应产物则从最后一个反应锅流出。多锅串联连续操作的特点是:几个反应锅之间并无返混作用,从而大大降低了返混作用的不利影响。因此它具有以下优点:第一个反应锅中反应原料的浓度比较高,反应速度相当快,可大大提高设备的生产能力;每个反应锅可以控制不同的反应温度;另外,在最后一个反应锅中,反应原料的浓度已经变得很低,可大大减少反应产物中剩余未反应物的含量,有利于降低原料的消耗定额,并大大减少连串反应副产物的生产量。例如,用多锅串联法进行苯的一硝化时,产品硝基苯中二硝基苯副产物的生成量可降低到0.1 % 以下,有利于提高产品质量。为了避免原料以短路的方式从各反应锅中流出,可以在锅内安装导流筒,或是将传热蛇管做成导流筒的形式,如果 3-2(a)所示。另外,也可把反应器做成 U 形循环管的形式,如图 3-2(b)。

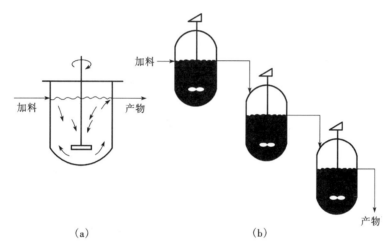

(a) (b)

图 3-1　混合型反应器

(a)理想混合型反应器　(b)非理想混合多锅串联反应器

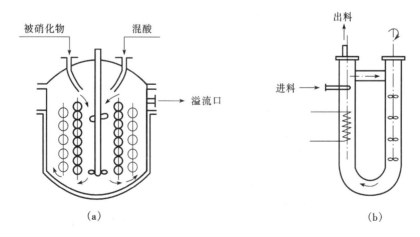

(a) (b)

图 3-2　混合型反应器

(a)连续硝化锅　(b)U 型管式反应器

3.3.3.2 理想置换型反应器

它的典型是管式反应器。反应原料从管子的入口端进入,在管内向前流动,经过一定时间后从管子的出口端流出,如图3-3(a)所示。在理想条件下,没有返混作用。因为物料在管内平行向前移动,好像一个活塞在气缸内朝一个方向移动,所以又叫做"活塞流"或"理想排挤"。

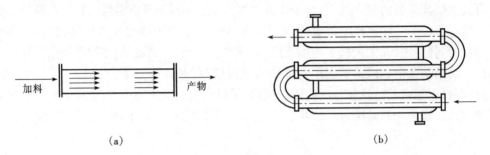

图 3-3　置换型反应器

(a)理想置换反应器　(b)管式反应器

理想置换型反应器的特点是:在高度湍流情况下,在垂直于物料流向的任何一个截面上,所有的物系参数都相同。即在任何一个截面上,各点的物料组成、温度、压力和流速都相同,因此,物料各粒子在管内的停留时间都相同。另一方面,在沿着管子长度的不同点上,所有的物系参数各不相同。例如,在管子的进口端,原料的浓度非常高,反应速度相当快,热效应非常大;而在管子的出口处,原料的浓度已变得非常低,反应速度很慢,热效应也很小,所以沿管长上各点的反应温度也各不相同。这种管式反应器主要用于热效应不太大,对反应温度不太敏感以及高压操作的化学过程。例如邻硝基氯苯的高压液相连续氨解过程等。但是,对于热效应很大、对温度比较敏感,而且需要良好传质的化学过程(例如苯的连续一硝化),就不宜采用管式连续反应器。另外,对于固体物料容易在管内沉积堵管的化学过程,也不宜采用管式连续反应器。

对于液液非均相反应一般采用单管式反应器。为了结构紧凑并充分利用热效应,常常把管子做成盘管形或蛇管形,放在一个传热浴中。但有时为了加强传热或分段控制反应温度,也可以沿管壁安装传热夹套或电热装置,如图3-3(b)所示。

3.3.4 气液相反应器

气液相反应主要是利用空气中氧的氧化反应,利用氯气的氯化反应以及用氢气的加氢反应等。大规模生产,一般都采用鼓泡塔式反应器。这类反应器既可以间歇操作,也可以连续操作。在连续操作时,反应气体总是从塔的底部输入,尾气从塔的顶部排出;而液态物料既可以从塔的底部输入,从塔的上部流出(并流法),如图3-4所示,也可以从塔的上部输入,从塔的底部流出(逆流法)。因为在塔中有一定的返向混合作用,为了减少它的不利影响,并使气液相之间有良好的传质作用,可在塔内装有填料、筛板、泡罩板、各种挡网或挡板等内部构件。为了控制反应温度,可采用内部热交换器或外循环式热交换器。为了避免塔身太高而增加通入气体的压头,也可以采用多塔串联的方式从每个塔的底部通入反应气体。

当气液相反应速度相当快,热效应相当大时,也可以采用列管式并流反应器(例如高碳烷烃的氯化)或降膜并流管式反应器(例如十二烷基苯的 SO_3 磺化,图3-5)。

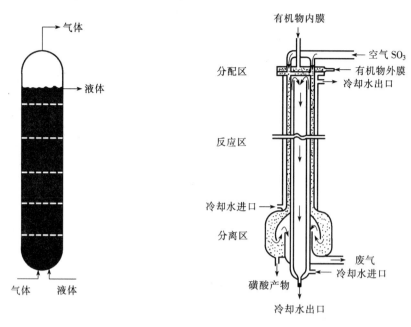

图 3-4 气液相塔式反应器　　　　　图 3-5 双膜反应器

3.3.5　气固相接触催化反应器

气固相接触催化反应是将反应原料的气态混合物在一定的温度、压力下通过固体催化剂而完成的。这类反应方式在工业上有广泛的应用,它一般都采用连续操作的方式。这类反应器设计的主要问题是传热和催化剂的装卸。这类反应器主要有三种类型,即绝热固定床反应器、列管固定床反应器和流化床反应器。

3.3.5.1　绝热固定床反应器

单层绝热固定床反应器的结构非常简单,如图 3-6 所示,它是一个没有传热装置,只装有固体催化剂的容器。反应原料从容器的一端输入,反应产物则从容器的另一端输出。这类反应器的主要优点是设备结构简单、空间利用率高、造价低、催化剂装卸容易。但是,在这类反应器中,反应物料和催化剂的温度是变化的。对于放热反应,从进口到出口温度逐渐升高;对于吸热反应,从进口到出口温度逐渐降低。而且反应过程的热效应越大,进出口的温差越大。由于这个特点,使得单层绝热固定床反应器只适用于过程热效应不大、反应产物比较稳定、对反应温度变化不太敏感、反应气体混合物中含有大量惰性气体(例如水蒸气或氮气)、一次通过反应器转化率不太高的过程。例如,氯苯的气相水解制苯酚,甲醇的氧化脱氢制甲醛等。另外,单层绝热固定床反应器中的催化剂层不宜太厚,以免进口和出口的温差太大,因此,只适用于反应停留时间短的过程。

当反应的热效应较大时,为了改善反应的温度条件并提高转化率,常常采用多段绝热反应器,如图 3-7 所示。为了调整反应温度,可根据过程的特点选择合适的载热体或冷却剂。对于放热反应,可进行原料气的预热(例如,一氧化碳的水蒸气转变制氢);对于吸热反应,还可以采用外部管式加热炉。

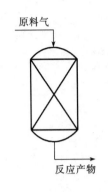

图 3-6 单层绝热
反应器

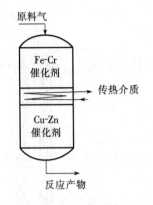

图 3-7 多段绝热固定床反应器

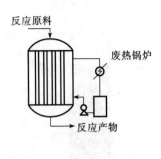

图 3-8 列管式固定床
反应器

3.3.5.2 列管式固定床反应器

列管式固定床反应器的结构类型很多,最简单的结构类似于单程列管式换热器,如图 3-8 所示。催化剂放在列管内,载热体在管外进行冷却或加热。对于放热反应,可以用熔盐或其他载热体将热效应移出。热的载热体经废热锅炉降温后再返回列管反应器,废热锅炉吸收热量后可产生 0.6~2.0 MPa 的水蒸气。熔盐是等摩尔比的硝酸钾和亚硝酸钠的混合物,熔点 141 ℃,可在 147~540 ℃ 操作。它的优点是比热和导热系数大,传热效果好。对于吸热反应,根据所要求的温度,可以用液态或蒸气态的载热体进行加热,另外也可以用电热或用外部管式炉加热(多段固定床反应器)。

管子的内径一般为 25~45 mm。管径太粗,管内催化剂的轴向温度梯度大。管径太细,气体通过催化剂的阻力大,列管束的根数大大增加,从而增加列管反应器的制造费;另外,还给催化剂均匀填装带来麻烦。

催化剂的粒径一般约为 5 mm 左右。每根管子内催化剂的填装量和对气流的阻力都必须基本上相同,以保证反应气体均匀地通过每根催化剂管,并且反应效果基本相同,因此催化剂的装卸都比较麻烦。

管式反应器属于理想置换型反应器,沿管长不同位置的温度不一样。例如,从邻二甲苯或萘的空气氧化制邻苯二甲酸酐时,温度不太高的反应气体在开始进入列管时,先经过一个无催化剂的预热段;接着是快速反应段,在这里反应原料的浓度高,反应速度快,使温度升高而达到一个超过正常反应温度的热点;此后,反应气体中原料的浓度逐渐下降,反应速度和放热量也逐渐下降,随之反应温度也逐渐下降到比较平稳的正常反应温度,如图 3-9 所示。

列管式固定床反应器主要用于热效应大、对温度比较敏感、要求转化率高、选择性好、必须使用粒状催化剂、催化剂使用寿命长、不需要经常更换催化剂的反应过程。它的应用很广,许多气固相接触催化氧化过程都采用列管式固定床反应器。

列管式反应器的主要缺点是:结构复杂、加工制造不方便而且造价高,特别是对大型反应器,需要安装几万根管子。但是,对于邻二甲苯的氧化制邻苯二甲酸酐,现在已能制造直径 6 m、列管束 21 600 根的氧化器,每台氧化器可年产 3.6 万吨苯酐,另外还能制造生产能力更大的氧化器。

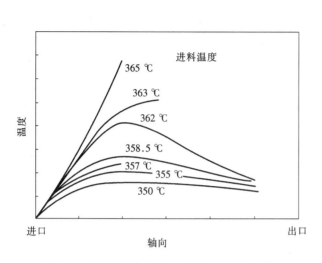

图 3-9 列管式固定床反应器的轴向温度变化

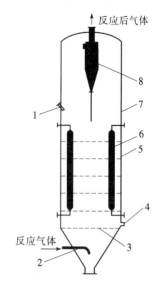

图 3-10 流化床反应器

1—加催化剂口 2—预分布器 3—分布板
4—卸催化剂口 5—内部构件
6—热交换器 7—壳体 8—旋风分离器

3.3.5.3 流化床反应器

它的基本结构如图 3-10 所示,主要构件是壳体、气体分布板、热交换器、催化剂回收装置,有时为了减少反向混合并改善流态化质量,还在催化剂床层内附加挡板或挡网等内部构件。

流态化的基本原理是:当气体经过分布板以适当速度均匀地通过粉状催化剂床层时,催化剂的颗粒被吹动,漂浮在气体中做不规则的激烈运动,整个床层类似沸腾的液体一样,能够自由运动,所以又叫做沸腾床。

流化床的主要优点是:采用细颗粒催化剂有利于反应气体在催化剂微孔中的内扩散,催化剂表面的利用率高;加强床层的传热,床层温度均匀,可控制在 1~3 ℃的温度差范围内;便于催化剂的再生和更换;制造费比列管式固定床低得多。流化床反应器广泛用于空气氧化、催化裂化等反应过程。

流化床的主要缺点是:由于返混作用,对于某些反应,转化率和选择性不如固定床;催化剂容易磨损流失;不能使用表面型颗粒状催化剂。为了回收催化剂,可在反应器上部安装内旋风分离器,或安装缠多层玻璃布的多孔过滤管。

3.3.6 气液固三相反应器

这类反应器主要用于低碳烯烃的聚合反应,各种液相催化加氢反应以及使用生物酶催化剂的各种生物化学反应。

按照催化剂所处的状态,加氢反应器可分为以下三种类型。

3.3.6.1 泥浆型反应器

在反应器里粉状催化剂处于悬浮或流动状态。这类反应器又分为搅拌锅式反应器和鼓泡塔式反应器两种结构型式。

搅拌锅式反应器主要用于小规模生产。因为大型高压釜造价高,氢气与液固相的传质效率差。

鼓泡塔式反应器比大型高压釜造价低,未反应的氢气可以循环鼓泡,传质效果好,适用于中、小规模生产。

3.3.6.2 三相固定床反应器

大颗粒催化剂在反应器中处于固定状态。按照气液两相的流向和分布状态,又可分为鼓泡型和淋液型,如图3-11所示,其中以淋液型应用较多。

固定床加氢反应器的主要优点是操作控制方便、生产能力大,但是要求催化剂活性高、寿命长、易再生。

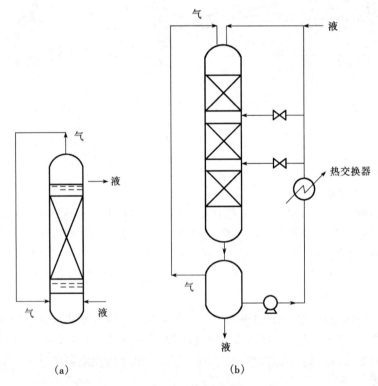

图 3-11 三相固定床反应器示意图
(a)鼓泡型 (b)淋液型

3.3.6.3 三相流化床反应器

它采用微球型或挤条型催化剂,气液两相从反应器的底部通入反应器,使催化剂处于流化状态,为了保证催化剂颗粒悬浮流态化以提高传质效率,常常使物料循环流动(内循环或外循环)。它主要用于连续操作,并常常采用多塔串联。

参考文献

1 佟泽民.化学反应工程.北京:中国石化出版社,1993
2 朱炳辰.化学反应工程.北京:化学工业出版社,1993
3 左识之.精细化工反应器及车间工艺设计.上海:华东理工大学出版社,1996

4　黄恩才,刘国际.化学反应工程.北京:化学工业出版社,1996
5　陈松茂.有机合成工艺设计及反应装置.上海:交通大学出版社,1998

3.4　精细有机合成中的溶剂效应

3.4.1　概述

1.溶剂对有机反应的影响

溶剂的作用不只是使反应物溶解,更重要的是溶剂可以和反应物发生各种相互作用。如果选择合适的溶剂就可以使主反应显著地加速,并且能有效地抑制副反应。另外,溶剂还会影响反应历程、反应方向和立体化学。因此,了解溶剂的性质、分类以及溶剂和溶质之间的相互作用,并合理地选择溶剂,对于目的反应的顺利完成有重要意义。

2.溶液和溶解作用

溶质溶解于溶剂而形成的均态混合物体系叫做溶液。溶解作用的最古老的经验规则是"相似相溶"。总的来说,一个溶质易溶于化学结构相似的溶剂,而不易溶于化学结构完全不同的溶剂。极性溶质易溶于极性溶剂,非极性溶质易溶于非极性溶剂。但是,也有一些例外,即化学结构相似的组分呈现不溶性,而化学结构不相似的组分却能互相溶解。一般认为与溶解作用有关的因素主要有:

(1)相同分子之间的引力与不同分子之间的引力的相互关系;

(2)由分子的极性所引起的缔合程度;

(3)溶剂化作用;

(4)溶剂和溶质的分子量;

(5)溶剂活性基团的种类和数目。

3.溶剂和溶质之间的相互作用力

大量溶剂分子和少量溶质分子之间的相互作用力可以分为三大类:

(1)库仑力,即静电吸引力,它包括离子-离子力和离子-偶极力;

(2)范德华(Van der Waals)力,亦称内聚力,它包括偶极-偶极力(定向力)、偶极-诱导偶极力(诱导力)和瞬时偶极-诱导偶极力(色散力);

(3)专一性力,它包括氢键缔合作用、电子对给体/电子对受体相互作用(电荷转移力)、溶剂化作用、离子化作用、离解作用和憎溶剂相互作用等。

第一类和第二类分子间力是普遍存在的非专一性力,第三类分子间力是只有在一定分子结构之间才能发生的、有一定方向的专一性力。

3.4.2　溶剂的分类

溶剂的分类有许多方案,各有一定的用途。

3.4.2.1　溶剂按化学结构分类

溶剂按化学结构可以分为无机溶剂和有机溶剂两大类。常用的无机溶剂数量很少,主要有:水、液氨、液体二氧化硫、氟化氢、浓硫酸、熔融氢氧化钠和氢氧化钾、熔融的氯化锌、三氯化铝和五氯化锑、四氯化钛、三氯化磷和三氯氧磷等。常用的有机溶剂非常多,按化学结构属于以下类型的化合物:脂烃、环烷烃、芳烃、卤代烃、醇、酚、醚、醛、酮、羧酸、羧酸脂、硝基化合物、胺、腈、未取代的和取代的酰胺、亚砜、砜、杂环化合物和季铵盐等。总之,在反应条件下(主要是温度和压力),能成为液态的物质或混合物都可以用作溶剂。

把溶剂按化学结构分类,可以给出某些定性的预示。这就是前面提到的"相似相溶"原则。另外,根据各类溶剂化学反应性的知识,也可以帮助我们合理地选择溶剂,避免在溶质和溶剂之间发生不希望的副反应。例如,水解反应就不宜选用羧酸酯、酰胺或腈类作溶剂。

3.4.2.2 溶剂按偶极矩和介电常数分类

偶极矩 μ 和介电常数 ε 是表示溶剂极性的两个重要参数,因此这种分类法具有重要实际意义。

1.偶极矩 μ

在以下电中性分子中,由于电荷不对称而具有永久偶极矩。

$$\mu = 1.54D;\ \varepsilon = 5.62 \qquad \mu = 3.86D;\ \varepsilon = 37.0$$

$$\mu = q \cdot d \qquad\qquad (3-9)$$

式中: q 表示偶极分子中电量相等的两个相反电荷 δ^+ 和 δ^- 的大小, d 表示这两个电荷之间的距离。偶极矩的法定计量单位是库仑·米(C·m)。因为它的数值太小,偶极矩的单位又常常用 Debye(德拜,D)来表示,1 D = 3.335 64 × 10^{-30} C·m。有机溶剂的偶极矩 μ 在 0 ~ 18.5 × 10^{-30} C·m 或 0 ~ 5.5 D 之间。从烃类溶剂到具有以下偶极性基团的溶剂(例如 $\overset{\delta+}{C} \vdots \overset{\delta-}{O}$、$\overset{\delta-}{C} \vdots \overset{\delta+}{N}$、$\overset{\delta-}{N} \vdots$ $\overset{\delta-}{O}$、$\overset{\delta+}{S} \vdots \overset{\delta-}{O}$ 和 $\overset{\delta+}{P} \vdots \overset{\delta-}{O}$ 等),其偶极矩的数值依次递增。

分子中具有永久偶极矩的溶剂叫做"极性"溶剂;反之,分子中没有永久偶极矩的溶剂则叫做"无极性"或"非极性"溶剂,例如己烷、环己烷、苯、四氯化碳和二硫化碳等。由于没有永久偶极矩的溶剂是极少的,因此把偶极矩小于 2.5 D 的非质子传递弱极性溶剂(例如氯苯和二氯乙烷)也列为非极性溶剂。

偶极矩主要影响在溶质(分子或离子)周围的溶剂分子的定向作用。

2.介电常数 ε

它的定义是 $\varepsilon = E_0/E$。式中 E_0 表示电容器板本身在真空下测得的电场强度; E 是在同一电容器板之间放入溶剂后,测得的电场强度。

如果溶剂分子本身没有永久偶极矩,则外电场会使溶剂分子内部分离出电荷而产生诱导偶极。具有永久偶极或诱导偶极的溶剂分子被充电的电容器板强制地形成一个有序排列,从而引起所谓的"极化作用"。极化作用越大,电场强度的下降也越大,即 E 值越小,介电常数 ε 越大。因此,介电常数表示溶剂分子本身分离出电荷的能力,或溶剂使它的偶极定向的能力。

溶剂的极性有时也用该溶剂的介电常数来表示,即介电常数越大,极性越强。有机溶剂的介电常数大约在 2(环己烷、正己烷)到 190(N-乙基甲酰胺)之间。习惯上把介电常数大于 15 ~ 20 的溶剂叫做极性溶剂,把介电常数小于 15 ~ 20 的溶剂叫做非极性溶剂。

介电常数主要影响溶剂中离子的溶剂化作用和离子体的离解作用,这将在以后讨论。

3.溶剂极性的本质——溶剂化作用

关于溶剂的"极性"这个术语,直至现在尚未被确切地下定义。关于溶剂的所谓极性,重要的是它的总的溶剂化能力。溶剂化作用指的是每一个被溶解的分子(或离子)被一层或几层溶剂分子或松或紧地包围的现象。溶剂化作用是一种十分复杂的现象,它包括溶剂与溶质之间所有专一性和非专一性相互作用的总和。这样多的溶剂、溶质相互作用,很难用一个简单的物理量来表示。习惯上,常常用偶极矩或介电常数表示。但是这两个物理量都只能反映溶剂的一部分性质或起某种作用。尽管如此,把溶剂按照它们的极性(偶极矩或介电常数)分成几种不同的类型,并分别讨论各类溶剂对溶质分子(或离子)的作用,对于为各种具体反应选择合适的溶剂还是有重要实际意义的。

4.溶剂极性参数

由于溶剂、溶质间多种相互作用的总和很难用一个简单的物理量来表示,这就导致了用溶剂的实验极性参数来表示溶剂极性的尝试。溶剂实验极性参数的种类很多,其中最常用的是以 $E_T(30)$ 值(即第30号染料在不同溶剂中的最长波长溶剂化显色吸收谱带的跃迁能)作为衡量溶剂极性的尺度。但是用各种方法测得的溶剂极性实验参数的规律性差别很大,因此也只能作为参考。

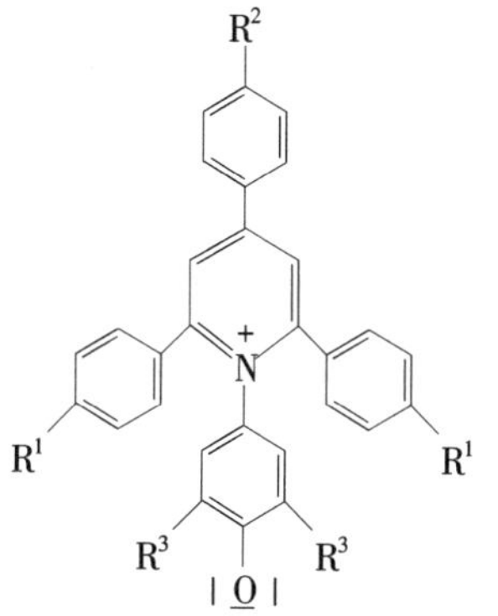

第30号染料

$$R^1 = R^2 = H, R^3 = C_6H_5$$

3.4.2.3 溶剂按 Lewis 酸碱理论分类

按照这种理论,酸是电子对受体(EPA),碱是电子对给体(EPD)。两者通过以下化学平衡相联系:

A	+	:B	$\rightleftharpoons$	A→B
酸(EPA)		碱(EPD)		酸-碱配合物
亲电试剂		亲核试剂		EPA/EPD 配合物

上述作用叫做 EPD/EPA 相互作用,又叫做电子的传递作用或转移作用。

1.电子对受体溶剂和电子对给体溶剂

电子对受体溶剂具有一个缺电子部位或酸性部位。它们是亲电试剂,择优地使电子对给体分子或负离子溶剂化。最重要的电子对受体基团的羟基、氨基、羧基和酰胺基,它们都是氢键给体,例如水、醇、酚和羧酸等。

$$CH_3-C-OH \rightleftharpoons CH_3-C-O^- H^+$$

电子对给体溶剂具有一个富电子部位或碱性部位。它们是亲核试剂,择优地使电子对受体分子或正离子溶剂化。最重要的电子对受体是醇类、醚类和羰基化合物中的氧原子以及氨类和 N-杂环化合物中的氮原子,它们都具有孤对 n-电子。其中六甲基磷酰三胺,N,N-二甲基甲酰胺、二甲基亚砜、甲醇、水和吡啶等都是优良的正离子溶剂化溶剂。

$$\underset{\text{(位阻大)}}{\overset{\overset{\displaystyle O}{\|}}{H-C-N(CH_3)_2}} \rightleftharpoons \overset{\overset{\displaystyle O^- \ (\text{位阻小})}{|}}{H-C-N^+(CH_3)_2} \overset{M^+}{\rightleftharpoons} \overset{\overset{\displaystyle OM}{|}}{H-C-N^+(CH_3)_2}$$

这些溶剂又叫作配位溶剂,大多数无机反应和有机亲核取代反应都是在配位溶剂中进行的。

原则上,大多数溶剂都是两性的。例如,水既具有电子对受体的作用(利用形成氢键),又具有电子对给体的作用(利用氧原子)。不过许多溶剂只突出一种性质。例如,N,N-二甲基甲酰胺分子中羰基氧原子的位阻小,它容易使正离子溶剂化(电子对给体),而酰胺基氮原子的位阻大,它不容易使负离子溶剂化(电子对受体)。所以 N,N-二甲基甲酰胺主要是电子对给体溶剂。

电子对受体溶剂和电子对给体溶剂都是极性溶剂,由于它们具有配位能力,通常都是良好的"离子化溶剂"。这将在以后讨论。

但是,并非所有的溶剂都能纳入这种分类法。例如,烷烃和环烷烃既不具有电子对受体性质,也不具有电子对给体性质。

2.硬软酸碱原则(HSAB 原则)

在这里,硬酸和硬碱指的是由电负性高的小原子所构成的酸和碱。属于硬酸的有 H^+、Li^+、Na^+、BF_3、$AlCl_3$ 和氢键给体 HX 等,属于硬碱的有 F^-、Cl^-、HO^-、RO^-、H_2O、ROH、R_2O 和 NH_3 等。硬酸和硬碱一般都具有低的极化度。

软酸和软碱指的是由电负性低的大原子所构成的酸和碱。属于软酸的有 Ag^+、Hg^+、I_2 和 1,3,5-三硝基苯、四氰基乙烯等,属于软碱的有 H^-、I^-、R^-、RS^-、RSH、R_2S、烯烃和苯等。软酸和软碱一般都是可极化的。

一般地说,硬酸容易与硬碱结合,软酸容易和软碱结合,这就是硬软酸碱原则。

3.4.2.4 溶剂按 Brønsted 酸碱理论分类

按照这种理论,酸是质子给体,例如 H_2SO_4、HCOOH、CH_3COOH 等。碱是质子受体,例如 NH_3、$HCON(CH_3)_2$、CH_3SOCH_3、$(C_2H_5)_2O$ 等。水、醇和酚既可以提供质子,又可以接受质子,所以它们又叫做两性溶剂。

3.4.2.5 溶剂按其起氢键给体的作用分类

氢键的定义是:当共价结合的氢原子与另一个原子形成第二个键时,这第二个键就叫做氢键。氢键是由两个匹配物 R—X—H 和 :Y—R′ 按下式相互作用而形成的

R—X—H + :Y—R′ $\rightleftharpoons$ R—X—H···Y—R′
氢键给体　氢键受体

氢键给体又称质子给体,它也是电子对受体,重要的氢键给体基团是羟基、氨基、羧基和酰胺基。氢键受体是为了形成氢键而提供一对电子的电子对给体,重要的氢键受体是醇、醚和羰基化合物中的氧原子以及胺类和杂环化合物中的氮原子。溶剂按其起氢键给体的能力可以分为质子传递型溶剂和非质子传递型溶剂两大类。

3.4.2.6 溶剂按专一性溶质、溶剂相互作用分类

Parker 根据溶剂与负离子或正离子的专一性相互作用,将溶剂分为质子传递型溶剂和非质子传递极性溶剂两大类,但是再加上第三类非质子传递非极性溶剂更为合适。三者的区别

主要在于溶剂的极性以及它们形成氢键的能力,如图3-12所示。

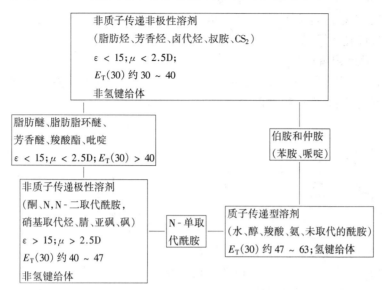

图 3-12　溶剂按专一性溶质、溶剂相互作用分类

1. 非质子传递非极性溶剂

其特点是:低介电常数($\varepsilon < 15 \sim 20$)、低偶极矩($\mu < 2.5D$)和低 $E_\text{T}(30)$ 值(约 $30 \sim 40$),并且不能起氢键给体作用。属于这类溶剂的主要有:烷烃、环烷烃、芳烃和它们的卤素化合物及叔胺和二硫化碳等。

2. 非质子传递极性溶剂

其特点是:高介电常数($\varepsilon > 15 \sim 20$)、高偶极矩($\mu > 2.5D$)、和较高的 $E_\text{T}(30)$ 值(约 $40 \sim 47$)。这类溶剂中的 C—H 键一般不能强烈极化,因此也不能起氢键给体作用。最重要的非质子传递极性溶剂有:丙酮、N,N-二甲基甲酰胺、六甲基磷酰三胺、硝基苯、硝基甲烷、乙腈、二甲基亚砜、环丁砜、1-甲基吡咯烷-2-酮、碳酸-1,2-亚丙酯(4-甲基-1,3-二氧杂环戊-2-酮)。

3. 质子传递型溶剂

其特点是:含有能与电负性元素(F、Cl、Br、I、O、S、N、P 等质子受体)相结合的氢原子,即"酸性氢",例如 F—H、—OH、—NH 等分子或基团中的氢原子。氢键给体能与负离子形成强的氢键。除了乙酸及其同系物以外,质子传递型溶剂的介电常数都大于15,$E_\text{T}(30)$ 值都在 $47 \sim 63$ 之间,说明它们是强极性的。属于这类溶剂的有:水、醇、酚、羧酸、氨和未取代的酰胺等。

应该指出,这样的分类是不够严谨的。因为有些溶剂不能明确地归入这三类中的任何一类,例如,醚类、羧酸酯类、伯胺、仲胺和 N-单取代酰胺等。这是因为选择 $\varepsilon \approx 15 \sim 20$ 或 $\mu \approx 2.5D$ 作为确定极性的分界线是任意选择的。另外,上述许多质子传递型溶剂既可以是氢键给体溶剂,也可以是氢键受体溶剂。

3.4.3　离子化作用和离解作用

3.4.3.1　离子原和离子体

电解质分为离子原和离子体两大类。离子原指的是在固态时具有分子晶格的偶极型化合物,在液态时它仍以分子状态存在,但是当它与溶剂发生作用时可以形成离子,例如卤化氢

$\overset{\delta^+}{H} — \overset{\delta^-}{Cl}$、烷基卤 $\overset{\delta^+}{R} — \overset{\delta^-}{X}$ 和金属有机化合物等。

离子体指的是在晶态时是离子型的,而在熔融状态以及在稀溶液中则只以离子形式存在的化合物,例如金属卤化物等二元盐。

3.4.3.2 离子化过程和离解过程

离子化过程指的是离子原的共价键发生异裂产生离子对的过程,而离解过程则指的是离子对(缔合离子)转变为独立离子的过程。

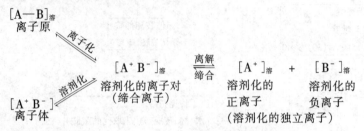

下标"溶"字表示括号内的质点处于一种溶剂笼内。

离子对的定义是具有共同溶剂化层、电荷相反的成对离子。在溶剂中离子对和独立离子处于平衡状态。溶剂的性质不仅会影响溶液中离子对和独立离子的比例,而且还会影响正离子或负离子的反应活性。

3.4.3.3 溶剂介电常数对离解过程的影响

两种电荷相反的离子之间的静电吸引力(库仑力)与溶剂的介电常数成反比,如下式所示:

$$E_{离子-离子} = \frac{Z_1^+ \cdot Z_2^-}{\varepsilon \cdot r^2} \qquad (3\text{-}10)$$

式中:E 是离子与离子相互作用的势能,Z 是正离子和负离子的电荷,r 是离子间的距离,ε 是介电常数。因此,只有介电常数足够大的溶剂才能使异性电荷之间的静电吸引力 E 显著降低,并使离子对能够离解为独立离子。具有这种作用的溶剂叫做"离解性溶剂"。

水的介电常数特别高($\varepsilon = 78.4$),离子对在稀的水溶液中几乎完全离解。只有浓度很高时,才明显地观察到离子缔合作用,因此,水常常作为离子型反应的溶剂。但是,对于许多有机反应,常常需要选用其他溶剂,因为许多有机物不溶于水。

在其他介电常数大于 40 的强极性溶剂(例如甲酸、甲酰胺、二甲基亚砜、环丁砜)中,几乎也不存在离子缔合作用。但是强极性容易引起离子的溶剂化作用,从而妨碍正离子或负离子的自由运动和反应活性。

在中等介电常数($\varepsilon = 20 \sim 40$)的溶剂中(例如乙醇、丙酮、硝基苯、乙腈、N,N-二甲基甲酰胺),独立离子和缔合离子的比例取决于溶剂和电解质的结构(离子大小、电荷分布、氢键缔合的离子对、离子的专一性溶剂化作用等)。例如,在丙酮($\varepsilon = 20.7$)中,卤化锂是很弱的电解质,而四烷基卤化铵则强烈地离解。

在介电常数小于 $10 \sim 15$ 的溶剂中(例如烃类、三氯甲烷、1,4-二氧六环和乙酸等),实际上观测不出自由离子。

3.4.3.4 离子原的离子化方式

溶剂的离子化能力主要不是取决于有较高的介电常数,更重要的是溶剂还必须具有强的电子对给体或电子对受体的能力,只有这样才能使离子原的共价键异裂为离子键。离子原的离子化有以下三种方式。

1．EPD 进攻

EPD 进攻即 EPD 溶剂向离子原中共价键的正端作亲电进攻，使正离子溶剂化，而负离子则没有或很弱地被溶剂化。这种自由的或裸的负离子成为高活性的反应质点。例如：

$$[(CH_3)_2N]_3P{=}\overset{..}{O} + \overset{\delta+}{Cl}{-}\overset{\delta-}{Mg}{\rightarrow}CH_2C_6H_5 \underset{离子化}{\overset{离解}{\rightleftharpoons}} [(CH_3)_3N]_3P^+{-}\overset{..}{O}{-}Mg^+Cl \quad + \quad {}^-CH_2C_6H_5$$

$\quad\quad$ EPD 溶剂 $\quad\quad\quad$ 金属有机化合物 $\quad\quad\quad\quad\quad$ 溶剂化的正离子 $\quad\quad\quad\quad$ 裸负离子(活性质点)

2．EPA 进攻

EPA 溶剂向离子原中共价键的负端作亲核进攻，使负离子溶剂化，而正离子则没有或很弱地被溶剂化。这种自由的或裸的正离子成为高活性的反应质点。例如：

$$(CH_3)_3\overset{\delta+}{C} \overset{..}{\underset{..}{:}}\overset{\delta-}{Cl} + H{-}O{-}R \underset{离子化}{\overset{离解}{\rightleftharpoons}} (CH_3)_3C^+ \quad + \quad Cl^-\cdots H{-}O{-}R$$

$\quad\quad$ 烷基卤 $\quad\quad\quad\quad\quad\quad\quad$ EPA 溶剂 $\quad\quad\quad\quad$ 裸正离子(活性质点) $\quad$ 溶剂化的负离子

3．双进攻

一种 EPD 溶剂和一种 EPA 溶剂或者一种两性溶剂同时进攻离子原的正端和负端，生成溶剂化的正离子和溶剂化的负离子。例如：

$$\overset{H}{\underset{H}{}}{>}\overset{..}{O}: \quad + \quad \overset{\delta+}{H}\overset{..}{\underset{..}{:}}\overset{\delta-}{Cl} + H{-}O{-}H \underset{离子化}{\overset{离解}{\rightleftharpoons}} \quad \overset{H}{\underset{H}{}}{>}\overset{..}{O}^+{-}H \quad + \quad Cl^-\cdots H{-}O{-}H$$

$\quad$ 两性溶剂 $\quad\quad\quad\quad$ 氯化氢 $\quad\quad\quad$ 两性溶剂 $\quad\quad\quad\quad\quad\quad$ 溶剂化的正离子 $\quad$ 溶剂化的负离子

3.4.3.5　离解性溶剂和离子化溶剂

为了使离子原离子化成离子对，所用的溶剂必须具有强的 EPD 性质或 EPA 性质。而为了使由离子原或离子体所产生的离子对离解成独立离子，所用的溶剂必须具有高的介电常数。水既有很高的介电常数（$\varepsilon = 78.39$），又可以起 EPD 作用和 EPA 作用，所以它既是离解性溶剂，又是离子化溶剂。

非质子传递强极性溶剂都具有较高的介电常数，它们都是离解性溶剂。其中六甲基磷酰三胺的 EPD 性质特别强，是一种极好的离子化溶剂。N,N-二甲基甲酰胺、二甲基亚砜和吡啶也有较好的 EPD 性质，它们也是良好的离子化溶剂。但是硝基甲烷、硝基苯、乙腈和环丁砜的 EPD 性质不显著，因此它们不是好的离子化溶剂。甲酸和间甲酚都是质子传递型溶剂，它们都具有强的 EPD 性质，因此都是好的离子化溶剂。其中甲酸具有高的介电常数（$\varepsilon = 58.5$），它同时又是好的离解性溶剂，而间甲酚的介电常数比较小（$\varepsilon = 11.8$），它不是好的离解性溶剂。

用三苯基氯甲烷离子原作为溶质，可以很好地鉴别各种溶剂的离子化能力和离解能力。例如，在二氧化硫溶剂中：

$$[(C_6H_5)_3\overset{\delta+}{C}{-}Cl^{\delta-}]_{SO_2} \overset{K_{离子化}}{\rightleftharpoons} [(C_6H_5)_3C^+\cdot Cl^-]_{SO_2} \overset{K_{离解}}{\rightleftharpoons} [(C_6H_5)_3C^+]_{SO_2} + [Cl^-]_{SO_2}$$

$\quad\quad\quad\quad\quad\quad\quad\quad\quad\quad\quad\quad\quad\quad\quad$ 黄色，无导电性能 $\quad\quad\quad\quad$ 黄色，有导电性能

三苯基氯甲烷在间甲酚和甲酸中的 $K_{离子化}$ 值都相当大（即强烈离子化），见表 3-1。但是在间甲酚中则只微弱地离解（即导电性低）。另外，三苯基氯甲烷在硝基苯和乙腈中几乎测量不出 $K_{离子化}$ 值，但是加入非质子传递 EPD 溶剂，就会使三苯基氯甲烷在硝基苯中的离子化程度增加。这就启发我们选用双溶剂来促进由离子原引起的目的反应。

表 3-1　三苯基氯甲烷在各种溶剂中的离子化平衡常数

溶　　剂	ε	$K_{离子化} \times 10^4$
硝基苯	34.8(25 ℃)	太低不能测量(25 ℃)
乙　腈	37.5(20 ℃)	太低不能测量(25 ℃)
二氯甲烷	8.9(25 ℃)	0.07
1,1,2,2-四氯乙烷	8.2(20 ℃)	0.48(18.5 ℃)
1,2-二氯乙烷	10.4(25 ℃)	0.56(20 ℃)
硝基甲烷	35.9(30 ℃)	2.7(25 ℃)
二硫化碳	15.6(0 ℃)	146(0 ℃)
甲　酸	58.5(16 ℃)	3 100(20.5 ℃)
间甲酚	11.8(25 ℃)	3 600(18 ℃)

3.4.4　溶剂的静电效应对反应速度的影响(Houghes-Ingold 规则)

3.4.4.1　Houghes-Ingold 规则

Houghes 和 Ingold 用过渡态理论来处理溶剂对反应速度的影响。经常遇到的反应,其过渡态大都是偶极型活化配合物,它们在电荷分布上比相应的起始反应物常常有明显的差别。Hughes-Ingold 对这类反应的宏观溶剂效应,用静电效应概括如下:

(1)对于从起始反应物变为活化配合物时电荷密度增加的反应,溶剂极性增加,使反应速度加快;

(2)对于从起始反应物变为活化配合物时电荷密度降低的反应,溶剂极性增加,使反应速度减慢;

(3)对于从起始反应物变为活化配合物时电荷密度变化很小或无变化的反应,溶剂极性的改变对反应速度的影响极小。

上述 Hughes-Ingold 规则虽然有一定的局限性,但是总的来说,对于许多偶极型过渡态反应,例如亲核取代反应、β-消除反应、不饱合体系的亲电加成反应和亲电取代反应等,还是可以用此规则来预测其溶剂效应,并得到许多实验数据的支持。

3.4.4.2　溶剂对亲核取代反应的影响

对于各种 S_N1 和 S_N2 反应的溶剂效应的预测,列于表 3-2 中。

表 3-2　亲核取代反应速率的预测溶剂效应

反应类型	起始反应物	活化配合物	活化过程的电荷变化	溶剂极性的增加对反应速率的影响[①]
(a)S_N1	R—X	$R^{\delta^+} \cdots X^{\delta^-}$	异号电荷的分离	明显加快
(b)S_N1	R—X$^+$	$R^{\delta^+} \cdots X^{\delta^+}$	电荷分散	略微减慢
(c)S_N2	Y + R—X	$Y^{\delta^+} \cdots R \cdots X^{\delta^-}$	异号电荷的分离	明显加快
(d)S_N2	Y$^-$ – R—X	$Y^{\delta^-} \cdots R \cdots X^{\delta^-}$	电荷分散	略微减慢
(e)S_N2	Y + R—X$^+$	$Y^{\delta^+} \cdots R \cdots X^{\delta^+}$	电荷分散	略微减慢
(f)S_N2	Y + R—X$^-$	$Y^{\delta^-} \cdots R \cdots X^{\delta^-}$	电荷减少	明显减慢

①"明显"和"略微"这两个词来源于电荷分散效应必然显著低于电荷增加或电荷减少效应的理论,因而只具有相对意义。

(1)(a)型反应的实例可以举出叔丁基氯的溶剂分解反应：

$$H_3C-\underset{\underset{CH_3}{|}}{\overset{\overset{CH_3}{|}}{C}}-Cl \xrightleftharpoons[25\ ℃]{k_1} \left[H_3C-\underset{\underset{CH_3}{|}}{\overset{\overset{CH_3}{|}}{\overset{\delta+}{C}}}\cdots Cl^{\delta-} \right]^{\neq} \xrightarrow{离解} H_3C-\underset{\underset{CH_3}{|}}{\overset{\overset{CH_3}{|}}{C^+}} + Cl^- \xrightarrow{溶剂负离子} 产物$$

溶剂	C_2H_5OH	CH_3OH	$HCONH_2$	$HCOOH$	H_2O
k_1(相对)	1	9	430	12 200	335 000
ε	24.55	32.70	111.0	58.5	78.39
μ(D)	1.73	1.70	3.37	1.82	1.82

在这里，从起始反应物变为活化配合物时电荷密度增加，所以随溶剂极性(介电常数)的增加，反应速度明显加快，在水中的分解速度比在乙醇中快 335 000 倍。关于在极性最强的甲酰胺中的分解速度不如在甲酸中和在水中快的原因，将在以后解释(见 3.4.5.1)。

(2)(c)型反应的实例可以举出叔胺与烷基卤生成季铵盐的反应：

$$(H_7C_3)_3N: \quad + \quad CH_3I \xrightleftharpoons[20\ ℃]{k_2} [(H_7C_3)_3\overset{\delta+}{N}\cdots CH_3\cdots I^{\delta-}]^{\neq} \rightarrow (H_7C_3)_3N^+CH_3 + I^-$$

$$\mu = 0.7\ D \qquad \mu = 1.64\ D \qquad\qquad\qquad \mu = 8.7\ D$$

溶 剂	$CH_3(CH_2)_4CH_3$	$H_5C_2OC_2H_5$	$CHCl_3$	CH_3NO_2
k_2(相对)	1	120	13 000	111 000
ε	1.88	4.34	4.81	35.87
μ(D)	0	1.30	1.15	3.56

在这里，在活化过程中产生异号电荷的分离(电荷密度增加)，因此溶剂极性(介电常数)增加使反应速度加快。

(3)(d)型反应的实例可以举出放射性标记碘负离子 $\overset{*}{I}{}^-$ 与碘甲烷之间的碘交换反应：

$$\overset{*}{I}{}^- + CH_3I \xrightleftharpoons[25\ ℃]{k_2} [\overset{*}{I}{}^{\delta-}\cdots CH_3\cdots I^{\delta-}] \longrightarrow \overset{*}{I}-CH_3 + I^-$$

溶 剂	CH_3COCH_3	C_2H_5OH	$(CH_2OH)_2$	CH_3OH	H_2O
k_2(相对)	13 000	44	17	16	1
ε	20.70	24.55	37.7	32.70	78.39
μ(D)	2.86	1.73	2.28	1.70	1.82

在这里，在活化过程中产生电荷分散作用，因此，在质子传递溶剂中，随溶剂极性的增加，反应速度略微减慢(乙二醇例外)。但是在非质子传递极性溶剂(丙酮)中则反应速度相当快，这将在以后解释(见 3.4.5.1)。

3.4.4.3 Hughes-Ingold 规则的局限性

从上述三个实例可以看出，用静电效应预测溶剂对反应速度的影响还存在一定的不足之处。这不仅是因为从过渡态理论来说，静电效应主要考虑活化焓的变化 $\Delta H^{\neq}$，而把活化熵的

变化 $\Delta S^{\neq}$ 忽略不计。另外,还因为静电效应没有考虑溶剂的类型(质子传递型和非质子传递型)、溶剂的 EPD 性质和 EPA 性质,以及溶剂的溶剂化能力或配位能力等专一性溶剂化作用对反应速度的影响。

3.4.5　专一性溶剂化作用对 S_N 反应速度的影响

3.4.5.1　质子传递型溶剂对 S_N 反应速度的影响

质子传递型溶剂 HS 具有氢键缔合作用,是电子对受体,它能使负离子专一性溶剂化。

1.对于(a)型 $S_N 1$ 反应

$$R\!-\!X + HS \xrightarrow{S_N 1} [R^{\delta+}\cdots X^{\delta-}\cdots H\!-\!S]^{\neq} \longrightarrow R^+ + X^-\cdots HS \xrightarrow{+Y^-} R\!-\!Y + X^-\cdots HS$$

质子传递型溶剂有利于离去负离子 X^- 的专一性溶剂化,从而使 $S_N 1$ 的反应速度加快。溶剂的氢键缔合作用越强,对 $S_N 1$ 反应的加速作用越强,如前述叔丁基氯的溶剂分解反应所示。因此,烷基卤和磺酸酯的 $S_N 1$ 反应总是在完全或部分地由水、醇或羧酸所组成的溶剂中进行。

2.对于(c)型 $S_N 2$ 反应

如果质子传递型溶剂对活化配合物负端的氢键缔合作用比对反应质点 Y:的氢键缔合作用强,则加入质子传递型溶剂使反应加速。例如,吡啶与溴甲烷之间的 $S_N 2$ 反应,当在苯中进行时,如果加入少量的醇或酚可使反应加快,所加入的溶剂酸性越强,形成氢键的能力越强,反应速度越快。在这里也可能是质子传递型溶剂对离去负离子 X^- 的氢键缔合作用很强,以致使在溶剂化作用不太强的介质中的 $S_N 2$ 反应改变为 $S_N 1$ 反应。

$$Y:+R\!-\!X \xrightarrow{S_N 2} [Y^{\delta+}\cdots R\cdots X^{\delta-}]^{\neq} \longrightarrow Y^+\!-\!R + X^-$$

3.对于(d)型 $S_N 2$ 反应

质子传递型溶剂比较容易使反应质点 Y^- 专一性溶剂化,从而降低 Y^- 的反应活性和 $S_N 2$ 的反应速度。

$$Y^- + R\!-\!X \xrightarrow{S_N 2} [Y^{\delta-}\cdots R\cdots X^{\delta-}]^{\neq} \longrightarrow Y\!-\!R + X^-$$

如前面 $\overset{*}{I}{}^-$ 与 $CH_3\!-\!I$ 之间的碘交换反应所示,质子传递型溶剂的氢键缔合作用越强,反应速度越慢。对于这类反应,最好选用非质子传递极性溶剂。

另外,对于(d)型 $S_N 2$ 反应,同一个质子传递型溶剂对于各种亲核试剂 Y^- 的反应活性的影响也各不相同。氢键缔合作用被认为是较硬的作用,所以负离子 Y^- 越硬(即体积越小、电荷对体积之比越大,或电荷密度越高),Y^- 在质子型溶剂中的专一性溶剂化倾向越强。各种卤素负离子在质子传递溶剂中的专一性溶剂化倾向按以下次序递增:

$$I^- < Br^- < Cl^- < F^-$$

所以在质子传递溶剂中,各种"溶剂化的"卤素负离子的亲核反应活性的次序如下:

$$I^- > Br^- > Cl^- > F^-$$

这与在非质子传递极性溶剂中各种"裸"的卤素负离子的亲核反应活性正好相反(见 3.4.5.2)。

3.4.5.2　非质子传递极性溶剂 S_N 反应速度的影响

如前所述,许多非质子传递极性溶剂是电子对给体,因此它们对 S_N 反应速度的影响常常与质子传递型溶剂相反。

1.(a)型 S_N1 反应

非质子传递极性溶剂不能使离去负离子 X^- 溶剂化,反而使反应质点 R^+ 专一性溶剂化,并抑制了 S_N1 反应的速度,甚至会使(a)型 S_N1 反应的历程改变为(d)型 S_N2 反应历程。

2.(c)型 S_N2 反应

非质子传递极性溶剂不能使反应质点 Y:专一性溶剂化,但是能使活化配合物的正端专一性溶剂化,使 S_N2 反应加速。而且溶剂的给电子能力越强,反应速度越快。如前述三丙胺与碘甲烷作用生成季铵盐的反应所示。

3.(d)型 S_N2 反应

非质子传递极性溶剂由于它的高介电常数,容易使亲核试 M^+Y^- (离子体)离解。又因为这种溶剂的负端位阻小,它容易使正离子 M^+ 专一性溶剂化。而溶剂的正端由于位阻大,不容易使 Y^- 专一性溶剂化,从而使 Y^- 成为活泼的"裸负离子",并且使 S_N2 反应加快。

$$
\underset{\text{(位阻大)}}{\overset{O}{\overset{\|}{H-C-N(CH_3)_2}}} \Longleftrightarrow \overset{O^-\text{(位阻小)}}{\overset{|}{H-C=N^+(CH_3)_2}} \xrightarrow{M} \overset{OM}{\overset{|}{H-C=N^+(CH_3)_2}}
$$
正离子 M^+ 的溶剂化

如 $\overset{*}{I}^-$ 与 $CH_3—I$ 之间的碘交换反应,在使用非质子传递极性溶剂丙酮时,其反应速度比在水中快了 13 000 倍。

还应该指出,同一个非质子传递极性溶剂对于各种负离子 Y^- 的弱专一性溶剂化作用也各不相同。非质子传递极性溶剂对于负离子来说,被认为是较软的溶剂,因此负离子越软(即体积越大、电荷对体积之比越小或电荷密度越低、越分散),它在非质子传递极性溶剂中的溶剂化程度要稍大一些。各种卤素负离子在这种溶剂中的溶剂化程度的次序如下:

$$Cl^- < Br^- < I^-$$

因此,它们的亲核反应活性次序是:

$$Cl^- > Br^- > I^-$$

这是非溶剂化的"裸的"卤素负离子的真正亲核活性次序或碱性次序。它们正好与前述在质子传递型溶剂中的活性次序相反。氟负离子在质子传递型溶剂中是出名的弱亲核试剂,而在非质子传递极性溶剂中则是强亲核试剂。

3.4.6 有机反应中溶剂的使用和选择

3.4.6.1 有机反应对溶剂的要求

在有机反应中溶剂的使用和选择,除了考虑溶剂对主反应的速度、反应历程、反应方向和立体化学的影响以外,还必须考虑以下因素:

(1)溶剂对反应物和反应产物不发生化学反应,不影响催化剂的活性,溶剂本身在反应条件下及后处理条件下是稳定的;

(2)溶剂对反应物有较好的溶解性,或者使反应物在溶剂中能良好分散;

(3)溶剂容易从反应物中回收,损失少,不影响产品的质量;

(4)对溶剂尽可能不需要太高的技术安全措施;

(5)溶剂的毒性小,含溶剂的废水容易处理;

(6)溶剂的价格便宜、供应方便。

3.4.6.2 各类反应的适用溶剂

1)硝化

混酸硝化:二氯甲烷、二氯乙烷。

稀硝酸硝化:氯苯、邻二氯苯。

均相硝化:浓硫酸、乙酸、过量浓硝酸。

2)磺化

溶剂磺化:乙酸、三氯甲烷、四氯化碳。

三氧化硫或氯磺酸磺化:1,2-二氯乙烷、1,1,1-三氯乙烷、邻二氯苯、三氯苯、硝基苯、邻硝基乙苯。

焙烘磺化:邻二氯苯、三氯苯。

共沸去水磺化:邻二氯苯、煤油。

3)卤化

非水介质:浓硫酸、氯磺酸、三氯化磷、三氯氧磷、四氯化钛、四氯化碳、二氯乙烷、氯苯、邻二氯苯、乙酸。

水介质:氯苯、邻二氯苯、硝基苯等。

4)催化加氢

低碳醇、乙酸乙酯、乙酸、丙酮、水、二氧六环、烃类。

5)氧化

浓硫酸、乙酸、水,二氧六环、石油醚、硝基苯、吡啶。

6)Friedel-Crafts反应

溶剂法:二氯乙烷、四氯乙烷、1,1,1-三氯乙烷、二硫化碳、石油醚、环丁砜、过量的液态反应组分。

熔融法:$AlCl_3$-NaCl、$AlCl_3$-NaCl-H_2NCONH_2。

7)亲核取代

S_N1(a型)乙酸、乙醇、甲醇、水。

S_N2(b型)丙酮、乙腈、二甲基甲酰胺、二甲基亚砜、硝基甲烷、环丁砜、硝基苯、液态氟化氢(氟化)。

8)脱水(包括酯化、N-酰化)

苯、甲苯、二甲苯、氯苯、邻二氯苯。

9)碱熔(包括缩合、环合)

丁醇、三乙二醇、二甲基亚砜。

参考文献

1 〔德〕赖卡特著.唐培堃等译.有机化学中的溶剂效应.北京:化学工业出版社,1987

2 程能林,胡闻声.溶剂手册.北京:化学工业出版社,1987

3 〔美〕海兰.工业溶剂手册.北京:冶金工业出版社,1984

4 〔捷〕瓦茨拉夫,谢维奇.有机溶剂分析手册.北京:化学工业出版社,1984

5 唐培堃.染料工业.1987,2

3.5 气固相接触催化

3.5.1 概述

气固相接触催化反应是将气态反应物在一定的温度、压力下连续地通过固体催化剂的表面而完成的。例如,在1.6.2中所提到的催化重整、催化裂化和临氢脱烷基化等反应都是气固相接触催化反应。这种反应方式可应用于许多单元反应,其具体应用将在以后结合各单元反应叙述。这里只介绍基础知识。

固体催化剂通常是由主要催化活性物质、助催化剂和载体所组成。有时为了便于制成所需要的形状或改善催化剂的力学强度或孔隙结构,在制备催化剂时还加入成型剂或造孔物质。

固体催化剂按照粒度可以分为颗粒状和粉末状两种类型。颗粒状催化剂用于固定床反应器,粉末状催化剂用于流化床反应器。

固体催化剂按照表面积又可以分为高比表面型和低比表面型两类。催化剂的表面包括外表面和孔隙中的内表面两部分。每克催化剂的总表面积叫做比表面,它的单位是 m^2/g。

固体催化剂的密度(g/mL)用视比重来表示。它是把一定质量的催化剂放在量筒中,直接观测其体积而算得的。

关于固体催化剂的作用,虽然已经提出不少催化理论,但是还没有一个理论能全面地、完善地解释所有各种接触催化反应的机理。最常用的理论是活性中心理论、活化配合物学说和多位(活化配合物)学说等。这些学说的要点是催化剂的表面只有一小部分特定的部位能起催化作用,这些部位叫做活性中心。反应物分子的特定基团在活性中心发生化学吸附,形成活化配合物。然后活化配合物再与另一个或另一种未被吸附的反应物分子相作用,生成目的产物。或者是两种反应物分子分别被两个相邻的不同的活性中心所吸附分别生成活化配合物,然后两个活化配合物相互作用而生成目的产物。由于活性中心的特殊性,所以一种优良的催化剂可以只对某一类甚至某一个具体反应具有良好的催化作用,即对目的反应具有良好的选择性。

3.5.2 催化剂的选择性、活性和寿命

3.5.2.1 催化剂的选择性(S)

它指的是特定催化剂专门对某一化学反应起加速作用的性能。其选择性 S 也是用某一反应物通过催化剂后转变为目的产物时理论消耗的摩尔数占该反应物在反应中实际消耗掉的总摩尔数的百分数来表示,见前3.2.5。

催化剂的选择性与催化剂的组成、制法和反应条件等因素有关。

3.5.2.2 催化剂的活性

在工业上,催化剂的活性通常用单位体积(或单位质量)催化剂在特定反应条件下,在单位时间内所得到的目的产物的质量来表示。因此,它的单位可以是:千克(目的产物)/(千克催化剂·小时);克(目的产物)/(克催化剂·小时)或千克(目的产物)/(升催化剂·小时)。这两种表示方法可以利用催化剂的视比重来换算。上述表示法又叫做催化剂的负荷。

对于某些催化反应,工业催化剂的活性还使用在特定的气体时空速度下,反应物的转化率或目的产物的收率来表示。所谓气体的时空速度(G.H.S.V)指的是在一定视体积的催化剂

上,每小时所通过的反应气体的体积,因此,时空速度的单位是 h^{-1}。在这里,气体的体积都换算成标准状态下的体积。

3.5.2.3 催化剂的寿命

它指的是催化剂在工业反应器中使用的总时间。催化剂在使用过程中,由于温度、压力、气氛、毒物的影响,以及焦油或积碳的生成等因素,都会或多或少地使催化剂发生某些物理的或化学的变化,例如熔结、粉化以及结晶结构或比表面的变化等,这些都会影响催化剂中的活性中心,从而影响催化剂的活性和选择性。当催化剂的活性和选择性下降到一定程度,并且不能设法恢复其活性时,就需要更换催化剂。工业催化剂的寿命与反应类型、催化剂的组成和制法等因素有关。有些催化剂的寿命可长达数年,有的催化剂寿命只有几小时。

催化剂使用一定时间后,因活性下降,需要活化再生,这个使用时间叫做催化剂的活化周期。

流化床反应器所用的粉状催化剂因为有气体夹带损失,需要定期补充新催化剂。这时,催化剂的消耗量用每生产 1 吨产品所消耗的催化剂的质量(千克或克)来表示。

开发高活性、高选择性、使用寿命长、活化周期长、损失少的催化剂,是所有气固相接触催化反应的重要研究课题。

3.5.3 催化剂的组成

3.5.3.1 催化活性物质

它指的是对目的反应具有良好催化活性的成分。对于具体反应,其催化活性物质是通过大量实验筛选出来的。它通常是单一成分或二到三种成分。例如,对于强氧化反应的催化剂,其活性组分通常都是五氧化二钒(V_2O_5)。

3.5.3.2 助催化剂

它是本身没有催化活性或催化活性很小,但是能提高催化活性物质的活性、选择性或稳定性的成分。在催化剂中通常都含有适量的助催化剂。助催化剂主要是在高温下稳定的各种金属氧化物、非金属氧化物、金属盐和金属元素,将在以后结合具体反应提到。

助催化剂根据它所起的作用分为结构性和调变性两大类。结构性助催化剂的作用是增加催化活性物质微晶结构的稳定性,从而延长催化剂的寿命。调变性助催化剂的作用是能够使催化活性物质的微晶形成晶格缺陷,产生新的活性中心、新的晶相,使活性物质具有不同的催化作用,产生或增加催化剂中晶相间或微晶间活性界面的数目,从而提高催化剂的活性或选择性。

一种催化活性物质常常能催化多种单元反应,例如,Al_2O_3 可以催化脱氢、裂解、脱水等反应,但是加入不同的助催化剂则可以突出对于某一特定反应的催化作用。

工业催化剂大都是多组分的,要区分每一组分的单独作用是困难的。所观察到的催化性能常常是这些组分之间相互作用所表现的总效应。尽管许多单元反应的催化活性物质是熟知的,但是要制得性能良好的催化剂,必须筛选适当的助催化剂。助催化剂常常是多组分的,而且各组分的含量也各不相同。催化剂的专利非常多,它们都与助催化剂有关。

3.5.3.3 载体

载体是催化活性组分和助催化剂组分的支持物、粘结物或分散体。由于使用载体,在催化剂中催化活性组分和助催化剂组分的含量可以很低。例如,在铂重整催化剂中,铂的含量只有

0.1 % ~ 1.0 %。当催化活性组分(例如铂、氧化钛)或助催化剂组分(例如氧化钛、氧化钼)的价值很贵,它们本身又不能制成力学性能良好的催化剂时,必须使用载体。如果催化活性组分(例如三氧化二铝)和助催化剂组分(例如氧化锌)本身价格不贵,又可以制成高比表面的固体时也可以不使用载体。

载体的机械作用是增加催化活性组分的比表面,抑制微晶增长,从而延长催化剂的寿命,使催化剂具有足够的孔隙度、力学强度(硬度、耐磨性、耐压强度等)、热稳定性、比热和导热率等。另外,有些载体(例如三氧化二铝)还常常与催化活性组分发生某种化学作用,改变了催化活性组分的化学组成和结构,从而改善了催化剂的活性和选择性。因此,在制备催化剂时载体的选择也是很重要的。

载体按照其比表面可以分为高比表面型(多孔型)和低比表面型(表面型)两类。高比表面载体(例如硅胶 SiO_2、硅铝胶 SiO_2-Al_2O_3 和氧化铝等)有相当多的微孔,有极大的内表面,反应主要在内表面上进行。许多工业催化过程,为了提高催化剂的负荷,在制备催化剂时要用微孔平均直径小于 20 nm、比表面大于 50 cm^2/g 的高比表面载体。低比表面载体只有很少一些平均孔径大于 20 nm 的粗孔,或者是几乎没有粗孔的小颗粒。当在反应条件下催化剂的活性很高,目的产物在微孔的内表面上容易进一步反应生成副产物,使催化剂的选择性下降时,常常要用微孔极少的低比表面载体,例如带釉瓷球、刚玉、碳化硅、浮石和硅藻土等。

3.5.4 催化剂的毒物、中毒和再生

催化剂因微量外来物质的影响,使其活性和选择性下降的现象叫做催化剂的中毒。这些微量外来物质叫做催化剂的毒物。

3.5.4.1 催化剂的毒物

在工业生产中,催化剂的毒物通常来自反应原料。有时毒物也可能是在催化剂制备过程中混入的,或者是来自其他污染源。由于中毒作用通常发生在催化活性组分表面的活性中心上,所以微量毒物就能引起催化剂活性显著下降。因此,对于具体反应,哪些是催化毒物? 如何防止催化剂中毒? 如何筛选不易中毒的催化剂? 如何恢复已中毒的催化剂的活性? 都是研制新催化剂时必须注意的问题。

3.5.4.2 催化剂的中毒

中毒是由于毒物与催化剂活性组分发生了某种作用,因而破坏或遮盖了活性中心所造成的。毒物在活性中心吸附较弱或化合较弱,可以用简单的方法使催化剂恢复活性的中毒现象叫做"可逆中毒"或"暂时中毒"。毒物与活性中心结合很强,不能用一般方法将毒物除去的中毒现象叫做"不可逆中毒"或"永久中毒"。催化剂暂时中毒,可设法再生,永久中毒后就需要更换新催化剂。

3.5.4.3 催化剂中毒的预防和再生

为了避免催化剂的中毒,一种新型催化剂在投入生产使用前都应指出哪些是毒物,以及这些毒物在反应原料中的最高允许含量。当原料中有害物质的含量超过规定时,必须对原料进行精制,或换用其他原料。例如,硝基苯在气固相接触催化加氢还原制苯胺时,所用 Cu/Al_2O_3 催化剂的毒物是硫,硝基苯中的含硫量必须低于 2.5×10^{-6}。因此在制备硝基苯时,不能用含有噻吩的焦油苯,而必须使用含硫量极低的石油苯。

催化剂暂时中毒,可设法再生。再生的方法通常是用空气、水蒸气或氢气在一定温度下通

过催化剂以除去积炭、焦油物或硫化氢等毒物。当催化剂活性下降很慢,使用较长时间才需要进行再生时,再生过程可以就在反应器中进行。例如由萘的氧化制邻苯二甲酸酐的 V_2O_5 – K_2SO_4/SiO_2 催化剂。当催化剂活化周期短,需要频繁活化时,对于固定床反应器就需要同时使用多个反应器,并且使其中的一个反应器进行催化剂轮换再生(例如,氯苯用水蒸气进行气固相接触催化水解制苯酚所用的 $Ca_3(PO_4)_2/SiO_2$ 催化剂)。对于流化床反应器,就需要配上一个流化床再生器,进行连续再生(例如,石油催化裂化所用的 SiO_2-Al_2O_3 分子筛催化剂)。

3.5.5 催化剂的制备

一种优良的催化剂,一般应具备以下性能。

(1)活性高、选择性好、对热和毒物稳定、使用寿命长、容易再生。

(2)力学强度和导热性好。

(3)具有合适的宏观结构,例如,比表面、孔隙度、孔径分布、颗粒度和微晶结构等。这种宏观结构既要提供足够的催化表面,又要能使反应物和产物在反应过程中顺利扩散。

(4)制备简便、价格便宜。

在制备催化剂时,常常使用一系列化学的、物理的和机械的专门处理。应该指出,一种催化剂尽管组分和含量完全相同,但是只要在处理细节上稍有差异,就可能因催化剂的微观结构不同而导致催化性能有很大的差异,甚至不符合使用要求(例如,由苯胺和甲醇制备 N-甲基苯胺所用的 Al_2O_3 催化剂)。因此,催化剂的制备细节都是严格保密的。

催化剂的制备方法主要有以下几种。

3.5.5.1 干混热分解法

此法是将容易热分解的金属盐类(硝酸盐、碳酸盐、甲酸盐、乙酸盐或草酸盐)进行焙烧热分解,制成金属氧化物催化剂。例如天然气脱硫用的氧化锌催化剂就是由碳酸锌热分解制成的。如果将几种金属的盐类按比例混合,再加热熔融、焙烧热分解就可以制得多组分催化剂,但此法应用较少。

3.5.5.2 共沉淀法

此法是向可溶性金属盐类的水溶液中加入碱性沉淀剂,生成含有催化活性成分、助催化剂成分和载体成分的共沉淀物,然后经过滤、水洗、干燥、挤压成型、焙烧热分解、活化而制得所需要的催化剂。它是最常用的制备方法之一。例如,以 Al_2O_3 为载体或活性组分的各种催化剂一般都用此法来制备。

3.5.5.3 浸渍法

此法是向可溶性盐类的水溶液中放入多孔性载体,当浸渍达到平衡后,除去多余的溶液(通常是完全浸渍),再经干燥、焙烧热分解、活化制得所需要的催化剂。它也是最常用的方法之一,例如,以 SiO_2(硅胶)为载体的各种催化剂大都用此法来制备。

3.5.5.4 涂布法

此法是将含有催化活性成分和助催化剂成分和增稠剂(例如淀粉)的浆状水溶液涂布到低比表面载体上,然后经干燥、焙烧、活化,得到所需要的催化剂。例如,用固定床反应器由邻二甲苯空气氧化制邻苯二甲酸酐所用的 V_2O_5-TiO_2/瓷球催化剂就是用这种方法制备的。

3.5.5.5 还原法

用上述方法制得的催化剂,主要成分大都是金属氧化物或金属盐。为了制备含有金属元素催化活性组分的催化剂,可以把用共沉淀法或浸渍法制得的催化剂放到还原反应器中,先在一定条件下通入氢气使某些金属氧化物还原为金属元素。例如,硝基苯加氢还原制苯胺所用的 Cu/SiO_2 催化剂就是用这种方法制备的。

参考文献

1 赵九生等.催化剂生产原理.北京:化学工业出版社,1986
2 〔比〕德尔蒙等.催化剂的制备(制备非均相催化剂的科学基础).北京:化学工业出版社,1985
3 吉林大学化学系.催化作用基础.北京:科学出版社,1980
4 王文兴.工业催化.北京:化学工业出版社,1978
5 黄仲涛.工业催化.北京:化学工业出版社,1994
6 黄仲涛,林继明,庞先燊.工业催化剂设计与开发.广州:华南理工大学出版社,1991
7 金松寿.化学动力学,上海科学技术出版社,1959

3.6 相转移催化

3.6.1 概述

发生双分子反应的最起码条件是两个反应物分子之间必须发生碰撞。如果两个分子不能彼此靠拢,那么不管其中一种分子的能量有多大,它也不能和另一种分子发生反应。例如,溴辛烷与氰化钠在一起共热两星期,也不发生反应。这是因为氰化钠完全不溶于溴辛烷的缘故。对于无机盐与有机物的反应,传统的解决办法是使用既具有亲油性,又具有亲水性的溶剂。例如,甲醇、乙醇、丙酮、二氧六环等。但是这也有一定的困难,即无机盐在这些溶剂中的溶解度很小,而有机物又常常难溶于水。后来发现非质子传递极性溶剂对无机盐有一定的溶解度,它能使二元盐中的正离子专一性溶剂化,从而使负离子成为高活性的裸负离子,对于亲核取代反应是良好的溶剂(见 3.4.5.2)。但是使用这类溶剂也有缺点,主要是价格贵、难于精制和干燥、不易长期保存在无水状态,有时少量水会对反应产生干扰,反应后难回收、有毒和操作不便。

为此,在 60 年代末又开发了一种"相转移催化"有机合成新方法。它的优点是:①可以不用上述特殊溶剂,并且常常不要求无水操作;②由于相转移催化剂的存在,使需要参加反应的负离子具有较高的反应活性,从而降低反应温度、缩短反应时间、简化工艺过程、提高产品的收率和质量并减少三废;③具有通用性,可广泛应用于许多单元反应。相转移催化的缺点是相转移催化剂价格较贵,只有在使用相转移催化法能显著提高收率、改善产品质量、取得较好经济效益时,才具有工业应用价值。尽管如此,它在工业上已取得许多有价值的成果。

3.6.2 相转移催化的原理

在负离子反应中,常用的相转移催化剂是季铵盐 Q^+X^-,例如 $C_6H_5CH_2N^+(CH_3)_3Cl^-$ 等。它的作用原理如图 3-13 所示:

在上述互不相溶的两相体系中,亲核试剂 M^+Nu^- 只溶于水相,而不溶于有机相。有机反应物 R—X 只溶于有机溶剂而不溶于水相。两者不易相互靠拢而发生化学反应。在上述体系

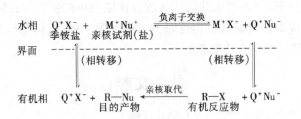

图 3-13　相转移催化原理示意图

中加入季铵盐 Q^+X^-，它的季铵正离子 Q^+ 具有亲油性，因此季铵盐既能溶于水相，又能溶于有机相。当季铵盐与水相中的亲核试剂 M^+Nu^- 接触时，亲核试剂中的负离子 Nu^- 可以同季铵盐的负离子 X^- 进行交换生成 Q^+Nu^- 离子对。这个离子对可以从水相转移到有机相，并且与有机相中的反应物 R—X 发生亲核取代反应而生成目的产物 R—Nu。在反应中生成的 Q^+X^- 离子对又可以从有机相转移到水相，从而完成相转移的催化循环，使上述亲核取代反应顺利完成。

在上述催化循环中，季铵正离子 Q^+ 并不消耗，只是起着转移亲核试剂 Nu^- 的作用。因此只需要催化剂量的季铵盐，就可以很好地完成上述反应。在这里，季铵盐又叫做"相转移催化剂(PTC)"。上述反应过程则叫做"相转移催化(PTC)"。

在上述催化循环中，从有机反应物 R—X 上脱落下来的 X^- 并不要求和原来季铵盐中的 X^- 相同，只要脱落下来的 X^- 能随 Q^+ 进入水相，并且能与负离子 Nu^- 进行交换，而且在两相中始终都有季铵正离子存在就可以了。

在亲核试剂 M^+Nu^- 中：M^+ 是金属正离子；Nu^- 是希望参加反应的亲核基团，它可以是 F^-、Br^-、Cl^-、CN^-、OH^-、CH_3O^-、$C_2H_5O^-$、ArO^-、$-\overset{O}{\overset{\|}{C}}-O^-$ 等等。因为 R—X 和 M^+Nu^- 都可以是许多种类型的化合物，所以相转移催化可用于许多亲核取代反应，甚至还可用于某些其他类型的反应，例如氧化等。

3.6.3　相转移催化剂

相转移催化剂至少要能满足以下两个基本要求：一个是能将所需要的离子从水相或固相转移到有机相；另一个是要有利于该离子的迅速反应。

当然，一种具有工业使用价值的相转移催化剂还必须具备以下条件：

(1)用量少，效率高，自身不会发生不可逆的反应而消耗掉或在过程中失去转移特定离子的能力；

(2)制备不太困难，价格合理；

(3)毒性小，可用于多种反应。

大多数相转移催化反应要求将负离子转移到有机相。但是有些反应则要求将正离子(例如重氮盐正离子)或中性离子对(例如高锰酸钾)转移到有机相。

对于负离子的相转移，最常用的催化剂是季铵盐和叔胺(例如，吡啶、三丁胺等)。因为它们的制备不太困难，价格也不太贵。其他的鎓盐，例如季鏻盐、季钾盐、季锑盐、季铋盐和季锍盐等，由于制备困难、价格昂贵，只用于实验研究工作。

另一类相转移催化剂是聚醚,其中主要是链状聚乙二醇和它的二烷基醚和环状冠醚。这类催化剂的特点是能与正离子配合形成(伪)有机正离子。例如:

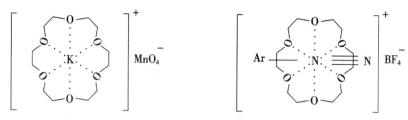

18-冠醚-6 的伪有机正离子　　　　　　　　18-冠醚-6 的有机正离子

这类相转移催化剂的特点是:它们不仅可以将水相中的离子对转移到有机相,而且可以在无水状态或者在微量水存在下将固态的离子对转移到有机相。

冠醚的催化效果非常好,但是制造困难,价格太贵,只有在反应中季铵盐不稳定时,才考虑使用冠醚。因此,目前只用于实验研究工作。

开链聚醚的催化效果虽然不如季铵盐,但是它价廉、易得、使用方便、废液易处理,是有发展前途的相转移催化剂。有时聚乙二醇的催化效果优于季铵盐,另外聚乙二醇还可以催化某些异构化反应。

3.6.4　用季铵盐作相转移催化剂时的主要影响因素

1.季铵正离子的结构

为了使季铵正离子既具有较好的亲油性,又具有较好的亲水性,季铵正离子中四个烷基的总碳原子数一般以 15～25 为宜。为了提高亲核试剂 Nu^- 的反应活性,Q^+Nu^- 离子对在有机溶剂中应该容易分开,即 Q^+ 正离子和 Nu^- 负离子之间的中心距离应该尽可能大一些。因此,四个烷基最好是相同的,例如,四丁基铵正离子。

目前,最常用的季铵盐主要有:

$C_6H_5CH_2N^+(C_2H_5)_3 \cdot Cl^-$　　　　　　(BTEAC 或 TEBAC,商品名 Mokosza)

$(C_8H_{17})_3N^+CH_3 \cdot Cl^-$　　　　　　　　(TOMAC,商品名 Aliquat 336)

$(C_4H_9)_4N^+ \cdot HSO_4^-$　　　　　　　　　(TBAB,商品名 Brandstrom)

2.季铵盐中阴离子的影响

季铵正离子 Q^+ 被认为是软的正离子,因此它择优地与水溶液中较软的负离子形成离子对。各种负离子被季铵正离子提取到非极性有机溶剂中的容易程度如下:

$$2,4,6\text{-}(NO_2)_3C_6H_2O^- > ClO_4^- > I^- > 4\text{-}CH_3C_6H_4SO_3^- > NO_2^- > C_6H_5COO^- > Cl^- > HSO_4^- > CH_3COO^-$$
$$> F^-, OH^- > SO_4^{2-} > CO_3^{2-} > PO_4^{3-}$$

最常用的季铵盐是季铵的氯化物,因为它们制备容易、价格较便宜。但是,当亲核试剂负离子 Nu^-(例如 F^-、OH^-)比 Cl^- 更难提取到有机相时,就需要使用季铵的酸性硫酸盐,因为 HSO_4^- 在碱性介质中会转变成更难提取的 SO_4^{2-}。但是,季铵的酸性硫酸盐的制备较复杂,价格较贵,使用较少。

另外,季铵盐的热稳定性较差,对于需要在较高温度下进行的亲核取代反应也不宜用季铵盐作相转移催化剂。

3.催化剂的用量

对于不同的反应,季铵盐的用量变化幅度很大,一般是每摩尔有机反应物使用 0.005 ~ 0.100 mol 季铵盐。如果需要用太多的季铵盐,就要考虑它在经济上是否合算。

4.溶剂

如果有机反应物或目的产物在反应条件下是液态的,一般不需要使用另外的有机溶剂。如果有机反应物和目的产物在反应条件下都是固态的,就需要使用非水溶性的非质子传递有机溶剂。

在选择溶剂时,应考虑以下因素:

(1)溶剂不与亲核试剂、有机反应物或目的产物发生化学反应;

(2)溶剂对于亲核负离子 Nu^- 或 $[Q^+Nu^-]$ 离子对有较好的提取能力;

(3)溶剂对有机反应物和目的产物有较好的溶解性。

可以考虑的溶剂有:二氯甲烷、氯仿、1,2-二氯乙烷、石油醚(烷烃)、甲苯、氯苯和乙酸乙酯等。应该注意,低碳卤代烷容易与亲核试剂反应,乙酸乙酯容易水解,而甲苯和氯苯对于结构复杂的芳香族化合物溶解性差。必要时,还应选用其他的溶剂,例如醚类等。

为了使 $[Q^+Nu^-]$ 离子对在有机相保持较高的浓度,溶剂的用量应尽可能地少,它并不要求使固态反应物全部溶解,只要能使反应物和目的产物部分溶解,处于良好的分散润湿状态,有利于表面更新作用就可以了。

对于要求在无水状态下进行的固液相相转移催化反应,可以选用介电常数高的非质子传递强极性溶剂来提高亲核试剂 M^+Nu^- 的离解性,并使负离子成为裸离子,容易与季铵正离子形成离子对而进入有机相。

3.6.5 相转移催化的应用

根据相转移催化原理可以看出,凡是能与相转移催化剂形成可溶于有机相的离子对的多种类型化合物,均可采用相转移催化法进行反应。现在它已用于许多单元反应,实例很多。本书限于篇幅,只列举一些简单的应用实例。

3.6.5.1 二氯卡宾的产生和应用

二氯卡宾($:CCl_2$)又名二氯碳烯或二氯亚甲基,它的碳原子周围只有六个电子,是一个非常活泼的缺电子试剂,容易发生各种加成反应。但二氯卡宾极易水解,在水中的生存期不到一秒。产生二氯卡宾的传统方法要求绝对无水和其他很不方便的条件。而在相转移催化剂的存在下,则可以由氯仿与氢氧化钠浓溶液相作用而产生稳定的二氯卡宾,其反应历程大致如图 3-14 所示:

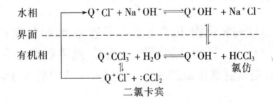

图 3-14　由氯仿生成二氯卡宾的反应历程

即在水相中季铵盐 Q^+X^- 与 NaOH 作用，生成季铵碱离子对 Q^+OH^-，它被萃取到有机相，与氯仿作用而生成二氯卡宾。在有机相中二氯卡宾水解很慢。因为有机相中二氯卡宾与三氯甲基季铵盐处于一个平衡体系中，如果二氯卡宾不发生进一步反应，它在有机相中仍然保持原有活性达数日之久。当有机相中存在有烯烃、芳环、碳环、醇、酚、醛、胺、酰胺等试剂时，二氯卡宾就可以发生加成反应而生成多种类型的化合物。

例如，苯甲醛在氯仿溶液中在相转移催化剂 TEBAC 存在下与50 %氢氧化钠水溶液相作用，可一步直接制得扁桃酸(医药中间体)。

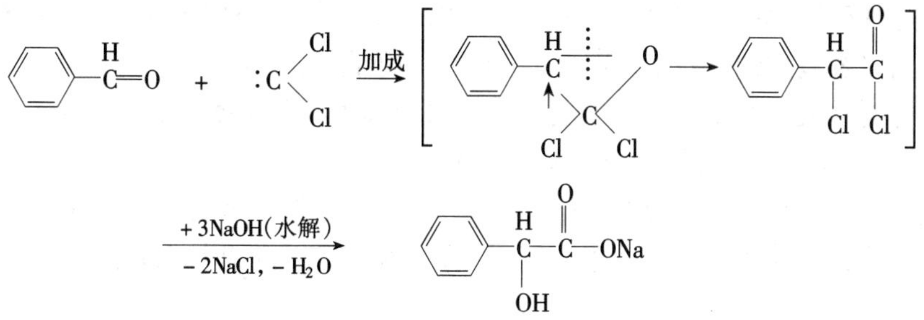

扁桃酸钠(α-羟基苯乙酸钠)

此法与老的合成路线(苯-乙醛酸法、苯乙酮氧化法)相比，原料易得、操作简便安全、收率好。

3.6.5.2 O-烃化(醚类的合成)

对硝基苯乙醚是由对硝基氯苯与氢氧化钠的乙醇溶液相作用而制得的。其反应式如下：

$$C_2H_5OH + NaOH \rightleftharpoons C_2H_5O^- Na^+ + H_2O$$

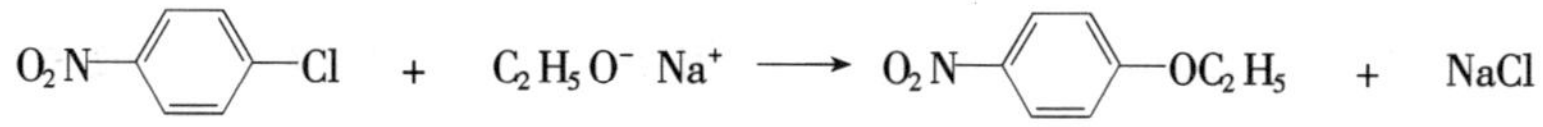

按老工艺不加相转移催化剂，O-芳基化反应(烷氧基化反应见10.3.7.1)要在高压釜中加热几十小时，对硝基氯苯的转化率只有75 %，要用减压蒸馏法回收未反应的对硝基氯苯，能耗大。另外，还有水解副反应，生成对硝基酚钠，废液多。按消耗的对硝基氯苯计，对硝基苯乙醚的收率只有85 %～88 %。

加入相转移催化剂，在常温、常压下只需几个小时，对硝基氯苯的转化率即达到99 %以上，对硝基苯乙醚的收率可达92 %～94 %，纯度达99 %以上。显然，这是因为相转移催化剂季铵盐 Q^+X^- 将原来难溶于对硝基氯苯的乙醇钠转变为易溶于对硝基氯苯和对硝基苯乙醚的 $Q^+C_2H_5O^-$ 离子对的缘故。对硝基苯乙醚主要用于制对氨基苯乙醚，但对氨基苯乙醚更好的制备方法是硝基苯在乙醇-硫酸介质中的电化学还原—转位法。

许多 O-烃化反应采用相转移催化剂，都可以取得良好效果。

3.6.5.3 O-酰化反应(酯类的合成)

例如从二乙氧基硫代磷酰氯与对硝基苯酚钠在甲苯-氢氧化钠水介质中制备乙基对硫磷(有机磷杀虫剂)时：

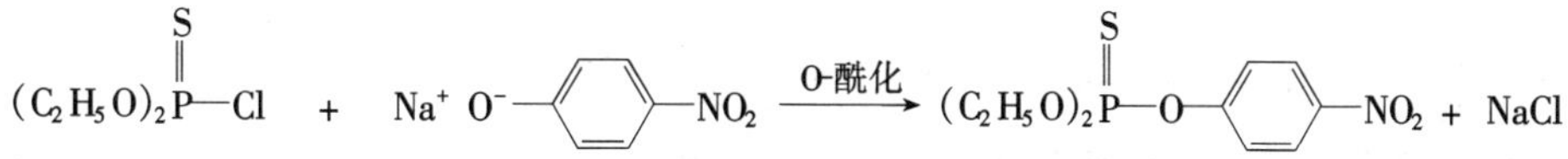

乙基对硫磷

如果不加入相转移催化剂,反应速度很慢,而且有水解副反应。但是,只要加入很少量的三甲胺或季铵盐,在 25~40 ℃反应 1 h,乙基对硫磷的收率可达95 % ~99.5 %。显然,在这里季铵盐 O^+X^- 的作用,是将不溶于甲苯的对硝基酚钠离子对转变成易溶于甲苯的 $Q^+\cdot^-OC_6H_4NO_2$ 离子对的缘故。

三甲胺的催化作用是它先与二乙氧基硫代磷酰氯作用生成镓盐,后者也是相转移催化剂。

$$(C_2H_5O)_2\overset{S}{\overset{\|}{P}}-Cl \; + \; :N(CH_3)_3 \longrightarrow [(C_2H_5O)_2\overset{S}{\overset{\|}{P}}-N(CH_3)_3]^+ \; Cl^-$$

相转移催化现已广泛用于许多有机磷杀虫剂的生产,另外,还用于其他酰氯与醇钠(或酚钠)的酯化反应,以及羧酸钠与卤烷(或二烷基硫酸酯)的酯化反应。

相转移催化剂季铵盐对于硫代乙烯基磷酸酯的合成还具有立体化学效应。

3.6.5.4　N-烃化、N-酰化、C-烃化、S-烃化和S-酰化

在用卤烷或酰卤进行上述反应时,常常需要用缚酸剂来促进卤化氢的脱落。有许多实例说明加入相转移催化剂可取得良好效果。例如,从二丙氨基甲酰氯与乙硫醇作用合成菌达灭(除草剂)时:

$$(C_3H_7)_2\overset{O}{\overset{\|}{-C}}-Cl \; + \; HSC_2H_5 \; + \; NaOH$$

$$\xrightarrow{\text{S-酰化}} (C_3H_7)_2N\overset{O}{\overset{\|}{-C}}-SC_2H_5 \; + \; NaCl \; + \; H_2O$$

菌达灭

如果采用非水介质,操作复杂、周期长、收率低,而改用水介质相转移催化法,收率可达99 %,纯度98 %。

又如,1,8-萘内酰亚胺,由于分子中羰基的吸电效应,使氮原子上的氢具有一定的酸性,很难发生 N-烃化和 N-酰化反应,就是在非质子传递极性溶剂中或在含有吡啶的碱性溶液中,反应速度也很慢,而且收率低。但是1,8-萘内酰亚胺容易与氢氧化钠或碳酸钠形成钠盐:

$$\text{O=C—N—H} \quad + \; NaOH \Longrightarrow \quad \text{O=C—N}^-\text{Na}^+ \quad + \; H_2O$$

因此,利用相转移催化剂,其季铵正离子能与1,8-萘内酰亚胺负离子形成离子对,萃取到有机相中,使 N-烃化和 N-酰化反应可以在温和条件下顺利进行,而且收率良好。当烃化剂(例如3-氯丙腈)或酰化剂(例如乙酰氯)容易水解时,可以用无水碳酸钠使 1,8-萘内酰亚胺形成钠盐,并使用能使钠离子溶剂化的溶剂(例如 N-甲基-2-吡咯烷酮),以便季铵正离子将 1-8-萘内酰亚胺负离子带入有机相中(固液相转移催化)。

3.6.5.5　氰离子的亲核取代

例如,从对氯氯苄与氰化钠作用制备对氯苄氰(农药中间体)时

$$Cl-\langle\!\!\!\!\!\!\bigcirc\!\!\!\!\!\!\rangle-CH_2Cl \; + \; NaCN \longrightarrow Cl-\langle\!\!\!\!\!\!\bigcirc\!\!\!\!\!\!\rangle-CH_2CN \; + \; NaCl$$

由于采用相转移催化剂,可以不用非质子传递极性有机溶剂,并且可缩短反应时间,收率可达94 % ~96 %。

3.6.5.6　氟离子的亲核取代反应

例如,在相转移催化剂存在下,可由 3,4-二氯硝基苯与氟化钾一步反应直接制得 3-氯-4-氟硝基苯,收率大于92 %。

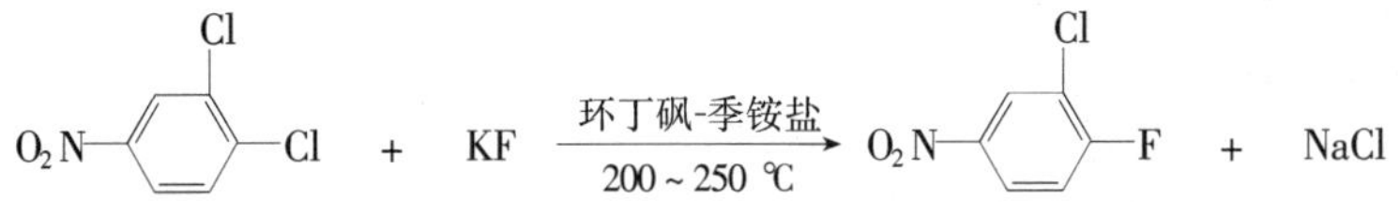

如果不用相转移催化法,就需将 3,4-二氯硝基苯先经氨解和重氮化,然后将重氮基转化为氟基。

3.6.5.7　氧化反应

次氯酸钠、高锰酸钾和重铬酸钠等氧化剂在相转移条件下,可使具有氧化能力的负离子 ClO^-、MnO_4^-、$HCr_2O_7^-$ 或 $Cr_2O_7^{2-}$ 被季铵正离子或冠醚带入有机相,与有机物发生选择性的氧化反应。例如1-癸烯的苯溶液与高锰酸钾水溶液在三辛基甲基氯化铵的作用下,可得到正壬酸,收率91 %,纯度98 %。

3.6.5.8　还原反应

例如,硼氢化钠虽然是一种选择性好的还原剂,但是它在还原某些不溶于水或醇的化合物时,常常需要使用昂贵的非质子传递极性溶剂。如果采用相转移催化剂,则可避免上述缺点。最近报道用 $(C_4H_9)_4N^+ BH_3CN^-$ 作还原剂,可进一步提高还原反应的选择性。它可以在有氰基、硝基、羧基等易还原基团的存在下选择性地还原卤基。

3.6.5.9　重氮盐的反应

四氟硼酸重氮盐或六氟磷酸重氮盐在水中溶解度较小,在非极性有机溶剂中根本不溶。但是重氮正离子可以"隐避"在冠醚的空腔中,形成油溶性的离子对而溶于非极性有机溶剂中,这就使得重氮盐的某些反应可以在非极性有机溶剂中进行。例如,重氮盐不易与咔唑在水介质中偶合,而采用相转移催化法则很容易偶合而得到以下结构的偶氮染料。

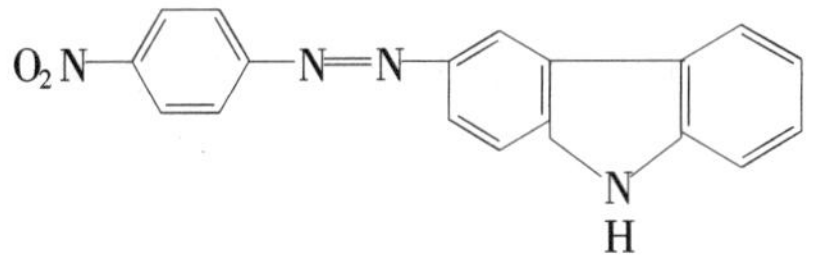

3.6.6　液、固、液三相相转移催化

考虑到相转移催化剂价格贵、难回收,又开发了固体相转移催化剂。它是将季铵盐、季鏻盐、冠醚或开链聚醚连接到聚合物上而得到不溶于水和一般有机溶剂的固态相转移催化剂。相转移催化反应在水相、固体催化剂和有机相这三相之间进行。所以这类催化剂又叫做"三相催化剂"。它的优点是:操作简便,反应后容易分离,催化剂可定量回收;另外,这种方法所需费用和能源都很低,并适用于自动化连续生产。60 年代这种催化剂已成功地用于合成氰醇、氰乙基化和安息香缩合等反应,已引起工业界极大的兴趣。另外,这种催化剂还可用于氨基酸立体异构体的分离,手征性冠醚聚合物催化剂适用于不对称合成。

参考文献

1 〔美〕Weber W P, Gokel G W.相转移催化剂.卞觉新译.安徽化工研究所出版,1980

2 李绪年.染料工业.1983,1,1

3 马英高.农药工业.1980,5,48

4 黄宪,朱家蕙.浙江化工.1980,5,48

5 陶烃,郭奇珍.农药.1982,1,6

6 柳建华译.西安化工.1988,6,20

7 冼业鸿.广东化工.1981,4,13

8 祁国珍,王贤教.染料工业.1983,3,21

9 华东化工学院,江苏泰兴化工厂.染料工业.1989,3,22

10 董希阳,张春造,邵瑞琏.农药工业.1984,6,40

11 祁国珍,王贤教.染料工业.1985,3,21

12 范如霖等.有机化学中的相转移催化作用.上海:上海科学技术出版社,1982

13 〔德〕戴姆洛夫.相转移催化作用.贺贤章,胡振民译.北京:化学工业出版社,1988

3.7 均相配位催化

均相配位催化指的是用可溶性过渡金属配合物作为催化剂,在液相对有机反应进行均相催化的方法。这种方法在工业上有重要应用。1977 年,美国利用均相配位催化大约生产了 900 万吨有机化学品,并相继建立了约 24 个重要工业过程。

3.7.1 过渡金属化学

3.7.1.1 过渡金属的特点

最常用的过渡金属主要有:铜组的钛 Ti、钒 V、铬 Cr、锰 Mn、铁 Fe、钴 Co、镍 Ni、铜 Cu;银组的钼 Mo、钌 Ru、铑 Rh、钯 Pd、银 Ag;金组的钨 W、铱 Ir、铂 Pt 等。

典型的过渡金属原子都具有在几何形状上和能量特征上适于成键的 1 个 s 轨道、3 个 p 轨道和 5 个 d 轨道。在特殊情况下,这 9 个轨道可以和 9 个配位体成键。例如,铼的配合物 ReH_7 $[P(C_2H_5)_2(C_6H_5)]_2$,它具有 7 个 Re—H 共价键和两个 Re←P 配位键。在这里,铼原子一共和 9 个配位体成键。

3.7.1.2 18 电子规则

如果过渡金属原子的 9 个可能成键的轨道都是充满的,即外层轨道上的总电子数是 18,则表明这个配合物是饱和的和稳定的,它不能再与另外的配位体配位。这时配位体的取代反应要先从 18 电子配合物上解离下来一个给电子配位体,生成一个 16 电子的"配位不饱和"型配合物,这种配合物可以再和其他配位体结合,又生成饱和的 18 电子配合物。这就是 18 电子规则。当然,在均相配位催化反应中,并不总是需要经过 18 电子配合物。

3.7.1.3 配位体

各种配位体与过渡金属原子的成键方式和给电子能力一般确定如下:

(1)单电子配位体:提供一个电子与过渡金属原子形成共价键,例如,氢基、甲基、乙基、丙基和氯基等。

(2)二电子配位体:提供两个电子与过渡金属形成配位键,例如,一氧化碳(其中碳原子)、单烯烃(其中双键的两个 π 电子)、胺类(其中氮原子)、膦类(其中磷原子)和氰基(其中碳原子)等电子对给体,以及一价负离子等。

(3)三电子配位体:例如,π-1-甲基烯丙基(其中一对 π 电子和相邻碳原子上的一个电子,见下)。

(4)四电子配位体:例如,二烯烃(两个双键上的四个 π 电子)。

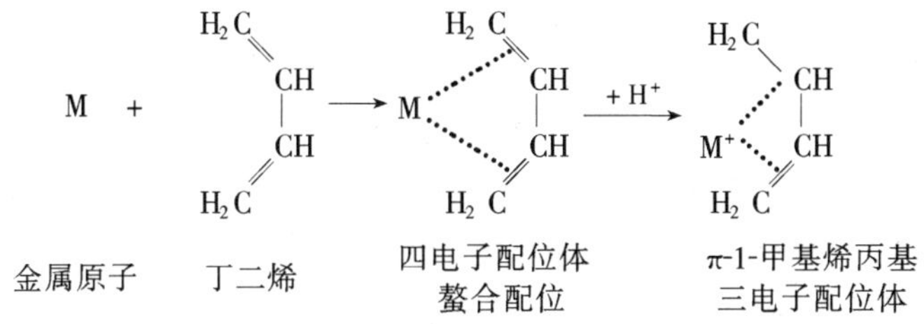

金属原子　　丁二烯　　　　四电子配位体　　　π-1-甲基烯丙基
　　　　　　　　　　　　　　螯合配位　　　　　三电子配位体

(5)五电子配位体:例如 π-环戊二烯基(π-C_5H_5 中的四个 π 电子和一个独电子)。

(6)六电子配位体:例如,π-芳基(其中的六个 π 电子)。

3.7.2 均相配位催化剂

均相配位催化能够用于多种不同类型反应的奥秘,就在于许多过渡金属原子能以不同的价态出现,并且能与多种不同的配位体以共价键或配位键两种不同的键型相结合而给出多种多样功能不同的催化剂。这类催化剂是分子态的,它能与各种反应物分子发生一系列特定的基本反应,并通过催化循环而得到目的产物,并重新生成催化剂。对于不同的反应,其催化剂分子不仅需要特定的过渡金属原子,而且还需要结合特定的配位体才能使催化剂具有高效率和高选择性。

对于烯烃的加氢、加成、齐聚以及一氧化碳的羰基合成等反应,所用的催化剂分子中一般要用软的或可极化的配位体来稳定过渡金属原子的低价配合物。这类配位体主要有:一氧化碳、胺类、膦类、较大的卤素负离子和 CN^- 负离子等。软的配位体常常是通过 σ-给体键和 π 受体键的相互作用与金属原子结合的。例如,加氢所用的催化剂主要有:氯化三苯基膦配铑 $Rh^I Cl[P(C_6H_5)_3]_3$ 和氰基钴负离子 $Co(CN)_6^{3-}$ 等。对于不对称加氢,还需要使用旋光性的膦配位体。例如,从取代肉桂酸的加氢制备治疗震颤性麻痹症的药物(左旋的)L-二羟基苯丙氨酸(L-DOPA)时:

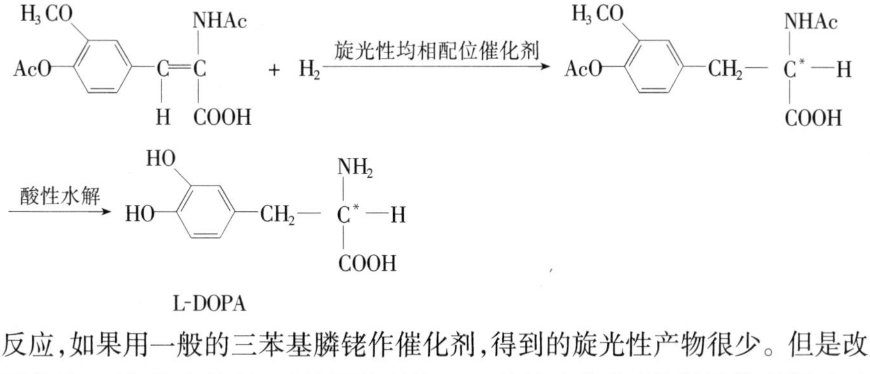

L-DOPA

上述加氢反应,如果用一般的三苯基膦铑作催化剂,得到的旋光性产物很少。但是改用旋光性的螯合膦配位体,不仅稳定性好,而且可得到约90 % 的旋光收率(以所需构型相对于对映体的过剩量表示)。用(+)膦得 L-型氨基酸,用(–)膦得到 D-型氨基酸。

旋光性膦配位体

对于氧化反应的催化剂,通常用"硬的"不可极化的配位体来稳定高价的金属正离子。这类配位体主要有水、醇、胺、氢氧化物和羧酸根负离子等。它们是通过简单的 σ-给体键(通常是完全的离子键)连接到金属正离子上的。例如,烯烃氧化的催化剂 $Pt^{II}Cl_4^{2-}/CuCl_2$。

应该指出,有时在反应液中加入不具有催化活性但价廉易得的过渡金属盐,让它在反应过程中转变成具有活性的催化物种。例如,在从乙烯、一氧化碳和水进行羧基化(亦称氢羧化)反应制丙酸时:

$$CH_2=\!\!=\!CH_2 \; + CO + H_2O \xrightarrow[\substack{270\sim320\ ℃ \\ 20\sim24\ MPa}]{Ni^0(CO)_3} CH_3-CH_2-\overset{\overset{\displaystyle O}{\|}}{C}-OH$$

加入反应液中的"催化剂"是丙酸镍,但真正的催化活性物种则是零价的三羰基镍:

$$Ni^{II} \xrightarrow[还原]{CO} Ni^0 \xrightarrow[配位]{4CO} Ni^0(CO)_4 \xrightarrow[解配]{-CO} Ni^0(CO)_3$$

在均相配位催化剂分子中,参加化学反应的主要是过渡金属原子,而许多配位体只是起着调整催化剂的活性、选择性和稳定性的作用,而并不参加化学反应。因此,在书写反应式时,为了简便,常常将过渡金属原子用 M 表示,将不参加反应而结构复杂的配位体用 L 表示,并且用 ML 或 M 表示均相配位催化剂。

3.7.3 均相配位催化的基本反应

在均相配位催化的反应历程中所发生的单元反应,都是配位化学和金属有机化学中的一些基本反应。将这些基本反应适当组合,组成催化循环,就得到目的产物并重新生成催化剂。主要的基本反应有以下几种。

3.7.3.1 配位与解配

配位指的是一个配位体以简单的共价键或配位键与过渡金属原子结合而生成配位配合物的反应。它是均相配位催化中不可缺少的反应。例如,以含膦螯合配位体的氢化镍为催化剂(以 M—H 表示),在乙烯的齐聚制高碳 α-烯烃时,其第一步基本反应就是乙烯与镍原子的配位:

$$M\!-\!H \; + \; CH_2=\!\!=\!CH_2 \underset{解配}{\overset{配位}{\rightleftharpoons}} \underset{\pi\text{-配合物}}{\overset{\overset{\displaystyle M\!-\!H}{|}}{CH_2=\!\!=\!CH_2}}$$

解配是配位的逆反应,即金属-配位体之间的共价键或配位体发生断裂,使该配位体从配合物中解配下来的反应。它是均相配位催化中经常遇到的反应。

3.7.3.2 插入和消除

插入指的是与过渡金属原子配位结合的双键(例如烯烃、二烯烃、炔烃、芳烃和一氧化碳等配位体中的双键)中的 π 键打开并插入到另一个金属-配位体键之间。例如,上述乙烯齐聚的第二步基本反应就是乙烯插入到 M—H 键之间:

$$\underset{CH_2=CH_2}{M\overset{\vdots}{=}H} \xrightarrow[\text{(或氢转移)}]{\text{乙烯插入}} M-C_2H_5 \xrightarrow[\text{配位}]{CH_2=CH_2} \underset{CH_2=CH_2}{M\overset{\vdots}{=}C_2H_5}$$

$$\xrightarrow[\text{(或乙基转移)}]{\text{乙烯插入}} M-CH_2-CH_2-C_2H_5 \xrightarrow[\text{配位,乙烯插入}]{nCH_2=CH_2} M-CH_2-CH_2-(C_2H_4)_n-C_2H_5$$

在上式中:直虚线表示将要断裂的键,直虚箭头表示将要形成的键,弯虚箭头表示电子对的转移方向。

插入反应也可以看做一个配位体(这里是氢配位体或烷基配位体)从过渡金属原子上转移到一个具有双键的配位体(这里是 $CH_2=CH_2$)的 β 位上。因此插入反应也叫做配位体转移反应或重排反应。

消除一般指的是一个配位体上的 β-氢(或其他基团)转移到过渡金属原子的空配位上,同时该配位体-金属之间的键断裂使该配位体成为具有双键的化合物,从金属上消除下来。例如,上述乙烯齐聚反应的最后一步基本反应就是消除。

$$\underset{H}{M\overset{\vdots}{=}CH_2}-CH(C_2H_4)_n-C_2H_5 \xrightarrow{\beta\text{-氢消除}} M-H + CH_2=CH-(C_2H_4)_n-C_2H_5$$

$$\qquad\qquad\qquad\qquad\text{催化剂}\qquad\qquad\text{目的产物,高碳 }\alpha\text{-烯烃}$$

3.7.3.3 氧化和还原

在氧化/还原反应中,配位催化剂中的过渡金属原子通常是在两个比较稳定的氧化态之间循环。例如,Co^{II}/Co^{III}、Mn^{II}/Mn^{III} 和 Cu^{I}/Cu^{II} 等,它们都是单原子循环。另外,金属原子也可以在零价态和氧化态之间循环,例如 Pd^0/Pd^{II} 是一个双电子循环。氧化/还原反应又分为简单的电子转移和配位体转移两类。例如,$PdCl_2/CuCl_2$ 均相配位催化剂曾用于乙烯的液相空气氧化制乙醛、制乙酸乙烯酯以及从丙烯的液相空气氧化制丙酮。详见参考文献(1)~(4)。

3.7.3.4 氧化加成和还原消除

氧化加成指的是一个分子断裂为两个配位体,并同时配位到一个过渡金属原子上。例如,用含有机膦配位体或亚磷酸酯配位体的零价镍配合物作催化剂(以 M^0 表示),从丁二烯和氰化氢制己二腈时,第一步基本反应就是氧化加成。

$$M^0 + H-CN \xrightarrow{\text{氧化加成}} H-M^{II}-CN$$

初始的零价镍催化剂可以看做是零价镍原子被膦配位体所溶剂化的产物。在 H—CN 中 CN^- 是负离子,或把氢配位体也看做是名义上负离子:H^-,则上述加成反应就使镍的氧化态形式从零价氧化成正二价。许多活泼的分子 X—Y 键可以氧化地加成到富电子的过渡金属配合物上。

还原消除是氧化加成的逆反应,即两个配位体同时从过渡金属原子上解配下来,并相互结合成一个分子。例如,在上述己二腈的合成过程中就涉及还原消除反应:

$$H-M^{II}-CN$$
$$H_2C=CH-CH=CH_2 \xrightarrow{\text{配位}} CH_2=CH-CH=CH_2 \xrightarrow[\text{(氢转移)}]{\text{烯烃插入}}$$

$$CH_2=CH-CH_2-CH_2 \xrightarrow[\text{(双消除)}]{\text{还原消除}} H_2C=CH-CH_2-CH_2-CN + M^0$$
(催化剂)

+ NC—M^{II}—H
配位,烯烃插入
还原消除

NC—CH$_2$—CH$_2$—CH$_2$—CH$_2$—CN + M^0
己二腈(目的产物)　　　　(催化剂)

3.7.4　均相配位催化循环

从上述制备高碳 α-烯烃和制备己二腈的两个实例可以看出,在均相配位催化剂的存在下,将几种不同类型的基本反应以适当的方式结合起来,就可以从起始反应物得到所需的目的产物。因为在整个过程中,催化剂又可以重新生成,所以又叫做"催化循环"。

为了简便明了,可以将催化循环用环形的图来表示,图中各步基本反应按顺时针排列。以前面所提到的从取代肉桂酸(C=C)的加氢制 L-DOPA(以 CH—C*H 表示)为例:其催化循环如图 3-15 所示(膦配位铑催化剂以 M^I 表示)。

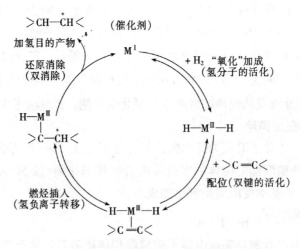

图 3-15　双键加氢的催化循环

在上图中,催化剂 M^I 与 H$_2$ 作用生成 H—M^{III}—H 的反应很难看成是氧化反应。在这里,加成的"氧化"特征只不过是一种形式而已。

另外,氢分子的活化还可以通过其他基本反应得到。例如:

$$\text{均裂活化} \quad M\!-\!M \;+\; H_2 \;\xrightarrow{\text{配位}}\; \begin{matrix} H\cdots H \\ \vdots \quad \vdots \\ M\cdots M \end{matrix} \;\xrightarrow{\text{解配}}\; 2\,M\!-\!H$$

$$\text{异裂活化} \quad M\!-\!X \;+\; H_2 \;\xrightarrow{\text{配位}}\; \begin{matrix} \overset{\delta+}{M}\cdots\overset{\delta-}{X} \\ \vdots \quad \vdots \\ \underset{\delta-}{H}\cdots\underset{\delta+}{H} \end{matrix} \;\xrightarrow{\text{解配}}\; M\!-\!H \;+\; HX$$

但是通过 M—H 的催化循环将是另一种方式。

3.7.5 重要的均相配位催化过程

据报道,1977 年美国采用均相配位催化法生产的有机化工产品达 900 万吨,已经建立了 24 个采用均相配位催化的重要工业过程。现将其主要过程简介如下。

3.7.5.1 双键的加氢

此法在工业上已用于从取代肉桂酸制备左旋的 L-二羟基苯基丙氨酸(L-DOPA,治疗震颤性麻痹症的药物)。

3.7.5.2 烯烃的齐聚与共聚

此法可得到多种产品,其中重要的有:

(1)乙烯的齐聚制高碳 α-烯烃(壳牌高碳烯烃)、镍-膦催化剂,乙二醇溶剂,140 ℃、40 MPa;

(2)由乙烯、丙烯或丁烯的齐聚制高碳 α-烯烃(齐格勒烯烃),三乙基铝催化剂,200～250 ℃、13～25 MPa;

(3)丙烯的二聚制 2-甲基-1-戊烯;

(4)丙烯和丁烯的共二聚制 C_6、C_7、C_8 烯烃;

(5)丁烯的二聚制异辛烯;

(6)乙烯和丁二烯的共聚制 1,4-己二烯;

(7)丁二烯的二聚制 1,5-环辛二烯,三聚制 1,5,9-环十二碳三烯。

3.7.5.3 烯烃和二烯烃的加成反应

例如,从丁二烯与氰化氢的加成制己二腈,零价镍与膦的配位催化剂,30～150 ℃,常压。

3.7.5.4 烯烃的异构化

用上述方法生产己二腈时,有中间副产物 2-甲基-3-丁烯腈,它需要在反应条件下异构化成 4-戊烯腈,并进一步生成己二腈:

$$NC\!-\!CH\!-\!CH\!=\!CH_2 \;\xrightarrow{\text{异构化}}\; NC\!-\!CH_2CH_2\!-\!CH\!=\!CH_2$$
$$\qquad\quad | \atop CH_3$$

3.7.5.5 烯烃的氧化

例如乙烯的液相空气氧化制乙醛(见 12.2.10)和制乙酸乙烯酯,丙烯液相空气氧化制丙酮等。

3.7.5.6 一氧化碳的均相配位催化

由于传统的石油化工原料价格的提高,其供应受到限制,因此改用一氧化碳或合成气(CO+ H_2)来合成有机化学品具有重要实际意义。已经工业化的羰基合成过程主要有以下几种。

(1)丙烯的氢甲酰化制正丁醛:

$$CH_3\!-\!CH\!=\!CH_2 \;+\; CO \;+\; H_2 \;\longrightarrow\; CH_3\!-\!CH_2\!-\!CH_2\!-\!CHO$$

(2)丙烯的一步法制 2-乙基己醇(辛醇):

$$CH_3—CH=CH_2 \xrightarrow{\text{氢甲酰化}} CH_3CH_2CH_2CHO$$

$$2\ CH_3CH_2CH_2CHO \xrightarrow[\text{(14.2.3.1)}]{\text{醛醛缩合、脱水加氢}} CH_3CH_2CH_2CH_2\underset{\overset{|}{C_2H_5}}{CH}CH_2OH$$

(3)丙烯的氢羰基化制正丁醇:

$$CH_3—CH=CH_2 + CO + 2H_2 \longrightarrow CH_3CH_2CH_2CH_2OH$$

(4)甲醇的羰基化制乙酸:

$$CH_3OH + CO \longrightarrow CH_3COOH$$

(5)乙烯的氢酸化制丙酸:

$$CH_2=CH_2 + CO + H_2O \longrightarrow CH_3CH_2COOH$$

(6)乙炔的氢酸化制丙烯酸和丙烯酸酯:

$$CH\equiv CH + CO + H_2O \longrightarrow CH_2=CH_2—COOH$$

$$CH\equiv CH + CO + ROH \longrightarrow CH_2=CH_2—COOR$$

(7)乙烯的氧化羰基化制丙烯酸:

$$CH_2=CH_2 + CO + 0.5O_2 \longrightarrow CH_2=CH—COOH$$

(8)2,4-二硝基甲苯的还原羰基化制甲苯 2,4-二异氰酸酯:

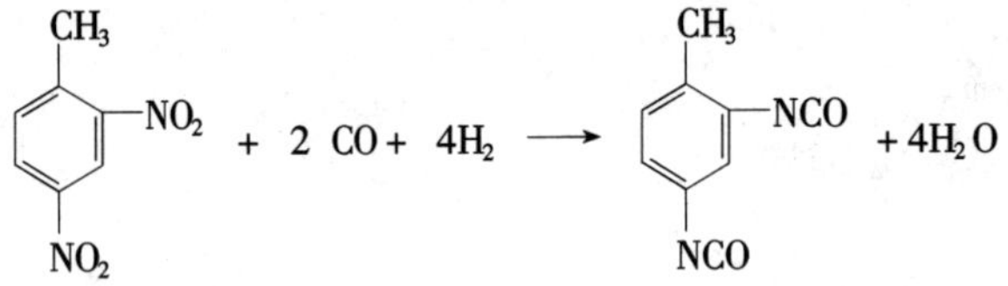

此法有可能代替传统的光气化法。

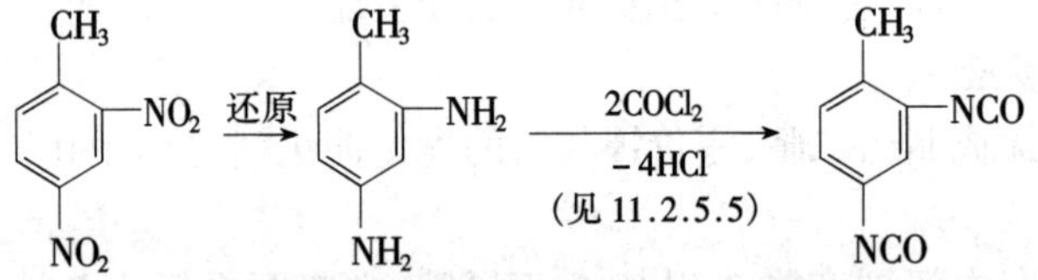

另外,还有一些应用一氧化碳的羰基合成工艺正在开发中。

关于羰基合成的催化循环比较复杂,对于许多合成过程还不十分清楚。这里将丙烯氢甲酰化制正丁醛的催化循环用图 3-16 表示(催化剂 H—Co^{II}(CO)$_3$ 用 H—Co^{II} 表示)。由图 3-16 可以看出,:C=O 的配位不是发生在碳、氧双键上,而是发生在碳原子上的孤电子对上;另外,CO 的插入也不是发生在碳氧双键上,而是发生在碳钴双键上。

3.7.6 均相配位催化的优缺点

3.7.6.1 均相配位催化的优点

1)催化剂选择性好

因为在这里,催化剂是以分子状态存在的,每一个催化剂分子都是具有同等性质的活性单位,而且一般都是按照其结构,突出一种最强的配位作用。另外,分子态催化剂的尺寸很小,对于多官能团的有机反应物分子,在同一瞬间只能有一个或少数几个官能团靠近催化剂分子而

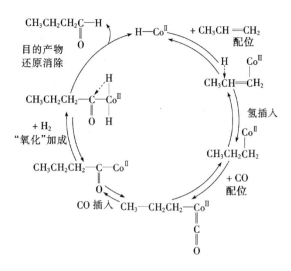

图 3-16　丙烯氢甲酰化制正丁醛的催化循环

处于有利于反应的位置,这对于反应的良好选择性提供了条件。而多相固体催化剂则不同,它的表面是非均一的,具有多种不同的活性中心,可以同时发生多种不同方向的反应,例如铂重整和催化裂化。

2)催化剂的高活性

对于均相配位催化剂,由于中心过渡金属原子和配位体的精心筛选,使每个催化剂分子不仅具有很高的选择性,还具有很高的活性,因此,溶液中配位催化剂的浓度远远低于固体催化剂表面活性组分的浓度。

3)催化体系的预见性

均相配位催化剂在结构上分为中心过渡金属原子和配位体两部分,在研究和设计催化体系时,就按照改变中心金属原子和改变配位体的思路来调整其性能,这比气固相接触催化剂中助催化剂的筛选有较好的预见性。例如,在丙烯的氢甲酰化制正丁醛时,最初用 $H-Co(CO)_3$ 作催化剂,反应要在 $140 \sim 180 ℃$ 和 $25 \sim 30$ MPa 下进行,而且正/异丁醛的比例只有 $3 \sim 4:1$。后来改用三苯基膦铑型催化剂,反应可在较温和的条件下进行,即在 $90 \sim 120 ℃$ 和 $0.7 \sim 2.5$ MPa 下进行,而且正/异丁醛比可提高到 $10:1$,铑催化剂的用量约为丙烯的0.1 %。已建有年产 13.6 万吨丁醛和 7 万吨丙醛的工厂。由此例可以看出铑催化剂的高选择性和高活性。

3.7.6.2　均相配位催化的缺点

(1)催化剂回收问题在使用贵金属催化剂时特别重要。

(2)大多数均相配位催化剂在250 ℃以上是不稳定的,因此反应温度不宜过高。

(3)均相配位催化一般是在酸性介质中进行的,常常要求使用特种的耐腐蚀材料。

(4)有许多反应,特别是用一氧化碳为起始原料的羰基合成反应,常常需要高达 30 MPa 的操作压力。

例如铑的价格比钴贵几千倍,在制备正丁醛时铑的损失如果是醛的百万分之一,则铑催化剂的费用也比用钴催化剂高好几倍,这就限制了均相配位催化的广泛应用。因此,它的应用比气固相接触催化小得多,只占全部催化反应的20 %左右。在这里,产品丁醛的沸点比较低,可以用蒸馏法从反应液中蒸馏出来,从而完成了催化剂的回收和循环使用,使生产过程易于工业化。

又如,乙炔、一氧化碳和水在镍催化剂的作用下可得到丙烯酸,已经工业化,但是改用钌、铑或铁的配合物作催化剂,则可得到收率约为70 %的对苯二酚。

$$2CH\equiv CH + 3CO + H_2O \xrightarrow{\text{均相配位催化}} HO-\!\!\!\!\bigcirc\!\!\!\!-OH + CO_2$$

可是,对苯二酚的沸点很高,这对于钌、铑催化剂的回收、循环利用就困难多了。而在用铁催化剂时,操作压力(CO 压力)要高达 60~70 MPa。因此,这个工艺至今只有中试装置,尚未建成工业装置。

3.7.7 均相配位催化剂的固体化

为了解决均相络合催化剂的回收问题,多年来又开展了均相配位催化剂固体化的研究。固体化的方法主要有以下几种。

1. *配位催化剂浸渍在多孔性载体上*

此法已用于从乙炔和甲醛制 2-丁炔-1,4-二醇,其世界年产量达数十万吨。

$$HC\equiv CH + 2 HCHO \xrightarrow[\text{(乙炔铜)}]{Cu_2C_2} HOCH_2C\equiv CCH_2OH$$

2. *配位催化剂化学结合到无机载体上*

例如,硅胶-二茂铬催化剂已用于聚氯乙烯的生产中。

3. *配位催化剂化学结合到有机高聚物载体上*

例如,膦铑高聚物固体催化剂已用于 1-己烯的氢甲酰化制庚醛的中试车间。

$$CH_3(CH_2)_3CH\!\!=\!\!CH_2 + CO + H_2 \longrightarrow CH_3(CH_2)_5CHO$$

由于膦铑配合物经固体化后不溶于反应物,产品中含铑量低于百万分之一。

配位催化剂的固体化虽然已取得一定成果,但是要在工业上广泛应用,还要做很多工作。

参考文献

1　〔美〕Parshall G W.均相催化,可溶性过渡金属络合物催化作用的应用与化学.北京:化学工业出版社,1985

2　〔德〕Welseermel K, Arpe H J.工业有机化学(重要原料及中间体).北京:化学工业出版社,1982

3　〔美〕R F 黑克.有机过渡金属化学.北京:科学出版社,1984

4　〔英〕S G 戴维斯.过渡金属有机化学在有机合成中的应用.北京:化学工业出版社,1988

5　王积涛,孔成礼.金属有机化学.北京:高等教育出版社,1989

6　黄耀曾,钱长涛.金属有机化合物在有机合成中的应用.上海:上海科学技术出版社,1990

7　郭建权,黄生勇.有机过渡金属化学——反应及其在有机合成中的应用.北京:高等教育出版社,1992

8　钱延龙,陈新滋.金属有机化学与催化.北京:化学工业出版社,1997

9　王锦惠,王蕴林,刘光宏等.羰基合成.北京:化学工业出版社,1987

10　殷元琪.羰基合成化学.北京:化学工业出版社,1996

11　化工百科全书编辑委员会.化工百科全书,北京:化学工业出版社,第 2 卷(1991)733~734,776,781;第 15 卷(1997)875~885

3.8 光有机合成

3.8.1 光子的能量与波长的关系

光是一种电磁波,它具有微粒性和波动性双重性质。微粒性说明光是由许多微粒组成。微粒的最小单元是光子。一个光子所具有的能量 e 与该光子运动时所产生的波长 λ 存在以下关系:

$$e = hc/\lambda \tag{3-11}$$

式中　e——每个光子所具有的能量,J;

　　　h——普朗克(Plank)常数,它等于 6.62×10^{-34} J;

　　　c——光的速度,它等于 2.998×10^{17} nm/s;

　　　λ——被吸收光的波长,用 nm 表示。

对于 1 mol 的光子,即 6.023×10^{23} 个光子,所吸收的能量 E 可按下式计算:

$$E = 6.023 \times 10^{23} \times 6.62 \times 10^{-34} \times 2.998 \times 10^{17}/\lambda \, (\text{J/mol})$$

$$= 1.197 \times 10^8/\lambda \, (\text{J/mol}) = 1.197 \times 10^5/\lambda \, (\text{kJ/mol})$$

$$= 28.6 \times 10^4/\lambda \, (\text{kcal/mol}) \tag{3-12}$$

利用上式可以算出各种波长的光所具有的能量,见表 3-3。

表 3-3　各种波长的光所具有的能量

波　段	波长,nm	波数,cm^{-1}	能量,kJ/mol(kcal/mol)
红外	1 000	10 000	118(28.6)
红	750	13 333	159(38.0)
橙	620	16 129	192(45.9)
黄	590	16 949	203(48.5)
绿	570	17 544	209(49.9)
蓝	500	20 000	239(57.1)
紫	450	22 222	266(63.5)
紫外	400	25 000	299(71.4)
紫外	200	50 000	598(142.9)

3.8.2 光对物质的作用

分子吸收光能的过程叫做"激发"。激发时分子从它最低能量的"基态"跃迁到能量较高的激发态。分子跃迁的种类有分子的转动、分子的振动和分子中电子的跃迁。分子转动所需要的能量很小,只需要远红外区的低能辐射即可发生。分子的振动所需要的能量比转动能量大,常常需要红外区的辐射。分子中的电子从一个量子轨道跃迁到另一个较高能级的量子轨道叫做"电子能级激发"。基态分子 M 和激发态分子 M*,虽然具有相同的分子组成和结构,但是它们的电子排列却不同。有了电子跃迁,激发态具有足够高的能量才有可能发生化学反应。电子跃迁所需要的能量比振动激发大 10 倍以上,它要求波长位于可见区和紫外区的较高能量的光辐射,因此,可见光和紫外光区叫做光化学反应区。例如,氯分子的光解离能是 250 kJ/mol

(59.7 kcal/mol),因此可计算出只需要波长 λ 小于 479 nm 的紫光或紫外光就可以使氯分子解离为氯原子。又如,一般 C—C σ 键的解离能约为 335 ~ 377 kJ(80 ~ 90 kcal),而 C—H 键的解离能约为 419 kJ(100 kcal),当紫外光的波长为 320 nm 时,它具有的能量约为 373 kJ(89 kcal),因此这个紫外光,只能使 C—C 键断裂,而不能使 C—H 键断裂。应该说明,并非被分子吸收的光子都能引起化学反应,因为激发态分子可以通过其他途径失去能量而恢复为基态。

3.8.3 光量子收率

光化学中有两个基本定律。一个定律是只有被分子吸收了的光辐射才能激发光化学反应,另一个定律是一个分子只吸收一个光子。一个分子经光辐射后,通常吸收一个光子而产生激发态分子,然后根据不同情况而发生不同的过程。例如:

(1)经过极短的时间(约 10^{-7} ~ 10^{-8} s)把所吸收的光能重新辐射出来而产生萤光或磷光,即辐射跃迁;

(2)与其他分子碰撞把光能转变为分子的平均能,即转变为热能,或者使其他分子活化;

(3)发生光化学反应。

光量子收率(ϕ)是表示光化学过程效率的量度,用以下公式表示:

$$\phi = \frac{单体体积单位时间内参加反应的分子数}{单位体积单位时间内吸收的光子数} \tag{3-13}$$

一个光化学反应的量子收率大小,与反应物的结构性质和反应条件等因素有关。大多数非链光化学反应,其光量子收率在 0 ~ 1 之间。对于这类反应,消耗的光能太多,而且反应速度太慢,工业上很少采用。

但是,对于链反应,则光量子收率可以高达 10 的几次方。例如,氯分子和氢分子在可见光的照射下,生成氯化氢的光量子收率可高达 10^6 左右。其反应历程如下:

$$光引发 \quad Cl_2 \xrightarrow{\;光辐射\;} 2Cl\cdot$$

$$链反应 \quad Cl\cdot + H_2 \longrightarrow HCl + H\cdot$$

$$H + Cl_2 \longrightarrow HCl + Cl\cdot$$

$$链的终止 \quad 2\,Cl\cdot \longrightarrow Cl_2$$

$$2\,H\cdot \longrightarrow H_2$$

$$H\cdot + Cl\cdot \longrightarrow HCl$$

这是因为一个氢分子吸收一个光子后产生两个氯自由基,一个氯自由基与氢分子反应生成氯化氢和一个氢自由基,氢自由基再与氯分子反应又生成氯化氢和一个氯自由基。尽管有链终止的副反应,上述自由基链反应仍可继续循环下去,这就使得每吸收一个光量子可以生成几百万个以上的氯化氢分子。

在工业上,光有机合成主要用于链反应,因为它的光量子收率高,消耗的能量少。

应该指出,产品的光量子收率与能量消耗有关,而产量收率则与物料消耗有关,这是两个完全不同的概念。

3.8.4 光化学的初级反应

激发态分子 ABC* 可以利用它的激发能发生化学反应。激发态的重要初始反应可以分为三大类。

（1）激发态分子自身均裂为自由基、异裂为正离子和负离子以及分解为两个较小的分子。

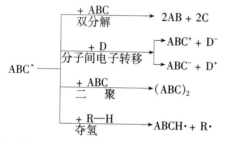

$$ABC^* \begin{cases} \xrightarrow{\text{均裂}} AB\cdot + C\cdot \\ \xrightarrow{\text{异裂}} AB^+ + C^- \\ \xrightarrow{\text{分解}} AB + C \end{cases}$$

（2）激发态分子自身的异构化、内分子重排以及光离子化（得电子或失电子）。

$$ABC^* \begin{cases} \xrightarrow{\text{异构化}} ABC' \\ \xrightarrow{\text{内分子重排}} ACB \\ \xrightarrow{+e,\text{得电子}} [ABC]^- \\ \xrightarrow{-e,\text{失电子}} [ABC]^+ \end{cases}$$

（3）激发态分子与其他分子发生电子转移、双分解、化合以及聚合等初级反应。例如：

$$ABC^* \begin{cases} \xrightarrow[\text{双分解}]{+ABC} 2AB + 2C \\ \xrightarrow[\text{分子间电子转移}]{+D} \begin{cases} ABC^+ + D^- \\ ABC^- + D^+ \end{cases} \\ \xrightarrow[\text{二聚}]{+ABC} (ABC)_2 \\ \xrightarrow[\text{夺氢}]{+R-H} ABCH\cdot + R\cdot \end{cases}$$

以上各类初级反应均有实例，这里不一一详述。上述初级产物再（与其他质点）进一步反应，就得到各种各样的产物。这将在以后结合具体实例介绍。

3.8.5 光化学反应的主要影响因素

光化学反应的主要影响因素与一般热化学反应并不完全一样，现扼要叙述如下。

1. 能量来源

一般的热化学反应本质上是由热能来提供反应过程所需要的活化能。热化学反应要求反应的总自由能降低。光化学反应是通过光子的吸收使反应物的某一基团激发而促进反应的进行，反应产物所具有的能量可以高于起始反应物所具有的能量。

2. 光的波长和光源

所需光的极限有效波长是根据被激发的键所需要的能量而确定，例如，氯分子的光解离能是 250 kJ/mol（59.7 kcal/mol）。它需要波长小于 479 nm 的紫光或紫外光，因此可以使用富于紫外光的日光灯作为光源。又如亚硝酰氯（NOCl）在液相光解为 NO·和 Cl·时，需要紫外光，这时必须使用高压汞灯作为光源，因为汞蒸气能辐射 253.7 nm 的紫外光。溴分子的光解离能是 234 kJ/mol（55.8 kcal/mol），它只需要波长小 512 nm 的可见光（蓝—紫区）即可。

3. 辐射强度

光化学反应的速度主要取决于光的辐射强度。有些简单的光化学反应，其速度只取决于光的辐射强度，而与反应物的浓度无关。

4. 温度

对于一般有机反应，温度每升高 10 ℃ 反应速度约增加 2~3 倍，而大多数光化学初级反应的速度则受温度的影响较小。在有机合成反应中，光子把分子活化后，常常接着还有几步非光化学反应,这时,如果决定整个反应速度的是后面的非光化学步骤,那么温度的影响将与一般热化学反应相似。

5.溶剂

溶剂对光化学反应的影响研究得还很不充分。对于在有机合成中最常遇到的自由基反应来说,不宜选择会导致自由基销毁的溶剂,而应选择有利于保存自由基的溶剂。例如,在甲苯侧链氯化时,常用 CCl_4 溶剂,这不仅是因为在非极性溶剂中氯分子较易光解为氯原子,还因为 CCl_4 会通过以下交换反应较易保存氯原子,从而增加了光量子效率。

$$Cl\cdot \ + \ CCl_4 \Longleftrightarrow Cl_2 \ + \ \cdot CCl_3$$

3.8.6 工业光有机合成

光化学的应用范围相当广泛,但是工业光有机合成则主要用于自由基链反应。因为这类反应的光量子收率高,消耗的光能少。

1.光氯化

详见第 4 章"卤化"(4.3)。

2.光氯磺化和光氧磺化

详见第 5 章"磺化与硫酸化"(5.3.1 和 5.3.2)。

3.光亚硝化

光亚硝化在工业上用于从环己烷制 ε-己内酰胺,其整个反应过程如下。

(1)亚硝酰氯的制备:

$$2H_2SO_4 + NO + NO_2 \longrightarrow 2NOHSO_4 + H_2O$$

$$NOHSO_4 + HCl \longrightarrow NOCl\uparrow + H_2SO_4$$

(2)光亚硝化:

$$NOCl \xrightarrow{\text{汞灯}} \dot{N}O + Cl\cdot$$

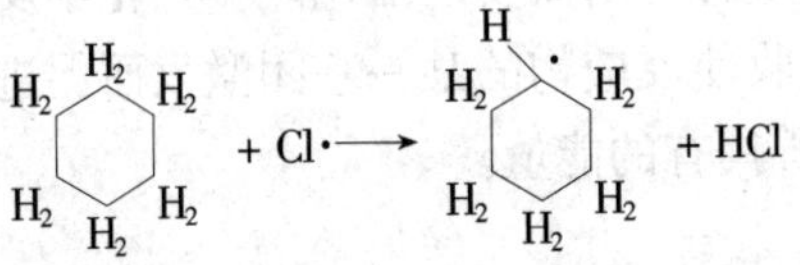

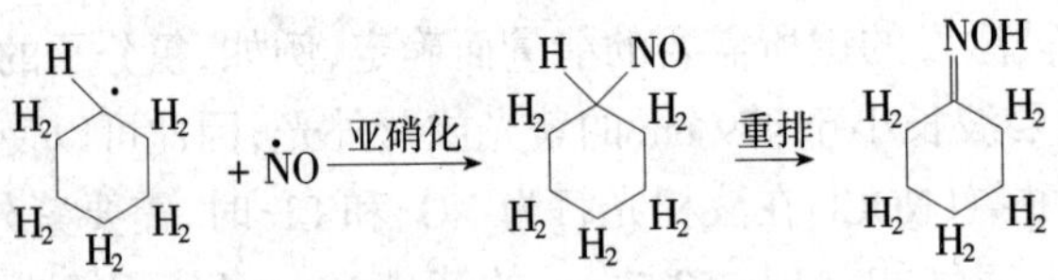

(3)贝克曼重排:

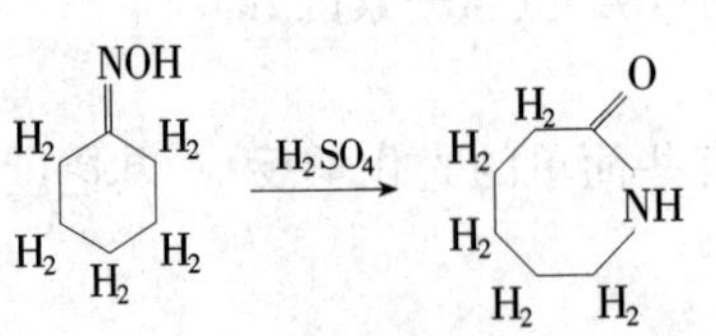

此法的优点是原料简单,只涉及光亚硝化和贝克曼重排两步反应。已有年产量 15 万吨的生产装置。缺点是光亚硝化不是链反应,光量子收率低,耗电量大,而且需要经常更换汞灯。

4.光巯基化

此法用于从丙烯制丙硫醇,它是天然气的有臭添加剂。

$$H_2S \xrightarrow{\text{光}} H\cdot + HS\cdot$$

$$CH_3CH{=}CH_2 + HS\cdot \longrightarrow CH_3\dot{C}H{-}CH_2SH$$

$$CH_3\dot{C}H{-}CH_2SH + H_2S \longrightarrow CH_3CH_2CH_2SH + HS\cdot$$

其他复杂的实例可参阅有关文献。

参考文献

1 高振衡.有机光化学.北京:人民教育出版社,1979
2 曹瑾.光化学概论.北京:高等教育出版社,1985
3 冈田秀雄.小分子光化学.吉林:吉林人民出版社,1982
4 朱淬砺.药物合成化学.北京:化学工业出版社,1982
5 〔德〕Welssermel K,Arpe H J.工业有机化学.北京:化学工业出版社,1982
6 金松寿.化学动力学.上海:上海科学技术出版社,1959
7 〔美〕Groggins P H. Unit Processes in Organic Synthesis, 1958,5th. ed.

3.9 电解有机合成

3.9.1 概述

70年代初提出了公害问题,制订了有关三废治理的法规;另外,石油价格上涨,导致能源和工业原料价格也随之上涨。这就迫使企业对现有技术重新评价,要求化工技术必须考虑无公害、省能源、省资源。在此背景下,电解有机合成,由于其能量效率高,能够用于多种资源,能进行清洁生产等特点而引起重视。此后,电解有机合成在技术上和理论上都有了很大发展。据初步统计,在80年代初,电解有机合成技术已经工业化的有四十多个,已经完成和正在中试的还有十几个,如表3-4和表3-5所示。

表 3-4 重要的阳极电解有机合成过程

(第一部分,已工业化的过程;第二部分,已完成中试的过程;第三部分,正在中试的过程)

反应类型	起始反应物	目 的 产 物
官能团氧化	二甲基硫醚	二甲基亚砜
	葡萄糖	葡萄糖酸钙
	乳糖	乳糖酸钙
氧化甲氧基化	呋喃、甲醇	2,5-二甲氧基二氢呋喃
氧化氟化	甲烷磺酰氯、HF、KF	全氟甲烷磺酸
	辛酰氯	全氟辛酸
	二烷基醚	全氟二烷基醚
氧化溴化	乙醇、溴化钾	三溴甲烷
氧化碘化	乙醇、碘化钾	三碘甲烷
氧化取代	呋喃甲醇	麦芽酚
		乙基麦芽酚

反应类型	起始反应物	目 的 产 物
氧化偶联	氯乙烷、乙基氯化镁、铅	四乙基铅
氧化脱羧偶联	己二酸单酯	癸二酸双酯
	辛二酸单酯	十四烷二酸双酯
	壬二酸单酯	十六烷二酸双酯
环氧化	六氟丙烯	全氟-1,2-环氧丙烷
芳环氧化	苯	对苯醌,再阴极还原成对苯二酚
芳环侧链氧化	邻甲苯磺酰胺	糖精
环氧化	丙烯	1,2-环氧丙烷
官能团氧化	丁炔二醇	丁炔二酸
	丙炔醇	丙炔酸

表 3-5 重要的阴极电解有机合成过程

反应类型	起始反应物	目 的 产 物
加氢	顺丁烯二酸	丁二酸
环加氢	吡啶	哌啶
	邻苯二甲酸	二氢酞酸
	四氢咔唑	六氢咔唑
	二甲基吲哚	二甲基-二氢吲哚
官能团还原	硝基胍	氨基胍
	硝基苯	苯胺硫酸盐
	邻-硝基甲苯	邻-甲苯胺
	对-硝基苯甲酸	对-氨基苯甲酸
	草酸	乙醛酸
	水杨酸	水杨醛
	葡萄糖	山梨(糖)醇、甘露(糖)醇
还原重排	硝基苯	对-氨基苯酚
		联苯胺
	邻-硝基苯甲醚	3,3'-二甲氧基联苯胺
	间-二硝基苯	3,4-二氨基苯酚
原偶联还	丙烯腈	己二腈
还原消除	对-羟基苯基三氯甲基甲醇	对-羟基苯乙酸
官能团还原	邻-硝基苯酚	邻-氨基苯酚
	3-硝基-4-甲基苯酚	3-氨基-4-甲基苯酚
还原偶联	丙酮	四甲基乙二醇
环加氢	萘/萘乙醚	1,4-二氢萘/1,4-二氢萘乙醚
官能团还原	间-硝基苯磺酸	间-氨基苯磺酸
	邻-氨基苯甲酸	邻氨基苯甲醇
	对-苯二甲酸二甲酯	对-甲氧甲酰基苯甲醇
还原重排	1-硝基萘	1-氨基-4-甲氧基萘
	硝基苯	对-氨基苯甲醚
还原偶联	对-羟基苯丙酮	频哪醇

由表 3-4 和表 3-5 可以看出,电解有机合成可适用的反应类型很多,同一个有机原料在不同条件下可生成多种不同产物。例如,硝基苯在不同条件下进行阴极电解还原可分别制得苯胺、对氨基酚、对氨基苯甲醚和联苯胺四个产品。另外,有些化工产品采用电解有机合成法,原

料易得,可一步直接制得产品,比非电解有机合成法具有独特的优点。例如,辛酰氯的氧化氟化制全氟辛酸,呋喃醇的氧化取代制麦芽酚和乙基麦芽酚,己二酸单酯的氧化脱羧偶联制癸二酸双酯,苯的氧化/还原制对苯二酚,丙烯腈的加氢偶联制己二腈等。其中有些产品采用电解有机合成法,最为经济合理。例如,丙烯腈的加氢偶联制己二腈,在美、英等国已有年产 10 万吨的装置,连电费较贵的日本也已工业化。预计今后电解有机合成将会有更大的发展。

3.9.2 电解过程的基本反应

所有的电解槽都有两个与电解液相接触的电极。电化学反应是在电极与电解液的界面上发生的。在阳极,有机反应物 R—H 发生失电子作用(氧化),转变为正离子基 $[R—H]^{+}$;在阴极,有机反应物发生得电子作用(还原)而转变为负离子基 $[R—H]^{-}$。

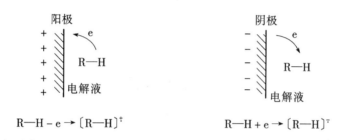

$$R—H - e \rightarrow [R—H]^{+} \qquad R—H + e \rightarrow [R—H]^{-}$$

正离子基又可以发生以下基本反应(E 表示在电极表面发生的电化学反应,C 表示在电解液中发生的化学反应):

氧化(E 或 C)　　$[R—H]^{+} \xrightarrow{-e} [R—H]^{2+}$

还原(E 或 C)　　$[R—H]^{+} \xrightarrow{+e} R—H$

歧化(C)　　$2[R—H]^{+} \longrightarrow [R—H]^{2+} + R—H$

偶联(C)　　$2[R—H]^{+} \longrightarrow H—\overset{+}{R}—\overset{+}{R}—H$

与 Nu^{-}(碱)的反应(C)　　$[R—H]^{+} + Nu^{-} \longrightarrow R· + HNu$

与 Nu^{-}(亲核试剂)的反应(C)　　$[R—H]^{+} + Nu^{-} \longrightarrow \overset{·}{H}RNu$

负离子基除了可以发生氧化、还原、歧化和偶联反应以外,还可以与亲电试剂 E^{+} 发生化学反应:

$$[R—H]^{-} + E^{+} \longrightarrow \overset{·}{H}RE$$

各种离子基、双电荷离子和自由基还可以进一步发生各种各样的反应而生成目的产物,几乎所有类型的有机反应都可以用电化学方法来实现。

3.9.3 电解过程的反应顺序

反应顺序指的是为了得到目的产物,起始反应物在电解槽中所经历的电化学步骤(E)和化学步骤(C)的顺序,即反应历程。例如,丙烯腈在阴极电解加氢二聚(偶联)生成己二腈的反应顺序如图 3-17 所示。因此,由丙烯腈生成己二腈可能有四个反应历程,其反应顺序分别为:ECC,ECCC 和 ECECC 或 ECCEC。对于其他反应,还可以有 ECE、EEC、CEC 等不同的反应顺序。

在阴极,由丙烯腈生成己二腈的总反应式可简单表示如下:

$$2CH_2=CH-CN + 2e + 2H^+ \longrightarrow NCCH_2CH_2CH_2CH_2CN$$

上式中所需要的质子是由水在相对应的阳极上失电子析氧而提供的:

$$H_2O \longrightarrow 1/2O_2 + 2H^+ + 2e$$

从上例可以看出:丙烯腈的电解加氢二聚的有机反应是在阴极发生的,这个电极叫做"工作电极";另一个电极(阳极)并不发生有机反应,只是配合阴极向有机反应提供质子,这个电极叫做"辅助电极"。大多数电解有机合成过程只利用一个电极发生目的的有机反应,只有少数过程才利用两个电极都参加有机反应。例如,苯在阳极氧化成对苯醌,然后在阴极还原成对苯二酚。

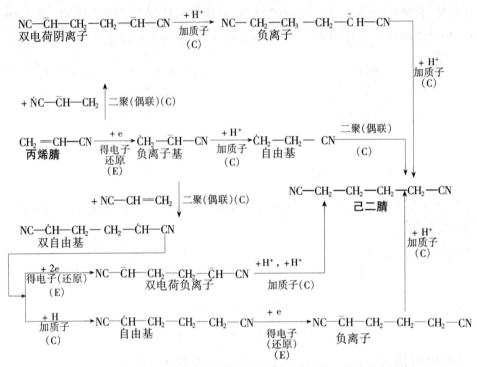

图 3-17　丙烯腈电解加氢二聚(偶联)生成己二腈的反应顺序

3.9.4　电解反应的全过程

电解过程中除电化学反应(E)和化学反应(C)以外,还涉及到许多物理过程,例如扩散、吸附和脱吸附等。现在以丙烯腈按 ECC 顺序生成己二腈为例,其全过程至少包括以下七个步骤,如图3-18 所示。

(1)反应物分子 R(即 $CH_2=CH-CN$)在电解液中由于扩散和泳动到达阴极表面。

(2)R 在阴极表面上被吸附成为吸附反应物 R_{ad},在这里主要是物理吸附,有时也有化学吸附。

(3)R_{ad} 与阴极之间发生电子转移反应,生成被吸附的中间体 I'_{ad}(即 $CH_2=CH-CN$ 得电子生成 $\dot{C}H_2-\bar{C}H-CN$ 负离子基)。

(4)I'_{ad} 从阴极表面脱吸附,成为脱吸附的中间体 I'。

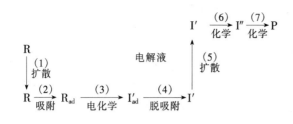

图 3-18 由丙烯腈按 ECC 生成己二腈的全过程

(5)阴极表面的 I′向电解液中扩散或泳动,离开阴极表面。

(6)I′在电解液中发生化学反应,生成中间体 I″(例如 $\dot{C}H_2$—$\overline{CH}$—CN 加质子生成 $\dot{C}H_2$—CH_2—CN)。

(7)中间体 II′在电解液中进一步发生化学反应,生成产物 P(即 CH_2—CH—CN 的二聚生成己二腈),至此,阴极的电解反应全过程完成。

过程(1)和(5)的物质移动是物理过程。在工业生产中,它常常会成为限制反应速度的重要因素,它关系到电解槽的设计和操作条件的确定,必须作为化学工程问题来考虑。

过程(3)是电化学过程,它是电解反应中最重要的过程,也是我们讨论的中心。

过程(6)和(7)是化学过程。它是有机化学的研究对象,但是所确定的反应条件不应该干扰必要的电化学过程和物理过程。

过程(2)和(4)的吸附和脱吸附过程,除与有机生成物的立体选择性有关的场合以外,一般不作太多的考虑。

3.9.5 电极界面(双电层)的结构

电极反应发生在电极表面与电解液的界面之间,这个区域叫做电极界面或双电层。双电层的一种比较简单的模型如图 3-19 所示,它包括三层结构。

3.9.5.1 电荷转移层(接触吸附层)

离电极最近的一层叫做"电荷转移层"、"接触吸附层"或"紧密层"。一般认为这一层非常薄,只有零点几个纳米到几个纳米。在这层中,电势梯度非常大,可以高达 $10^6 \sim 10^7$ V/cm。由于有这样强大的电场,就导致电极反应不同于传统的非均相化学反应或催化反应,即它转移电荷的能力特别强。电解液中的离子和偶极分子由于强静电力的作用而在电极表面吸附定向。在这层中不一定保持电中性,另外,非极性分子也可以被吸附。除了静电力的作用以外,在这一层还有一种"弱键"作用,它是各种被吸附质点所特有的。

电荷转移层的结构与各种被吸附质点的极性、溶剂化程度和电极材料等因素有关。在这一层中究竟哪一种质点择优地发生电子转移作用,不仅取决于各种质点的浓度,而且还取决于它们转移电子的能力,而这又影响到反应顺序以及生成什么产物。

3.9.5.2 扩散双电层(静吸附层)

在电荷转移层的外侧是"扩散双电层"或称"静吸附层"。在这层中,离子或偶极分子具有较弱的有序定向,它们被溶剂壳所包围,同时还有溶剂分子散布在这些溶剂化的质点之间。在这一层的外缘还有一些平衡离子。这一层在电解有机合成中不太重要。

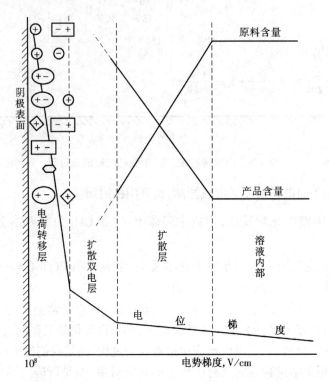

图 3-19 电极(阴极)界面(双电层)的结构

⊕◇正离子;⊖负离子;□±□极性分子;⊂⊃非极性分子

3.9.5.3 扩散层

在扩散双电层的外侧是浓度梯度造成的扩散层。在这里,起始反应物和生成物的扩散或电泳常常是电极反应的控制步骤,为了得到大的电解电流,这一层应该尽可能薄。它在工业化上是非常重要的。

双电层的外层是溶液相,即电解液。电解液主要由溶剂和电解质组成,它对双电层的结构有重要影响,这将在以后讨论。

3.9.6 电解有机合成特有的主要影响因素

3.9.6.1 电极电势

在电极上能够发生电化学反应是由于所施加的电势使电流得以通过而造成的。对于电解过程,电极电势是指电极和电解液之间界面上的电势差。能够使特定电化学反应开始发生的最低电极电势叫做"反应电势"。由于在这个反应电势下,反应速度非常慢,所以为了使电化学反应能够以适当的速度进行,电极的工作电势必须比反应电势适当高一些。但是,如果工作电极电势太高,又会导致支持电解质或溶剂的分解等副反应发生。合适的工作电极电势可通过实验来确定,对于阳极反应,工作电极电势约为 $0 \sim +3$ V,对于阴极反应,工作电极电势约为 $0 \sim -3$ V。

3.9.6.2 槽电压

槽电压指的是阳极和阴极之间的电势差。它不仅包括阳极电势和阴极电势,还包括电解液、液体接界、隔膜和导线等整个欧姆电阻损失 IR。槽电压一般在 2~20 V,太高会影响单位质量产物的电耗,因此,应该尽可能降低整个体系的各项欧姆损失。

3.9.6.3　电解质

电解质的基本作用是使电流能够通过电解液。如果电解质完全不参予反应,就叫做支持电解质,但是许多电解有机合成必须通过电解质离子的参予才能顺利进行。一般地,对于阳极氧化反应,电解质中负离子的氧化电势必须高于有机反应物的氧化电势,对于阴极还原反应,电解质中正离子的还原电势(负值)必须低于有机反应物的还原电势(负值),否则会引起电解质的氧化或还原,使有机反应物的氧化或还原受到抑制,甚至使目的反应完全不能发生。各种离子的氧化还原电势可查阅有关文献或手册。

在水溶液中或水-有机溶剂中所用的电解质可以是无机的或有机的酸、碱或盐,在甲醇或乙醇溶液中较好的电解质是碱金属氢氧化物,在非水极性有机溶剂中最常用的电解质是季铵盐。

3.9.6.4　溶剂

溶剂一方面至少要能溶解一种或几种有机物的一部分;另一方面还要能使电解质溶解并解离成独立离子,以便能在电场中移动并具有足够的导电性。最方便的溶剂是水。当水对有机物的溶解性太差时,就不得不选用高介电常数的极性有机溶剂,例如,乙腈、二甲基甲酰胺、环丁砜和甲醇等,或采用水-有机溶剂的混合液。另外,溶剂在工作电极电位下必须是电化学惰性的,对于某些电解氧化过程也可以用浓硫酸作溶剂。

3.9.6.5　隔膜

对于大多数电解有机合成,需要用隔膜将电解槽分隔成阳极室和阴极室。阳极室只发生氧化反应,阴极室只发生还原反应。两者互不干扰,而且两室的电解液都可根据自己的需要配制。在这里,隔膜必须能使电解质的离子或水的 H^+ 或 OH^- 离子自由通过以传递电流。

对于隔膜,除了要求对于特定离子具有高的选择性渗透以外,还要求对溶剂具有非渗透性,物理化学稳定性好,电阻低。最初主要采用多孔性隔膜,现在主要采用离子交换膜。

当起始反应物和生成物都不会在另一个电极上发生副反应时,也可以不用隔膜,但这时必须使用一种既适合阳极反应又适合阴极反应要求的电解液。

3.9.6.6　电极材料

在选择电极材料时,首先应考虑它的过电位。过电位是电极材料的一种固有物理性质,其值随电极反应、电解液组成以及电流密度等因素而变化。当在水溶液中进行电解有机合成时,因为已经知道各种电极材料的氧过电位和氢过电位,可作为选择电极材料的参考。

对于阳极氧化反应,为了提高阳极上有机物电化学氧化的效率,必须防止水在阳极上析氧,这时应该选用氧过电位高的阳极材料。例如,铂、钯、镉、银、二氧化铅和二氧化钌等。同时为了水在辅助电极(阴极)上容易析氢,应该选用氢过电位尽可能低的阴极材料。例如镍、碳、钢等。

对于阴极还原反应,为了提高阴极上有机物电化学还原的效率,必须防止水在阴极上析氢,这时应该选用氢过电位高的阴极材料,例如,汞、铅、镉、钽、锌等。同时,为了使水在辅助电极(阳极)上容易析氧,应该选用氧过电位尽可能低的阳极材料,例如,镍、钴、铂、铁、铜和二氧化铅等。

在选择电极材料时,除了要考虑它的过电位以外,还必须考虑它的导电率、化学稳定性、力学性能(加工性和强度)、价格和毒性等因素。根据上述多种因素的综合考虑,在工业上使用的阳极材料主要是:碳、石墨、铅、氧化铅、氧化钌/钛、铂/钛、镍、铅-银、钢和磁性氧化铁(Fe_3O_4)等。阴极材料主要是:汞、铅、碳、石墨、钢以及汞-铜、汞-铅、铜、镉、镍、锌/铜等。

其他的电化学影响因素还有:单电极电流密度、电解槽的体积电流密度、电流效率、电量效率、单位质量产物的电耗和电解槽的设计等,可参阅有关书籍。

3.9.7 间接电解有机合成

它一般指的是先在化学反应器中用可变价金属的盐类水溶液将有机反应物氧化或还原成目的产物,然后将用过的盐类水溶液送到电解槽中再转变成所需要的氧化剂或还原剂。

以甲苯氧化成苯甲醛为例,在化学反应器中四价铈或三价锰将甲苯氧化成苯甲醛:

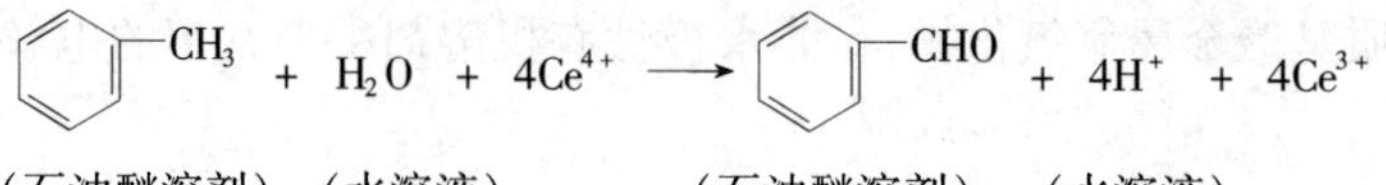

$$\text{(苯环)}-CH_3 + H_2O + 4Ce^{4+} \longrightarrow \text{(苯环)}-CHO + 4H^+ + 4Ce^{3+}$$

  (石油醚溶剂) (水溶液)   (石油醚溶剂) (水溶液)

然后将用过的三价铈盐水溶液送到电解槽中的阳极室氧化成四价铈,再循环使用。

在间接电解有机合成中,为了使有机反应物只被氧化或还原到一定的程度,必须选择合适的氧化/还原离子对。对于氧化反应,常用的离子对是:Ce^{4+}/Ce^{3+}、Mn^{3+}/Mn^{2+} 等;对于还原反应,常用的离子对是:Fe^{2+}/Fe^{3+}、Sn^{2+}/Sn^{4+}、Ti^{3+}/Ti^{4+} 等。

由于反应的选择性、收率和目的产物的分离等因素限制,目前在工业上间接电解有机合成只用于甲苯及其衍生物的氧化制苯甲醛及其衍生物、萘的氧化制 1,4-萘醌、淀粉的氧化制双醛淀粉等过程。

3.9.8 电解有机合成的优缺点

1.主要优点

(1)在许多场合具有选择性和特异性(见 3.9.1);
(2)不需要使用价格较贵的氧化剂和还原剂;
(3)反应可在温和的条件下进行;
(4)是节能的方法,其电费比许多氧化剂和还原剂经济得多;
(5)可以是无公害的清洁反应。

2.主要缺点

(1)电解设备复杂,专用性强;
(2)影响因素多,最佳条件的选择和电化学工程技术的处理比较复杂;
(3)常常需要使用有机溶剂;
(4)对于可用空气作氧化剂或用氢气作还原剂的反应,竞争力差;
(5)电费是成本的主要部分,对于要求一次转化率接近100 % 的反应,电流效率低,电费高。

3.9.9 电解有机合成的工业应用实例——己二腈的生产

己二腈是生产尼龙 66 的重要中间体,在工业上主要有四种生产方法。

(1)己二酸二铵盐在磷酸脱水催化剂的存在下,于200～300 ℃脱水生成己二酰胺,再脱水生成己二腈。

(2)丁二烯中间体 1,4-二氯丁烯,间接氢氰化。

(3)丁二烯在均相配位催化剂存在下直接氢氰化(见 3.7.3.4)。

(4)丙烯腈的电解加氢二聚制己二腈。

这四种方法各有优缺点,但是在总能耗上丙烯腈法最低,其耗电费用只占生产费的 5 %。因此,就是电费较高的日本也已采用此法。

丙烯腈法是美国孟山都公司首先开发的。它所采用的电解槽是隔膜式电解槽。隔膜是由磺化聚乙烯树脂所制成的离子交换膜,电极板是一面阳极、一面阴极的双极式电极板,阳极是铂,阴极是铅。电解槽型式是板框压滤机型。每块电极板的面积是 0.93 m^2,极间距很小,许多块电极板和隔膜用聚丙烯制的方框组合起来。

阴极室电解液的组成是丙烯腈 40 %,四乙基铵对甲苯磺酸盐 34 %,水 26 %。阳极室的电解液是稀硫酸。两种电解液分别连续地流过阴极室和阳极室。阴极电解液经处理后,己二腈的收率为 90 % ~ 93 %。槽电流密度 50 ~ 100 A/L,电流效率 90 % ~ 92 %,电耗 6.6 ~ 7.7 kW/kg。

其他国家的许多公司还对丙烯腈法开发了不少新的专利,其中包括电极和电解液的改进,不用隔膜以及电解槽的设计等。新的方法已改用无隔膜电解槽。电解槽是复极式板框压滤机型结构,由 50 ~ 200 块正方形碳钢电极板组成,每块电极板的阴极面镀镉(厚 0.1 ~ 0.2 mm),阳极面碳钢,板间距 2 mm。电解液是高导电的乳状液,水相含质量分数 10 % ~ 15 % 磷酸氢二钠、约 2 % 硼砂、约 0.5 % 乙二胺四乙酸钠、约 0.4 % 双季铵盐和约 7 % 丙烯腈;有机相含 55 % ~ 60 % 己二腈、25 % ~ 30 % 丙烯腈。电解液的欧姆电阻由 38 $\Omega \cdot cm$ 降低到 12 $\Omega \cdot cm$,槽电压由 11.65 V 降低到 3.84 V,能耗由 6 700 kW·h/t 降低到 2 500 kW·h/t。乳状电解液在电解槽和贮槽之间循环,并连续地取出部分有机相分离出产品己二腈。按丙烯腈计,己二腈收率约 88 %。日本改进电解液的组成,加入异丙醇,己二腈收率大于 90 %。巴司夫公司改用复极式毛细间隙电解槽,极间距降至 0.2 mm 以下,结构更为紧凑。

参考文献

1　陈敏元译.近代有机电化学的动向和未来.1980

2　〔日〕日根文男.电解槽工学.北京:化学工业出版社,1985

3　Demetrios K Kyriacou. Basic of Electro Organic Synthesis. New York:1981

4　郭鹤桐,刘淑兰.理论电化学.北京:宇航出版社,1984

5　天津大学物理化学教研室.物理化学(下册).北京:高等教育出版社,1993

6　俞凌翀.基础理论有机化学.北京:人民出版社,1981

7　〔德〕Welssermel K, Arpe H J.工业有机化学,重要原料及中间体.北京:化学工业出版社,1982

8　陈敏元.染料中间体的电解合成.染料工业,1982,1,16 ~ 19

9　张晋衡.间接电化学合成蒽醌等有机产品.染料工业,1981,5,5 ~ 8

10　陈延禧.电解工业.天津:天津科学技术出版社,1993

第4章　卤　化

4.1　概述

从广义上讲,向有机化合物分子中碳原子上引入卤原子的反应叫做"卤化"。根据引入卤原子的不同,可分为氟化、氯化、溴化和碘化。

卤化是精细有机合成中最重要的反应之一。在大规模工业生产中,除了生产氯和氟的有机单体(如氯乙烯、四氟乙烯)以及有机溶剂(四氯化碳、二氯乙烷、氯苯等)和致冷剂(氟里昂)以外,在精细有机化工中,还广泛用来制备农药、医药、增塑剂、润滑剂、阻燃剂、染料、颜料及橡胶防老化剂等产品。

向有机化合物分子中引入卤原子的目的有两个。一个是为了得到性能优异的最终产品。例如,在染料分子中含有卤原子,可以改善染料的某些性能;向某些有机分子中引入多个卤原子,可以增进有机物的阻燃性。另一目的是可以将卤化产品作为中间体通过进一步转化,制备成其他产品。例如:

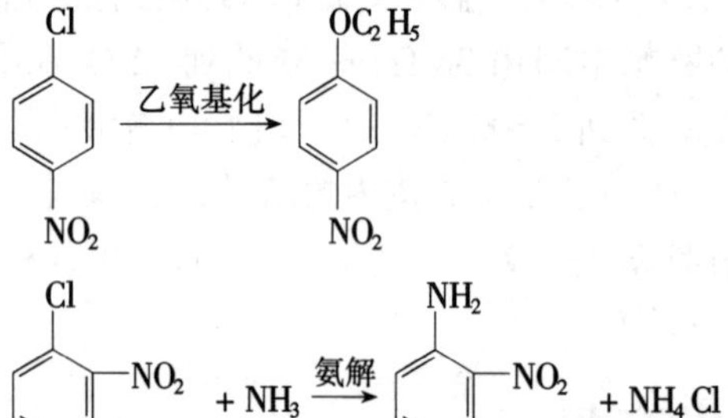

在海水中,氯化钠的含量大约占3 %。在氯碱工业电解食盐水生产液碱时,可以同时得到氯气,为有机氯化物的生产提供了充足的原料。因此,在卤化反应中,氯化反应的应用最为广泛,也是本章讨论的重点。溴化剂的来源比碘和氟多,在应用上仅次于氯。氟化物除四氟乙烯、氟里昂及个别应用于医药(如5-氟尿嘧啶等)、染料外,其他应用较少。含碘化合物仅应用于少数医药、农药及染料。

向有机化合物分子中引入卤原子的方法有三种类型,即取代卤化、加成卤化和置换卤化。

用于取代和加成卤化的卤化剂有:卤素(Cl_2、Br_2、I_2),卤素的酸和氧化剂($HCl + NaOCl$、$HCl + NaClO_3$、$HBr + NaOCl$、$HBr + NaBrO_3$)及其他卤化剂(SO_2Cl_2、$HOCl$、$COCl_2$、SCl_2、ICl)等。用于置换其他取代基的卤化剂还有 HF、KF、NaF、SbF_5、HCl、HBr、$NaBr$ 等。

4.2 芳环上的取代卤化

4.2.1 反应历程

芳环上取代卤化的反应通式为:

$$ArH + X_2 \longrightarrow ArX + HX$$

芳环上的取代卤化,是典型的亲电取代反应。进攻芳环的活泼质点,都是卤正离子(X^+),不管使用什么类型的催化剂,它们的作用都是促使卤正离子(X^+)的形成。常用的催化剂有:金属卤化物、硫酸、碘或次卤酸等。

4.2.1.1 以金属卤化物为催化剂的反应历程

以金属卤化物为催化剂的卤化反应,在工业生产中应用最广泛,常用的催化剂有 $FeCl_3$、$AlCl_3$、$ZnCl_2$ 等。它们的催化反应机理,以 $FeCl_3$ 催化氯化为例。由于 $FeCl_3$ 的强极性,促使氯分子极化而生成氯正离子(Cl^+):

$$Cl_2 + FeCl_3 \rightleftharpoons \left[Cl^+ \cdot FeCl_4^- \right] \rightleftharpoons Cl^+ + FeCl_4^-$$

$$ArH + Cl^+ \rightleftharpoons \left[\begin{array}{c} Cl \\ Ar \\ H \end{array} \right]^+ \sigma 配合物$$

$$\left[\begin{array}{c} Cl \\ Ar \\ H \end{array} \right]^+ \longrightarrow ArCl + H^+$$

$$H^+ + FeCl_4^- \rightleftharpoons HCl + FeCl_3$$

反应过程并不消耗 $FeCl_3$,因此催化剂用量很少。以苯的氯化为例,$FeCl_3$ 用量仅为原料质量的万分之一就足够了。有资料表明,最有效的催化剂可能是三氯化铁的一水合物($FeCl_3 \cdot H_2O$)。当二者的摩尔比($FeCl_3 : H_2O$)为 1 时,反应速度常数为最大值。因此,苯的氯化反应中,原料含有极微量水分,可以生成复合催化剂,能加速反应的进行。

4.2.1.2 以硫酸为催化剂的反应历程

$$H_2SO_4 \rightleftharpoons H^+ + HSO_4^-$$

$$H^+ + Cl_2 \rightleftharpoons HCl + Cl^+$$

$$ArH + Cl^+ \rightleftharpoons \left[\begin{array}{c} Cl \\ Ar \\ H \end{array} \right]^+ \longrightarrow ArCl + H^+$$

4.2.1.3 以碘为催化剂的反应历程

$$I_2 + Cl_2 \rightleftharpoons 2 \, ICl(红棕色液体)$$

$$ICl \rightleftharpoons I^+ + Cl^-$$

$$I^+ + Cl_2 \rightleftharpoons ICl + Cl^+$$

$$ArH + Cl^+ \rightleftharpoons \left[\begin{array}{c} Cl \\ Ar \\ H \end{array} \right]^+ \longrightarrow ArCl + H^+$$

$$H^+ + Cl^- \Longleftrightarrow HCl$$

以碘为催化剂是通过氯化碘分解出的碘正离子与氯分子作用,生成氯正离子(Cl^+)和氯化碘(ICl),以此反复进行。

4.2.1.4 以次卤酸为催化剂的反应历程

这类反应历程可以认为是反应中有质子存在,促使生成卤正离子而加速了反应的进行。

$$Cl_2 + H_2O \Longleftrightarrow HOCl + H^+ + Cl^-$$

$$HOCl + H^+ \overset{快}{\Longleftrightarrow} H_2^+ OCl$$

$$H_2^+ OCl \Longleftrightarrow H_2O + Cl^+$$

$$ArH + Cl^+ \overset{慢}{\Longleftrightarrow} \left[\overset{Cl}{\underset{H}{Ar}} \right]^+ \overset{快}{\longrightarrow} ArCl + H^+$$

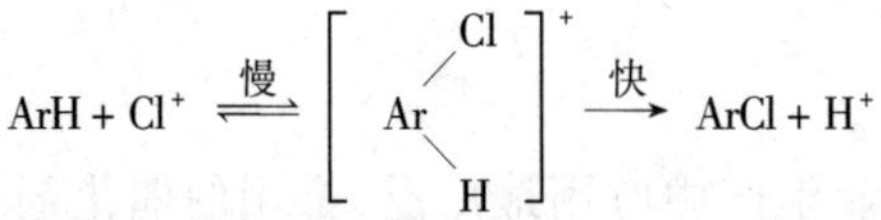

由于苯环上的取代氯化是典型的亲电取代反应。因此,苯环上有吸电基时,反应较难进行,常需要加入催化剂。而当苯环上有供电基时,反应容易进行,有的甚至可以不用催化剂。例如,酚类、胺类及多烷基苯的氯化。由于氯分子本身易受到具有供电基的芳环的极化,能够顺利进行反应,其反应历程可认为是:

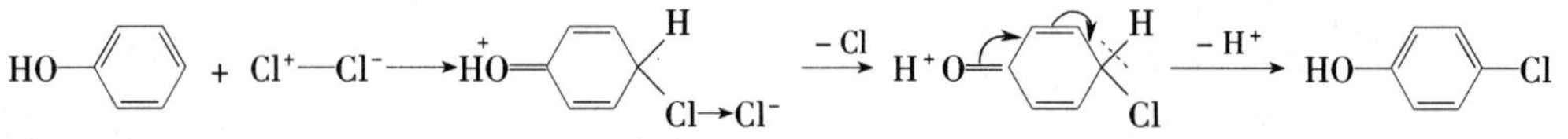

4.2.1.5 溴化的反应历程

溴化的反应历程与氯化基本相同。催化剂可用铁、镁、锌等金属的溴化物或碘。溴化时,常常加入氧化剂(氯酸钠、次氯酸钠等)来氧化反应中生成的溴化氢,以充分利用溴素。

$$ArH + Br_2 \longrightarrow ArBr + HBr$$

$$2HBr + NaOCl \longrightarrow Br_2 + NaCl + H_2O$$

4.2.2 反应动力学

芳环上的氯化属于连串反应。例如苯的氯化:

$$C_6H_6 + Cl_2 \overset{k_1}{\longrightarrow} C_6H_5Cl + HCl \tag{4-1}$$

$$C_6H_5Cl + Cl_2 \overset{k_2}{\longrightarrow} C_6H_4Cl_2 + HCl \tag{4-2}$$

$$C_6H_4Cl_2 + Cl_2 \overset{k_3}{\longrightarrow} C_6H_3Cl_3 + HCl \tag{4-3}$$

芳环上的取代卤化属于亲电取代反应。而氯取代了芳环上的氢原子以后,虽然与硝化和磺化反应一样,都使芳环钝化,但氯基同时有向芳环供给电子的能力,因此,钝化的程度远远小于硝基和磺酸基。即在芳环的取代卤化中,一卤化后,由于产物对亲电取代仍具有相当的活泼性,使二卤化反应比较容易进行。从表 4-1 中可知,苯的一氯化与氯苯的进一步氯化的反应速度常数 k_1/k_2 相差只有 10 倍左右。实验证明,在卤化反应中,随着反应生成物浓度的不断变化,使各级反应的反应速率也相应发生较大的变化。例如,在苯的氯化中,当苯中的氯苯含量为 1 %(质量)时,一氯化速度比二氯化速度约大 842 倍;当苯中的氯苯含量为 73.5 %(质量)时,两种速度几乎相等。即在苯的氯化中,随着一氯苯的不断生成,二氯化反应速度不断增加,以致生成较多的二氯化物及多氯化物。因此,为了达到期望的目的,研究氯化反应的动力学,以便了解影响反应速度的各项因素,是十分必要的。

表 4-1 苯在硝化、磺化、氯化中 k_1/k_2 值的比较

反 应 类 型	硝 化	磺 化	氯 化
$k_1 : k_2$	$10^5 \sim 10^7$	$10^3 \sim 10^4$	~ 10

用 $c_{A,0}$ 表示原料苯的摩尔浓度($c_{A,0} = 1$);c_A 为氯化液中苯的摩尔浓度;c_B 为氯化液中氯苯的摩尔浓度;c_C 为氯化液中二氯苯的浓度,并假设当氯化深度不太高时三氯苯的生成量极微,可以忽略不计。对于每摩尔原料纯苯,在反应中应为:

$$c_A + c_B + c_C = c_{A,0} = 1 \tag{4-4}$$

每摩尔氯化液所消耗的氯气为:

$$X = c_B + 2c_C \tag{4-5}$$

X 是每摩尔纯苯所消耗的氯气量(摩尔),也称为苯氯比或氯化深度。

从式(4-1)、式(4-2)可以写出下列反应速率方程式:

$$-\frac{dc_A}{dt} = k_1 c_A \left[c_{Cl_2} \right] \tag{4-6}$$

$$\frac{dc_B}{dt} = k_1 c_A \left[c_{Cl_2} \right] - k_2 c_B \left[c_{Cl_2} \right] \tag{4-7}$$

式(4-7)除以式(4-6)可得

$$\frac{dc_B}{dc_A} = \frac{k_2 c_B}{k_1 c_A} - 1 = K \frac{c_B}{c_A} - 1 \tag{4-8}$$

式中 $K = k_2/k_1$,是二氯化和一氯化反应速度常数之比。上述微分方程通过数学运算,可以得出氯化液中生成的氯苯浓度与反应液中苯浓度的关系式:

$$c_B = \frac{c_A^K - c_A}{1 - K} \tag{4-9}$$

氯化液中生成氯苯浓度的极大值为:

$$c_{B,max} = K^{\frac{K}{1-K}} \tag{4-10}$$

此时氯化液中苯的浓度为:

$$c_A = K^{\frac{1}{1-K}} \tag{4-11}$$

如果在一个恒定的温度下反应,取瞬时反应液进行分析,将所得苯和氯苯的浓度代入式(4-9),即得出该温度下的 K 值。若已知 K 值,利用动力学理论方程式,可以计算出在苯的不同转化率条件下,氯苯的生成量(氯化液中氯苯的浓度)。例如,30 ℃下 $K = 0.123$,则一氯苯的生成量,可以利用式(4-9)通过苯的不同转化率来求得;而二氯苯生成量,可以通过式(4-4)求得;氯气的消耗量(氯化深度 X),可通过式(4-5)求得。将苯的不同转化率下算出的数值列于表 4-2。以 X 为横坐标,以 c_A、c_B、c_C 分别为纵坐标,可以绘出氯化液组成与氯化深度的关系图。

表 4-2　氯化反应苯的转化率与反应液组成的关系

苯的转化率, %	c_A	c_B	c_C	X	备　注
5	0.95	0.049 8	0.000 2	0.050 2	
10	0.90	0.099 3	0.000 7	0.100 7	
25	0.75	0.245 4	0.004 6	0.254 6	
50	0.50	0.476 9	0.023 1	0.523 0	
75	0.25	0.676 4	0.073 6	0.823 5	
80	0.20	0.707 4	0.092 6	0.892 6	
90	0.10	0.745 0	0.155 0	1.055	
90.84	0.091 67	0.745 3[①]	0.163 0	1.071	
95	0.05	0.731 8	0.218 2	1.168 2	
99	0.01	0.635 6	0.354 4	1.344 4	

①反应液中氯苯浓度的最大值

　　1948 年 Macmullin 通过苯的间歇氯化,在 55 ℃下,以 $FeCl_3$ 为催化剂测定了该反应过程中氯化液组成与氯化深度的关系。它和理论推出的动力学公式所算数据近似。其中生成氯苯浓度的极大值 $X = 1.07$,$c_B = 0.74$,见图 4-1。动力学方程的推导,为讨论氯化反应的影响因素提供了理论根据。

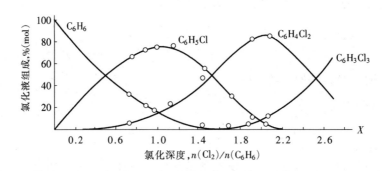

图 4-1　苯在间歇氯化时的产物组成变化

　　我国科学工作者对萘的氯化反应动力学也进行过深入的研究,发现萘的氯化动力学与苯的氯化十分相似。

　　但是,其他卤化反应,例如对硝基苯胺的氯化和溴化,其中的 k_1/k_2 则相差很大,而且因不同反应条件而异。

4.2.3　影响因素及反应条件的选择

4.2.3.1　氯化深度的影响

　　从表 4-1 中可以看出,苯的氯化反应与硝化、磺化反应中 k_1/k_2 的比较,相差几个数量级。苯的一氯化反应速度常数,在常温下仅比二氯化大 8.5 倍左右。因此,在制备一氯苯时为了少生成多氯化物,就必须严格控制氯化深度。从动力学研究及图 4-1 中也可以看出,随着 X 值的增加,苯的转化率增加,一氯苯的含量虽然随着增加,但二氯苯的含量也随之增加。在早期的工业生产中,由于二氯苯未找到广泛的用途,希望尽可能压低二氯苯的生成量,最好办法就是降低氯化深度。当时所控制的氯化深度(4:1)约为25 %(即苯氯化)。近年来,开发了多氯化产品的用途,特别是对二氯苯,可广泛用作除臭剂、杀菌剂等,年消耗量在万吨以上,经济效益较高,因此,希望二氯苯中对位体的含量尽可能高些。最好的方法是采用选择性高的新型催化剂进行氯化,并提高氯化深度多生成一些二氯化物也还是可行的。由于二氯苯、一氯苯和苯的相对密度依次递减,在生产中,如果反应液相对密度越小,说明苯的含量越高,氯化深度越低。因此,在生产控制中,常用控制反应器出口氯化液相对密度的方法,来控制氯化深度。氯化液的相对密度越大,其中二氯化物含量越高,说明氯化深度也越高。

4.2.3.2 混合作用的影响

在苯的连续氯化反应时,如果对反应器型式选择不当、传质不匀,使反应生成的产物未能及时离开,又返回到反应区域促进连串反应的进行,这种现象称为反混作用。一氯苯的生产工艺经历过三个阶段的变革。开始是单锅间歇式生产,见图4-2(a);为了提高生产效率,发展为多锅串联连续氯化,见图4-2(b);因多锅连续生产中仍有反混作用又发展为塔式沸腾连续氯化,见图4-2(c)。

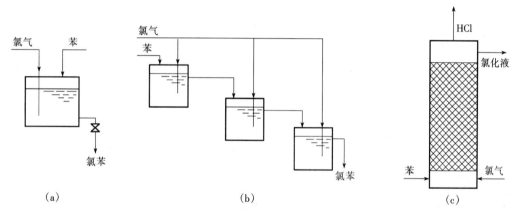

图 4-2 氯苯的生产工艺
(a)单锅间歇生产工艺 (b)多锅连续生产工艺 (c)塔式沸腾连续生产工艺

从表4-3中可以看出,采用三种不同的氯化工艺,尽管苯的转化率大致相同,但由于多锅串联连续氯化生产中,第二、第三反应釜的反应混合物中含有反应产品一氯苯,反混作用的影响使二氯苯的生成比例明显增加。改为塔式连续氯化后,降低了反混作用,对提高一氯化产物的比例明显有利。

表 4-3 采用不同氯化工艺与所得氯化物组成的关系

氯化方式	未反应的苯,%(质量)	一氯苯,%(质量)	二氯苯,%(质量)	$\dfrac{二氯苯}{二氯苯} \times 10^{-2}$(质量比)
(a)单锅间歇	63.2	35.2～35.4	1.4～1.6	3.97～4.5
(b)多锅连续	63.2	34.4	2.4	6.98
(c)塔式连续	63～66	32.9～35.6	1.1～1.4	3.34～3.93

4.2.3.3 反应温度的影响

众所周知,一般反应温度越高,反应速度越快。较难进行的反应,随着温度的升高反应速度明显加快。从表4-4可看出,在取代氯化反应中,二氯化反应的速度,随着温度的增加,比一氯化增长更快。在早期的氯苯生产中,为了防止二氯苯生产过多,尽可能控制反应在35~40℃下进行。但由于氯化反应是强烈放热反应,每生成1 mol氯苯,放出大约131.5 kJ(31.4 kcal)的热量,因此,要维持低温反应,反应器需要较大的冷却系统,其生产能力的提高受到了限制。通过研究发现,随着温度的升高,k_2/k_1 的增加并不十分显著,温度的影响比反混作用的影响要小得多。因此,在近代的一氯苯生产中,普遍采用在氯化液的沸腾温度下(78~80℃),用塔式反应器或者列管式氯化器进行反应。过量苯的气化可带走反应热,便于控制反应温度,有利于连续化生产,并可使生产能力大幅度提高。

表 4-4 苯氯化反应温度与 k_1/k_2 的关系

T	18 ℃	25 ℃	30 ℃
k_2/k_1	0.107	0.118	0.123

对于其他卤化反应的温度,主要依据反应物的活泼性而定。例如硝基苯的氯化,一般采用低温氯化法,反应时间很长,而改用沸腾氯化法,则可以连续氯化,但副反应增加了,所以并非都要采用高温或沸腾温度下氯化。又如邻二甲苯的溴化,可在碘和铁催化剂存在下,在5℃左右进行:

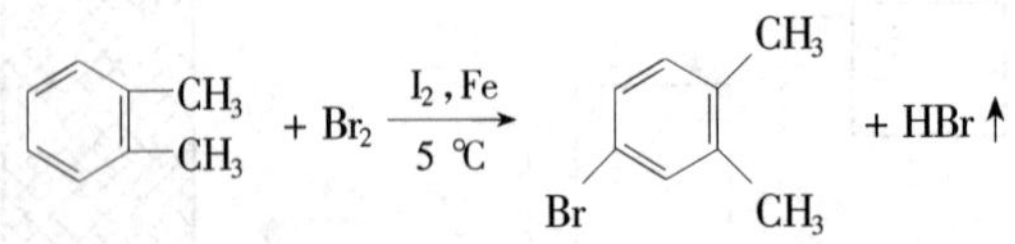

4.2.3.4 原料纯度的影响

在苯的氯化反应中,一般不希望原料中含有其他杂质,特别是噻吩。因为它容易与催化剂作用生成黑色沉淀,使催化剂失效,而且它的氯化产物在精制过程中会放出氯化氢气体,腐蚀精馏塔。反应为:

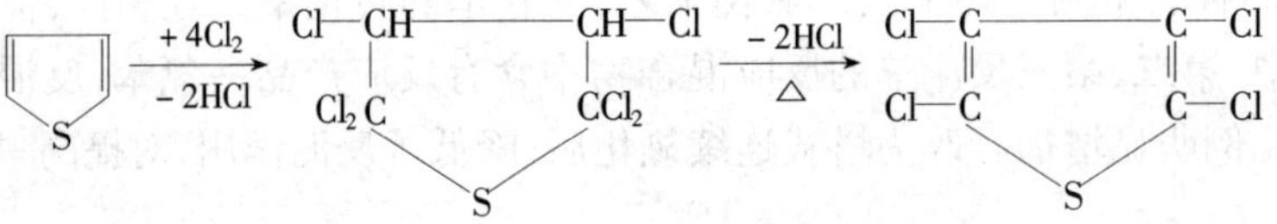

因此,从炼焦副产中回收的苯,在氯化前最好先除去有机硫化物。此外,在有机原料中还不希望含有水分。因为水与反应生成的氯化氢作用生成盐酸,它对催化剂三氯化铁的溶解度,大大超过有机物对三氯化铁的溶解度。水的存在会大大降低有机物中催化剂三氯化铁的浓度,使反应速度减慢。实验证明,苯中的含水量大于千分之二时,氯化反应将不能进行。此外,为了避免引起火灾或爆炸事故,要求氯化剂氯气中含氢量低于4%。在一氯苯生产中,由于苯氯比约为4:1,大量的苯要在生产过程中循环,如果不希望生成过多的多氯化物,应加强回收分离,使循环苯中的一氯苯含量越低越好。

4.2.3.5 催化剂的选择

芳环上的取代卤化是一个亲电取代反应,如果在芳环上有较强的供电基(如羟基、氨基),在卤化时一般可不用催化剂。对活泼性较低的芳烃(如甲苯、苯、氯苯)的卤化,一般要加入金属卤化物作催化剂。对不活泼的芳烃(如蒽醌等)的直接卤化,则要求有强烈的卤化条件和催化剂,一般采用浓硫酸、碘或氯化碘作为催化剂。

有一些催化剂还能起到改变异构物组成的作用。如在苯氯化制取二氯苯时,加入适当的定向催化剂苯磺酸或三硫化二锑,可以使对-二氯苯得到较高的收率。

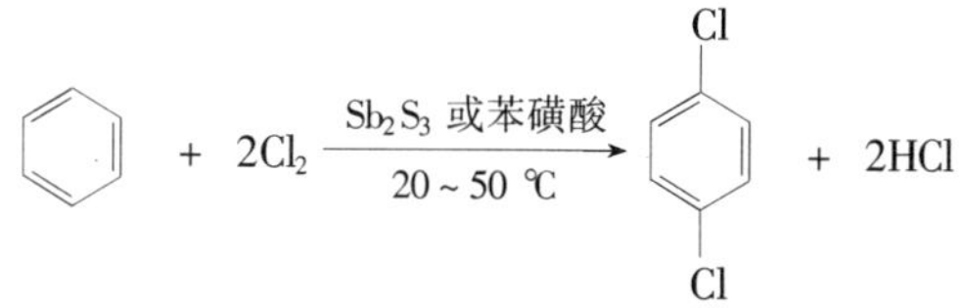

$$\bigcirc + 2Cl_2 \xrightarrow[20\sim50\ ℃]{Sb_2S_3\ 或苯磺酸} \bigcirc + 2HCl$$

4.2.3.6 反应介质的选择

卤化反应依被卤化物的性质不同,要求选取的反应介质也不同。在反应温度下为液态的芳烃,可以在催化剂存在条件下直接进行卤化反应,一般不需用其他反应介质,或可以认为是以反应物本身为介质而直接卤化的,如苯、甲苯、硝基苯的氯化。如果在反应温度下,反应物是固态的,而且性质较为活泼,一般可将它分散在水中悬浮,在盐酸或硫酸存在下进行卤化。例如,对硝基苯胺的氯化、苯绕蒽酮的溴化和1-氨基蒽醌-2-磺酸的溴化。如果在反应温度下,反应物是固体且比较难卤化,则往往需要溶解在浓硫酸、发烟硫酸或氯磺酸介质中进行卤化,有时还要用碘作催化剂,如蒽醌的四氯化。还有一些需用自身不易被卤化的有机物作为溶剂进行卤化。如水杨酸在氯苯或乙酸中的氯化。

4.2.4 氯苯的生产

氯苯是制取农药、医药、染料、助剂及其他有机合成产品的重要中间体,也可以作溶剂。现在世界年产量可达数十万吨。氯苯的生产路线有两条。一是苯的直接催化氯化,即

$$C_6H_6 + Cl_2 \xrightarrow{FeCl_3} C_6H_5Cl + HCl$$

另一是苯的氧化氯化,后者是由苯、氯化氢和氧气在高温催化条件下反应:

$$C_6H_6 + HCl + \frac{1}{2}O_2 \xrightarrow[200\sim300\ ℃]{FeCl_3-CuCl_2} C_6H_5Cl + H_2O$$

$$C_6H_5Cl + H_2O \xrightarrow[350\ ℃]{磷酸钙/SiO_2} C_6H_5OH + HCl$$

这条路线曾用于苯酚的生产,未曾见单独作为氯苯的生产。

苯的直接催化氯化生产工艺流程如图4-3所示。

生产的操作过程如下:将经过固体食盐干燥的苯及氯气,按苯氯比约4:1(摩尔比)的比例,送入充满铁环填料(作催化剂)的氯化塔底部,维持在75~80 ℃之间,使其在沸腾状态下进行反应。从顶部放出的苯蒸气和氯化氢气体,经石墨冷凝器冷凝,冷凝液经酸苯分离器分离,分离出的苯返回塔内,不冷凝的氯化氢去吸收系统,用水吸收得到盐酸。从反应塔上端溢流出的反应液中,要求不含氯气。反应液经液封槽,再流入石墨冷却器冷却后,送去水洗、中和、分离、精馏后可分别得到产品氯苯、二氯苯及回收苯。

4.2.5 其他氯化实例

4.2.5.1 苯酚的氯化

苯酚氯化可以制取邻氯苯酚、对氯苯酚和2,4-二氯苯酚等。它们都是农药、医药的重要中

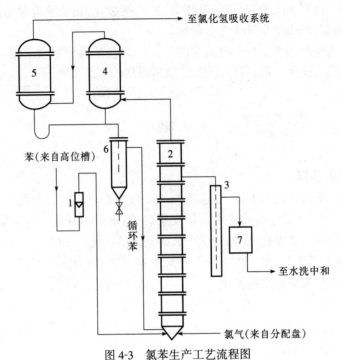

图 4-3　氯苯生产工艺流程图

1—流量计　2—氯化塔　3—液封器　4、5—冷凝器　6—酸苯分离器　7—冷却器

间体。在不同的反应条件下,得到的主要产品不同,例如:

双酚 A 在二氯乙烷溶液中,在 15 ℃下通氯可制得四氯双酚 A,它是一种重要的氯系列阻燃剂。其反应式如下:

4.2.5.2 甲苯的环上取代氯化

甲苯的环上取代氯化,可以在常压、中等温度及催化剂存在下,制取邻氯甲苯和对氯甲苯。异构体的生成比例,取决于反应采用的溶剂或催化剂。催化剂可用 Fe 或 $SbCl_3$。生成的邻位和对位氯甲苯混合物需进一步分离,生产过程类似苯的氯化。

4.2.5.3 带有硝基芳环的氯化

不活泼的带有硝基芳环的氯化,条件要求较高,都需要用催化剂,但对硝基苯胺的氯化,由于有活泼氨基,亦可不用催化剂,在水介质中进行。反应如下:

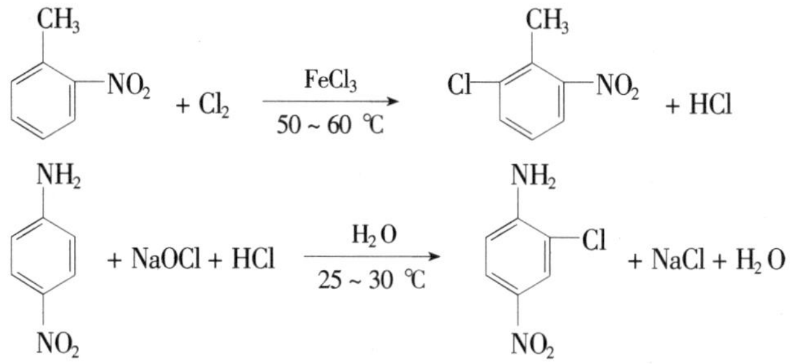

4.2.5.4 萘的氯化

萘的氯化比苯容易得多,工业上萘的氯化是以 $FeCl_3$ 为催化剂,在 $110 \sim 120\ ℃$ 向熔融的萘中通氯气,控制氯化液相对密度为 1.2(20 ℃),用苛性钠中和后,通过减压精馏,可以得到 1-氯萘和 2-氯萘。即

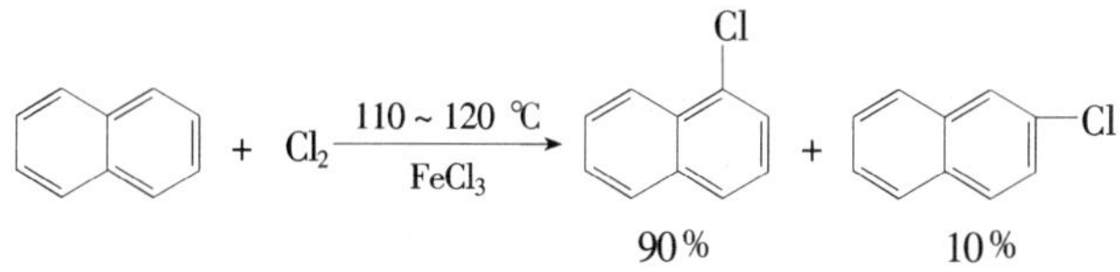

4.2.5.5 蒽醌的氯化

蒽醌的直接氯化可以得到氯化蒽醌。由于异构物十分复杂,并且难以分离,在工业生产中难以应用。1,4,5,8-四氯蒽醌是合成还原染料咔叽 2G 的重要中间体。历史上 1,4,5,8-四氯蒽醌的生产是以蒽醌为原料、以汞为定位剂,经磺化和置换氯化制取。其反应为:

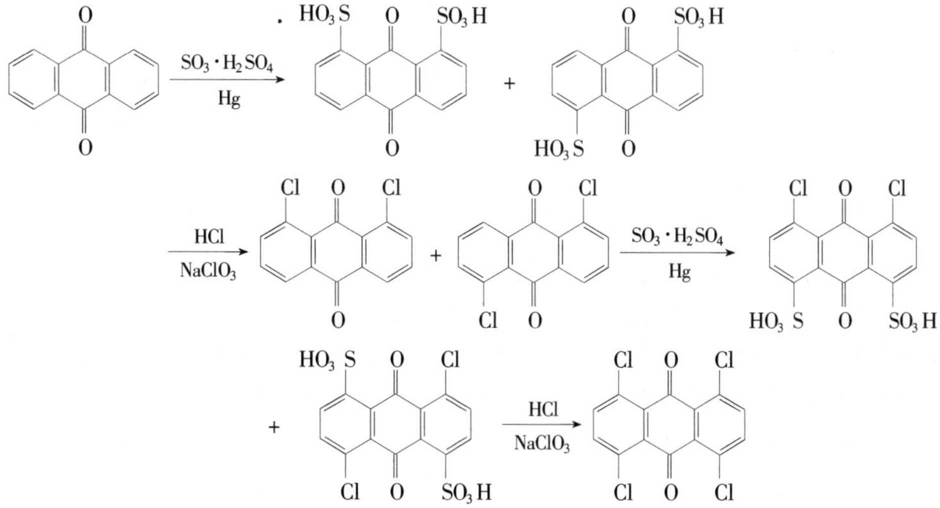

此法生产工序多,收率低,含汞废水难以治理。为了防止汞对环境的污染,我国研究了蒽醌的

直接氯化,并应用于工业生产,取代了老工艺。其反应为:

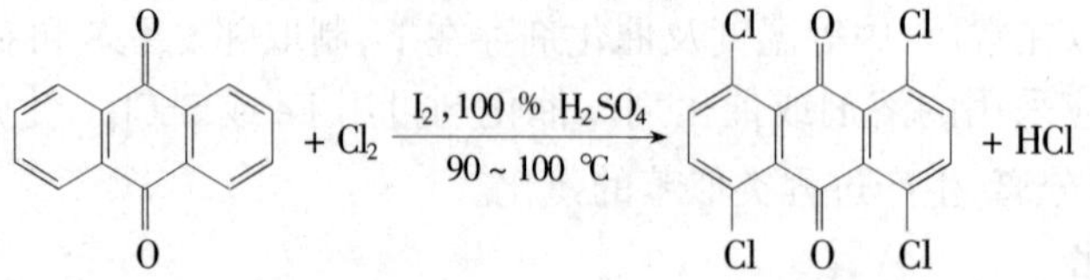

将蒽醌溶于浓硫酸中,再加入0.5 % ~ 4 %的碘催化剂,在100 ℃下通氯,直到含氯量为36.5 % ~ 37.5 %为止。所得粗品用浓硫酸或溶剂精制。1,4,5,8-四氯蒽醌的收率为40 %。

4.2.6 芳环上的溴化和碘化

芳环上溴化与氯化的反应历程、所用催化剂都十分相似。由于溴的资源在自然界中比氯少得多,价格也比较贵,为了在溴化反应中充分利用溴素,常常加入氧化剂,使生成的溴化氢再氧化成溴素,得以充分利用。常用的氧化剂有次氯酸钠、氯酸钠、双氧水和氯气。例如:

$$2HBr + NaOCl \xrightarrow{H_2O} Br_2 + NaCl + H_2O$$

在精细有机合成中,常见的溴化反应有:

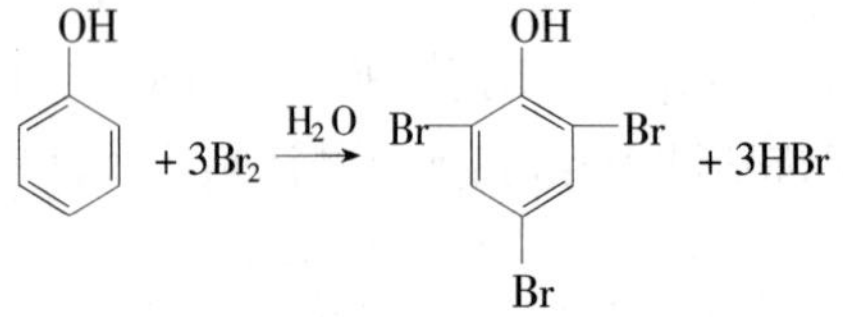

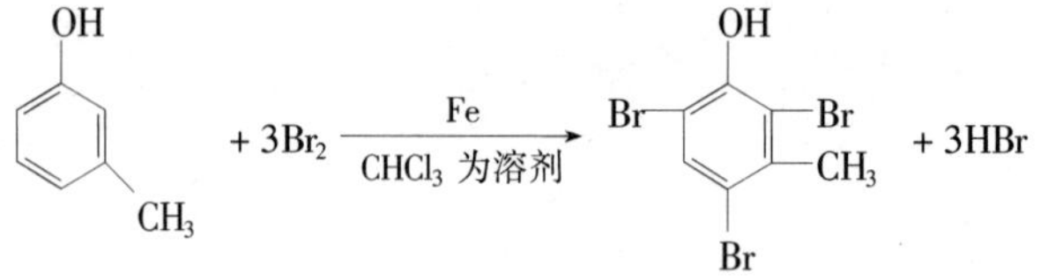

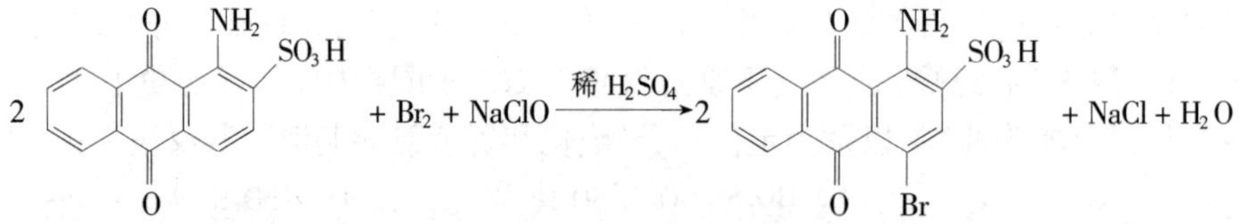

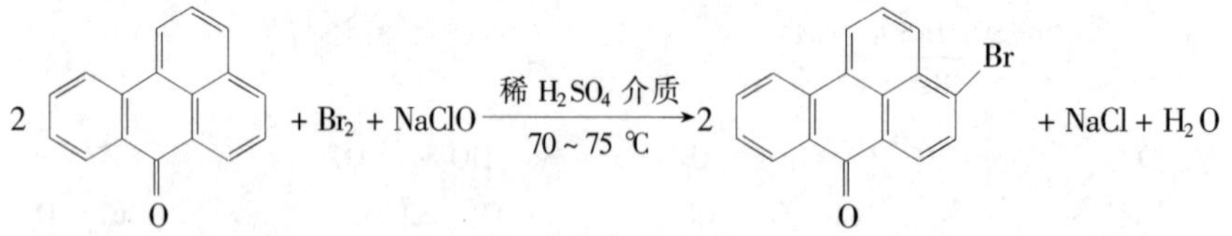

近几年来,溴代芳烃在纤维、塑料、橡胶、涂料制品中,作为阻燃剂的应用,有很大的发展。溴系列阻燃剂是目前世界上产量最大的有机阻燃剂之一。1992年全球的溴系列阻燃剂的总耗量就达 11.5 万吨,占阻燃剂总量的30 %以上,而且以4 %的年平均增长率增长。由于溴系列阻燃剂的效率比相应氯系约高50 %(以质量计),而且可以同时在气相及凝聚相起阻燃作用,能减少在材料中的阻燃剂用量,从而不致过多恶化基材的物理力学性能及电气性能,应用面广。它的年产量已是氯系列阻燃剂的一倍以上。其主要产品有:四溴双酚 A、十溴二苯醚、八溴二苯醚、三溴苯酚、双(四溴邻苯二甲酰亚胺)乙烷、六溴苯、五溴甲苯、四溴邻苯二甲酸酐等。其主要产品的反应如下:

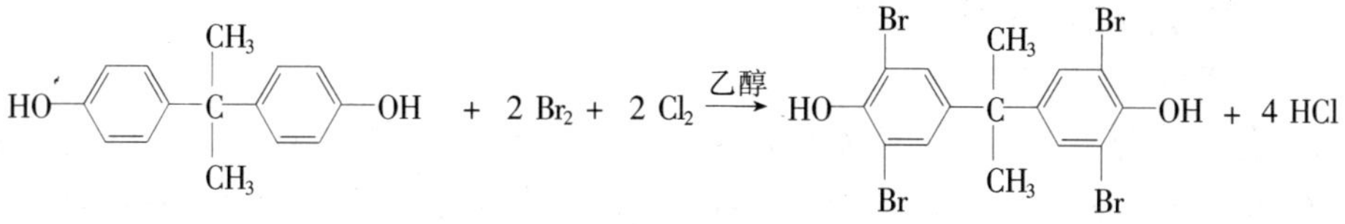

四溴双酚 A

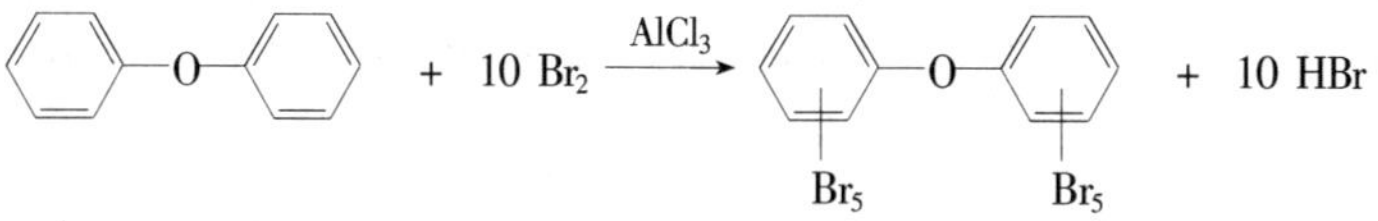

十溴二苯醚

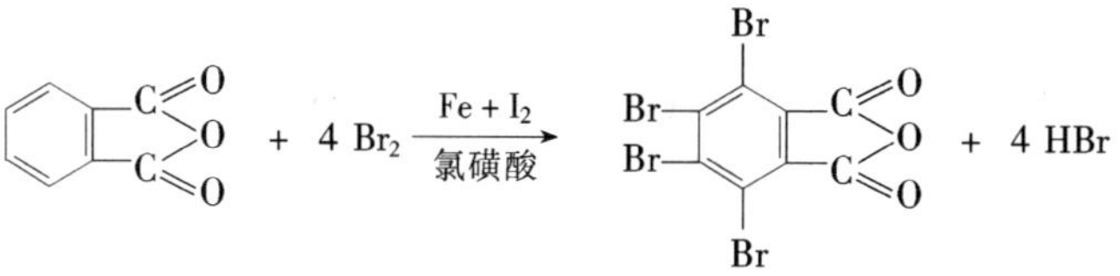

四溴邻苯二甲酸酐

碘的资源更少,碘化反应生成的碘化氢具有较强的还原性,因此,碘化反应有可逆性。碘化芳烃的应用较少,仅在医药、染料工业中有少数几种产品。为了充分利用碘,也可以和溴化一样加入适当的氧化剂,使碘化氢氧化成碘继续利用。

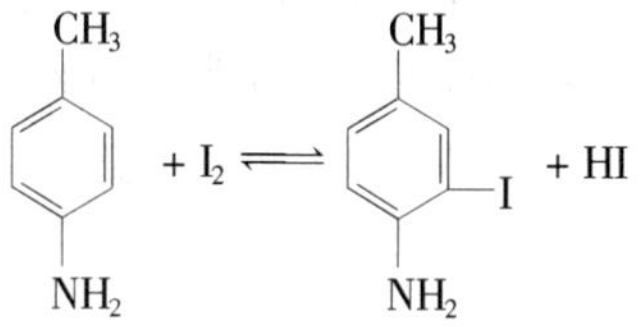

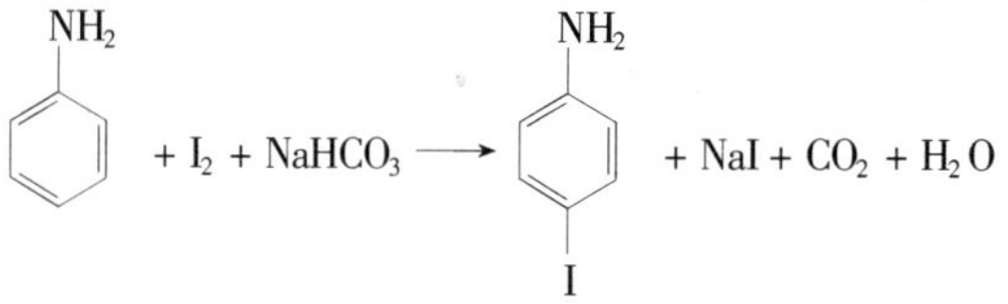

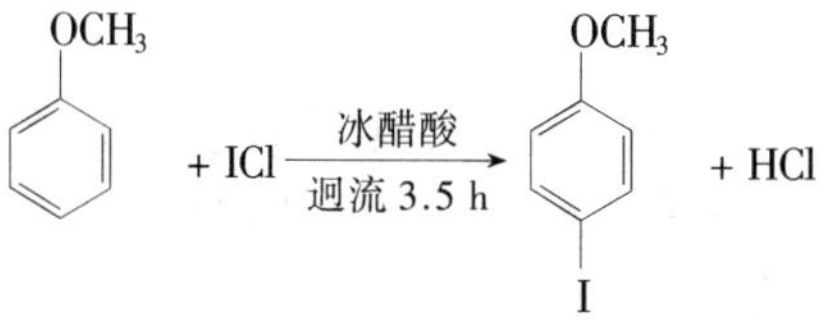

另外,为了在芳环上引入碘基,还可以用重氮基的转化法(见 8.4.3)。

4.3 脂烃及芳环侧链的取代卤化

4.3.1 反应历程

脂烃及芳环侧链的取代卤化属于自由基反应,是精细有机合成中重要反应之一。这类反应一般分成三个阶段。

4.3.1.1 自由基的生成

为了使自由基反应能顺利进行,首先必需生产一定数量的自由基。产生自由基的方法有三种,即热裂解、光离解和电子转移法。

1.热裂解法

许多化合物分子在高温下能发生均裂分解。在 500~650 ℃对分子进行热激发,足以使 C—C、C—H、H—H 这样的共价键均裂分解。因为这些链的离解能约为 330~418.6 kJ/mol(80~100 kcal),而 Cl—Cl、Br—Br、I—I、O—O、N—N、C—N＝N—C 链的离解能仅在 250 kJ/mol(60 kcal/mol)以下,所以在 50~150 ℃的温度范围内即可进行热裂解,从而提供了自由基的来源。例如:

$$Cl_2 \xrightarrow[\text{加热}]{100\ ℃以上} 2Cl\cdot$$

$$C_6H_5-\overset{O}{\overset{\|}{C}}-O-O-\overset{O}{\overset{\|}{C}}-C_6H_5 \xrightarrow[\text{加热}]{60~100\ ℃} C_6H_5COO\cdot + C_6H_5\cdot + CO_2$$

$$(CH_3)_2-\underset{CN}{\overset{}{C}}-N＝N-\underset{CN}{\overset{}{C}}-(CH_3)_2 \xrightarrow{60~100\ ℃} 2(CH_3)_2\underset{CN}{\overset{}{C}}\cdot + N_2$$

常将一些在低温下容易热裂解生成自由基的物质,如过氧化苯甲酰及偶氮二异丁腈等称之为引发剂。在许多情况下,可以先由它们裂解出自由基后,再引发自由基反应。

2.光离解法

许多分子受到光的照射而被活化,诱导离解而产生自由基,这种离解方法被称之为光离解法。因为,可见光波在 400~500 nm 之间的光量子能在 250 kJ/mol 以上,而低于 400 nm 光波的光量子能更强,使用这种波长的光照射 Cl_2、Br_2、I_2 分子,一旦吸收光能,同样能发生均裂而产生自由基。

$$Cl_2 \xrightarrow{h\nu} 2Cl\cdot$$

$$Br_2 \xrightarrow{h\nu} 2Br\cdot$$

3.电子转移法

重金属离子具有得失电子的性能:

$$Me^{n+} \rightleftharpoons Me^{(n+1)+} + e$$

它们常常被用于催化某些过氧化物的分解。例如,亚铁离子将一个电子转移给过氧化氢,使它生成一个羟基自由基及一个更稳定的羟基负离子。三价钴离子也可以从过氧化叔丁醇中获取一个电子,而使过氧化叔丁醇转变成一个过氧自由基及一个质子:

$$Fe^{+2} + HO-OH \longrightarrow Fe^{3+} + OH^- + \cdot OH$$

$$Co^{+3} + (CH_3)_3COOH \longrightarrow Co^{2+} + H^+ + (CH_3)COO\cdot$$

对于卤化反应,自由基的产生主要是用热裂解或光离解法,因为金属离子的存在会催化亲电取代反应。

4.3.1.2 反应链的传递

通过裂解中离解产生的自由基,可以迅速按下列方式发生自由基的链锁反应。即

$$RH + X\cdot \longrightarrow R\cdot + HX$$

$$H-\overset{|}{\underset{|}{C}} + X\cdot \longrightarrow \left[X\cdots H\cdots \overset{|}{\underset{|}{C}} \right] \longrightarrow \cdot \overset{|}{\underset{|}{C}} + HX$$

$$R\cdot + X_2 \longrightarrow RX + X\cdot$$

$$\diagdown C\cdot \ + \ X_2 \ \longrightarrow \ \diagdown CX \ + \ X\cdot$$

或

$$RH + X\cdot \ \longrightarrow \ RX + H\cdot$$

$$H\!-\!\overset{|}{\underset{|}{C}}\!-\!\!-\ + \ X\cdot \ \longrightarrow \ \left[H\cdots\overset{|}{\underset{|}{C}}\cdots X \right] \ \longrightarrow \ X\!-\!\overset{|}{\underset{|}{C}}\!-\!\!- \ + \ H\cdot$$

$$H\cdot \ + \ X_2 \ \longrightarrow \ HX \ + \ X\cdot$$

从链的传递来看,每有一个自由基参加反应,就生成一个新的自由基,如此反复循环,可达几千次乃至上万次。

4.3.1.3 反应链的终止

自由基循环链的传递,实际上不可能无限循环下去,总会由于某些因素的存在而终止。例如:自由基与器壁碰撞而释放出能量后自相结合;或在某些抑制剂(阻化剂)的存在下(如氧气或其他杂质),自由基与抑止剂生成稳定的化合物或不活泼的质点,从而使反应链中断。即

$$2X\cdot \ \xrightarrow{\text{器壁或填料}} \ X_2$$

$$R\cdot \ + \ X\cdot \ \longrightarrow \ RX$$

$$2\ RCH_2\overset{\cdot}{C}H_2 \ \longrightarrow \ RCH_2CH_2CH_2CH_2R$$

$$\xrightarrow{+\ R\cdot} \ RCH = CH_2 + RCH_2CH_2R$$

$$X\cdot \ + \ O_2 \ \longrightarrow \ O_2X\cdot \ \xrightarrow{X\cdot} \ O_2 + X_2$$

4.3.2 影响因素

4.3.2.1 引发条件及温度的影响

自由基反应发生的快慢取决于引发条件。光照引发以紫外光照射最有利,因为紫外光的能量较高,有利于引发自由基。以氯化为例,氯分子的光化离解能是 250 kJ/mol(59.7 kcal/mol),能使氯分子发生光化离解的最大波长不得超过 478.5 nm。光的波长越短,光量子能越强,但波长小于 300 nm 的紫外光,不能透过普通玻璃。所以在工业生产中,常采用富于紫外光的日光灯光源来照射,其波长范围在 400 ~ 700 nm 之间。

如果是高温引发,以氯化为例,氯分子的热离解能是 238.6 kJ/mol(57 kcal/mol)。只有在 100 ℃ 以上,氯分子的热离解才具有可以观察到的速度。这说明热离解氯化反应,或者说热引发的自由基氯化反应的温度,必须在 100 ℃ 以上。一般液相氯化反应的温度在 100 ~ 150 ℃ 之间,而气相氯化反应多在 250 ℃ 以上,有的反应温度高达 500 ℃ 以上(如甲烷的氯化)。一般提高反应温度有利于增加取代反应的速度。溴和碘的热离解能要低一些(见表 4-5),反应温度可以相应降低。

表 4-5　卤素分子离解所需能量

卤　　素	光照极限波长	光离解能	热离解能
	nm	kJ/mol	kJ/mol
氯	478	250	238.6
溴	510	234	193.4
碘	499	240	148.6

4.3.2.2　催化剂及杂质的影响

因为许多催化剂(例如金属卤化物)对烯烃和芳环的加成卤化或环上的亲电取代卤化有利,所以在有金属卤化物存在下,不仅对自由基反应不利,反而会抑制自由基反应的进行。从反应动力学研究中发现,在卤化反应中,如果有催化剂的存在,催化反应的速度大大高于自由基反应的速度。因此,通过自由基反应进行芳环侧链的卤化时,反应设备不能用普通钢设备,需要用衬玻璃或搪瓷或石墨反应器,而且,原料中也不能含有杂质铁。

其他杂质的存在,如氯气中含有少量氧气,也会抑制反应的进行。因为氧分子有两个未成对电子,具有双自由基的性质($\cdot O\!-\!O\cdot$),可以与高度活泼的自由基结合,从而使链反应终止:

$$Cl\cdot \xrightarrow{\ \cdot O\!-\!O\cdot\ } ClO_2\cdot \xrightarrow{\ Cl\cdot\ } Cl_2 + O_2$$

$$R\cdot \xrightarrow{\ \cdot O\!-\!O\cdot\ } RO_2\cdot \xrightarrow{\ Cl\cdot\ } RCl + O_2$$

存在杂质阻化剂时,反应速度与其浓度成反比,即

$$v = k\left[Cl_2\right]^2\left[O_2\right]^{-1}$$

如果有固体杂质存在,或具有粗糙的反应器内壁,都容易使反应链终止:

$$2Cl\cdot \xrightarrow{\ 器壁或填料\ } Cl_2(吸附)$$

原料中有少量水存在,也不利于自由基取代反应进行。正因为如此,在自由基氯化反应中,希望用干燥的、不含氧的氯气,所以,一般都使用液氯经过蒸发气化的氯气来反应。

4.3.2.3　氯化深度的影响

自由基取代反应也是一个连串反应,用直接氯化的方法不可能制得单一的氯化产物。在氯化反应中,产品的组成将随氯化反应深度的变化而变化。氯化深度越高,多氯化物组成越高。若仅需要一氯化物产品,则严格控制反应的氯化深度或原料的比例,也是十分必要的。

4.3.3　氯化苄的生产

甲苯的侧链氯化可以制取氯化苄:

$$C_6H_5CH_3 + Cl_2 \xrightarrow{\ 100\ ℃以上\ } C_6H_5CH_2Cl + HCl$$
$$(一氯苄)$$

$$C_6H_5CH_2Cl + Cl_2 \xrightarrow[100\ ℃以上]{光照} C_6H_5CHCl_2 + HCl$$
$$(二氯苄)$$

$$C_6H_5CHCl_2 + Cl_2 \xrightarrow[110\ ℃]{光照,加引发剂} C_6H_5CCl_3 + HCl$$
$$(三氯苄)$$

上述生产在一个搪瓷釜或搪玻璃塔式反应器中进行。生产二氯苄需要在玻璃塔中用日光灯照射。生产三氯苄除加热、光照外还需加入占芳烃质量0.01 % ~ 0.1 %的引发剂,在110 ℃以上沸腾条件下反应。在工业生产中,用控制通氯后反应液的相对密度来控制氯化深度(氯气与甲苯的摩尔比),以此来生产不同氯化程度的产品(见表4-6)。

表 4-6　甲苯氯化制氯苄的有关物理数据

性　质 ＼ 有机物	甲　苯	一氯苄	二氯苄	三氯苄
纯物质的相对密度	0.866	1.103	1.256	1.380
沸点,℃	110.7	179	207	215
生产中控制反应液的相对密度		1.06	1.28 ~ 1.29	1.38 ~ 1.39

4.3.4　氯化石蜡的生产

氯代烷的用途十分广泛。各种烷烃的氯化方法和生产工艺各不相同,有热氯化、光氯化等。

因为氯化石蜡有广泛的用途,石蜡的氯化普遍受到重视,它除了作聚氯乙烯的助增塑剂、润滑油的增稠剂及石油制品的抗凝剂之外,含氯量高的氯化石蜡还可以用来作塑料、化学纤维的阻燃剂。氯化石蜡—70 的平均组成为 $C_{24}H_{29}Cl_{21}$、$C_{25}H_{30}Cl_{22}$,我国目前采用溶剂光氯化法来生产,该法首先将石蜡在熔融下通氯气反应,至含氯量达50 % 左右,再用溶剂将物料稀释,继续通氯气氯化,至产品含氯量达70 % 为止。反应为

$$C_{24}H_{50} \xrightarrow[-7HCl]{7Cl_2} C_{24}H_{43}Cl_7 \xrightarrow[-14HCl]{14Cl_2} C_{24}H_{29}Cl_{21}$$

4.4　加成卤化

利用加成卤化可以从具有双键、三键或某些芳环的有机化合物来制取卤化烷、卤代烯烃或卤代环烷烃。加成卤化包括卤素对双键的加成、卤化氢对双键的加成及其他卤化物对双键的加成。

4.4.1　卤素对双键的加成

卤素对双键的加成反应主要有两种不同的反应历程,即亲电加成和自由基加成。

4.4.1.1　亲电加成卤化

亲电加成卤化一般经过两步。首先是卤素分子对双键进行亲电攻击,形成过渡态的"π 配合物",然后在路易士酸催化剂(如三氯化铁)的作用下,生成卤代烃。路易士酸的作用,不仅在于加速 π 配合物转化为 σ 配合物,而且还可以使 Cl_2 与催化剂形成 $Cl \longrightarrow Cl : FeCl_3$ 配合物,有利于亲电进攻。例如:

$$CH_2=CH_2 \rightleftharpoons CH_2 \cdots CH_2 \xrightarrow{FeCl_3} CH_2Cl-{}^+CH_2 + FeCl_4^- \longrightarrow CH_2Cl-CH_2Cl + FeCl_3$$
$$\quad\quad\quad\quad\quad\quad\quad Cl \rightarrow Cl$$

烯烃的反应能力取决于中间体正离子的稳定性,其活泼次序如下:

$$R-CH=CH_2 > CH_2=CH_2 \geqslant CH_2=CHCl$$

在卤素的亲电加成反应中,一般采用的溶剂有四氯化碳、氯仿、二硫化碳、乙酸等。若以醇或水作为溶剂,由于它们可作为亲核试剂,向过渡态 π 配合物作亲核进攻,可能会发生生成卤代醇或卤代醚的副反应。例如:

$$\text{ArCH}\!=\!\text{CHAr} \xrightarrow[\substack{0\ ℃}]{\text{Br}_2/\text{CH}_3\text{OH}} \underset{\substack{|\\ \text{Br}}}{\overset{\substack{\text{Br}\\ |}}{\text{Ar CH}\!-\!\text{CHAr}}} + \underset{\substack{|\\ \text{OCH}_3}}{\overset{\substack{\text{Br}\\ |}}{\text{Ar CH}\!-\!\text{CHAr}}}$$

在卤素亲电加成反应中,反应温度不宜太高,否则,有脱去卤化氢的可能,或者同时发生取代反应。

4.4.1.2　自由基加成卤化

自由基加成卤化是卤化剂在光的激发、或高温、或在引发剂的存在下,首先生成卤原子自由基,然后与双键发生加成反应。其反应历程如下:

引发　$\text{Cl}_2 \xrightarrow{h\nu} 2\text{Cl}\cdot$

链锁　$\text{CH}_2\!=\!\text{CH}_2 \xrightarrow{\text{Cl}\cdot} \text{CH}_2\text{Cl}\!-\!\text{CH}_2\cdot$

$\text{CH}_2\text{Cl}\!-\!\text{CH}_2\cdot \xrightarrow{\text{Cl}_2} \text{CH}_2\text{ClCH}_2\text{Cl} + \text{Cl}\cdot$

终止

$\text{CH}_2\text{ClCH}_2\cdot \xrightarrow{\text{Cl}\cdot} \text{CH}_2\text{ClCH}_2\text{Cl}$

$2\,\text{CH}_2\text{ClCH}_2\cdot \longrightarrow \text{CH}_2\text{ClCH}_2\text{CH}_2\text{CH}_2\text{Cl}$

$\text{Cl}\cdot + \text{Cl}\cdot \longrightarrow \text{Cl}_2$

光卤化加成的反应特别适用于双键上有吸电基的烯烃。例如三氯乙烯中有三个氯原子,进一步加成氯化很困难,但用光催化氯化可以制取五氯乙烷。五氯乙烷经消除一分子的氯化氢后,可制得驱钩虫的药物四氯乙烯:

$$\text{ClCH}\!=\!\text{CCl}_2 \xrightarrow[\substack{60\sim70\ ℃}]{\text{Cl}_2/h\nu} \text{Cl}_2\text{CH}\!-\!\text{CCl}_3 \xrightarrow{-\text{HCl}} \text{Cl}_2\text{C}\!=\!\text{CCl}_2$$

自由基加成卤化的影响因素取决于自由基的引发和终止。

四溴乙烷的合成也是一个典型的自由基加成反应。四溴乙烷是淡黄色的易燃液体,具有樟脑和碘仿的臭味,比水重,不溶于水,可用作医药和染料的中间体,也用来制取灭火剂和薰蒸消毒剂等。四溴乙烷的合成是将溴素和乙炔按一定比例连续通入塔内,反应温度在 $58\sim62\ ℃$ 下进行加成反应:

$$\text{CH}\!\equiv\!\text{CH} + 2\text{Br}_2 \xrightarrow{58\sim62\ ℃} \text{Br}_2\text{CH}\!-\!\text{CHBr}_2$$

4.4.2　卤化氢对双键的加成

卤化氢对双键的加成反应是放热的可逆反应:

$$\text{RCH}\!=\!\text{CH}_2 + \text{HX} \rightleftharpoons \text{RCHX}\!-\!\text{CH}_3 + Q$$

反应温度升高,平衡向左移动。温度降低对加成反应有利,低于 $50\ ℃$ 反应时,反应几乎不可逆。卤化氢的加成反应也分两类,即亲电加成和自由基加成反应。

4.4.2.1　卤化氢的亲电加成

卤化氢与碳—碳复键的加成是分两步进行的。首先是质子对分子进行亲电进攻,第二步生成一个卤代化合物,即

$$\underset{}{\overset{}{{>}\text{C}\!=\!\text{C}{<}}} + \text{H}^+ \xrightarrow[\text{慢}]{} \underset{\substack{|\\ \text{H}}}{\overset{}{{>}\text{C}\!-\!\overset{+}{\text{C}}{<}}} \xrightarrow{\text{X}^-} \underset{\substack{|\quad|\\ \text{H}\ \text{X}}}{\overset{}{{>}\text{C}\!-\!\text{C}{<}}}$$

在反应中加入路易士酸($AlCl_3$ 或 $FeCl_3$),将使反应速度加快。例如:

$$R-CH=CH_2 \xrightarrow{+HCl} RCH \underset{HCl}{\overset{|}{+}} CH_2 \xrightarrow{MeCl_3} R\overset{+}{C}H-CH_3 + MeCl_4^- \longrightarrow RCHCl-CH_3 + MeCl_3$$

由于是亲电加成反应,氢原子和卤原子的定位规律符合马尔科夫尼科夫(Markovnikov)规则,即氢原子加到含氢原子多的碳原子上。当烯烃有供电基时,对反应有利,因此,各种烯烃的反应能力是:

$$R-CH=CH_2 \ > \ CH_2=CH_2 > \ CH_2=CH-CH_2Cl$$

卤化剂的活性次序为:

$$HI \ > \ HBr \ > \ HCl$$

当烯烃上带有强吸电性基,如—COOH、—CN、—CF_3、—$\overset{+}{N}(CH_3)_3$ 时,使烯烃的 π 电子云向取代基方向转移,与卤化氢加成时质子加到带有负电荷的亚甲基碳原子上,而卤素加到带有正电荷的亚甲基碳原子上。因此,它们的加成方向正与马尔科夫尼科夫规则相反,即

$$\underset{\delta+}{CH_2}=\underset{\delta-}{CH}{\to}Y + H^+X \longrightarrow \underset{\underset{X}{|}}{CH_2}-\underset{\underset{H}{|}}{CH}-Y$$

式中 Y 代表—COOH、—CN、—CF_3、—$\overset{+}{N}(CH_3)_3$。

卤化氢亲电加成反应最典型的生产实例是氯化氢与乙炔加成生产氯乙烯,即

$$CH\equiv CH + HCl \xrightarrow[80\sim140\ ℃]{HgCl_2} CH_2=CHCl$$

其次,用乙烯和氯化氢或溴化氢生产氯乙烷或溴乙烷。

$$CH_2=CH_2 + HX \longrightarrow CH_3-CH_2X$$

X 代表 Cl 或 Br。

氯化氢和乙烯加成时,常常伴随一些不饱合化合物的聚合副反应,它们也被金属卤化物催化而加速反应。反应为:

$$CH_3-\overset{+}{C}H_2 \xrightarrow{CH_2=CH_2} CH_3-CH_2-CH_2-\overset{+}{C}H_2 \xrightarrow{CH_2=CH_2} CH_3-CH_2CH_2CH_2CH_2-\overset{+}{C}H_2 \xrightarrow{CH_2=CH_2} \cdots\cdots$$

副产物是低分子量的液体聚合物,其产率随温度升高而增加。

氯乙烷广泛用作乙基化剂。国内氯乙烷的小规模生产,多用乙醇与氯化氢反应来制取(见4.5.1)。

4.4.2.2 卤化氢的自由基加成

溴化氢与烯烃若在光照或引发剂的存在下进行加成反应,与前面不同,属于自由基加成反应。因此,应当注意其定位规则与马尔科夫尼科夫规则相反。例如:

$$CH_3CH=CH_2 + HBr \xrightarrow[\text{或引发剂}]{h\nu} CH_3CH_2CH_2Br$$

$$CH_2=CH-CH_2Cl + HBr \xrightarrow[\text{或引发剂}]{h\nu} BrCH_2-CH_2CH_2Cl$$

$$Ar-CH=CH-CH_3 + HBr \xrightarrow[\text{或引发剂}]{h\nu} ArCH_2CHBrCH_3$$

4.4.3 其他卤化物对双键的加成

对双键加成的卤化剂,除卤化氢以外还有次卤酸、N-卤代酰胺和卤烷。这三类化合物对双

键的加成反应都是亲电加成反应。第一步都属于亲电进攻,因此,在质子酸、路易士酸催化下能使反应加速。

4.4.3.1　次氯酸的加成

次氯酸水溶液与乙烯或丙烯的加成是十分典型的例子。生成的 β-氯乙醇和氯丙醇都是十分重要的有机化工原料,可用以制取环氧乙烷和环氧丙烷。虽然,制取环氧乙烷的工艺现今已被乙烯的直接氧化法取代,但用次氯酸与丙烯加成的工艺来生产环氧丙烷,还是有十分重要的意义。该产品的世界年产量已超过 250 万吨,大部分都采用此工艺路线生产。其反应过程如下:

$$Cl_2 + H_2O \longrightarrow HOCl + HCl$$

$$2CH_3CH\!=\!CH_2 + 2HOCl \longrightarrow \underset{\underset{OH}{|}}{CH_3-CH}-CH_2Cl \;+\; \underset{\underset{Cl}{|}}{CH_3-CH}-CH_2OH$$

$$\underset{\underset{OH}{|}}{CH_3-CH}-CH_2Cl \;+\; \underset{\underset{Cl}{|}}{CH_3-CH}-CH_2OH \xrightarrow{Ca(OH)_2} 2CH_3-\underset{\underset{O}{\diagdown\diagup}}{CH}-CH_2 + CaCl_2 + 2H_2O$$

1-氯-2-丙醇　　　　　2-氯-1-丙醇

此生产过程是在反应塔内,丙烯与含氯水溶液在 35 ~ 50 ℃之间反应。在水溶液中,HCl 与HOCl 是平衡的。反应生成的4 % ~ 6 % 1-和 2-氯丙醇混合物(9:1)可以不经分离,用过量的碱(如10 % 的石灰乳)在 25 ℃下脱 HCl。反应后用直接水蒸气迅速将环氧丙烷蒸出,以避免进一步发生水合反应。产率可达87 % ~ 90 %,副反应生成少量的 1,2-二氯丙烷和二氯二异丙基醚。

氯丙烯与次氯酸的加成、水解是目前合成重要有机原料甘油的途径之一(见 13.2.3)。

4.4.3.2　用 N-卤代酰胺的加成

为了避免因卤负离子的存在而发生副反应,在精细有机合成中,可用 N-卤代酰胺作卤化剂。例如,在制备 α 溴醇时可用 N-溴代酰胺为溴化剂,其中以 N-溴代乙酰胺(NBA)或 N-溴代丁二酰亚胺(NBS)用得较多,可以在水的存在下,用酸作为催化剂进行反应。反应为:

$$CH_3CH\!=\!CH-CH_3 \xrightarrow[H_2SO_4,0\sim25\,℃]{CH_3OH,\,CH_3CONHBr} \underset{\underset{CH_3}{\;}}{CH_3}-\underset{}{CH}-Br-\underset{\underset{OCH_3}{|}}{CH}-CH_3$$

4.4.3.3　用卤代烷的加成

卤代烷对双键的加成,多是叔卤代烷在路易士酸的催化下向双键进行亲电进攻,得到加成化合物。

$$(CH_3)_3CCl + CH_2\!=\!CH_2 \xrightarrow{AlCl_3} (CH_3)_3C-CH_2-CH_2Cl$$

多卤代甲烷衍生物也可以与双键发生自由基加成反应。

4.5　置换卤化

卤原子置换有机分子中的其他基团(非氢原子)的反应,称之为置换卤化。这个反应的特点是无异构产物,不发生多卤化,产品纯度高,但比直接取代卤化的步骤多。由于产品纯度高,所以在工业生产中仍然具有十分重要的地位,特别是在制药及染料工业中应用较多。

在置换卤化反应中,可被置换的取代基主要有羟基、硝基、磺酸基、重氮基。氟还可以置换其他卤基,而且氟化反应主要是通过置换反应来完成的。因为卤基置换硝基的反应尚未实现工业化生产,卤基置换重氮基的反应已列专门章节介绍(见8.4.3),此处不再详细讨论这两类基团的置换。

4.5.1 卤素置换羟基

卤素置换羟基的反应是制备卤化物的重要方法之一。常用卤化剂有卤化氢、含磷卤化物和含硫卤化物。

4.5.1.1 用卤化氢对醇羟基的置换

$$ROH + HX \rightleftharpoons RX + H_2O$$

卤化氢对醇羟基的置换是亲核置换反应,其反应历程如下:

$$ROH + H^+ \rightleftharpoons R\overset{H}{\underset{+}{O}}H$$

$$R\overset{H}{\underset{+}{O}}H \rightleftharpoons R^+ + H_2O$$

$$R^+ + X^- \rightleftharpoons RX$$

因此,醇羟基的活性大小为:

$$叔羟基 > 仲羟基 > 伯羟基$$

卤素负离子的亲核能力大小的顺序为:

$$HI > HBr > HCl > HF$$

由于是可逆反应,因此,增加醇和卤化氢的浓度并不断移去产物和生成的水,有利于加速反应和提高收率。对于低碳醇的置换卤化需要有催化剂的存在。例如:

$$C_2H_5OH + NaBr + H_2SO_4 \longrightarrow C_2H_5Br + NaHSO_4 + H_2O$$

其中浓硫酸是反应剂也是催化剂。在置换催化卤化过程中,有的催化剂促使醇质子化,加速反应的进行,例如 $ZnCl_2$。

$$C_2H_5OH + HCl \xrightarrow[加热]{ZnCl_2} C_2H_5Cl + H_2O$$

用同样的方法也可制取溴代烷或碘代烷烃。例如:

$$
\begin{array}{c}
CH_3 \\
CH-CH_2-CH_2OH \\
CH_3
\end{array}
+ HBr \xrightarrow[100\sim106\ ℃]{H_2SO_4}
\begin{array}{c}
CH_3 \\
CH-CH_2CH_2Br \\
CH_3
\end{array}
+ H_2O
$$

4.5.1.2 用卤化亚砜和卤化磷对羟基的置换

用卤化亚砜作为卤化剂,由于反应中生成卤化氢和二氧化硫均为气体,容易与反应物分离,可以直接得到单一的产品。例如:

$$(C_2H_5)_2NC_2H_4OH + SOCl_2 \xrightarrow[10\sim40\ ℃]{甲苯} (C_2H_5)_2NC_2H_4Cl + SO_2 + HCl$$

三卤化磷是活性较大的卤化剂,除在杂环羟基的置换反应中使用较多外,也用于高碳醇或酚类的羟基置换反应。例如:

$$3\,CH_3(CH_2)_3CH_2OH + PI_3 \longrightarrow 3\,CH_3(CH_2)_3CH_2I + H_3PO_3$$

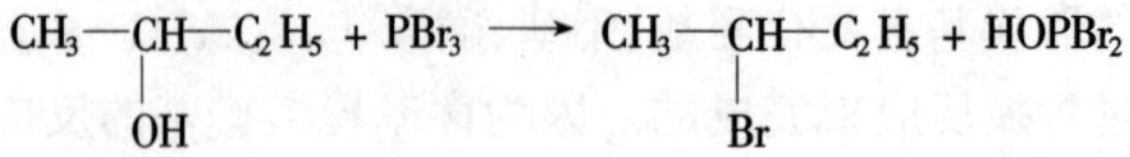

CH3—CH—C2H5 + PBr3 ⟶ CH3—CH—C2H5 + HOPBr2
OH
Br

OH
OH
N
N
OH
+ 3PCl3 + 4Cl2
POCl3
(溶剂)
Cl
Cl
Cl
N
N
Cl
+ 3 POCl3 + 4 HCl

4.5.2 卤基置换磺酸基

蒽醌环上的磺酸基容易被氯基置换。它在工业上曾用于制备 1-氯蒽醌和 1,5-二氯蒽醌。例如：

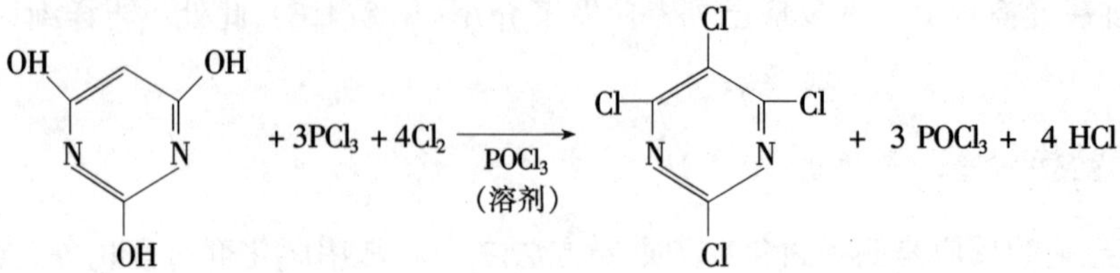

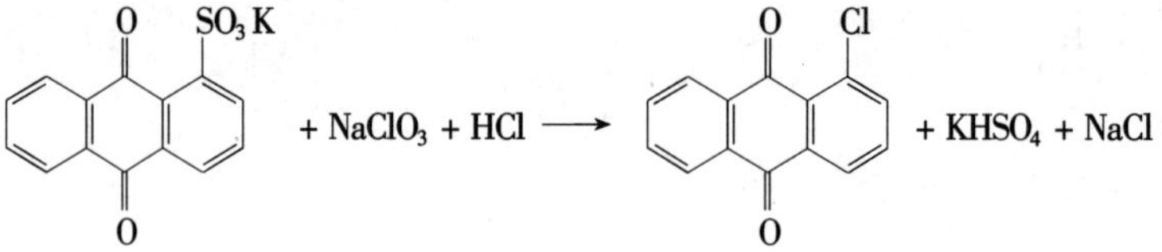

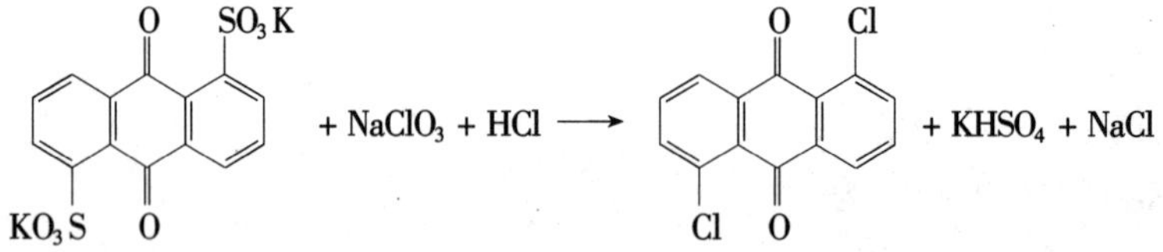

O
SO3K
O
+ NaClO3 + HCl
O
Cl
O
+ KHSO4 + NaCl

O
SO3K
KO3S
O
+ NaClO3 + HCl
O
Cl
Cl
O
+ KHSO4 + NaCl

由于不同位置的氯代蒽醌具有不同的熔点，而卤基置换蒽醌环上的磺酸基的反应几乎是定量进行的，因此，也常作为分析蒽醌磺酸的方法之一。

4.5.3 置换氟化

由于氟的极性很强，所以氟分子很难被极化，因而，生成氟正离子十分困难，所以亲电取代氟化不易发生。但氟分子比较活泼，很容易离解成自由基，与有机烃类发生十分激烈的自由基反应，放出大量的热，并往往发生断键或破坏等副反应，反应十分复杂，难以控制。因此，直接氟化，有发生爆炸的危险。

为了制取所需的氟化物，一般都采用置换氟化的方法，用 HF、KF、NaF、AgF_2、SbF_5 等氟化剂置换有机氯化物中的氯来制备相应的氟化物。在工业生产中使用最多的是 HF、NaF 和 KF。例如：

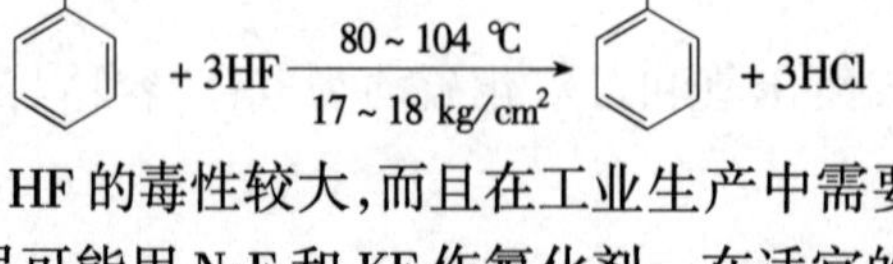

CCl3
+ 3HF
80 ~ 104 ℃
17 ~ 18 kg/cm2
CF3
+ 3HCl

由于 HF 的毒性较大，而且在工业生产中需要在高压釜中进行反应，因此，在许多置换反应中，都尽可能用 NaF 和 KF 作氟化剂。在适宜的溶剂存在下，它也能很好地完成置换氟化反应。例如：

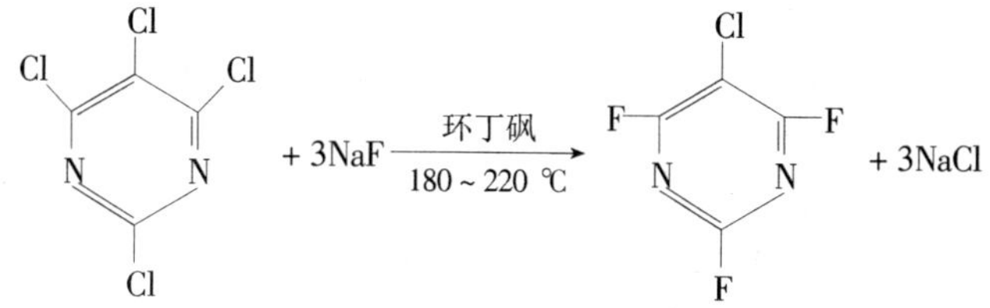

许多氟化烃系列产品几乎无一不是通过置换氟化制得的。例如：

$$CCl_4 + HF \xrightarrow{SbCl_5} CCl_3F + HCl$$

氟里昂-11

$$CHCl_3 + 2HF \xrightarrow{SbCl_5} CHClF_2 + 2HCl$$

氟里昂-22

$$CCl_3-CCl_3 + 3HF \xrightarrow[140\ ℃,0.5\ MPa]{SbCl_5} CClF_2-CFCl_2 + 3HCl$$

氟里昂-113

氟里昂曾经是主要的致冷载体，由于它们能破坏地球臭氧层，对于人类环境的破坏十分严重，因此氟里昂系列致冷剂最终将会被其他致冷剂所取代。不过氟里昂系列产品，除了作为致冷剂外，还是生产高性能含氟塑料的重要原料，在生产中还是具有十分重要意义的。例如：

$$2CHClF_2 \xrightarrow{600\sim900\ ℃} CF_2=CF_2 + 2HCl$$

氟里昂-22　　　　聚四氟乙烯单体

近几年来，有不少文献报道用惰性气体稀释氟气进行直接氟化，取得较大进展，但应用于工业生产尚有一定差距，有待进一步研究。

除了用上述方法引入氟基外，还可通过重氮基转化的方法引入氟基。例如：

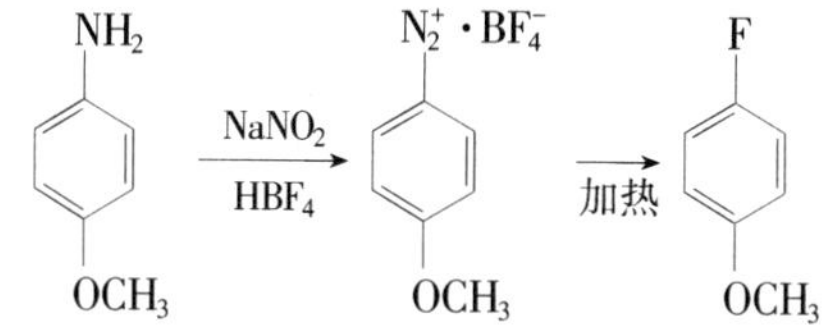

电解氟化也是有机分子中引入氟基的方法之一，有机化合物在无水氟化氢中进行电解，可以得到有机氟化物，为提高电导率，可以加入 LiF 等。例如：

$$CH_3COOH \xrightarrow[电解]{HF(无水)LiF} CF_3COOH$$

将 $C_7\sim C_8$ 的脂肪酸酰氯溶于无水 HF 中，经电解可得到全氟化物：

$$C_7H_{15}COCl \xrightarrow[电解]{HF} C_7F_{15}COF + HCl$$

$$C_8H_{17}SO_2Cl \xrightarrow[电解]{HF} C_8F_{17}SO_2F + HCl$$

参考文献

1　唐培堃.中间体化学及工艺学.北京:化学工业出版社,1984

2　化工科技情报所.世界精细化工手册.1982(续编1986)

3　化工科技情报所.化工产品手册——有机化工原料.北京:化学工业出版社,1985

4　辽宁省石油化工技术情报总站.有机化工原料及中间体便览.1988

5　朱淬砺.药物合成反应.化学工业出版社,1987

6　Lebedev N N. Chemistry and Technology of Basic Organic and Petrochemical Synthesis Vol Ⅰ,1981

7　姚蒙正,程侣伯,王家儒.精细化工产品合成原理.北京:中国石化出版社,2000

8　章思规,辛忠.精细有机化工制备手册.北京:科学技术文献出版社,2000

9　徐克勋.精细有机化工原料及中间体手册.北京:化学工业出版社,2001

10　欧育湘.阻燃剂——制造、性能及应用.北京:兵器工业出版社,1997

第5章 磺化和硫酸化

5.1 磺化概述

5.1.1 重要性

向有机化合物分子引入磺酸基的反应叫做"磺化"。例如：

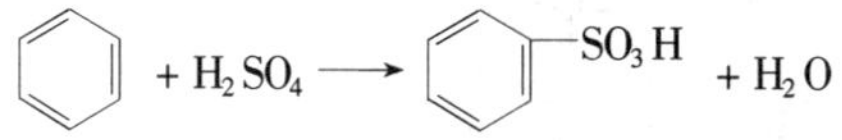

$$\bigcirc + H_2SO_4 \longrightarrow \bigcirc\!\!-SO_3H + H_2O$$

引入磺酸基的主要目的有以下三点：

(1)使产品具有水溶性、酸性、表面活性或对纤维素具有亲和力；

(2)将磺酸基转变为其他基团，例如羟基、氨基、氰基、氯基等，从而制得一系列有机中间体或精细化工产品；

(3)利用磺酸基的可水解特性，例如，为了某些反应的需要，先在芳环上引入磺酸基，在完成特定反应后再将磺酸基水解掉(见 10.2.8.1)。

磺化产物中最重要的是负离子表面活性剂，特别是洗涤剂，例如十二烷基苯磺酸钠。许多芳磺酸衍生物是制备染料、医药、农药等的中间体，在精细有机合成工业中，占有十分重要的地位。

近些年来，石油磺酸盐类的发展较快。它们广泛用于纺织、采矿、洗涤、防锈等领域，在工业、农业、国防及人民生活中越来越显出重要性。

5.1.2 磺化剂

工业生产中常用的磺化剂是硫酸、发烟硫酸、三氧化硫和氯磺酸，有时也用到氨基磺酸和亚硫酸盐。由于制备、使用上的原因，工业硫酸有两种规格，即92.5 %(质量)硫酸和98 %硫酸。发烟硫酸也有两种规格，即含游离 SO_3 约20 %和约65 %两种规格。因为它们都具有较低的凝固点，见图5-1。在常温下，这四种规格的磺化剂都是液体，使用和运输比较方便。

发烟硫酸的浓度既可以用游离 SO_3 的含量 $w(SO_3)$(质量分数，下同)表示，也可以用 H_2SO_4 的含量 $w(H_2SO_4)$ 表示。这两种浓度的换算公式如下：

$$w(H_2SO_4) = 100 \% + 0.225w(SO_3) \tag{5-1}$$

$$w(SO_3) = 4.44[w(H_2SO_4) - 100 \%] \tag{5-2}$$

例如含 SO_3 20 % 的发烟硫酸换算成硫酸浓度应为：

$$w(H_2SO_4) = 100 \% + 0.225 \times 20 \% = 104.5 \%$$

在工业生产中，如果需要用其他浓度的硫酸或发烟硫酸，一般用上述规格的工业硫酸配制。设 m，m_1 和 m_2 分别表示拟配制酸及已有较浓和较稀硫酸(或水)的质量。w，w_1 和 w_2 分

别表示它们相对应酸的浓度。配酸的计算公式为:

$$m_1 = m\frac{w - w_2}{w_1 - w_2} \tag{5-3}$$

$$m_2 = m\frac{w_1 - w}{w_1 - w_2} \tag{5-4}$$

应该注意,式中各种酸的浓度表示方法必须一致,即都用 $m(\mathrm{H_2SO_4})$ 或用 $m(\mathrm{SO_3})$。

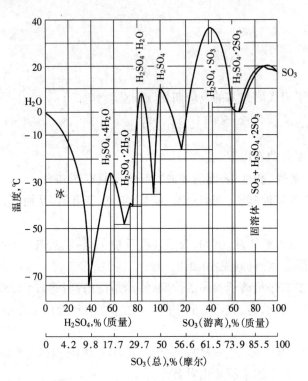

图 5-1　硫酸、发烟硫酸含量与凝固点的关系

5.2　芳香族磺化

在工业生产中,常用的芳香族的磺化方法有以下几种:过量硫酸磺化法、共沸去水磺化法、三氧化硫磺化法、氯磺酸磺化法、芳伯胺的烘焙磺化法及其他方法。

5.2.1　磺化反应历程

芳烃的磺化主要是用硫酸、发烟硫酸或三氧化硫来进行。用这些磺化剂进行的磺化反应是典型的亲电取代反应。它们的进攻质点都是亲电试剂,其来源可以认为是磺化剂自身的不同离解方式。硫酸是一种能按几种方式离解的液体,不同浓度的硫酸有不同的离解方式。在100%的硫酸中,硫酸分子通过氢键作用生成缔合物,其缔合度随温度升高而降低。100%的硫酸略能导电,约有0.2% ~ 0.3%按下式离解:

$$2\,\mathrm{H_2SO_4} \rightleftharpoons \mathrm{SO_3} + \mathrm{H_3^+O} + \mathrm{HSO_4^-}$$

$$2\,\mathrm{H_2SO_4} \rightleftharpoons \mathrm{H_3SO_4^+} + \mathrm{HSO_4^-}$$

$$3\,H_2SO_4 \rightleftharpoons H_2S_2O_7 + H_3^+O + HSO_4^-$$

$$3\,H_2SO_4 \rightleftharpoons HSO_3^+ + H_3^+O + 2\,HSO_4^-$$

发烟硫酸也略能导电,这是因为按下式发生了离解。

$$SO_3 + H_2SO_4 \rightleftharpoons H_2S_2O_7$$

$$H_2S_2O_7 + H_2SO_4 \rightleftharpoons H_3SO_4^+ + HS_2O_7^-$$

因此,在浓硫酸和发烟硫酸中可能存在 SO_3、$H_2S_2O_7$、H_2SO_4、HSO_3^+ 和 $H_3SO_4^+$ 等亲电质点,它们都可看成是 SO_3 与其他物质的溶剂化形式。但每种质点参加磺化反应的活性差别很大,而且每种质点的含量也随酸浓度的改变而改变。动力学数据表明:磺化质点在发烟硫酸中主要是 SO_3;在浓硫酸中主要是 $H_2S_2O_7$,它是 SO_3 和 H_2SO_4 的溶剂化形式;在较低浓度(80 % ~ 85 %)中主要是 $H_3SO_4^+$,它是 SO_3 与 H_3^+O 的溶剂化形式。即

$$SO_3 + H_2SO_4 \rightleftharpoons H_2S_2O_7$$

$$SO_3 + H_3^+O \rightleftharpoons H_3SO_4^+$$

其反应历程是:

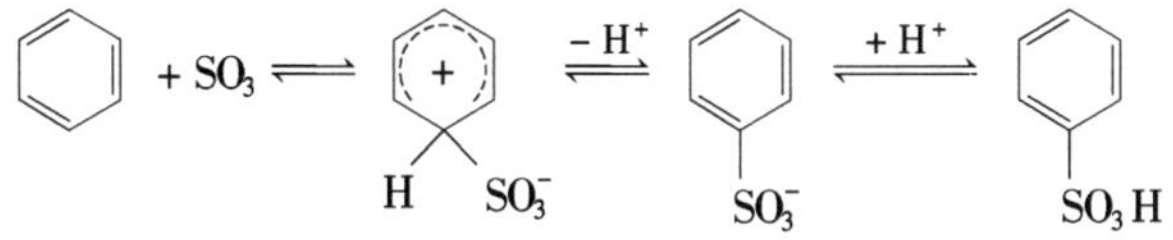

或

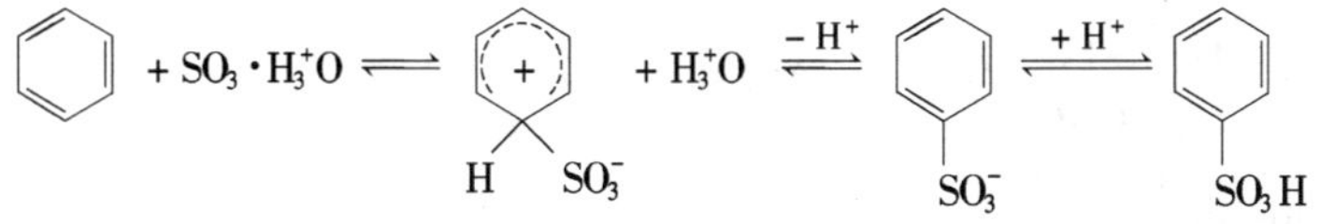

尽管这也是一个二步反应历程,但由于第二步过程脱 H^+ 的速度较慢,因此显示出同位素效应的影响(参阅 2.2.2.1.)。

5.2.2 磺化反应动力学

用硫酸进行磺化时反应生成水,即

$$ArH + H_2SO_4 \rightleftharpoons ArSO_3H + H_2O$$

由于水的生成,在硫酸的离解过程中,下列反应将向右移动:

$$H_2O + H_2SO_4 \overset{K}{\rightleftharpoons} H_3^+O + HSO_4^-$$

则有

$$[H_3^+O][HSO_4^-] = K[H_2O][H_2SO_4]$$

当硫酸中含很少量水时,几乎完全离解,可近似认为

$$[H_3^+O] = [HSO_4^-] \approx [H_2O] = 1 - [H_2SO_4]$$

即

$$[H_3^+O][HSO_4^-] \approx [H_2O]^2$$

从反应历程已知,以浓硫酸为磺化剂进行磺化反应时,硫酸的离解方式为

$$2H_2SO_4 \overset{K_1}{\rightleftharpoons} SO_3 + H_3^+O + HSO_4^-$$

$$[SO_3] = \frac{K_1[H_2SO_4]^2}{[H_3^+O][HSO_4^-]}$$

$$3H_2SO_4 \underset{}{\overset{K_2}{\rightleftharpoons}} H_2S_2O_7 + H_3^+O + HSO_4^-$$

则有

$$[H_2S_2O_7] = \frac{K_2[H_2SO_4)]^3}{[H_3^+O][HSO_4^-]}$$

当磺化质点为 SO_3 或 $H_2S_2O_7$ 对芳烃进行磺化时,其磺化反应的速率分别为:

$$r_{SO_3} = k_{SO_3}[ArH][SO_3]$$

$$= k_{SO_3}[ArH]\frac{K_1[H_2SO_4]^2}{[H_3^+O][HSO_4^-]}$$

$$= k_{SO_3}[ArH]\frac{K_1[H_2SO_4]^2}{[H_2O]^2} \quad \text{(当硫酸中含水量很少时)}$$

$$= k_{SO_3}[ArH]\frac{K_1(1-[H_2O])^2}{[H_2O]^2}$$

$$= k'_{SO_3}[ArH]\frac{1}{[H_2O]^2} \quad \text{(当含水量很少时)}$$

或

$$r_{H_2S_2O_7} = k_{H_2S_2O_7}[ArH][H_2S_2O_7]$$

$$= k_{H_2S_2O_7}[ArH]\frac{K_2[H_2SO_4]^3}{[H_3^+O][HSO_4^-]}$$

$$\approx k_{H_2S_2O_7}[ArH]\frac{K_2(1-[H_2O])^3}{[H_2O]^2} \quad \text{(当硫酸中含水量很少时)}$$

$$\approx k'_{H_2S_2O_7}[ArH]\frac{1}{[H_2O]^2}$$

从上式可以看出,以浓硫酸为磺化剂,当水很少时,磺化反应的速率与水浓度(摩尔分数)的平方成反比,即生成的水量越多,反应速率下降越快。因此,用硫酸作磺化剂的磺化反应中,硫酸浓度及反应中生成的水量多少,对磺化反应速度的影响是一个十分重要的因素。

实验证明,当硫酸浓度由100%下降到99.5%时,氯苯的磺化速度降低几个数量级。在1,6-萘二磺酸的磺化中,当硫酸的浓度由98.99%降低到98%时,磺化速度仅相当于原来的1/39。

5.2.3 磺化反应影响因素

5.2.3.1 被磺化物结构的影响

磺化是典型的亲电取代反应,因此,被磺化物的芳环上电子云密度的高低将直接影响磺化反应的难易。表5-1表明:芳环上有供电基时,反应速度加快,易于磺化;相反,芳环上有吸电基时,反应速率减慢,较难磺化。此外,磺酸基所占空间的体积较大,在磺化反应过程中,有比较明显的空间效应,因此,不同的被磺化物,由于空间效应的影响,生成异构产物的组成比例不同,见表5-2。

萘环在亲电取代反应中比苯环活泼。萘的磺化依不同磺化剂和磺化条件,可以制备一系列萘磺酸,如图5-2所示。

表 5-1　有机芳烃磺化速率的比较

速率常数　＼　被磺化物	甲　　苯	苯	硝　基　苯
$k \times 10^6 (\text{g·mol·s})$	78.7	15.5	0.24

表 5-2　烷基苯一磺化时的异构产物生成比例(25 ℃下,以质量分数89.1 % H_2SO_4 为磺化剂)

烷基苯	与苯相比较的相对反应速度常数 k_R / k_B	异构产物的比例, %			o/p
		o	m	p	
甲　苯	28	44.04	3.57	50	0.88
乙　苯	20	26.67	4.17[①]	68.33	0.39
异丙苯	5.5	4.85	12.12	84.84	0.057
叔丁苯	3.3	0	12.12	85.85	0

①H_2SO_4 质量分数为86.3 % 。

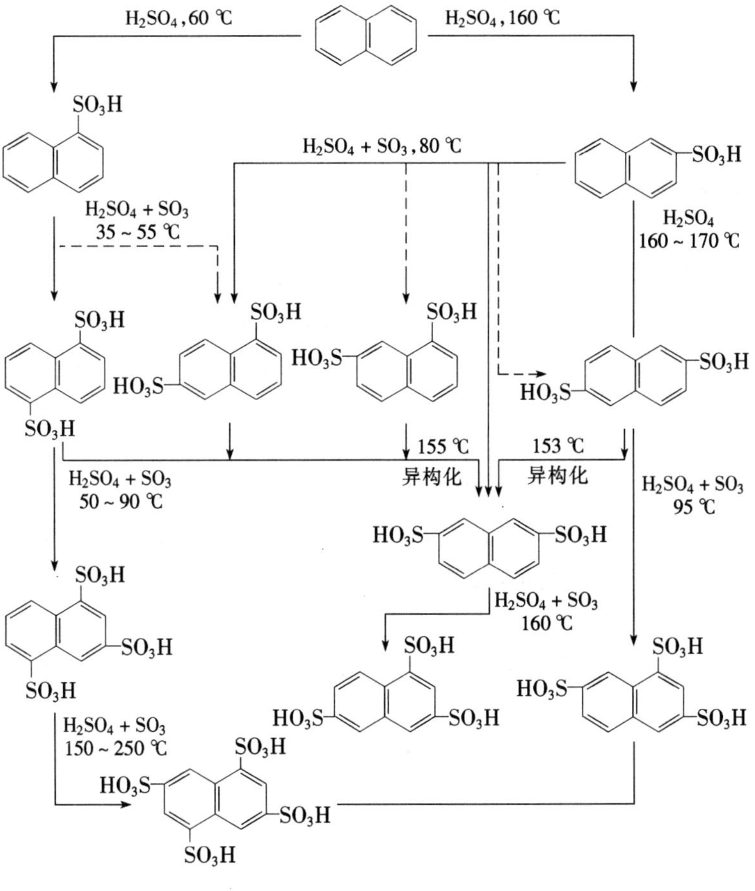

图 5-2　萘在不同条件下磺化时的主要产物(虚线表示副反应)

　　萘酚的磺化比萘容易,用不同的磺化剂和不同的磺化条件,可以制备不同的萘酚磺酸产品,如图5-3所示。

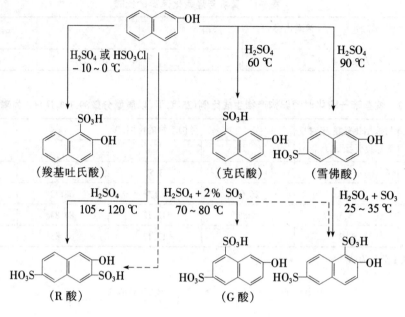

图 5-3　2-萘酚磺化时的主要产物(虚线表示副反应)

5.2.3.2 磺化剂的影响

不同种类磺化剂的反应情况和反应能力都不同,因此,磺化剂对磺化反应有较大的影响。例如,用硫酸磺化与用三氧化硫或发烟硫酸磺化差别就较大。前者生成水,是可逆反应;后者不生成水,反应不可逆。用硫酸磺化时,硫酸浓度的影响也十分明显。由于反应生成水,硫酸的作用能力随生成水量的增加明显下降。从动力学研究中也可以看出,反应速度随水的增多明显降低,当硫酸的浓度下降到一定的数值时,磺化反应事实上认为已经停止。1919 年,古郁特(Guyot)曾以"π"来表示此时硫酸折算成三氧化硫的质量分数,(例如85 % 的硫酸 π 值应为$80/98 \times 85 \% = 69.4 \%$),由此引出了磺化 π 值的概念。一般容易磺化的物质 π 值较小,如苯的一磺化,π 值为64,而不容易磺化的物质的 π 值较高,如硝基苯一磺化的 π 值为82,即硝基苯一磺化时的废酸中 H_2SO_4 的质量分数超过了100 %,要对硝基苯进行磺化,必须使用发烟硫酸。在磺化工艺中,对于磺化剂的初始浓度和用量,以及反应温度与时间,一般都需要通过条件实验来优化选择。磺化 π 值在现今工业生产中已没有多少实际意义。

不同磺化剂在磺化过程中的影响和差别见表 5-3。

表 5-3　不同磺化剂对反应的影响

磺化剂 对比项目	H_2SO_4	HSO_3Cl	发烟 H_2SO_4	SO_3
沸点,℃	290 ~ 317	151 ~ 150		46
在卤代烃中的溶解度	极低	低	部分	混溶
磺化速度	慢	较快	较快	瞬间完成
磺化转化率	达到平衡,不完全	较完全	较完全	定量转化
磺化热效应	反应时要加热	一般	一般	放热量大,需冷却

对比项目 \ 磺化剂	H_2SO_4	HSO_3Cl	发烟 H_2SO_4	SO_3
磺化物粘度	低	一般	一般	特别粘稠
副 反 应	少	少	少	多,有些情况特高
产生废酸量	大	较少	较少	无
反应器容积	大	大	一般	很小

5.2.3.3 磺化物的水解及异构化作用

以硫酸为磺化剂的反应是一个可逆反应,即磺化产物在较稀的硫酸存在下又可以发生水解反应:

$$ArH + H_2SO_4 \rightleftharpoons ArSO_3H + H_2O$$

一般认为,水解反应的历程也是亲电取代反应:

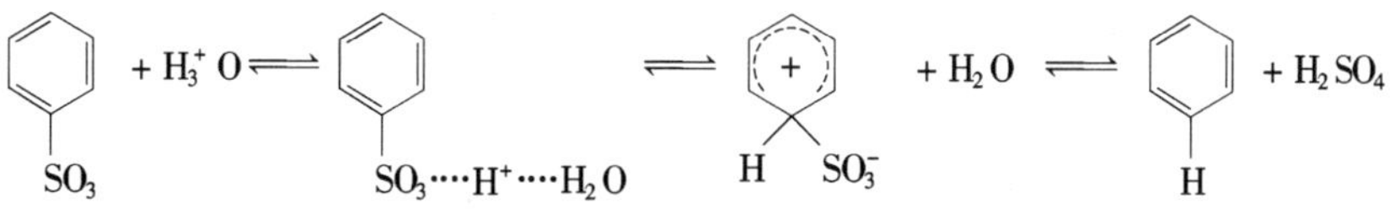

影响水解反应的因素是多方面的,当然,H_3^+O 浓度越高,一般水解越快,因此,水解反应都是在磺化反应后期生成水量较多时发生。有时为了促进水解,用水稀释反应液,使水解在稀硫酸中进行。例如:

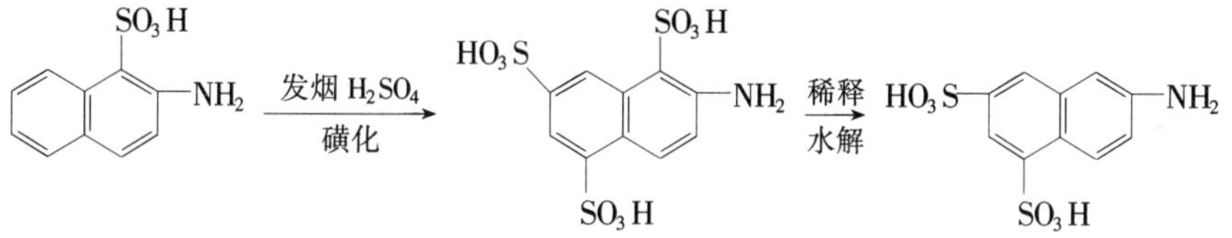

此外,温度越高,水解反应的速度越快。有资料表明,温度每升高 10 ℃,水解反应增加 2.5 ~3.5 倍,而相应的磺化反应的速度仅增加 2 倍。所以,温度升高时,水解反应速度的增加大于磺化反应速度的增加,说明温度升高对水解有利。由于水解反应也是一个类似的亲电反应历程,其反应质点为 H_3^+O,因此,芳环上电子云密度低的磺化物比电子云密度高的磺化物较难水解。例如,间硝基苯磺酸比邻甲苯磺酸水解要难一些。可以说,易于进行磺化反应所生成的磺化物也易于发生水解,反之亦然。利用此特性,可以将磺酸基作为一个临时性基团,引入有机分子中,以促进下一步反应,待反应完成后,再利用它的水解特性去掉磺酸基(见 10.2.8)。

磺化反应在高温下容易发生异构化,反应历程一般认为是水解再磺化的过程。例如:

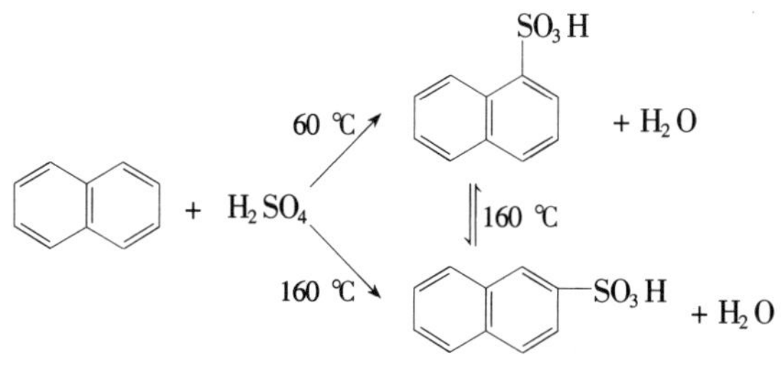

在没有水生成或参加的反应中,可以认为是内分子重排反应。例如:

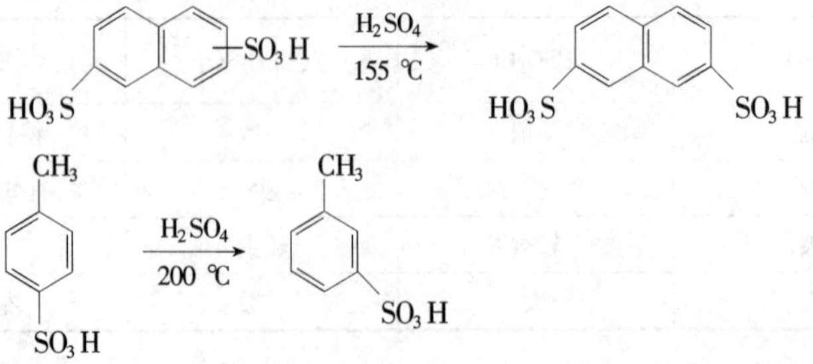

芳磺酸的盐类在高温下也能发生异构化作用,尽管它们的反应历程不尽相同,但其特性还是引人注目的。甚至有人设想,通过苯磺酸盐的加热歧化作用来得到对苯二磺酸。

5.2.3.4 反应温度和时间的影响

反应温度的高低直接影响磺化反应的速度。一般反应温度低时反应速度慢,反应时间长;反应温度高则速度快,反应时间短。另外,反应温度还会影响磺酸基进入芳环的位置,如图5.2和图5.3所示。从表5-4、表5-5也可以看出,由于存在磺化—水解—再磺化的过程,反应温度还会影响异构产物的生成比例。

表 5-4 甲苯磺化时温度对异构产物生成比例的影响

磺化产物	异 构 产 物 生 成 比 例,%								
	0 ℃	35 ℃	75 ℃	100 ℃	150 ℃	160 ℃	175 ℃	190 ℃	200 ℃
o-位产物	42.7	31.9	20.0	13.3	7.8	8.9	6.7	6	4.3
m-位产物	3.8	6.1	7.9	8.0	8.9	11.4	19.9	33.7	54.1
p-位产物	53.5	62.0	72.1	78.7	83.2	77.5	70.7	56.2	35.2

表 5-5 萘一磺化时温度对异构产物生成比例的影响

温 度	80 ℃	90 ℃	100 ℃	110.5 ℃	124 ℃	129 ℃	138.5 ℃	150 ℃	161 ℃
α-位,%	96.5	90.0	83.0	72.6	52.4	44.4	28.4	18.3	18.4
β-位,%	3.5	10.0	17.0	27.4	47.6	55.6	71.6	81.7	81.6

又例如,间二甲苯用浓硫酸在高温磺化时,因异构化作用主要得到1,3-二甲苯-5-磺酸。即

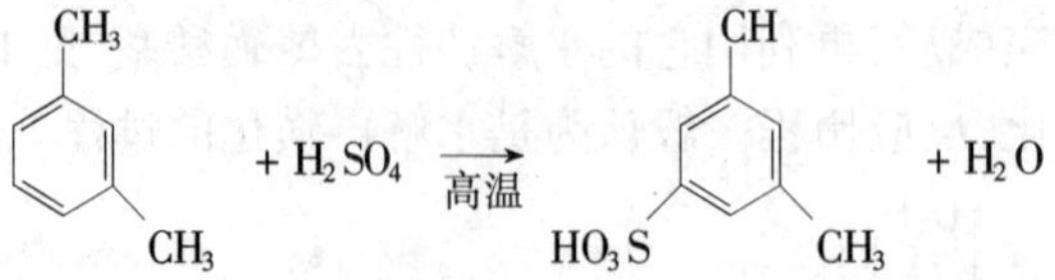

温度的升高,也会促进副反应速度加快,特别是对砜的生成明显有利。例如,在苯的磺化过程中,温度升高时生成的产品容易与原料苯进一步生成砜。即

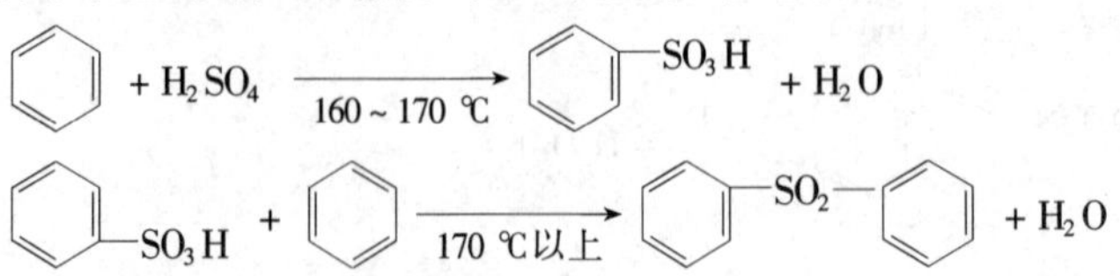

5.2.3.5 催化剂及添加剂的影响

一般磺化反应无需使用催化剂,但对于蒽醌的磺化,加入催化剂可以影响磺酸基进入的位置。例如,在汞盐(或贵金属钯、铊、铑)存在下,磺酸基主要进入蒽醌环的 α 位;无以上催化剂存在,则磺酸基主要进入蒽醌环的 β 位。

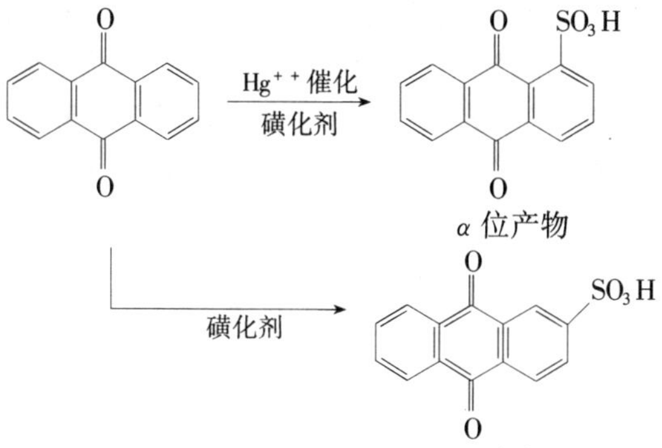

在磺化反应中,副产物砜是通过芳磺酰正离子与芳香族化合物发生亲电取代反应而形成的。反应式如下:

$$ArSO_3H + 2H_2SO_4 \rightleftharpoons ArSO_2^+ + H_3^+O + 2HSO_4^-$$

$$ArSO_2^+ + ArH \longrightarrow ArSO_2Ar + H^+$$

如果在磺化反应中加适量 Na_2SO_4 作添加剂,可以增加 HSO_4^- 的浓度。由于芳磺酰正离子在反应平衡的浓度与 HSO_4^- 浓度的平方成反比,因此可以抑制砜的生成。而且,加入 Na_2SO_4 还可以抑制硫酸的氧化作用。在使用三氧化硫为磺化剂的磺化过程中,芳磺酰正离子和砜的生成如下:

$$ArSO_3H + SO_3 \rightleftharpoons ArSO_2^+ + HSO_4^-$$

$$ArSO_2^+ + ArH \rightleftharpoons ArSO_2Ar + H^+$$

为了抑制芳磺酰正离子的生成,有的文献推荐加羧基酸或磷酸,以促进三氧化硫形成 HSO_4^- 来抑制砜的生成。

羟基蒽醌磺化时,加入硼酸可以使羟基转变为硼酸酯基,也能抑制氧化副反应。

5.2.3.6 搅拌的影响

在磺化反应中,良好的搅拌可以加速有机物在酸相中的溶解,提高传热、传质效率,防止局部过热,提高反应速率,有利于反应的进行。

5.2.4 磺化生产工艺

5.2.4.1 用过量硫酸磺化

用过量硫酸磺化是以硫酸为反应介质,反应在液相进行,在生产上常称"液相磺化"。

1.磺化设备

液相磺化工艺中,由于在磺化反应终了的磺化液中,废酸的浓度都较高,一般质量分数在70 % 以上。这种浓度下的硫酸对钢或铸铁的腐蚀不十分明显,大多数情况下,都能用钢设备作液相磺化的反应器。为了使物料迅速溶解,反应均匀,反应设备都是带有搅拌器的锅式反应器。

2.投料方式

在液相磺化过程中,根据被磺化物性质的不同和引入磺基数目的不同,加料次序也不同。如果在反应温度下被磺化物仍是固态,则先将磺化剂硫酸投入反应器中,随后在低温下投入固体有机物,待溶解后慢慢升温磺化,这样有利反应均匀进行。例如,2-萘酚磺化制 G 酸、R 酸、雪佛酸就是这样进行的。但如果在反应温度下被磺化物是液态,应先将有机物投入反应器中,然后在反应温度下逐步加入磺化剂,这样可以减少多磺化副反应。特别是高温下的反应,例如萘的高温磺化制 β-萘磺酸或甲苯的磺化,都可以采用这种投料方式。对于多磺化反应,为了使每个磺基进入预期的位置,可以分阶段在不同的温度条件下投入不同浓度的磺化剂,称之为分段磺化。例如萘的三磺化制备 1,3,6-萘三磺酸:

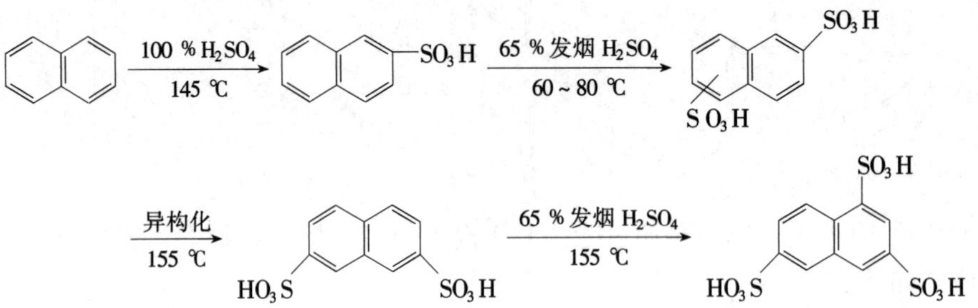

3.生产实例——β-萘磺酸钠的生产

β-萘磺酸钠盐为白色或灰白色结晶,易溶于水,是制备 β-萘酚的重要中间体。生产过程分三步,即磺化、水解吹萘、中和盐析。

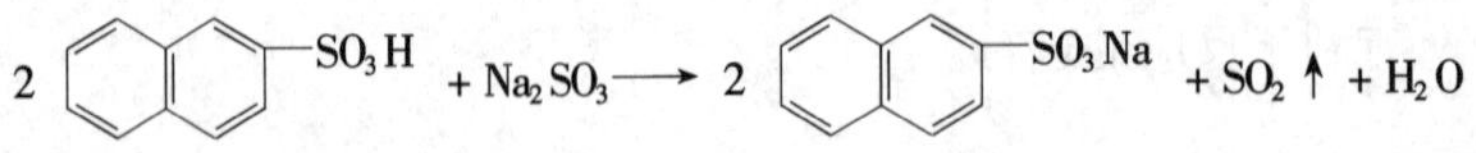

磺化:

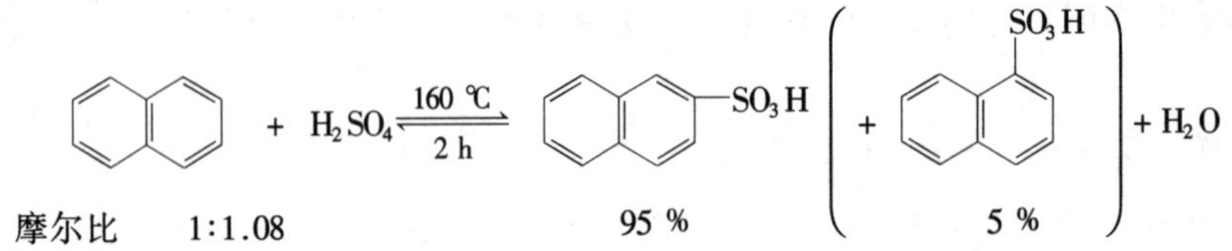

摩尔比　　1:1.08

水解吹萘:

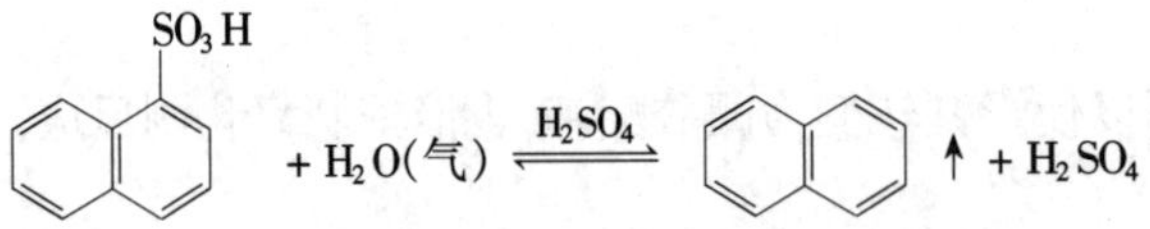

中和盐析:

$$H_2SO_4 + Na_2SO_3 \longrightarrow Na_2SO_4 + SO_2 \uparrow + H_2O$$

生产过程如图 5-4 所示。

先将熔融萘加入磺化反应釜中,在 140 ℃下慢慢滴加96 % ~ 98 %的硫酸。由于反应放热,能自动升温至 160 ℃左右,保温 2 h。当磺化反应物的总酸度(用标准氢氧化钠溶液滴定反应液,生成的萘磺酸和未反应的硫酸都按硫酸的当量来计算,所得出的酸度)达到25 % ~ 27 %时,即认为到达磺化反应终点。将磺化液送到水解锅中加入适量的水稀释,通入水蒸气进行水解,将未转化的萘和 α-萘磺酸水解时生成的萘,随水蒸气吹出回收。水解吹萘后的反应液送至中和锅,慢慢加入热的亚硫酸钠水溶液,在 90 ℃左右中和 β-萘磺酸和过量的硫酸。生成的

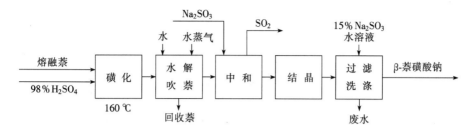

图 5-4 β-萘磺酸钠生产过程

二氧化硫气体,可以在生产 β-萘酚过程中用于 β-萘酚钠盐的酸化:

中和后的中和液,放入结晶槽中慢慢冷却至 32 ℃左右,使 β-萘磺酸的钠盐结晶析出,再进行抽滤,并用质量含量15 %左右的亚硫酸钠水溶液洗去滤饼中的硫酸钠,得到一定含水量的 β-萘磺酸钠滤饼,供碱熔制取 β-萘酚之用。即

4.磺化产物的分离

芳磺酸大多是固体,易溶于水,有些芳磺酸在50 % ~ 80 % 的硫酸中的溶解度较小。芳磺酸的盐类大多也是固体,没有确定的熔点,加热到高温时易于分解。芳磺酸的钾、钠、钙、镁、钡盐都溶于水,但可以盐析结晶。在液相磺化工艺过程中,磺酸的分离与精制的主要方法有以下几种。

1)稀释析出法

稀释析出法是利用某些芳磺酸在50 % ~ 80 % 的硫酸中溶解度很小的特性,在液相磺化后将磺化物用水稀释,调整到适宜的硫酸浓度,产品就可以析出。例如下列产物的制备:

2)稀释盐析法

利用某些芳磺酸盐在含无机盐($NaCl$、KCl、Na_2SO_3、Na_2SO_4)的水溶液中溶解度不同的特性,使它们分离。例如,在 β-萘酚二磺化制取 G 酸时,向稀释的磺化物中先加入 KCl 溶液,使 G 酸以钾盐析出,滤出 G 盐后再向滤液中加入 $NaCl$ 溶液,使副产 R 酸以钠盐析出。反应如下:

$\xrightarrow{KCl}$ （G盐结构） + （溶于母液结构） $\xrightarrow{NaCl}$ （R盐结构）

G 盐　　　　　　　　　（溶于母液）　　　　　　　R 盐

3）中和盐析法

利用芳磺酸在中和时生成的硫酸钠或其他无机盐促使芳磺酸盐析出来，这种中和盐析的方法在芳磺酸精制与分离中也常使用。由于磺化物的钠盐在硫酸钠水溶液中的溶解度比在水中的溶解度小得多，比较容易析出。这样做不仅可使产品析出，而且还可以减少酸对设备的腐蚀。例如 β-萘磺酸的盐析。

$$2\,ArSO_3H + Na_2SO_3 \longrightarrow 2\,ArSO_3Na + SO_2\uparrow + H_2O$$

或

$$2\,ArSO_3H + Na_2CO_3 \longrightarrow 2\,ArSO_3Na + CO_2\uparrow + H_2O$$

$$H_2SO_4 + Na_2SO_3 \longrightarrow Na_2SO_4 + SO_2\uparrow + H_2O$$

或

$$H_2SO_4 + Na_2CO_3 \longrightarrow Na_2SO_4 + CO_2\uparrow + H_2O$$

中和盐析时，也可以只将一部分硫酸中和。

4）脱硫酸钙法

为了使产品与过量的硫酸得到分离，并且能尽量减少产品中的无机盐含量，某些磺酸特别是多磺酸，可以采用脱硫酸钙的方法分离。磺化液在稀释后，用氢氧化钙的悬浮液进行中和，生成能溶于水的磺酸钙，过滤除去硫酸钙沉淀后，得到不含无机盐的磺酸钙溶液，经碳酸钠溶液处理后，滤除碳酸钙，经蒸发浓缩可得到磺酸钠盐的固体。例如，扩散剂 NNO 的制备（二-(1-萘基)甲烷-2,2 二磺酸钠）。

$$2ArSO_3H + Ca(OH)_2 \longrightarrow (ArSO_3)_2Ca + H_2O$$

$$H_2SO_4 + Ca(OH)_2 \longrightarrow CaSO_4\downarrow + H_2O$$

$$(ArSO_3)_2Ca + Na_2CO_3 \longrightarrow 2ArSO_3Na + CaCO_3\downarrow$$

脱硫酸钙法主要的缺点是操作复杂，生成大量的硫酸钙滤饼需要处理，在工业生产上的应用受到限制。

5）萃取分离法

为了减少三废的生成，近年来，提出萃取分离的新方法。例如，将萘高温一磺化，稀释水解后，得到的 β-萘磺酸溶液用叔胺(N,N-二苄基十二胺)的甲苯溶液来萃取。叔胺与 β-萘磺酸形成配合物，被萃取到甲苯层中，分出有机层后用碱中和，生成的磺酸盐转入水层再分离出有机胺萃取剂，即可分离出产品。萃取剂可以回收循环使用。这种方法使废硫酸中基本不含有机物，便于处理，具有较大的发展前途。

稀释析出法、稀释盐析法、部分中和盐析法和萃取分离不都副产大量稀硫酸废液。为了解决这些含有害有机物的稀硫酸废液的利用问题，1998 年唐培堃申请了一个发明专利(ZL 98 101804.4)，其要点是：①将含硫酸废液与硫化钠水溶液或水悬浮液相反应，产生硫化氢气体；②将逸出的硫化氢气体用于生产其后继品，例如无铁硫化钠、硫脲、蛋氨酸等；③将逸出硫化氢气体后的硫酸钠残液蒸发，得粗品无水硫酸钠；④将粗品无水硫酸钠与煤粉混合，用热还原法将它再转变成硫化钠焙烧体，在热还原时硫酸钠中的有害有机物被完全分解；⑤对硫化钠焙烧体用水打浆配成硫化钠溶液或悬浮液再用于步骤①与新的含硫酸废液反应。为了解决含有氯化物的含硫酸废液的利用问题,2002年唐培堃又提出了"硫化钙焙烧体法"(CN 1342600A)。

5.2.4.2 共沸去水磺化

为了克服过量硫酸法用酸量大、废酸多、磺化剂利用效率低的缺点,对于挥发性较高的芳烃(如苯、甲苯),在较高温度下向硫酸中通入过热的芳烃蒸气进行磺化。反应生成的水可以与过量的芳烃共沸一起蒸出。这样可以保持磺化剂的浓度不致下降太多,硫酸的利用率可以提高到90%以上。此法又称为"气相磺化"。过量未转化的芳烃经冷凝分离后可以循环利用。对于一些高沸点化合物的磺化,有的文献也推荐用此法进行,但必须加入一种沸点适当又不易被磺化的溶剂能与水形成共沸混合物而蒸出。这种工艺过程需要在较高的温度下进行。

气相磺化的典型生产实例是苯气相磺化生成苯磺酸。它的用途主要是经过碱熔制备苯酚。由于这种制苯酚的工艺消耗大量酸、碱,生产成本高,已逐渐为异丙苯氧化酸解法制苯酚所取代(见12.2.5.1)。

甲苯的磺化制取对甲苯磺酸也可采用气相磺化工艺。

5.2.4.3 芳伯胺的烘焙磺化

烘焙磺化的反应历程,首先是由芳胺与硫酸形成成酸性硫酸盐,然后在高温下脱水生成芳胺基磺酸,再经过高温烘焙,进行内分子重排,生成对位(或邻位)氨基芳磺酸。以苯胺为例:

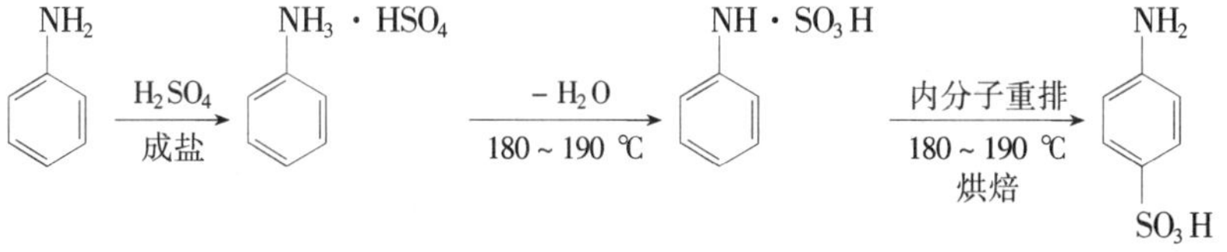

用这种磺化工艺可以制备下列产物:

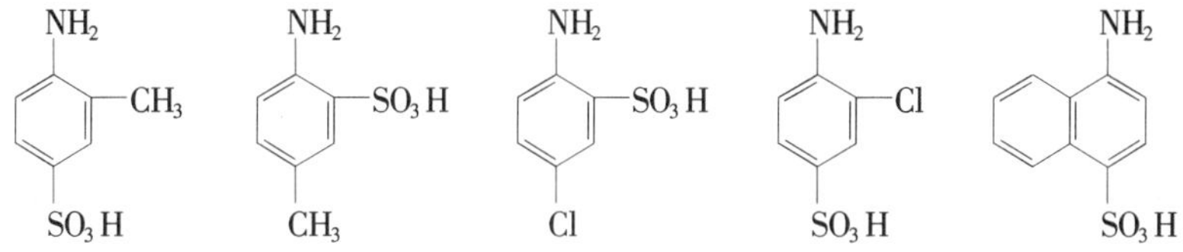

烘焙磺化是高温反应,当环上带有羟基、甲氧基、硝基或多卤基时,不宜用此法,因为反应物容易被氧化、焦化或树脂化。

烘焙磺化反应的设备,最原始的是烘烤盘或炒锅,这种原始设备烘焙不匀,易局部过热焦化,后来多改用球磨转鼓式设备,常称之为球磨机式固相反应器。由于有机胺类都有剧毒,为了在操作过程中不产生粉尘和有毒气体,近些年,芳胺的烘焙磺化都改用在高沸点有机物作溶剂(如二氯苯、三氯苯、二苯砜等),在180~200℃左右高温下进行磺化。

5.2.4.4 三氧化硫磺化

无论使用硫酸或是发烟硫酸进行磺化,都生成大量的废酸无法回收循环利用,给三废处理带来许多困难。使用三氧化硫磺化,不生成水,直接生成芳磺酸。虽然早在1859年对此磺化方法就有所研究,但由于该反应热效应大,难以控制,不容易得到预期的产品;此外磺化剂三氧化硫凝固点高(β体32.5℃,γ体16.8℃),使用不便以及这种工艺的通用性小等原因,长期以来,未能实现工业化。直到1950年前后,由于发展合成洗涤剂的需要,才使得三氧化硫磺化技术得以迅速发展。随着人们对环境保护的日益重视,三氯化硫磺化技术将会有更大发展。

以三氧化硫为磺化剂,有以下几个特点:①不生成水,无大量废酸;②磺化能力强,反应快;③用量省,接近理论量,成本低,有资料表明,在烷基苯的磺化过程中,用三氧化硫为磺化剂比用硫酸为磺化剂,成本几乎可以降低一半;④反应生成的产品质量好,杂质少;⑤由于反应速度快,磺化能在几秒内迅速完成,所以反应设备的生产效率高。目前世界各国十二烷基苯磺酸的生产,都是采用这种方法。

在芳香族磺化中,采用三氧化硫进行磺化的工艺有以下几种类型。

1.用液体三氧化硫磺化

纯三氧化硫在常温下是液体(熔点 16.8 ℃,沸点 44.8 ℃)。三氧化硫非常容易自聚,生成的二聚或三聚物的凝固点较高,在室温下是固体,使用不便。为了防止三氯化硫生成聚合体,常加入0.02 %的硼酐或0.1 %的二苯砜,或0.2 %的硫酸二甲酯作为稳定剂。液态三氧化硫的磺化能力极强,主要用于不活泼的有机物的磺化。例如硝基苯的磺化:

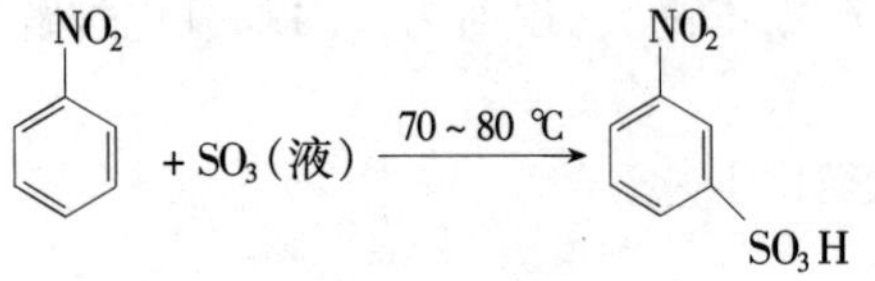

液体三氧化硫的制备是从发烟硫酸中蒸出冷凝,成本较高,因此,液体三氧化硫磺化方法的应用受到较大限制。

2.用稀释的气态三氧化硫磺化

直接使用三氧化硫的转化气(或用干燥的空气来稀释三氧化硫),使其含量在3 % ~ 7 %(体积),在降膜式反应器中与有机物接触反应。这样,反应的热效应小,易于控制,工艺流程短,副产物少,产品质量好。此法已广泛用于十二烷基苯磺酸钠的生产。反应为:

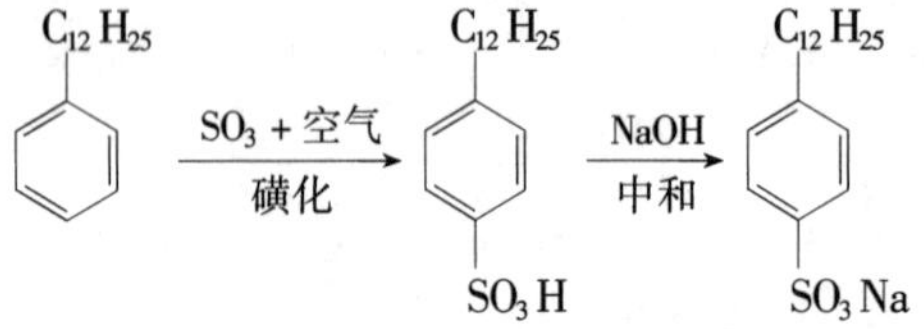

在有的多磺化反应中,也可将空气通入加热的发烟硫酸中,带出三氧化硫,通入有过量硫酸的磺化液中进行磺化反应。据报道,在 H 酸的生产中采用这种方法,可以减少发烟硫酸的用量。

3.在溶剂中用三氧化硫磺化

这种磺化方法,由于被磺化物溶解在溶剂中后反应物浓度变小,有利于控制反应速度,抑止副反应,能达到较高的磺化产率。常用的溶剂有无机溶剂,例如二氧化硫、硫酸,有机溶剂如二氯甲烷、二氯乙烷、四氯乙烷、硝基甲烷及石油醚等。这些溶剂对有机物都是混溶的,对三氧化硫的溶解度都在25 %以上。在磺化过程中,可以先将有机物溶在溶剂中,通入三氧化硫反应,也可以先将三氧化硫溶在溶剂中,再投入有机物进行反应。此法可用于萘的低温二磺化制1,5-萘二磺酸。

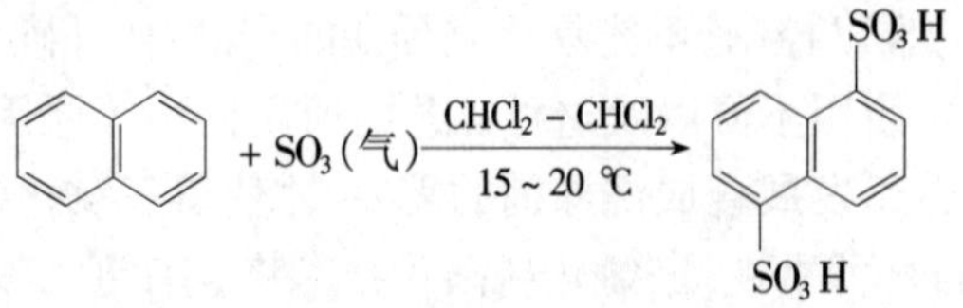

用溶剂溶解有机物,通入三氧化硫气体,得到的产物纯度和收率都比用氯磺酸或发烟硫酸磺化要高得多。

4.用三氧化硫-有机配合物磺化

三氧化硫也能和一些有机化合物作用,形成不同活性的配合物。应用较多的是三氧化硫与叔胺类和醚类生成的配合物。三氧化硫的配合物是白色固体,稳定性次序为:

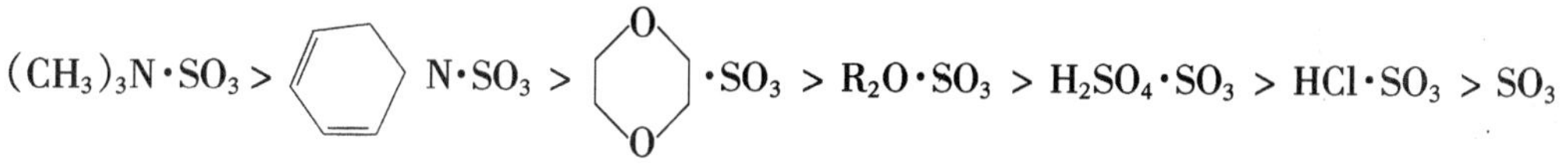

$$(CH_3)_3N \cdot SO_3 > \text{〔环己烯〕} N \cdot SO_3 > \text{〔二氧六环〕} \cdot SO_3 > R_2O \cdot SO_3 > H_2SO_4 \cdot SO_3 > HCl \cdot SO_3 > SO_3$$

比较稳定性后可知,有机配合物比发烟硫酸还稳定。也就是说,三氧化硫有机配合物的磺化活性小,使用它们进行磺化,比较缓和,对抑制副反应十分有利,可以得到高质量的磺化产品。使用这种磺化剂,一些小批量精细有机化工产品的合成是有广泛前途的,例如,苯乙烯均聚体的磺化。

5.2.4.5 用氯磺酸磺化

氯磺酸的磺化能力比硫酸强,但比三氧化硫要温和得多,与有机物在适宜条件下几乎可以定量反应。氯磺酸的价格较贵,腐蚀性强,限制了应用范围,但用氯磺酸反应,副反应少,产品纯度很高。因芳磺酸是固体,用稍过量的氯磺酸制芳磺酸时,要用有机溶剂作反应介质。常用的有机溶剂有硝基苯、邻硝基乙苯、邻二氯苯、二氯乙烷、四氯乙烷、四氯乙烯等。例如:

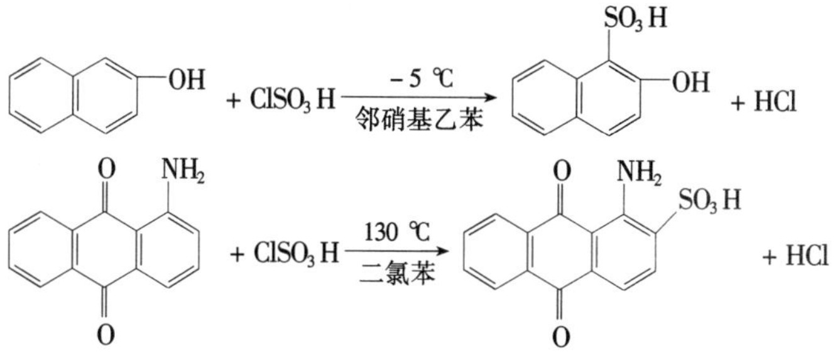

用过量的氯磺酸,可以生成芳磺酰氯。氯磺酸与被磺化物的摩尔比一般为 4~5:1。其反应通式为

$$ArH \xrightarrow{ClSO_3H} ArSO_3H \xrightarrow{ClSO_3H} ArSO_2Cl \xrightarrow{\text{胺解}} ArSO_2NHR$$

最常用的磺胺类消炎药物都可以用此法制取。例如:

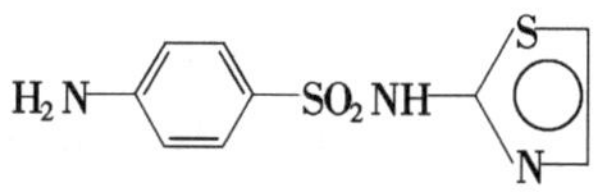

磺胺噻唑(ST) 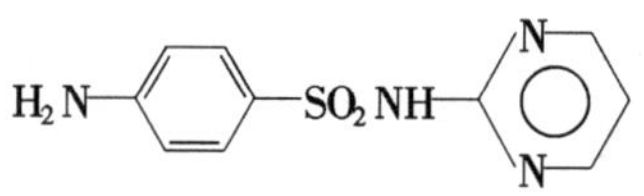　　　　　磺胺嘧啶(SD)

5.2.4.6 置换磺化

以上几种磺化方法,都是以磺酸基直接取代芳环上的氢。此外,在芳环上引入磺酸基,也可以采用磺酸基置换其他取代基的方法。在工业生产中应用较多的是以亚硫酸盐为反应剂,置换芳环上的对氯基、硝基。它们都是亲核置换反应,因此,只有当被置换基团具有足够活性时才能进行。例如:

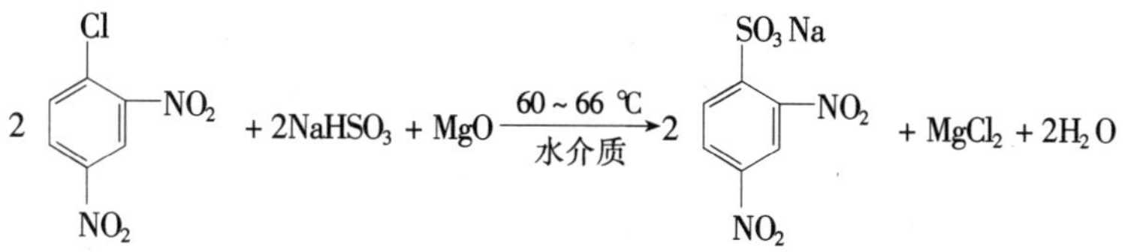

$$\text{（含NO}_2\text{的蒽醌结构）} + Na_2SO_3 \xrightarrow[\text{水介质}]{100 \sim 102\ ℃} \text{（含SO}_3Na\text{的蒽醌结构）} + NaNO_2$$

$$\text{（含NO}_2\text{的苯结构）} + Na_2SO_3 \longrightarrow \text{（含SO}_3Na\text{的苯结构）} + NaNO_2$$

5.3 脂肪族的磺化

烷烃比较稳定,不能直接用硫酸、发烟硫酸、三氧化硫等磺化剂进行磺化反应,但可以采用特殊方法进行。常用方法有:磺氧化、磺氯化、加成磺化、置换磺化等。

5.3.1 烷烃的磺氯化

烷烃的磺氯化是由烷烃与二氧化硫和氯气进行反应,用来生产烷基磺酸盐型表面活性剂。为此目的,需要将生成的磺酰氯与碱作用,转化成盐。例如表面活性剂 AS 的生产:

$$RH \xrightarrow[-HCl]{SO_2 + Cl_2} RSO_2Cl \xrightarrow[-NaCl, -H_2O]{NaOH} RSO_3Na$$

烷基磺酰氯是活泼性很高的化合物,能与醇、胺、酚类反应,可以生成许多重要的精细化工产品。

5.3.1.1 反应历程

烷烃的磺氯化是自由基反应,类似烷烃的氯化反应。首先是氯分子吸收光量子,发生均裂而引发出自由氯原子,而后发生链反应。即

$$Cl_2 \xrightarrow{h\nu} 2Cl\cdot$$

$$Cl\cdot + RH \longrightarrow R\cdot + HCl$$

$$R\cdot + SO_2 \longrightarrow R\dot{S}O_2$$

$$R\dot{S}O_2 + Cl_2 \longrightarrow RSO_2Cl + Cl\cdot$$

光量子的收率,可以达到 2000。在磺氯化反应中,也可能平行发生烷烃的氯化反应,即

$$R\cdot + Cl_2 \longrightarrow RCl + Cl\cdot$$

为了抑制氯化反应的发生,必需使二氧化硫过量。在直链烷烃的磺氯化过程中 $SO_2/Cl_2 = 1.05 \sim 1:1$,仍有 3% ~ 5% 的氯化物。除此之外还可能生成长链烃和砜。由于仲碳自由基比伯碳自由基稳定,生成仲碳自由基几率比伯碳自由基大,故反应的结果,仲碳烷基磺酰氯的比例高于伯碳烷基磺酰氯。在较高温度下,烷基磺氯化产物容易分解,即

$$RSO_2Cl \xrightarrow{\triangle} RCl + SO_2$$

所以,烷烃磺氯化的反应温度控制在 65 ℃ 以下为宜。

生成的产品及副产氯化物,尽管仍可进一步进行磺氯化反应,但比主反应慢得多。其反应为:

$$C_nH_{2n+1}SO_2Cl + SO_2 + Cl_2 \longrightarrow C_nH_{2n}(SO_2Cl)_2 + HCl$$

$$C_n H_{2n+1} Cl + SO_2 + Cl_2 \longrightarrow ClC_n H_{2n} SO_2 Cl + HCl$$

为了减少副反应发生,在生产中控制磺氯化反应深度是十分必要的。

5.3.1.2 烷基磺酸盐的生产工艺

烷基磺酸盐的生产过程,类似许多液相氯化的自由基反应过程。主要是在塔式反应器中进行光化学反应,也可以用槽式反应器分批操作。连续法的生产流程见图5-5。

氯气和二氧化硫气以1:1.05的摩尔比通入磺氯化器1的底部,鼓泡通过反应液层(反应混合物或烷烃),新鲜的烷烃和未转化的回收烷烃也通入反应器1的底部,反应液通过用泵外循环冷却,维持规定反应温度约65 ℃。由塔顶放出的气体,通过一个水洗塔吸收净化,除去氯化氢和二氧化硫后放空。从反应塔上部溢流出的反应液流入空气吹洗塔5,除去溶解在反应液中的氯化氢和二氧化硫气体,然后进入中和器6,用液碱中和。中和后进入分离器7,分离出未反应的烷烃和氯化物通过泵送回反应器1。中和液经冷却进入分离器10,分离出中和水解生成的盐水,随后经漂白和脱水处理,得到液体表面活性剂。

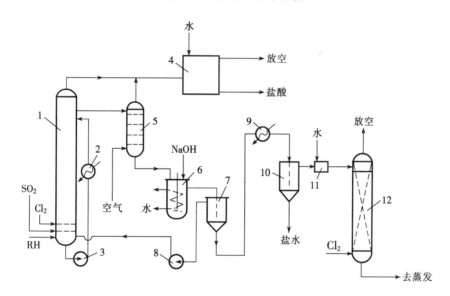

图 5-5 光化学磺氯化生产烷基磺酸盐流程图

1—反应器 2,9—冷却器 3,8—泵 4—回收 HCl 气 5—空气吹洗塔 6—中和设备
7,10—分离器 11—混合器 12—漂白塔

5.3.2 烷烃的磺氧化

烷烃的磺氧化也是放热、不可逆反应,即

$$RH + SO_2 + \frac{1}{2} O_2 \xrightarrow{40 \text{ ℃}} RSO_3 H$$

磺氧化也是一个自由基反应,可以通过光照或加入引发剂引发加速反应。反应历程:

$$RH \xrightarrow{\text{光照或引发剂}} R\cdot + H\cdot$$

$$R\cdot + SO_2 \xrightarrow{\text{光照或引发剂}} R\dot{S}O_2$$

$$R\dot{S}O_2 + O_2 \longrightarrow RSO_2 OO\cdot$$

$$RSO_2OO\cdot + RH \longrightarrow RSO_2OOH + R\cdot$$

生成的过氧化磺酸在 40 ℃左右的反应温度下相当稳定,可以作为最终产品。当它与水和二氧化硫进行光化、水解时,生成的高碳烷基磺酸不溶于热水,可从水中分离出来。即

$$RSO_2OOH + SO_2 + H_2O \longrightarrow RSO_2OH + H_2SO_4$$

总反应式为:

$$RH + 2SO_2 + O_2 + H_2O \longrightarrow RSO_3H + H_2SO_4$$

这个反应常用醋酐作反应添加剂,其作用是促使生成新的烷基磺酸自由基。反应为:

$$RSO_2OOH + (CH_3CO)_2O \longrightarrow RSO_2OOCOCH_3 + CH_3COOH$$

$$RSO_2OOCOCH_3 \longrightarrow RSO_2O\cdot + CH_3COO\cdot$$

$$RSO_2O\cdot + RH \longrightarrow RSO_3H + R\cdot$$

$$CH_3COO\cdot + RH \longrightarrow CH_3COOH + R\cdot$$

反应消耗的乙酐量大约是磺化物质量的 9 %。这类磺化方法主要用于 $C_{12} \sim C_{18}$ 高碳烷烃的磺氧化。反应后的产物主要是仲烷基磺酸盐,有强吸潮性,性能不理想。

5.3.3 置换磺化

向低碳烷烃分子中引入磺酸基最简便的方法是通过 Strecker 反应完成。这是亲核置换反应,利用亚硫酸盐与卤代烃反应,使磺酸基置换卤原子而生成烷基磺酸盐。最典型的例子是生成 2-氯乙基磺酸钠的反应:

$$ClCH_2CH_2Cl + Na_2SO_3 \longrightarrow ClCH_2CH_2SO_3Na + NaCl$$

这类反应在工业上同样可以制取许多种阴离子表面活性剂。例如:

$$C_{12}H_{25}OCOCH_2Cl + Na_2SO_3 \longrightarrow C_{12}H_{25}OCOCH_2SO_3Na + NaCl$$

$$C_{12}H_{25}OCH_2\!-\!\underset{\underset{OH}{|}}{CH}\!-\!CH_2Cl + NaHSO_3 \longrightarrow C_{12}H_{25}OCH_2\!-\!\underset{\underset{OH}{|}}{CH}\!-\!CH_2SO_3Na + HCl$$

5.3.4 加成磺化

烯烃、环氧化合物、醛类都可以与亚硫酸盐发生加成反应,生成相应的烷基磺酸盐。例如:

$$RCH\!=\!CH_2 + NaHSO_3 \xrightarrow{\text{催化剂}} RCH_2CH_2SO_3Na$$

$$R\!-\!\underset{\underset{O}{\|}}{\overset{\overset{H}{|}}{C}} + NaHSO_3 \longrightarrow R\!-\!\underset{\underset{OH}{|}}{CH}\!-\!SO_3Na$$

$$R\!-\!\underset{O}{\underset{\diagdown\diagup}{CH\!-\!CH_2}} + NaHSO_3 \longrightarrow R\!-\!\underset{\underset{OH}{|}}{CH}\!-\!CH_2SO_3Na$$

工业生产中的典型实例如胰加漂 T 的合成:

$$\underset{\substack{\diagdown O \diagup}}{CH_2 - CH_2} + NaHSO_3 \longrightarrow HOCH_2CH_2SO_3Na$$

$$HOCH_2CH_2SO_3Na + CH_3NH_2 \longrightarrow CH_3NHCH_2CH_2SO_3Na + H_2O$$

$$CH_3NHCH_2CH_2SO_3Na + C_{17}H_{33}COCl + NaOH \longrightarrow \underset{\substack{\parallel \quad\quad | \\ O \quad CH_3}}{C_{17}H_{33}-C-N-CH_2CH_2SO_3Na} + NaCl + H_3O$$

胰加膘 T

胰加膘 T 具有优良的净洗、匀染、渗透及乳化作用,广泛用于印染工业,是一种良好的除垢润湿剂。

由顺丁烯二酸二异辛脂与焦亚硫酸钠和水进行加成磺化,可以得到工业渗透剂 T,是另一类加成磺化的工业实例:

$$2 \underset{\substack{| \\ CHCOOCH_2 \\ \parallel \\ CHCOOCH_2}}{\overset{\substack{C_2H_5 \\ | \\ CH-C_4H_9}}{\underset{\substack{| \\ CH-C_4H_9 \\ | \\ C_2H_5}}{}}} + Na_2S_2O_5 + H_2O \xrightarrow{110\sim120\ ^{\circ}C} 2 \underset{\substack{| \\ CH_2COOCH_2 \\ | \\ CHCOOCH_2 \\ | \\ SO_3Na}}{\overset{\substack{C_2H_5 \\ | \\ CH-C_4H_9}}{\underset{\substack{| \\ CH-C_4H_9 \\ | \\ C_2H_5}}{}}}$$

渗透剂 T

渗透剂 T 是一种渗透快速、均匀,并具有乳化、润湿良好的高效渗透剂,广泛用作织物处理剂和农药乳化剂。

5.4 醇和烯烃的硫酸化

5.4.1 重要性

醇及烯烃与硫酸进行酯化是一类很重要的反应。生成产品如硫酸二甲酯和二乙酯,都是良好的烷基化剂,而十二烷基硫酸酯及其他烷基硫酸酯,都是十分重要的表面活性剂。它们除主要作洗涤剂外,还广泛用作乳化剂、破乳剂、渗透剂、润湿剂、增溶剂、防锈剂、分散剂等,都是精细化工中十分重要的产品。

烷基硫酸酯类表面活性剂的活性大小与产品结构及烷基碳链长度有密切关系。一般在相同碳数的情况下,直链比支链硫酸酯的表面活性高,硫酸酯基在烷基的末端比在烷烃中间的表面活性高。以 $C_{15}H_{31}OSO_3Na$ 为例,硫酸酯基连接在不同位置的洗涤能力的比较见表5-6。

表 5-6　在 $C_{15}H_{31}OSO_3Na$ 中硫酸酯基连接在不同位置的洗涤能力的比较

带有硫酸酯基的碳原子序号	1	2	4	6	8
洗涤能力,%	120	100	80	50	30

含有不同碳原子数的烷基硫酸酯洗涤能力的比较列于表5-7。

表 5-7　含有不同碳原子数的烷基硫酸酯的洗涤能力比较

碳原子数	11	13	15	17	19
洗涤能力,%	20	40	120	140	13

从表中看出,最强洗涤能力在 $C_{15} \sim C_{17}$ 之间。有资料指出,洗涤能力最强的是 $C_{12} \sim C_{16}$ 的伯烷基硫酸酯,或 $C_{15} \sim C_{18}$ 的仲烷基硫酸酯。一般伯烷基硫酸酯的表面活性比仲烷基硫酸酯要高。

5.4.2 醇羟基的硫酸化

醇的硫酸化可以用硫酸、氯磺酸、氨磺酸或三氧化硫作反应剂。

5.4.2.1 用硫酸酯化

1.反应历程及动力学

醇与硫酸的酯化反应是可逆反应。例如,甲基或乙基硫酸酯的合成:

$$CH_3OH + H_2SO_4 \rightleftharpoons CH_3OSO_3OH + H_2O$$

其反应历程可以认为是

$$H_2SO_4 \xrightarrow{+H^+} H_3^+O—SO_2OH \xrightarrow{+ROH} RO^+H—SO_2OH \xrightarrow{-H^+} ROSO_2OH$$

其中硫酸既是反应剂也是催化剂。反应动力学表达式为:

$$反应速率 = K_1 h_0 \left[(H_2SO_4)(ROH) \right] - \frac{1}{K} \left[(ROSO_2OH)(H_2O) \right]$$

上式表明,随着反应中水的增加反应速度下降。h_0 为反应介质的影响,一般反应速度都较慢。由于高级醇(或含有羟基的其他有机物)在硫酸介质中的溶解度较小,反应受扩散因素的影响较显著,因此,必须要加强搅拌。

从热力学特性来看,它类似羧基酸对醇的酯化。在等摩尔比反应时,伯醇的平衡转化率是 65 %,仲醇减少到40 % ～ 45 %,而叔醇则非常低。在相同的条件下,伯醇的活性是仲醇的 10 倍。为了提高醇的转化平衡率,必须加大醇与硫酸的摩尔比(1.8 ～ 2:1),并尽可能地使用浓硫酸(98 %),有时也常用发烟硫酸。随着反应温度的增加,浓硫酸的氧化作用增强,可能导致生成醛和酮,或进一步生成树脂。由于硫酸在高温下的脱水作用增强,也可能导致生成副产物烯烃。为了防止副反应的发生,一般尽可能维持反应温度在 20 ～ 40 ℃为宜。

2.硫酸酯化生产工艺实例

1)乙基硫酸钠的合成

乙基硫酸钠是无色透明液体,工业品带棕黄色,高温水解生成乙醇及硫酸氢钠,遇碱在 80 ℃时生成乙醇及硫酸钠。乙基硫酸钠是合成有机磷杀虫剂的重要中间体,常用的工业生产工艺,是用无水乙醇和发烟硫酸(103 %)在 35 ～ 36 ℃常压下反应,生成乙基硫酸,然后用碳酸钠水溶液中和(或用 NaOH),滤去硫酸钠即得到乙基硫酸钠。其反应式为:

$$C_2H_5OH + H_2SO_4 \cdot SO_3 \longrightarrow C_2H_5OSO_3H + H_2SO_4$$

$$2 C_2H_5OSO_3H + Na_2CO_3 \longrightarrow 2 C_2H_5OSO_3Na + H_2O + CO_2 \uparrow$$

$$H_2SO_4 + Na_2CO_3 \longrightarrow Na_2SO_4 + H_2O + CO_2 \uparrow$$

2)硫酸二甲酯的合成

硫酸二甲酯是无色油状易燃液体,沸点 188 ℃,有剧毒,是一种十分重要的甲基化剂。生产工艺是,将甲醇气化与硫酸反应,先生成一甲酯,而后在一定温度下继续和甲醇反应,生成二甲醚气体,再与三氧化硫在反应母液(硫酸二甲酯)中进一步反应生成粗产品,经减压蒸馏得到精制品。反应式为:

$$CH_3OH + H_2SO_4 \xrightarrow{90\sim100\ ℃} CH_3OSO_3H + H_2O$$

$$CH_3OSO_3H + CH_3OH \xrightarrow{130\sim150\ ℃} CH_3OCH_3 + H_2SO_4$$

$$SO_3 + (CH_3O)_2SO_2 \xrightarrow{40\sim60\ ℃} (CH_3O)_2SO_2 \cdot SO_3$$

$$CH_3OCH_3 + (CH_3O)_2SO_2 \cdot SO_3 \xrightarrow{60\sim80\ ℃} 2(CH_3O)_2SO_2$$

3)土耳其红油的合成

土耳其红油是最古老的一种合成表面活性剂。它最初是用作"土耳其红"染料的染色助剂,因此而得名。它是由蓖麻油经硫酸化,中和而得到的产物。合成方法为:蓖麻油与相当于油重15 %～30 %的浓 H_2SO_4,在低温(或室温)下,搅拌进行反应,然后用 NaCl 或 Na_2SO_4 的浓溶液洗去未反应的硫酸,再用碱中和。其目的产物为:

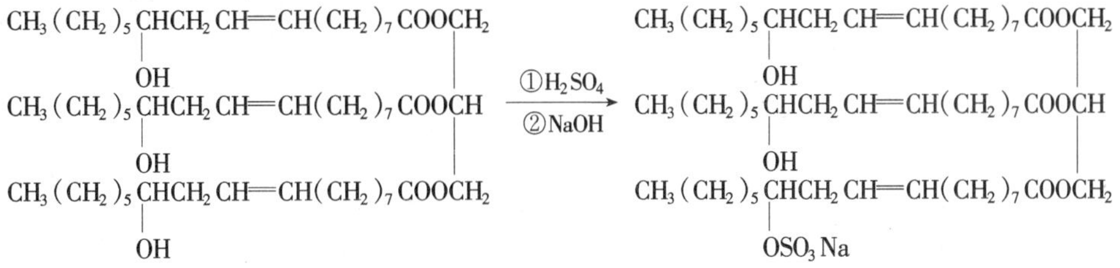

$$
\begin{array}{l}
CH_3(CH_2)_5CHCH_2CH\!=\!CH(CH_2)_7COOCH_2 \\
\qquad\qquad |\ OH \\
CH_3(CH_2)_5CHCH_2CH\!=\!CH(CH_2)_7COOCH \\
\qquad\qquad |\ OH \\
CH_3(CH_2)_5CHCH_2CH\!=\!CH(CH_2)_7COOCH_2 \\
\qquad\qquad |\ OH
\end{array}
\xrightarrow[②NaOH]{①H_2SO_4}
\begin{array}{l}
CH_3(CH_2)_5CHCH_2CH\!=\!CH(CH_2)_7COOCH_2 \\
\qquad\qquad |\ OH \\
CH_3(CH_2)_5CHCH_2CH\!=\!CH(CH_2)_7COOCH \\
\qquad\qquad |\ OH \\
CH_3(CH_2)_5CHCH_2CH\!=\!CH(CH_2)_7COOCH_2 \\
\qquad\qquad |\ OSO_3Na
\end{array}
$$

这也是一个典型的羟基与硫酸的酯化反应。尽管蓖麻油分子中还含有双链,也可能发生双链的硫酸化反应,但若有羟基的存在,则酯化反应主要发生在羟基。除了蓖麻油外,橄榄油、菜籽油、大豆油、鲸鱼油等动植物油都可以用来进行硫酸化,制得相应的各种表面活性物质。

5.4.2.2 用三氧化硫酯化

醇类与三氧化硫的酯化反应几乎瞬时发生,是一个强烈的放热反应。在大规模工业生产中多用降膜式磺化反应器来进行硫酸化。其反应机理如下:

$$ROH + 2SO_3 \xrightarrow{很快} ROSO_2OSO_3H(初级反应)$$
焦硫酸酯

$$ROSO_2OSO_3H + ROH \longrightarrow 2ROSO3H \quad (次级反应)$$
烷基硫酸单脂

该反应的一个重要特点是生成的烷基硫酸单酯,可受热分解为原料醇、二烷基硫酸酯($ROSO_2OR$)、二烷基醚(ROR)、异构醇和烯烃($R'CH\!=\!CH_2$)的混合物。所以硫酸化反应要控制在能使原料和反应混合物成为流动体所需的最低温度,硫酸化后立即中和,尽可能减少副反应的发生。

脂肪醇硫酸化的合适工业条件为:脂肪醇与 SO_3 的摩尔比为 $1:1.02\sim1.03$;三氧化硫气体浓度的体积百分数为3 %～5 %;硫酸化的温度是月桂醇30 ℃,$C_{12}\sim C_{14}$ 醇35～40 ℃,$C_{16}\sim C_{18}$ 醇45～55 ℃。

典型的工业生产实例是十二烷基酸性硫酸单酯铵盐的合成。

十二烷基硫酸酯是一种阴离子表面活性剂。现今的工业生产广泛使用三氧化硫与十二醇进行酯化,工艺过程如图5-6所示。十二醇和 SO_3 空气混合物连续通入降膜式反应器1。反应物在分离器 2 中进行气液分离,气体引入吸收器 3,用水吸收未反应的三氧化硫。生成的烷基硫酸酯用氢氧化钠中和,同时搅拌进行外循环冷却。中和后的烷基硫酸酯的钠盐进入到混合器中,添加其他添加剂(磷酸盐、焦磷酸盐、碳酸钠、漂白剂、羧甲基纤维素等),然后,经过喷雾干燥得到粉状洗涤剂,包装成商品。

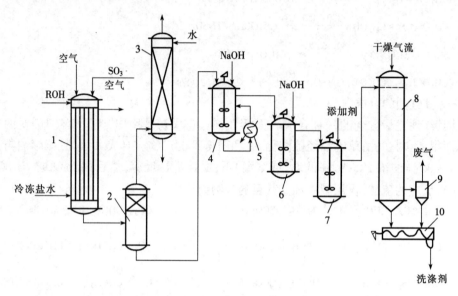

图 5-6　生产烷基硫酸酯流程图

1—反应器　2—分离器　3—吸收器　4,6—中和器　5—冷却器　7—混合器　8—喷雾干燥器
9—旋风分离器　10—螺旋输送器

5.4.2.3　用氨磺酸酯化

氨磺酸是一种无色结晶,无吸湿性,熔点下(205 ℃)易分解,在 20 ℃的 100 g 水中可溶解 21.3 g,并比较稳定;当温度升高时,开始水解,80 ℃以上水解更快。工业上常用尿素和发烟硫酸制备。反应为:

$$CO(NH_2)_2 + SO_3 + H_2SO_4 \longrightarrow 2H_2NSO_3H + CO_2 \uparrow$$

氨磺酸是一种较好的磺化剂,可以看做是三氧化硫和氨的配合物($NH_3 \cdot SO_3$),具有温和的磺化作用。由于生产成本较高,应用受到较大限制,目前主要用于醇的硫酸化。

氨磺酸与醇的反应是不可逆的:

$$H_2NSO_3H + ROH \xrightarrow{100 \sim 120 ℃} ROSO_2ONH_4$$

其反应速度与氨磺酸的浓度成正比,与醇的浓度无关。因为反应速度的控制步骤是酸分子的转化,此转化反应很慢,而转化后与醇的反应很快。

$$H_2NSO_2OH \Longrightarrow H_3N^+SO_3^- \xrightarrow{\text{慢}} NH_3 + SO_3$$

$$ROH + SO_3 \xrightarrow{\text{快}} ROSO_3H$$

最典型的工业生产是十二烷基酸性硫酸单酯铵盐的生产。反应为

$$C_{12}H_{25}OH + NH_2SO_3H \longrightarrow C_{12}H_{25}OSO_3^- NH_4^+$$

5.4.2.4　用氯磺酸酯化

醇类与氯磺酸的酯化反应也是不可逆反应,在室温下能快速进行。对于酸和醇是一个一

级反应：

$$ClSO_3H + ROH \rightleftharpoons \begin{bmatrix} Cl\cdots SO_2OH \\ \vdots \\ ROH \end{bmatrix} \longrightarrow Cl^- + RH^+OSO_2OH \longrightarrow ROSO_2OH + HCl$$

其副反应为醇和氯化氢作用生成氯烷：

$$ROH + HCl \longrightarrow RCl + H_2O$$

副反应随温度的升高而增加,可以通过降低反应温度或快速移去生成的氯化氢来抑制副产物的生成。

5.4.3 烯烃的硫酸化

烯烃的硫酸化反应在酸的催化作用下进行,不仅生成单酯,也可以生成双酯。反应为：

$$R{-}CH{=}CH_2 \xrightarrow{\ H^+\ } R\overset{+}{C}H{-}CH_3$$

$$R\overset{+}{C}H{-}CH_3 \xrightarrow[-H^+]{H_2SO_4} R{-}\overset{\overset{\displaystyle CH_3}{|}}{C}HOSO_3H（单酯）$$

$$R{-}\overset{\overset{\displaystyle CH_3}{|}}{C}HOSO_3H \xrightarrow[-H^+]{R\overset{+}{C}H{-}CH_3} \left(R{-}\overset{\overset{\displaystyle CH_3}{|}}{C}HO\right)_2SO_2（双酯）$$

如果酸量不足或有较多水存在,会发生下列副反应：

$$R\overset{+}{C}H{-}CH_3 \xrightarrow[-H^+]{RCH{=}CH_2} R_2C_4H_6 \xrightarrow[-H^+]{R\overset{+}{C}H{-}CH_3} 聚合物$$

$$R\overset{+}{C}H{-}CH_3 \xrightarrow[-H^+]{H_2O} R{-}\overset{\overset{\displaystyle CH_3}{|}}{C}H{-}OH \xrightarrow[-H^+]{R\overset{+}{C}H{-}CH_3} \left(R{-}\overset{\overset{\displaystyle CH}{|}}{\underset{\underset{\displaystyle CH_3}{|}}{}}O\right)_2$$

同时,生成的酯也可能发生水解和醇解：

$$(RO)_{\overline{2}}SO_2 \xrightarrow{H_2O} ROSO_2OH + ROH \xrightarrow{H_2O} H_2SO_4 + 2ROH$$

$$(RO)_{\overline{2}}SO_2 \xrightarrow{ROH} ROSO_2OH + ROR \xrightarrow{ROH} H_2SO_4 + 2ROR$$

可以看出,烯烃硫酸化反应的产物是十分复杂的,为了控制聚合物的生成,需要严格控制反应温度(一般在 $0 \sim 40\ ℃$)和烯烃与硫酸的摩尔比。

在适当的条件下,烯烃碳正离子有可能传递质子而快速异构化。因此,正构烯烃与硫酸的酯化反应给出的是仲烷基硫酸酯,而且可以在不同的位置上带有硫酸酯基。反应为：

$$RCH_2CH_2\overset{+}{C}H{-}CH_3 \rightleftharpoons RCH_2\overset{+}{C}HCH_2CH_3 \rightleftharpoons R\overset{+}{C}HCH_2CH_2CH_3$$

$$\downarrow {\scriptstyle H_2SO_4 \atop -H^+} \qquad\qquad \downarrow {\scriptstyle H_2SO_4 \atop -H^+} \qquad\qquad \downarrow {\scriptstyle H_2SO_4 \atop -H^+}$$

$$RCH_2CH_2\underset{\underset{\displaystyle OSO_3H}{|}}{C}H{-}CH_3 \qquad RCH_2\underset{\underset{\displaystyle OSO_3H}{|}}{C}HCH_2CH_3 \qquad R\underset{\underset{\displaystyle OSO_3H}{|}}{C}HCH_2CH_2CH_3$$

它的反应速度与反应介质的酸度及烯烃的浓度有关。

反应速率 $= k[介质酸度][烯烃]$

长链烯烃($C_{12} \sim C_{18}$)的硫酸化,可以制得性能良好的硫酸酯型表面活性剂,如典型产品梯波尔(Teepol)。它是由石蜡高温裂解所得 $C_{12} \sim C_{16}$ 的 α-烯烃经硫酸化制得的产品。

$$R-CH=CH_2 + H_2SO_4 \rightleftharpoons R-\underset{\underset{OSO_3H}{|}}{CH}-CH_3$$

$$R-\underset{\underset{OSO_3H}{|}}{CH}-CH_3 + NaOH \longrightarrow R-\underset{\underset{OSO_3Na}{|}}{CH}-CH_3$$

一些不饱和的脂肪酸酯如果含有醇羟基(如蓖麻油),在与硫酸反应时,主要是醇羟基的硫酸化反应。不含羟基的不饱和脂肪酸酯类(如油酸丁酯)与硫酸的反应,也属烯烃的硫酸化反应,也能制得性能良好的负离子表面活性剂。如磺化油 AH 就是油酸丁酯与硫酸酯化而成。反应式为:

$$CH_3\text{-}(CH_2)_7CH=CH\text{-}(CH_2)_7COOH + C_4H_9OH \xrightarrow[\text{迴流}]{H_2SO_4} CH_3\text{-}(CH_2)_7CH=CH\text{-}(CH_2)_7COOC_4H_9 + H_2O$$
$$\qquad \text{油酸} \qquad\qquad\qquad\qquad\qquad\qquad\qquad\qquad \text{油酸丁酯}$$

$$CH_3\text{-}(CH_2)_7CH=CH\text{-}(CH_2)_7COOC_4H_9 + H_2SO_4 \xrightarrow{0\sim5\,℃} CH_3\text{-}(CH_2)_7\underset{\underset{OSO_3H}{|}}{CH}\text{-}(CH_2)_8COOC_4H_9$$
$$\qquad\qquad\qquad\qquad\qquad\qquad\qquad\qquad\qquad\qquad\qquad\qquad \text{磺化油 AH}$$

参考文献

1　唐培堃.中间体化学及工艺学.北京:化学工业出版社.1984

2　张铸勇.精细有机合成单元反应.上海:华东化工学院出版社,1990

3　Venkataraman K. The Chemistry of Synthetic Dyes, Vol Ⅲ .1970

4　Lebedev N N. Chemistry and Technology of Basic Organic and Petrochemical Synthesis, Vol 2 .1984

5　徐克勋.精细有机化工原料及中间体手册.北京:化学工业出版社,2001

6　化工部科技情报所编.化工产品手册(有机化工原料上、下册).1985

7　王葆仁.有机合成反应(下册).北京:科学出版社.1985

8　Gilbert E. Sulfonation and Related Reactions. 1977

9　格罗金斯.化工有机合成单元过程.北京:燃料化工出版社

10　夏纪鼎,倪永金.表面活性剂和洗涤剂化学与工艺学.北京:中国轻工业出版社,1997

11　姚蒙正,程侣伯,王家儒.精细化工产品合成原理.北京:中国石油出版社,2000

12　章思规,辛忠.精细有机化工制备手册.北京:科学技术文献出版社,2000

第6章 硝化及亚硝化

6.1 硝化概述

向有机物分子的碳原子上引入硝基,生成 C—NO$_2$ 键的反应称硝化。在精细有机合成工业中,最重要的硝化反应是用硝酸作硝化剂向芳环或芳杂环中引入硝基的:

$$ArH + HNO_3 \longrightarrow ArNO_2 + H_2O$$

在脂肪族碳原子上的硝化反应主要用于制取有机溶剂、火箭燃料和炸药等,其制备方法特殊,比芳族硝化物难于制备,而且另有专书,本章从略。

芳族硝化反应像磺化反应一样是非常重要的一类化学过程,其应用十分广泛。引入硝基的目的主要有三个方面:①硝基可以转化为其他取代基,尤其是制取氨基化合物的一条重要途径;②利用硝基的强吸中性,使芳环上的其他取代基活化,易于发生亲核置换反应;③利用硝基的强极性,赋予精细化工产品某种特性,例如加深染料的颜色,使药物的生理效应有显著变异等。

某些芳族硝基化合物尚有一些其他用途。例如,硝基苯或间硝基苯磺酸钠在某些生产过程中可作为溶剂或温和氧化剂;2,4,6-三硝基甲苯(T.N.T.)、三硝基苯酚等是重要的炸药。虽然后者的硝化过程与国防工业紧密相关,但炸药不属于精细化工产品,故本章省略。

芳族硝基化合物主要是用直接硝化反应来制取,工业硝化方法主要有以下几种。

1)稀硝酸硝化

通常用于易硝化的芳族化合物,例如,酚类、酚醚、茜素和某些 N-酰化芳胺等。这时所用的硝酸约过量10 % ~ 65 %。

2)浓硝酸硝化

浓硝酸硝化(或称发烟硝酸硝化)目前只用于少数硝基化合物的制备。这种硝化一般要用过量许多倍的硝酸,过量的硝酸必须设法回收或利用,从而限制了该法的实际应用。

3)浓硫酸介质中的均相硝化

当被硝化物或硝化产物在反应温度下是固态时,多将被硝化物溶解在大量的浓硫酸中,然后加入硝酸或混酸(硝酸和硫酸的混合物)进行硝化。这种均相硝化法只需使用过量很少的硝酸,一般产率较高,所以应用范围广。

4)非均相混酸硝化

当被硝化物和硝化产物在反应温度下都呈液态且难溶或不溶于废酸时,常采用非均相的混酸硝化法。这时,需要剧烈的搅拌,使有机相充分地分散到酸相中以完成硝化反应。这种非均相硝化法是工业上最常用、最重要的硝化方法,是本章讨论的重点。

5)有机溶剂中硝化

这种方法优点在于可避免使用大量的硫酸作溶剂,从而减少或消除废酸量;常常使用不同的溶剂以改变硝化产物异构体的比例。常用的有机溶剂有二氯甲烷、二氯乙烷、乙酸或乙酐等。

6.2 理论解释

6.2.1 硝化剂的活性质点和硝化反应历程

工业上主要的硝化剂有不同浓度的硝酸、混酸、硝酸盐和硫酸、硝酸和乙酸或乙酐的混合物。

已经证实,多数硝化剂参加硝化反应的活性质点为 NO_2^+(硝基正离子):

$$HNO_3 + 2H_2SO_4 \rightleftharpoons NO_2^+ + H_3O^+ + 2HSO_4^-$$

在质量分数100%硝酸及浓硝酸中同样存在 NO_2^+,但它的生成量很少,即使是在100%硝酸中,也仅有1%的硝酸转化成 NO_2^+;未解离的硝酸分子约占97%,NO_3^- 约1.5%,H_2O 约0.5%。在100%硝酸中各质点之间存在下列平衡:

$$2HNO_3 \rightleftharpoons H_2NO_3^+ + NO_3^- \rightleftharpoons NO_2^+ + NO_3^- + H_2O$$

$$3HNO_3 \rightleftharpoons NO_2^+ + 2NO_3^- + H_3O^+$$

从上式看出,水使反应左移,不利于 NO_2^+ 的生成。在含水5%的硝酸中,几乎已没有 NO_2^+ 的存在。在75%~95%的硝酸中有99.9%呈分子状态。70%以下的硝酸,则按式(6-1)离解,不能形成 NO_2^+,即

$$HNO_3 + H_2O \rightleftharpoons NO_3^- + H_3O^+ \tag{6-1}$$

硝酸在硝化反应的同时,在较高温度下常分解而具有氧化性:

$$2HNO_3 \underset{-H_2O}{\rightleftharpoons} N_2O_5 \rightleftharpoons N_2O_4 + [O]$$

当硝酸中水分增加时,硝化和氧化速度均降低,但前者降低更多,氧化副反应相对增加。浓硝酸在高温下氧化性特强。对于活性强的易被氧化的酚、酚醚、N-酰基芳胺以及稠环芳烃,可采用小于50%的稀硝酸进行硝化。在稀硝酸中的活性质点不是 NO_2^+,而是硝酸中存在痕量(5×10^{-4} mol·l^{-1})的亚硝酸离解产生的 NO^+(亚硝基正离子),即

$$HNO_2 \rightleftharpoons NO^+ + HO^- \tag{6-2}$$

NO^+ 进攻芳环生成亚硝基化合物,随即被硝酸氧化成硝基化合物,同时又产生 HNO_2,反应为

$$HO\!-\!\!\bigcirc\!\!-H + NO^+ \longrightarrow HO\!-\!\!\bigcirc\!\!-NO + H^+$$

$$HO\!-\!\!\bigcirc\!\!-NO + HNO_3 \longrightarrow HO\!-\!\!\bigcirc\!\!-NO_2 + HNO_2$$

反应前若用尿素除去亚硝酸,则反应难以引发,只有待硝酸与此类化合物发生氧化反应,生成少量的亚硝酸后,反应才能进行。或者向反应液中加入少量亚硝酸钠或亚硫酸氢钠,它们与硝酸反应均能生成亚硝酸,从而促进亚硝化反应。但 NO^+ 的亲电性比 NO_2^+ 弱得多,只有活性高的芳环才用稀硝酸硝化。这时硝化反应速度与芳烃及亚硝酸的浓度成正比:

$$v = k_2[ArH][HNO_2] \tag{6-3}$$

因此,提出芳烃首先与亚硝酸作用生成亚硝基化合物,然后经硝酸氧化成硝基化合物的反应历程。硝酸则被还原,生成新的亚硝酸。其中式(6-4)公认是反应速度的控速步骤。

$$ArH + HNO_2 \xrightarrow{\text{亚硝化}} ArNO + H_2O \tag{6-4}$$

$$ArNO + HNO_3 \xrightarrow{\text{氧化}} ArNO_2 + HNO_2 \tag{6-5}$$

在 HNO_3-H_2SO_4-H_2O 三元系统中,NO_2^+ 的摩尔分数随混酸中含水量的增加而减少,当水的摩尔分数达50%以上时,混酸中几乎没有 NO_2^+ 存在,硝酸和硫酸将分别按式(6-1)和式(6-6)离解。

$$H_2SO_4 + H_2O \rightleftharpoons HSO_4^- + H_3O^+ \tag{6-6}$$

动力学研究证实,多数硝化剂的硝化反应速度与 NO_2^+ 浓度成正比,产生 NO_2^+ 量很少的硝化剂,硝化反应很慢,只能使活性较强的反应物进行硝化。

在有机溶剂中的许多硝化反应,进攻的活性质点不是 NO_2^+,而是 NO_2^+-OH_2 或 NO_2-$OAcH^+$ 等的质子化分子。亲电活性质点的形式虽不同,但其反应历程则相同,可看成是在 H_2O 或 $HOAc$ 分子上载有 NO_2^+ 的活性质点。随着形成 NO_2^+ 的难易,其反应活性有所不同。

根据动力学研究结果,芳烃混酸硝化的反应速度决定于芳烃和硝化剂的浓度。是 NO_2^+ 向芳烃首先发生亲电攻击生成 π-配合物,然后转变成 σ-配合物,最后脱去质子得到硝化产物。通常,σ-配合物的形成为控速步骤。以苯的硝化反应历程为例,可用式(6-7)表示,即

$$\tag{6-7}$$

6.2.2　均相硝化动力学

6.2.2.1　在浓硝酸中硝化

当硝基苯、对硝基氯苯或1-硝基蒽醌在大大过量的浓硝酸中硝化时,硝化速度服从一级动力学方程式,即

$$r = k[ArH] \tag{6-8}$$

在浓硝酸中常存在少量亚硝酸,它常以 N_2O_4 的形式存在,当其浓度增大或加入水分时,将生成少量 N_2O_3。N_2O_4 及 N_2O_3 均可发生离子化:

$$2N_2O_4 + H_2O \rightleftharpoons N_2O_3 + 2HNO_3$$

$$N_2O_4 \rightleftharpoons NO^+ + NO_3^-$$

$$N_2O_3 \rightleftharpoons NO^+ + NO_2^-$$

生成的 NO_3^- 及 NO_2^- 都能使 $H_2NO_3^+$ 发生脱质子化,从而阻碍硝化反应的进行。

在浓硝酸中硝化时,加入尿素有两种不同的作用。加入的尿素最初可起破坏亚硝酸的作用,使硝化速度加快,即

$$CO(NH_2)_2 + 2HNO_2 \longrightarrow CO_2\uparrow + 2N_2\uparrow + 3H_2O \tag{6-9}$$

上述反应是定量的,当尿素的加入量超过亚硝酸摩尔数的1/2时,硝化速度开始下降。

6.2.2.2　在浓硫酸中的硝酸硝化

硝基苯或蒽醌在浓硫酸介质中的硝化是一个二级反应。动力学方程式如下:

$$r = k[ArH][HNO_3] \tag{6-10}$$

式中 k 是表观速度常数,其大小与硫酸的浓度密切相关。采用不同结构的芳族化合物硝化时,发现都是当硫酸质量分数在90 % 左右的反应速度常数为最大值。大量实践证明,当硫酸质量分数大于或小于90 % 左右时,硝化速度均会减慢。

6.2.3 非均相硝化动力学

被硝化物与硝化剂介质不完全互溶的液相硝化反应,称为非均相硝化反应。例如,苯或甲苯等的混酸硝化就是典型的非均相硝化反应。在非均相硝化反应中,由于传质效果和化学反应均能影响硝化反应速度,因此研究非均相硝化反应动力学,要比研究均相硝化反应动力学困难得多。

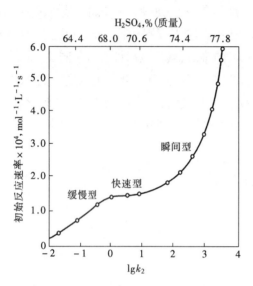

图 6-1　在无挡板容器中甲苯的初
始反应速度与 $\lg k_2$ 的变化图
（25 ℃,2 500 r·min^{-1}）

在非均相介质中用混酸的硝化反应,主要是在酸相和两相界面处进行的,在有机相中的反应极少（< 0.001 %）,因而可以忽略。

在非均相硝化反应中,混酸的硫酸浓度变化也是影响反应速度的重要因素。已知甲苯在质量分数为（下同）63 % ~ 78 % H_2SO_4 浓度范围内的非均相硝化速度常数的变化幅度高达 10^5。图 6-1 是根据动力学实验数据,按甲苯一硝化的初始反应速率对 $\lg k_2$ 作图得到的曲线（k_2 为反应速度常数）,图中同时还表示出相应的硫酸浓度范围。

近年来,通过对甲苯、苯或氯苯在不同条件下进行非均相硝化反应动力学的研究,认为可以将非均相硝化反应分为三种类型:缓慢型、快速型与瞬间型。

1.缓慢型

缓慢型亦称动力学型。它的特征是芳烃在两相界面处发生反应的数量远远少于芳烃扩散到酸相中发生反应的数量。换言之,化学反应的速度是整个反应的控制阶段。甲苯在62.4 % ~ 66.6 % H_2SO_4 中的硝化属于这种类型。反应速度与酸相中甲苯的浓度和硝酸的浓度成正比。

2.快速型

快速型亦称慢速传质型。随着硫酸浓度的提高,酸相中的硝化速度加快,当芳烃从有机相扩散到酸相中的速度与它参加硝化反应而被移出酸相的速度达到平衡时,则反应从动力学型过渡到传质型。因此,快速型反应的特征是反应主要在酸膜中或两相的边界层上进行。这时芳烃往酸膜中的扩散阻力成为反应速度的控制阶段。换言之,反应速度受传质控制。甲苯在66.6 % ~ 71.6 % H_2SO_4 中的硝化属于这种类型。反应速度与酸相容积的交界面积、扩散系数（总传质系数）和酸相中甲苯的浓度成正比。

3.瞬间型

瞬间型亦称快速传质型。它的特征是反应速度快速到使处于液相中的反应物不能在同一区域共存,即反应在两相界面上发生。甲苯在71.6 % ~ 77.4 % H_2SO_4 中的硝化属于这种类型。

必须指出，由于硫酸的浓度在反应过程中不断被反应生成的水所稀释，硝酸将不断参加反应而消耗掉，因而对于每一个硝化过程来说，在变化到不同的阶段时可以属于不同的类型。例如，在采用多锅串联法由甲苯进行混酸硝化生产一硝基甲苯时，在第一硝化锅中，酸相中的硝酸浓度较大，硫酸的浓度也较高，反应受传质控制。而在第二硝化锅中，由于酸度降低和硝酸含量减少，反应速度将转变为受动力学控制，即受化学反应速度控制。

综上所述，非均相硝化反应比均相硝化反应复杂得多。由于工业生产所遇到的硝化过程大多是非均相反应，因此对非均相硝化反应动力学的研究日益受到人们的重视。

6.3 硝化影响因素

6.3.1 被硝化物的性质

被硝化物的性质对于硝化方法的选择、硝化反应速度以及硝化产物的组成都有十分明显的影响。例如，当苯环上连有 $-N(CH_3)_3^+$ 或 $-NO_2$ 等强吸电基时，在几乎相同的条件下，其硝化反应速度常数将降低到只有苯的硝化速度常数的 $10^{-5} \sim 10^{-7}$。因此，只要硝化条件控制适宜，不难做到使苯全部一硝化，而只生成极微量的二硝基苯。

当苯环上有供电基时，硝化速度快，需要较缓和的硝化剂和硝化条件，在硝化产品中常常以邻、对位产物为主。反之，当苯环上连有吸电基时，则硝化速度降低，需要较强的硝化剂和硝化条件，产品中常以间位异构体为主。一般来说，带有吸电基，如 $-NO_2$、$-SO_3H$、$-CHO$、$-COOH$、$-CN$ 或 $-CF_3$ 等取代基的芳烃进行硝化时，主要生成间位异构体，同时硝化产品中邻位异构体的生成量往往远远比对位异构体多。这可能是由于吸电基中带负电荷的原子对 NO_2^+ 具有较强的吸引力，形成环构配价，因而增大了在靠近取代基的邻位上生成 σ-配合物或发生反应的几率。

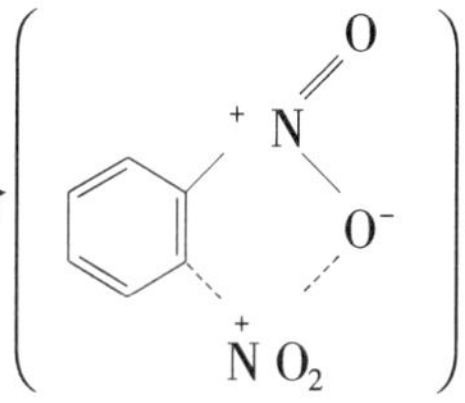

萘环中的 α 位比 β 位活泼，因此萘的一硝化主要得 1-硝基萘。蒽醌环的性质要复杂得多。中间两个羰基使两侧的苯环钝化，它的硝化比苯难，一硝化时硝基主要进入 α 位，少部分进入 β 位，同时生成部分二硝基蒽醌。

吡咯、呋喃和噻吩在混酸中易被破坏，因而不能硝化。但在硝酸-乙酐中，硝基进入电子云密度较高的 α 位。咪唑环较为稳定，由于环上氮原子的诱导效应和共轭效应的影响，混酸硝化时，硝基进入 4 或 5 位，如该位置已有取代基，则不反应。氮原子上有甲基时，硝基主要进入 4 位。吡啶环上氮原子的吸电诱导和共轭效应使反应速度降低，硝基进入 β 位。同样喹啉也不易在吡啶环上引入硝基，只在苯环上引入。因此，在芳杂环上硝化时，应注意环上杂原子电性效应的影响和在酸中形成正离子的影响。关于被硝化物结构对于硝化定位效应的影响，可参阅有关文献。

6.3.2 硝化剂

不同的硝化对象往往需要采用不同的硝化方法。相同的硝化对象，如果采用不同的硝化方法,则常常得到不同的产物组成,因此硝化剂的选择是硝化反应必须考虑的。例如,乙酰苯胺在采用不同的硝化剂时,所得到的产物组成相差很大(表6-1)。

混酸的组成不同,对于相同化合物的硝化有明显影响。混酸内硫酸的含量越多,其硝化能力越强。对于极难硝化的物质,还可采用三氧化硫与硝酸的混合物作硝化剂,以提高硝化速度。在有机溶剂中用三氧化硫代替硫酸,可使硝化废酸量大幅度下降。某些芳烃的硝化,用三氧化硫代替硫酸,能够改变异构体的组成比例。例如在二氧化硫(m. p. -72.7 ℃, b. p. -10.08 ℃)介质中,在三氧化硫(m.p.16.8 ℃,b.p.44.75 ℃)存在下,在小于-10 ℃的条件下进行氯苯的一硝化时,得到对位异构体90%;进行苯甲酸的一硝化时,得到间位异构体93%;而采用一般方法硝化时(硝化温度均>70 ℃),仅分别得到大约66%对硝基氯苯和80%间硝基苯甲酸。

表6-1　不同硝化剂对于乙酰苯胺一硝化产物的影响

硝　化　剂	温度,℃	邻位,%	间位,%	对位,%	邻位/对位
$HNO_3 + H_2SO_4$	20	19.4	2.1	78.5	0.25
90% HNO_3	-20	23.5	—	76.5	0.31
80% HNO_3	-20	40.7	—	59.3	0.69
HNO_3 在乙酐中	20	67.8	2.5	29.7	2.28

混酸的硝化能力越强,则硝化产物的邻、对位(或间位)选择性越低。如加适量水,使 NO_2^+ 变成 NO_2—OH_2^+,后者活性低,位置选择性增强。例如乙苯一硝化制对硝基乙苯时,在强混酸中加适量的水,可提高对位产率(邻/对比由 55/45 变为 49/51)。因为活性较弱的活性质点,为了克服过渡状态的能垒,必须选择环上适当的位置,由于乙苯邻位的位阻较大,形成邻位 σ-配合物所需超过的能垒较大,因而邻位产率下降而对位上升。

向混酸中加入适量磷酸,可增加对位异构体的收率。磷酸的作用可能是使硝化活性质点的体积变大,活性降低,生成邻位异构体的位阻变大所致。

被硝化物在硝化剂中溶解度不同,有时可影响硝化的深度。例如均三甲苯在硝酸的乙酐或乙酸溶液中硝化(5~20 ℃),得一硝基物(76%),而在混酸中硝化时,得二硝基物较多。因为均三甲苯在混酸中溶解度很小,而一硝化物又能较多地溶于(含水较少的)混酸中继续硝化,故易得较多的二硝基物。当用硝酸的乙酐或乙酸溶液硝化时,控制反应条件,可主要得一硝基物。同样,当调整混酸组成(增大含水量)和降低脱水值(减少一硝基物的溶解度),降低再硝化能力,也可主要得均三甲苯的一硝化物。

用硝酸盐(钠或钾)代替硝酸在硫酸中的硝化,可更好控制硝化剂的量和减少水的积累。硝酸盐几乎全部生成 NO_2^+,适用于难硝化的苯甲醛、苯甲酸、对氯苯甲酸的一硝化,制备间硝基化合物。

虽然硝化不是可逆反应,水不会直接影响反应的进行,但水可改变硝化活性质点的类型,使 NO_2^+ 变为 $NO_2OH_2^+$,而使硝化速度变慢。

采用不同的硝化介质,常能改变异构体组成的比例。例如,1,5-萘二磺酸在浓硫酸中硝化时,主产品是 1-硝基萘-4,8-二磺酸;在发烟硫酸中硝化时,主要产品则是 2-硝基萘-4,8-二磺酸。带有强供电基的芳香化合物(如苯甲醚、乙酰苯胺等)在非质子传递溶剂中硝化时,往往得到较多的邻位异构体;然而在质子传递溶剂中硝化,则得到较多的对位异构体。原因是在质子传递溶剂中硝化,富有电子的原子(如氧等)可能容易被氢键溶剂化,从而增大了取代基的体积,使邻位攻击受到空间位阻。表 6-1 和表 6-2 是 N-乙酰苯胺、苯甲醚等在不同介质中硝化的异构体比例变化数据。

表 6-2 苯甲醚等在不同介质中硝化的异构体比例

被硝化物	硝化剂介质	温度,℃	邻位,%	间位,%	对位,%	邻位/对位
苯甲醚	HNO_3-H_2SO_4	45	31	2	67	0.46
	HNO_3(d.1.42)	45	40	2	58	0.69
	25 % HNO_3-HA	65	44	2	54	0.80
	O_2NBF_4-环丁砜		69	0	31	2.23
	HNO_3-Ac_2O	10	71	1	28	2.54
	$C_6H_5COONO_2$-CH_3CN		75	0	25	3.00
苄甲醚	HNO_3-H_2SO_4	25	29	18	53	0.55
	HNO_3-Ac_2O	25	51	7	42	1.21
苯乙基甲醚	HNO_3-H_2SO_4	25	32	9	59	0.54
	HNO_3-Ac_2O	25	62	4	34	1.82
甲苯	HNO_3(d.1.47)	30	57	3	40	1.43
	HNO_3-Ac_2O	25	56	3	41	1.37

硝酸加乙酐是一种没有氧化作用的硝化剂,与酚醚或 N-酰芳胺作用,可提高邻/对的比例,但与甲苯等芳烃类作用,选择性无明显影响(见表 6-2)。该硝化剂加适量浓硫酸或浓磷酸催化时,可使硝化活性质点 $\underset{\underset{\text{O}}{\|}}{CH_3C}-ONO_2$ 变成更强的 $\underset{\underset{\text{OH}^+}{\|}}{CH_3C-C}-ONO_2$ 。对强酸不稳定的呋喃类(或其他五元杂环物),可用硝酸-乙酐成功地制得 5-硝基糠醛二乙酸酯(痢特灵中间体)。收率80 %。反应历程不是 S_E2,而是 1,4 加成反应。

吡啶类在强酸中可质子化而使硝化难于进行。用硝酸乙酐溶液硝化,常可得较好收率的 β-硝基物,例如合成维生素 B_6 的中间体。反应为:

在硝酐(N_2O_5)的 CCl_4 溶液中加入定量的 P_2O_5,可作为无水条件下的硝化剂,能溶解被硝化物形成均相反应,防止易水解基的水解。例如,由苯甲酰氯制备间硝基苯甲酰氯时,酰氯基可不被水解。

硝酸和亚硝酸在碱性条件下离解成 NO_3^- 及 NO_2^-，都不是亲电质点。而硝酸酯不易发生这种变化，可作碱性条件的硝化剂。某些对酸不稳定的化合物，可在金属钠或乙醇钠存在下用硝酸酯进行硝化。例如，吡咯或吲哚的硝化中，金属钠先取代 β-氢原子，然后发生硝酸乙酯的亲电取代生成 β-硝基化合物。反应为：

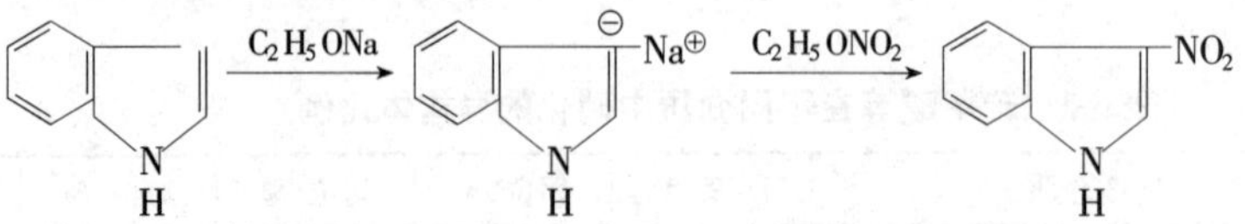

6.3.3 温度

温度对于硝化反应的影响十分重要。已知在非均相系统中硝化时温度升高，对混合液粘度的降低、界面张力减小、扩散系数增高、被硝化物和产物在酸相中的溶解度增加以及对由 HNO_3 离解成 NO_2^+ 的量增多、硝化反应速度常数增大等都有影响。正因如此，硝化速度常数随温度的变化是不规则的。例如，甲苯—硝化的温度系数约为 $1.3 \sim 2.2/10\ ℃$。也有文献提出，温度每升高 $10\ ℃$，反应速度常数约增加为原来的 3 倍。

硝化是一个强烈放热反应，反应速度很快。反应的同时，混酸中的硫酸被反应生成的水稀释，还将产生稀释热，稀释热量约为反应热（即反应生成焓变）的 $7\% \sim 10\%$（质量）。苯的一硝化反应热可达 $142\ kJ/mol$（约 $34\ kcal/mol$）。一般芳环一硝化的反应热也有约 $126\ kJ/mol$（约 $30\ kcal/mol$）。它虽与氯化、磺化的反应热相差不大，但因反应速度很快，在极短的时间内放出，如不能及时移除，势必会使反应温度迅速上升，引起多硝化、氧化，甚至引起其他基团的置换、断键等副反应；同时还将造成硝酸的大量分解，产生大量橙棕色二氧化氮气体，将导致严重后果，甚至发生爆炸事故。因此，要想使硝化反应顺利进行，得到优质产品，则严格控制在规定的温度范围内操作是十分重要的。硝化设备在一般情况下，都带有夹套、蛇管或列管等大面积换热装置。

另外，硝化温度的选择，对异构体的生成比例有时也有一定影响。

6.3.4 搅拌

大多数硝化过程是非均相的，为了保证反应能顺利进行以及提高传热和传质效率，必须具有良好的搅拌装置和冷却设备。当甲苯在小型设备中进行非均相硝化时，若转数从 300 $r\cdot min^{-1}$ 提高到 1 100 $r\cdot min^{-1}$，转化率会快速增加，若转数超过 1 100 $r\cdot min^{-1}$ 时，转化率即无明显变化。工业生产中的转数随硝化锅体积（$1 \sim 4\ m^3$）或直径（约 $0.5 \sim 2\ m$）的大小而定，通常要求在 $400 \sim 100\ r\cdot min^{-1}$ 范围内。对于环式或泵式硝化器的转数，一般要求在 $2\ 000 \sim 3\ 000\ r\cdot min^{-1}$。

在间歇硝化过程中，反应的开始阶段突然停止搅拌或由于搅拌器桨叶脱落而导致搅拌失效是非常危险的。因为这时两相很快分层，大量活泼的硝化剂在酸相中积累，一旦搅拌再次开动，就会突然发生激烈反应，瞬间放出大量的热，使温度失去控制而发生事故。因此，必须十分注意和采取必要的安全措施。通常在硝化设备上应装有自控和报警装置。当反应温度超过规定限度时，能自动停止加料。

6.3.5 相比与硝酸比

相比是指混酸与被硝化物的质量比,有时也称酸油比。当固定相比时,剧烈搅拌最多只能使被硝化物在酸相中达到饱和溶解。选择适宜的相比是使非均相硝化反应顺利进行的重要保证。当相比过小时,反应初期酸的浓度过高,硝化反应太激烈,难于控制温度。而增加相比就能增大被硝化物在酸相中的溶解量,对于加快硝化速度往往是有利的。相比在一定范围内增大时,不仅有利于反应热和稀释热的分散和移出,同时可明显加快硝化速度,大大提高设备的生产能力。但是,相比过大又会使设备生产能力下降,废酸量大大增多,反而对生产不利。工业上常用的一种方法是向硝化器中加入一定量的上批硝化的废酸来增加相比。该法不仅能获得上述优点,而且废酸的总量并未增多。

硝酸比 ϕ 是硝酸和被硝化物的摩尔比,有时也用硝酸过剩率表示,即实际硝酸用量比理论硝酸用量过量的摩尔分数。一硝化时理论上两者应是等当量的,但实际上硝酸的用量往往高于理论量。一般采用混酸为硝化剂时,对于易硝化的物质,硝酸过量1 % ~ 5 %,对于难硝化的物质,硝酸需过量10 % ~ 20 %或更多。另外,在溶剂硝化法中,硝酸的用量可以更少,有时可用理论量的硝酸。

必须指出,近年来由于对环境保护的限制越来越严格,有的大吨位产品如硝基苯,已趋向采用过量被硝化物的绝热硝化技术或常规硝化技术来代替原来的过量硝酸硝化工艺。优点是可充分利用硝酸和更有利于降低多硝基物的生成量。

6.3.6 硝化副反应

在芳族硝化过程中,由于被硝化物的性质不同和反应条件的选择不当,除了向芳环上引入硝基的正常反应外,还往往会发生多硝化、氧化、去烃基、置换、脱羧、开环和聚合等许多副反应。主要是多硝化和氧化副反应。减少多硝化副反应的方法是控制混酸的硝化能力、相比、硝酸比、循环废酸用量、适宜的反应温度和两相混合分散的搅拌效率等。研究副反应的目的之一是提高产品的收率和纯度,即提高经济效益。因为生成副产物,说明反应物或硝化产物有损失且产品质量差,意味着要增加主产物的分离和精制设备及费用,重要的是减少环境污染和增加生产的安全性。

在上述副反应中,影响最大的是氧化副反应,它常常表现为在芳环上引入羟基,生成一定量的硝基酚类。在甲苯一硝化后,分去废酸的粗硝基异构体混合物必须用稀碱液充分洗涤,除净硝基酚类副产物,否则,在粗硝基物脱水及用精馏法分离异构物时会有爆炸危险。

某些邻位、对位的多元酚或氨基酚在硝化时易氧化成醌类,多环芳烃也易形成相应的醌。必须注意,硝基酚类的制备一般不用酚类的直接硝化法,通常多用相应的硝基氯苯水解的方法来制备。

处在活化位置的磺酸基容易被硝基取代(置换),往往利用此性质来制备需要的硝基物,甚至比无磺基的直接硝化法更有利。例如,2,4-二硝基萘酚的制备,若由 α-萘酚直接硝化时,很难获得质量好的二硝基萘酚,主要是容易发生氧化副反应:

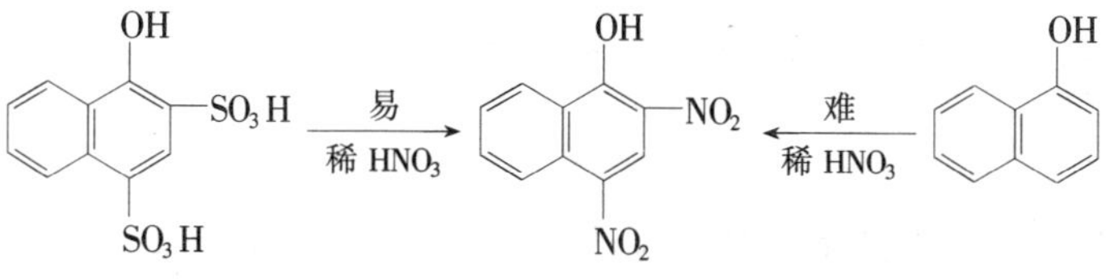

烷基或多烷基苯用混酸硝化时,若硝化条件不适宜,硝化液颜色往往会发黑变暗,如果反应条件合适,可避免发黑或变暗,特别是在接近硝化终点时,更易出现这种发黑或变暗的现象。这是由于被硝化物与亚硝基硫酸及硫酸形成配合物(如 $C_6H_5CH_3 \cdot 2ONOSO_3H \cdot 3H_2SO_4$)的缘故。这类有色配合物的形成,往往是由于硝化过程中的硝酸用量不足和硝化温度过高而造成的。应自始至终严格控制硝化温度和在硝酸过剩的条件下进行硝化,方可避免有色配合物的生成。一旦生成,可控温在 45~50 ℃ 及时补加硝酸或混酸就容易将其破坏,否则当温度高于 65 ℃时,配合物会自动产生沸腾,温度急速升至 85~90 ℃,此时再补加硝酸或混酸也难于挽救,而会生成深褐色的树脂状物。配合物的形成难易与已有取代基的结构、个数、位置等因素有关。苯最不易形成配合物,带有吸电基的苯衍生物次之,而带有烷基等供电基的苯系芳烃最易发生这一反应,并且取代基的链越长、个数越多,就越易形成此类配合物。

许多副反应的发生往往与体系中存在氮的氧化物有关。因此,设法减少硝化剂中氮的氧化物含量,严柜控制反应条件,防止硝酸分解,常常是减少副反应的重要措施之一。必要时加入适量的尿素破坏掉二氧化氮等氮的氧化物,也可以抑制氧化副反应,见式(6-9)。

为了能及时排出生成的二氧化氮等氧化物气体,硝化器上应装有排气装置和吸收氮的氧化物装置。另外,硝化器上还装有防爆膜以防发生意外。

6.4 混酸硝化

在工业上,芳烃的硝化多采用混酸硝化法,其优点如下:①硝化能力强,反应速度快,生产能力高;②硝酸用量可接近理论量,硝化后废酸可设法回收利用;③硫酸的热容量大,可使硝化反应比较平稳地进行;④通常可以采用普通碳钢、不锈钢或铸铁设备作硝化器。

一般的混酸硝化工艺流程可以用图 6-2 表示。

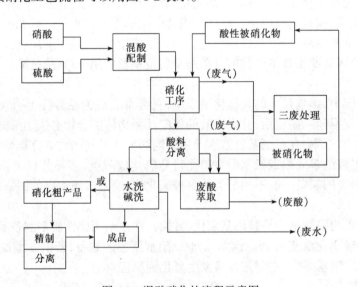

图 6-2　混酸硝化的流程示意图

6.4.1 混酸的硝化能力

对于每个具体硝化过程所用的混酸都要求具有适当的硝化能力。硝化能力太强,虽然反应快,但容易产生多硝化副反应;硝化能力太弱,反应缓慢,甚至硝化不完全。工业上通常利用硫酸脱水值和废酸计算含量来表示混酸的硝化能力。混酸的硝化能力只适用于混酸硝化,不适用于在浓硫酸介质中的硝化。

6.4.1.1 硫酸脱水值(D.V.S. 简称脱水值)

硫酸的脱水值(Dehydrating Value of Sulfuric acid)简称"D.V.S."或"脱水值",是指硝化终了时废酸中硫酸和水的计算质量比。

$$D.V.S. = \frac{废酸中含硫酸质量}{废酸中含水质量} = \frac{混酸中含硫酸质量}{混酸中含水质量 + 硝化生成水质量} \tag{6-11}$$

脱水值越大,表示硫酸含量越高或水含量越少,则混酸的硝化能力越强。

已知混酸组成和硝酸比时,脱水值的计算公式可推导如下:设 $w(H_2SO_4)$ 和 $w(HNO_3)$ 表示混酸中硫酸和硝酸的质量百分数,ϕ 表示硝酸比。以 100 份质量混酸为计算基准,则

混酸含水质量 $= 100 - w(H_2SO_4) - w(HNO_3)$

硝化生成水质量 $= (w(HNO_3)/\phi) \times 18/63 = 2w(HNO_3)/7\phi$

$$D.V.S. = \frac{w(H_2SO_4)}{100 - w(H_2SO_4) - w(HNO_3) + 2w(HNO_3)/7\phi} \tag{6-12}$$

当硝酸用量接近理论量,即 $\phi \approx 1$ 时,则

$$D.V.S. = \frac{w(H_2SO_4)}{100 - w(H_2SO_4) - 5w(HNO_3)/7} \tag{6-13}$$

6.4.1.2 废酸计算含量(质量分数)

废酸计算含量(Factor of Nitrating Activity)简称"F.N.A.",也称硝化终了时废酸中的硫酸计算含量(质量分数)。计算公式推导如下(当 $\phi \approx 1$ 时):

硝化生成水质量 $= 18w(HNO_3)/63 = 2w(HNO_3)/7$

废酸质量 $= 100 - w(HNO_3) + 2w(HNO_3)/7 = 100 - 5w(HNO_3)/7$

$$F.N.A. = \frac{w(H_2SO_4)}{100 - 5w(HNO_3)/7} \times 100\% = \frac{140w(H_2SO_4)}{140 - w(HNO_3)}\% \tag{6-14}$$

当 $\phi = 1$ 时,可导出 D.V.S.与 F.N.A.的关系式:

$$D.V.S. = \frac{F.N.A.}{100 - F.N.A.} \tag{6-15}$$

或

$$F.N.A. = \frac{D.V.S.}{1 + D.V.S.} \times 100\% \tag{6-16}$$

由式(6-13)和式(6-14)得知,当 F.N.A.为常数,$w(H_2SO_4)$ 和 $w(HNO_3)$ 为变数时,两式皆是直线方程。这表明满足相同脱水值和废酸计算含量的混酸组成是多种多样的,而真正具有实际意义的混酸组成仅是直线中的一小段而已。例如表 6-3 列出的三种混酸组成,其 F.N.A.和 D.V.S.值均相同。选择第一种混酸时硫酸用量最省,但是相比太小,而且在开始阶段反应过于激烈,容易发生多硝化和其他副反应;选择第三种混酸则废酸量大,生产能力低。因此具有实用价值的是第二种混酸。

表 6-3　氯苯一硝化时采用三种不同混酸的计算数据

硝酸比，$\phi = 1.05$		混酸Ⅰ	混酸Ⅱ	混酸Ⅲ
混酸组成，%	H_2SO_4	44.5	49.0	59.0
	HNO_3	55.5	46.9	27.9
	H_2O	0.0	4.1	13.1
F.N.A.		73.7	73.7	73.7
D.V.S.		2.80	2.80	2.80
1 kmol 氯苯	所需混酸，kg	119	141	237
	所需100% H_2SO_4，kg	53.0	69.1	139.8
	废酸量，kg	74.1	96.0	192.0

　　总之，为了保证硝化过程顺利进行，对于每个具体产品都应通过实验找出适宜的 D.V.S. 值或 F.N.A. 值及相比、硝酸化和混酸组成。表 6-4 是某些重要硝化过程的技术数据，这些数据近年来已有所改进。

表 6-4　某些重要硝化过程的部分参考数据

被硝化物	主要硝化产物	硝酸比 ϕ	脱水值 D.V.S.	废酸计算含量，%	混酸组成，%（质量）		备　注
					H_2SO_4	HNO_3	
萘	1-硝基萘	1.07~1.08	1.27	56	27.84	52.28	加58%底酸
苯	硝基苯	1.01~1.05	2.33~2.58	70~72	46~49.5	44~47	连续法
甲苯	邻和对硝基甲苯	1.01~1.05	2.18~2.28	68.5~69.5	56~57.5	26~28	连续法
氯苯	邻和对硝基氯苯	1.02~1.05	2.45~2.8	71~72.5	47~49	44~47	连续法
氯苯	邻和对硝基氯苯	1.02~1.05	2.50	71.4	56	30	间歇法
硝基苯	间二硝基苯	1.08	7.55	~88	70.04	28.12	间歇法
氯苯	2.4-二硝基氯苯	1.07	4.9	~83	62.88	33.13	连续法

6.4.2　混酸配制

6.4.2.1　配酸计算

　　用几种不同的原料酸配制混酸时，可根据各种组分的酸在配制后总量不变，建立物料平衡联立方程式，即可求出各原料酸的用量。

　　例1　由硝基苯制备间二硝基苯时，配制组成为 H_2SO_4 72%（质量，下同），HNO_3 26%，H_2O 2%的混酸 6 000 kg，需要20%发烟硫酸，85%废酸及98%硝酸各多少千克？

　　解： 设发烟硫酸、废酸与硝酸的需要量分别为 x、y、z(kg)。

　　三种酸总质量：$x + y + z = 6\,000$ ①

　　硝酸的平衡：$0.98z = 6\,000 \times 0.26$ ②

　　硫酸的平衡：$(0.8 + 0.2 \times 98/80)x + 0.85y = 6\,000 \times 0.72$ ③

　　解①、②、③联立方程式，得 $x = 2\,938.6$ kg，$y = 1\,469.6$ kg，$z = 1\,591.8$ kg。

　　例2　已知萘二硝化的 D.V.S. = 3，$\phi = 2.2$，相比 = 6.5，试计算应采用的混酸组成。

　　解： 以 1 kg 分子纯萘为计算基准。

　　混酸：$m_{混} = 128 \times 6.5 = 832$ kg $= m_{(HNO_3)} + m_{(H_2SO_4)} + m_{(H_2O)}$ ①

硝酸：$m_{(HNO_3)} = 63 \times 2.2 = 138.6 \ kg$

硫酸：$m_{(H_2SO_4)} = D.V.S.(m_{(H_2O)} + 2 \times 18)$

$$= 3m_{(H_2O)} + 108 \qquad ②$$

解式①、式②得 $m_{(H_2SO_4)} = 547 \ kg$，$m_{(H_2O)} = 146.4 \ kg$。

故混酸组成为：

H_2SO_4：$m_{(H_2SO_4)} \times 100/m_{混} = 65.75 \ \%$

HNO_8：$m_{(HNO_3)} \times 100/m_{混} = 16.65 \ \%$

H_2O：$m_{(H_2O)} \times 100/m_{混} = 17.60 \ \%$

6.4.2.2　配酸工艺

配制混酸时应考虑设备的防腐能力，有效的混合装置，及时导出混合热和稀释热的冷却方法，严格控制原料酸的加料顺序和加料速度，配酸温度在 40 ℃ 以下等安全措施，以减少硝酸的分解和挥发，以及避免意外事故的发生。

混酸的配制有间歇和连续两种方式。在间歇式配酸时，在无良好混合的条件下，严禁将水突然加入大量浓酸中，这会引起局部瞬间剧烈放热而造成喷酸或爆炸事故。通常应在有效地混合与冷却下，将浓硫酸先缓慢、后渐快地加入到水或稀废酸中，在 40 ℃ 以下，最后先慢后快地加入硝酸。这种配酸方法是比较安全的。在连续式配酸时也应遵循这一原则。但间歇式配酸的生产效率较低，适于多品种小批量的生产；连续式的生产能力大，适用于大吨位的生产品种。配制的混酸若分析不合格，应补加相应的酸以调整组成达到合格为止。

6.4.3　硝化操作

硝化过程有连续与间歇两种方式。连续法的优点是小设备、大生产、效率高、便于实现自动控制。间歇法的优点是具有较大的灵活性和适应性，适用于小批量、多品种的生产。

由于被硝化物的性质和生产方式的不同，一般有三种加料方法，即正加法、反加法和并加法。

1）正加法

正加法是将混酸逐渐加到被硝化物中。优点是反应比较温和，可避免多硝化；缺点是反应速度较慢。这种加料方式常用于被硝化物容易硝化的间歇过程。

2）反加法

反加法是将硝化物逐渐加到混酸中。优点是在反应过程中始终保持有过量的混酸与不足量的被硝化物，反应速度快。这种加料方式适用于制备多硝基化合物，或硝化产物难于进一步硝化的间歇过程。

3）并加法

并加法是将混酸和被硝化物按一定比例同时加到硝化器中。这种加料方式常用于连续硝化过程。

生产上往往采用多锅串联的方法实现连续硝化，大部分反应是在第一台硝化锅中完成的，少部分尚未硝化的被硝化物，则在其余的锅内连续硝化。

多锅串联的优点是可以减少反应原料短路的机会，在不同锅内可分别控制不同的反应温度及被硝化物或硝酸的转化率,从而减少多硝化等副产物的生成,改善产品质量,提高生产能力。表 6-5 是氯苯三锅串联连续一硝化的参考数据。

表 6-5　氯苯三锅串联连续一硝化的主要数据

名　　　　称	第一硝化锅	第二硝化锅	第三硝化锅
反应温度, ℃	35 ~ 50	50 ~ 65	65 ~ 75
酸相中 HNO$_3$, %(质量)	约 13.4	约 4.0	约 2.1
有机相中氯苯, %(质量)	约 14.4	约 2.8	约 0.7
氯苯转化率, %	约 80	约 16	约 3
反应速度比	约 26.7	约 5.3	1

6.4.4　硝化设备

间歇过程的硝化锅通常是用铸铁、钢板或不锈钢制成的,有时也用搪瓷锅。连续硝化设备则常用不锈钢或钢板制成。浓度低于 68 %(质量,下同)的硫酸对钢材具有强烈的腐蚀作用,因此要求硝化后废酸的浓度不应低于 68 % ~ 70 %。硝化时的热量多用夹套、蛇管或列管传出。蛇管和列管的冷却效率比夹套大得多,而搪瓷锅的夹套冷却效率则最小。其传热系数分别为:蛇管或列管 2 000 ~ 2 600 kJ/(m^2·h·℃)(或约 500 ~ 600 kcal/m^2·h·℃);夹套 400 ~ 900 kJ/(m^2·h·℃)(或约 100 ~ 200 kcal/m^2·h·℃);搪瓷锅的夹套为 100 ~ 300 kJ/(m^2·h·℃)(或约 30 ~ 70 kcal/m^2·h·℃)。

常用的搅拌器有推进式、涡轮式或桨式三种,转速都较高,一般为 100 ~ 400 r/min。有时在反应锅中安装导流筒,或利用锅内紧密排列的蛇管(蛇管之间必须焊接,以防物料在蛇管之间的缝隙形成短路。)兼导流筒的作用,以增强物料的混合效果。

硝化设备的结构型式很多,图 6-3 是一种间歇硝化锅,图 6-4 是一种连续硝化锅,图 6-5 是一种环式连续硝化器,采用的是列管冷却,文献中还报道了泵锅式、泵环式、管式、U 形管式或塔式串联连续硝化设备。

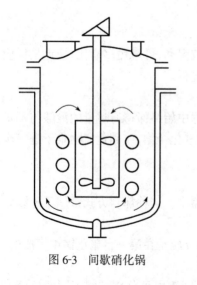

图 6-3　间歇硝化锅

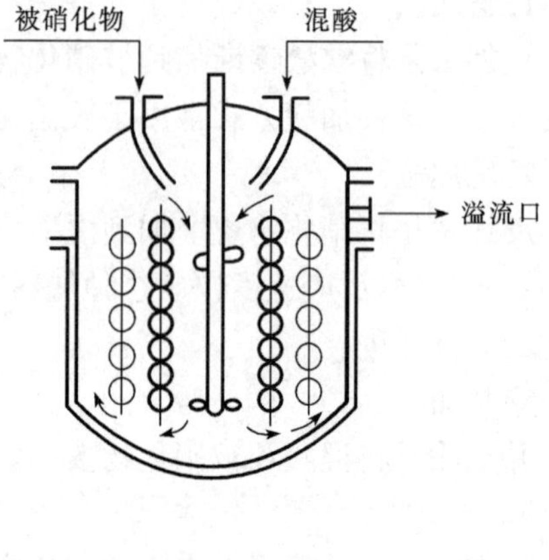

被硝化物　混酸

→ 溢流口

图 6-4　连续硝化锅

6.4.5 硝化产物的分离

连续硝化时,反应终了的物料沿切线方向进入连续分离器,在此利用硝化产物与废酸具有的较大密度差实现连续地分层分离。但大多数硝基物在浓硫酸中有一定的溶解度,而且硫酸浓度越高其溶解度越大。为了减少溶解度,有时在分离前可先加入少量水稀释,以减少硝基物的损失。加水量应考虑到设备的耐腐蚀程度,硝基物与废酸的易分离程度,以及废酸循环或浓缩所需的经济浓度(质量分数)。例如,在二硝基甲苯的生产中,加水使废酸浓度(即废酸中硫酸的质量分数)由82.8 %稀释到74 %,再冷却至室温时,可使二硝基甲苯在废酸中的溶解度由5.3 %降低到0.8 %左右。废酸中的硝基物有时也用有机溶剂萃取回收。例如,用二氯丙烷或二氯乙烷萃取含二硝基甲苯的废酸,萃取效率可达97.4 %,而使用甲苯的萃取效率则较差。

在连续分离器中加入三辛胺,可以加速硝化产物与废酸的分层。三辛胺的用量仅为硝化产物质量的0.001 5 % ~ 0.002 5 %。

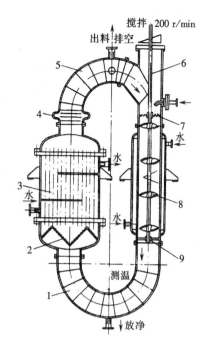

图 6-5 环式连续硝化器

1—下弯管 2—匀流折板 3—换热器 4—伸缩节 5—上弯管 6—搅拌轴 7—弹性支承 8—搅拌器 9—底支承

分出废酸以后的硝基物中,除含有少量无机酸外还往往含有一些氧化副产物,主要是酚类。通常采用水洗、碱洗法使其变成易溶于水的酚盐等而被除去。这些方法的缺点是消耗多量的碱,并产生大量含酚盐及硝基物的废水,需进行净化处理。废水中溶解和夹带的硝基物一般可用被硝化物萃取的办法回收。例如,用 0.1 ~ 0.5 份苯萃取含硝基苯的废水 1 份,萃取回收率可达97 % ~ 99 %以上,含微量硝基苯的萃取苯可循环用于硝化。但这种方法不能除去和回收废水中的酚盐。

利用混合磷酸盐的水溶液处理中性粗硝基物的"解离萃取法",可使几乎所有的酚解离成酚盐,使式(6-17)和式(6-18)的平衡移向右端,酚类即被萃取到水相中。

$$ArOH + PO_4^{3-} \rightleftharpoons ArO^- + HPO_4^- \tag{6-17}$$

$$ArOH + HPO_4^{2-} \rightleftharpoons ArO^- + H_2PO_4^- \tag{6-18}$$

水相再用一种对未解离酚具有高亲和力的有机溶剂(苯或甲基异丁基甲酮)反萃取,使水相中的平衡移向左端,重新得到原来的磷酸盐,并循环使用,有机溶剂除去回收酚后也可循环使用。本法的优点是不需消耗大量碱,可回收酚;缺点是投资费用较高,要求使用中性粗硝基物。混合磷酸盐的适宜比例是 Na$_2$HPO$_4$·2H$_2$O 为64.2 g/L,Na$_3$PO$_4$·12H$_2$O 为 21.9 g/L。

6.4.6 废酸处理

根据不同的硝化产品和不同的硝化方法,对硝化废酸的处理可采用以下办法。将多硝化后的废酸再用于下一批的单硝化生产中;硝化后的部分废酸直接循环套用;其余废酸或全部废酸用芳烃萃取后浓缩成92.5 % ~ 95 %的硫酸,再用于配制混酸;含硝酸和硝基物极微量的低浓度废酸(质量分数约30 % ~ 50 %),可通过浸没燃烧法先提浓至60 % ~ 70 %或直接闪蒸浓缩除去少量水和有机物后,用于配制含水量较高的混酸;或通过有机原料萃取、吸附或过热蒸汽吹扫等,除去废酸中的氮氧化物、剩余硝酸和有机杂质后,加氨水制成化肥等。

例如苯、氯苯和甲苯的一硝化,副产的废酸量一般都在万吨级以上,必须回收利用。这类废酸中硫酸的质量分数通常在68 % ~ 72 %之间,并含有少量硝酸、亚硝酸和硝化产物。以苯的一硝化废酸为例,最常用的处理方法是:首先用原料苯萃取出废酸中的硝基苯和硝基苯酚,并使废酸中的少量硝酸转化生成硝基苯,萃取后的苯再用于一硝化。萃取后的废酸用过热水蒸气在160 ℃ ~ 180 ℃吹出废酸中残存的硝酸、亚硝酸和氮的氧化物及有机杂质后,再高温蒸发浓缩成质量分数为90 % ~ 93 %的硫酸循环利用。

这种浓缩方法存在热能耗费大、产生大量酸雾污染环境和需要特殊的浓缩设备等缺点。对于苯一硝化制备硝基苯的废酸回收,近期又开发了减压浓缩法:在 110 ℃ ~ 140 ℃、21 ~ 27 kPa(约 160 ~ 170 mmHg)(或利用原有浓缩设备在负压)下蒸出水,将68 % ~ 72 %废酸浓缩成76 % ~ 78 %的硫酸供循环使用。

6.5 硝化异构产物的分离

硝化产物常常是异构体混合物,其分离提纯方法有化学法和物理法两种。

6.5.1 化学法

化学法是利用不同异构体在某一反应中的不同化学性质而达到分离的目的。例如,在硝基苯硝化制备间二硝基苯时,会同时副产少量邻位和对位异构体,可通过与亚硫酸钠反应而除去。因间二硝基苯与亚硫酸钠不反应,而其邻位和对位异构体会发生亲核置换反应,生成可溶于水的相应的硝基苯磺酸钠。

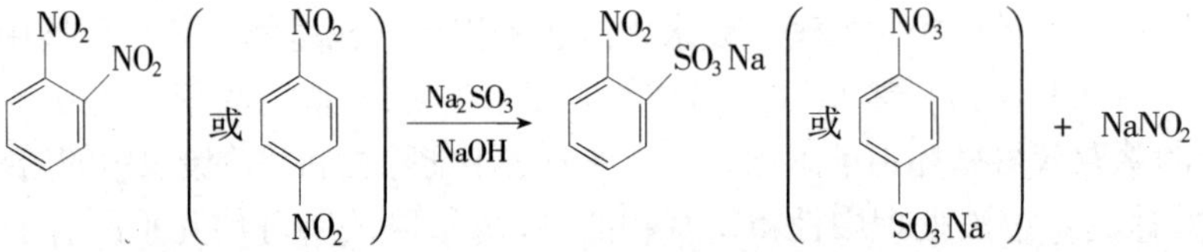

采用亚硫酸钠法提纯的收率较低,生成的硝基苯磺酸钠异构体难以回收,而且其废液也不易生化处理,这是其缺点。

近年来国内研究成功的新方法,是在相转移催化剂存在下,用氢氧化钠溶液处理,使邻位和对位二硝基苯发生亲核置换,生成可溶于水的相应的硝基苯酚钠,间二硝基苯不反应。该法的优点是:间二硝基苯的纯度不变但收率提高,可以回收利用邻硝基苯酚,同时废水可以生化处理。两种提纯方法的比较见表 6-6。

表 6-6　间二硝基苯两种提纯方法的比较

项　　目	亚硫酸钠法	氢氧化钠法(相转移催化)
收率,%	93.66	97.00
纯度,%	100	100
COD_{cr}[①],mg/kg	1 687.7	153.0
TOC[②],mg/kg	2 703.9	339.5

①废水的化学耗氧量;②总含碳量

6.5.2 物理法

经常采用的分离方法是精馏和结晶相结合的方法。该法是根据硝基物各异构体之间的沸点和凝固点的差异程度而进行分离的一种方法。例如,氯苯一硝化产物异构体的分离多采用此法,其组成和物理性质如表6-7所示。具体分离过程可参阅有关文献。

随着精馏技术和设备的不断改进和更新,已可采用连续或半连续全精馏法直接完成混合硝基甲苯或混合硝基氯苯等异构体的分离。但由于一硝基氯苯异构体之间的沸点差较小,全精馏的能耗很大,不经济。因此,近年来多采用经济的结晶、精馏、再结晶的方法进行异构体的分离。

另外,也可利用各异构体在有机溶剂或不同酸度的混酸、硝酸或硫酸中溶解度差异的性质实现分离提纯。例如,利用二氯乙烷为溶剂,可分离1,5-与1,8-二硝基萘或二硝基蒽醌;利用环丁砜、氯苯、二甲苯、不同组分的混酸或不同浓度的硝酸,均可比较好的分离1,5-与1,8-二硝基蒽醌。

表6-7 氯苯一硝化产物的组成及物理性质

异 构 体	组 成,%	凝固点,℃	沸 点,℃	
			0.1 MPa	1 kPa
邻 位	33 ~ 34	32 ~ 33	245.7	119
对 位	65 ~ 66	83 ~ 84	242.0	113
间 位	1	44	235.6	—

6.6 硝基苯的生产

硝基苯的主要用途是制取苯胺和聚氨酯泡沫塑料等。早期采用的是混酸间歇硝化法,随着对苯胺需求量的迅速增长,逐渐开发了锅式串联、环式串联、管式和泵式循环或塔式等常压冷却连续硝化工艺以及带压绝热连续硝化法。目前我国广泛采用的是锅式串联、环式串联或环-锅串联工艺。四锅串联的简要生产示意流程如图6-6。

如图6-6中所示,按照苯与混酸连续一硝化的配料比例,向1号硝化锅连续加料,1号硝化锅温度控制在60 ~ 68 ℃,2号硝化锅在65 ~ 70 ℃。由2号锅流出的物料在连续分离器3中连续分离成废酸和酸性硝基苯。废酸进入萃取锅4中用新鲜苯连续萃取,萃取后经分离器5分出的酸性苯中约含2 % ~ 4 %硝基苯,用泵6连续送往1号硝化锅。萃取后的废酸用泵7送去浓缩成浓硫酸再用。酸性硝基苯经过连续水洗器8、分离器9除去大部分酸性杂质后,再经连续碱洗器10、分离器11除去酚类杂质等操作,得到中性硝基苯。

上述工艺过程的主要缺点是:产生大量待浓缩的废硫酸和含酚类及硝基物废水,要求硝化设备具有足够的冷却面积,安全性差。在大量研究的基础上,近年来国外又采用了绝热硝化法生产硝基苯。绝热硝化法的要点是:将超过理论量5 % ~ 10 %的苯和预热到60 ~ 90 ℃的混酸（HNO_3 5 % ~ 8 %,H_2SO_4 58 % ~ 68 %,$H_2O > 25$ %）,连续加到四个串联的硝化锅中,物料的出口温度在132 ~ 136 ℃,分离出的废酸直接浓缩成约68 %的 H_2SO_4 循环回用。有机相经洗涤除

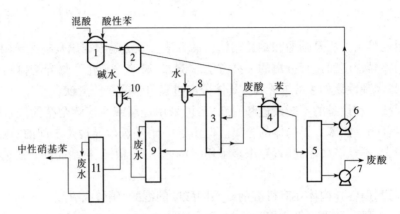

图 6-6　苯连续一硝化流程示意图
1,2—硝化锅　3,5,9,11—分离器　4—萃取锅　6,7—泵　8,10—文丘里管混合器

去夹带的硫酸和微量酚类,蒸出未反应的过量苯,即得硝基苯。

绝热硝化法具有如下优点:反应在较高温度下进行,硝化速度快;由于采用过量苯,硝酸几乎全部转化,副产物少,二硝基苯含量小于 5×10^{-4};与常规连续硝化法相比,混酸含水量高,酸的浓度低,酸量大,不需要冷却系统,因此安全性好;可利用反应热浓缩废酸。总之,此法由于能耗低、操作费用低、设备密闭、原料消耗少、成本低、废水少、污染少等优点,是目前最先进的硝基苯生产方法。

国外已用于大规模生产。但绝热硝化法,为了防止苯的损失热量,并防止空气氧化,需要在压力下密闭操作,闪蒸设备要用特殊材料钽。国内尚未采用绝热硝化法,而致力于常压冷却连续硝化法的工艺改进。

硝基化合物的品种很多,本节将结合不同硝化剂的特点,介绍几个典型品种的制备方法。

6.7　其他实例

6.7.1　邻、对硝基氯苯

邻、对硝基氯苯是由氯苯用混酸一硝化同时制备的。大多采用多锅串联或环锅串联的连续硝化方法。其生产工艺过程与苯的连续硝化大体相同,配料比、反应条件等主要数据可见表6-3 和表 6-5。由于对硝基氯苯比邻硝基氯苯的用途大,文献中报道了许多提高对位异构体生成量的硝化方法,但大都还不具有工业生产价值。另外,氯苯的一硝化也可以采用绝热硝化法。

6.7.2　1-硝基蒽醌

1-氨基蒽醌是制备蒽醌类染料的重要中间体,过去均采用汞盐催化磺化先制得蒽醌-1 磺酸,然后再氨解的工艺路线。由于这条路线汞害严重,近年来已大多改为蒽醌直接硝化和还原路线。蒽醌的一硝化有许多方法,例如非均相混酸硝化、过量硝酸硝化法以及在有机溶剂中的硝化法等。最初多用过量硝酸硝化法,但由于易发生爆炸等原因,故目前应用最多的是非均相混酸硝化法。

采用非均相混酸硝化法生产 1-硝基蒽醌时,可以避免形成爆炸组成范围内的物质。以适当比例组成的混酸,可使未反应的蒽醌基本消失(1 % ~ 2 %),同时可提高 1-硝基蒽醌的生成率(73 % ~ 80 %),降低硝酸的消耗定额。其工艺条件是:蒽醌与硝酸、硫酸和水的摩尔比约为 1:8:10:19,在 20 ~ 45 ℃反应约 3 ~ 5 h,再于 45 ~ 55 ℃反应几小时,控制未反应蒽醌降至 2 % 为硝化终点。过量的硝酸可以回收,废酸可浓缩再用。该法也可将蒽醌在约 74 % 的硫酸中砂磨至 3 μm 以下,再加浓硝酸进行硝化。

在制备 1-硝基蒽醌时,总是同时生成一定量的 2-硝基蒽醌(6 % ~ 9 %)和二硝基蒽醌(约 11 % ~ 19 %,其中主要是 1,5-、1,8-、1,6-和 1,7-异构体),一般用亚硫酸钠溶液处理,主要使 β-位上的硝基置换为磺酸基而溶于水中。进行亚硫酸钠处理时,可采取同时砂磨或加入部分与水不互溶的有机溶剂。有时二硝基蒽醌副产物可在硝基被还原成氨基以后再精制时除去,详见 7.5.1.3。

6.7.3　2,5-二乙氧基-4-硝基-N-苯甲酰苯胺

2,5-二乙氧基-4-氨基-N-苯甲酰苯胺是一种重要的冰染色基(蓝色基 BB)。其制备包括两步硝化,均用稀硝酸作硝化剂。由于稀硝酸对普通钢材有严重的腐蚀作用,要求采用不锈钢锅或搪瓷锅作硝化器。反应为:

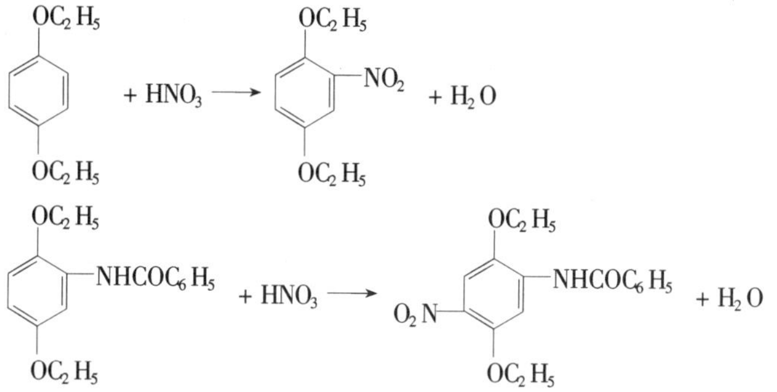

对二乙氧基苯的硝化是采用 34 % HNO_3 在 70 ℃反应,硝酸与对二乙氧基苯的摩尔比为 1.5:1。

2,5-二乙氧基-N-苯甲酰苯胺的硝化是采用 17 % HNO_3 在沸腾状况下反应,硝酸与酰化物的摩尔比为 1.9:1。

6.7.4　二硝基甲苯

二硝基甲苯是制备甲苯二异氰酸酯的重要中间体。甲苯在 2 ~ 4 个串联的硝化锅中用混酸连续硝化时,2,4-与 2,6-异构体之比约为 4:1。若用邻硝基甲苯为原料硝化时,则 2,4-与 2,6-异构体之比约为 2:1。在硝化过程中加入少量尿素或氨基磺酸以除去硝化剂中氮的氧化物,可减少焦油副产。向反应物中加入少量的磷酸可改善二硝基甲苯的质量。

6.8　亚硝化

向有机物分子的碳原子上引入亚硝基,生成 C—NO 键的反应称亚硝化反应。亚硝基与硝

基化合物相比,显示不饱和键的性质,因此可进行还原、氧化、缩合和加成等反应,用以制备各类中间体。

亚硝化也是双分子亲电取代反应。亚硝酸在亚硝化反应中的活性质点是亚硝基正离子 NO^+ ,见式(6-2)。由于 NO^+ 的亲电能力不如 NO_2^+ ,所以它只能向芳环或其他电子密度大的碳原子进攻,即主要与酚类、芳香叔胺和某些 π 电子多余的杂环以及具有活泼氢的脂肪族化合物发生反应,生成亚硝基化合物。某些化合物的亚硝化反应类型及条件见表6-8。

表6-8　某些化合物的亚硝化反应

被 亚 硝 化 物	产　　　物	亚 硝 化 剂	反应温度,℃
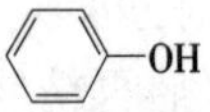 ⬡—OH	 ON—⬡—OH	$NaNO_2 \cdot H_2SO_4$	< 2
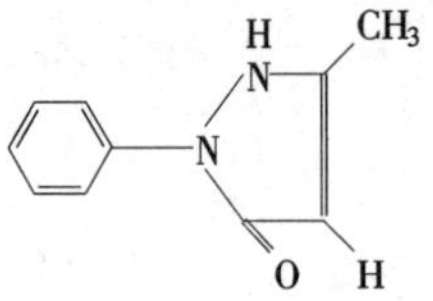 (吡唑酮结构)	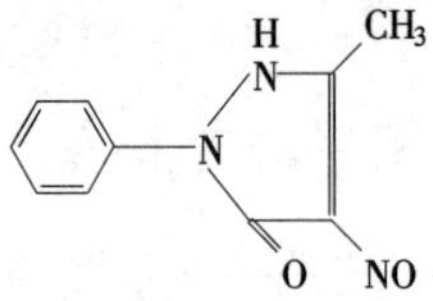 (吡唑酮结构 NO)	$NaNO_2 \cdot H_2SO_4$	40~50
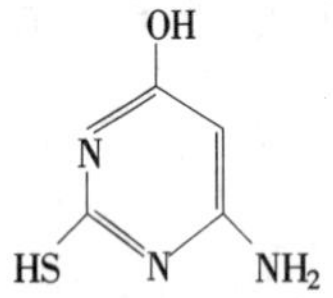 (嘧啶结构 OH, HS, NH₂)	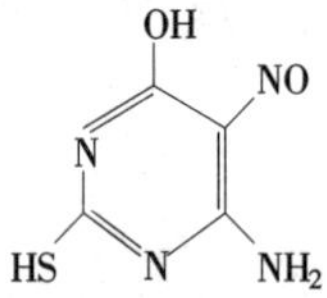 (嘧啶结构 OH, NO, HS, NH₂)	$NaNO_2 \cdot HCl$	30
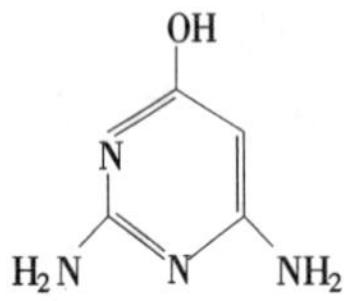 (嘧啶结构 OH, H₂N, NH₂)	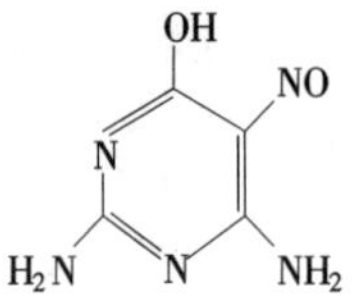 (嘧啶结构 OH, NO, H₂N, NH₂)	$NaNO_2 \cdot HCl$	< 10
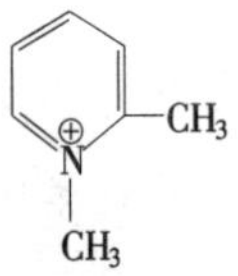 (吡啶鎓 CH₃, CH₃)	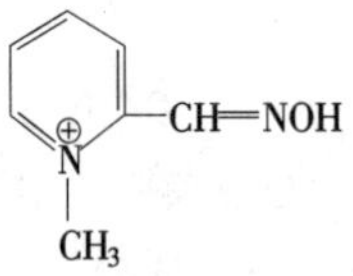 (吡啶鎓 CH=NOH, CH₃)	$C_2H_5ONO \cdot NaOH$	-2~15
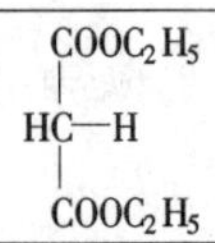 $HC{-}H$ (COOC₂H₅)₂	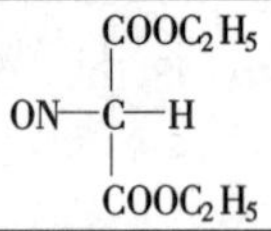 $ON{-}C{-}H$ (COOC₂H₅)₂	$NaNO_2 \cdot HOAc$	15~20

表中的被亚硝化物均具有电子密度大的碳原子或负碳离子。如 A 和 B 可离解成下式的负碳离子:

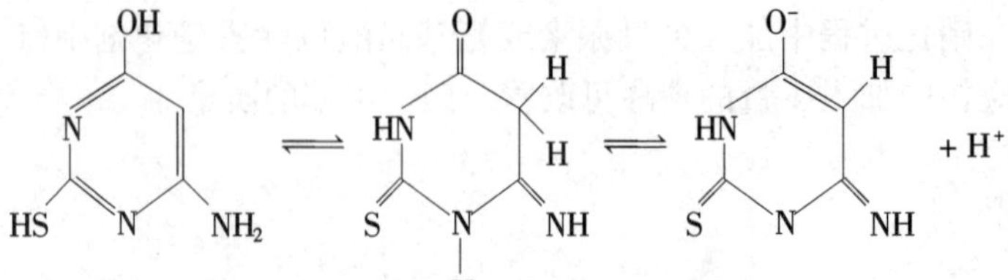

(结构式 A ⇌ 中间结构 ⇌ 结构 + H⁺)

・162・

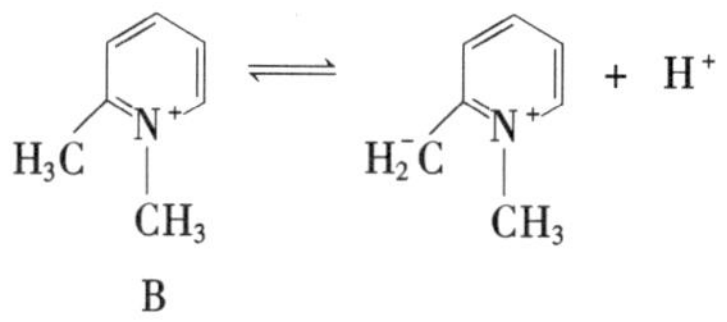

亚硝化剂可用 XNO 通式表示。亚硝化操作与重氮化反应基本类似,一般均用亚硝酸钠在不同酸中反应。因为亚硝酸很不稳定,受热或在空气中易分解,故常常先将亚硝酸盐与被亚硝化物混合,或溶于碱性水溶液中,然后滴入强酸,使亚硝酸一生成即与被亚硝化物发生反应。也可用亚硝酸盐与冰醋酸或亚硝酸酯与有机溶剂进行亚硝化反应。

6.8.1 酚类的亚硝化

亚硝化反应通常在低温下进行,温度超过规定限度时不仅使产率下降,而且影响产品质量。向酚类环上碳原子引入亚硝基,主要得到对位取代产物,若对位已有取代基时,则可在邻位取代。

对亚硝基苯酚是制备橡胶硫化剂、药物和硫化蓝染料的重要中间体,是一种互变异构体,既可以以亚硝基的形式也可以以醌肟的形式参加反应。反应为:

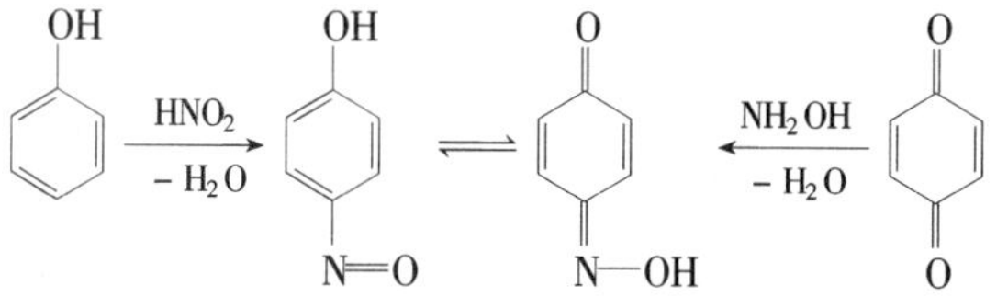

在 0 ℃左右使苯酚水溶液在稀硫酸介质中与 $NaNO_2$ 搅拌反应,即可得到对亚硝基苯酚沉淀(见表 6-8)。对亚硝基苯酚不稳定,干品有爆炸危险,湿滤饼应立即用于下一步反应。

1-亚硝基-2-萘酚是制备 1-氨基-2-萘酚-4-磺酸的中间产物,后者是制取含金属偶氮染料的重要中间体。

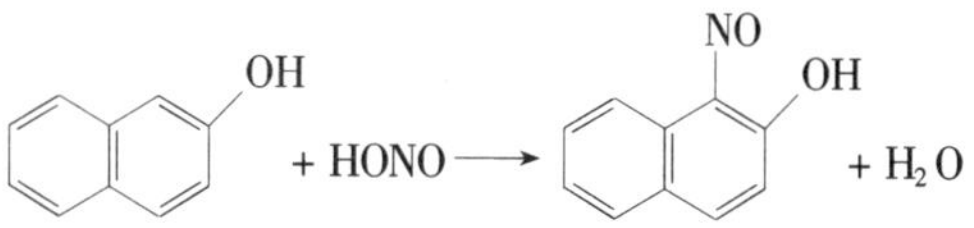

将稀硫酸在低温下缓慢加到 2-萘酚和含等当量 $NaNO_2$ 的水溶液中并搅拌几小时,即可得到 1-亚硝基-2-萘酚。

某些对位有取代基的酚类亚硝化时,加入二价重金属盐,使形成邻亚硝基酚的配合物,可更有效地进行邻位亚硝化反应:

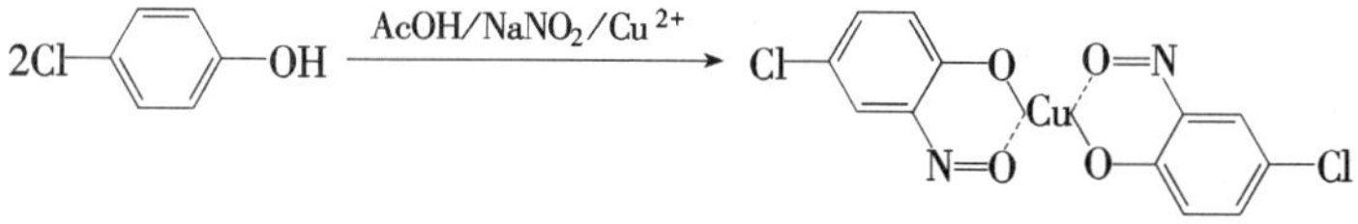

即使对位无取代基的芳环,为了制取邻位亚硝基物,也可采用羟胺和过氧化氢亚硝化剂进行亚硝化,这时加入 Cu^{2+} 催化,可得收率很好的邻亚硝基衍生物:

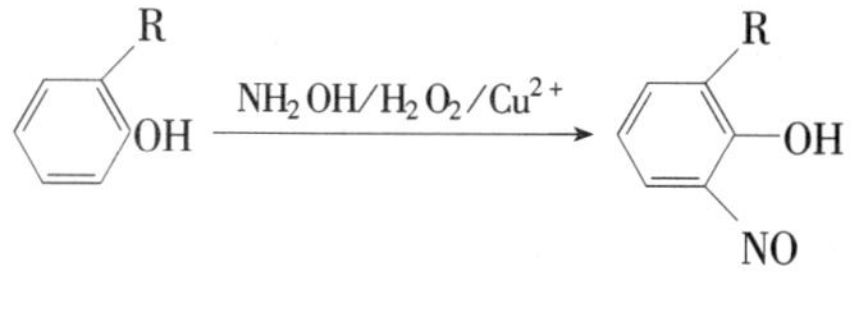

式中:R 可代表—H,—F,—Cl,—Br,—I,—COOH,烃基。

6.8.2 仲芳胺的亚硝化

亚硝酸与仲芳胺反应时,生成 N-亚硝基衍生物比生成 C-亚硝基衍生物更容易。向仲芳胺的环上引入亚硝基,总是首先生成 N-亚硝基衍生物,然后在酸性介质中异构化,发生内分子重排反应而制得 C-亚硝基衍生物。这一转化反应的主要依据是可以在大大过量的尿素存在下进行,被称为 Fischer-Hepp 重排。

游离的仲芳胺 C-亚硝基衍生物是呈双极性离子存在的,因此可以与酸或碱作用生成相应的盐:

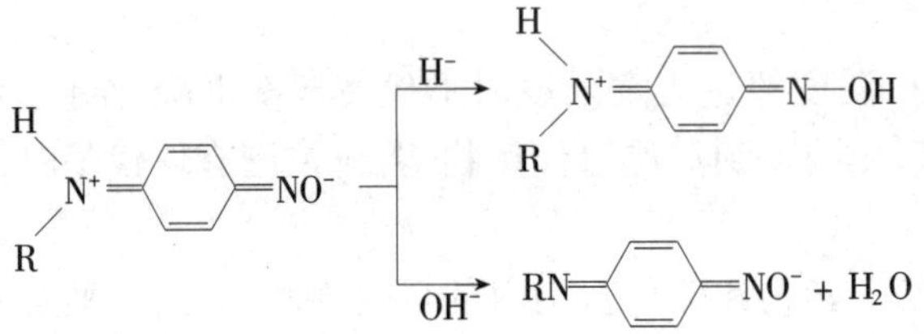

对亚硝基二苯胺是制备橡胶防老剂 4010NA 的重要中间体,是通过二苯胺的 N-亚硝基化合物重排制取的。而 N-亚硝基二苯胺又是一种主要的橡胶硫化防焦剂和高效阻聚剂。

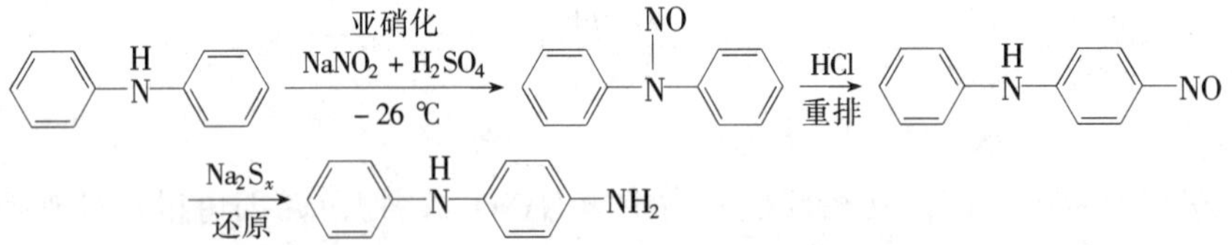

将 NaNO₂ 水溶液和硫酸水溶液与溶在三氯甲烷中的二苯胺作用,然后向三氯甲烷层中加入甲醇盐酸,使其完成重排反应,得到对亚硝基二苯胺。后者用多硫化钠还原得 4-氨基二苯胺。

但二苯胺价格贵,工业上在制备 4-氨基二苯胺时用对硝基氯苯和甲酰苯胺的芳氨基化-还原法。现在正在开发对硝基氯苯和苯胺的芳氨基化-还原法,而最新的生产方法是硝基苯和苯胺混合物的液相催化氢化法。

6.8.3 叔芳胺的亚硝化

向叔芳胺的环上引入亚硝基时,主要得到相应的对位取代产物。例如,对亚硝基-N,N-二甲基苯胺是制取染料、香料、医药和印染助剂及分析试剂的重要中间体。

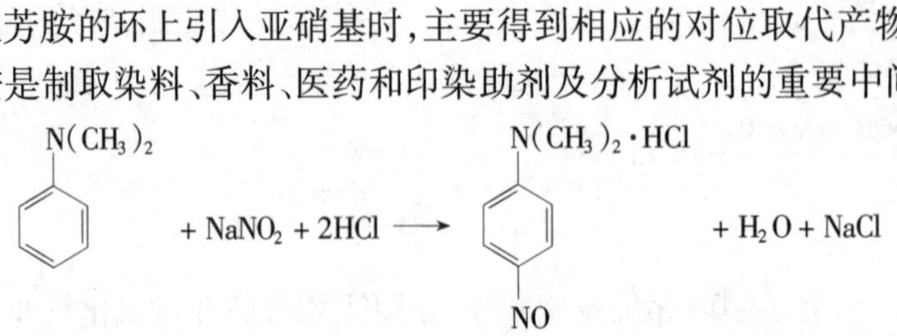

N,N-二甲基苯胺盐酸盐稀水溶液约在 0 ℃与微过量的 NaNO₂ 水溶液搅拌几小时,即可制得对亚硝基-N,N-二甲基苯胺盐酸盐。同法可以制得对亚硝基-N,N-二乙基苯胺等 C-亚硝基叔芳胺。

参考文献

1 姚蒙正,程侣柏,王家儒.精细化工产品合成原理.第二版.北京:中国石化出版社,2000

2 张铸勇.精细有机合成单元反应.上海:华东化工学院出版社,1990

3 唐培堃.中间体化学及工艺学.北京:化学工业出版社,1984

4 李正化.有机药物合成原理.北京:人民卫生出版社,1985

5 朱淬砺.药物合成反应.北京:化学工业出版社,1982

6 吕春绪.硝化原理.南京:江苏科学技术出版社,1993

7 Groggins P H. Unit Processes in Organic Synthesis. 5th. ed., Chapt. 4. McGraw-Hill, 1958;(中译本:石清阳译.单元制造程序.台南:中国台湾大行出版社,1981.上册,第4章)

8 Bosch L C, et al. Nitrated Polycyclic Aromatic Hydrocarbon. New York:Dr. Alfred Huethig Verlag, 1985

9 [美]奥尔布赖特,[英]汉森著.工业及实验室硝化(论文集).欧育湘等译.北京:化学工业出版社,1984

10 [前苏联]伏洛茹卓夫.中间体及染料合成原理.熊启渭,高榕等译.北京:高等教育出版社,1958

11 化工百科全书编辑委员会.化工百科全书.第17卷.北京:化学工业出版社.1998

12 Schofield K. Aromatic Nitration. Cambridge:Cambridge, Univ Press, 1980

13 Hoggett J G, et al., Nitration and Aromatic Reactivity. London:Cambridge Univ Press, 1971

14 李惠黎,高学勤等译.硝基和亚硝基化学.北京:国防工业出版社,1988

15 Горепик М В, Эфрос Л С. Осноы Химия и Техиологии Ароматинеских Соединений, глл. 3. Москва:《Химия》,1992

16 Эфрос Л С, Горелик М В. Химия и Технология Промежутониых Продуктов, гл. 4. Издателвство《Химия》,1980

17 Kirk-Othmer. Encyclopedia of Chemical Technology, 3rd, vol. 15, p. 841. 1981

18 Venkataraman K. The Chemistry of Synthetic Dyes, Vol. 3, p. 106. Academic Press, 1970

19 徐克勋.精细有机化工原料及中间体手册.北京:化学工业出版社,1998

20 杨锦宗.工业有机合成基础(第17章).北京:中国石化出版社,1998

21 顾可权,林吉文.有机合成化学.上海:上海科学技术出版社,1987

22 闻韧.药物合成反应.北京:化学工业出版社,1999

23 李和平.精细化工生产原理与技术.河南:河南科学技术出版社,1994

24 蒋登高等.精细有机合成反应及工艺.北京:化学工业出版社,2001

25 陈金龙.精细有机合成原理与工艺.北京:中国轻工业出版社,1994

第7章 氢化和还原

7.1 概述

广义地讲,在还原剂的参与下,能使某原子得到电子或电子云密度增加的反应称为还原反应。狭义地讲,是在有机分子中增加氢或减少氧的反应或者兼而有之的反应称为还原反应。

还原反应在精细有机合成中占有重要地位,通过还原反应可以制得一系列产物。下列基团在一定条件下可被还原:

$$—OH、\quad C{=}O、\quad —COOH、\quad —COOR、\quad —C{\equiv}N、\quad RCONHR'、\quad (Ar)_2O、\quad —NO_2、$$

$$—NO、\quad ArN_2Cl、\quad Ar—\underset{\underset{O}{|}}{N}{=}N—Ar、\quad Ar—N{=}N—Ar、\quad (RCO)_2O、\quad RCOCl、\quad R—CH{-}CH_2、$$

$$C{=}N{-}OH、—CH_2X、\quad S{=}O、—SO_2X、苯环、杂环及稠环、碳碳不饱和键等等。$$

按照使用的还原剂不同和操作方法不同,还原方法可以分为以下几种。

1)催化氢化法

即在催化剂存在下,有机化合物与氢发生的还原反应称为催化氢化反应。

2)化学还原法

即使用化学物质作为还原剂的还原方法。化学还原剂的种类繁多,本章重点介绍在工业上常用的几种化学还原剂。化学还原剂包括无机还原剂和有机还原剂。目前使用较多的是无机还原剂。常用的无机还原剂有以下几类:①活泼金属及其合金,如 Fe、Zn、Na、Zn-Hg、Na-Hg 等;②低价元素的化合物,如 Na_2S、NaS_x、$FeCl_2$、$SnCl_2$、$Na_2S_2O_4$ 等;③金属复氢化合物,如 $NaBH_4$、KBH_4、$LiAlH_4$、$LiBH_4$ 等。常用的有机还原剂有异丙醇铝等烷氧基铝、甲醛、葡萄糖等。

3)电解还原法

即有机化合物从电解槽的阴极上获得电子而完成的还原反应。电解还原是一种重要的还原方法。电解有机合成的有关理论在 3.8 中已有论述。电解还原的发展受到能源、电解槽、电极材料等条件的限制。在国外已有某些产品实现了工业化,如丙烯腈用电解还原偶联法制备己二腈,硝基苯还原制备对氨基酚、苯胺、联苯胺等。

下面按照还原方法和还原剂的不同进行讨论。

7.2 催化氢化

催化氢化按其反应类型可分为氢化(加氢)反应和氢解反应。

氢化是指氢分子加成到烯基、炔基、羰基、氰基、芳环类等不饱和基团上使之成为饱和键的反应,它是 π 键断裂与氢加成的反应。氢解是指有机化合物分子中某些化学键因加氢而断裂,分解成两部分氢化产物,它是 σ 键断裂并与氢结合的反应。通常容易发生氢解的有碳-卤键、碳-硫键、碳-氧键、氮-氮键、氮-氧键等。本章无特殊需要,不再区分氢化(加氢)和氢解而通称为氢化。

催化氢化按反应的体系可分为:非均相催化氢化(也称为多相催化氢化)和均相催化氢化。前者催化剂自成一相故称为非均相催化剂,后者催化剂溶解于反应介质中故称为均相催化剂。均相催化氢化也称为均相配位催化氢化,有关均相配位催化氢化的理论参阅 3.7。下面只介绍非均相催化氢化的有关问题。

催化氢化的优点是反应易于控制、产品纯度较高、收率较高、三废少,在工业上已广泛采用。缺点是反应一般要在带压设备中进行,因此要注意采取必要的安全措施,同时要注意选择适宜的催化剂。在工业生产上目前采用两种不同的工艺:液相氢化法和气相氢化法。非均相催化氢化在工业上已得到了广泛的应用。

液相氢化是在液相介质中进行的催化氢化。实际上它是气-液-固多相反应。它不受被还原物料沸点的限制,所以适应范围广泛。气相氢化是反应物在气态下进行的催化氢化,实际上它是气-固相反应。它仅适用于易气化的有机化合物,而且在反应温度下反应物和产物均要求要稳定。

由于催化剂的存在,降低了反应的活化能,从而加快了反应速度。利用不同的催化剂和控制不同的反应条件可达到选择性还原的目的。

7.2.1 液相催化氢化

7.2.1.1 催化氢化过程

催化氢化的基本过程是:吸附—反应—解吸。影响总的氢化反应速度有如下两方面因素:

(1)气、液、固三相之间的传质,其中包括搅拌效率、溶剂粘度、催化剂相对密度、压力等;

(2)化学动力学因素,包括催化剂的作用、有机化合物(反应物)结构、反应温度等。

有关催化反应的基本概念和基本理论请参阅 3.5 有关部分。

7.2.1.2 催化剂

液相催化氢化使用的催化剂种类很多,通常有几种分类方法。

1.按金属性质分类

可分为贵金属系和一般金属系。贵金属系大多数属于元素周期表中第Ⅷ族,以铂、钯为主,近年来也逐步研究了含铑、铱、锇、钌等金属催化剂。一般金属主要是镍、铜等。

2.按催化剂的制法分类

可分为纯金属粉、骨架型、氢氧化物、氧化物、硫化物等,另外还可以是负载在各种载体上的金属-载体型催化剂,其中最重要的是骨架型和载体型。现将催化剂按制法分类列于表 7-1。

各类催化剂的反应活性有很大的差异。例如用几种不同的金属-活性炭型催化剂对于硝基苯的加氢还原进行比较,催化剂活性次序为:

Pt ＞ Pd ＞ Rh ＞ Ni

催化剂是影响加氢还原反应的主要因素。衡量某一催化剂性能的标准很多,但主要是从催化剂活性、选择性及稳定性这三个方面来评价催化剂的优劣。没有一种催化剂能适合所有氢化还原反应。目前使用较多的有骨架镍及 Pd-C。下面介绍这两种类型的催化剂。

表 7-1 各类加氢还原用催化剂

种　　　类	常用的金属	制　法　概　要	举　　　例
还 原 型	Pt、Pd、Ni	金属氧化物用氢还原	铂黑、钯黑
甲 酸 型	Ni、Co	金属甲酸盐热分解	镍　粉
骨 架 型	Ni、Cu	用 NaOH 溶出金属-铝合金中的铝	骨 架 镍
沉 淀 型	Pt、Pd、Ph	金属盐水溶液用碱沉淀	胶 体 钯
硫化物型	Mo	用 H_2S 沉淀金属盐溶液	硫 化 钼
氧化物型	Pt、Pd、Re	金属氯化物以硝酸钾熔融分解	PtO_2
载 体 型	Pt、Pd、Ni	用活性炭、二氧化硅等浸渍金属盐,再还原	Pd-C

1)骨架型

主要是骨架镍,其次是骨架铜、骨架钴。骨架镍的原料是镍铝合金。用氢氧化钠水溶液处理上述合金时,铝与氢氧化钠发生反应,生成水溶性铝酸钠:

$$2Ni\text{-}Al + 2NaOH + 2H_2O \longrightarrow 2Ni + 2NaAlO_2 + 3H_2$$

通常使用的镍铝合金一般含镍30 % ~ 50 %,碱的浓度为20 % ~ 30 %,用量为上述反应式中理论量的140 % ~ 190 %。随着制备催化剂的温度、镍铝合金的组成、碱的浓度、溶解时间及洗涤条件等方面的不同,所制得的骨架镍催化剂的活性有很大的差异。制成的骨架镍为灰黑色粉末,干燥后在空气中会自燃,因此必需保存在乙醇或蒸馏水中。催化剂长期保存也会变质,制备使用量一般不应超过六个月所需的用量。

催化剂使用后要注意回收套用,不得任意丢弃,因为它仍很活泼,干燥后会燃烧。一般将不再套用的骨架镍倒入无机酸中使其失去活性即可。

含硫、磷、砷、铋的化合物,卤素(特别是碘)及含锡、铅的有机金属化合物在不同程度上可使骨架镍催化剂中毒。

由于骨架镍催化剂容易中毒,使用寿命短又易自燃,近年来开展了对骨架镍催化剂改性的研究。如将骨架镍作部分氧化处理使之钝化到不会自燃而又保留足够的活性,制成 Ni-Zn 型非自燃骨架型镍等。

骨架镍催化剂与贵金属催化剂钯-炭、氧化铂相比,在氢化时条件较高,例如较高的反应温度和压力,但它的价格便宜、制备简便,因此在催化氢化中得到广泛的使用。

2)载体型

主要是钯-炭催化剂(Pd-C)。将钯盐水溶液浸渍在或吸附于载体上(如活性炭),再经还原剂处理,使其形成金属微粒,经洗涤、干燥得载体钯催化剂。使用时不需经活化处理,它是一类性能优良的催化剂,它作用温和,有较好的选择性,适用于多种有机化合物的选择性氢化还原。钯催化剂是烯烃、炔烃最好的氢化还原的催化剂。它能在室温和较低的氢压下还原很多官能团。它既可在酸性溶液中又可在碱性溶液中起作用(在碱性溶液中活性略有降低)。对毒物的敏感性差,故不易中毒。钯催化剂是一种应用范围较广的催化剂。

使用过的钯-炭催化剂通过处理可套用 4 ~ 5 次,失去活性的钯炭催化剂要回收处理。

7.2.1.3 影响因素

1.被氢化物的结构和性质

被氢化物的结构和性质是影响催化氢化反应的重要因素。被氢化物向催化剂表面活性中心扩散的难易决定了氢化反应的难易,空间位阻效应大的化合物甚至不能靠近活性中心,即很难扩散,因此反应较难进行。为了克服位阻效应对氢化反应的不利影响,通常要用强化反应条件的方法,如提高反应温度和反应压力,使氢化反应顺利进行。

不饱和烃、芳烃、醛、酮、腈、硝基化合物、苄基化合物、稠环化合物、羧酸衍生物等有机化合物均可进行催化氢化,其难易大致有如下次序(括号内为生成物):

$$R{-}CO{-}Cl(\rightarrow RCO) > R{-}NO_2(\rightarrow R{-}NH_2) > R{-}C{\equiv}C{-}R' \quad (\rightarrow R{-}CH{=}CH{-}R')$$

$$> R{-}CO{-}H(\rightarrow RCH_2OH) > R{-}CH{=}CH{-}R'(\rightarrow R{-}CH_2{-}CH_2{-}R') > RCOR'(\rightarrow R{-}\overset{H}{\underset{OH}{C}}{-}R')$$

$$> Ar{-}CH_2{-}OR \quad (\rightarrow ArMe + ROH) > R{-}CN(\rightarrow RCH_2NH_2)$$

$$> \text{[naphthalene]} \left(\rightarrow \text{[tetralin]}\right) > RCOOR' (\rightarrow R\,CH_2OH + R'OH) > RCONHR'$$

$$(\rightarrow R{-}CH_2{-}NHR') > \text{[benzene]} \left(\rightarrow \text{[cyclohexane]}\right)$$

各种官能团单独存在时,其反应性如下:

芳香族硝基 > 碳-碳叁键 > 碳-碳双键 > 羰基,脂肪族硝基 > 芳香核

在碳氢化合物中:

直链烯烃 > 环状烯烃 > 萘 > 苯 > 烷基苯 > 芳烷基苯

2.催化剂的选择和用量

应根据被氢化物以及反应设备条件选择适宜的催化剂。

催化剂的用量一般为被氢化物质量的 10 % ~ 20 %(骨架镍),5 % ~ 10 %(钯-炭),1 % ~ 2 %(PtO_2)。

催化剂的用量与被氢化物的类型、催化剂的种类、活性及反应条件等多种因素有关。一般在低压氢化时催化剂用量较大,有毒物存在时要适当加大催化剂用量,催化剂的活性高时其用量可适当减少。使用低于正常量的催化剂可提高其选择性。增加催化剂用量可大大加快反应速度,因此在催化氢化中不允许任意加大催化剂用量,以避免氢化反应难以控制。具体应用时要根据实验结果来确定催化剂的最佳用量,这既可以得到最佳的反应结果又可以使反应能安全进行。用过的催化剂均要回收。

3.温度和压力

当催化剂有足够的活性时,再提高反应温度往往会引起副反应的发生,使选择性降低。催化剂的活性和寿命也与温度有关。确定反应温度还应考虑反应物及产物的热稳定性,在达到要求的前提下尽可能选择较低的反应温度。一般情况下,使用铂、钯等催化剂时,大多数氢化反应可在较低的温度和压力下进行。使用骨架镍时,则要求在较高的温度下进行氢化反应。用高活性的骨架镍时,反应温度若超过 100 ℃,会使反应过于激烈,甚至会失去控制。

压力是强化催化氢化的重要手段。氢压增大即氢的浓度增大,也使反应物向催化剂活性中心扩散速度变快,因而可加快反应速度,但压力增大使反应的选择性降低。压力超过反应所需要时会出现副反应,有时甚至会出现危险。

氢化温度、压力与反应中所用的催化剂和反应物有关,见表 7-2。

表 7-2　催化氢化反应温度、压力与催化剂和反应物的关系

催 化 剂	反 应 温 度、压 力	被 氢 化 基 团
铂/炭(Pt/C)	0～40 ℃、常压,反应时间短	烯键、羰基
氧化铂	25～90 ℃、常压(实验室方法)	烯键、羰基、氰基
骨架镍	约200 ℃、加压(工业方法)	烯键、羰基、氰基
$CuCr_2O_4$	高温、高压(工业方法)	羰基

4.溶剂和介质的酸碱性

溶剂的极性、介质的酸碱性以及溶剂对反应物和氢化产物的溶解度等均能影响氢化反应速度和反应的选择性。这主要是因为溶剂的存在使反应物的吸附特性发生了变化,也可改变氢的吸附量。溶剂的存在也会引起催化剂表面状态的改变,可使催化剂分散得更好,有利于被氢化物、氢、催化剂三者之间的接触。使用不同的溶剂,催化氢化反应速度不同,生成物也会不同。在催化氢化中常用的溶剂有水、甲醇、乙醇、乙酸、乙酸乙酯、四氢呋喃、环己烷、甲基环己烷、苯、二甲基甲酰胺等。

根据采用的溶剂不同大体上分为以下几种。

(1)无溶剂法:若反应物和生成物在反应温度下都是液体,而且粘度不大时,可不加溶剂氢化反应也能顺利进行,如硝基苯、硝基甲苯、2,4-二硝基甲苯、硝基苯甲醚等的催化氢化可以不用溶剂。但有时需要使用高效的催化剂和有良好的传质条件才可能使反应完成,因此有时还是要加溶剂的。

(2)用水作溶剂:主要用于含有水溶性基团的反应物,如硝基芳磺酸、硝基芳羧酸等。水的质量(如蒸馏水、自来水、深井水)及水介质的 pH 值也会对氢化反应有影响。

(3)有机溶剂:多数情况下催化氢化要采用有机溶剂,为了避免催化剂中毒,必须使用高质量的溶剂。

对于氢解反应,最好选用质子传递溶剂,特别是含杂原子化合物的氢解时,效果更好。而非质子传递溶剂对于芳香烃和烯烃的氢化有利。氢化反应后必须考虑溶剂的回收。

对于加氢反应,介质的 pH 值的改变可以影响催化剂表面对氢的吸附,从而可以改变反应速度。pH 值不同还可以影响反应的选择性。一般说来,加氢反应大多在中性介质中进行,而氢解反应则在酸性或碱性介质中进行。例如加碱可以促使碳-卤键氢解,加少量酸可以促使碳-氮、碳-氧键氢解。

5.搅拌和装料系数的影响

氢化反应为非均相反应,搅拌一方面影响催化剂在反应介质中的分布情况、传质面积,从而影响催化剂能否发挥催化效果,它对能否加速反应有重要作用。另一方面氢化反应是放热反应,良好的搅拌有利于传热,可防止局部过热。同时可以防止副反应的发生和提高选择性。

在釜式反应器中应注意搅拌器的形式和转数,同时也要注意反应器的装料系数。一般装料系数控制在 0.35～0.5 之间。装料系数过大,反应器的气相有效空间变小,催化剂、反应物、氢三者之间不能进行有效的接触,从而影响氢化反应的进行。

在塔式反应器中,影响传质的主要因素是氢气的空塔速度和装料系数。空塔速度取 0.01～0.02 m/s,装料系数为 0.5 左右。

7.2.1.4 实际操作

1.氢气来源

在催化氢化时可以使用纯氢及与一氧化碳或其他惰性气体的混合氢。许多大吨位品种的催化氢化反应大多数采用纯氢作为氢源。工业上提供氢源的主要途径有食盐水电解、天然气转化、水煤气净化以及电解水等,其中以食盐水电解法应用最多。

2.反应器

反应器是完成催化氢化反应的主要设备,它的结构和材料决定了它所能承受的压力及使用范围。

常压氢化时,使用的反应器只能适用于常压或稍高于常压的氢化反应。使用这类装置时,因一般氢化反应速度较慢,需要使用活性较高的铂、钯等贵金属催化剂。常压氢化反应器应用范围不广。

中压氢化反应器多数用不锈钢制成或用不锈钢衬套来制备。它应用范围较广,效率较好,有时使用铂、钯等贵金属催化剂,也可采用高活性的骨架镍为催化剂。

高压氢化反应器多为高压釜。它是由厚壁不锈钢制成或用不锈钢衬套制成,除具有耐高压强度外还具有良好的耐腐蚀性能。在使用高压氢化反应器时更应特别注意安全,严格遵守有关规定,避免恶性事故的发生。

根据催化剂状态,工业上加氢反应器可以分为三种。

1)泥浆型反应器

带有搅拌器的反应锅(间歇与连续)、鼓泡塔及立管式反应器均属于这类反应器,使用的粉状催化剂处于悬浮或流动状态。

搅拌式加氢釜:一般是带压操作,要安装机械搅拌器,而加氢反应又要求高速搅拌,由于氢的渗透力很强,这给搅拌轴的密封造成了一定的困难(目前已有采用磁力搅拌器克服密封困难)。搅拌器的选型和设计是关键性问题,实践证明,选用涡轮式搅拌器的效果较好;也有采用复合式搅拌器的,它由几层搅拌叶构成而每层的搅拌叶形式又不同。对于间歇式小批量的一些精细化工产品,反应器容积约在 50 L 时,可采用振荡式或摇摆式高压釜进行加氢反应,这时设备的制备和安装可简化。

鼓泡塔式反应器:在中等压力(约几兆帕)或较高压力(几十兆帕)下进行的催化氢化反应,采用间歇操作的鼓泡塔式反应器较方便。依靠向塔内通入高速的氢气流使塔内的传质良好,因此可以避免轴的密封困难。这样比搅拌式加氢釜容易加工,造价较低,适合于中小规模的生产。塔内通入的氢气量大大超过反应需要量,过量未反应的氢要循环使用。鼓泡塔底的形式与进气喷头结构对于保持良好的传质及防止固体颗粒沉底有着重要影响。

立管式泥浆型反应器:它属于连续操作的氢化装置,生产能力大。气、液、固三相并流送入反应器,并从反应系统中连续排出。

2)固定床反应器

大颗粒的催化剂在设备中处于固定状态。由于加氢催化剂性能的不断提高,使用固定床反应器逐渐增多。按气液两相的流向和分布状态,固定床反应器可分为两种,即淋液型及鼓泡型。图 7-1 为固定床流程示意图。淋液型应用较多,气液两相并流向下,固体表面全部或部分被"淋湿"。固定床加氢反应器操作控制方便,生产能力大,但要用选择活性高、寿命长、易再生的催化剂。固定床催化剂的装卸比较复杂,催化剂可能发生结焦。固定床反应器制造维修技

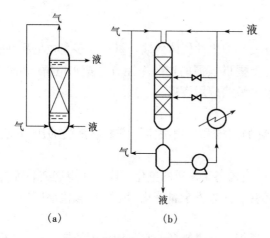

图 7-1　固定床反应器示意图

(a)鼓泡型　(b)淋液型

术难度较高。

3)流化床反应器

流化床是 20 世纪 60 年代发展起来的一种反应器。采用微球型或挤条型催化剂。气液两相从反应器底部进入反应器,在反应过程中催化剂在反应器内处于悬浮状态。这种反应器克服了固定床反应器内可能出现的催化剂结焦,制造难度较大以及装卸复杂等缺点。为了保证催化剂颗粒悬浮以提高传质效率,保证液相有足够的停留时间,常常使液相循环流动。按照循环方式的不同,又可以分为内循环型与外循环型。有关固定床、流化床的对比,请参阅 3.3.6.2 和 3.3.6.3。

7.2.1.5　液相催化氢化实例

1.芳香族硝基化合物的催化氢化

通常使用钯、铑、铂或骨架镍作催化剂。非芳香族硝基化合物的催化氢化反应不如芳香族硝基化合物快,在进行氢化反应时常常采用适当加大催化剂用量和强化反应条件,如提高反应压力,来加速氢化反应的进行。

2,4-二氨基甲苯是由 2,4-二硝基甲苯通过液相加氢还原而制得的。甲苯经过二硝化得到混合的二硝基甲苯,其中 2,4-与 2,6-异构体的比例是 80:20。其反应式及工艺过程如下:

氢化反应采用骨架镍催化剂,甲醇为溶剂,设备为立管式泥浆型反应器。用高压泵将含有 0.1 % ~ 0.3 %骨架镍的二硝基甲苯的甲醇溶液(1:1)连续地送入反应器中,同时通入氢气。每个反应器设有强制外循环管线以强化塔内的传质和传热过程。反应器内温度约 100 ℃左右,压力保持在 15 ~ 20 MPa。从第一塔流出的反应物分别进入串联的第二、第三塔,当物料从最后一个塔流出时完成氢化反应。经减压装置后,在气液分离器中分出氢气,在沉降分离器中分出催化剂。分出的氢气及催化剂均要循环使用。得到的粗产品依次脱甲醇、脱水,最后经精馏得到纯度为99 %的二氨基甲苯。

由硝基甲苯生产甲苯胺工艺过程与上类似,骨架镍为催化剂,异丙醇为溶剂,压力为 8 ~ 10 MPa。硝基苯可以采用液相催化氢化法制备苯胺,但工业生产上多采用气相氢化方法来制备苯胺。用硝基苯液相加氢方法可以制备对氨基酚,采用 Pt-C 作为催化剂,以水-硫酸为溶剂,常压,60 ~ 100 ℃下反应,可以得到对氨基酚,产率约70 %左右。

在适当的条件下,芳香族硝基化合物可以制备氢化偶氮化合物、芳基羟胺和多硝基化合物的部分还原产物。

2.腈的还原

腈还原为伯胺是有机合成中引入氨基的重要方法之一,在脂肪族氨基化合物的制备中应用较多。可以在较温和的条件下进行氢化,用铂、钯催化剂时,一般在常压下反应,用镍催化剂时,一般要在加压条件下反应。产物中除伯胺外还得到较多的仲胺,选择适当的条件可以减少仲胺的生成量。例如:

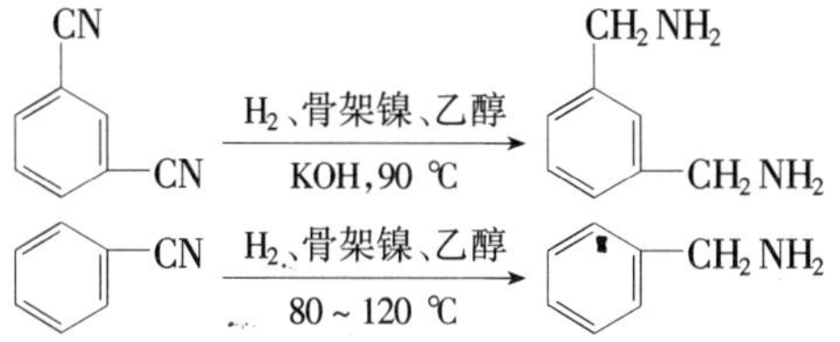

$$CH_3(CH_2)_{10}CN \xrightarrow[H_2,80\ ℃]{骨架镍} CH_3(CH_2)_{10}CH_2NH_2$$

$$CH_3(CH_2)_{16}CN \xrightarrow[130\ ℃]{骨架镍、H_2} CH_3(CH_2)_{16}CH_2NH_2$$

3.芳环的氢化

苯系芳烃难于氢化,芳稠环如萘、蒽的氢化活性大于苯环,而苯胺、苯酚等取代苯的苯环活性大于苯。通常芳环氢化使用的催化剂为铂、钯、镍。例如:

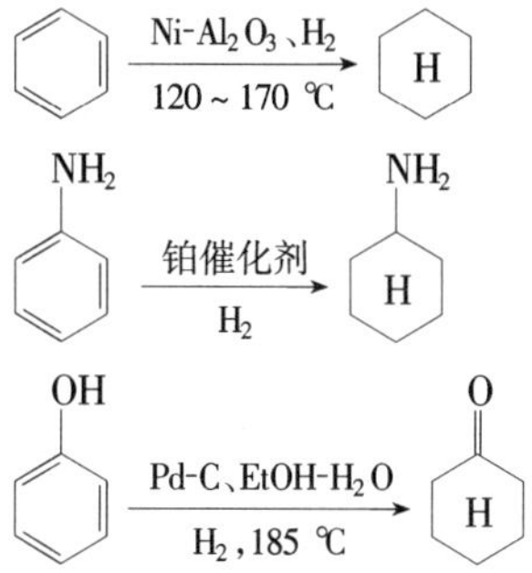

4.羰基的氢化

羰基化合物氢化制相应的醇是精细有机合成的重要方法。醛、酮的氢化活性通常大于芳环,而小于饱和键。

氢化采用的催化剂为 Ni、Pt、Pd、$CuO-Cr_2O_3$ 等。

分子中如有易被氢化的其他基团同时存在时,使用 Ni、Pt、Pb 等作为催化剂,容易被同时氢化,此时若采用 $CuO-Cr_2O_3$(亚铬酸铜)为催化剂,仅羰基被还原。

一般情况下醛比酮容易发生氢化反应。当使用骨架镍为催化剂时,一般要提高反应温度和压力才可使氢化反应顺利进行。

1)γ-丁内酯的制备

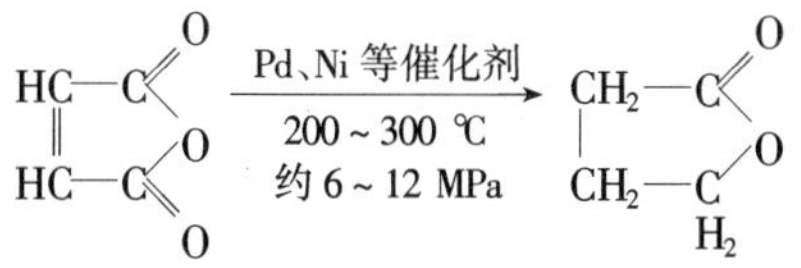

顺丁烯二酸酐　　　　　　　　　γ-丁内酯

可联产 1.4-丁二醇、四氢呋喃,它们均是有机合成产物。在反应过程中通过控制不同的反应条件可得到不同比例的上述产品。

2)2,2,6,6-四甲基哌啶醇-4 的制备

2,2,6,6-四甲基哌啶醇-4 是性能优良的受阻胺类光稳定剂的主要中间体,它是由 2,2,6,6-四甲基-4-哌啶酮通化氢化反应而制得。

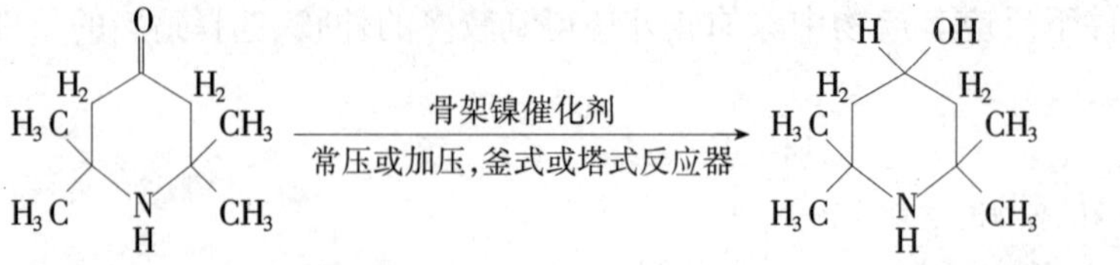

2,2,6,6-四甲基-4-哌啶酮　　　　　　　　　　2,2,6,6-四甲基-4-哌啶醇

选择适宜条件时氢化产率可达97 % 。

不饱和键的催化氢化、胺的还原烷基化、羰基的氢化、含硫化合物的氢化及碳氧键的氢解、羧基及酰基的氢解、苄胺及其有关化合物的氢解、脱卤氢解、脱硫氢解、醇的氢解、醚的氢解、肼和腙的氢解等等在有机合成中均有应用。具体内容请参阅有关资料。

7.2.2　气固相催化氢化

7.2.2.1　催化剂

含铜催化剂是普遍使用的一类催化剂,最常使用的是铜-硅胶($Cu-SiO_2$)载体型催化剂及铜-浮石、$Cu-Al_2O_3$。硫化物系催化剂,如 NiS、MoS_3、WS_3、CuS 等具有抗中毒能力的催化剂,这是一类有希望的催化剂,例如 $NiS-Al_2O_3$ 作为硝基苯加氢制备苯胺的催化剂,苯胺的收率可达到99.5 % ,催化剂的寿命可达 1 600 h 以上。

有关气固相催化氢化的一般规律请参阅 3.5 有关内容。

7.2.2.2　气固相催化氢化实例

气固相催化氢化最重要的实例是由硝基苯制备苯胺。国内外已有很多厂家采用这种方法生产苯胺。具体工艺有气固相固定床法、气固相流化床法、气固相固定床-流化床串联法。

苯胺是一种很重要的精细化工产品,它的产量很大,主要工业化国家年产量可达几十万吨。它大量应用于聚氨酯、橡胶助剂、染料、颜料等多种领域。图 7-2 是一种比较常见的工艺流程。反应器 2 是流化床反应器。采用铜-硅胶($Cu-SiO_2$)载体型催化剂,它的优点是成本低,选择性好;缺点是抗毒性差。在原料硝基苯中若含有微量的有机硫化物(主要来源于原料焦油苯中的噻吩),极易引起催化剂中毒,所以工业生产上要使用以石油苯为原料生产的硝基苯来制备苯胺。最好在硝基苯进入反应系统前进行一次精馏以确保其质量。由于采用流化床反应器,催化剂在反应中处于激烈的运动状态,所以要求催化剂有足够的耐磨强度。催化剂的颗粒大小对流化质量和有效分离均很重要,一般选用颗粒为 0.2 ~ 0.3 mm 较适宜。

进入反应器中的氢气和硝基物的摩尔比称为氢油比。1 mol 的硝基物在理论上需要 3 mol 的氢气,实际上氢油比要大得多,有的工厂采用 9:1,这样有利于移出反应热和使流化床保持较好的流化状态。

硝基苯在气化器中气化,与氢气相混合后,通过分配板进入装有 $Cu-SiO_2$ 催化剂的流化床反应器中,控制反应温度为 270 ℃。当反应温度达到 400 ℃时,副反应增加,有氨放出。反应为:

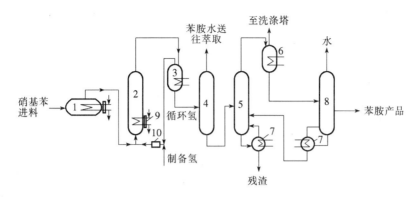

图 7-2　连续流化床硝基苯的气相加氢还原

1—气化器　2—反应器　3,6—气、液分离器　4—分离器　5—粗馏塔
7—再沸器　8—精馏塔　9—冷却器　10—压缩机

$$\text{C}_6\text{H}_5\text{NO}_2 + \text{H}_2 \longrightarrow \text{C}_6\text{H}_5\text{NH}_2 + \text{NH}_3$$

由于催化氢化是一个很强的放热反应,为控制反应温度,通常采用热交换器(通入水或其他高温有机载热体)及利用过量的氢气移出反应热,以此来控制适宜的反应温度。

出口的气体须通过多孔不锈钢(或缠玻璃布)过滤管或旋风分离器,以防止带走催化剂。在气液分离器中分出过量的氢并循环使用。粗苯胺依次进入粗分馏塔、精馏塔后可得到纯度为98 %的苯胺,而分出来的苯胺水要用硝基苯进行萃取。

有些工厂利用低压氢气通过喷嘴将硝基苯喷成雾状送入流化床反应器中。采用这种加料方式不仅能使一部分反应热用于硝基苯的蒸发,节省了蒸发设备和能量消耗,而且喷料能使硝基苯在气流中分布均匀,从而可以延长催化剂寿命。

使用固定床反应器由硝基苯制备苯胺比流化床建厂早,所用的催化剂有 $\text{NiS-Al}_2\text{O}_3$、$\text{CuO-}$
CuCr_2O_4 等。

流化床、固定床各有优缺点,在此不再比较。

前苏联专利中介绍了在固定床中,使用 Pd-Rh 薄膜催化剂在 120～200 ℃下气固相氢化制备苯胺的方法。

氨基二甲苯是汽车燃料的优良抗震剂,是由硝基二甲苯气固相催化加氢还原制得的,其工艺过程与硝基苯制备苯胺近似。

7.2.3　催化氢化的安全问题

催化氢化反应中要使用氢气、催化剂,有时还要使用高压容器,这些因素给安全生产带来了不可忽视的问题,应采取必要的措施保证安全生产。

(1)高压设备应置于符合防火、防爆要求的建筑中,要严格按操作规程进行操作,对高压设备要经常检查。

(2)应严禁明火,电器安装、使用要符合防火防爆的有关要求。

(3)催化剂制备、贮存、使用、处理要严格执行各项规定,使用时不得随意加大用量。

(4)不得让氢气、空气与催化剂同时并存。

总之,进行催化氢化反应的安全措施要按国家有关规定严格执行,这样才可使反应顺利进行又避免出现安全事故。

7.3 在电解质溶液中用铁屑还原

金属铁和酸(例如盐酸、硫酸、乙酸等)共存时,或在盐类电解质(如 $FeCl_2$、NH_4Cl 等)的水溶液中,对于硝基是一种强还原剂。它可以将芳香族硝基、脂肪族硝基或其他含氮的基团(例如亚硝基、羟胺基)还原成相应的氨基。在还原反应中一般对被还原物中所含的卤素、烯基、羰基等基团无影响,所以它是一种选择性还原剂。

采用在电解质溶液中用铁屑的还原方法是一种古老的方法。铁屑价格低廉、工艺简单、适用范围广、副反应少、对反应设备要求低,因此目前有不少硝基物还原成胺仍采用这种方法。本法最大的不足之处是有大量的含胺铁泥和含胺废水产生,必需对其进行处理,否则将严重污染环境。随着机械加工行业的技术进步,铁屑的来源也受到了限制,因此产量大的一些胺类(如苯胺)已采用了加氢还原方法,有的芳胺改用硫化碱还原法。

7.3.1 反应历程

7.3.1.1 化学历程

铁屑在盐类电解质如 $FeCl_2$、NH_4Cl 等存在下,在水介质中使硝基物还原,由下列两个基本反应来完成:

$$ArNO_2 + 3Fe + 4H_2O \xrightarrow{FeCl_2} ArNH_2 + 3Fe(OH)_2$$

$$ArNO_2 + 6Fe(OH)_2 + 4H_2O \longrightarrow ArNH_2 + 6Fe(OH)_3$$

所生成的二价铁与三价铁按下式转变成黑色的磁性氧化铁(Fe_3O_4):

$$Fe(OH)_2 + 2Fe(OH)_3 \longrightarrow Fe_3O_4 + 4H_2O$$

$$Fe + 8Fe(OH)_3 \longrightarrow 3Fe_3O_4 + 12H_2O$$

整理上述反应式得到总反应式:

$$4ArNO_2 + 9Fe + 4H_2O \longrightarrow 4ArNH_2 + 3Fe_3O_4 \tag{7-1}$$

Fe_3O_4 俗称铁泥,它是 FeO 和 Fe_2O_3 的混合物,其比例与还原条件有关,尤其与所用电解质关系很大。

7.3.1.2 电子历程

与其他金属还原剂一样,在电解质溶液中的铁屑还原反应也是个电子得失的转移过程。铁是电子的供给者,电子向硝基转移,使硝基物产生负离子自由基,它与质子供给者(如水)提供的质子结合形成还原产物。其过程为:

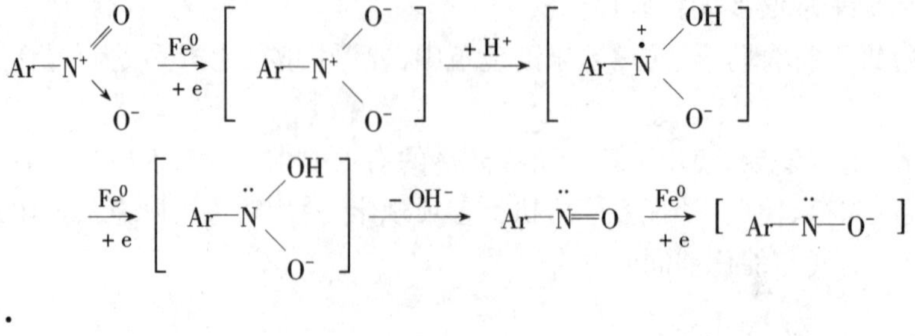

・176・

$$\xrightarrow{+\ H^+} \left[Ar-\overset{\cdot\cdot}{N}-OH \right] \xrightarrow[+\ e]{Fe^0} \left[Ar-\overset{\cdot\cdot}{N}-OH \right] \xrightarrow{+\ H^+} Ar-NH-OH$$

$$\xrightarrow[+\ H^+]{Fe^0(+\ e)} \left[Ar-\overset{\cdot}{N}H \right] \xrightarrow[+\ e]{Fe^0} \left[Ar-\overset{\cdot\cdot}{N}H \right] \xrightarrow{+\ H^+} ArNH_2$$

从上式可以看出,1 mol 硝基物要得到 6 个电子才可以还原成氨基物。若铁由零价被氧化成正二价需 3 mol 铁,若成正三价需 2 mol 铁。实际上铁既有生成正二价的又有生成正三价的,所以表现为总反应式(7-1)。1 mol 硝基物还原成氨基物,理论上需要 2.25 mol 铁。

7.3.2 影响因素

7.3.2.1 被还原物结构

对于不同的硝基化合物,采用铁屑还原方法时,反应条件有差异。在芳香族硝基化合物还原时,若芳环上有吸电基存在,硝基中氮原子上的电子云密度降低,从而亲电能力增强,使还原反应容易进行,这时还原反应的温度可较低。当芳环上有供电基存在时,硝基中氮原子上的电子云密度增高,使氮原子的亲电能力降低,从而使还原反应较难进行,这时反应温度要较高,要保持反应在沸腾回流下进行。

7.3.2.2 铁屑的质量和用量

铁屑中含有的成分不同,显示出还原活性有明显的差异。工业上一般常用含硅的铸铁或洁净、粒细、质软的灰铸铁,而熟铁粉、钢粉及化学纯的铁粉效果差。因为灰铸铁中含有较多的碳及锰、硅、磷等杂质,在电解质水溶液中可形成很多微电池,将促使铁的电化腐蚀的进行,从而有利于硝基物的还原反应。另外含有上述杂质的灰铸铁在搅拌过程中容易被粉碎,从而增大了与反应物的接触面积,也有利于还原反应的进行。

工业生产上所用的铁屑是机械加工厂机加工的副产品,它质量不一,且含有油垢、铁锈等,所以使用前要筛分、粉碎。对铁屑的粒度也有一定的要求,粒度愈小,接触面积愈大,还原反应愈快。但铁屑太细时将给后处理带来困难。工业生产上一般采用 60～100 目的铁屑为宜。铁屑用量,理论上每摩尔硝基物需 2.25 mol 的铁屑,实际上要用约为 3～4 mol 的铁屑。

7.3.2.3 电解质的影响

电解质实际上是铁屑还原反应的催化剂。电解质的存在可促进还原反应的进行,这是因为向水中加入电解质可以提高溶液的导电能力,加速铁的腐蚀,从而促进还原反应的进行。还原速度取决于电解质的性质和浓度。表 7-3 列出了不同的电解质对还原反应速度的影响。

表 7-3 不同电解质对苯胺产率的影响

电 解 质	苯胺产率,%	电 解 质	苯胺产率,%
NH_4Cl	95.5	$MgCl_2$	68.5
$FeCl_2$	91.3	$NaCl$	50.4
$(NH_4)_2SO_4$	89.2	Na_2SO_4	42.4
$BaCl_2$	87.3	CH_3COONa	10.7
$CaCl_2$	81.3	$NaOH$	0.7

①电解质浓度 0.78 N,还原时间为 30 min

在其他条件相同时,上述电解质中,以 NH_4Cl 还原反应速度最快,$FeCl_2$ 次之。适当增加电解质浓度可加速还原反应。通常每摩尔的硝基物大约用 $0.1 \sim 0.2$ mol 的电解质,其浓度约 3%(质量)左右。工业生产上常使用 NH_4Cl 和 $FeCl_2$ 为电解质。使用 $FeCl_2$ 电解质时,是通过还原反应前在反应器中加入少量铁粉和盐酸来制得的,这就是所谓的"铁的预蚀"过程。

7.3.2.4 水量

水是质子供给者,所以水在铁屑还原中是必需的。另外为了保证有效地搅拌,加强在反应中的传质和传热,要求在还原中水的过量较多,一般硝基物与水的摩尔比为 $1:50 \sim 100$。但加水量也不宜过多,过多则将使设备的生产能力降低。

7.3.2.5 搅拌及反应器

铁屑的相对密度较大,易于沉在设备底部,而还原反应在铁屑表面进行。为加快反应的进行,必需有良好的搅拌。过去还原反应器是衬有耐酸砖的平底钢锅,一般采用由耐磨损的硅铁或球磨铸铁制成的耙式搅拌器,现在多改用快桨式搅拌器,采用球底衬耐酸砖的钢锅。

7.3.3 实际操作

7.3.3.1 铁屑还原法的适用范围

铁屑还原法的适用范围较广,凡能用各种方法使芳胺与铁泥分离的芳胺均可采用铁屑还原法。因此,此法的适用范围在很大程度上并非取决于还原反应本身,而是取决于还原产物能否分离。分离方法大致有以下几类。

(1)对容易随水蒸气蒸出的芳胺,例如苯胺、邻甲苯胺、对甲苯胺、邻氯苯胺、对氯苯胺等,还原反应完毕后可用水蒸气蒸馏法将它们从反应混合物中蒸出。

(2)对易溶于水且可以蒸馏的芳胺,例如间苯二胺、对苯二胺、2,4-二氨基甲苯等,还原反应完成后可用过滤法使产物与铁泥分开,然后浓缩母液,再进行减压蒸馏而得到芳胺。

(3)对能溶于热水的芳胺,例如邻苯二胺、邻氨基苯酚、对氨基苯酚等,还原反应完成以后用热过滤法使产物与铁泥分离,滤液冷却,使产物结晶析出。

(4)对含有磺酸基或羧酸基等水溶性基团的芳胺以及许多氨基处在 α-位的萘胺磺酸,可由相应的硝基萘磺酸用铁屑还原法制得,还原后调成碱性,使氨基萘磺酸溶解,通过过滤除去铁泥,滤液再用酸化或盐析的方法使氨基萘磺酸析出。例如周位酸、劳仑酸等就是用铁屑还原法制得的。

(5)对难溶于水而挥发性又很小的芳胺,例如 2,4,6-三甲基苯胺,可以在还原后用溶剂将产物萃取出来,或在与水互溶的溶剂(如乙醇)中进行还原,然后乘热滤出碱化的铁泥,再从溶剂中收回芳胺。

(6)多硝基物可部分还原。一般认为铁屑还原法仅适用于硝基的完全还原,近年来文献报道了二硝基苯衍生物用铁屑还原法可在适当条件下只还原一个硝基的信息。

7.3.3.2 铁屑还原工艺

铁屑还原一般采用间歇操作,典型的例子是由硝基苯用铁屑还原法生产苯胺,而目前多用加氢法生产苯胺。然而仍有不少芳胺采用铁屑还原法来生产,例如甲苯胺、间苯二胺,某些氨基萘磺酸如周位酸、克立夫酸、H-酸等仍采用本法。

一般在还原锅中加入上批的还原含胺洗水、盐酸(有时亦加硫酸)和部分铁屑,生成电解质即完成铁的预蚀。在电解质生成过程中一般要通入直接蒸气加热,然后分批加入被还原物和铁屑,反应开始阶段进行激烈,可靠自身的反应热保持沸腾,反应后期需要通入直接蒸气来保持反应物料沸腾一定时间。在反应过程中要用 Na_2S 溶液不断检查有无 Fe^{2+} 存在,若无 Fe^{2+} 存在时要补加一定量的酸。

反应结束后加入纯碱、生石灰等使铁离子转变为氢氧化铁沉淀,并使反应液呈弱碱性,再进行其他的后处理,使物料与铁泥分开而得到产物。

7.4 锌粉还原

锌粉的还原能力与反应介质的酸碱性有关,在中性、酸性和碱性条件下均具有还原能力。它可以还原硝基、亚硝基、腈基、羰基、碳-碳不饱和键、碳-卤键、碳-硫键等多种官能团,在不同的介质中得到的还原产物也不同。工业上早已使用在碱性介质中用锌粉还原的方法,主要是生产联苯胺系的衍生物。

锌粉在碱性条件下进行还原可使硝基化合物发生双分子还原,生成氧化偶氮化合物、偶氮化合物、氢化偶氮化合物。锌粉也可以将羰基还原成羟基或亚甲基。

硝基化合物在碱性介质中用锌粉还原的过程为:

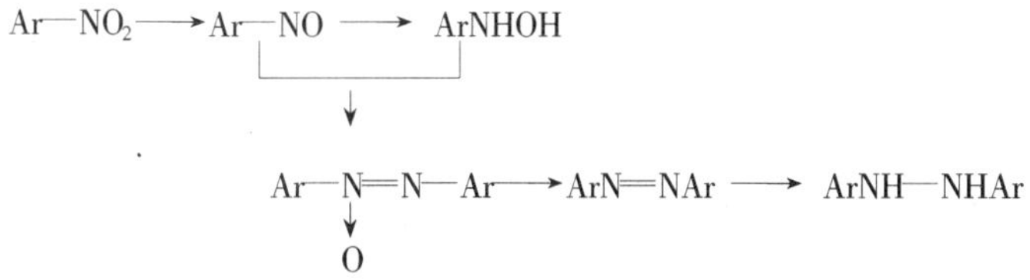

$$Ar\!-\!NO_2 \longrightarrow Ar\!-\!NO \longrightarrow ArNHOH$$

$$Ar\!-\!N\!=\!N\!-\!Ar \longrightarrow ArN\!=\!NAr \longrightarrow ArNH\!-\!NHAr$$

$$\underset{O}{\big\downarrow}$$

通过控制反应介质的不同 pH 值可得到不同的产物。例如硝基苯在中性或弱碱性介质中还原可得到苯基羟胺;若在强碱性介质中,如12 % ~ 13 % 的 NaOH 溶液中,反应温度为 100 ~ 105 ℃时可生成氧化偶氮苯;若 NaOH 浓度降到3 % ,反应温度90 ~ 95 ℃时,可生成氢化偶氮苯。

氢化偶氮化合物在酸性介质中进行重排,可得到联苯胺系衍生物:

$$ArNH\!-\!NHAr \xrightarrow{H^+} H_2N\!-\!Ar\!-\!Ar\!-\!NH_2$$

重排反应的主要产物为4,4′-二氨基联苯衍生物,有少量 2,2′-二氨基联苯衍生物。该重排反应属于内分子重排(见 2.7.2.1)。反应速度与酸浓度的平方成正比。总反应式为:

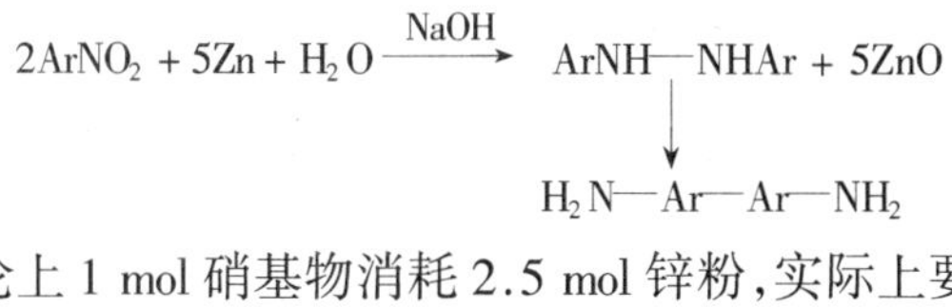

$$2ArNO_2 + 5Zn + H_2O \xrightarrow{NaOH} ArNH\!-\!NHAr + 5ZnO$$

$$\downarrow$$

$$H_2N\!-\!Ar\!-\!Ar\!-\!NH_2$$

理论上 1 mol 硝基物消耗 2.5 mol 锌粉,实际上要过量10 % ~ 15 % 。利用这种还原方法可以制得一系列的联苯胺衍生物。例如:

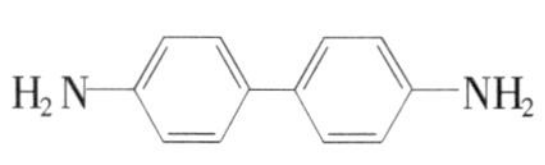

联苯胺

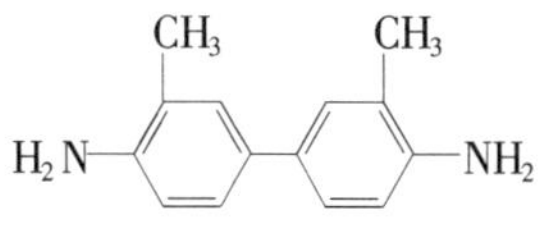

联甲苯胺

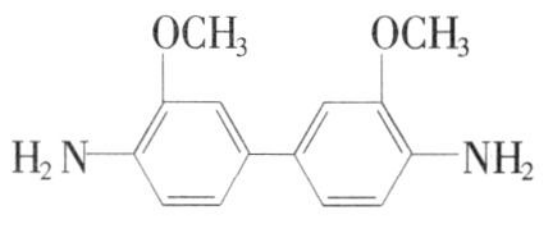

联大茴香胺

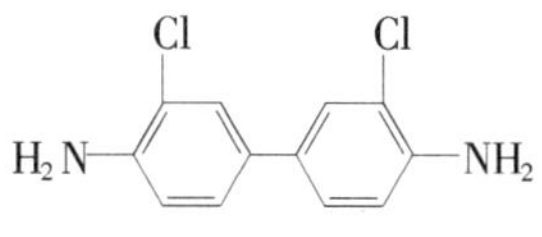

3,3′-二氯联苯胺

联苯胺是致癌性物质,各国都已相继停止生产,并积极研究代用的无致癌性中间体,并已取得了一定的进展。对于其他联苯胺系衍生物的毒性问题尚存争议。

除了锌粉还原法以外,可采用加氢还原法、甲醛法、水合肼法及电化还原法,由相应的硝基化合物来制备相应的氢化偶氮化合物。

锌粉在酸性条件下还原,在工业上某些产品的制备中也有采用,例如 1,4-氨基蒽醌及其衍生物的制备过程中可采用在酸(例如盐酸)存在下加入锌粉,使 1,4-二羟基蒽醌首先还原成隐色体,然后完成氨解反应。

7.5　含硫化合物还原

含硫化合物包括两大类。一类是硫化物(硫化物、硫氢化物和多硫化物),它们是较温和的还原剂;另一类是含氧硫化物(亚硫酸盐、亚硫酸氢盐、保险粉)。含硫化合物还原剂主要可将含氮氧的官能团还原成氨基。

7.5.1　硫化物还原

7.5.1.1　特点及应用范围

所用的硫化物主要有:硫化钠(Na_2S)、硫氢化钠(NaHS)、硫化铵($(NH_4)_2S$)、多硫化钠(Na_2S_x,x 为硫指数,等于 $1 \sim 5$)。这类还原剂是一类较温和的还原剂,主要用于硝基化合物的还原,特别是当被还原物为多硝基化合物时,它可以选择性地只还原其中的一个硝基,或是仅还原硝基偶氮染料中的硝基而不影响偶氮基,也称部分还原。

用硫化碱还原时,反应历程为:

$$ArNO_2 + 3S^{2-} + 4H_2O \longrightarrow ArNH_2 + 3S^0 + 6OH^-$$

$$S^0 + S^{2-} \longrightarrow S_2^{2-}$$

$$4S^0 + 6OH^- \longrightarrow S_2O_3^{2-} + 2S^{2-} + 3H_2O$$

还原总反应式为:

$$ArNO_2 + S_2^{2-} + H_2O \longrightarrow ArNH_2 + S_2O_3^{2-}$$

用硫化物作为还原剂时,也是电子得失过程,硫化物供给电子。用 Na_2S 作为还原剂时是 S^{2-} 进攻硝基的氮原子,而 Na_2S_2 是 S_2^{2-} 进攻硝基的氮原子。S_2^{2-} 还原速度比 S^{2-} 快。

7.5.1.2　影响因素

1.被还原物性质

$ArNO_2$ 中 Ar 上带有吸电基时,有利于还原反应进行,有供电基时,将阻碍还原反应的进行。例如间二硝基苯还原时,第一个硝基可比第二个硝基快 1 000 倍以上。因此可选择适当的条件达到多硝基物部分还原的目的。

2.反应介质的碱性

使用不同的硫化物时,在反应体系中介质的碱性差别很大。表 7-4 给出含 0.1N 各种硫化物的水溶液的 pH 值。

表 7-4　含 0.1 N 各种硫化碱的水溶液的 pH 值

硫　化　碱	pH	硫　化　碱	pH
Na_2S	12.6	Na_2S_5	11.5
Na_2S_2	12.5	NaHS	10.2
Na_2S_3	12.3	$(NH_4)_2S$	< 11.2
Na_2S_4	11.8	$(NH_4)HS$	8.2

用 Na_2S、Na_2S_2 和 Na_2S_x 作为还原剂使硝基物还原的反应式分别为：

$$4ArNO_2 + 6Na_2S + 7H_2O \longrightarrow 4ArNH_2 + 3Na_2S_2O_3 + 6NaOH$$

$$ArNO_2 + Na_2S_2 + H_2O \longrightarrow ArNH_2 + Na_2S_2O_3$$

$$ArNO_2 + Na_2S_x + H_2O \longrightarrow ArNH_2 + Na_2S_2O_3 + (x-2)S\downarrow$$

Na_2S 作还原剂时，随着还原反应的进行将不断有 NaOH 生成，使反应介质的 pH 值不断升高，因而将发生双分子还原，生成氧化偶氮化合物、偶氮化合物、氢化偶氮化合物等副产物。为了避免上述副反应的发生，在反应体系中要加入 NH_4Cl、$MgSO_4$、$MgCl_2$、$NaHCO_3$ 等物质来降低介质的碱性。

当使用二硫化钠或多硫化钠时，在反应过程中不产生 NaOH，可以避免双分子还原副反应的发生。但三硫化钠以上的多硫化钠作为还原剂时，在反应中将有硫析出，使反应产物分离困难，因此实用价值不大。对于需要控制碱性的还原反应多采用二硫化钠作为还原剂。

7.5.1.3　实际操作

采用硫化碱还原，生产周期短、设备易于密闭、对设备腐蚀性小，一般适用于制备不溶于水的芳胺。不足之处是硫化碱价格较高，产率一般比铁屑法稍低，产生的废液量较大，而且还原反应有时需在压力下操作，因此对设备的要求稍高。

1. 多硝基化合物的部分还原

还原剂一般采用 Na_2S_2 或 NaHS，过量约5 % ~ 10 %，反应温度在 40 ~ 80 ℃ 之间。通常不在沸腾下反应以避免发生完全还原，有时还要加入一些无机盐来控制碱性。以下几种氨基、硝基化合物就是采用硫化碱还原剂通过部分还原制得的。

当不对称的间二硝基苯衍生物进行部分还原时，哪个硝基被选择性地还原，一般取决于苯环其他取代基的性质。如果有—OH 、—OR 等基团存在时，其邻位的硝基被还原。

2. 硝基化合物的完全还原

这种还原方法主要用于制备容易与硫代硫酸钠分离的芳胺。还原剂一般采用 Na_2S 或 Na_2S_2，过量约10 % ~ 20 %，反应温度一般在 60 ~ 100 ℃，有时可达 170 ℃ 左右，提高反应温度可以缩短反应时间，但这时要使用耐压设备。

1) 1-氨基蒽醌的制备

它是合成蒽醌系染料的重要中间体，人们都很重视其合成方法的研究。国内采用蒽醌的硝化-还原法来制备，还原采用硫化碱法。反应为：

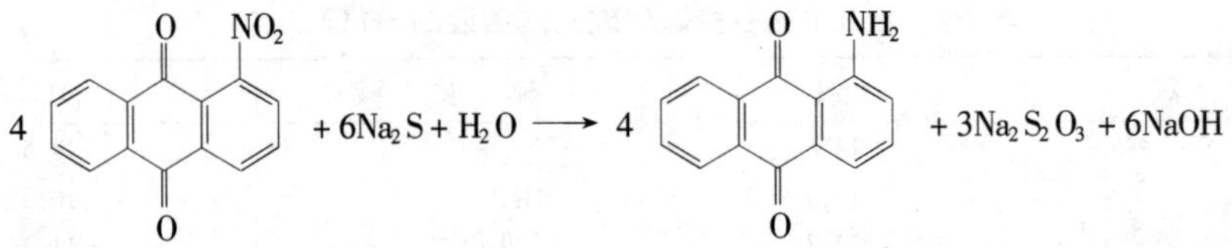

$$4 \text{ (anthraquinone-NO}_2) + 6Na_2S + H_2O \longrightarrow 4 \text{ (anthraquinone-NH}_2) + 3Na_2S_2O_3 + 6NaOH$$

一般采用过量10 % ~ 20 %的硫化钠水溶液,在 90 ~ 100 ℃下还原,反应完全后趁热过滤即得纯度为90 %左右的粗制品1-氨基蒽醌,通过升华法、硫酸处理法、保险粉处理法或精馏法进行精制。

2)1-萘胺的制备

用 Na_2S_2 作为还原剂,可采用间歇法或连续法生产,反应温度 102 ~ 106 ℃,产率85 % ~ 87 %。

3)还原母液的利用和废水处理

对于硫代硫酸钠含量较高的还原废液,通常采用空气氧化法使残存的 Na_2S_2 氧化成 $Na_2S_2O_3$,再经蒸发、结晶来回收硫代硫酸钠(也称大苏打或海波)。对于硫代硫酸钠含量较低的还原废液,由于回收海波不经济而采用其他方法处理。

7.5.2 含氧硫化物还原

这类还原剂中使用较多的是亚硫酸钠、亚硫酸氢钠和连二亚硫酸钠(也称低亚硫酸钠)。亚硫酸钠、亚硫酸氢钠可以将硝基、亚硝基、偶氮基、羟氨基还原成氨基,将重氮盐还原成肼。连二亚硫酸钠($Na_2S_2O_4$)商品名叫保险粉,它在稀碱介质中是一种强还原剂,使用时条件较温和,反应速度快,产品纯度高,但是因价格高、不易保存,在精细有机合成中很少采用。

7.6 金属复氢化合物还原

金属复氢化合物还原剂在精细有机合成中的应用近期发展十分迅速,其中研究及应用最多的为 $LiAlH_4$(氢化铝锂、四氢铝锂)和 $NaBH_4$(氢化硼钠、四氢硼钠)。这类还原剂的特点是,反应速度快、副反应少、产品产率高、反应条件较温和、选择性好。它们可使羧酸及其衍生物还原成醇,羰基还原成羟基,也可以使 $\diagdown C = N - OH$ 、$-CN$ 、$-NO_2$ 、$-CH_2X$ 、$-CH-CH-$ (环氧)

等基团还原,但一般不能还原碳—碳不饱和键($C = C$, $-C \equiv C-$)。也就是说,它可以还原碳原子和杂原子之间的双键和叁键,而一般不能还原碳碳之间的双键和叁键,这是与催化氢化还原显著不同之处。

各种金属氢化物的还原能力是有差别的。其中 $LiAlH_4$ 是最强的还原剂,它作还原剂一般均可获得较高的产率,是一种应用十分广泛的广谱还原剂。$LiAlH_4$ 是由 LiH 粉末与无水 $AlCl_3$ 在干醚中反应制得:

$$4 \text{ LiH} + AlCl_3 \longrightarrow LiAlH_4 + 3 \text{ LiCl}$$

它在水、酸、醇、硫醇等含活泼氢的化合物中发生分解,所以反应不能在上述溶剂中进行,常用无水乙醚、四氢呋喃作为溶剂进行还原反应。

$NaBH_4$ 是另一种重要的还原剂,它的还原作用较 $LiAlH_4$ 温和,仅能使羰基化合物和酰氯还原为醇,不能使硝基还原。它是由氢化钠和硼酸甲酯反应而制得:

$$4\ NaH + B(OMe)_3 \longrightarrow NaBH_4 + 3\ NaOMe$$

$NaBH_4$ 在常温时对水、醇等均稳定,所以在还原反应中可用水、醇作溶剂,高温时可选用四氢呋喃、二甲基亚砜等溶剂。

$LiAlH_4$ 作还原剂具有很多优点,但价格太高,目前仅在实验室中使用。$NaBH_4$ 价格稍低,但比其他常用的还原剂仍然贵得多,工业上应用少。但是这种方法仍值得重视。

金属复氢化合物与不同比例的三氯化铝等配合使用时与单独使用金属复氢化合物时性质不同。它能还原一般金属氢化物所不能还原的孤立双键。

7.7 其他还原方法

7.7.1 醇铝还原

醇铝也称为烷氧基铝,是一类重要的有机还原剂。特点是:作用温和、具有高选择性、反应速度快、副反应少、产率高。它仅能使羰基还原成羟基(特殊情况下也可以生成 CH_2),对于碳-碳原子之间的双键、叁键、NO_2、—Cl 等均无还原能力。较常用的还原剂是乙醇铝和异丙醇铝。乙醇铝通过下式合成:

$$2\ Al\ +\ 6\ C_2H_5OH \xrightarrow{HgCl_2} 2\ Al \cdot (OC_2H_5)_3 +\ 3H_2 \uparrow$$

它易于水解,所以在制备和使用时均在无水条件下进行。使用醇铝进行还原反应是负氢离子的转移过程。在还原羰基化合物时,醇铝中铝原子与羰基的氧原子以配位键形式结合,形成过渡态六元环,然后负氢离子从烷氧基向羰基转移,铝氧键断裂,最后完成还原过程。

7.7.2 硼烷类还原

硼烷是由四氢硼钠与三氟化硼制得的:

$$3\ NaBH_4\ +\ 4\ BF_3 \longrightarrow 2\ B_2H_6\ +\ 3\ NaBF_4$$

硼烷是亲电试剂,它与羰基上的氧原子相结合,然后硼原子上的氢以负氢离子形式转移到羰基碳原子上,还原成醇。硼烷容易将羧酸还原成相应的醇。当羧酸衍生物中存在有硝基、腈基、氯基、酯基或酮(醛)羰基时,只要控制硼烷的用量和低温反应,可将羧酸还原成相应的醇,而其他取代基不受影响,它具有很高的选择性。

硼烷还原脂肪族羧酸的速度大于还原芳香族羧酸的速度,位阻小的羧酸还原速度大于位阻大的羧酸。

7.7.3 电解还原

这是另一种重要的还原方法,电解还原是电有机合成的重要部分。电有机合成的有关概念和理论在 3.9 中已有论述。

电解还原发展受到能源、电极材料、电解槽设计等条件的限制。在国外已有某些产品实现了工业化,如丙烯腈电解还原制己二腈,硝基苯还原制备对-氨基酚、苯胺、联苯胺等。

除上述还原方法外也可采用水合肼及甲醛等作为还原剂,它们可以使硝基、亚硝基化合物还原成相应的偶氮基化合物。

参考文献

1 唐培堃.中间体化学及工艺学.北京:化学工业出版社,1984

2 朱淬砺.药物合成反应.北京:化学工业出版社,1981

3 李正化.有机药物合成原理.北京:人民卫生出版社,1985

4 黄宪等.有机合成化学.北京:化学工业出版社,1983

5 姜麟忠.催化氢化在有机合成中的应用.北京:化学工业出版社,1987

6 顾可权等.有机合成化学.上海:上海科学技术出版社,1987

7 穆光照译.化工有机合成单元过程.北京:燃料化学工业出版社,1972

8 Venkataraman K. The Chemistry of Synthetic Dyes, Vol. 3, 1970

9 Kris-Othmer. Encyclopedia of Chemical Technology, 3rd. ed., Vol. 2, 1978

10 Лисицын В Н. Химия и Технология Промежу-молных Продукмов, Химия 1987

11 Freifelder M. Catalytic Hydrogenation in Organic Synthesis Procedures and Commentary. 1978

12 Эфрос Л С, Горелик М В. Химия и Технологие Промежумочных Продукмов. Химия, 1980

13 徐克勋.精细有机化工原料及中间体手册.北京:化学工业出版社,1998

14 姚蒙正,程侣伯.王家儒.精细化工产品合成原理.第二版.北京:中国石化出版社,2000

第 8 章　重氮化和重氮基的转化

8.1　概述

氨基化合物转变成重氮化合物的反应称为重氮化反应,一般按下式完成:

$$ArNH_2 + 2HX + NaNO_2 \longrightarrow ArN_2^+ X^- + NaX + H_2O$$

式中 HX 代表无机酸。

重氮化合物是 Griss 在 1859 年发现的,当时已经知道,脂肪族伯胺类与亚硝酸作用生成的重氮盐极不稳定,易分解生成醇类化合物,即

$$RNH_2 + NaNO_2 + HCl \longrightarrow ROH + N_2 \uparrow + NaCl$$

重氮化合物放出氮气,形成碳正离子,发生亲核取代反应,生成伯醇,还可发生重排和加成副反应生成仲醇、卤代烷和烯烃化合物。由于产品很复杂,在有机合成中,脂肪族重氮化反应实际意义不大,主要用于氨基化合物的分析鉴定。苄基伯胺的碳正离子不发生副反应,只进行亲核取代生成苄醇衍生物。脂环族伯胺的重氮化合物,形成碳正离子进行分子重排反应,得到扩环、缩环或环合产品。

芳烃和杂环烃的重氮化合物比脂肪烃的重氮化合物性质稳定,其转化反应具有较大的实用价值,例如偶合反应、还原反应、置换反应和自由基的取代反应等。

重氮基的转化反应分为保留氮的转化反应和放出氢的转化反应,下面将分别讨论。

由重氮化反应制备的重氮化合物通过偶合反应可合成一系列偶氮染料、颜料,同时重氮化合物通过重氮基的转化反应可以制备许多重要中间体,因此对重氮化反应历程进行了深入研究。

8.2　重氮化反应

8.2.1　重氮化反应定义和特点

重氮化反应主要应用于芳族伯胺和某些杂环的氨基衍生物。重氮化确切的定义是芳族伯胺和亚硝酸作用生成重氮盐的反应。由于亚硝酸易分解,所以反应中通常用亚硝酸钠与无机酸作用生成亚硝酸,立即与芳伯胺反应,表示如下:

$$ArNH_2 + 2HX + NaNO_2 \longrightarrow ArN_2^+ X^- + NaX + 2H_2O$$

式中 X 可以是 Cl、Br、NO_3、HSO_4 等。工业上常采用盐酸,其理论用量为每摩尔芳伯胺用 2 mol 盐酸。无机酸的作用是溶解芳胺和生成亚硝酸。生成的重氮盐一般在酸性溶液中比较稳定。实际上,无机酸用量与芳胺的摩尔比通常为 1:2.25~4。在重氮化过程和反应终了,要始终保持反应介质对刚果红试纸呈强酸性,如果酸量不足,可能导致生成的重氮盐与没有起反应的芳胺生成重氮氨基化合物:

$$ArN_2X + ArNH_2 \longrightarrow ArN=NNH-Ar + HX$$

在重氮化反应中,如果亚硝酸不能自始至终保持过量或是加入亚硝酸钠溶液的速度过慢,也会生成重氮氨基化合物。例如苯胺、对硝基苯胺重氮化所生成的重氮氨基化合物为黄色沉淀物:

$$O_2N-\langle\bigcirc\rangle-N_2^+Cl^- + H_2N-\langle\bigcirc\rangle-NO_2 \longrightarrow O_2N-\langle\bigcirc\rangle-N=N-NH-\langle\bigcirc\rangle-NO_2\downarrow$$

(黄色)

反应中应保持亚硝酸微过量,可用碘化钾淀粉试纸检验。微过量的亚硝酸可以将试纸中的碘化钾氧化,游离出碘而使试纸变为蓝色。反应为:

$$2HNO_2 + 2KI + 2H_2O \longrightarrow I_2 + 2KCl + 2H_2O + 2NO$$

重氮化反应完毕,过量的亚硝酸对下步反应不利,因此常加入尿素或氨基磺酸将过量的亚硝酸分解掉,或加入少量的芳胺,使之与过量的亚硝酸作用。反应为:

$$H_2N-CO-NH_2 + 2HNO_2 \longrightarrow CO_2\uparrow + 2N_2\uparrow + 3H_2O$$

$$H_2N-SO_3H + HNO_2 \longrightarrow H_2SO_4 + N_2\uparrow + H_2O$$

重氮化反应是典型的放热反应,要及时移除反应热。一般在 $0 \sim 10$ ℃进行,如果温度高,不仅亚硝酸容易分解,也会加速重氮化合物的分解。反应温度应根据重氮盐的稳定性决定,对氨基苯磺酸可在 $10 \sim 15$ ℃重氮化,1-氨基萘-4-磺酸的重氮盐很稳定,重氮化反应可在 35 ℃下进行。

8.2.2　重氮化反应动力学

如果反应中无机酸用盐酸,在芳胺的重氮化体系中存在如下平衡反应:

$$ArNH_2 + HCl \rightleftharpoons ArNH_3^+ Cl^-$$

$$HNO_2 \rightleftharpoons H^+ + NO_2^-$$

$$2HNO_2 \rightleftharpoons H_2O + N_2O_3$$

$$HNO_2 + HCl \rightleftharpoons NOCl + H_2O$$

通过实验得出苯胺在盐酸中重氮化反应动力学方程式为

$$v = k_1[C_6H_5NH_2][HNO_2]^2 + k_2[C_6H_5NH_2][HNO_2][H^+][Cl^-]$$

式中 k_1 和 k_2 为反应速度常数,且 $k_2 \gg k_1$。

由上式可知,在盐酸中苯胺的重氮化反应是两个平行反应,一是苯胺与 N_2O_3 的反应,另一是苯胺与 NOCl 的反应。但是真正参加反应的质点是亚硝酸和盐酸作用的产物亚硝酰氯分子。上述平衡表明,亚硝酰氯浓度为:

$$[NOCl] = k[HNO_2][H^+][Cl^-]$$

实际测得苯胺在稀硫酸介质中重氮化时,反应速度与苯胺浓度、亚硝酸浓度的平方乘积成正比,即

$$v = k_1[C_6H_5NH_2][HNO_2]^2$$

两个亚硝酸分子作用生成一个中间产物 N_2O_3,此中间产物进攻苯胺分子,反应为:

$$2HNO_2 \rightleftharpoons N_2O_3 + H_2O$$

$$[N_2O_3] = k[HNO_2]^2$$

亲电性质点有亚硝酰氯(NOCl)和亚硝酸酐(N_2O_3)：

$$\overset{\delta+}{:N}\rightarrow Cl \qquad \overset{\delta+}{:N}\rightarrow O-N=O$$
$$\overset{\delta-}{O} \qquad\qquad \overset{\delta-}{O}$$

亚硝酰氯是比亚硝酸酐强的亲电试剂,所以苯胺在盐酸中重氮化反应速度要比在稀硫酸中快得多。

8.2.3 重氮化反应历程

动力学实验证明,重氮化反应是自由芳胺经过亚硝化阶段而生成重氮盐的。芳胺在酸性介质中不仅能生成盐,而且也会发生水解反应,因而提出了自由胺参加反应的历程：

$$Ar\overset{H}{\underset{H}{\overset{+}{N}}}H \cdot Cl^- + H_2O \rightleftharpoons ArNH_2 + H_3O^+ + Cl^-$$

$$Ar\overset{H}{\underset{H}{N}}: + \overset{O}{N}-X \xrightarrow{慢} \left[Ar\overset{H}{\underset{H}{\overset{+}{N}}}-NO\right] + X^-$$
（亲电试剂）　　　（中间体）

或

$$Ar\overset{H}{\underset{H}{N}}: + \overset{O}{N}-O-N=O \xrightarrow{慢} \left[Ar\overset{H}{\underset{H}{\overset{+}{N}}}-NO\right] + NO_2^-$$
（亲电试剂）　　　（中间体）

$$\left[Ar\overset{H}{\underset{H}{\overset{+}{N}}}-NO\right] \xrightarrow{快} ArN^+\equiv N + H_2O$$

反应是分步进行的,首先是亲电试剂亚硝酰化合物与自由胺作用,生成带正电荷的不稳定的中间体,这一步是重氮化反应的控制步骤,第二步是不稳定的中间体转化为重氮盐。

8.2.4 重氮化反应影响因素

芳伯胺的重氮化是亲电反应,反应进行的难易与多种因素有关。

1)芳胺碱性的影响

反应历程表明,芳胺碱性愈大愈有利于 N-亚硝化反应,并加速了重氮化反应速度。但是强碱性的芳胺很容易与无机酸生成盐,而且又不易水解,使得参加反应的游离胺浓度降低,抑制了重氮化反应速度。因此,当酸的浓度低时,芳胺碱性的强弱是主要影响因素,碱性愈强的芳胺,重氮化反应速度愈快。在酸的浓度较高时,铵盐水解的难易程度成为主要影响因素,碱性弱的芳胺重氮化速度快。

2)无机酸性质的影响

使用不同性质的无机酸时,在重氮化反应中向芳胺进攻的亲电质点也不同。在稀硫酸中反应质点为亚硝酸酐,在浓硫酸中则为亚硝基正离子。过程如下：

$$O=N-OH + 2H_2SO_4 \rightleftharpoons NO^+ + 2HSO_4^- + H_3^+O$$

而在盐酸中,除亚硝酸酐外还有亚硝酰氯。在盐酸介质中重氮化时,如果添加少量溴化物,由于溴离子存在则有亚硝酰溴生成：

$$HO—NO + H_3^+O + Br^- \Longleftrightarrow ONBr + 2H_2O$$

各种反应质点亲电性大小的顺序如下：

$$NO^+ > ONBr > ONCl > ON—NO_2 > ON—OH$$

对于碱性很弱的芳胺，不能用一般方法进行重氮化，只有采用浓硫酸作介质。浓硫酸不仅可以溶解芳胺，更主要的是它与亚硝酸钠可生成亲电性最强的亚硝基正离子($NO^+HSO_4^-$)。作为重氮化剂，NO^+可以在电子云密度低的氨基上发生 N-亚硝化反应，然后再转化为重氮盐。在盐酸介质中重氮化，加入适量的溴化钾，生成高活性亚硝酰溴(ONBr)。在相同条件下，亚硝酰溴的浓度要比亚硝酰氯的浓度大 300 倍左右，提高了重氮化反应速度。

3)无机酸浓度的影响

无机酸浓度较低时，芳胺变为铵盐而溶解，同时在水溶液中又能水解成为自由胺，有利于 N-亚硝化反应。随着酸浓度的提高，增加了亚硝酰氯的浓度，使重氮化反应速度增加。当无机酸浓度很高时，虽然有利于芳胺转化成铵盐而溶解，但对于铵盐水解成自由胺则不利，使参与重氮化反应的自由胺浓度明显下降，重氮化反应速度降低。

8.2.5 重氮化方法

由于芳胺结构的不同和所生成重氮盐性质的不同，采用的重氮化方法也不同，主要有以下六种。

1)碱性较强的芳胺重氮化

此类芳胺分子中不含有吸电基，例如苯胺、联苯胺以及带有—CH_3、—OCH_3等基团的芳胺衍生物。它们与无机酸生成易溶于水而难以水解的稳定铵盐。重氮化时通常先将芳胺溶于稀的无机酸水溶液，冷却并于搅拌下慢慢加入亚硝酸钠的水溶液，称为正法重氮化法。

2)碱性较弱的硝基芳胺和多氯基芳胺的重氮化

此类芳胺包括邻位、间位和对位硝基苯胺、硝基甲苯胺、2,5-二氯苯胺等。由于碱性弱与无机酸成盐较难，如果生成铵盐也难溶于水，但容易水解释放出自由胺，形成的重氮盐极易与未重氮化的自由胺生成重氮氨基化合物。因此，重氮化时把芳胺溶于浓度高的热无机酸中，然后加冰冷却，析出极细的芳胺沉淀，迅速一次加入亚硝酸钠溶液。为使重氮化完全并避免副反应发生，要有过量的亚硝酸和足量的无机酸。

3)弱碱性芳胺的重氮化

此类芳胺是指碱性很弱的 2,4-二硝基苯胺、2-氰基-4-硝基苯胺、1-氨基蒽醌及 1,5-二氨基蒽醌或某些杂环化合物(如苯并噻唑衍生物)等。它们不溶于稀酸而溶于浓酸(硫酸、硝酸和磷酸)或有机溶剂(乙酸和吡啶)中。重氮化时常用浓硫酸或乙酸为介质，用亚硝基硫酸($NOHSO_4$)为重氮化剂。

4)氨基磺酸和氨基羧酸的重氮化

此类芳胺有氨基苯磺酸、氨基苯甲酸、1-氨基萘-4-磺酸等。它们本身在酸性溶液中生成两性离子的内盐沉淀，故不溶于酸，因而很难重氮化。

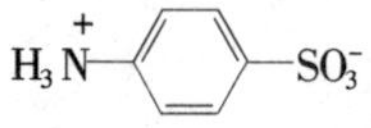

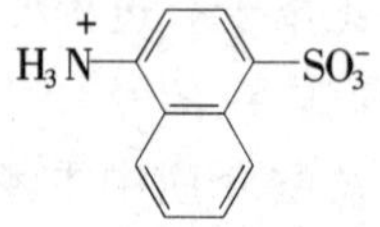

如果先制成它们的铵盐则易增加溶解度,使之很容易溶解于水。所以在重氮化时先把它们溶于碳酸钠或氢氧化钠水溶液中,然后加入无机酸,析出很细的沉淀,再加入亚硝酸钠溶液,进行重氮化。

对于溶解度更小的 1-氨基萘-4-磺酸,可把等摩尔比的芳胺和亚硝酸钠混合物在良好搅拌下,加到冷的稀盐酸中进行反法重氮化。

5)容易被氧化的氨基酚类的重氮化

此类芳胺有邻位、对位氨基酚及其硝基、氯基衍生物。它们都可以采用通常的重氮化方法,但该类中的某些芳胺在无机酸中易被亚硝酸氧化成醌亚胺型化合物。例如,2-氨基-4,6-二硝基苯酚,其重氮化是先将其溶于苛性钠水溶液中,然后加盐酸以细颗粒形式析出,再加亚硝酸钠进行重氮化。1-氨基-2-萘酚-4-磺酸的重氮化要在中性水溶液中加入少量硫酸铜作催化剂来进行的:

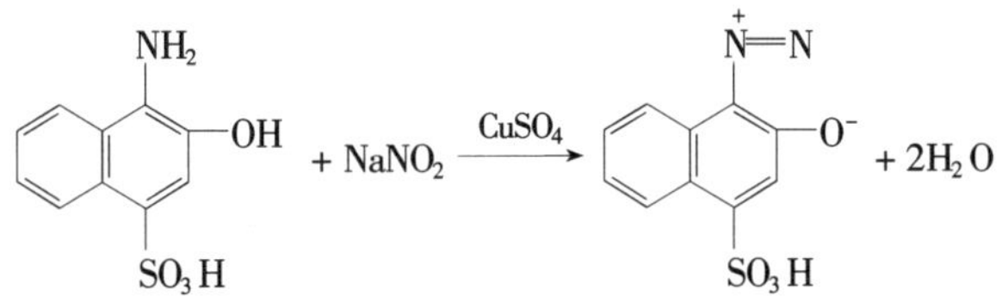

6)二胺类化合物重氮化的三种情况

邻二胺类的重氮化:它和亚硝酸作用时一个氨基先被重氮化,然后该重氮基又与未重氮化的氨基作用,生成不具有偶合能力的三氮化合物,即

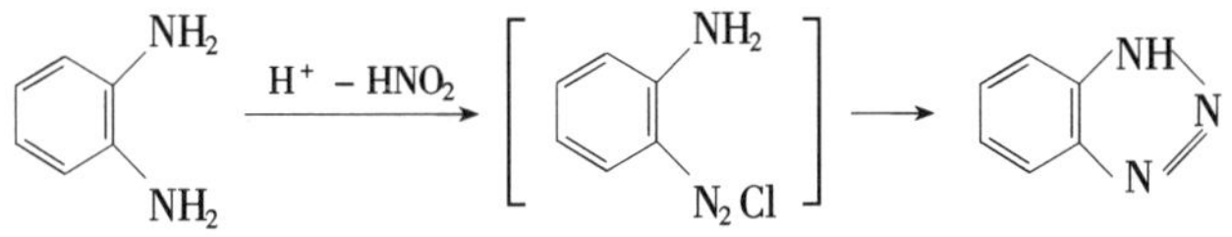

间二胺类的重氮化:其特点是极易重氮化及与重氮化合物偶合。例如,一个分子中的两个氨基同时被重氮化,接着与未起作用的二胺发生自身偶合,如俾士麦棕 G 偶氮染料的制备。反应为

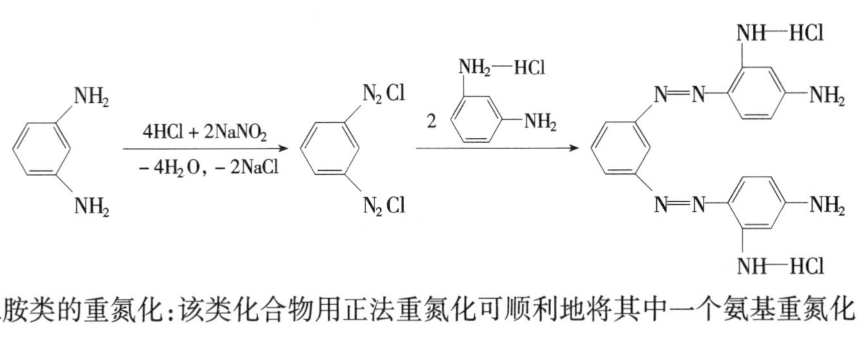

对二胺类的重氮化:该类化合物用正法重氮化可顺利地将其中一个氨基重氮化,得到对氨基重氮苯,即

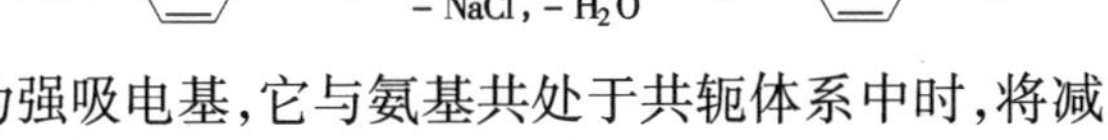

重氮基为强吸电基,它与氨基共处于共轭体系中时,将减弱未被重氮化的氨基的碱性,使进一步重氮化产生困难,如果将两个氨基都重氮化则需在浓硫酸中进行。

8.3 保留氮的重氮基转化反应

8.3.1 偶合反应

偶合反应是制备偶氮染料和偶氮类颜料最常用、最重要的方法。将芳胺的重氮盐作为亲电试剂,对酚类或胺类的芳环进行亲电取代可制得偶氮化合物:

$$ArN_2^+ X^- + Ar'OH \longrightarrow ArN=NAr'OH + HX$$
$$(Ar'NH_2) \qquad (ArN=NAr'NH_2)$$

参与反应的重氮盐被称为重氮组分,与重氮盐相作用的酚类和胺类被称为偶合组分。常用的偶合组分有:

(1)酚类,例如苯酚、萘酚及其衍生物,以及色酚 AS 类衍生物等;

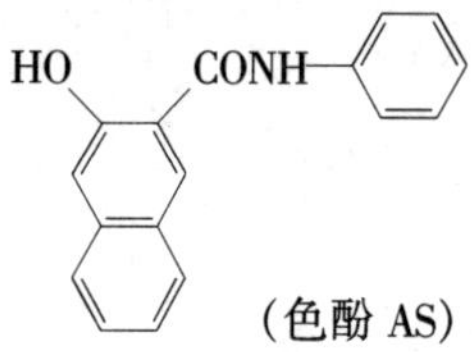

(色酚 AS)

(2)芳胺类,例如苯胺、萘胺及其衍生物;

(3)氨基萘酚磺酸类,例如 H 酸、J 酸及 γ 酸等;

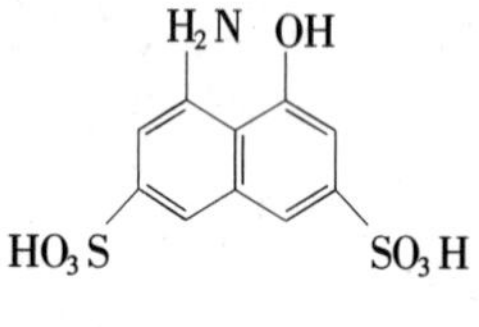

H酸

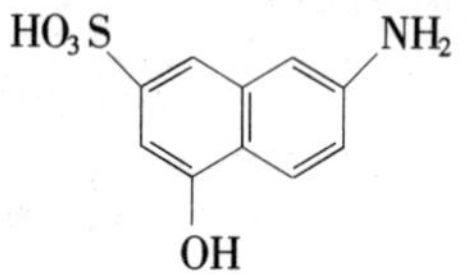

J酸

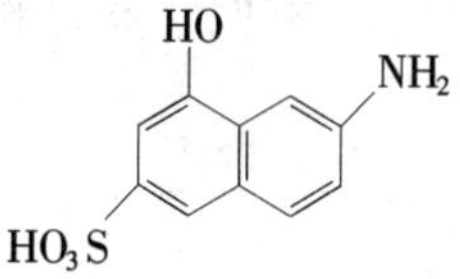

γ酸

(4)含有活泼亚甲基的化合物,例如乙酰乙酰基芳胺衍生物、吡唑啉酮及吡啶酮衍生物等。

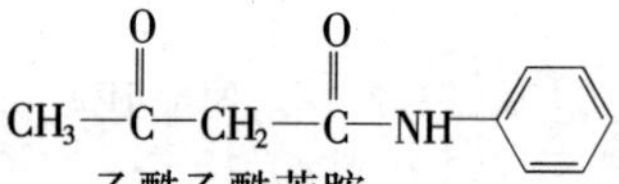

乙酰乙酰苯胺

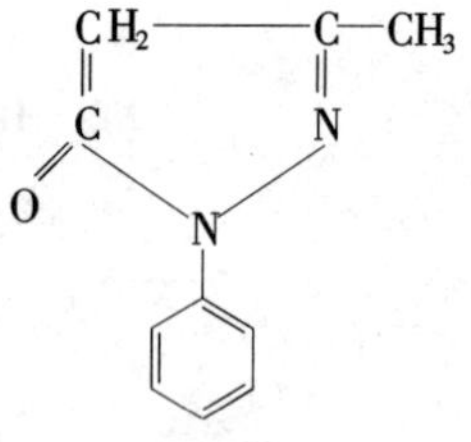

吡唑酮

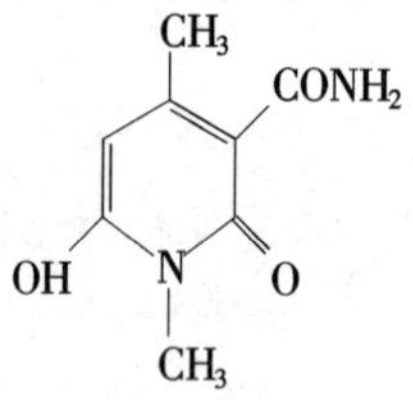

吡啶酮

8.3.1.1 偶合反应历程

在偶合过程中参加反应的是重氮盐正离子,它进攻偶合组分的芳香环电子云密度最高的碳原子,并发生亲电取代反应。动力学研究结果认为,当重氮盐和酚类在碱性介质中偶合时,参加反应的具体形式是重氮盐正离子 ArN_2^+ 和酚盐负离子 ArO^-。反应速度公式为:

$$v = k[ArN_2^+][ArO^-]$$

在酸性介质中与胺类偶合时,参加反应的具体形式是重氮盐正离子 ArN_2^+ 和游离胺 $ArNH_2$。反应速度公式为:

$$v_偶 = k'[ArN_2^+][ArNH_2]$$

式中[ArN_2^+]、[ArO^-]、[$ArNH_2$]分别表示重氮盐正离子、酚盐负离子和芳胺的浓度,k 和 k' 为反应速度常数。

动力学研究推断的偶合历程是这样的:当重氮盐正离子和偶合组分反应时,首先可逆地形成中间体Ⅰ和Ⅱ,然后中间体迅速失去一个质子,不可逆地转变为偶氮化合物:

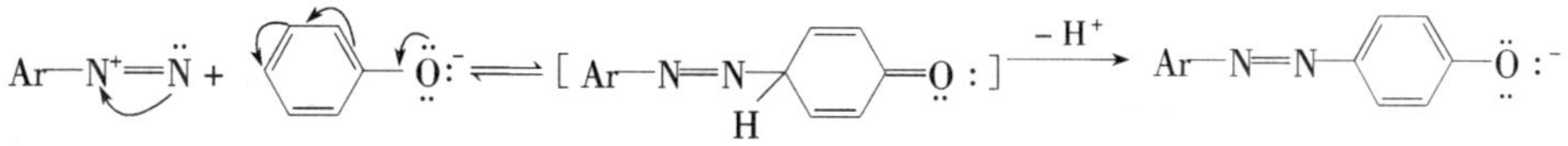

酚盐负离子　　　　　　　　中间体Ⅰ

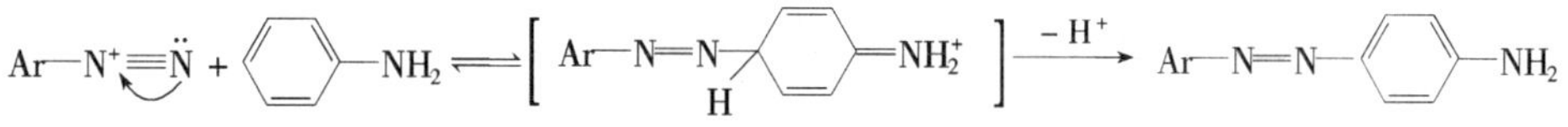

中间体Ⅱ

8.3.1.2 影响偶合反应的因素

1)偶合组分的性质

偶合组分中芳环上取代基的性质明显地影响偶合反应的难易。给电性取代基(例如—OH、—NH_2、—NHR)使偶合能力增强,尤其是羟基和氨基的定位作用一致时,反应活性非常高,可以进行多次偶合,例如间苯二胺、间苯二酚都有高度偶合活性。如果偶合组分中有吸电性取代基,例如有硝基、氰基、磺酸基和羧基等,反应活性明显下降,偶合反应较难进行。常见的偶合组分中取代基对偶合反应的活性的影响,有如下次序:

$$ArO^- > ArNR_2 > ArNHR > ArNH_2 > ArOR > ArNH_3^+$$

偶合的位置常常在偶合组分中羟基或氨基的对位,当对位被占据时,则进入邻位或者重氮基将原来对位上的取代基置换。萘酚的衍生物以 1-萘酚活性最高,偶合时重氮基优先进入羟基的对位,有的发生在邻位;2-萘酚衍生物只能在 1-位偶合。萘胺衍生物以 1-萘胺偶合能力最强,主要生成对位偶合产物。氨基萘酚磺酸类是常用的重要偶合组分,既可在碱性介质中羟基的邻位偶合,也可在酸性介质中氨基的邻位偶合。

2)重氮组分的性质

当重氮盐的芳环上有吸电性取代基,例如有硝基、磺酸基、卤基时,能使—N_2^+基上正电性增强,提高活性,加速偶合。相反,芳环上有给电性取代基(例如甲基、甲氧基)时,使—N_2^+基上的正电性减弱,降低了偶合活性。不同的芳胺重氮盐其偶合反应速度依下列次序递增:

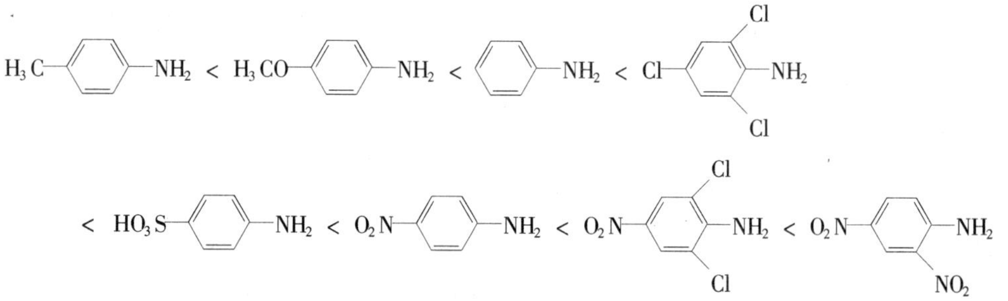

3)介质的影响

根据偶合组分性质不同,偶合反应须在一定的 pH 值范围内进行。与胺类的偶合是在弱酸性介质、pH 值为 4~7 的醋酸钠溶液中进行；而与酚类的偶合是在弱碱性、pH 值为 7~10 的范围内进行。介质的 pH 值对偶合位置有决定性影响。如果偶合组分是氨基萘酚磺酸，在碱性介质中偶合主要发生在羟基的邻位，在酸性介质中偶合主要发生在氨基的邻位，在羟基邻位的偶合反应速度比在氨基邻位的快得多。利用这一性质可将 H 酸先在酸性介质中偶合，然后在碱性介质中进行二次偶合。除 H 酸外，J 酸、K 酸(1-氨基-8-羟基萘-4,6-二磺酸)、S 酸(1-氨基-8-羟基萘-4-磺酸)也具有类似情况。

偶合介质不仅影响偶合位置，同时对偶合反应速度也有明显影响，这可以从参加偶合反应质点的浓度变化得到说明。如果偶合组分为酚类，当 pH 值增加时，由于参与反应的酚盐负离子浓度增加，从而使偶合速度增加。

$$ArOH \rightleftharpoons ArO^- + H^+$$

$$Ar'N^+ + ArO_2^- \longrightarrow Ar'—N=N—ArO$$

pH 值增加到 9 左右时，偶合速度最大；当 pH 值再进一步增加时，即在 pH 值大于 11 的强碱性介质中，重氮盐正离子将转变为重氮酸负离子，偶合速度反而明显降低。

8.3.2　重氮盐还原成芳肼

用适当的还原剂处理重氮盐，可使两个氮原子还原而制得芳肼。还原剂中最有实际意义的是亚硫酸盐和亚硫酸氢盐 1:1 的混合物，其还原反应为：

$$ArN_2X + Na_2SO_3 \xrightarrow[-NaX]{} \underset{(Ⅰ)}{ArN=N—SO_3Na} \xrightarrow{NaHSO_3} \underset{(Ⅱ)}{Ar—\overset{\overset{\displaystyle SO_3H}{|}}{N}—NHSO_3Na}$$

$$\xrightarrow[-NaHSO_4]{+H_2O} \underset{(Ⅲ)}{ArNHNHSO_3Na} \xrightarrow[-NaHSO_4]{+HCl,\ +H_2O} ArNHNH_2 \cdot HCl$$

首先是重氮盐与亚硫酸盐作用，生成芳重氮 N-磺酸的钠盐(Ⅰ)，接着(Ⅰ)再与一分子亚硫酸氢盐进行亲核加成，转变为芳肼-N,N'-二磺酸盐(Ⅱ)，(Ⅲ)在较低的温度下可以脱去一个磺酸基变成芳肼磺酸钠(Ⅲ)，再在热的酸性水溶液中脱去磺酸基生成芳肼的盐。

反应中亚硫酸盐的用量通常要稍超过理论量，有时在还原接近终了时加入少量锌粉，以保证还原完全。

用酸性亚硫酸盐还原时，介质的酸性不可太强，如果酸性太强，硫原子会与芳环直接相连而失去氮原子，生成的亚磺酸 $ArSO_2H$ 再与芳肼作用形成 N''-芳亚磺酰基芳肼 $ArNHNHSO_2Ar$，从而使芳肼的收率下降；如果还原在碱性介质中进行，重氮基将被氢置换而失去两个氮原子。

重氮盐的芳环上具有卤基、羧基、磺酸基等，其重氮基都可以被还原，制得相应的芳肼衍生物。例如：

苯肼　　对氯苯肼　　苯肼-4-磺酸　　2,5-二氯苯肼-4-磺酸

芳肼是很活泼的化合物，可用来制备吡唑酮的衍生物，合成时主要是制备苯系的吡唑酮类。例如,3-甲基-1-苯基吡唑酮-5、1-(4'-氯苯基)-3-甲基吡唑酮-5、1-(4'-磺基苯基)-3-甲基吡

唑-5 酮、1-(2′,5′-二氯-4′-磺基苯基)-3-甲基吡唑酮-5 等(见 15.5.1)。

8.4 放出氮的重氮基转化反应

重氮盐在一定条件下可被其他取代基置换,并放出氮气。

8.4.1 重氮盐还原成芳烃(脱氨基反应)

将重氮盐水溶液用适当的还原剂还原,可使其失去重氮基,被还原成氢原子。该反应可用于制备许多芳香族取代衍生物。当用一般取代反应不能将取代基引入目的位置时,可用此法。例如,2,4,6-三溴苯甲酸可以通过以下反应制取:

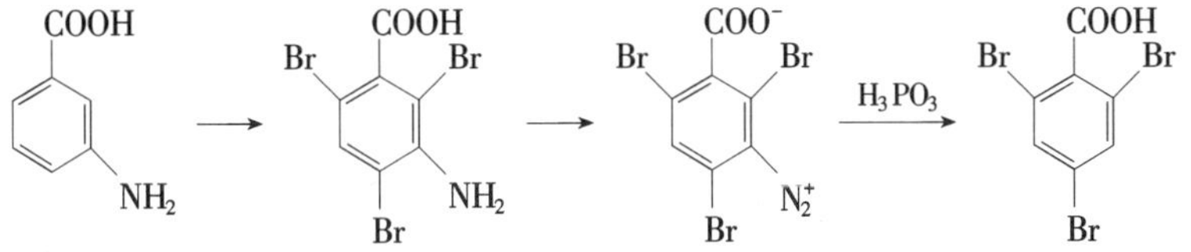

这类反应所用的还原剂有乙醇、次磷酸、甲醛、锌粉、亚锡酸钠以及四氢硼酸钠等,最常用的是乙醇和次磷酸。

用乙醇作还原剂时,重氮盐中重氮基被还原成氢原子并放出氮,而乙醇则被氧化成乙醛:

$$ArN_2Cl + C_2H_5OH \longrightarrow ArH + N_2 + HCl + CH_3CHO$$

在这个去氨基反应中,可能同时有酚的烃基醚生成,这一副反应使脱氨基反应收率降低。

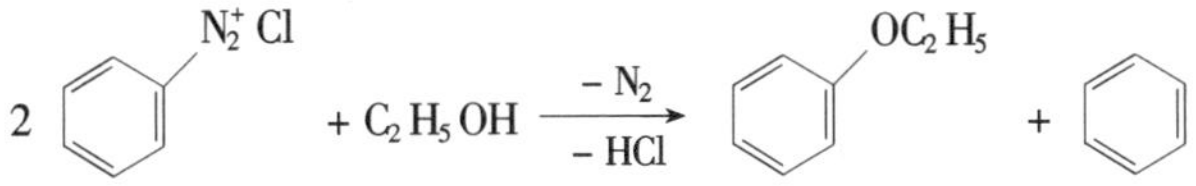

若重氮基的邻位有卤基、羧基或硝基时,还原效果较好,锌粉、铜粉的存在有利于还原。

用次磷酸的方法与乙醇法相似。

重要的苝系有机颜料品种,C.I.颜料红 149 的专用中间体 3,5-二甲基苯胺,也是经过重氮化、水解脱氮的重氮基转化反应制备。

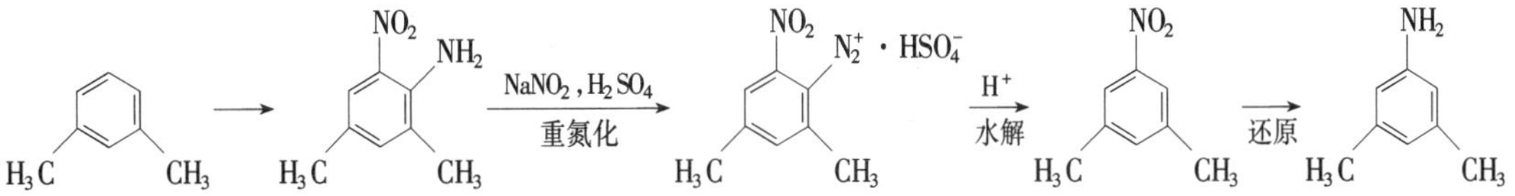

8.4.2 重氮基置换为含氧基

8.4.2.1 置换为羟基

反应可按下式进行:

$$ArN_2X + H_2O \longrightarrow ArOH + HX + N_2\uparrow$$

重氮基置换为羟基的反应历程是重氮盐首先分解为芳正离子,然后受到亲核试剂 H_2O 的进攻,快速形成中间体正离子(Ⅰ),再脱质子生成酚类:

$$ArN_2^+ X^- \xrightarrow{\text{慢}} Ar^+ + X^- + N_2\uparrow$$

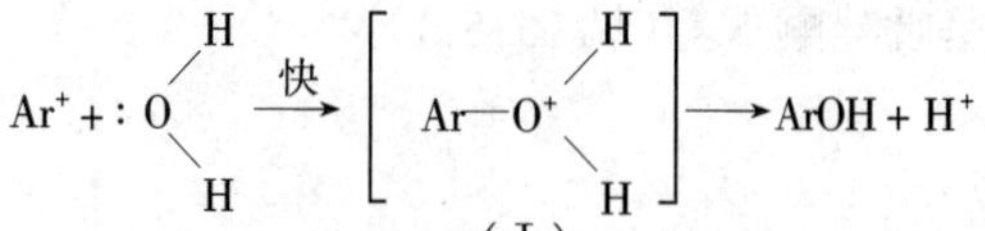

$$\text{Ar}^+ + :\underset{H}{\overset{H}{O}} \xrightarrow{\text{快}} \left[\text{Ar} - \underset{H}{\overset{H}{O^+}} \right] \longrightarrow \text{ArOH} + \text{H}^+$$

$$（\text{I}）$$

形成芳正离子 Ar^+ 的反应是控制步骤。采用的重氮盐以硫酸盐为好,因为重氮盐酸盐或氢溴酸盐会发生重氮基转化为氯或溴的副反应。为了避免生成的酚类与重氮盐发生偶合副反应,转化反应最好在强酸性溶液中进行,或者使重氮盐迅速水解,不与酚类接触。操作上是把重氮盐溶液滴加入 135～145 ℃的稀硫酸中,通过水蒸气蒸馏把生成的酚随时除去。反应为:

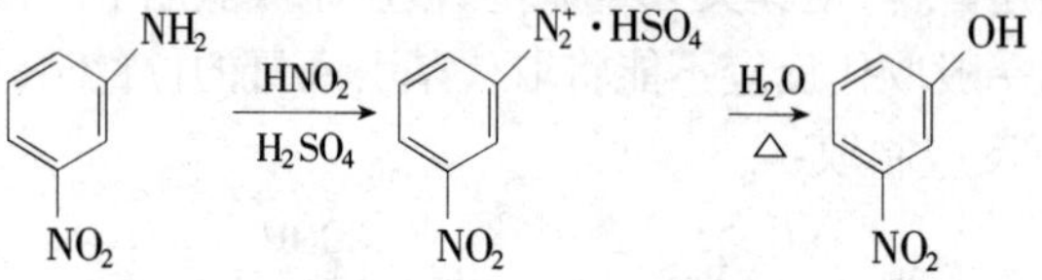

加入硫酸钠可提高反应温度,有利于重氮基水解反应的进行:

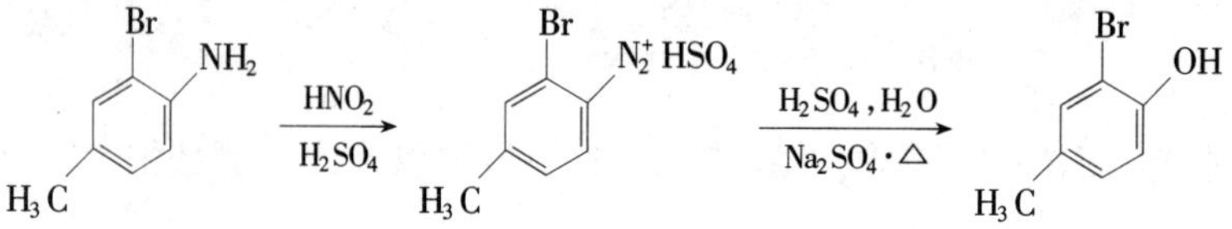

若用硫酸铜代替硫酸钠,由于铜具有明显的催化水解作用,即使水解反应温度降低,产品的收率还可以提高。例如愈创木酚的制备:

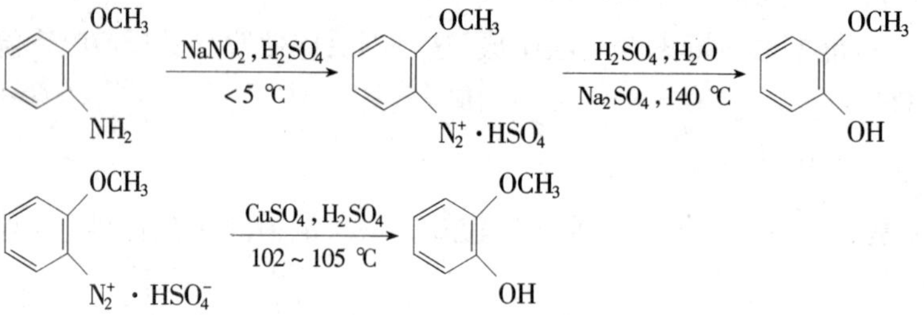

利用该反应还可以制备下列酚类:

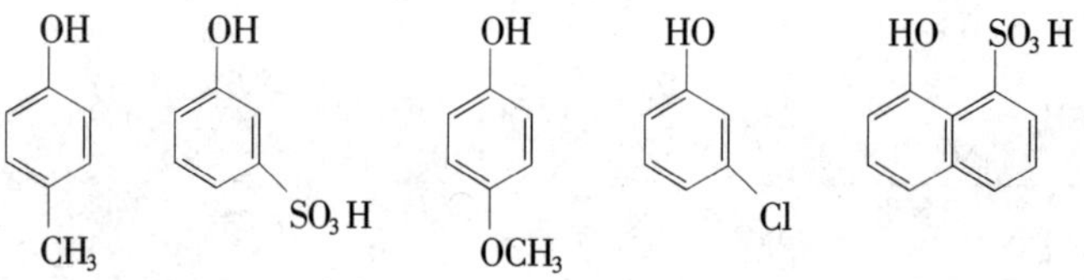

8.4.2.2 置换为烷氧基

上一节曾介绍用乙醇和重氮盐水溶液加热,重氮盐被还原成芳烃,但是如果用干燥的重氮盐和乙醇加热,则反应主要产物是烷氧基取代了重氮基,成为酚醚。反应为:

$$\text{ArN}_2\text{X} + \text{C}_2\text{H}_5\text{OH} \longrightarrow \text{ArOC}_2\text{H}_5 + \text{HX} + \text{N}_2 \uparrow$$

重氮盐仍以硫酸盐为好,不致于有卤化物产生。水要尽量少,甚至用干燥重氮盐和无水乙醇反应,因此,用稳定的重氮盐比较方便。所用的醇可以是乙醇,也可以是甲醇、异戊醇、苯酚等,它们可以与重氮盐反应分别得甲氧基、异戊氧基和苯氧基化合物。例如,邻羧基苯胺重氮盐与甲醇加热,制得邻羧基苯甲醚:

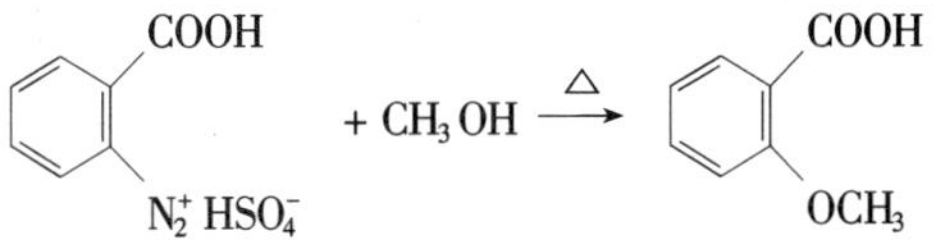

邻甲基苯胺重氮盐可制得邻甲基苯甲醚:

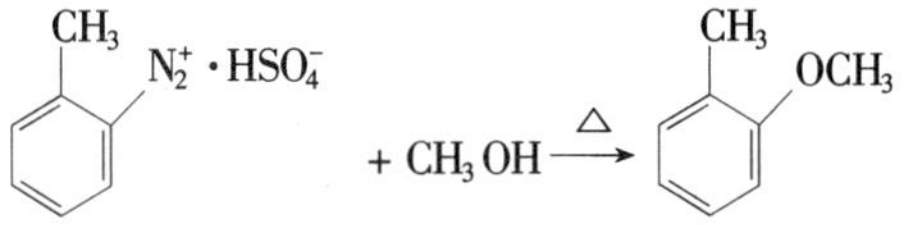

某些重氮盐和乙醇加热也可以制得乙氧基的衍生物:

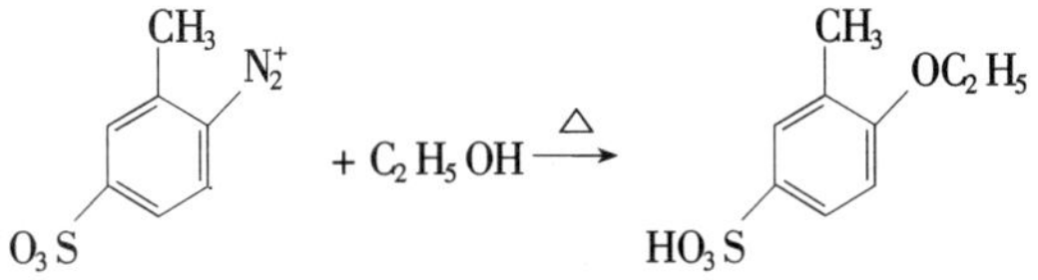

这类反应如果在加压下进行,由于醇的沸点升高,对烷氧基的置换反应有利。

8.4.3　重氮基置换为卤基

由芳胺重氮盐的重氮基置换成卤基,对于制备一些不能采用卤化法或者卤化后所得异构体难以分离的卤化物很有价值。

芳胺重氮盐在亚铜盐催化下,重氮基置换成氯、溴和氰基的转化反应称为桑德迈耶尔(Sandmeyer)反应。将重氮盐溶液加入到卤化亚铜的相应卤化氢溶液中,经分解即释放出氮气而生成 ArX。反应为:

$$ArN_2^+ \, X^- \xrightarrow{\text{CuX, HX}} ArX + N_2 \uparrow + CuX$$

亚铜盐的卤离子必须与氢卤酸的卤离子一致才可以得到单一的卤化物。但是碘化亚铜不溶于氢碘酸中无法反应。而氟化亚铜性质很不稳定,在室温下即迅速自身氧化还原,得到铜和氟化铜,因此,不适用于氟化物和碘化物的制备。后面再讨论重氮基被氟、碘置换的方法。

桑德迈耶尔反应历程很复杂,现在公认的历程是重氮盐首先和亚铜盐形成配合物 $Ar\,\overset{+}{N}\!\!\equiv\!\!N\rightarrow CuCl_2^-$,经电子转移生成自由基,而后进行自由基偶联得反应产物。过程为:

$$CuCl + Cl^- \rightleftharpoons [CuCl_2]^-$$

$$ArN_2^+ + [CuCl_2]^- \underset{\text{慢}}{\rightleftharpoons} ArN^+\!\!\equiv\!\!N \longrightarrow CuCl_2^-$$

$$ArN^+\!\!\equiv\!\!N \longrightarrow CuCl_2^- \xrightarrow{\text{慢}} ArN\!\!=\!\!N \cdot + CuCl_2$$

$$ArN\!\!=\!\!N \cdot \longrightarrow Ar \cdot + N_2 \uparrow$$

$$Ar \cdot + CuCl_2 \longrightarrow ArCl + CuCl$$

反应中形成配合物 $Ar\,\overset{+}{N}\!\!\equiv\!\!N\rightarrow CuCl_2^-$ 与重氮盐结构有关,重氮基对位上有不同取代基,其反应速率按下列次序递减:

$$NO_2 \; > \; Cl \; > \; H \; > \; CH_3 \; > \; OCH_3$$

这种顺序与取代基对偶合反应速度的影响是一致的,因此重氮基转化卤基的桑德迈耶尔反应速度是随着与重氮基相连碳原子上的正电荷增加而增大。此外,还与反应中加入各种反应组分的浓度、加料方式和反应温度等有关。

转化为卤基的桑德迈耶尔反应具有实际意义的例子,是制备碱性染料的中间体2,6-二氯苯甲醛的原料2,6-二氯甲苯。

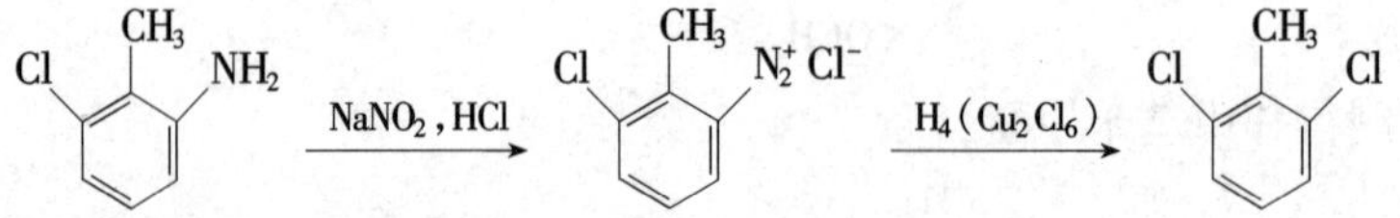

将重氮盐溶液加到氯铜酸溶液中,控制温度在50～60 ℃。反应完毕后蒸出二氯甲苯,分出水层,将油层用硫酸洗、水洗和碱洗得粗品,再进行分馏得2,6-二氯甲苯成品。

医药工业用的抗疟类药"阿的平"的中间体2,4-二氯甲苯,是由2,4-二氨基甲苯为原料经重氮化和转化为氯基而得:

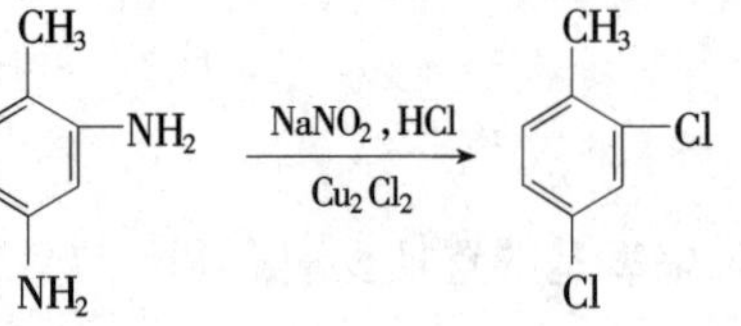

重氮化和转化是在同一反应器中完成的。先把2,4-二氨基甲苯溶解,加盐酸和氯化亚铜,再均匀加入亚硝酸钠溶液,维持温度60 ℃,反应完毕分层分离,粗品再进行水蒸气蒸馏。

由重氮基转化为氯基的方法,还可以用来制备间氯甲苯和间二氯苯和对氯甲苯等重要中间体。

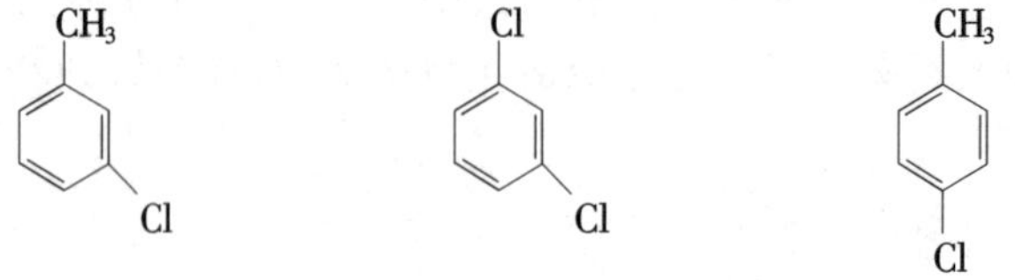

萘系的衍生物可以用来制备1-氯-8-萘磺酸,产品收率可达91 %,它是制备硫靛黑的中间体。反应为:

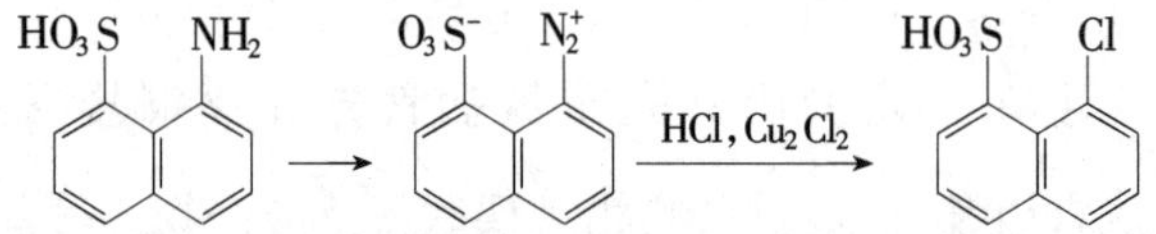

由重氮基转化制备溴化物以溴化亚铜为催化剂借助桑德迈耶尔反应完成。例如邻溴苯酚和间溴苯酚都是用相应的氨基苯酚经重氮化和以溴化亚铜为催化剂的重氮基转化来完成的。对溴甲苯也用该转化法制备。

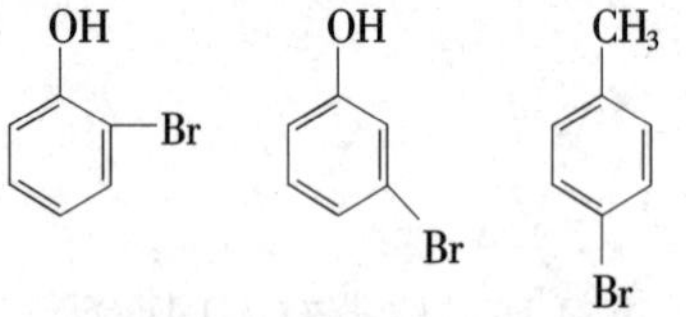

色酚AS类颜料品种,C.I.颜料红11的重氮组分红色基KB,是以对甲苯胺为原料经混酸硝化,氨基重氮化和重氮基转化为氯基制得。

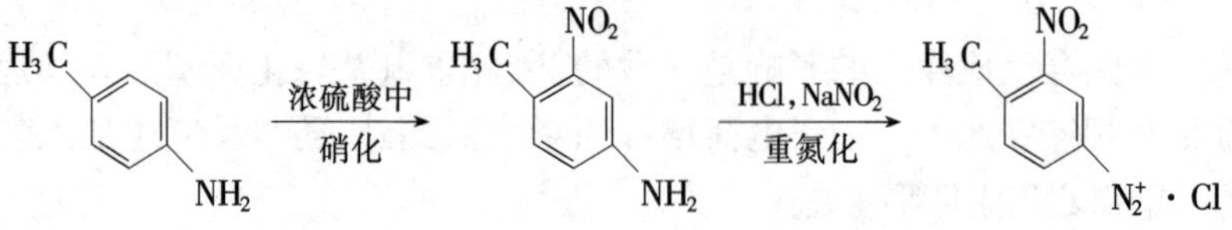

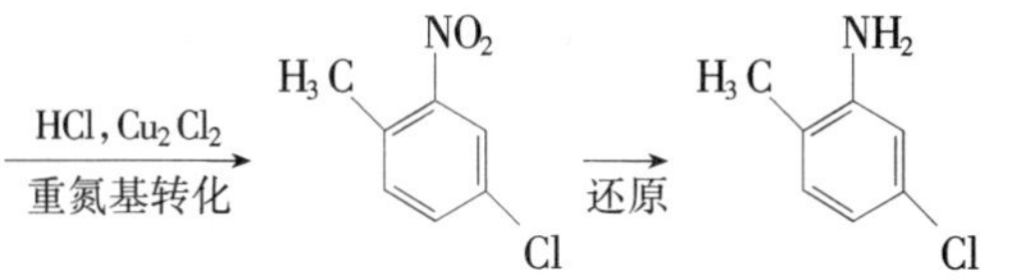

除用亚铜盐作催化剂外,也可将铜粉加入重氮盐的氢卤酸溶液中反应,用铜粉催化重氮基转化为卤基的反应称为盖特曼(Gatterman)反应。在亚铜盐较难得到时,本反应有特殊意义。例如:

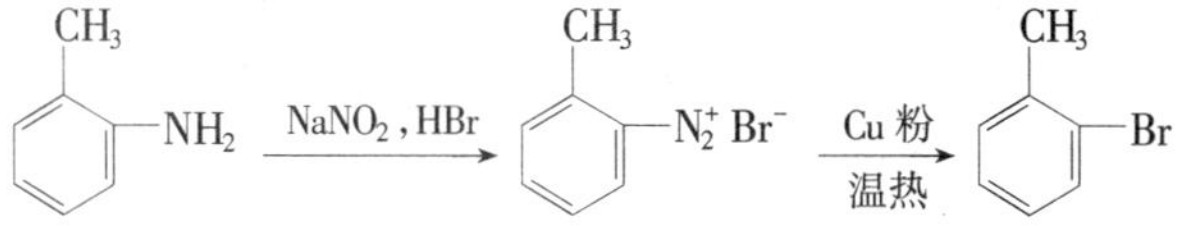

将铜粉加入到 $0 \sim 5$ ℃的邻甲苯胺重氮盐溶液中,升温使反应温度不超过 50 ℃,蒸出油状物即为产品。邻溴甲苯用作有机合成原料,医药工业用于制备溴得胺。

由重氮盐转化为芳碘化合物,可将碘化钾直接加入到重氮盐溶液中分解而得,邻、间和对碘苯甲酸,都是由相应的氨基苯甲酸制得的。例如:

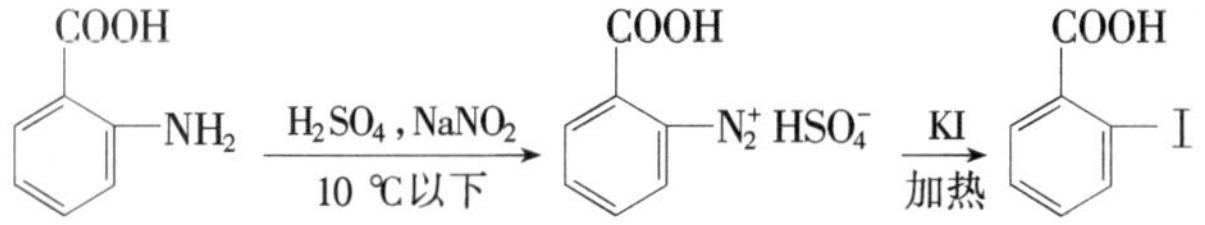

用于转化为碘化物重氮盐的制备,最好在硫酸介质中进行,若用盐酸则有氯化物杂质。

某些反应速度较慢的碘置换反应,可以加入铜粉作催化剂,如制备对羟基碘苯:

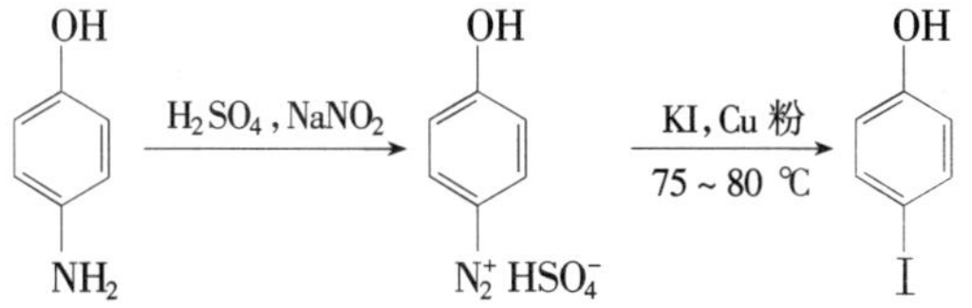

由重氮盐转化为芳香族氟化物的反应是在重氮盐溶液中加入氟硼酸或其盐类,形成水不溶性的重氮氟硼酸盐,该盐经干燥后再加热分解而完成的。这一反应称为希曼(Schiemann)反应,是在芳环上引入氟基的有效方法。

$$ArN_2^+ X^- \xrightarrow{BF_4} ArN_2^+ BF_4^- \xrightarrow{\triangle} ArF + N_2 \uparrow + BF_3$$

需要指出,重氮基的氟硼酸络盐分解必须在无水条件下,否则分解成酚类和树脂状物。

$$ArN_2^+ BF_4^- + H_2O \xrightarrow{\triangle} ArOH + HF + BF_3 + N_2 + 树脂物$$

重氮络盐分解收率与其芳环上取代基性质有关,一般芳环没有取代基或有供电性取代基时,分解收率较高,而有吸电性取代基分解收率则较低。重氮络盐中其络盐性质不同,分解后产物收率也不同。例如某些有吸电基的芳胺,制成相应的重氮六氟化锑络盐和六氟化磷络盐比氟硼酸络盐分解收率明显提高,如表 8-1 所示。

表 8-1　芳香胺置换成氟苯收率的比较

反　应　物	取 代 氟 苯 的 收 率,%		
	氟 硼 酸 络 盐	锑 络 盐	磷 络 盐
邻硝基苯胺	$7 \sim 17$	40	$10 \sim 20$
间硝基苯胺	$31 \sim 54$	60	58
对硝基苯胺	$35 \sim 58$	60	63

又例如邻溴氟苯的制备,其络盐若采用氟硼酸络盐,反应收率只有37 %,而改用六氟化磷络盐,收率可提高到73 % ~ 75 %。

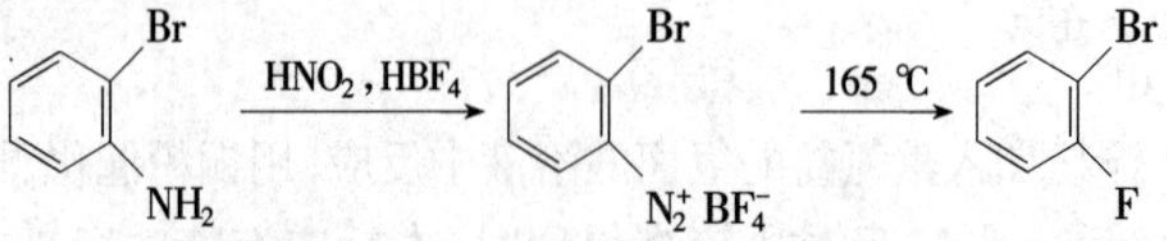

芳环上无取代基或有第一类取代基的芳胺重氮盐,制备相应的氟苯衍生物时,多采用氟硼酸络盐法。例如,合成药物中间体氟苯、间甲基氟苯和对甲氧基氟苯的制备:

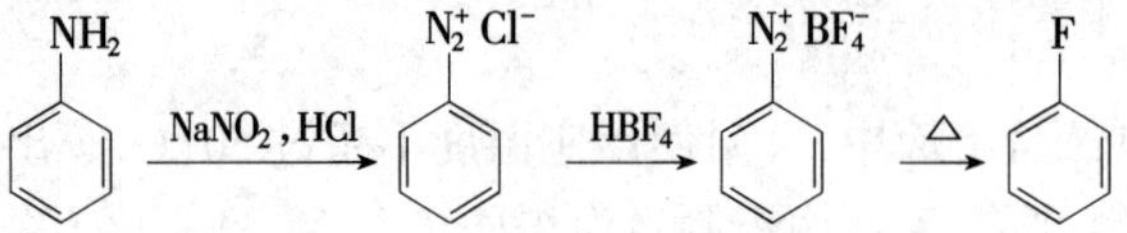

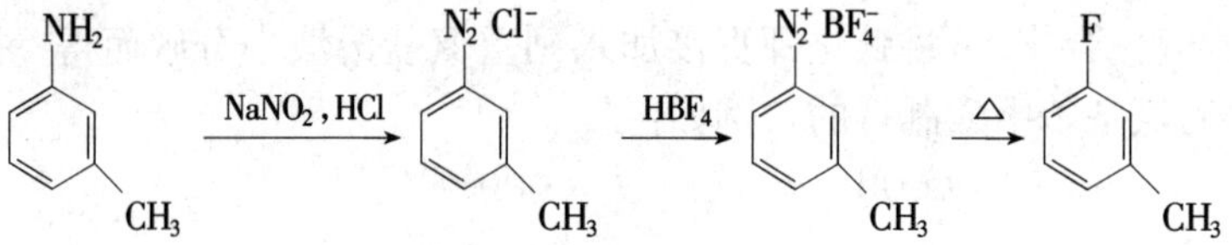

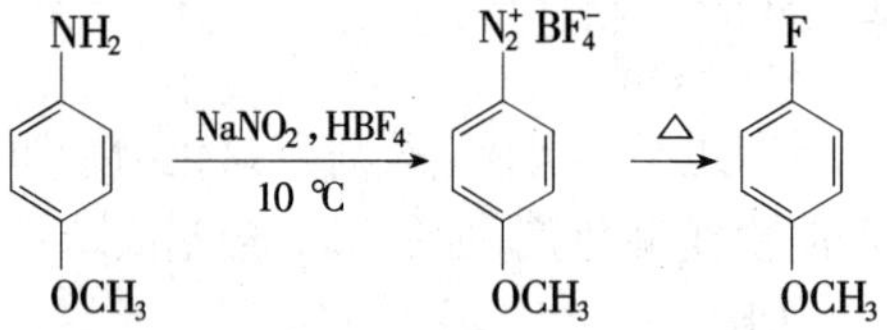

制备氟硼酸络盐时,可以将一般方法制得的重氮盐溶液加入氟硼酸进行转化,也可以采用芳胺在氟硼酸存在下进行重氮化。

8.4.4　重氮基置换为氰基

芳环上引入氰基,通常是芳胺重氮化合物与氰化亚铜络盐进行反应,它与重氮基转化为卤基的方法相似,也称为桑德迈耶尔反应。常用的催化剂是氰化亚铜络盐,它是由氯化亚铜与氰化钠溶液作用而得:

$$CuCl + 2NaCN \longrightarrow Na[Cu(CN)_2] + NaCl$$

该转化反应的催化剂除上述络盐外,还可用四氰氨络铜钠盐或钾盐以及氰化镍络盐。四氰氨络铜的络盐是用 4 mol 氰化物在稀氨水中加入 1mol 硫酸反应制成:

$$CuSO_4 + NH_3 + 4KCN \longrightarrow K_2Cu(CN)_4NH_3 + Na_2SO_4$$
$$（或 NaCN）\quad （或 Na_2Cu(CN)_4NH_3）$$

该络盐为催化剂的转化反应可表示为:

$$2ArN_2Cl + Na_2Cu(CN)_4NH_3 \longrightarrow 2ArCN + 2NaCl + NH_3 + CuCN + 2N_2 \uparrow$$

制备的化合物如对甲基苯腈,是合成 1,4-二酮吡咯并吡咯(DPP)类颜料、C.I.颜料红 272 的专用中间体。

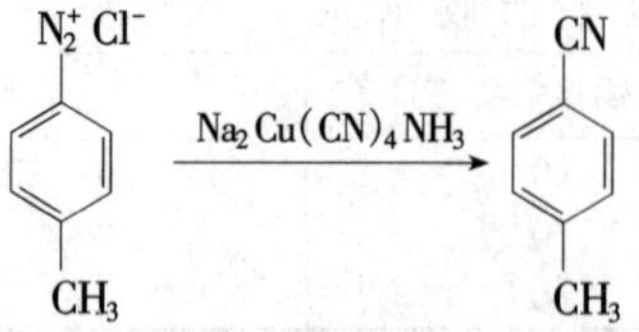

反应中用氰化亚铜催化,收率仅为64 % ~ 70 %;用四氰氨络铜钠盐催化,收率可提高到83.4 %。如果氰化亚铜改为氰化镍络盐,在某些情况下也可以提高产物收率。例如对氰基苯甲酸的制备,当采用氰化亚铜催化时,产物收率仅有30 %;改用氰化镍络盐催化时,产物收率可达到59 % ~ 62 %。其反应如下:

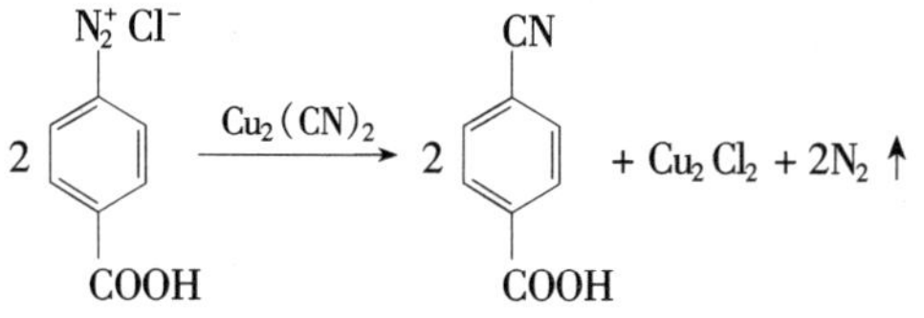

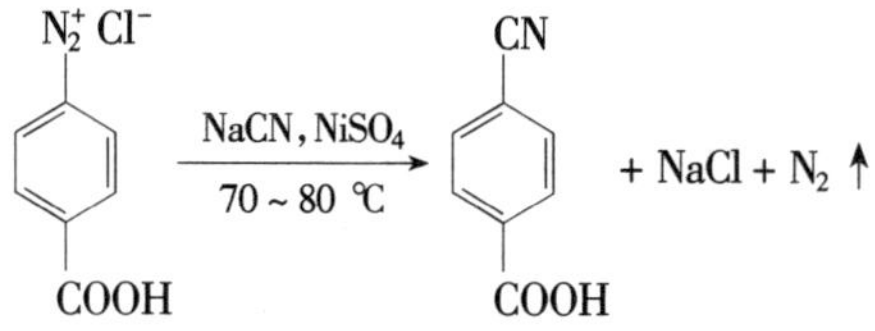

将氰化钠溶于热水中,搅拌下滴加硫酸镍溶液制成催化用的络盐,在冷却下逐步加入氰化钠溶液中,升温反应,过滤、酸析得产品。医药工业中对氰基苯甲酸用于对羧基苄胺的制备。

通过重氮化合物转化氰基的方法,制备的中间体被应用于靛族染料的合成。例如不同取代基的邻氰基苯硫基乙酸衍生物的制备:

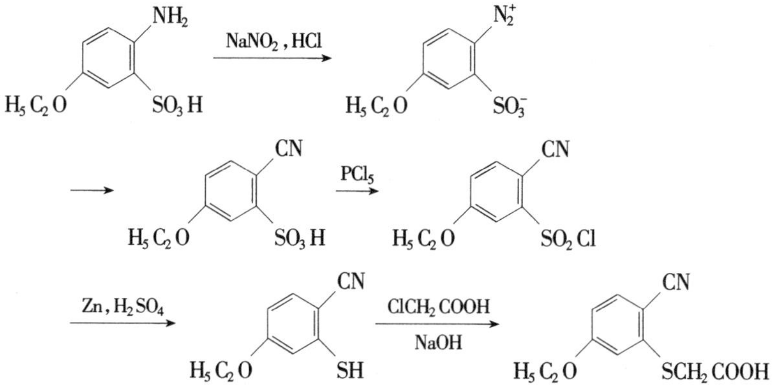

利用这一反应还可以制备还原染料中间体1-氰基-8-萘磺酸等。

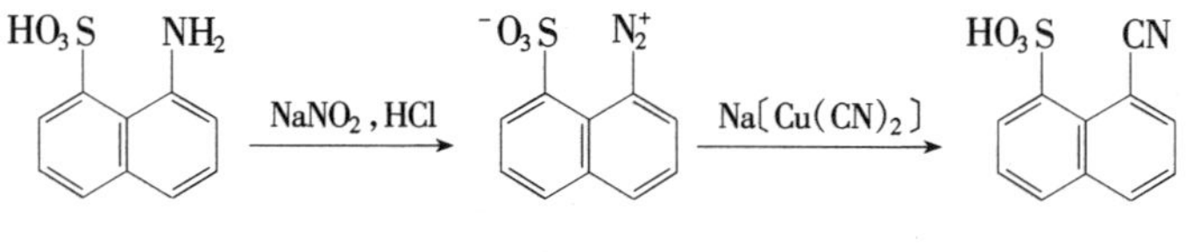

8.4.5 重氮基置换为含硫基

在这类转化反应中,重氮盐可以与不同的含硫反应剂来完成。与烷基黄原酸钾(ROCSSK)作用,可以制备邻甲基苯硫酚、间甲基苯硫酚和间溴苯硫酚等。

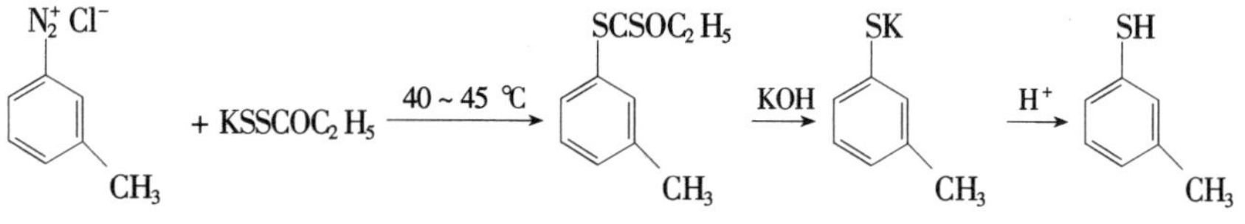

也可采用硫化钠与重氮盐作用。当采用二硫化钠(Na$_2$S$_2$)时,先生成 Ar—S—S—Ar,后者经还

原再生成硫酚。例如硫代水杨酸的制备：

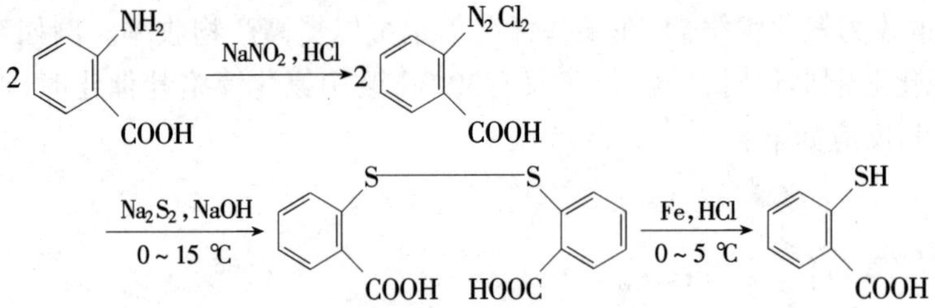

硫代水杨酸是硫靛染料的重要中间体。

8.4.6　重氮基置换为芳基

重氮盐在碱性溶液中形成重氮氢氧化物,它可以裂解为重氮自由基,再失去氮形成芳基自由基。

$$ArN^+\equiv NCl^- \xrightarrow{NaOH} ArN^+\equiv NOH^- \xrightarrow{NaOH} ArN=N-OH$$

$$ArN=N-OH \longrightarrow ArN=N\cdot + \cdot OH$$
$$\downarrow$$
$$Ar\cdot + N_2\uparrow$$

生成的自由基可以与不饱和烃类或芳族化合物进行如下芳基化反应。

1. 迈尔瓦音(Weerwein)芳基化反应

重氮盐在铜盐催化下与具有吸电性取代基的活性烯烃作用,重氮盐的芳烃取代了活性烯烃的 β-氢原子或在双键上加成,同时放出氮。其反应为:

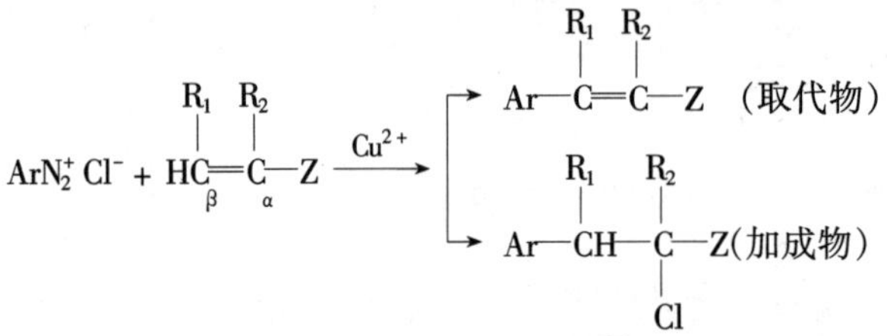

生成取代产物还是加成产物取决于反应物结构和反应条件,但加成产物仍可以消除,得到取代产物。其活性基 Z 一般为—NO_2、—CO—、—COOR、—CN、—COOH 和共轭双键等。

2. 贡贝格(Gomberg)反应

是由芳胺重氮化合物制备不对称联芳基衍生物的方法。

$$ArN=N-OH + Ar'H \longrightarrow Ar-Ar'$$

按常规方法进行芳胺重氮化,但要求尽可能少的水和较浓的酸,用饱和的亚硝酸钠溶液重氮化,把重氮盐加入到待芳基化的芳族化合物中,通过该转化方法可制备如 4-甲基联苯、对溴联苯等化合物。

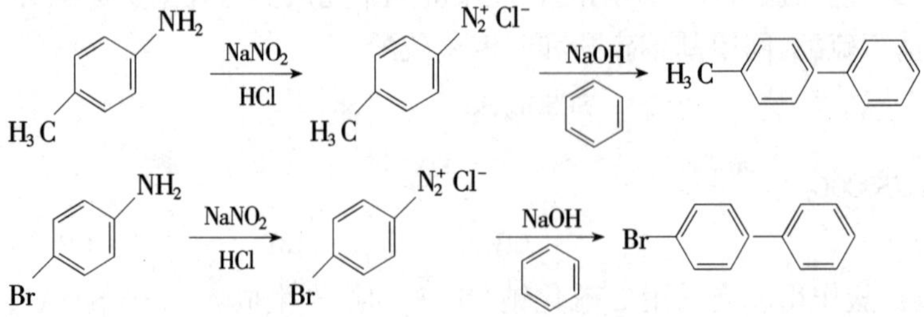

3. 盖特曼(Gattermann)反应

重氮盐在弱碱性溶液中用铜粉还原,即发生脱氮偶联反应,形成对称的联芳基衍生物。

$$2ArN_2Cl + Cu \longrightarrow Ar—Ar + N_2\uparrow + CuCl_2$$

反应用的铜是在把锌粉加到硫酸铜溶液中得到的泥状铜沉淀。天然的铜磨成细粉也可用,但效果不如沉淀铜。锌粉、铁粉也可还原重氮盐成联芳基化合物,但产率低,锌铜齐较好。重氮盐如果是盐酸盐,产物中将混有氯化物,所以最好用硫酸盐。应用的具体反应如下:

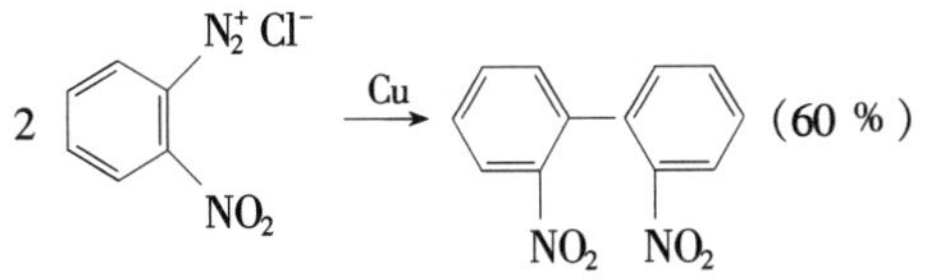

该反应也可用于制备某些蒽醌还原染料的母体染料。例如还原灰 BG 的母体染料艳橙 RK 的制备:

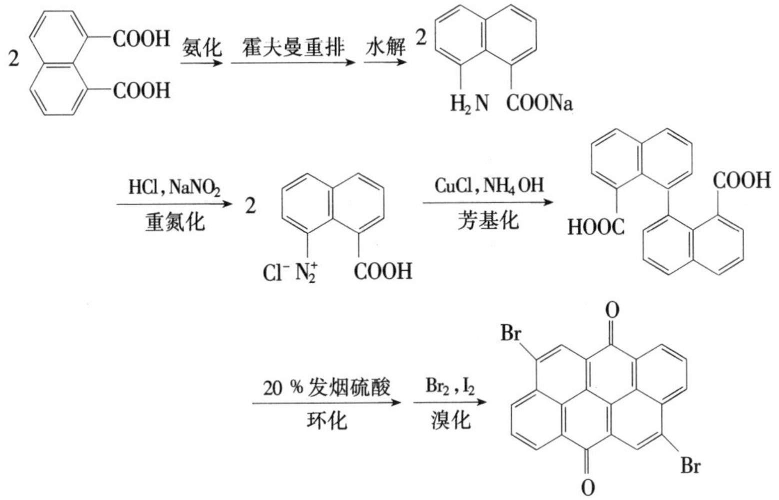

8.4.7 脂环族重氮化合物的扩环和缩环反应

脂环族伯胺经重氮化形成的碳正离子可发生重排反应,得到某些扩环和缩环的反应产物。

若氨基连在环的侧链上,则生成的正碳离子发生扩环反应,生成比原来反应物多一个碳原子的脂环化合物。例如医药工业上治疗高血压药物中间体环庚酮的制备:

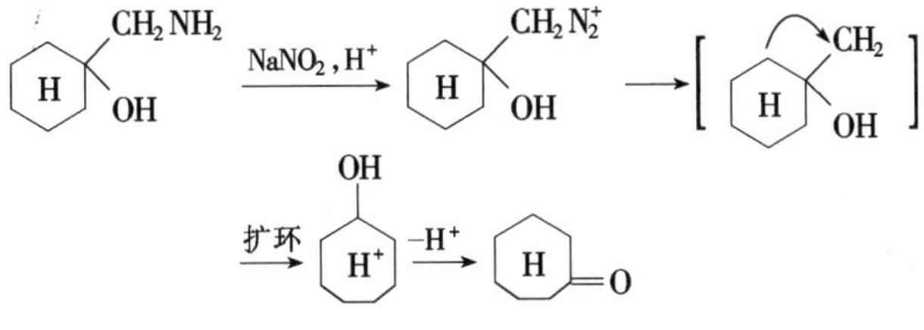

若伯氨基直接连在脂环上,经重氮化生成的正碳离子发生烷基重排而引起缩环反应,生成比原来反应物少一个碳原子的化合物。例如由环己胺制备环戊基甲醇:

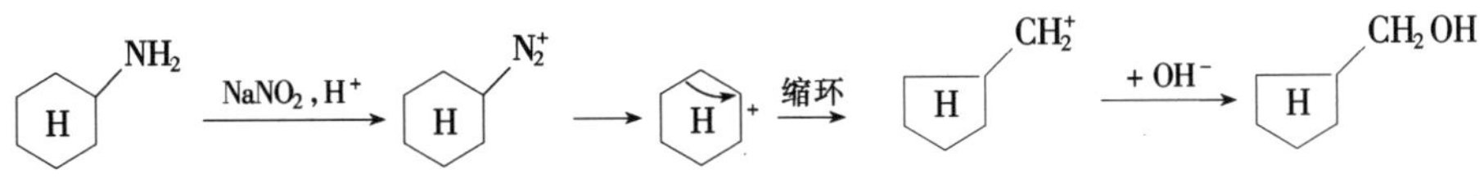

参考文献

1　Zollinger H. Azo and Disazo Chemistry Aliphatic and Aromatic Compounds. New York, 1961

2　Чекалин М А. Химия и Технология Органических Красигелей, 1956

3　Н Н 伏洛茹卓夫.中间体及染料合成原理.北京:高等教育出版社,1958

4　上海化工学院、天津大学、大连工学院合编.染料化学,1980

5　顾可权,林吉文.有机合成化学.上海:上海科技出版社,1987

6　大连工学院.合成染料化学原理,活性染料化学及其有关问题.1982

7　Rys P, Zollinger H. Fundamentals of The Chemistry and Application of Dyes, 1972

8　朱淬砺.药物合成反应.化学工业出版社,1982

9　徐克勋.精细有机化工原料及中间体手册.北京:化学工业出版社,1998

10　上海市有机化学工业公司.染料生产工艺汇编.1976

11　天津市染料化学工业公司.染料生产工艺汇编.1976

12　化学工业部科技情报所.化工产品手册.北京:化学工业出版社,1985

13　王葆仁.有机合成反应.北京:科学出版社,1985

14　孙令衔.染料中间体化学及工艺学.北京:高等教育出版社,1958

15　侯毓汾等.染料化学.北京:化学工业出版社,1994

16　姚蒙正等.精细化工产品合成原理.北京:中国石化出版社,1992

17　周春隆,穆振义.有机颜料——结构、特性及应用.北京:化学工业出版社,2002

第 9 章 氨解和胺化

9.1 概　述

"氨解"指的是氨与有机化合物发生复分解而生成伯胺的反应。反应通式可简单表示如下：

$$R-Y + NH_3 \longrightarrow R-NH_2 + HY \tag{9-1}$$

式中 R 可以是脂基或芳基，Y 可以是羟基、卤基、磺基或硝基。

氨解有时也叫"胺化"或"氨基化"，但是氨与双键加成生成胺的反应则只能叫胺化或氨基化，不能叫氨解。广义上，氨解和胺化还包括所生成的伯胺进一步反应生成仲胺和叔胺的反应。

脂肪族伯胺的制备主要采用氨解和胺化法。其中最重要的是醇羟基的氨解和胺化法，其次是羰基化合物的胺化氢化法，有时也用脂链上卤基氨解法，另外，脂胺也可以用脂羧酰胺或脂腈的加氢法来制备。

芳伯胺的制备主要采用硝化还原法，但是，如果用硝化还原法不能将氨基引到芳环上指定的位置或收率很低时，则需要采用芳环上取代基的氨解法。其中最重要的是卤基的氨解，其次是酚羟基的氨解，有时也用到磺基或硝基的氨解。

9.2 氨基化剂

氨解和胺化所用的反应剂可以是液氨、氨水、气态氨或含氨基的化合物，例如尿素、碳酸氢胺和羟胺等。

气态氨用于气固相接触催化氨解和胺化，含氨基的化合物只用于个别氨解和胺化反应。下面介绍液氨和氨水的物理性质和使用情况。

9.2.1 液氨

氨在不同温度下的压力如表 9-1 所示。氨在常温、常压下是气体。将氨在加压下冷却，使氨液化，即可灌入钢瓶，以便贮存、运输。钢瓶上装有两个阀门，一个阀门在液面上，用来引出气态氨；另一个阀门用管子插入液氨中，用于引出液氨。

表 9-1　氨在不同温度下的压力

温度,℃	-33.35	-10	0	25	50	100	132.9(临界)
压力,MPa	0.101 3	0.291	0.430	1.003	2.032	6.261	11.375
atm	1.00	2.87	4.24	9.90	20.05	61.81	112.3

液氨的临界温度是 132.9 ℃,这是氨能保持液态的最高温度,但是,液氨在压力下可溶解于许多液态有机化合物中。因此,如果有机化合物在反应温度下是液态的,或者氨基化反应要求在无水有机溶剂中进行,则需要使用液氨作氨基化剂。这时即使氨基化温度超过 132.9 ℃,氨仍能保持液态。另外,有机反应物在过量的液氨中也有一定的溶解度。

液氨主要用于需要避免水解副反应的氨解过程。例如,2-氰基-4-硝基氯苯的氨解制 2-氰基-4-硝基苯胺时,为了避免氰基的水解,要用液氨在氯苯溶液中进行氨解:

$$\text{2-氰基-4-硝基氯苯} + 2NH_3 \xrightarrow[\text{高温、高压}]{\text{液氨,有机溶剂}} \text{2-氰基-4-硝基苯胺} + NH_4Cl$$

2-氰基-4-硝基苯胺是制分散染料等的中间体,原料 2-氰基-4-硝基氯苯是由邻氯甲苯经氨氧化得邻氯苯腈(见 12.3.5),再经混酸硝化而制得的。

用液氨进行氨解的缺点是:操作压力高,过量的液氨较难再以液态氨的形式回收。

9.2.2 氨水

常压和 20 ℃时,氨在水中的溶解度为34.1 %(质量),30 ℃时为29 %,40 ℃为25.3 %。为了减少和避免氨水在贮存运输中的挥发损失,工业氨水的浓度一般为25 %。在压力下,氨在水中的溶解度增加,因此,用氨水的氨解反应可在高温、高压下进行。这时甚至可以向25 %氨水中通入一部分液氨或氨气以提高氨水的浓度。

对于液相氨解过程,氨水是最广泛使用的氨解剂。它的优点是操作方便,过量的氨可用水吸收,循环套用,适用面广。另外,氨水还能溶解芳磺酸盐以及氯蒽醌氨解时所用的催化剂(铜盐或亚铜盐)和还原抑制剂(氯酸钠、间硝基苯磺酸钠)。氨水的缺点是对某些芳香族被氨解物溶解度小,水的存在有时会引起水解副反应。

用氨水进行的氨解过程,应该解释为是由 NH_3 引起的,而不是由 NH_4OH 引起的。因为水是很弱的"酸",它和 NH_3 的氢键缔合作用很不稳定,而氢氧化铵是弱碱,它在氨水中的存在量极少。

$$H:N:H + H_2O \rightleftharpoons H:N:H \rightarrow H:O:H \rightleftharpoons NH_4^+ + OH^-$$

由于 OH^- 的存在,在某些氨解反应中会同时发生水解副反应。

9.3 醇羟基的氨解

此法是制备 $C_1 \sim C_8$ 低碳脂肪胺的重要方法,因为低碳醇价廉易得。

氨与醇作用时首先生成伯胺,伯胺可以与醇进一步作用生成仲胺,仲胺还可以与醇作用生成叔胺。所以氨与醇的氨解反应总是生成伯、仲、叔三种胺类的混合物。

$$NH_3 \xrightarrow[-H_2O]{+ROH} RNH_2 \xrightarrow[-H_2O]{+ROH} R_2NH \xrightarrow[-H_2O]{+ROH} R_3N$$

上述氨解反应是可逆的,而伯、仲、叔三种胺类的市场需要量又不一样,因此可根据市场需要,调整氨和醇的摩尔比和其他反应条件,并将需要量小的胺类循环回反应器,以控制伯、仲、叔三种胺类的产量。

醇羟基不够活泼，所以醇的氨解要求较强的反应条件。醇的氨解有三种工业方法，即气固相接触催化氨解法、气固相临氢接触催化胺化氢化法和高压液相氨解法。

9.3.1 醇类的气固相接触催化氨解

此法主要用于甲醇的氨解制二甲胺。所用的催化剂主要是 SiO_2-Al_2O_3，并加入0.05 % ~ 0.95 %(质量)的 Ag_3PO_4、Re_2S_7、MoS_2 或 CoS 等活性成分。另外也可以使用氧化硅、氧化铝、二氧化钛、三氧化钨、白土、氧化钍、氧化铬等各种金属氧化物的混合物或磷酸盐作催化剂。一般反应温度为 350 ~ 500 ℃，压力为 0.5 ~ 5 MPa。将甲醇和氨经气化、预热，通过催化剂后即得到一甲胺、二甲胺和三甲胺的混合物。其中需要量最大的是二甲胺，其次是一甲胺，三甲胺用途不多。为了多生产二甲胺，可以采取在进料中加水、使用过量的氨、控制反应温度和空间速度以及将生成的三甲胺和一甲胺循环回反应器等方法。表 9-2 是甲醇氨解时的进料、出料组成表。

表 9-2 甲醇氨解时的进料、出料组成表

组 分	进 料，%(mol)	出 料，%(mol)
氨	49.8	52.1
甲 醇	18.6	0.0
一甲胺	11.5	11.8
二甲胺	0.0	13.8
三甲胺	20.1	22.3

实际上，上述化学平衡与压力无关。但是，在压力下操作可增加反应器中物料的通过量。由于三种甲胺的沸点相差很小(一甲胺 -6.3 ℃，二甲胺6.9 ℃，三甲胺2.9 ℃)，反应产物要用精馏、共沸精馏和萃取精馏法来进行分离。

用类似的方法还可以从乙醇和氨制得一乙胺、二乙胺和三乙胺。另外，也可以采用乙醇(或乙醛)的气固相临氢催化胺化氢化法(见 9.3.2 和 9.4)和乙氰的气固相接触催化加氢法(见 7.2.1.5)来生产一乙胺、二乙胺和三乙胺。

9.3.2 醇类的气固相临氢接触催化胺化氢化

从乙醇、丙醇、异丙醇、正丁醇、异丁醇等低碳醇制备相应的胺类，通常都用气固相临氢接触催化胺化氢化法。此法是将醇、氨和氢的气态混合物在 200 ℃左右和一定压力下通过 Cu-Ni 催化剂而完成的。整个反应过程包括：醇的脱氢生成醛，醛的加成胺化生成羟基胺，羟基胺的脱水生成烯亚胺和烯亚胺的加氢生成胺等步骤。

(1)伯胺的生成：

$$\underset{\text{醇}}{CH_3CH_2OH} \xrightarrow[\text{脱氢}]{-H_2} \underset{\text{醛}}{CH_3-\overset{\overset{O}{\|}}{C}-H} \xrightarrow[\text{加成胺化}]{+NH_3} \underset{\text{羟基胺}}{CH_3-\underset{H}{\overset{OH}{C}}-NH_2}$$

$$\xrightarrow[\text{脱水}]{-\mathrm{H_2O}} \mathrm{CH_3-\underset{\underset{H}{|}}{C}=NH} \xrightarrow[\text{加氢}]{+\mathrm{H_2}} \underset{\text{伯胺}}{\mathrm{CH_3CH_2NH_2}}$$

烯亚胺

(2)仲胺的生成：

$$\mathrm{CH_3CH_2NH_2} \xrightarrow[\text{加成胺化}]{+\mathrm{CH_3CHO}} \mathrm{CH_3CH_2-\underset{\underset{H}{|}}{N}-\overset{\overset{OH}{|}}{C}H-CH_3}$$

$$\xrightarrow[\text{脱水}]{-\mathrm{H_2O}} \mathrm{CH_3CH_2-N=CH-CH_3} \xrightarrow[\text{加氢}]{+\mathrm{H_2}} (\mathrm{CH_3CH_2})_2NH$$

(3)叔胺的生成：

$$(\mathrm{C_2H_5})_2NH \xrightarrow[\text{加成胺化}]{+\mathrm{CH_3CHO}} (\mathrm{CH_3CH_2})_2N-\overset{\overset{OH}{|}}{C}H-CH_3$$

$$\xrightarrow[\text{脱水}]{-\mathrm{H_2O}} (\mathrm{CH_3CH_2})_2N-CH=CH_2 \xrightarrow[\text{加氢}]{+\mathrm{H_2}} (\mathrm{CH_3CH_2})_3N$$

在催化剂中,铜主要是催化醇脱氢生成醛的反应,镍主要是催化烯亚胺加氢生成胺的反应。催化剂的载体主要用三氧化二铝,另外也可以用浮石或酸性白土。反应产物是伯、仲、叔三种胺类的混合物。为了控制伯、仲、叔三种胺类的生成比例,可以采用调整醇和氨的摩尔比、反应温度、空间速度以及将副产的胺再循环等措施。

另外,乙醇胺的临氢接触催化胺化氢化是制备乙二胺的一个重要方法,其总的反应可表示如下:

$$\mathrm{H_2N-CH_2CH_2-OH + NH_3} \longrightarrow \mathrm{H_2N-CH_2CH_2NH_2 + H_2O}$$

同时发生副反应生成二乙撑三胺、哌嗪(对二氮己环)、氨乙基哌嗪、羟乙基哌嗪等。据报道,乙醇胺法生产乙二胺的投资费用和生产成本都比 1,2-二氯乙烷的氨解法低。但我国目前仍采用二氯乙烷法(见 9.6.1),这可能与各国总的化工生产结构有关。

9.3.3 醇类的液相氨解

对于 $\mathrm{C_8 \sim C_{10}}$ 醇,由于氨解产物的沸点相当高,所以不采用气固相接触催化氨解法,而采用液相氨解法。

将 $\mathrm{C_8 \sim C_{10}}$ 醇在高压釜中于合金催化剂的存在下,连续地通入定量的氨气进行氨解,然后赶掉过量醇,滤掉合金催化剂,可得到三辛胺等产品。所用合金催化剂是由铜-铝、镍-铝、铜-镍-铝、铜-铬-铝等合金用氢氧化钠溶液处理,溶去合金中的部分铝而制得多孔骨架型催化剂。

9.4 羰基化合物的胺化氢化

醛和酮等羰基化合物在加氢催化剂的存在下,与氨和氢反应可以得到脂胺,其反应过程与醇的胺化氢化相同(见 9.3.2)。该反应可以在气相进行,也可以在液相进行。

将乙醛、氨、氢的气态混合物以 $1:0.4 \sim 3:5$ 的摩尔比,在 $105 \sim 200 ℃$ 通过催化剂,可得到一乙胺、二乙胺和三乙胺的混合物。所用催化剂以铝式高岭土为载体,以镍为主催化剂,以铜、铬为助催化剂。当气体的时空速度为 $0.03 \sim 0.15 \ \mathrm{h^{-1}}$ 时,按乙醛计,胺的总收率为98.5 %,甲烷分解率约0.1 % ～1.0 %。催化剂使用期为一年。

将丙酮、氨和氢的气态混合物在常压和 150~200 ℃通过铜-镍/白土催化剂可制得异丙胺和二异丙胺。

甲乙酮在骨架镍催化剂存在的高压釜中,在 160 ℃和 4 MPa 下与氨和氢反应可制得 1-甲基丙胺。

9.5 环氧烷类的加成胺化

环氧乙烷分子中的环氧结构化学活性很强。它容易与氨、胺、水、醇、酚或硫醇等亲核物质作用,发生开环加成反应而生成乙氧基化产物。环氧乙烷与氨作用时,根据反应条件的不同可得到不同的产物。

9.5.1 乙醇胺的制备

环氧乙烷与20 % ~30 %氨水发生放热反应可生成三种乙醇胺的混合物:

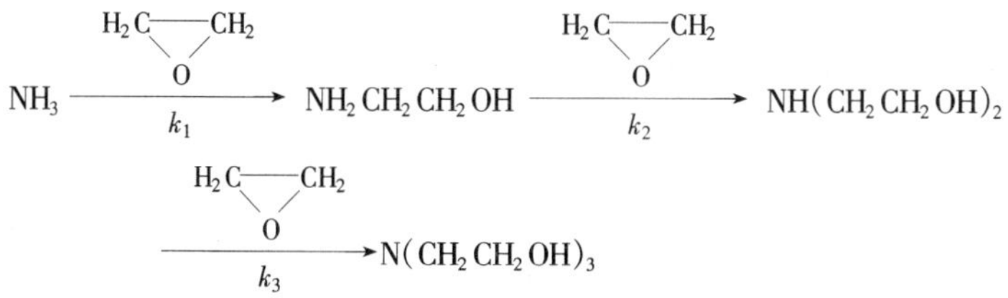

反应产物中各种乙醇胺的生成比例取决于氨与环氧乙烷的摩尔比,如表9-3 所示。

表 9-3 氨/环氧乙烷摩尔比与各种乙醇胺生成量的关系

氨/环氧乙烷摩尔比	各种乙醇胺的相对生成量,mol		
	一乙醇胺	二乙醇胺	三乙醇胺
10	61~75	21~27	4~12
2	25~31	38~52	23~26
1	4~12	~37	65~69
0.5	5~8	7~15	75~85

由表 9-3 可以看出,氨过量越多,一乙醇胺相对含量越高,但是在用等摩尔比的氨与环氧乙烷时,产物中三乙醇胺的相对含量已很高,这说明环氧乙烷与胺的反应速度(k_2,k_3)比它与氨的反应速度(k_1)快。另外,环氧乙烷还能与三乙醇胺分子中的羟基发生乙氧基化反应而生成其他副产物。

在分批操作时,可在 0.07~0.3 MPa 压力、20~40 ℃下向25 %氨水中慢慢通入环氧乙烷。在连续生产时,可将20 % ~30 %氨水与环氧乙烷在 60~150 ℃、3~15 MPa 下连续地通过管式反应器。

应该指出,环氧乙烷的沸点很低(10.73 ℃),它在空气中的可燃极限浓度为3 % ~98 %(体积),爆炸极限为3 % ~80 %(体积)。为了防止爆炸,在向反应器中通入环氧乙烷以前,必须用氮气将反应器中的空气置换掉。反应完毕后,也要用氮气将反应器中残余的环氧乙烷吹净。

9.5.2　乙二胺的制备

环氧乙烷与液氨在 100 ℃和 31.4 MPa 反应时首先生成一乙醇胺,然后它与过量氨发生脱水氨解反应而生成乙二胺:

$$H_2C\!\!-\!\!CH_2 \xrightarrow[\text{加成胺化}]{+\,NH_3} H_2NCH_2CH_2OH \xrightarrow[\text{脱水氨解}]{+\,NH_3,\,-\,H_2O} H_2NCH_2CH_2NH_2$$

但此法操作压力太高,不如乙醇胺的胺化氢化法效果好(9.3.2)。

9.6　脂族卤素衍生物的氨解

因为脂胺的制备常常可以采用醇的氨解、羰基化合物的胺化氢化、—CN基和—CONH₂基的加氢等合成路线,所以卤基氨解法在工业上只用于相应的卤素衍生物价廉易得的情况。脂链上的氯原子一般都具有较高的亲核反应活性,所以它的氨解比较容易,但是也容易生成仲胺和叔胺等副产物。在制备脂族伯胺时常常要用过量很多的氨水。

9.6.1　从二氯乙烷制乙撑胺类

二氯乙烷很容易与氨水反应,首先生成氯乙胺,然后进一步与氨作用生成乙二胺(乙撑二胺)。由于乙二胺具有两个无位阻的伯氨基,它们容易与氯乙胺或二氯乙烷进一步作用而生成二乙撑三胺、三乙撑四胺和更高级的多乙撑胺,以及派嗪(对二氮己环)等副产物。

$$Cl\!\!-\!\!CH_2CH_2\!\!-\!\!Cl \xrightarrow[-\,NH_4Cl]{+\,2NH_3} Cl\!\!-\!\!CH_2CH_2\!\!-\!\!NH_2 \xrightarrow[-\,NH_4Cl]{+\,2NH_3} H_2N\!\!-\!\!CH_2CH_2\!\!-\!\!NH_2$$
乙二胺

$$H_2N\!\!-\!\!CH_2CH_2\!\!-\!\!NH_2 \xrightarrow[\text{或 } Cl\!-\!CH_2CH_2\!-\!Cl,\,NH_3]{Cl\!-\!CH_2CH_2\!-\!NH_2} H_2N\!\!-\!\!CH_2CH_2\!\!-\!\!NH\!\!-\!\!CH_2CH_2\!\!-\!\!NH_2$$
二乙撑三胺

$$
\begin{array}{c}
Cl\!\!-\!\!CH_2CH_2\!\!-\!\!NH_2 \\
+ \\
H_2N\!\!-\!\!CH_2CH_2\!\!-\!\!Cl
\end{array}
\xrightarrow[\text{环合}]{-\,2HCl}
HN\!\!<\!\!
\begin{array}{c}
CH_2CH_2 \\
CH_2CH_2
\end{array}
\!\!>\!\!NH\cdot2HCl
$$

哌嗪
(对二氮己环)

因为各种多乙撑胺都具有很多用途,在工业上常常同时联产乙二胺和各种多乙撑胺。

将二氯乙烷和28 %氨水连续打入钼钛不锈钢高压管式反应器中,在 160~190 ℃和 2.5 MPa 反应 15 min,即得到含乙二胺和多乙撑胺的反应液。从反应液中蒸出过量的氨和一部分水,然后用30 %液碱中和,再经浓缩、脱盐、粗馏和精馏,即得到乙二胺和各种多乙撑胺。氨水过量越多,乙二胺收率越高。反应的温度和压力越高,多乙撑胺的收率越高。可根据市场需要,控制适当的产物比例。

另外,乙撑胺类还可以用乙醇胺的胺化氢化法(9.3.2)和环氧乙烷的氨解法(9.5.2)来制备。

9.6.2　从氯乙酸制氨基乙酸

β-卤代酸与氨水作用主要发生脱卤化氢的消除反应,生成不饱和酸,而只发生极少的氨解反应。但是,α-卤代酸与氨水作用则很容易发生氨解反应生成 α-氨基酸。不过就是使用大过量的氨水,也会同时生成一些仲胺和叔胺副产物。在这类反应中,最重要的是氯乙酸与氨水作用制氨基乙酸(甘氨酸)。

$$NH_3 \xrightarrow[30\sim50\ ℃,常压]{ClCH_2COOH} H_2NCH_2COOH \xrightarrow{ClCH_2COOH} HN \begin{matrix} CH_2COOH \\ \\ CH_2COOH \end{matrix} \xrightarrow{ClCH_2COOH} N(CH_2COOH)_3$$

氨水　　　　　　　　　　　　氨基乙酸　　　　　　　亚氨基二乙酸　　　　　　　　　　氮川三乙酸

当用氨水作氨基化剂时,氯乙酸和氨的摩尔比需要高达 1:60 才能将仲胺和叔胺的生成量压低到30 % 以下。如果在反应液中加入六亚甲基四胺(乌洛托品)作催化剂,可以减少氨的用量,并减少仲胺和叔胺的生成量。此法的优点是工艺过程简单,基本上无公害。缺点是催化剂乌洛托品不能回收。

另外,氨基乙酸的制备还可以采用氰醇的氨解水解法:

$$\begin{matrix} H-\underset{\underset{H}{|}}{C}=O \end{matrix} \xrightarrow[亲电加成]{NaCN+H_2SO_4} H-\underset{\underset{H}{|}}{\overset{\overset{OH}{|}}{C}}-CN \xrightarrow[氨解]{+NH_3/-H_2O} H-\underset{\underset{H}{|}}{\overset{\overset{NH_2}{|}}{C}}-CN \xrightarrow[水解]{+2H_2O/-NH_3} H-\underset{\underset{H}{|}}{\overset{\overset{NH_2}{|}}{C}}-COOH$$

甲醛　　　　　　　　　　氰醇(羟基乙腈)　　　　　　　氨基乙腈　　　　　　　　　氨基乙酸

但此法在制备氰醇时要用剧毒的氰化钠。

9.7　芳环上卤基的氨解

9.7.1　反应历程

卤基氨解属于亲核取代反应。当芳环上没有强吸电基(例如硝基、磺基或氰基)时,卤基不够活泼,它的氨解需要很强的反应条件,并且要用铜盐或亚铜盐作催化剂。当芳环上有强吸电基时卤基比较活泼,可以不用铜催化剂,但仍需在高压釜中在高温高压下氨解。

卤基的非催化氨解是一般的双分子亲核取代反应(S_N2)。其反应速率与卤化物的浓度和氨水的浓度成正比,即

$$r_{非催化氨解} = k_1[ArX][NH_3] \tag{9-2}$$

卤基的催化氨解则不同,其反应速率与卤化物的浓度和一价铜离子的浓度成正比,即

$$r_{催化氨解} = k_2[ArX][Cu^+] \tag{9-3}$$

因此,催化氨解的反应历程可能是铜离子在大量氨水中完全生成铜氨配离子,卤化物首先与铜氨配离子生成配合物,然后这个配合物再与氨反应生成芳伯胺,并重新生成铜氨配离子。

$$Cu^+ + 2NH_3 \underset{\ }{\overset{快}{\rightleftharpoons}} [Cu(NH_3)_2]^+ \qquad\qquad ①$$

$$Ar-X + [Cu(NH_3)_2]^+ \xrightarrow{慢} [Ar\cdots X\cdots Cu(NH_3)_2]^+ \qquad\qquad ②$$

$$[Ar\cdots X\cdots Cu(NH_3)_2]^+ + 2NH_3 \xrightarrow{快} ArNH_2 + NH_4X + [Cu(NH_3)_2]^+ \qquad ③$$

在上述反应中,生成配合物的反应(式①)是最慢的控制步骤。但是在配合物中,卤素的活泼性提高了,从而加快了它与氨的氨解反应(式③)的速度。

应该指出,催化氨解的反应速度虽然与氨水的浓度无关,但是生成伯胺、仲胺和酚的生成

量则取决于氨、已生成的伯胺和 OH⁻ 的相对浓度。

$$[Ar\cdots X\cdots Cu(NH_3)_2]^+ + Ar—NH_2 \longrightarrow Ar—NH—Ar + X^- + [Cu(NH_3)_2]^+$$

$$[Ar\cdots X\cdots Cu(NH_3)_2]^+ + OH^- \longrightarrow Ar—OH + X^- + [Cu(NH_3)_2]^+$$

为了抑制仲胺和酚的生成量，一般要用过量很多的氨水。

在芳环上的卤基氨解时，一般都用芳族氯衍生物为起始原料，只有在个别情况下才用溴衍生物。

9.7.2 铜催化剂的选择

一价铜，例如氯化亚铜，它的催化活性高，但价格较贵，主要用于卤素很不活泼或者生成的芳伯胺在高温容易被氧化的情况。为了防止一价铜在氨解过程中被氧化成二价铜，并减少一价铜的用量，有时可以用 Cu^+/Fe^{2+}，Cu^+/Sn^{2+} 复合催化剂。

二价铜，例如硫酸铜，主要用于防止有机卤化物中其他基团被还原的情况。例如 2-氯蒽醌的氨解制 2-氨基蒽醌时，使用二价铜催化剂可防止羰基被还原。

9.7.3 氨水的用量和浓度

1 mol 芳族卤化物氨解时，氨的理论用量是 2 mol，实际上，氨的用量要超过理论量好几倍或更多。这不仅是为了抑制生成二芳基仲胺和酚的副反应，同时还是为了降低反应生成的氯化铵在高温时对不锈钢材料的腐蚀作用。氨水中含有氯化铵时，介质的 pH 值与温度的关系如图 9-1 所示。

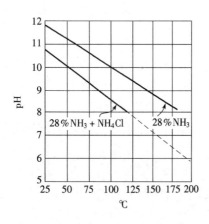

图 9-1　氨水的 pH 值与温度的关系

另外，过量的氨水在高温下还能溶解较多的固态芳族卤化物和氨解产物，改善反应物的流动性，并提高反应速度。这对于邻位和对位硝基氯苯的连续氨解是非常重要的。

工业氨解时，一般使用25 % 的工业氨水。但有时为了加快氨解速度或为了减少卤基水解副反应，需要使用浓度更高的氨水。这时可以在压力下向工业氨水中通入液氨或氨气。使用更浓的氨水时，在相同温度下，要比使用25 % 氨水的操作压力高得多。因此，在生产上应根据氨解反应的难易，反应温度的限制和高压釜耐压强度等因素来选择适宜的氨水浓度或使用铜催化剂。

9.7.4 苯胺和邻苯二胺的制备

氯苯的氨解法制苯胺在工业上曾经使用过，但成本高，1966 年已停止使用。

邻二氯苯的氨解制邻苯二胺的优点是可利用生产氯苯和对二氯苯时的副产物。但此法需要用无水氨和一价铜催化剂，反应在 150 ~ 210 ℃ 和 3 ~ 8 MPa 下进行。由于产物的分离精制等原因，目前尚未工业化。

9.7.5　硝基苯胺类的制备

从邻(或对)硝基氯苯及其衍生物的氨解,可以制得相应的邻(或对)硝基苯胺及其衍生物。例如:

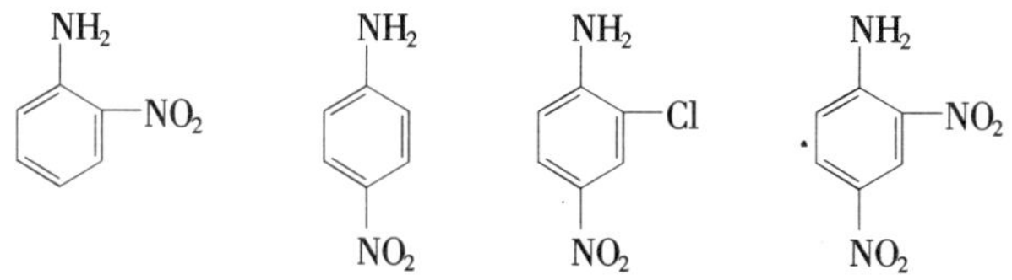

由于邻(或对)位硝基的存在,氯基比较活泼,氨解时可以不用铜催化剂。这项氨解过程可以采用高压釜间歇操作法,也可以采用高压管式连续操作法。生产邻硝基苯胺的工艺参数如表9-4所示。

表9-4　高压釜间歇法和高压管道连续法生产邻硝基苯胺的工艺参数

工　艺　参　数	高　压　釜　法	高　压　管　道　法
氨水浓度,g/L	290	300~320
邻-硝基氯苯:氨的比值,mol	1:8	1:15
反应温度,℃	170~175	230
压力,MPa(atm)	3.5(约35)	15(约150)
反应时间,min	420	15~20
收率,%	98	98
产品熔点,℃	69~69.5	69~70
生产能力,kg/(h·L)	0.012	0.600

从表9-4可以看出,两法的收率和产品质量基本相同。连续法的优点是投资少、生产能力大;缺点是技术要求高、耗电多、需要回收的氨多。生产规模不大时一般用间歇法。

据报道,在高压釜中进行邻硝基氯苯的氨解时,如果加入适量相转移催化剂四乙基氯化铵,只要在150℃反应600 min(10 h),邻硝基苯胺的收率可达98.2%。

9.7.6　2-氨基蒽醌的制备

2-氨基蒽醌的生产一般均采用2-氯蒽醌的氨解法。

由于氯基不够活泼,需要加入硫酸铜作催化剂。因为原料和产品在反应温度下,在氯水中的溶解度都很小,产品的熔点又非常高(302℃),在反应温度下仍然是固体,所以较难实现管道化连续生产。目前国内外大都采用高压釜间歇法。2-氯蒽醌:氨:硫酸铜的摩尔比为1:15~17:0.09。氨解温度210~218℃,压力约5 MPa,时间5~10 h,收率可达88%以上。在这里反应温度正好略高于原料2-氯蒽醌的熔点(208~211℃),可使2-氯蒽醌处于熔融状态而有利于反应的进行。关于2-氯蒽醌的制备见15.2.1.1。

2-氨基蒽醌的制备还曾经采用过蒽醌 2-磺酸的氨解法(见 9.9)。此法的优点是所用高压釜不需用不锈钢衬套,操作压力低。缺点是蒽醌磺化和氨解的收率低。现在已不采用。

9.8 芳环上羟基的氨解

此法可用于苯系、萘系和蒽醌系羟基化合物的氨解,但是反应历程和操作方式却各不相同。

9.8.1 苯系酚类的氨解

苯系一元酚的羟基不够活泼,它的氨解需要很强的反应条件。苯系多元酚的羟基比较活泼,可在较温和的条件下氨解,但是没有工业应用价值。苯系酚类的氨解主要用于苯酚的氨解制苯胺和间甲酚的氨解制间甲苯胺。由于所用原料和产品的沸点都不太高,上述氨解过程采用气固相接触催化氨解法,而且未反应的酚类可用共沸精馏法分离回收。

9.8.1.1 苯胺的制备

苯胺的生产主要采用硝基苯的加氢还原法(见 7.2.2.3)。1947 年又开发了苯酚气固相接触催化氨解法制苯胺的合成路线:

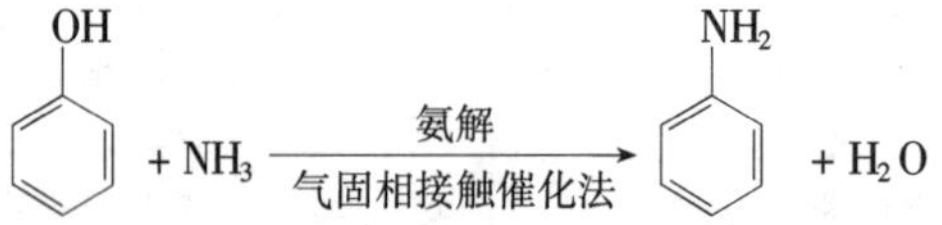

与苯的硝化还原法相比,此法的优点是不需要将原料氨氧化成硝酸,不消耗硫酸。缺点是要有廉价的苯酚(见 12.2.5.1),反应产物的分离精制比较复杂。此法已于 1970 年在日本投入生产。

此法是将苯酚和过量氨的气态混合物在 425 ℃和约 20 MPa 下通过催化剂即得到苯胺。所用催化剂可以是 $Al_2O_3 \cdot SiO_2$ 或 $MgO-B_2O_3-Al_2O_3-TiO_2$,另外也可以含有 CeO_2、V_2O_5 或 WO_3 等催化成分。使用新开发的催化剂可延长使用周期,省去催化剂的连续再生、降低反应温度、减少苯胺和过量氨的分解损失。当苯酚的转化率为 98 % 时,生成苯胺的选择性为 87 % ~ 90 %,可减少苯酚-苯胺共沸物的循环处理量。

9.8.1.2 间甲苯胺的制备

它最初一直是由间硝基甲苯的还原法制得的。但是,在甲苯的一硝化产物中,间位体的含量只有 4 % 左右,这就影响了间甲苯胺的产量和价格。1977 年日本在年产 2 000 吨的装置中用间甲酚生产间甲苯胺。该法与苯酚的氨解法相似。原料间甲酚是由间甲基异丙苯的氧化酸解法制得的(见 12.2.5.1)。

9.8.2 萘酚衍生物的氨解(在亚硫酸盐存在下的氨解)

萘环上 β 位的氨基一般不能用硝化还原法、氯化氨解法或磺化氨解法来引入。但是,萘环上 β 位的羟基却容易通过磺化碱熔法来引入。因此,将萘环上 β 位羟基转化为 β 位氨基的方法就成为从 2-萘酚制备 2-萘胺衍生物的主要方法。从 2-萘酚的氨解可以制得 2-萘胺,但 2-萘胺是强致癌物,已禁止生产。

2-萘酚及其衍生物挥发性低或不能气化,它们的氨解不能采用气固相接触催化法,而必须采用 Bucherer 反应。

9.8.2.1 反应历程

某些萘酚衍生物在亚硫酸盐存在下,可以在较温和的条件下与氨水作用而转变为相应的萘胺衍生物。实验证明,2-萘酚的氨解历程很可能是:2-萘酚先从烯醇式互变异构为酮式,它与亚硫酸氢铵按两种方式发生加成反应生成醇式加成物(Ⅰ)或(Ⅲ),然后(Ⅰ)或(Ⅲ)与氨发生氨解反应生成胺式加成物(Ⅳ)或(Ⅴ),然后(Ⅳ)或(Ⅴ)发生消除反应脱去亚硫酸氢铵生成亚胺式的2-萘胺,最后再互变异构为2-萘胺。

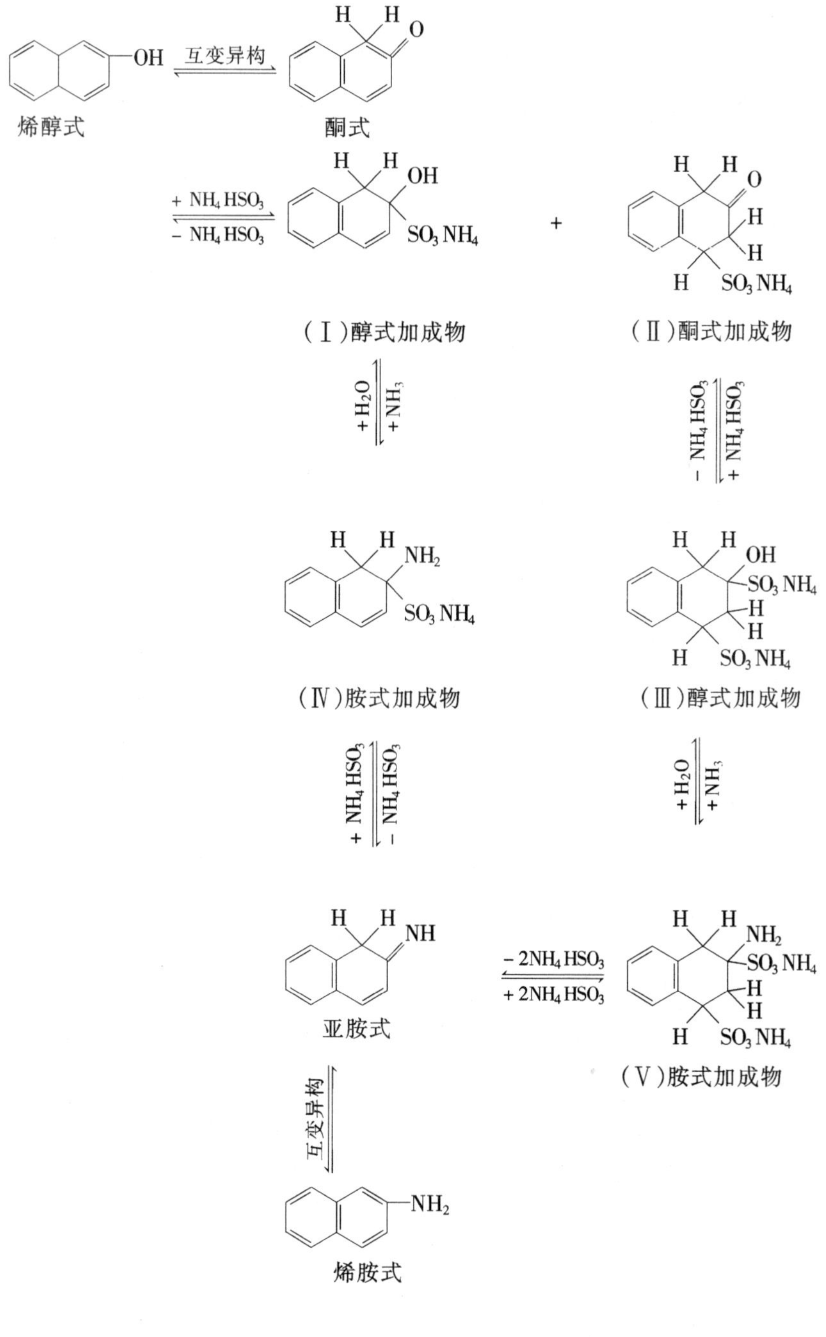

9.8.2.2 适用范围

Bucherer 反应主要用于从 β-萘酚磺酸制备相应的 β-萘胺磺酸,但并不是所有萘酚磺酸的羟基都能容易地置换成氨基。通过实验总结出以下规律:

(1)羟基处于 1 位时,2 位和 3 位的磺基对氨解反应有阻碍作用,而 4 位的磺基则使氨解反应容易进行;

(2)羟基处于 2 位时,3 位和 4 位磺基对氨解反应有阻碍作用,而 1 位磺基则使氨解反应容易进行;

(3)羟基和磺基不在同一环上时,磺基对这个羟基的氨解影响不大。

应该指出,Bucherer 反应是可逆的,因此有时也用于从萘胺衍生物的水解制备相应的萘酚衍生物,例如对氨基萘磺酸的水解制 1-萘酚-4-磺酸(见 13.6.3)。这时,磺基位置的影响也遵守上述规则。

9.8.2.3 吐氏酸

吐氏酸(2-萘胺-1-磺酸)是由 2-萘酚经低温磺化,然后氨解而制得的。

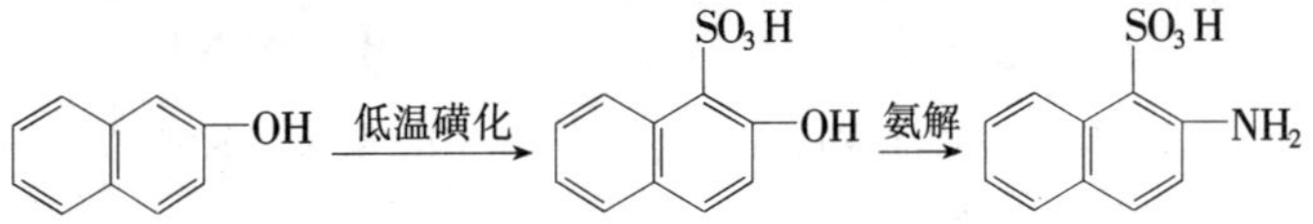

在磺化时为了避免 1 位磺基的异构化(见 5.2.3.4),反应要在 −5 ℃ ～ 10 ℃进行。磺化剂可以是过量的发烟硫酸,也可以是稍过量的氯磺酸(溶剂磺化,见 5.2.4.5)。为了使氨解产物吐氏酸中 2-萘胺副产物的含量低于 0.1 %,各国相继做了很多工作。一种方法是加强分离措施,例如用硝基苯萃取磺化物水溶液中未磺化的 2-萘酚,并用甲苯萃取氨解物水溶液中的副产 2-萘胺(由 2-萘酚-1-磺酸中未除净的 2-萘酚氨解而生成的)。另一种方法是调整氨解的反应条件,抑制未磺化的 2-萘酚的氨解。据报道,2-萘酚-1-磺酸:NH_3:SO_2 的摩尔比为 1:8 ～ 9:3 ～ 5,温度为 120 ～ 126 ℃时,反应 2 h,生成的吐氏酸中 2-萘胺的含量可降低到 0.01 % ～ 0.06 %。美国已用连续氨解法生产吐氏酸。

9.8.2.4 γ 酸

γ 酸(2-氨基-8-萘酚-6-磺酸)是由 2-萘酚先在 78 ～ 80 ℃用低浓度发烟硫酸磺化得 2-萘酚-6,8-二磺酸(G 盐,见 5.2.4.1),然后碱熔得 2,8-二羟基萘-6-磺酸(见 13.4.2.4)最后将 2 位羟基氨解而得。反应为:

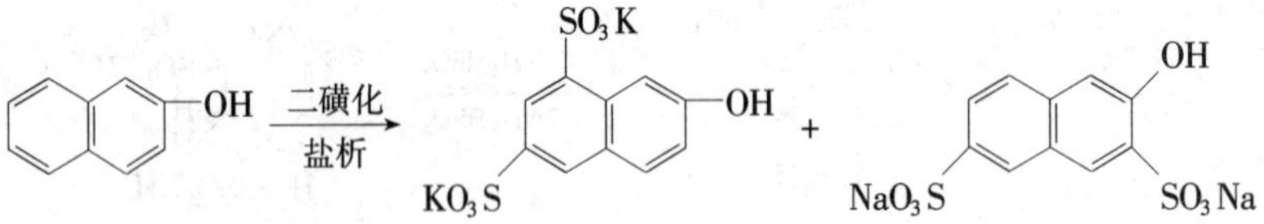

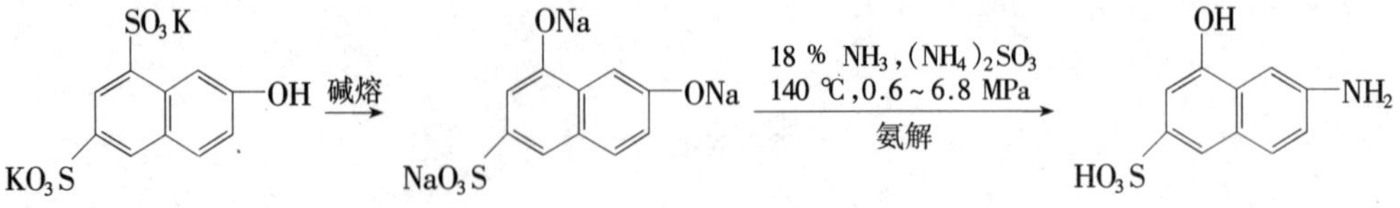

9.8.3 羟基蒽醌的氨解

蒽醌环上的氨基一般可以通过硝基还原法、氯基氨解法或磺基氨解法来引入。一个特殊的例子是从 1,4-二羟基蒽醌的氨解制 1,4-二氨基蒽醌。

蒽醌环上的羟基与苯环和萘环上的羟基不同,氨解条件比较特殊。它要求将 1,4-二羟基蒽醌在20 % 氨水中先用强还原剂保险粉($Na_2S_2O_4$)还原成隐色体,然后在 94～98 ℃、0.37～0.41 MPa 进行氨解,得到的产品是 1,4-二氨基蒽醌的隐色体。其反应历程可能如下:

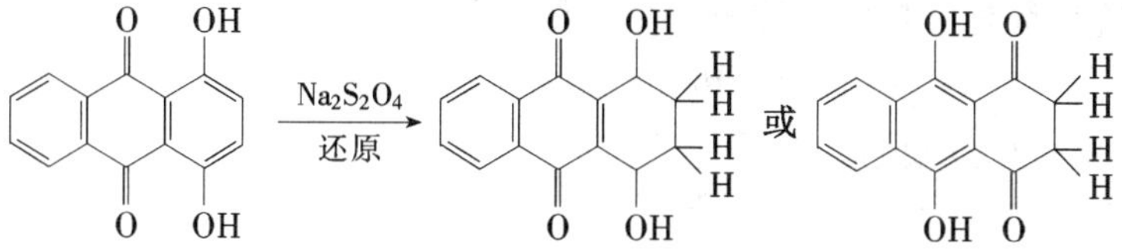

1,4-二羟基蒽醌隐色体

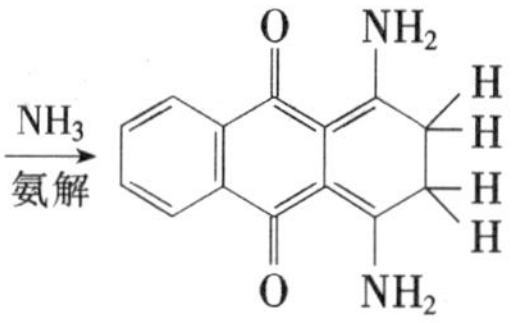

1,4-二氨基蒽醌隐色体

所得到的 1,4-二氨基蒽醌隐色体可以直接使用,也可以用温和氧化剂将其氧化成 1,4-二氨基蒽醌。效果最好的氧化剂是硝基苯,其次是硫酸。另外,前苏联专利还曾提出在氨解液中加入间硝基苯磺酸或 2,4-二硝基氯苯作氧化剂的方法。

9.9 芳环上磺基的氨解

磺基的氨解也是亲核置换反应。苯环和萘环上磺基的氨解相当困难,但是蒽醌环上的磺基由于 9,10 位两个羰基的活化作用,比较容易被氨解。此法现在主要用于从蒽醌-2,6-二磺酸的氨解制 2,6-二氨基蒽醌,反应为:

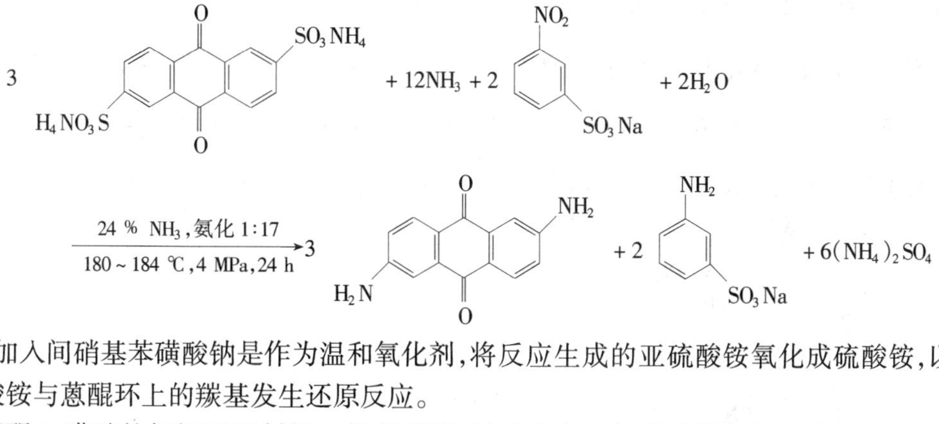

在这里,加入间硝基苯磺酸钠是作为温和氧化剂,将反应生成的亚硫酸铵氧化成硫酸铵,以避免亚硫酸铵与蒽醌环上的羰基发生还原反应。

从蒽醌-2-磺酸的氨解可以制得 2-氨基蒽醌,但成本比 2-氯蒽醌的氨解法高,现在已不采用。

此法还可用于从蒽醌-1-磺酸、蒽醌-1,5-二磺酸和 1,8-二磺酸的氨解制 1-氨基蒽醌、1,5-二氨基和1,8-二氨基蒽醌。此法虽然产品质量好、工艺简单,但是在蒽醌的磺化制备上述 α-位蒽醌磺酸时要用汞作定位剂,必须对含汞废水进行严格处理,才能防止汞害。现在许多工厂已改用蒽醌的硝化还原法生产上述氨基蒽醌(见 6.7.2)。

9.10 芳环上氢的直接胺化

用直接胺化法制备芳胺可以大大简化工艺,因此多年来不断有人从事研究。例如从苯与氨直接胺化可得苯胺,从苯胺直接胺化可得苯二胺的混合物。

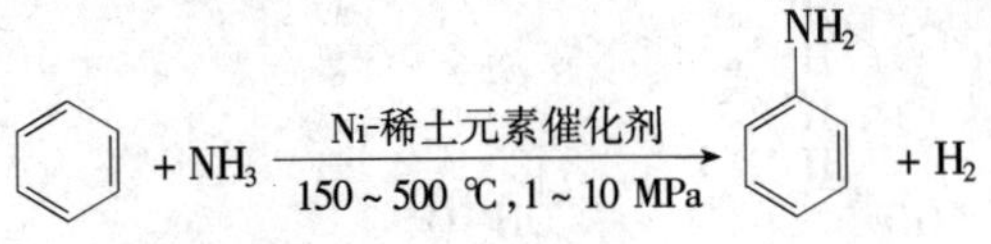

$$3H_2 + N_2 \longrightarrow 2NH_3$$

但此法转化率低,目前尚无实际意义。

比较重要的直接胺化法,它是以羟胺为胺化剂。按照反应条件又可以分为亲电胺化和亲核胺化两种方法。

9.10.1 用羟胺的亲电胺化

在浓硫酸介质中(有时加入钒盐或钼盐催化剂),芳香族原料在 $100 \sim 160$ ℃与羟胺反应可以向芳环上直接引入氨基:

$$ArH + NH_2OH \longrightarrow Ar{-}NH_2 + H_2O$$

在浓硫酸中羟胺可能是以 NH_2^+ 或 NH_2^+ 配合物的形式向芳环发生亲电进攻。

$$NH_2OH \Longrightarrow NH_2^+ + OH^-$$

因此它是一个亲电取代反应。当引入一个氨基后,反应容易继续进行下去,可以在芳环上引入多个氨基。例如蒽醌用羟胺进行胺化时将得到 1-氨基、2-氨基和多氨基蒽醌的混合物。

苯和卤代苯在上述条件下与羟胺反应时,将在芳环上同时引入氨基和磺基。据报道,从氯苯可制得 3-氨基-4-氨苯磺酸,收率84 %。

9.10.2 用羟胺的亲核胺化

当芳环上有强吸电基时,它在碱性介质中可以在温和条件下与羟胺发生亲核取代反应。这时羟胺是以亲核试剂 $\ddot{N}H_2OH$ 或 $^-\ddot{N}HOH$ 的形式进攻芳环的。在亲核取代反应中强吸电基使芳环上邻位和对位碳原子活化,所以氨基进入吸电基的邻位或对位。例如:

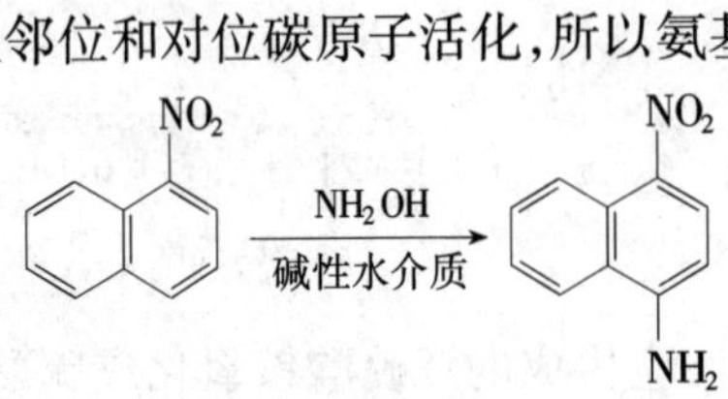

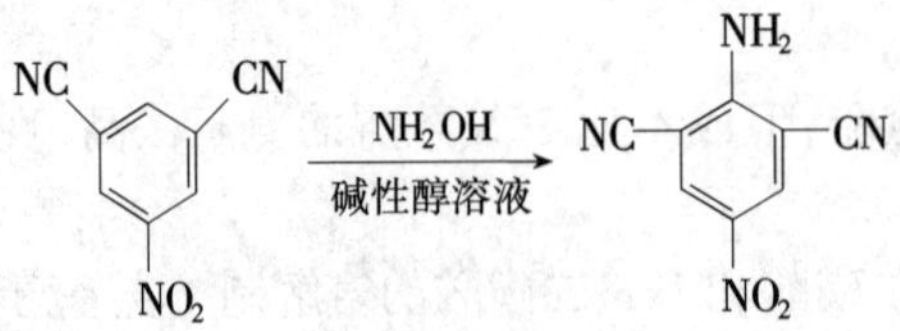

参考文献

1 唐培堃.中间体化学及工艺学.北京:化学工业出版社,1984

2 张铸勇.精细有机合成单元反应.上海:华东化工学院出版社,1990

3 朱淬砺.药物合成反应.北京:化学工业出版社,1982

4 〔美〕Groggins P H. Unit Processes in Organic Synthesis. McGraw-Hill Book Company Ine. Fifth Editions, 1958

5 〔前苏联〕伏洛茹卓夫.中间体及染料合成原理.北京:高等教育出版社,1958

6 〔德〕Welssermel K, Arpe H J.工业有机化学(重要原料及中间体).北京:化学工业出版社,1982

7 〔日〕细田丰.理论制造染料化学.技报堂,1957

8 徐克勋.精细有机化工原料及中间体手册.北京:化学工业出版社,1998

9 刘冲,司徒玉莲,申大志等.石油化工手册(第三分册,基本有机原料篇).北京:化学工业出版社,1987

10 化学工业部科学技术研究所.化工商品手册(有机化工原料上、下册).北京:化学工业出版社,1985

11 姚蒙正,程侣伯,王家儒.精细化工产品合成原理,第二版.北京:中国石化出版社,2002

第 10 章 烃 化

10.1 概述

烃化指的是在有机化合物分子中的碳、硅、氮、磷、氧或硫原子上引入烃基的反应的总称。引入的烃基可以是烷基、烯基、炔基和芳基,也可以是有取代基的烃基,例如羧甲基、羟乙基、氰乙基等。

本章只讨论氨基氮原子上的 N-烃化、羟基氧原子上的 O-烃化和芳环碳原子上的 C-烃化。

烃化剂的种类很多,常用的烃化剂主要有以下几类:

(1)卤烷,例如氯甲烷、碘甲烷、氯乙烷、溴乙烷、氯乙酸和氯苄等;

(2)酯类,例如硫酸的二甲酯和二乙酯、苯磺酸和对甲苯磺酸的甲酯和乙酯、磷酸的三甲酯和三乙酯等;

(3)醇类和醚类,例如甲醇、乙醇、正丁醇、十二碳醇、二甲醚和二乙醚等;

(4)环氧化合物,例如环氧乙烷、环氧丙烷等;

(5)烯烃和炔烃,例如乙烯、丙烯、高碳 α-烯烃、丙烯腈、丙烯酸甲酯和乙炔等;

(6)羰基化合物,例如甲醛、乙醛、正丁醛、苯甲醛、丙酮和环己酮等。

前三类烃化剂是发生取代反应的烃化剂。环氧化合物、烯烃和炔烃是发生加成反应的烃化剂,羰基化合物是发生脱水缩合反应的烃化剂。

在前三类烃化剂中,硫酸的中性酯(例如硫酸二甲酯)是最活泼的烃化剂,其次是各种卤烷(以碘烷最活泼),而醇和醚则是不活泼的弱烷化剂。

应该指出,酯类主要用于 N-烃化和 O-烃化,醚类中只有甲醚和乙醚曾经用于苯系胺类的 N-甲基化和 N-乙基化。

10.2 N-烃化

氨基上的氢原子被烃基取代的反应叫 N-烃化。氨和烃化剂作用生成脂族的伯胺、仲胺和叔胺以及生成芳伯胺的反应又叫氨解或胺化,见第 9 章。这一节主要讨论芳胺的 N-烃化。

10.2.1 用醇类的 N-烷化

因为醇类比其他烷化剂价廉易得,所以此法广泛用于苯胺和甲苯胺类的 N-烷化。由于醇类是弱烷化剂,而芳胺的碱性也比较弱,所以这类烷化过程都需要相当高的反应温度,并且要用催化剂来加速反应。

醇类的 N-烷化过程一般是在高压釜中、200~230 ℃和压力下,在液相进行的。最常用的催化剂是浓硫酸,也可以用三氯化磷、芳磺酸、脂肪胺或碘作催化剂。应该指出,在液相 N-烷化时,如果反应温度太高,则引入的烷基会从氨基氮原子上转移到芳环上氨基的对位或邻位碳原子上,主要得到 C-烷化产物(见 10.4.6.1)。

用醇类进行 N-烷化时,在个别情况下还需要采用气固相接触催化烷化法。

醇类只适用于苯胺和甲苯胺类的 N-烷化。当芳环上有吸电基时,氨基的碱性更弱,不能用醇类作 N-烷化剂。

10.2.1.1　用醇类进行液相 N-烷化的反应历程

在这种 N-烷化过程中,硫酸的催化作用是它能提供质子,使醇转变为活泼的烷基正离子:

$$R—OH + H^+ \rightleftharpoons R—\overset{+}{O}H_2 \rightleftharpoons R^+ + H_2O$$

然后,R^+ 与氨基氮原子上的未共有电子对相作用而生成仲胺、叔胺,甚至还会生成少量的季铵盐:

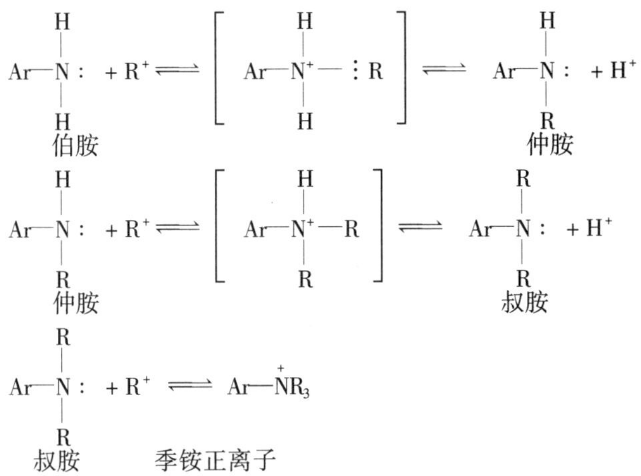

在生成仲胺和叔胺时都重新释放出质子,但是在生成季铵正离子时,不能释放出质子,因此,就是用过量较多的醇,季铵盐的生成量也不会超过所加入的酸的当量。但是,实际上只有用甲醇进行 N-甲基化时,才会生成季铵盐,这可能是因为甲基空间位阻小的缘故。

10.2.1.2　用醇类进行液相 N-烷化的化学平衡

用醇类的 N-烷化是可逆的连串反应:

$$Ar—NH_2 + ROH \xrightleftharpoons{K_1} ArNHR + H_2O$$

$$Ar—NHR + ROH \xrightleftharpoons{K_2} ArNR_2 + H_2O$$

因此,一烷化产物和二烷化产物的相对生成量与一烷化反应和二烷化反应的平衡常数 K_1 和 K_2 有密切关系,即

$$K_1 = \frac{[ArNHR][H_2O]}{[ArNH_2][ROH]}$$

$$K_2 = \frac{[ArNR_2][H_2O]}{[ArNHR][ROH]}$$

K_1 和 K_2 的大小不仅与反应条件有关,而且与醇的结构有关。苯胺在高压釜中用甲醇在 200 ℃进行 N-甲基化时,根据实验数据算出 K_1 和 K_2 都大于 200,又根据热力学数据算出 K_2 比 K_1 大 1 000 倍。因此,在苯胺的 N-甲基化时,只要用适当过量的甲醇,就可以使苯胺完全转化为 N,N-二甲基苯胺,并且还生成一些 N,N,N-三甲基苯胺季铵盐。但是苯胺用乙醇在 200 ℃进行 N-乙基化时则相反,根据实验数据计算 K_1 约为 30,K_2 只有 2.7,根据热力学数据计算

K_1 比 K_2 约大 4 倍。因此,在苯胺的乙基化时,就是用过量较多的乙醇,烷化产物仍然是以 N-乙基苯胺为主,并且还有一些未烷化的苯胺。当用正丁醇和正十二烷醇对苯胺进行 N-烷化时,总是主要得到一烷基苯胺,而不易得到二烷基苯胺,这可能与高碳烷基的空间效应有关。

应该指出,在用醇类进行常压气固相接触催化烷化时,由于压力的改变,催化剂对于一烷化和二烷化的催化作用不同,以及反应的时间短,反应并未达到平衡等因素,可以用甲醇和苯胺制得 N-甲基苯胺。

12.2.1.3　重要产品举例

醇类的高压液相 N-烷化可用于制备 N,N-二甲基苯胺、N-乙基苯胺、N,N-二乙基苯胺、N-乙基邻甲苯胺、N-乙基间甲苯胺、N-正丁基苯胺、N-正十二烷基苯胺等苯系 N-烷基芳胺。

但是 N-甲基苯胺则不能用甲醇与苯胺的高压液相 N-烷化法。这不仅因为 K_2 和 K_2/K_1 都比较大,而且还因为 N-甲基苯胺和 N,N-二甲基苯胺的沸点非常接近(常压时沸点分别为 190～191 ℃和 192.5～193.5 ℃,在减压下沸点差更小),二者很难用精馏法分离。因此,N-甲基苯胺的生产要采用气固相接触催化烷化法。例如,用含有4.6 %铜和9 %锌的氧化铝作催化剂,将 1 mol 苯胺与 1.5 mol 甲醇和 2.5 mol 氢的气态混合物在 250 ℃和常压下通过催化剂,即得到胺类混合物(参阅 9.3.2)。其中含 N-甲基苯胺96.1 %,苯胺2.6 %、N,N-二甲基苯胺 1.1 %。另外,N-甲基苯胺的生产,在工业上还采用过甲胺与氯苯的氨解法。

10.2.2　用卤烷的 N-烷化

10.2.2.1　烷化剂

当卤烷比相应的醇更易获得时,当然要用卤烷作烷化剂。例如,在引入苄基($—CH_2C_6H_5$)时总是用氯苄作烷化剂,而不用苄醇。又如,在引入羧甲基($—CH_2COOH$)时,总是用氯乙酸作烷化剂,而不用羟基乙酸。

另外,卤烷是一类活泼的烷化剂,对于某些难烷化的芳胺,常常需要用卤烷作烷化剂。例如,间氨基苯磺酸的二乙基化,N-酰基芳胺的烷化等,就是引入简单的烷基,例如甲基和乙基,也常常要用卤烷作烷化剂。在引入长碳链烷基时,也常用卤烷作烷化剂。

当烷基相同时,各种卤烷的活泼性次序如下:

$$R—I > R—Br > R—Cl$$

氟烷分子中的氟基相当稳定,不能参与 N-烷化反应。例如:

当烷基不同时,卤烷的活泼性随烷基碳链的增长而减弱。

在各种卤烷中,氯烷价廉易得,是最常用的烷化剂。当氯烷不够活泼时,才用溴烷作烷化剂,例如溴代十八烷。又如氯乙烷的沸点很低(12.5 ℃),其 N-乙基化反应要在镀银的高压釜中进行。有时为了简化工艺,可改用较活泼的溴乙烷(沸点 38.4 ℃)在常压烷化。碘烷很贵,只用于制备季铵盐和质量要求很高的烷基芳胺。

10.2.2.2　主要工艺条件

用卤烷的 N-烷化可以用以下通式来表示:

$$ArNH_2 + R—X \longrightarrow ArNHR + HX$$

$$ArNHR + R—X \longrightarrow ArNR_2 + HX$$

上述反应是不可逆的连串反应。当芳胺与卤烷的摩尔比略大于 1:2 时,可以得到高收率的 N,N-二烷基叔胺。但是,在使用摩尔比为 1:1 的卤烷时,得到的 N—一烷基仲胺中总是含有一定量的 N,N-二烷基叔胺。

如果目的在于制备 N—一烷基仲胺,为了抑制二烷化副反应,通常要使用过量的芳伯胺,烷化后再用适当的方法回收过量的芳伯胺,有时还需要采用特殊的方法来抑制二烷化副反应。例如,由氯乙酸与苯胺制苯氨基乙酸时,除了要用过量的苯胺以外,在水介质中还要加入氢氧化亚铁,使苯氨基乙酸以铁盐的形式沉淀析出:

$$2C_6H_5NH_2 + 2ClCH_2COOH + Fe(OH)_2 + 2NaOH \longrightarrow (C_6H_5NHCH_2COO)_2Fe^{2+} \downarrow + 2NaCl + 4H_2O$$

然后,将铁盐滤饼用氢氧化钠溶液处理,再转变成钠盐。

在烷化时生成的卤化氢,会与芳胺形成盐,而芳胺的盐难于烷化,为了避免这个不利影响,在 N-烷化时通常要加入与卤烷为当量的缚酸剂。例如,$NaOH$、Na_2CO_3、$Fe(OH)_2$、$Ca(OH)_2$、$CaCO_3$ 和 Na_3PO_4 等。但是,在个别情况下,也可以不加缚酸剂。例如,N-乙基苯胺与氯苄反应制 N-乙基-N-苄基苯胺:

在 N-苄基化以后,再用碱处理即得到游离胺。

因为卤烷是比较活泼的 N-烷化剂,所以烷化温度一般不超过 100 ℃,而且常常可以在水介质中进行。当使用低沸点的卤烷(例如氯甲烷、氯乙烷等)时,N-烷化反应要在高压釜中进行。

10.2.3 用酯类的 N-烷化

硫酸酯、芳磺酸酯和磷酸酯等强酸的烷基酯都是活泼的 N-烷化剂。这类烷化剂的沸点都很高,N-烷化反应可在常压和不太高的温度下进行。酯的用量一般不需要过量太多,而且副反应少。但是,酯的价格比相应的醇或卤烷贵得多,所以它们主要用于制备价格贵、产量小的烷化产物。

10.2.3.1 用硫酸酯的 N-烷化

容易制得的硫酸酯主要是一烷基硫酸氢酯(见 5.4.2.1)。但是硫酸氢酯的烷化能力弱,容易制得的二烷基硫酸酯是硫酸二甲酯,其次是硫酸二乙酯。所以实际上主要是用硫酸二甲酯进行 N-甲基化。

$$ArNH_2 + CH_3—O—SO_2—O—CH_3 \xrightarrow{易} ArNHCH_3 + HO—SO_2—O—CH_3$$

$$ArNH_2 + CH_3—O—SO_2—ONa \xrightarrow{难} ArNHCH_3 + NaHSO_4$$

由于甲基硫酸钠的烷化能力弱,所以硫酸二甲酯分子中虽然有两个甲基,但是通常只利用其中的一个甲基参加 N-烷化反应。不过,在某些情况下,也可以使用价廉易得的硫酸氢甲酯作为 N-甲基化剂。硫酸二甲酯不仅可用于制备仲胺和叔胺,更重要的是用于制备季铵盐。

使用硫酸二甲酯的 N-烷化反应,一般是在缚酸剂的存在下,在水介质中或者在无水的有机溶剂中,在温热的条件下完成的。

硫酸二甲酯的优点是它可以只在氨基上烷化,而不影响芳环上的羟基。另外,当分子中有多个氮原子时,还可以根据各氮原子的碱性不同,选择性地只对一个氮原子进行 N-烷化。例如:

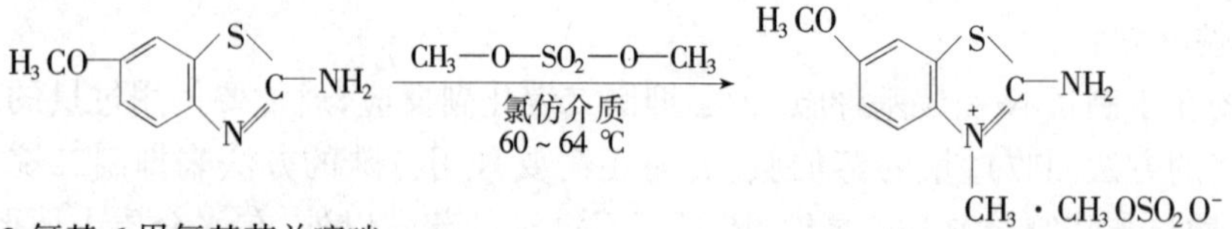

2-氨基-6-甲氧基苯并噻唑（见15.7.2.1）　　制阳离子染料的中间体

硫酸二甲酯的毒性极大,通过呼吸道或皮肤接触能使人中毒或致死,使用时应在通风橱中操作。

10.2.3.2　用芳磺酸酯的 N-烷化

最初使用的芳磺酸酯是对甲苯磺酸酯,因为制备它们的原料对甲苯磺酰氯曾经是甲苯法制糖精的副产物,价廉易得。但是,现在糖精的生产已改用邻苯二甲酸酐为原料的合成路线,它不副产对甲苯磺酰氯,因此,现在使用的芳磺酸酯都是苯磺酸酯。苯磺酸酯分子中的烷基可以是简单的烷基,也可以是带有取代基的烷基,因此,苯磺酸酯适用于引入分子量较大的烷基。另外,苯磺酸甲酯的毒性极小,有时也用它代替硫酸二甲酯。

丙醇以上的高碳醇的苯磺酸酯,当与 2 mol 芳胺在 110 ~ 115 ℃共热时,可得到良好收率的 N-一烷基芳胺,在这里,第二个摩尔芳胺被用来与生成的苯磺酸相结合:

$$2ArNH_2 + C_6H_5SO_2OR \longrightarrow ArNHR + ArNH_2 \cdot C_6H_5SO_3H$$

当将 2 mol 苯磺酸酯与 1 mol 芳胺在与酯为当量的缚酸剂(例如氢氧化钠或氢氧化钾)的存在下,在较高温度下加热,则得到 N,N-二烷基芳胺。

当需要在氨基氮原子上引入—$CH_2CH_2OCH_3$ 或—$CH_2CH_2OCH_2CH_2OCH_3$ 等复杂的烷基时,可用乙二醇单甲醚或二乙二醇单甲醚的苯磺酸酯作 N-烷化剂。当然,如果用 $ClCH_2CH_2OCH_3$ 或 $ClCH_2CH_2OCH_2CH_2OCH_3$ 作烷化剂则更为经济。

10.2.4　用环氧乙烷的 N-烷化

环氧乙烷是活泼的烷化剂,它容易与氨基氮原子上的氢发生加成反应,在氮原子上引入羟乙基,故又称羟乙基化。例如:

$$R—NH_2 \xrightarrow[k_1]{\overset{CH_2—CH_2}{\diagdown O \diagup}} R—NHCH_2CH_2OH \xrightarrow[k_2]{\overset{CH_2—CH_2}{\diagdown O \diagup}} R—N(CH_2CH_2OH)_2$$

由于一羟乙基化和二羟乙基化的反应速度常数 k_1 和 k_2 一般相差不太大,因此在用伯胺与环氧乙烷制备 N-单-β-羟乙基衍生物时,就是使用低于理论量的环氧乙烷,也容易生成一定数量的 N,N-双-β-羟乙基衍生物。为了制得较纯的单 β-羟乙基衍生物,必须严格控制反应条件,例如介质的 pH 值、反应温度以及通入环氧乙烷的速度等。

在用伯胺与环氧乙烷制备 N,N-双-β-羟乙基衍生物时,或者是用 N-烷基仲胺制备 N-烷基-N-β-羟乙基叔胺时,也应严格控制环氧乙烷的用量。因为过量的环氧乙烷有可能生成 N-聚乙二醇衍生物。

$$R—N(CH_2CH_2OH)_2 + 2n \underset{O}{\overset{CH_2—CH_2}{\diagdown\ \diagup}} \longrightarrow R—N[(CH_2CH_2O)_nCH_2CH_2OH]_2$$

某些叔胺与环氧乙烷作用还可以制得季铵盐。例如：

$$C_{18}H_{37}-\underset{\underset{CH_3}{|}}{\overset{\overset{CH_3}{|}}{N}}: \ + \ \underset{O}{CH_2-CH_2} \ + \ HNO_3 \ \xrightarrow[90\sim110\ ℃]{异丙醇介质} \ \left[C_{18}H_{37}-\underset{\underset{CH_3}{|}}{\overset{\overset{CH_3}{|}}{N}}-CH_2CH_2OH\right]^+ \ NO_3^-$$

产品是合成纤维和塑料的静电消除剂和聚丙烯腈纤维的染色匀染剂。

N-羟乙基化的难易程度与氨基氮原子的碱性强弱有关。胺的碱性越强,其亲核能力越强,亲电加成反应越容易进行,反之则较难进行。脂胺碱性较强,较易 N-羟乙基化,不需要酸性催化剂,但是芳胺的 N-羟乙基化则需要使用酸性催化剂。关于酸性催化剂的作用见 10.3.4.1。对于苯胺和芳环上有第一类取代基的苯胺衍生物,反应可在较低的温度(5~75 ℃)下进行,甚至可在常压下向反应液中通入环氧乙烷进行 N-羟乙基化。当苯胺的芳环上有第二类取代基时,则需要较高的反应温度(120~145 ℃),并且要向高压釜中慢慢通入环氧乙烷(0.5~0.6 MPa)。

10.2.5 用烯烃的 N-烷化

用烯烃的 N-烷化是亲电加成反应。如果烯烃分子中没有活化基团,N-烷化反应很难进行。但是,如果在双键的 α 位连有吸电基,例如氰基、羰基、羧基或羧酸酯基等,使双键的另一个碳原子(β 碳原子)带有部分正电荷,则容易与胺类发生亲电加成反应。最常用的烯烃是丙烯腈和丙烯酸甲酯：

$$\overset{\delta+}{\underset{\beta}{C}H_2}=CH-\overset{}{\underset{\alpha}{C}}\equiv N^{\delta-} \qquad \overset{\delta+}{\underset{\beta}{C}H_2}=CH-\overset{\overset{O^{\delta-}}{\|}}{\underset{\alpha}{C}}-OCH_3$$

与卤烷、硫酸酯和环氧乙烷相比,烯烃衍生物的 N-烷化能力较弱,常常需要加入酸或碱进行催化。常用的酸性催化剂有乙酸、盐酸、硫酸、对甲苯磺酸或三氯化铁等,常用碱性催化剂有三甲胺、三乙胺等。反应一般是在水介质中进行。烯烃自身容易发生聚合副反应,常常需要加入少量对苯二酚等阻聚剂。

在用丙烯腈时,可在氨基氮原子上引入一个或两个氰乙基(—CH_2CH_2CN)：

$$R-NH_2 \ \xrightarrow{+ CH_2=CH-CN} \ R-\underset{\underset{H}{|}}{N}-CH_2CH_2CN \ \xrightarrow{+ CH_2=CH-CN} \ R-N(CH_2CH_2CN)_2$$

$$\underset{R'}{\overset{R}{\diagdown}}NH \ \xrightarrow{+ CH_2=CHCN} \ \underset{R'}{\overset{R}{\diagdown}}N-CH_2CH_2CN$$

在用丙烯酸甲酯时,可以在氨基氮原子上引入一个或者两个 β-甲氧碳酰乙基(—CH_2CH_2COOCH_3)：

$$R-NH_2 \ \xrightarrow{+ CH_2=CHCOOCH_3} \ R-\underset{\underset{H}{|}}{N}-CH_2CH_2COOCH_3 \ \xrightarrow{+ CH_2=CHCOOCH_3} \ R-N(CH_2CH_2COOCH_3)_2$$

$$\underset{R'}{\overset{R}{\diagdown}}NH \ \xrightarrow{+ CH_2=CHCOOCH_3} \ \underset{R'}{\overset{R}{\diagdown}}N-CH_2CH_2COOCH_3$$

上述各式中 R 代表烷基或芳基,R′代表烷基。

这类产物是生产分散染料、表面活性剂和医药的中间体。

10.2.6　用醛或酮的 N-烷化

醛或酮与氨的胺化氢化反应在 9.4 中已经介绍过了。与此相类似,醛或酮也可与伯胺或仲胺发生胺化氢化反应,不过从胺的角度来考虑,通常把这类反应叫做还原 N-烷化。反应通式可简单表示如下:

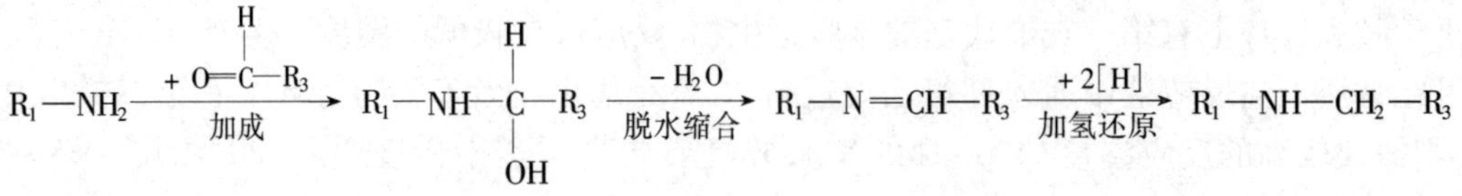

伯胺　　　（醛）　　　　　羟基胺　　　　　甲叉亚胺　　　　　仲胺

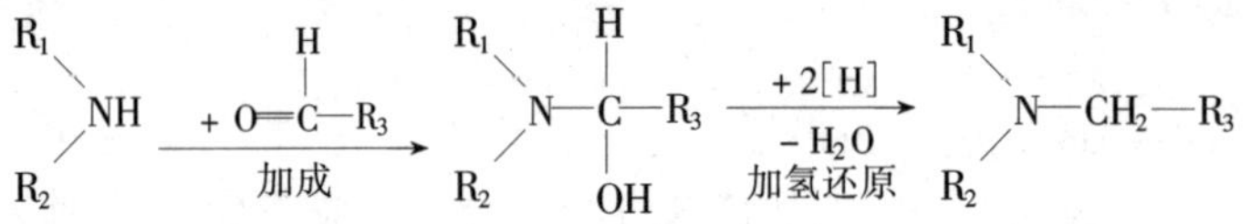

仲胺　　　（醛）　　　羟基胺　　　　　叔胺

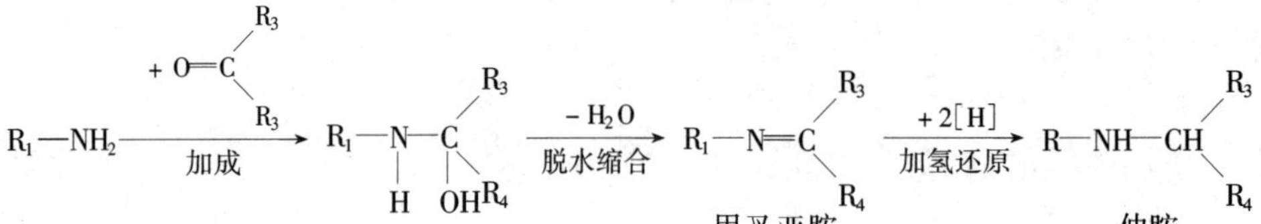

伯胺　　　（酮）　　　　羟基胺　　　　脱水缩合　　　甲叉亚胺　　　　仲胺

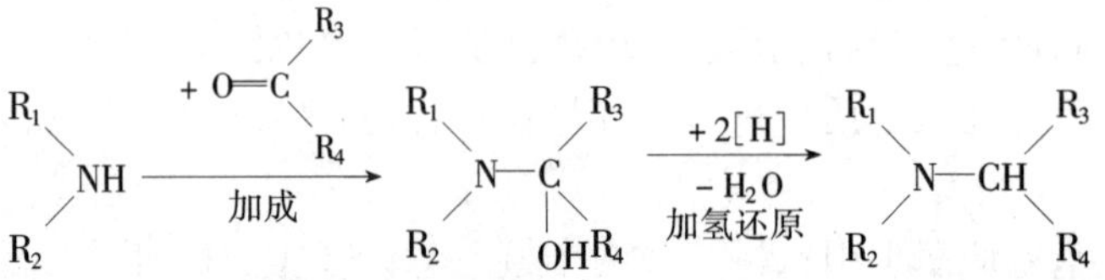

仲胺　　　（酮）　　　羟基胺　　　　　叔胺

上述各式中,R_1 和 R_3 代表烷基或芳基,R_2 和 R_4 代表烷基。

醛或酮与氨的胺化氢化,其脱水缩合反应与加氢还原反应是同步完成的。但醛或酮与伯胺(或仲胺)的反应,既可以同步完成,也可以分步完成,而且脱水缩合生成的甲叉亚胺还可以分离出来作为最终产品。例如:

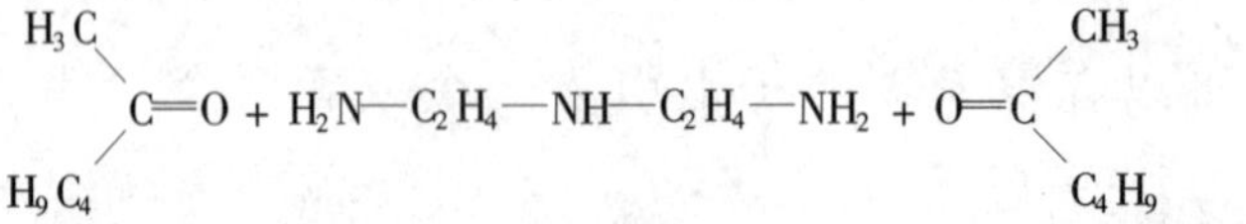

甲基异丁基甲酮　　　　　　二乙撑三胺　　　　甲基异丁基甲酮

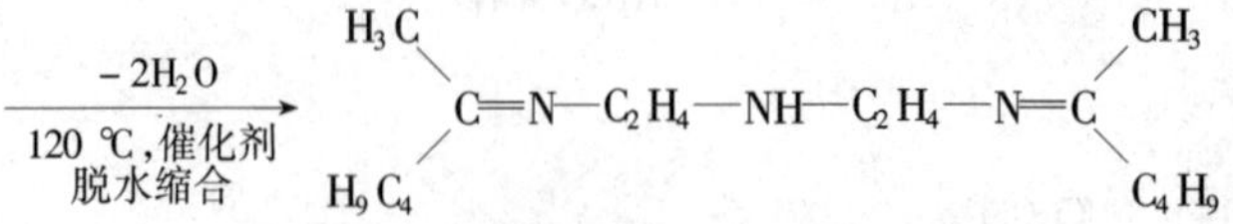

双-N,N′-(甲基异丁基)二亚乙基三胺
(环氧树脂的潜伏性固化剂)

醛或酮与伯胺(或仲胺)生成羟基胺或甲叉亚胺的还原反应,既可以用氢气的液相催化加氢法,也可以用甲酸等其他还原剂。例如:

$$HCOOH \xrightarrow{供氢} 2[H] + CO_2 \uparrow$$

$$C_{18}H_{37}NH_2 + 2HCHO + 2HCOOH \xrightarrow[50\sim78\ ℃]{乙醇介质} C_{18}H_{37}N(CH_3)_2 + 2H_2O + 2CO_2 \uparrow$$

十八胺　甲醛　甲酸　　　　　　　　N,N-二甲基十八胺

同步还原N-烷化

上述甲基化法的特点是操作简便,不需要使用剧毒的硫酸二甲酯作烷化剂,也不需要在高压下操作的氯甲烷作烷化剂。

又如,将 4-氨基二苯胺与环己酮在骨架镍催化剂存在下于 150～160 ℃加成、脱水、加氢,可制得橡胶防老剂 4010。

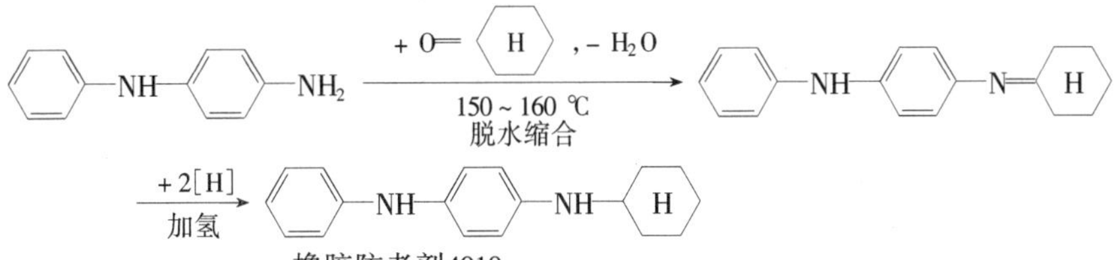

橡胶防老剂4010

芳胺与某些醛或酮作用时,由于摩尔比、反应温度和催化剂等反应条件的不同,可以制得一系列橡胶防老剂。它们是结构复杂的混合物。

应该指出,当用过量的芳胺与醛或酮在酸性催化剂存在下相作用时,将发生芳环上碳原子的 C-烷化反应(见 10.4.7.1 和 10.4.8)。

10.2.7　相转移催化 N-烷化

对于不活泼的芳胺,例如间硝基苯胺、1,8-萘内酰亚胺,以及某些含氮杂环化合物的 N-烷化比较困难,如果在相转移催化剂的存在下,用卤烷或硫酸酯,可在较温和的条件下完成 N-烷化反应,效果良好(参阅 3.6.5.4)。

10.2.8　N-芳基化(芳氨基化)

芳伯胺 $ArNH_2$ 与含有反应性基团的芳香族化合物 Ar′—Y 相作用生成二芳基仲胺的反应叫 N-芳基化或芳氨基化。其反应通式如下:

$$Ar—NH_2 + Y—Ar' \longrightarrow Ar—NH—Ar' + HY$$

式中的 Ar′—Y 可以是芳香族卤素化合物、芳伯胺、酚类或芳磺酸。考虑到 Ar′—Y 的结构常常比 Ar—NH₂ 复杂得多,因此通常把这类反应叫芳氨基化,很少叫 N-芳基化。

10.2.8.1　卤素化合物的芳氨基化

这类反应的通式可表示如下:

$$Ar—NH_2 + X—Ar' \longrightarrow Ar—NH—Ar' + HX$$

式中的 X 可以是氯或溴。在上述反应中,Ar—NH₂ 是亲电试剂,Ar′—X 是亲核试剂。因此,在芳环上卤基的电子云密度越低,反应越容易进行。一般在卤基的邻位或对位有硝基、磺基或羧基等吸电基时,卤基比较活泼,反应较易进行。常用的卤素化合物主要有:

(1)硝基氯苯的衍生物,例如对硝基氯苯、对硝基氯苯邻磺酸、2,4-二硝基氯苯和邻氯苯甲酸等,它们主要用于制备二苯胺衍生物;

(2)四氯苯醌,主要用于制备含有两个芳氨基的染料中间体;

(3)蒽醌系和稠环系的氯衍生物和溴衍生物,例如:1,4,5,8-四氯蒽醌、1-氨基-4-溴蒽醌-2-磺酸(溴氨酸)、3-溴苯绕蒽酮和 3,9-二溴苯绕蒽酮等,它们用于制备含有芳氨基或具有含氮杂环的蒽醌系染料或稠环系染料。

为了消除反应生成的 HCl 或 HBr 的不利影响,通常要加入缚酸剂,例如 MgO、Na$_2$CO$_3$、K$_2$CO$_3$ 和 CH$_3$COONa 等。如果芳环上的卤素不够活泼或芳胺不够活泼,还需要加入催化剂。最常用的催化剂是氯化亚铜和铜粉。有时甚至需要在无水、高温(200 ℃)下,并在固相反应器中进行反应。为了简化产品的精制操作,卤素衍生物与芳伯胺的摩尔比以接近等摩尔比为宜。但是,如果芳伯胺的分子量比较小,沸点比较低,也可以使用过量较多的芳伯胺,反应完毕后再进行回收。

此法的一个重要生产实例是 4-氨基-4'-甲氧基二苯胺(商品名"安安蓝 B 色基")的生产。其合成路线如下:

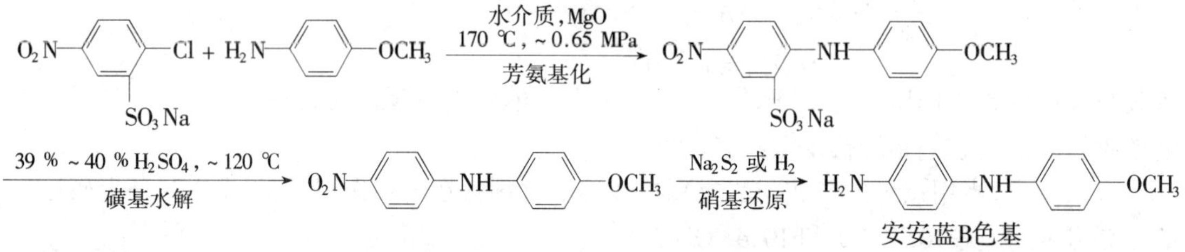

在上述合成路线中,先将对硝基氯苯磺化(后来又把磺基水解掉),其目的是为了增加分子中氯基的活泼性、水溶性,以便在芳氨基化时采用较温和的反应条件和接近等摩尔比的对氨基苯甲醚。在芳氨基化时用 MgO 作缚酸剂是因为它不会像氢氧化钠那样导致水解副反应,也不会像碳酸钠那样放出 CO$_2$ 气体,使高压釜的操作压力升高。B 色基的传统合成路线是:先将 4-硝基-4'-甲氧基二苯胺-2-磺酸用铁粉还原,然后再将磺基水解掉。此法工序多,还需要处理铁泥滤饼,国内已不采用。

邻硝基氯苯不经磺化,直接与苯胺作用可制得 2-硝基二苯胺,它是制备汽油抗氧剂的中间体。由于氯基不够活泼,反应要在 190~220 ℃加热 12 h,并且要用乙酸钠作缚酸剂,用过量的苯胺作溶剂。

10.2.8.2 芳伯胺的芳氨基化

反应通式可表示如下:

$$Ar—NH_2 + H_2N—Ar' \longrightarrow Ar—NH—Ar' + NH_3$$

式中的两个芳伯胺可以相同,也可以不同。如果是不同的,其中沸点较低的一种芳伯胺常常要过量很多倍,以便使沸点较高的另一种芳伯胺反应完全,以利于产品的分离精制,并缩短反应时间。反应完毕后,过量的沸点较低的芳伯胺可以回收套用。有时过量的芳伯胺还起着溶剂或介质的作用。

这类反应通常是在酸性催化剂的存在下进行的,有时甚至用过量的酸来中和反应生成的氨。常用的酸性催化剂有盐酸、硫酸、磷酸、对氨基苯磺酸、三氯化铝、三氟化硼及其配合物、氟硼酸铵、三氯化磷以及亚硫酸氢钠等。除了用亚硫酸氢钠催化的芳氨基化反应可以在水介质中于 100~110 ℃进行以外,在其他情况下反应温度都比较高(160~350 ℃),而且要在含水很少或无水条件下进行。这类反应的速度都比较慢,所需反应时间都比较长,其中沸点较低的一种芳伯胺要过量较多。

用这种芳氨基化法制得的重要产品可以举出下面几种。

(1)二苯胺,是染料中间体、无烟炸药稳定剂,并用于农药和橡胶工业。反应为:

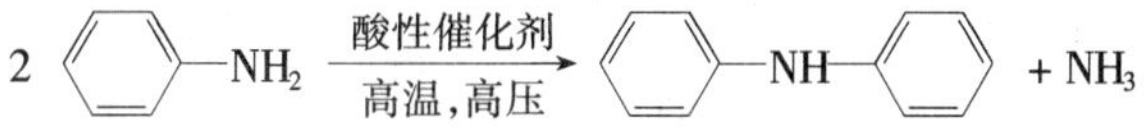

$$2 \; \text{C}_6\text{H}_5\text{—NH}_2 \xrightarrow[\text{高温,高压}]{\text{酸性催化剂}} \text{C}_6\text{H}_5\text{—NH—C}_6\text{H}_5 + NH_3$$

这个反应的传统催化剂是无水三氯化铝(300 ℃,1 MPa),但是生成二苯胺的转化率只有50 %,收率只有76 %。近年来已改用氟硼酸盐作催化剂(300 ~ 330 ℃,2 ~ 3 MPa),并在反应过程中不断放出反应生成的氨。生成二苯胺的转化率提高到60 % ~ 70 %,按消耗的苯胺计,收率提高到85 % ~ 95 %,回收的氟硼酸盐可以重复使用。

(2)N-苯基-1-萘胺,是大量使用的橡胶防老剂,商品名称叫防老剂 A。反应为:

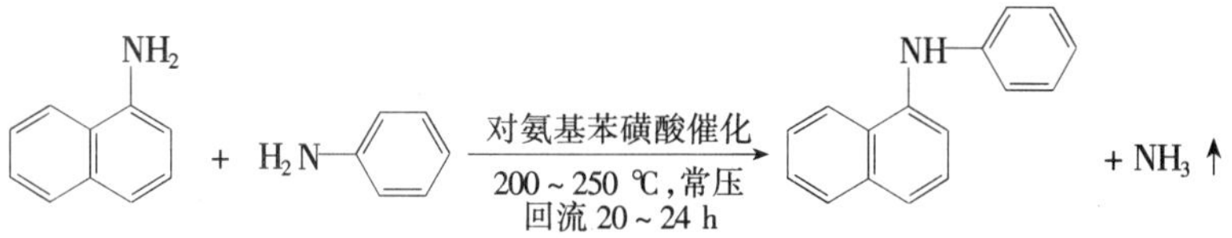

(3)苯基周位酸,是染料中间体。反应为:

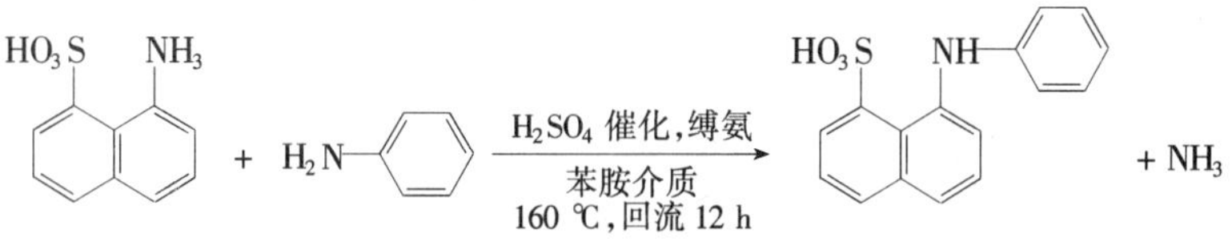

用类似方法可从周位酸和对甲苯胺制得对甲苯基周位酸,它也是染料中间体。

(4)苯基 J 酸,是染料中间体。反应为:

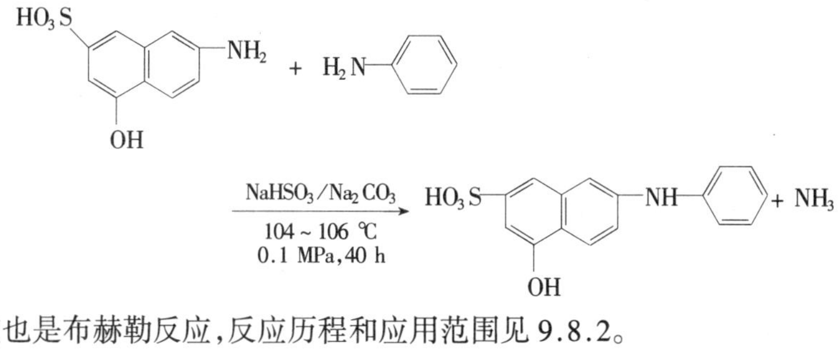

上述反应也是布赫勒反应,反应历程和应用范围见 9.8.2。

10.2.8.3 酚类的芳氨基化

反应通式可表示如下:

$$\text{Ar—NH}_2 + \text{HO—Ar}' \longrightarrow \text{Ar—NH—Ar}' + \text{H}_2\text{O}$$

常用的酚类有间苯二酚、对苯二酚、2-萘酚、1,4-二羟基蒽醌等。

苯系和萘系酚类的芳氨基化是酸催化反应,其工艺条件与芳伯胺的芳氨基化基本上相似。例如:

(1)间羟基二苯胺,是染料中间体。反应为:

(2)N-苯基-2-萘胺,商品名称是防老剂 D。反应为:

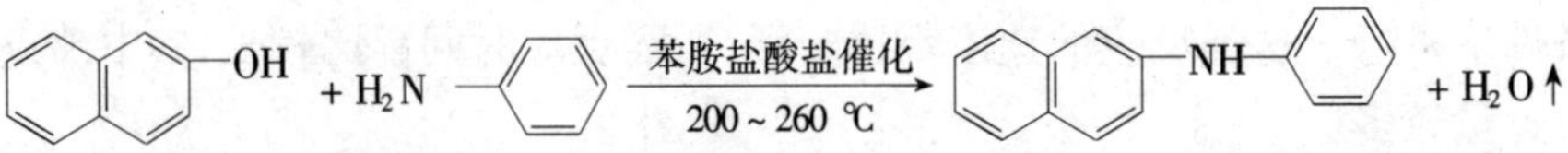

(3)芳氨基蒽醌,1,4-二羟基蒽醌的芳氨基化类似于1,4-二羟基蒽醌的氨解(见9.8.3)。所不同的是,在氨解时要把全部1,4-二羟基蒽醌先还原成隐色体,而在芳氨基化时,只需要将一部分1,4-二羟基蒽醌还原为隐色体就可以使芳氨基化反应顺利进行。因为芳氨基化产物的隐色体可以将1,4-二羟基蒽醌还原成隐色体。选择还原成隐色体的方法和芳氨基化的反应条件,可以使一个或两个羟基置换成芳氨基。例如:

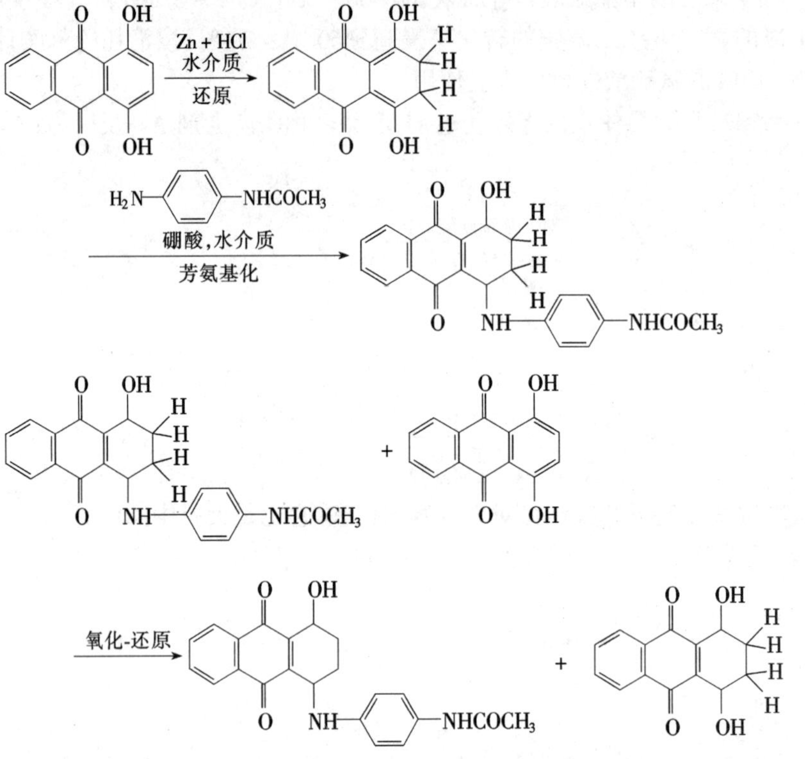

分散蓝5R   1,4-二羟基蒽醌隐色体

又如:

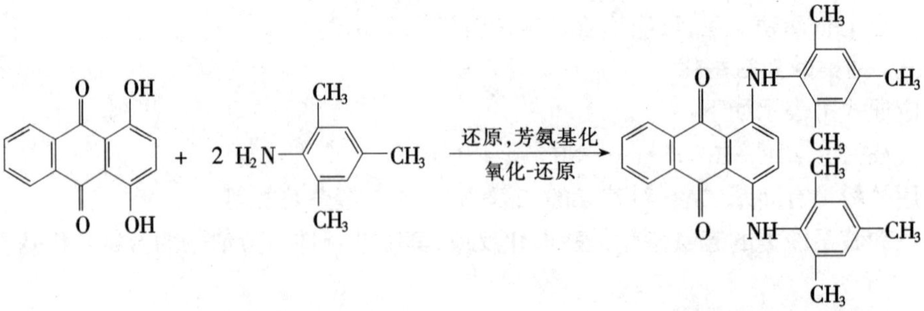

弱酸性艳蓝RAW的中间体

另外,1,2,4-三羟基蒽醌的芳氨基化可以不将它预先还原成隐色体。例如:

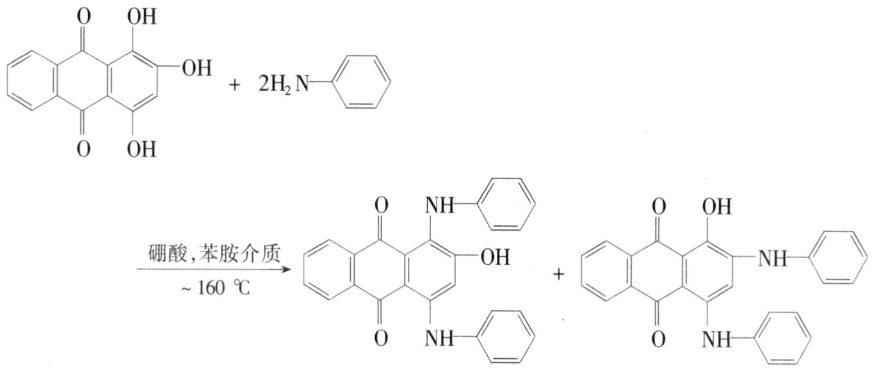

酸性媒介灰BS的中间体

10.3 O-烃化

醇羟基或酚羟基上的氢原子被烃基取代而生成二烷基醚、烷基芳基醚或二芳基醚的反应叫做 O-烃化,其中包括 O-烷化(亦称烷氧基化)和 O-芳化(亦称芳氧基化)两类。

10.3.1 用醇类的 O-烷化

用醇类作 O-烷化剂时,反应是在大量浓硫酸存在下进行的。可能是醇先与浓硫酸作用生成酸性硫酸酯,然后酯再与醇作用生成醚。例如:

$$C_2H_5OH + HO—SO_2—OH \xrightarrow{70\ ℃} C_2H_5O—SO_2—OH + H_2O$$

$$C_2H_5O—SO_2—OH + HOC_2H_5 \xrightarrow{130\sim135\ ℃} C_2H_5—O—C_2H_5 + H_2SO_4$$

反应温度的选择非常重要,温度太高容易发生醇脱水生成烯烃的副反应。硫酸的用量取决于所用醇的分子结构。对于分子量相同的醇类,伯醇用酸量较大,仲醇用酸量较少。某些活泼的醇,例如苄醇、烯丙醇和具有 α 羰基的醇,其反应条件比较温和,只需要用少量的硫酸或盐酸即可。

此法除了用于从乙醇制乙醚以外,还可以从相应的醇制备正丙醚、异丙醚、正丁醚、正戊醚、异戊醚和正己醚等对称的二烷基醚。

另外,用甲醇或乙醇在浓硫酸存在下,对 1-萘酚或 2-萘酚进行 O-烷化,可制得相应的萘甲醚或萘乙醚。例如:

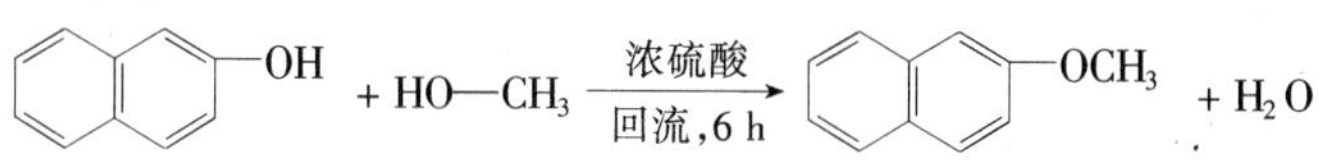

但是,此法不能用于从苯酚制备相应的酚醚。

10.3.2 用卤烷的 O-烷化

用卤烷的 O-烷化是亲核取代反应。对于被烷化的醇或酚来说,它们的负离子 R—O⁻ 的活泼性远远大于醇或酚本身的活性。因此,在反应物中总是要加入碱性剂,例如金属钠、氢氧化钠、氢氧化钾、碳酸钠或碳酸钾等,以生成 R—O⁻ 负离子。

$$R—OH + NaOH \rightleftharpoons R—O^- + Na^+ + H_2O$$

$$R—O^- + Na^+ + Alk—X \xrightarrow{\text{O-烷化}} R—O—Alk + NaX$$

式中 R 表示烷基或芳基,Alk 表示烷基,X 表示卤素,所用的碱也叫缚酸剂。

当醇和卤素化合物都很不活泼时,要将醇先制成无水醇钠,然后与卤烷作用,以避免水解副反应。如果醇和卤烷都比较活泼,O-烷化反应也可以在氢氧化钠水溶液中进行。

醇羟基的反应活性随碳链的增长而降低。酚羟基具有一定的酸性,一般可以用碳酸钠或碳酸钾作缚酸剂。

当烷基相同时,各种卤烷的活泼性次序是:

$$Alk—I > Alk—Br > Alk—Cl$$

由于氯烷价廉易得,在工业上一般使用氯烷。如果氯烷不够活泼,可加入适量碘化钾(约为氯烷摩尔数的 1/10～1/5)进行催化,它的作用可能是先把氯烷转变为碘烷,再进行 O-烷化。

利用氯烷的 O-烷化反应可以制备一系列的二烷基醚和烷基芳基醚。现举出一些实例可以看出其反应条件的不同。

10.3.2.1 乙二醇二醚类的制备

例如由乙二醇单甲醚(见 10.3.4)先与氢氧化钠作用转变为醇钠,并蒸出水分,然后在 45 ℃通入氯甲烷,可制得乙二醇二甲醚:

$$CH_3OCH_2CH_2OH \xrightarrow[-H_2O]{+NaOH} CH_3OCH_2CH_2ONa \xrightarrow[\substack{-NaCl \\ \text{O-烷化}}]{+CH_3Cl} CH_3OCH_2CH_2OCH_3$$
商品名称Glyme

用同样的方法可以从二乙二醇单甲醚和氯甲烷制得二乙二醇二甲醚,从乙二醇单乙醚与氯乙烷制得乙二醇二乙醚等一系列产品。它们都是重要的非质子传递溶剂。

上述方法要消耗氯和碱,又开发了制乙二醇二甲醚的新方法。它是先将乙二醇单甲醚在质子酸的催化作用下与甲醛反应,生成缩醛,然后在镍催化剂存在下加氢:

$$2CH_3OCH_2CH_2OH + O{=}C\genfrac{}{}{0pt}{}{H}{H} \xrightarrow[\substack{-H_2O \\ \text{脱水缩合} \\ \text{(O-烷化)}}]{H^+ \text{催化}} \genfrac{}{}{0pt}{}{CH_3OCH_2CH_2O}{CH_3OCH_2CH_2O}{>}CH_2$$
缩醛

$$\xrightarrow[\text{催化加氢}]{+H_2/Ni} CH_3OCH_2CH_2OCH_3 + CH_3OCH_2CH_2OH$$

10.3.2.2 环氧氟醚的制备

它的制法是先将四氟乙烯与甲醇进行调聚,得到"氟醇",然后在氢氧化钠存在下用环氧氯丙烷进行 O-烷化而制得的:

$$nCF_2{=}CF_2 + CH_3OH \xrightarrow{\text{调聚}} H(CF_2—CF_2)_n—CH_2OH$$
氟醇

$$\xrightarrow[\substack{-NaCl, -H_2O \\ \text{O-烷化}}]{Cl—CH_2—CH—CH_2\diagup NaOH \atop \underset{O}{}} H(CF_2—CF_2)_n—CH_2—O—CH_2—CH—CH_2 \atop \underset{O}{}$$

上式中的 $n = 1～12$。在环氧氯丙烷中,氯基比环氧基活泼,所以在适当条件下环氧基不参加 O-烷化反应。

10.3.2.3 α 丙烯基甘油醚的制备

它是由 3-氯丙烯和甘油在乙醇介质中、在氢氧化钠存在下进行 O-烷化而制得:

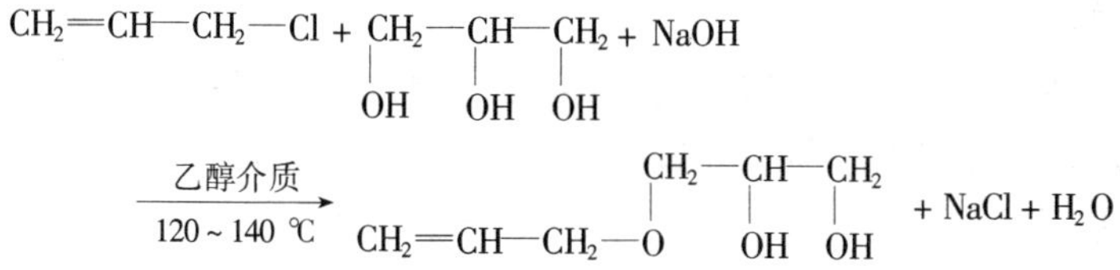

$$CH_2=CH-CH_2-Cl + CH_2-CH-CH_2 + NaOH$$
$$\qquad\qquad\qquad\quad | \qquad | \qquad |$$
$$\qquad\qquad\qquad\quad OH \quad OH \quad OH$$

$$\xrightarrow[120\sim140\ ℃]{\text{乙醇介质}} CH_2=CH-CH_2-O \begin{array}{c} CH_2-CH-CH_2 \\ \qquad\quad | \quad\ \ | \\ \qquad\quad OH \ \ OH \end{array} + NaCl + H_2O$$

上述反应不是亲核取代反应，而是自由基链反应。在这里，乙醇不如丙三醇活泼，所以乙醇不参加 O-烷化反应，并且可以作为反应介质。

10.3.2.4　苯丙烯醚的制备

它是由 3-氯丙烯与苯酚在适量无水甲醇钠和少量碘化钠催化剂的存在下进行 O-烷化而制得：

$$C_6H_5OH + CH_3ONa \rightleftharpoons C_6H_5-O^-\cdot Na^+ + CH_3OH$$

$$CH_2=CH-CH_2-Cl + NaI \longrightarrow CH_2=CH-CH_2-I + NaCl$$

$$C_6H_5-O^-\cdot Na^+ + I-CH_2-CH=CH_2 \xrightarrow{50\sim60\ ℃} C_6H_5-O-CH_2-CH=CH_2 + NaI$$

在这里，甲醇钠是缚酸剂，甲醇不如苯酚活泼，所以甲醇不发生 O-烷化反应。碘化钠的作用可能是使 3-氯丙烯转化为 3-碘丙烯，它并不消耗，所以只需要少量碘化钠作为催化剂就可以了。

10.3.2.5　对二甲氧基苯的制备

它是由对苯二酚在氢氧化钠水溶液中通入氯甲烷而制得：

10.3.3　用酯类的 O-烷化

硫酸酯和芳磺酸酯虽然价格较贵，但是它们都是高沸点的活泼烷化剂，可以在高温和常压下使用。对于产量小、产值高的产品，常常使用这类烷化剂。例如：

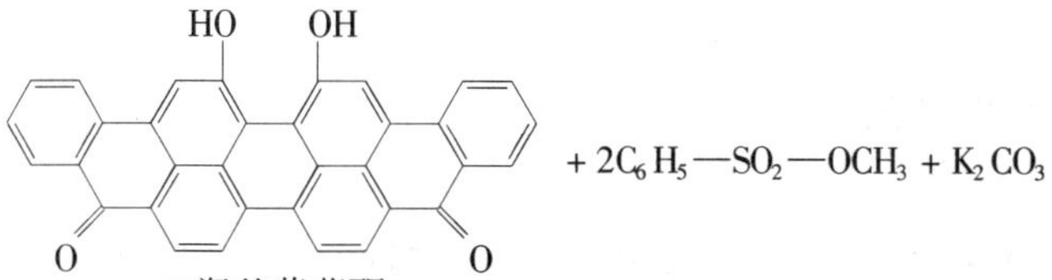

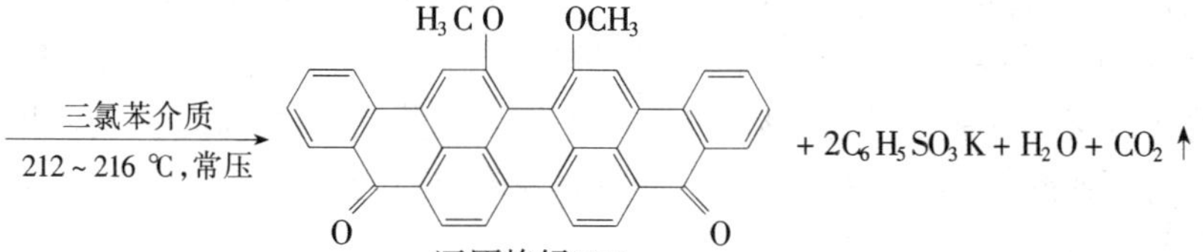

10.3.4　用环氧烷类的 O-烷化

10.3.4.1　反应历程

醇或酚与环氧乙烷反应时可在醇羟基或酚羟基的氧原子上引入羟乙基。这个反应是在酸或碱的催化作用下完成的。

最常用的酸性催化剂是三氟化硼和它的乙醚配合物,有时也用到酸性氧化铝。酸催化是单分子亲电取代反应,其反应历程可简单表示如下:

$$R{-}OH + BF_3 \rightleftharpoons R{-}O^- + HBF_3^+$$

$$\underset{O}{CH_2{-}CH_2} + HBF_3^+ \xrightleftharpoons[-BF_3]{质子化} \underset{\underset{H^+}{O}}{CH_2{-}CH_2} \xrightarrow{开环} {}^+CH_2CH_2OH(亲电试剂)$$

$$R{-}OH + {}^+CH_2CH_2OH \xrightarrow{亲电取代} R{-}O{-}CH_2CH_2OH + H^+$$
$$一乙二醇单醚$$

上式中 R 表示烷基或芳基。

碱催化是双分子亲电加成反应,其反应历程可简单表示如下:

$$R{-}OH + Na^+OH^- \rightleftharpoons R{-}O^-\cdot Na^+ + H_2O$$

$$R{-}O^- + \underset{O_{\delta-}}{\overset{\delta+}{CH_2{-}CH_2}} \xrightarrow{亲电加成} \left[R{-}O\cdots\underset{O}{CH_2{-}CH_2} \right]^- \longrightarrow R{-}O{-}CH_2CH_2O^-$$

$$\xrightarrow[-R{-}O^-]{+R{-}OH} R{-}O{-}CH_2CH_2OH$$

常用的碱催化剂是固体氢氧化钠和固体氢氧化钾。

三氟化硼-乙醚配合物的催化作用较强,羟乙基化反应可在 25～75 ℃、常压或不太高的压力下进行。固体氢氧化钠和氢氧化钾的催化作用较弱,羟乙基化反应要在较高的温度和压力下进行。酚羟基的羟乙基化只采用碱催化法。

10.3.4.2 反应特点

在上述反应中,生成的一乙二醇单醚中的醇羟基还可以与环氧乙烷作用生成二乙二醇单醚、三乙二醇单醚等含有不同个数羟乙基(氧乙烯基)的聚乙二醇单醚,它们也叫聚氧乙烯醚。

$$R{-}OH \xrightarrow[O\text{-羟乙基化}]{\underset{O}{CH_2{-}CH_2}} R{-}O{-}CH_2CH_2OH \xrightarrow[O\text{-羟乙基化}]{\underset{O}{CH_2{-}CH_2}} R{-}O{-}CH_2CH_2O{-}CH_2CH_2OH$$

$$\xrightarrow[O\text{-羟乙基化}]{\underset{O}{CH_2{-}CH_2}} R{-}O(CH_2CH_2O)_nH$$
$$聚氧乙烯醚$$

因此,在用环氧乙烷对醇或酚进行 O-羟乙基化时,反应产物总是含有不同个数氧乙烯基的混合物。在用过量较多的醇或酚制备一乙二醇单醚时,可以用减压蒸馏法进行分离精制。但是在用过量的环氧乙烷制备聚氧乙烯醚时,由于产品的沸点都非常高,不能用精馏法分离精制,因此必须优选反应条件,控制产品的分子量分布范围,以保证产品的使用性能。

另外,醇或酚与环氧丙烷反应时,可在醇羟基或酚羟基的氧原子上引入 1-甲基羟乙基(氧丙烯基)而生成 1,2-丙二醇的单醚:

$$R{-}OH \xrightarrow{\underset{O}{CH_2{-}CH{-}CH_3}} R{-}O{-}CH_2\underset{CH_3}{CHOH} \xrightarrow{\underset{O}{CH_2{-}CH{-}CH_3}} \cdots\cdots R{-}O(CH_2\underset{CH_3}{CHO})_nH$$
$$1,2\text{-丙二醇单醚} \qquad\qquad 聚氧丙烯醚$$

10.3.4.3　重要产品举例

1. 低碳醇的乙二醇单烷基醚

它们是由甲醇、乙醇或正丁醇与环氧乙烷作用而制得的,商品名称叫 Cellosolve(溶纤素)、Carbitol 或 Dowanol,都是重要的溶剂。

2. 高碳伯醇的聚氧乙烯醚

它们是由高碳伯醇(参阅 14.2.3)与环氧乙烷制得:

$$C_xH_{2x+1}CH_2OH + n\ CH_2\!-\!CH_2 \xrightarrow[160\sim180\ ℃,高压]{NaOH\ 催化} C_xH_{2x+1}CH_2\!-\!O\!\!\left(CH_2CH_2O\right)_{\!n}\!H$$

式中,$x = 11 \sim 17$,$n = 15 \sim 16$。它们是非离子型表面活性剂,商品名称叫平平加 O 或匀染剂 O。

3. 高碳仲醇的聚氧乙烯醚

它们是由高碳仲醇(参阅 12.2.6)与环氧乙烷制得:

$$C_xH_{2x+1}\!\!\underset{OH}{\overset{|}{C}H}\!\!-\!C_yH_{2y+1} + n\ CH_2\!-\!CH_2 \xrightarrow{BF_3\ 催化} \xrightarrow{NaOH\ 催化} C_xH_{2x+1}\!\!\underset{O\left(CH_2CH_2O\right)_{\!n}\!H}{\overset{|}{C}H}\!\!-\!C_yH_{2y+1}$$

式中,$x + y = 8 \sim 13$,$n = 3 \sim 12$。它们也是非离子型表面活性剂,美国商品名称 Tergitor,日本商品名称 Softanol。

4. 聚氧乙烯聚氧丙烯烷基醚

例如,将丁醇与环氧乙烷和环氧丙烷的混合物相作用,可制得聚氧乙烯聚氧丙烯丁醚。其化学结构可用下式来表示:

$$C_4H_9\!-\!O\!\!\left(CH_2CH_2O,CH_2\!\underset{CH_3}{\overset{|}{C}}HO\right)_{\!x+y}\!H$$

式中,$x + y = 30 \sim 40$,x 表示环氧乙烷的摩尔数,y 表示环氧丙烷的摩尔数。控制先通入的和后来接着通入的环氧乙烷和环氧丙烷的摩尔比 x/y 和总的摩尔数 $x + y$,可以制得一系列嵌段型高分子聚醚。它们是高效的非挥发性润滑剂、石油破乳剂和表面活性剂。

5. 2-苯氧基乙醇

它是由苯酚与环氧乙烷作用制得:

它被用作印台油和圆珠笔油墨的溶剂。

6. 壬基酚聚氧乙烯醚

它们是由对壬基苯酚与环氧乙烷制得:

$$C_9H_{19}\!\!\!-\!\!\!\text{苯环}\!\!-\!\!OH + nCH_2\!-\!CH_2 \xrightarrow{NaOH\ 或\ KOH\ 催化} C_9H_{19}\!\!\!-\!\!\!\text{苯环}\!\!-\!\!O\!\!\left(CH_2CH_2O\right)_{\!n}\!H$$

式中 $n = 7 \sim 10$。其系列产品的商品牌号有:Perelex,NISSAN,NONION,NS,OⅡ 等。它们都是重要的非离子型表面活性剂。

10.3.5　用醛类的 O-烷化

醛与醇在酸的催化作用下可以发生脱水 O-烷化反应,生成醛缩二醇(acetal,亦称醛缩醇或缩醛)。

$$R-\overset{\overset{\displaystyle H}{|}}{C}=O + 2HO-R' \xrightarrow{H^+ \text{催化}} R-\overset{\overset{\displaystyle OR'}{|}}{\underset{\displaystyle OR'}{|}}CH + H_2O$$

例如,甲醛与甲醇在浓硫酸存在下在合成塔中反应,控制塔顶温度 41.5~42 ℃,即蒸出产品甲醛缩二甲醇(亦称二甲氧基甲烷,沸点 41.5 ℃)。

$$\overset{\overset{\displaystyle H}{|}}{\underset{\displaystyle H}{|}}C=O + 2HOCH_3 \xrightarrow{H^+ \text{催化}} \overset{\overset{\displaystyle OCH_3}{|}}{\underset{\displaystyle OCH_3}{|}}CH_2 + H_2O$$

醛与多元醇反应可以制得环状缩醛。例如,山梨醇与二分子苯甲醛缩合可制得 1,3,2,4-双-O-(苯亚甲基)山梨醇。它是有广泛用途的新型增稠剂和胶凝剂。

苯甲醛   山梨醇   1,3,2,4-双-O-(苯亚甲基)山梨醇

10.3.6 用烯烃和炔烃的 O-烷化

10.3.6.1 醇羟基用烯烃的 O-烷化

这类反应是在酸性催化剂存在下进行的。最常用的酸性催化剂是聚苯乙烯磺酸型树脂、苯酚磺酸型树脂和磺化煤等强酸性大孔阳离子交换树脂,另外也用到三氟化硼等催化剂。这类反应是单分子亲电取代反应。例如,将甲醇和混合丁烯(含异丁烯45 %)在强酸性大孔阳离子交换树脂存在下,在固定床反应器中,于 30~100 ℃和 0.7~1.4 MPa 下进行 O-烷化,可制得甲基叔丁基醚:

$$H_2C=C(CH_3)_2 + H^+ \xrightarrow{\text{质子化}} {}^+C(CH_3)_3$$

$$CH_3-OH + {}^+C(CH_3)_3 \xrightarrow[\text{亲电取代}]{\text{O-烷化}} CH_3-O-C(CH_3)_3 + H^+$$

甲基叔丁基醚是重要的汽油添加剂(辛烷值 115~135),世界年产量已超过 1 000 万吨,最大生产装置年产 28 万吨。

10.3.6.2 酚羟基用烯烃的 O-烷化

在酸性催化剂存在下,烯烃很容易与酚类发生芳环上的 C-烷化反应(见 10.4.4.2)。为了发生 O-烷化反应必须使用碱性催化剂。碱性催化剂的催化作用较弱,只有活泼的烯烃(例如丙烯腈)与活泼的酚类(例如间苯二酚、2-萘酚)才能发生 O-烷化反应。因此,酚羟基的 O-烷化很少采用此法。

10.3.6.3 醇羟基用乙炔的 O-烷化

甲醇、乙醇、异丙醇、正丁醇、异丁醇和 2-乙基己醇等在氢氧化钾的存在下与乙炔反应,可

以制得一系列有用的乙烯基醚：

$$Alk-OH + HC \equiv CH \xrightarrow[\text{加成 O-烷化}]{\text{KOH 催化}} Alk-O-CH = CH_2$$

烷基乙烯基醚

这个反应是在液相中进行的,随原料醇沸点的不同,反应可在 120～180 ℃、常压或 0.3～2.5 MPa 下进行。乙烯基乙醚是较乙醚作用更强的麻醉剂。

10.3.7 O-芳基化(烷氧基化和芳氧基化)

醇烃基或酚羟基与芳族卤素化合物或硝基蒽醌相作用生成烷基芳基醚或二芳基醚的反应叫 O-芳基化。另一方面,对于芳族卤素化合物或硝基化合物来说,也叫做烷氧基化或芳氧基化。

10.3.7.1 用苯系卤素化合物的 O-芳基化

结构最简单的苯系卤素化合物是氯苯。氯苯分子中的氯由于苯环的共轭效应,对亲核试剂的反应活性很低。例如,由氯苯和稀的氢氧化钠水溶液制二苯醚时,反应要在氧化铜催化剂的存在下,在 300～400 ℃ 和 10 MPa 下进行,反应为:

$$\text{〔苯环〕}-Cl + 2NaOH \xrightarrow{\text{水解}} \text{〔苯环〕}-O^-Na^+ + NaCl + H_2O$$

$$\text{〔苯环〕}-Cl + Na^+ \cdot {}^-O-\text{〔苯环〕} \xrightarrow{\text{芳氧基化}} \text{〔苯环〕}-O-\text{〔苯环〕} + NaCl$$

另外,二苯醚还是氯苯的碱性水解制苯酚时的副产物(见 13.3.1)。

邻位和对位硝基氯苯分子中的氯,由于硝基吸电性的影响,对亲核试剂的反应活性比较高。它们与醇的烷氧基化可在较温和的条件下进行,但是,它们与酚类的芳氧基化仍需较高的反应温度。用这种方法制得的酚醚可以举出下面几种。

1. 对硝基苯甲醚

它是先将对硝基氯苯和甲醇放入反应器中,然后在 98 ℃ 和 0.2～0.3 MPa 下慢慢滴入 40％氢氧化钠溶液而制得:

$$CH_3OH + NaOH \rightleftharpoons CH_3O^- \cdot Na^+ + H_2O$$

$$O_2N-\text{〔苯环〕}-Cl + Na^+ \cdot {}^-OCH_3 \xrightarrow[\text{(即甲氧基化)}]{\text{O-芳基化}} O_2N-\text{〔苯环〕}-OCH_3 + NaCl$$

在这里,为了抑制氯基水解副反应,要用过量许多倍的甲醇,并且要用氢氧化钠的浓溶液或无水甲醇钠。另外,为了避免硝基在强碱性条件下被还原成偶氮基的副反应,在反应液的表面要保留一定量的空气(即反应器的装料系数不宜太大),或者在反应物中加入少量的二氧化锰等弱氧化剂。

2. 对硝基苯乙醚

最初是先将对硝基氯苯和乙醇放入反应器中,然后在 85～88 ℃ 和 0.2 MPa 下,慢慢加入由过量乙醇和固体氢氧化钠配成的乙醇钠溶液而制得的。在这里,使用固体氢氧化钠是因为所用工业乙醇中已含 5％的水,而乙氧基负离子不如甲氧基负离子活泼,平衡浓度也比较低的缘故。最近,对硝基苯乙醚的生产已改用相转移催化法(见 3.6.5.2)。利用季铵正离子将乙氧基负离子转移到对硝基氯苯油相中,以加速主反应,并抑制水解副反应。相转移催化法不仅可以提高产品的收率,减少乙醇用量,并且可以使反应在较低的温度和常压下进行。

3．2,4-二氯-4′-硝基二苯醚

它是制备农药除草醚的中间体,由 2,4-二氯苯酚与对硝基氯苯在氢氧化钾存在下,在 190 ℃反应而制得:

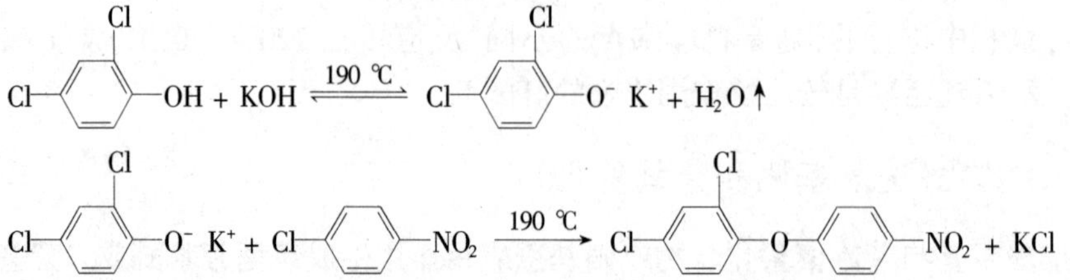

为了使反应物具有良好的流动性,而又不使用另外的溶剂,向反应物中加入产品 2,4-二氯-4′-硝基二苯醚作为稀释剂,因为它在反应温度下是液态的(溶点 75~76.5 ℃)。

10.3.7.2 用蒽醌系卤素化合物和硝基化合物的 O-芳基化

用这种方法可以在蒽醌环上引入烷氧基和芳氧基。其重要实例如下:

1．1-氨基-2-苯氧基-4-羟基蒽醌(分散红 3B)

它是由 1-氨基-2-溴-4-羟基蒽醌与大量苯酚在碳酸钾存在下,在 140 ℃左右反应而制得:

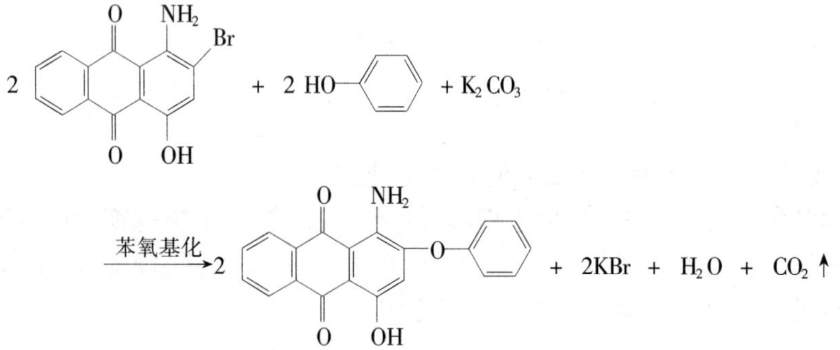

上述合成路线要消耗溴,因此又提出了以 1-氨基-2-氯-4 羟基蒽醌为原料的方法。但是氯基不如溴基活泼,反应要在非质子传递极性溶剂二甲基甲酰胺中进行,国内外又进行了相转移催化法的研究(见 3.6.5.2)。

2．1,5-(和 1,8-)二苯氧基蒽醌

它是制备染料分散蓝 2BLN 的中间体。最初,它是由 1,5-二氯蒽醌在大量苯酚中,在碳酸钾存在下进行苯氧基化而制得的。但是,1,5-二氯蒽醌是由蒽醌经汞催化磺化制成 1,5-蒽醌二磺酸和 1,8-蒽醌二磺酸(见 5.2.3.5),然后再用盐酸和次氯酸钠溶液将磺基置换成氯基(见 4.5.2)而制得的。此法在生产过程中有含汞废水需要处理。许多工厂已改用 1,5-和 1,8-二硝基蒽醌混合物为原料的合成路线。其反应式如下:

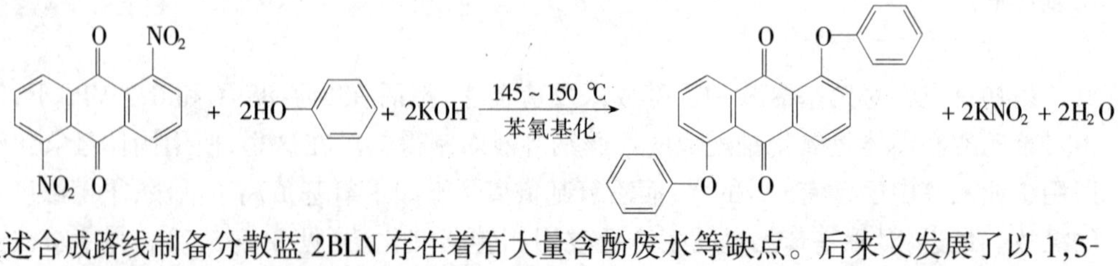

用上述合成路线制备分散蓝 2BLN 存在着有大量含酚废水等缺点。后来又发展了以 1,5-和 1,8-二甲氧基蒽醌为原料制分散蓝 2BLN 的合成路线。1,5-和 1,8-二甲氧基蒽醌是由 1,5-和 1,8-二硝基蒽醌在过量甲醇中,在氢氧化钾存在下,长时间回流而制得:

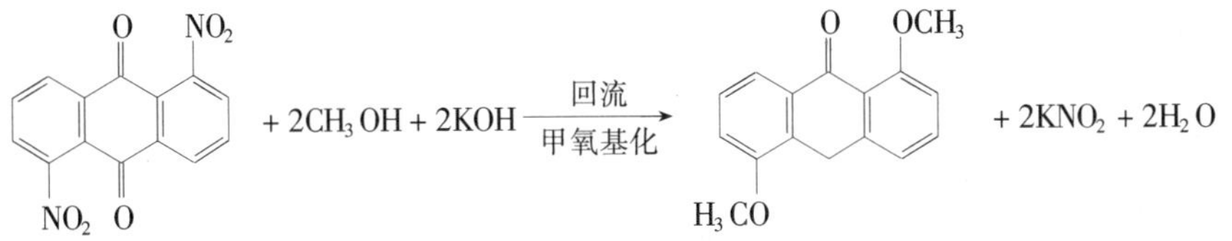

$$+ 2CH_3OH + 2KOH \xrightarrow[\text{甲氧基化}]{\text{回流}} + 2KNO_2 + 2H_2O$$

应该指出,甲醇是低沸点易燃易爆物,应注意安全。

10.4 芳环上的 C-烃化

有机化合物分子中碳原子上的氢被烃基所取代的反应叫 C-烃化。C-烃化的反应类型很多,这里只讨论向芳环碳原子上引入烃基的反应。在这类烃化反应中,最重要的烃化剂是烯烃,其次是卤烷、醇、醛和酮。关于脂链上的 C-烃化将在第 14 章"缩合"中讨论。

10.4.1 反应历程

芳环上的 C-烃化都是酸催化的亲电取代反应。催化剂的作用是使烃化剂转变为活泼的亲电质点。

10.4.1.1 用烯烃作烷化剂的反应历程

广义地说,这类反应都属于 Freidel-Crafts 反应(简称付氏反应)。烯烃在能提供质子的催化剂的存在下,可质子化生成烷基正离子:

$$CH_2\!=\!CH_2 + H^+ \Longleftrightarrow {}^+CH_2\!-\!CH_3$$

然后,烷基正离子与芳环发生亲电取代反应而在芳环上引入烷基:

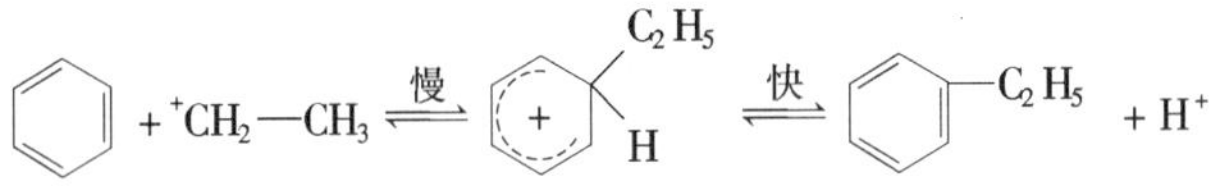

在 C-烷化过程中,又释放出质子,即在理论上质子并不消耗,因此只要催化剂能提供少量质子即可使反应顺利进行。但是,各种催化剂的活性和选择性并不相同,这将在以后讨论。

对于多碳烯烃,质子总是加到双键中含氢较多的碳原子上,即正电荷总是在双键中含氢较少的碳原子上(Markornikov 规则)。例如:

$$CH_3\!-\!CH\!=\!CH_2 + H^+ \Longleftrightarrow CH_3\!-\!\overset{+}{C}H\!-\!CH_3$$

$$(CH_3)_2C\!=\!CH_2 + H^+ \Longleftrightarrow (CH_3)_3C^+$$

因此,在用烯烃作 C-烷化剂时,总是引入带支链的烷基。例如,丙烯和苯生成异丙苯,异丁烯和苯生成叔丁基苯。

从上述反应历程可以看出,这类反应形式上是加成反应,但是在历程上则是亲电取代反应。

10.4.1.2 用卤烷作烷化剂的反应历程

这种反应所用的催化剂主要是无水三氯化铝,其次是氯化锌。$AlCl_3$ 的催化作用是它先与卤烷生成分子配合物、离子对、离子配合物或烷基正离子,然后,这些亲电质点再与芳环生成 σ-配合物,最后,σ-配合物脱质子而在芳环上引入烷基。

$$R \dot{-} Cl + AlCl_3 \rightleftharpoons R^{\delta+} \dot{-} Cl^{\delta-} [AlCl_3] \xrightarrow[\text{慢}]{+ Ar—H}$$

分子配合物

$$\Big\updownarrow \text{慢}$$

$$R^+ \cdots AlCl_4^- \rightleftharpoons R^+ + AlCl_4^- \xrightarrow[\text{慢}]{+ Ar—H} \left[Ar \Big\langle {}^H_R \right] AlCl_4^- \qquad ①$$

离子对或离子配合物

$$\left[Ar \Big\langle {}^H_R \right] AlCl_4^- \xrightarrow{\text{快}} Ar—R + AlCl_3 + HCl\uparrow \qquad ②$$

在上述反应历程中又重新生成了 $AlCl_3$,即在理论上并不消耗 $AlCl_3$。实际上,1 mol 卤烷只要用 0.1 mol $AlCl_3$ 就足以使反应顺利进行。

10.4.1.3 用醇作烷化剂的反应历程

在这里,醇首先与催化剂提供的质子结合成质子化醇,后者再解离成烷基正离子和水,即

$$R—OH + H^+ \xrightleftharpoons{\text{质子化}} R^+—OH_2 \xrightleftharpoons{\text{解离}} R^+ + H_2O$$

质子化醇和烷基正离子都是亲电质点,可对芳环发生 C-烷化反应。

10.4.1.4 用醛和酮作烷化剂的反应历程

醛与催化剂所提供的质子结合成质子化醛,后者的醛基碳原子可与两个芳环发生 C-烷化反应。例如:

$$\underset{R}{\overset{H}{C}}{=}O + H^+ \xrightleftharpoons{\text{质子化}} {}^+\underset{R}{\overset{H}{C}}{-}OH$$

$$Ar—H + {}^+\underset{R}{\overset{H}{C}}{-}OH \xrightarrow[\text{脱水缩合}]{-H_2O} Ar—\underset{R}{\overset{H}{C}}{}^+ \xrightarrow[-H^+]{+Ar—H} Ar—\underset{R}{\overset{H}{C}}{-}Ar$$

用酮作 C-烷化剂的反应历程和醛相似。

10.4.2 反应特点

10.4.2.1 芳环上取代基的影响

芳环上的 C-烷化是亲电取代反应。当芳环上有供电的烷基时,使反应容易进行。但是对于芳环上含有—OH、—OR、—NH$_2$、—NHAlk、—N(Alk)$_2$ 等强供电基的芳烃衍生物以及萘和其他稠环化合物,因为它们比较活泼,为了避免副反应必须选择温和的催化剂,例如硫酸、盐酸和氯化锌等。

当芳环上含有吸电基时,它使芳环钝化。在 C-烷化时,亲电质点在进攻芳环之前就可能发生降解和聚合等副反应,而不易得到良好的结果。然而,如果在芳环上同时有致活和致钝的取代基时,则付氏反应常常可以顺利完成。硝基苯不能发生 C-烷化反应,但它可以溶解芳香族化合物和 $AlCl_3$,因此可以用作 C-烷化的溶剂。

10.4.2.2 C-烷化是连串反应

在芳环上引入烷基后,烷基使芳环活化。例如,在苯分子中引入简单的烷基(例如乙基和

异丙基)后,它进一步烷化的速度比苯快 1.5～3.0 倍。因此,在苯的一烷基化时,生成的单烷基苯容易进一步烷化生成二烷基苯和多烷基苯。为了减少多烷基苯的生成量,在苯的单乙基化和单异丙基化时,通常要用不足量的烯烃,只让一部分苯参加反应。烷化后,过量的苯可以回收套用。另外,催化剂和反应温度的选择,对于多烷基苯的生成量也有重要影响。

应该指出,随着苯环上烷基数目增多,空间效应也增加,这会使进一步烷化的速度减慢。实际上,三烷基苯,特别是四烷基苯的生成量是较少的。

10.4.2.3 C-**烷化是可逆反应**

在生成的烷基苯中,苯环中与烷基相连的碳原子上的电子云密度比其他碳原子增加得更多,H^+ 或 $HCl \cdot AlCl_3$ 较易加到与烷基相连的碳原子上重新生成原来的 σ-配合物,并进一步脱去烷基而转变成起始原料,即式①和②的逆反应。在苯和丙烯制备异丙苯时,如果用 $AlCl_3$ 作催化剂,可以将副产的二异丙苯送回烷化器,由于脱烷基和转移烷化,烷化液中多异丙苯的含量并不增加,从而提高了异丙苯的总收率。

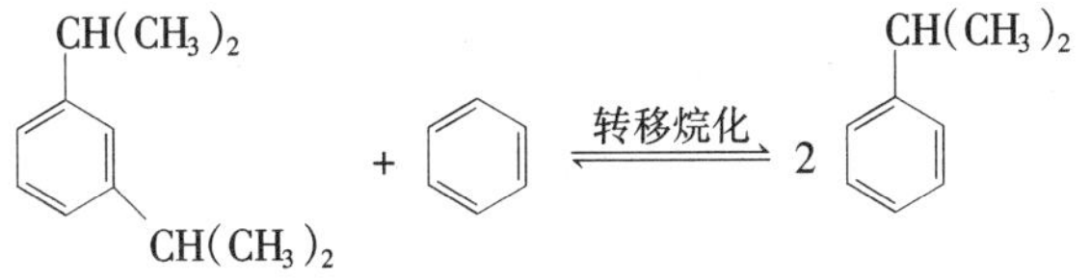

应该指出,并非所有的 C-烷化催化剂都能催化脱烷基逆反应和转移烷化反应,有时还需要另外选用脱烷基和转移烷化的催化剂。

10.4.2.4 **烷化质点和芳环上的烷基会发生异构化反应**

例如,1-氯丙烷与苯反应,只生成约30 %正丙苯,约70 %异丙苯。这是因为烷化质点会发生以下异构化反应:

$$\underset{\text{伯碳正离子}}{CH_3-CH_2-\overset{+}{C}H_2} \underset{\text{(氢转移重排)}}{\overset{\text{异构化}}{\rightleftharpoons}} \underset{\text{仲碳正离子}}{CH_3-\overset{+}{C}H-CH_3}$$

烷基正离子的异构化是可逆的,但总的平衡趋势是使烷基阳离子转变为更加稳定的结构,一般规律是伯重排为仲,仲重排为叔。对于多碳直链烷基仲碳正离子,一般规律是正电荷从靠边的仲碳原子逐步转移到居中的仲碳原子上。例如:

$$\underset{\alpha\text{-十二烯}}{CH_3(CH_2)_9-CH{=}CH_2} \underset{\text{质子化}}{\xrightarrow{+H^+}} \underset{\text{2位}}{CH_3(CH_2)_9-\overset{+}{C}H-CH_3}$$

$$\overset{\text{氢转移}}{\rightleftharpoons} \underset{\text{3位}}{CH_3(CH_2)_8-\overset{+}{C}H-CH_2CH_3} \overset{\text{氢转移}}{\rightleftharpoons} \underset{\text{4位}}{CH_3(CH_2)_7-\overset{+}{C}H-(CH_2)_2CH_3}$$

$$\rightleftharpoons \underset{\text{5位}}{CH_3(CH_2)_6-\overset{+}{C}H-(CH_2)_3CH_3} \rightleftharpoons \underset{\text{6位}}{CH_3(CH_2)_5-\overset{+}{C}H-(CH_2)_4CH_3}$$

α-十二烯与苯制十二烷基苯时,烷化产物中各异构体的组成如表 10-1 所示。

表 10-1 用 α-十二烯与苯制十二烷苯时的异构体组成

催化剂	反应条件	异构体组成,%			
		2 位	3 位	4 位	5 和 6 位
HF	55 ℃	25	17	17	41
HF	55 ℃,己烷烯释	14	15	17	54
HE	0 ℃,己烷烯释	～11	(2 位最少)		
$AlCl_3$	0 ℃,反应 30s	44	22	14	10
$AlCl_3$	35～37 ℃	32	19～21	17	30～32

10.4.3 催化剂

如前所述,这类反应是亲电取代反应,催化剂的作用是将烷化剂转化为活泼的亲电质点——烷基正离子。能促进这类反应的催化剂主要有:酸性卤化物(路易斯酸)、质子酸、酸性氧化物、烷基铝。不同催化剂的活泼性相差很大。当芳香族化合物不够活泼时,需要用活泼催化剂;当芳香族化合物比较活泼时(例如酚类和芳胺等)则需要用温和催化剂,以避免不必要的副反应。下面将分别介绍某些重要的催化剂。

10.4.3.1 酸性卤化物

某些酸性卤化物的催化活性次序大致如下:

$$AlBr_3 > AlCl_3 > GaCl_3 > FeCl_3 > SbCl_5 > ZrCl_4 > SnCl_4 > BF_3 > TiCl_4 > ZnCl_2$$

然而在不同情况下,它们的活泼性次序与被作用物和反应条件有关。酸性卤化物的共同特点是都有一个缺电子的中心原子。例如铝原子只有三个外层电子,在三氯化铝分子中的铝原子只有六个外层电子,它能接受电子形成带负电荷的质点,同时使烷化剂转变成活泼的亲电质点。酸性卤化物中最重要的是 $AlCl_3$、$ZnCl_2$ 和 BF_3 及其配合物。

1. 无水三氯化铝

它是各种付氏反应最广泛使用的催化剂,其熔点为 190 ℃,180 ℃开始升华。新制备的升华无水三氯化铝几乎不溶于烃类中,并且对于用烯烃的 C-烷化反应没有催化活性。空气中的水蒸气会使少量 $AlCl_3$ 水解,所以普通的无水三氯化铝中总是含有少量的气态氯化氢。在液态烃中 HCl 能与 $AlCl_3$ 形成配合物,这个配合物能与烯烃形成烷基正离子,它是活泼的烷化质点。

$$AlCl_3 + H_2O \longrightarrow \overset{\overset{O}{\|}}{Al-Cl} + 2HCl$$

$$H-Cl(g) + AlCl_3(s) \Longrightarrow H^{\delta+} \div Cl^{\delta-}[AlCl_3]_{(溶液)}$$

$$R-CH=CH_2 + H^{\delta+} \div Cl^{\delta-}[AlCl_3]_{(溶液)} \Longrightarrow [R-\overset{+}{CH}-CH_3]AlCl_4^-{}_{(溶液)}$$

无水三氯化铝与烷化剂或芳烃形成的配合物(红油)是连续烷化的良好催化剂,红油不溶于烷化产物,很容易从烷化产物中分离出来循环使用。其优点是比用三氯化铝副反应少,只要不断补充很少量的三氯化铝就可以保持稳定的催化活性。

无水三氯化铝能溶于许多给电子溶剂,形成配合物。这类无机溶剂有 SO_2、$COCl_2$、CS_2、HCN 等,这类有机溶剂有硝基苯、二氯乙烷等。许多可溶性的 $AlCl_3$-溶剂配合物可用作付氏反应的催化剂。无水三氯化铝易溶于醇、醛和酮,但所形成的配合物对 C-烷化反应没有催化作用或很弱。

无水三氯化铝的优点是价廉易得、催化活性好、技术成熟,是付氏反应使用最广泛的催化剂。其缺点是有铝盐废液,有时不适用于活泼芳族化合物(例如酚类和芳胺)的 C-烷化,因为容易发生副反应。

在一般情况下,不难制得质量合乎要求的无水三氯化铝。某些含硫化合物会使无水三氯化铝活性下降,因此,有机原料(例如苯和丙烯等)应预先脱硫。

无水三氯化铝有很强的吸水性,遇水分解会产生氯化氢并放出大量的热,严重时甚至会引起爆炸。无水三氯化铝与空气接触也会吸潮水解,并逐渐结块。使用部分吸潮的无水三氯化铝,即使提高反应温度也很难使反应顺利进行,因此,无水三氯化铝应装在塑料袋中隔绝空气保持干燥,并要求有机原料和反应器完全无水。在工业上,通常使用粒度适中的三氯化铝,而不宜使用粉状的。因为粒状三氯化铝在贮存、运输和使用时不易吸潮变质,加料方便,在反应开始阶段不致过于激烈,温度容易控制。

2.三氟化硼

它也是活泼的催化剂。其优点是:可以同醇、醚和酚等形成具有催化活性的配合物,副反应少,可用于酚类的 C-烷化;另外,三氟化硼是低沸点(– 101 ℃)的气体,容易从反应物中蒸出,循环套用。缺点是价格较贵,限制了它的应用。

三氟化硼不易水解,在水中仅部分地水解为羟基氟硼酸($BF_3 \cdot H_2O$ 或 $HBF_4^+ \cdot OH^-$),后者也是 C-烷化和脱烷基的有效催化剂。三氯化硼也是活泼催化剂,但很易水解为硼酸和盐酸,所以使用不便。

用烯烃或醇类作 C-烷化剂时,也可以用三氟化硼作为硫酸、磷酸和氢氟酸等催化剂的促进剂。例如,由丙烯和萘制 2-异丙萘(见 10.4.4.1)。

3.其他酸性卤化物

$ZnCl_2$、$FeCl_3$ 和 $CuCl$ 等酸性卤化物都是温和的催化剂。当反应物比较活泼,用无水 $AlCl_3$ 会引起副反应时,要用这类催化剂。$ZnCl_2$ 广泛用于芳环的氯甲基化反应。

10.4.3.2 质子酸

强质子酸,例如硫酸、氯磺酸、磷酸、多磷酸、氢氟酸、氢氯酸、烷基磺酸、芳磺酸、氯乙酸、阳离子交换树脂等都是 C-烷化的催化剂。它们的催化作用是使烯烃、醇、醛和酮等 C-烷化剂质子化,转变成亲电质点。质子酸的催化活性次序是:$HF > H_2SO_4 > H_3PO_4$。

1.硫酸

硫酸广泛用于以烯烃、醇、醛和酮为烷化剂的 C-烷化反应。其优点是价廉易得、容易掌握,但必须选择适宜的浓度,以避免芳烃的磺化、烷化剂的聚合、成酯以及脱水和氧化等副反应。例如,对于异丁烯要用85 % ~ 90 %硫酸,这时除了 C-烷化反应以外,还有一些酯化反应;如果用80 %硫酸则主要是聚合反应,也有一些酯化反应,但不发生 C-烷化反应;如果用70 %硫酸则主要是酯化反应,不发生 C-烷化和聚合反应。对于丙烯要用96 %以上的硫酸。对于乙烯要用接近98 %的硫酸,但这足以引起苯和乙苯的磺化。因此,在苯的乙基化时,不宜用硫酸作催化剂。

2.氢氟酸

无水氢氟酸沸点 19.5 ℃,凝固点 – 83.5 ℃,可用作多种付氏反应的催化剂。其主要优点是:

(1)液态 HF 对于含氮、含氧和含硫的有机物有较高的溶解度,对烃类也有一定的溶解度,另外,HF 在这些液态有机物中也有一定溶解度,因此,它既是催化剂,又是溶剂;

(2)不易引起副反应,当用 $AlCl_3$ 或硫酸作催化剂会引起副反应时,改用 HF 是有利的,例如,HF 可用作酚类和氨基酚等的 C-烷化的催化剂;

(3)沸点低,当将烃类与 HF 分层后,残留在烃层中的 HF 容易蒸出回收套用,HF 的消耗量少;

(4)凝固点低,可在 – 30 ℃或更低的温度下使用。

HF 和 BF₃ 的配合物也是良好的催化剂。

HF 虽然有很多优点,但价格贵、腐蚀性强,并且常常要在压力下操作,因此,HF 目前主要用作十二烯与苯制十二烷基苯的催化剂。

3.磷酸和多磷酸

它们是烯烃 C-烷化的良好催化剂,也是烯烃聚合和环合的催化剂。100 % 的磷酸(H_3PO_4)凝固点 42.4 ℃,在室温时为固体,因此常使用85 % ~ 89 % 的含水磷酸或多磷酸。多磷酸是各种磷酸多聚物的混合物。

$$HO-\overset{\overset{O}{\uparrow}}{\underset{OH}{P}}-O\left(\overset{\overset{O}{\uparrow}}{\underset{OH}{P}}-O\right)_n\overset{\overset{O}{\uparrow}}{\underset{OH}{P}}-OH \qquad n=1\sim 7$$

多磷酸是液体,对于许多类型的有机物还是良好的溶剂。

磷酸和多磷酸的优点是:它没有氧化性,不会发生芳环上的取代反应;当芳烃分子中含有敏感性基团(例如羟基等)时,比用三氯化铝或硫酸效果好。但是,由于磷酸和多磷酸的价格比三氯化铝的价格贵得多,因此限制了它们的广泛应用。

H_3PO_4-BF_3 是效果更好的催化剂,它用于丙烯与萘制 2-异丙萘(见 10.4.4.1)。

将磷酸负载在载体上制成固体磷酸催化剂,可用于烯烃的气固相接触催化烷化。例如丙烯和苯制异丙苯,所用的载体可以是硅藻土、硅胶或 γ-三氧化二铝等。固体磷酸催化剂中的活性组分是焦磷酸($H_4P_2O_7$),磷酸也有一些催化活性,而偏磷酸(HPO_3)则没有催化活性。在 200 ℃时,磷酸大部分脱水为焦磷酸,在 300 ℃大部分脱水为偏磷酸。偏磷酸遇水又水合成焦磷酸或磷酸:

$$\underset{\text{偏磷酸}}{2HPO_3} \underset{-H_2O}{\overset{+H_2O}{\rightleftharpoons}} \underset{\text{焦磷酸}}{H_4P_2O_7} \underset{-H_2O}{\overset{+H_2O}{\rightleftharpoons}} \underset{\text{磷酸}}{2H_3PO_4}$$

为了保持催化剂的良好活性,除了控制适宜的 C-烷化温度以外,还必须使催化剂保持适当的水分。例如,使反应原料中含水 $1\times 10^{-5}\sim 1\times 10^{-4}$。但水分过多又会使催化剂粉化、结块或软化成泥状而失去活性,并造成催化剂床层堵塞。

4.正离子交换树脂

其中最重要的是苯乙烯-二苯乙烯共聚物的磺化物。它们是用烯烃、醇、醛和酮使苯酚 C-烷化时特别有效的催化剂。其优点是副反应少,通常不与任何反应物或产物形成配合物,因此可以用简单的过滤法将其从反应物中回收套用。但是它们的应用受到耐热温度的限制,而且失效后不能再生。

10.4.3.3 酸性氧化物

某些酸性氧化物是许多气固相接触催化反应的催化剂。但是 SiO_2 单独使用时,对付氏反应没有或只有很小的催化活性。Al_2O_3 单独使用时虽然比 SiO_2 好一些,但仍不是好的催化剂。SiO_2-Al_2O_3 以适当的比例配合,则是付氏反应的良好催化剂。它可以用于烯烃与芳烃的 C-烷化、脱烷基、转移烷化、二烷化物的异构化,以及酮的合成和脱水环合等反应。

硅铝催化剂可以是天然的,例如沸石、硅藻土、膨润土和铝矾土等,也可以是合成的。工业硅铝催化剂通常含有85 % ~ 90 % SiO_2 和10 % ~ 15 % Al_2O_3。近年来开发研究较多的是分子筛催化剂。分子筛又名泡沸石,是结晶型的硅铝盐酸,具有一定的几何结构,随硅铝比的不同,有

A 型、X 型、Y 型和 ZSM 型等系列分子筛。硅铝催化剂中也可以添加 Cr_2O_3、MgO、Mo_2O_3、ThO_2、WO_3、ZrO 等金属氧化物,以调整其催化活性和选择性。硅铝催化剂的活性及水合程度与吸附质子有密切关系。在催化剂中,酸中心的形成比较复杂。一般认为硅铝催化剂的活性成分是 $HAlSiO_4$,它负载在非活性的 SiO_2 上,只有在表面上的 H^+ 才是有效的。当催化剂的表面积增加时,表面上 H^+ 的浓度增加,即活性增加。

$$H_2O + Al_2O_3 + 2SiO_2 \rightleftharpoons 2HAlSiO_4$$

硅铝催化剂的优点是容易再生、可重复使用,基本上不产生废液。大量用于石油化学工业。

10.4.3.4 烷基铝

这是用烯烃作 C-烷化剂时的一种特殊催化剂,特点是能使烷基有选择地进入芳环上氨基或羟基的邻位(见 10.4.4.2 和 10.4.4.3)。烷基铝与三氯化铝相似,其中铝原子也是缺电子的,烷基铝的催化作用机理还不十分清楚。酚铝 $(C_6H_5O)_3Al$ 是苯酚邻位 C-烷化的催化剂,它是由铝屑在大量苯酚中加热而制得的。苯胺铝 $(C_6H_5NH)_3Al$ 是苯胺邻位 C-烷化的催化剂,它是由铝屑在大量苯胺中加热而制得的。它们的反应为:

$$6C_6H_5OH + 2Al \longrightarrow 2(C_6H_5O)_3Al + 3H_2\uparrow$$

$$6C_6H_5NH_2 + 2Al \longrightarrow 2(C_6H_5NH)_3Al + 3H_2\uparrow$$

另外,也可以用脂族的烷基铝 $(Alk)_3Al$ 或烷基氯化铝 $(Alk)_2AlCl$,但其中的烷基必须和要引入的烷基相同。

10.4.4 烯烃对芳环的 C-烷化

烯烃是最价廉易得的 C-烷化剂,它的应用范围很广。

10.4.4.1 芳烃的 C-烷化

以下举例介绍。

1. 异丙苯

异丙苯最初用作汽油的添加剂,现在是生产苯酚和丙酮的重要中间体(见 12.2.5.1)。异丙苯是由丙烯和苯制得的,所用的苯要预先脱硫,以免影响催化剂的活性。丙烯和苯的 C-烷化是可逆的连串反应:

$$C_6H_6 \xrightleftharpoons[]{C_3H_6} C_6H_5C_3H_7 \xrightleftharpoons[]{C_3H_6} C_6H_4(C_3H_7)_2 \xrightleftharpoons[]{C_3H_6} C_6H_3(C_3H_7)_3$$

多异丙苯的生成量除了与反应条件有关以外,还与所用的催化剂有关。目前工业上使用的催化剂有两种,即无水三氯化铝和固体磷酸。

用 $AlCl_3$ 催化剂时,反应在液相进行($95 \sim 100\ ℃$,$0.2 \sim 0.3\ MPa$),当丙烯和苯的摩尔比为 $1:6 \sim 7$ 时,烷化液中约含异丙苯 30 % ～ 35 %(质量)、多异丙苯 10 % ～ 15 %(质量),其余的是苯,即异丙苯和多异丙苯的质量比约为 3:1。用固体磷酸催化剂时,反应在气-固相进行($250 \sim 350\ ℃$,$0.3 \sim 1.0\ MPa$),副产的多异丙苯很少,异丙苯和多异丙苯的质量比可达 20:1。

三氯化铝催化法的优点是:操作压力不高、副产的多异丙苯可送回烷化器,它们由于脱烷基和转移烷化可转变为异丙苯,烷化液中多异丙苯的含量并不增加。按消耗的苯计算,异丙苯的收率可达 95 % ～ 96 %。此法的缺点是:反应过程中放出少量氯化氢,在烷化液的中和、洗涤时生成氢氧化铝絮状物,不易处理。目前此法已较少发展。

固体磷酸催化法的特点是:只副产很少的多异丙苯,但是多异丙苯不能送回烷化器。因为在烷化条件下,多异丙苯只发生很少的脱烷基和转移烷化反应。在不回收多异丙苯时,按消耗的苯计算,异丙苯的收率只有90 % ~ 93 %。副产的多异丙苯可用于制二异丙苯双过氧化氢物、间异丙基苯酚和间苯二酚(见 12.2.5.1)。副产的多异丙苯也可以在另外的转移烷化器中转变为异丙苯,这时按消耗的苯计算,异丙苯的总收率也可达95 % ~ 96 %或更高。固体磷酸法的主要缺点是需要耐高压设备。但是,与三氯化铝法相比,则具有许多优点,例如,催化剂消耗少,不产生氯化氢,对原料苯的含水量要求不那么严格等。目前,国外新建厂多采用固体磷酸催化法。

2. 异丙基甲苯

间异丙基甲苯经氧化-酸解可制得间甲酚(见 12.2.5.1),它是重要的农药中间体。在甲苯的异丙基化时,为了使邻异丙基甲苯和对异丙基甲苯能异构化为较稳的间异丙基甲苯,在工业上采用三氯化铝与多异丙基甲苯的配合物作催化剂。在 60 ℃,甲苯的异丙基化已有足够的速度,但为了同时完成邻、对异丙基甲苯的异构化,以及多异丙基甲苯的脱烷基和转移烷化,要求在 100 ℃左右反应。烷化液中约含混合异丙基甲苯55 %、二异丙基甲苯19 %、三异丙基甲苯3 %、未反应的甲苯20 %以及少量的芳烃杂质和焦油物。混合异丙基甲苯中约含间位60 % ~ 65 %、对位30 % ~ 35 %、邻位5 %以下。邻、间、对异丙基甲苯的沸点分别为 177.1 ℃、175.7 ℃和177 ℃,很难分离。一般都将混合异丙基甲苯直接氧化、酸解制成混合甲酚再进行分离(见 12.2.5.1)。

3. 2-异丙萘

2-异丙萘由丙烯与萘进行烷基化制得。它经氧化、酸解可制得 2-萘酚和丙酮(见 12.2.5.1)。此法克服了萘的磺化-碱熔法制 2-萘酚工艺落后、废液多的缺点。美国、日本已建厂生产,但是对于原料萘的含硫量要求很严,使其发展受到限制。

适用于萘的异丙基化的催化剂有 $AlCl_3$、$AlCl_3$ 与二异丙萘的配合物、$BF_3-H_3PO_4$、固体磷酸、硅酸铝、90 % ~ 95 %硫酸、硫酸-活化蒙脱土等。用 $BF_3-H_3PO_4$ 作催化剂时萘与丙烯的摩尔比约为 1:1,在 80 ℃反应 1 h,烷化后分出上层烷化物,含 2-异丙萘95 %、1-异丙萘5 %。将混合物冷却至 3 ℃,可结晶出纯度98.4 %的 2-异丙萘。副产的 1-异丙萘可在高压釜中,在固体磷酸催化剂存在下,在 350 ~ 370 ℃时进行异构化,使其转变为 2-异丙萘。

4. 十二烷基苯

十二烷基苯是生产合成洗涤剂十二烷基苯磺酸钠的中间体。由苯制十二烷基苯的烷化剂有四种,即仲氯十二烷(C_{10} ~ C_{14})、聚四丙烯(C_9 ~ C_{15})、十二内烯烃(C_{10} ~ C_{14})和 α-十二烯(C_{10} ~ C_{14})。

仲氯十二烷是由得自石油加工的正构十二烷与氯作用而制得的。烷化时用无水三氯化铝或铝块(生成红油)作催化剂,在 60 ~ 70 ℃反应。此法工艺成熟,但需用氯气,又副产盐酸,对设备腐蚀性强,现已趋向于改用烯烃法。

聚四丙烯是由丙烯四聚而制得的,它价廉易得。但用这种烯烃制得的最终产品是异十二烷基苯磺酸钠,含有较多的支链,其洗涤废水很难生物降解,造成水体污染,各国已相继禁用。

十二内烯烃是由正构十二烷脱氢制得的,双键在直链中间,并按统计规律分布。α-十二烯由乙烯齐聚而得(见 3.7.3.2),也是由高碳石蜡裂解得到的副产物,双键主要在末端,又称端烯烃。在烷化时,由于烷化剂的异构化和烷化产物的异构化,无论是用内烯烃还是端烯烃,产

"直链"十二烷基苯中异构体的分布基本上相同(见 10.4.2.4)。由"直链"十二烷基苯制得的合成洗涤剂,易生物降解,我国新建厂已采用此法。烷化催化剂可以用无水三氯化铝,但是用液态氟化氢效果更好,因为制得的"直链"十二烷基苯中 5 位和 6 位苯基十二烷含量高,制得的洗涤剂性能好。用 HF 作催化剂时,反应可在 9 ~ 16 ℃和常压下进行,但是在 35 ~ 40 ℃和 0.4 ~ 0.6 MPa 进行更好。烯烃与苯、HF 的摩尔比约为 1:2 ~ 10:5 ~ 1。HF 的浓度要求在 98.5 %以上。反应器可以采用锅式串联,也可以采用脉冲筛板塔。HF 和烷基苯分离后可以循环套用。与 $AlCl_3$ 法相比,HF 法的优点是生产能力大、质量好、收率高、HF 消耗少、成本低、三废少。缺点是腐蚀性强,要用铜镍合金材料加压操作,技术要求高。

10.4.4.2 酚类的 C-烷化

烯烃与酚类在酸性催化剂存在下发生 C-烷化反应,而不是 O-烷化反应。许多烷基苯酚都有重要用途。

这类烷化反应一般是在液相进行的。当使用气态的低碳烯烃时,反应要在压力下进行。在使用液态的高碳烯烃时,反应可在常压下进行。

常用的催化剂是浓硫酸、强酸性阳离子交换树脂、活性白土和 BF_3-乙醚配合物,此外,也可以用磷酸、氯化氢、三氯化铝和硅酸铝等催化剂。用上述催化剂时,烷基主要进入酚羟基的对位。例如:

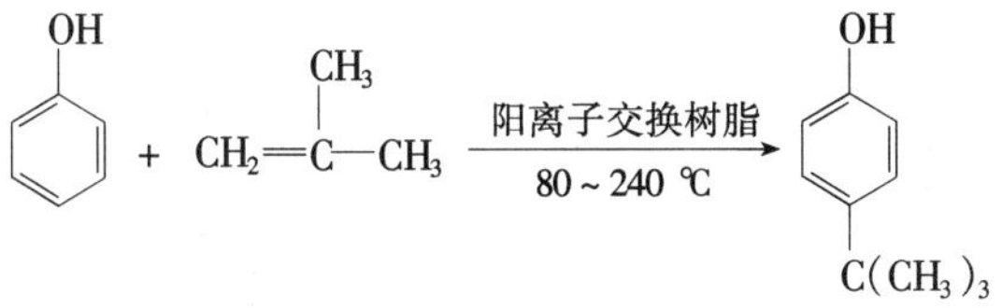

用类似的方法可以制得一系列对烷基酚和 2,4-二烷基酚。由于催化剂比较活泼,反应可在 100 ℃左右进行。为了减少多烷基化副反应,一般要用不足量的烯烃。

为了使烷基择优地进入酚羟基的邻位,需要改用其他类型的催化剂。例如,异丁烯和苯酚在苯酚铝催化剂的作用下,在约 220 ℃和 2.2 MPa 反应,主要得到邻叔丁基苯酚:

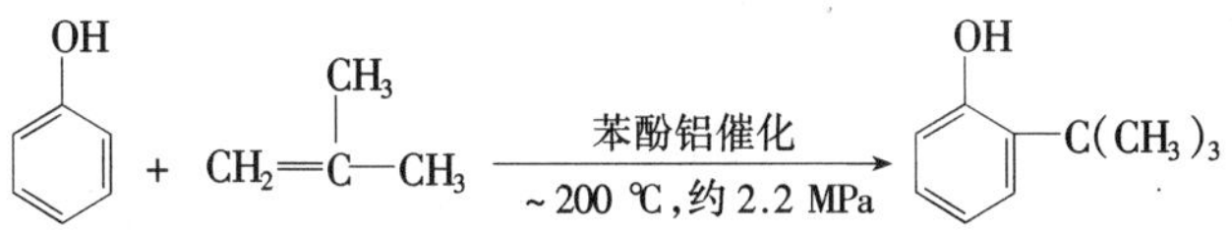

另外,异丁烯和苯酚的气态混合物在 200 ℃和常压通过三氧化二铝催化剂也可以制得邻叔丁基苯酚。采用气相法,邻位异构体的选择性大于 95 %,但苯酚的单程转化率只有 35.9 %,异丁烯的单程转化率 51.5 %。此法虽可常压连续操作,但单程转化率不如液相法。用类似的液相法,还可以由丙烯和苯酚制得邻异丙基苯酚和 2,6-二异丙基苯酚。

10.4.4.3 苯胺的 C-烷化

用此法制得的重要产品是 2,6-二乙基苯胺。它是重要的农药中间体,国外已有万吨级装置。为了将乙基引入到苯环上氨基的两个邻位,要用乙烯作 C-烷化剂,并且用苯胺铝或二乙基氯化铝作催化剂。单独用苯胺铝时,收率只有 87 %,改用二乙基氯化铝作催化剂,收率可达 97.9 %,并可缩短反应时间,降低高压釜的操作压力。反应为:

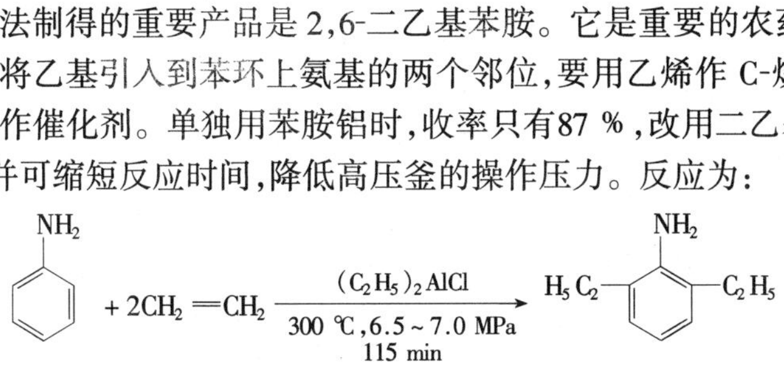

如果需要将烷基引入到芳环上氨基的对位,则需要用醇、醛或酮作烷化剂(见 10.4.6.1,10.4.7.1 和 10.4.8.2)

10.4.5　卤烷对芳环的 C-烷化

用氯烷对芳环的 C-烷化在工业上应用较少,因为氯烷不如相应的烯烃价廉易得。

仲氯十二烷曾用于制十二烷基苯(10.4.4.1),但现在许多工厂已改用直链十二烯法。

制备不对称的二苯甲烷衍生物时,需要用氯苄或它的取代衍生物作 C-烷化剂。例如,将对氯苯一氯甲烷与苯在氯化锌-水浆状催化剂存在下相作用可制得对氯二苯甲烷,收率75 %。产品是医药中间体。反应为:

$$\text{Cl}-\text{C}_6\text{H}_4-\text{CH}_2\text{Cl} + \text{C}_6\text{H}_6 \xrightarrow[85\sim90\ ℃]{\text{ZnCl}_2\ 催化} \text{Cl}-\text{C}_6\text{H}_4-\text{CH}_2-\text{C}_6\text{H}_5 + \text{HCl}$$

另外,由氯苄和苯作用可制得二苯甲烷,所用的催化剂是铝汞剂或无水氯化锌。其他对称的二芳基甲烷衍生物一般是用甲醛缩合法制得(10.4.7.1)。

10.4.6　醇类对芳环的 C-烷化

醇类是弱烷化剂,它只适用于活泼芳族化合物(例如苯胺、苯酚和萘等)的 C-烷化。

10.4.6.1　醇对芳胺的 C-烷化

在 10.2.1 中已经提到醇与苯胺在酸性催化剂存在下进行烷化时,如果温度不太高(200 ~ 250 ℃),烷基将取代氮原子上的氢而发生 N-烷化反应。但是,如果将温度提高到 240 ~ 300 ℃,则烷基将从氮原子上转移到芳环上,主要得到对烷基芳胺。例如,将苯胺、正丁醇和无水氯化锌按 1∶1∶0.5 的摩尔比在高压釜中,先在 210 ℃和 0.8 MPa 加热 6 h,然后在 240 ℃和 2.2 MPa 加热 10 h,按投料的苯胺计,对正丁基苯胺的收率可达理论量的45 %。沸点较低的正丁醇、苯胺和 N-正丁基苯胺可以用精馏法回收套用。

$$\text{C}_6\text{H}_5\text{NH}_2 \xrightarrow[\substack{210\ ℃,0.8\ \text{MPa}}]{\substack{+\text{C}_4\text{H}_9\text{OH}/-\text{H}_2\text{O} \\ \text{ZnCl}_2\ 催化}} \text{C}_6\text{H}_5\text{NHC}_4\text{H}_9 \xrightarrow[\substack{240\ ℃,2.2\ \text{MPa}}]{\substack{异构化 \\ \text{ZnCl}_2\ 催化}} \text{C}_4\text{H}_9-\text{C}_6\text{H}_4-\text{NH}_2$$

10.4.6.2　醇对酚类的 C-烷化

醇和酚在硫酸催化剂的存在下加热,一般只发生酚羟基的 O-烷化反应,而生成酚醚(见 10.3.1)。但是,用叔丁醇或异丁醇时,它在加热下可脱水成异丁烯,并与酚类发生 C-烷化反应。例如,将邻苯二酚、叔丁醇在磷酸催化剂存在下,在二甲苯溶剂中回流可制得对叔丁基邻苯二酚:

$$(\text{CH}_3)_3\text{COH} + \text{C}_6\text{H}_4(\text{OH})_2 \xrightarrow[\substack{二甲苯溶剂 \\ 回流}]{磷酸催化} \text{(CH}_3)_3\text{C}-\text{C}_6\text{H}_3(\text{OH})_2 + \text{H}_2\text{O}$$

另外,异丁醇与苯酚在阳离子交换树脂存在下反应,可制得对叔丁基苯酚,但此法不如异丁烯法效果好。

值得提到的是甲醇与苯酚在流化床反应器中,以悬浮在甲醇中的氧化铝为催化剂,在 300

~360 ℃和4~7 MPa下进行反应,可得到邻甲苯酚和2,6-二甲基苯酚。如果提高反应的温度和压力,可增加2,6-二甲基苯酚的生成比例。反应如下:

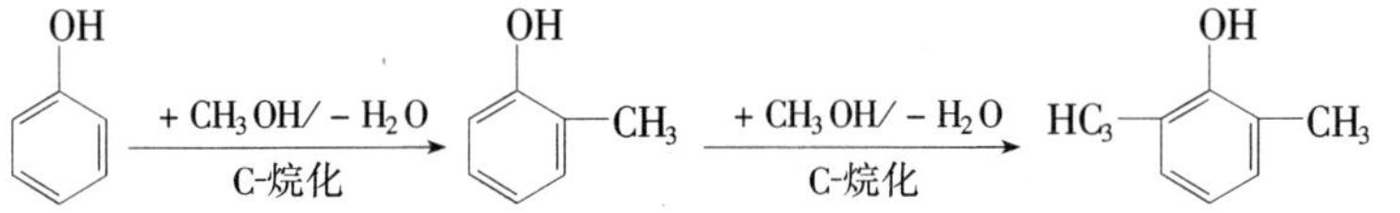

另外,将甲醇与苯酚的蒸气在300~400 ℃通过固定床的氧化铝或氧化镁催化剂,也可得到邻甲苯酚。上述两种方法在国外已有万吨级装置。

10.4.6.3 醇对萘的 C-烷化

例如,将丁醇与萘在浓硫酸催化剂存在下进行 C-烷化,生成二丁基萘,然后补加发烟硫酸进行磺化、中和,可得到二丁基萘磺酸钠。它的商品名称叫渗透剂 BX,又称拉开粉(Nekal BX),是一种重要的印染助剂。

10.4.7 醛类对芳环的 C-烷化

脂醛与芳族化合物作用可制得一系列二芳甲烷衍生物,芳醛与芳族化合物作用可制得一系列三芳甲烷衍生物。醛类是弱烷化剂,这类烷化反应一般是在盐酸或硫酸介质中进行的。

10.4.7.1 醛对芳胺的 C-烷化

例如甲醛与苯胺在浓盐酸中反应可制得4,4′-二氨基二苯甲烷:

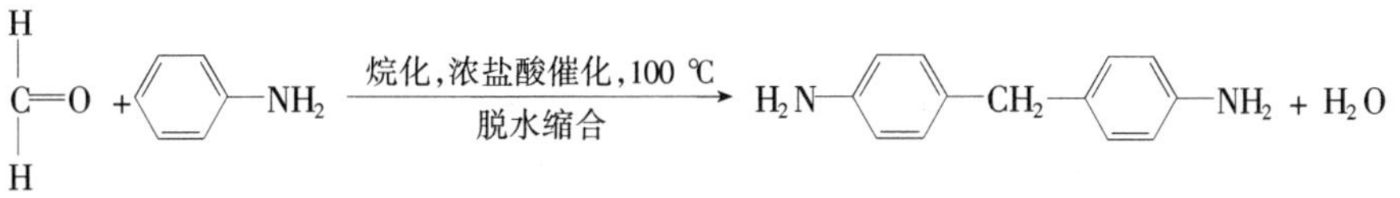

用这种方法可以制得一系列4,4′-二氨基二苯甲烷的取代衍生物,包括环上取代衍生物和 N-取代衍生物。

由苯甲醛与过量的苯胺在浓盐酸中反应可制得4,4′-二氨基三苯甲烷:

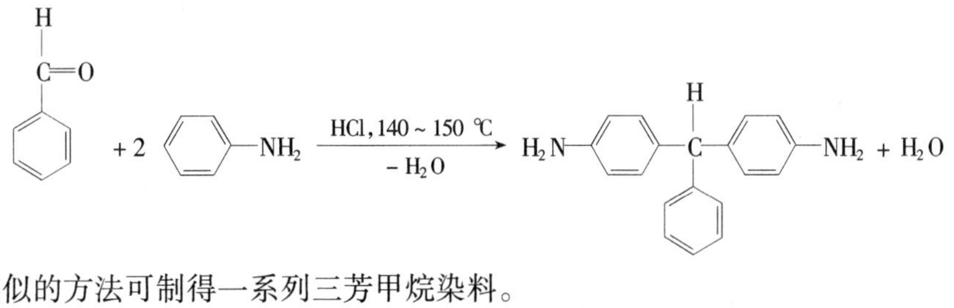

用类似的方法可制得一系列三芳甲烷染料。

10.4.7.2 醛对酚类的 C-烷化

例如,甲醛与过量苯酚在无机酸的催化作用下反应,可制得4,4′-二羟基二苯甲烷(双酚 F):

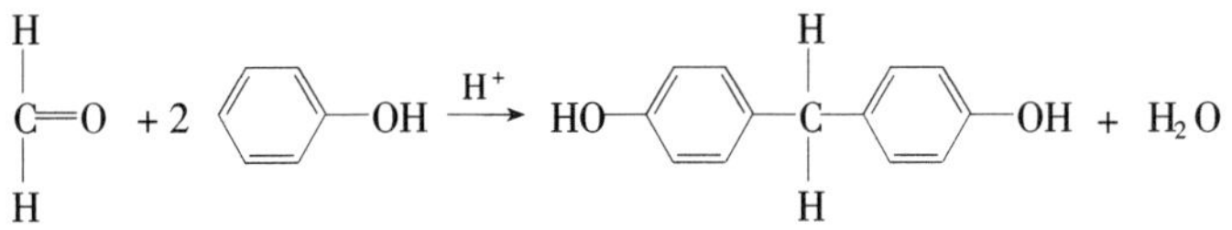

应该指出,在碱催化时甲醛与酚类作用将在芳环上引入羟甲基:

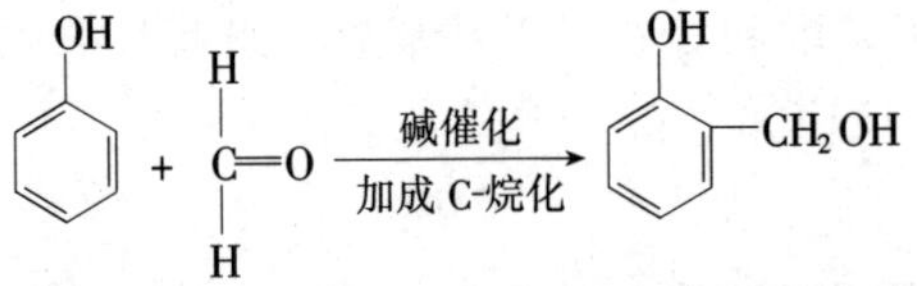

还应该指出,如果不使用大过量的苯酚,无论是酸催化还是碱催化都将生成酚醛树脂。

10.4.7.3　醛对芳环的其他 C-烷化反应

这方面的重要实例可以举出下面两种。

(1)三氯乙醛与氯苯在浓硫酸中于 15～30 ℃时进行脱水缩合,制得 1,1,1-三氯-2,2′-双(对氯苯基)乙烷。它是重要的杀虫剂,商品名称 D.D.T.。

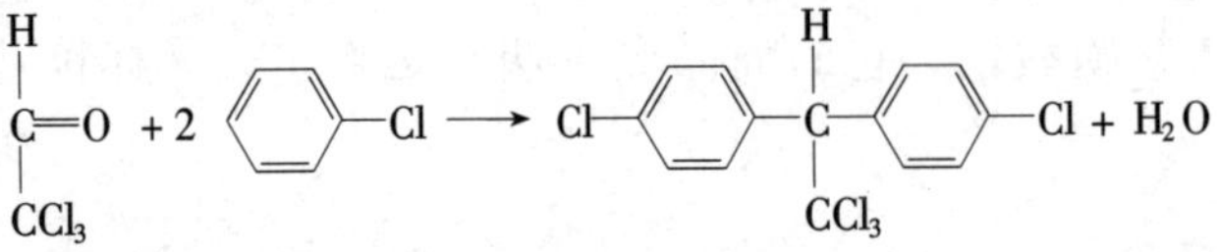

(2)萘先在高温下磺化得 2-萘磺酸,然后在稀硫酸中与甲醛脱水缩合,可制得 2,2′-二萘基甲烷-6,6′-二磺酸钠。它是重要的印染助剂,商品名称扩散剂 N。

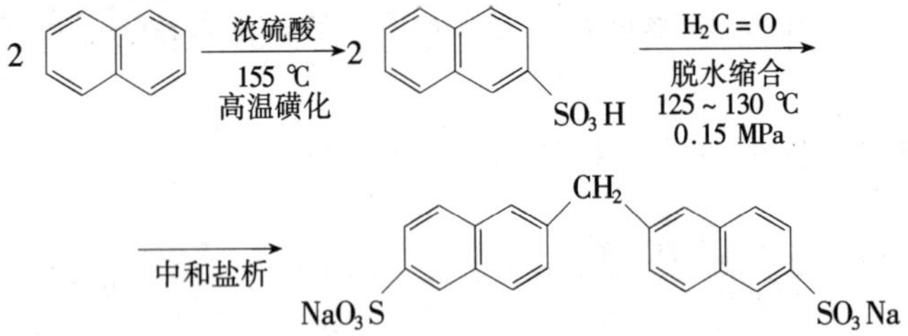

产品实际上是一个混合物,其中还有由次甲基—CH_2—连接多个萘环,—CH_2—连在萘环 α-位以及磺基在 α-位的产物。它的组成对扩散剂的性能有重要影响。

10.4.8　酮类对芳环的 C-烷化

酮对芳环的 C-烷化也是在酸性催化剂存在下进行的,可以举出下面两种重要实例。

(1)将丙酮与过量的苯酚在酸性催化剂存在下反应,可制得 2,2′-双(4-羟基苯基)丙烷,商品名称双酚 A。反应为:

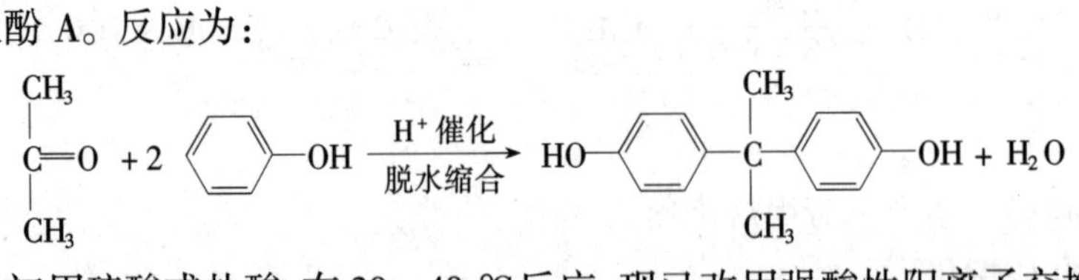

催化剂最初用硫酸或盐酸,在 30～40 ℃反应,现已改用强酸性阳离子交换树脂作催化剂,在 75 ℃反应。优点是不用无机酸,废水少,催化剂可长期循环使用。

(2)由环己烷和过量的苯胺在盐酸或硫酸催化剂存在下反应,可制得 4,4′-二氨基二苯基环己烷。

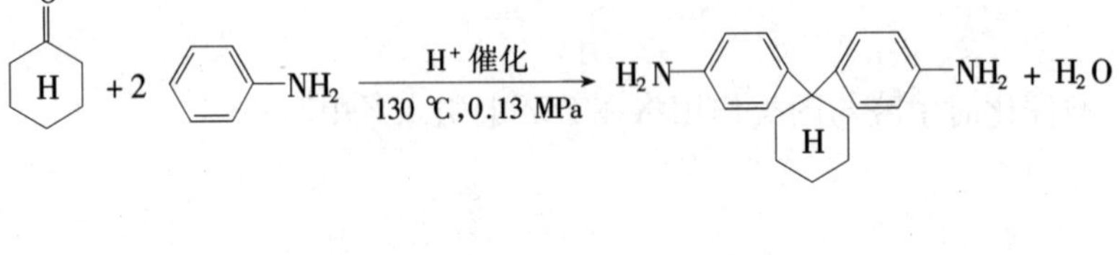

参考文献

1   朱淬砺.药物合成反应.北京:化学工业出版社,1982

2   张铸勇.精细有机合成单元反应.上海:华东化工学院出版社,1990

3   唐培堃.中间体化学及工艺学.北京:化学工业出版社,1984

4   [前苏联]伏洛茹卓夫.中间体及染料合成原理.北京:高等教育出版社,1958

5   [美]Groggins P H. Unit Processes in Organic Synthesis, Mc Graw-Hill Book Company, Inc. Fifth Editions, 1958

6   [德]Welssermel K, Arpe H J.工业有机化学(重要原料及中间体),北京:化学工业出版社,1982

7   [英]Hancock E G.苯及其工业衍生物.北京:化学工业出版社,1982

8   [英]Hancock E G.甲苯、二甲苯及其工业衍生物.北京:化学工业出版社,1987

9   [日]细田丰.理论制造染料化学.技报堂,1957

10   徐克勋.精细有机化工原料及中间体手册.北京:化学工业出版社,1998

11   刘冲,司徒玉莲,申大志等.石油化工手册(第三分册基本有机原料篇).北京:化学工业出版社,1987

12   化学工业部科学技术情报研究所.化工商品手册(有机化工原料,上、下册).北京:化学工业出版社,1985

13   姚蒙正,程侣伯,王家儒.精细化工产品合成原理,第二版.北京:中国石化出版社,2000

第 11 章 酰 化

11.1 概述

11.1.1 定义

酰基指的是从含氧的无机酸和有机酸的分子中除去一个或几个羟基后所剩余的基团。例如：

酸类	分子式	酰基	分子式
硫酸	$HO-\overset{\displaystyle O}{\underset{\displaystyle O}{S}}-OH$	酰基	$HO-\overset{\displaystyle O}{\underset{\displaystyle O}{S}}-$
		砜基	$-\overset{\displaystyle O}{\underset{\displaystyle O}{S}}-$
碳酸	$HO-\overset{\displaystyle O}{C}-OH$	羧基	$HO-\overset{\displaystyle O}{C}-$
		羰基	$-\overset{\displaystyle O}{C}-$
甲酸	$H-\overset{\displaystyle O}{C}-OH$	甲酰基	$H-\overset{\displaystyle O}{C}-$
乙酸	$CH_3-\overset{\displaystyle O}{C}-OH$	乙酰基	$CH_3-\overset{\displaystyle O}{C}-$
苯甲酸	$C_6H_5-\overset{\displaystyle O}{C}-OH$	苯甲酰基	$C_6H_5-\overset{\displaystyle O}{C}-$
苯磺酸	$C_6H_5-\overset{\displaystyle O}{\underset{\displaystyle O}{S}}-OH$	苯磺酰基	$C_6H_5-\overset{\displaystyle O}{\underset{\displaystyle O}{S}}-$

酰化指的是有机化合物分子中与碳原子、氮原子、氧原子或硫原子相连的氢被酰基所取代的反应。碳原子上的氢被酰基取代的反应叫做 C-酰化，生成的产物是醛、酮或羧酸。氨基氮原子上的氢被酰基取代的反应叫做 N-酰化，生成的产物是酰胺。羟基氧原子上的氢被酰基取代的反应叫做 O-酰化，生成的产物是酯，因此也叫酯化。

11.1.2 酰化剂

最常用的酰化剂主要有：

(1)羧酸,例如甲酸、乙酸、草酸等;

(2)酸酐,例如乙酐、顺丁烯二酸酐、邻苯二甲酸酐、1,8-萘二甲酸酐以及二氧化碳(碳酸酐)和一氧化碳(甲酸酐)等;

(3)酰氯,例如光气(碳酸二酰氯)、乙酰氯、苯甲酰氯、苯磺酰氯、三聚氰酰氯、三氯化磷、三氯氧磷等,某些酰氯不易制成工业品,这时可用羧酸和三氯化磷或亚硫酰氯在无水介质中作酰化剂;

(4)羧酸酯,例如氯乙酸乙酯、乙酰乙酸乙酯等;

(5)酰胺,例如尿素、N,N′-二甲基甲酰胺等;

(6)其他,例如双乙烯酮、二硫化碳等。

11.1.3 酰化剂结构的影响

酰化是亲电取代反应,酰化剂是以亲电质点参加反应的,其反应历程将在以后各节讨论。这里只综述酰化剂的结构与活性的关系。

最常用的酰化剂是羧酸、酸酐和酰氯,在引入碳酰基时,酰基碳原子上的部分正电荷越大,酰化能力越强。酰氯、酸酐和羧酸的活泼性次序如下：

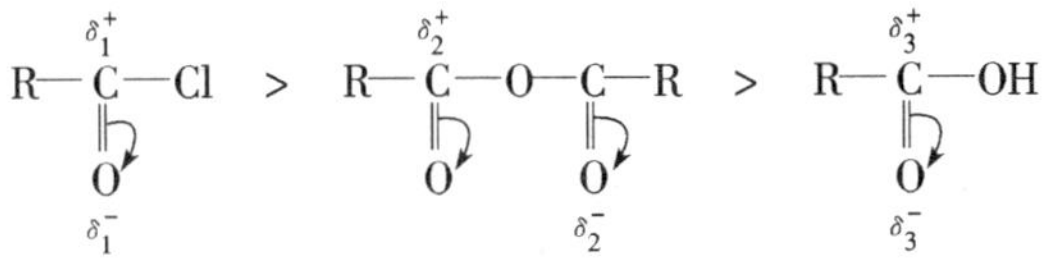

$$\delta_1^+ > \delta_2^+ > \delta_3^+ \quad (当 R 相同时)$$

这是因为在酰氯分子中酰基碳原子与电负性相当高的氯原子相连,所以 δ_1^+ 最大。酸酐与羧酸相比,前者的酰基碳原子所连接的氧原子上又连接了一个吸电的碳酰基,因此 $\delta_2^+ > \delta_3^+$。

在脂族酰化剂中,其反应活性随烷基碳链的增长而减弱。因此,只有在向氨基氮原子或羟基氧原子上引入低碳酰基时才能用羧酸作酰化剂,例如,甲酸、乙酸、草酸(乙二酸)等。在引入长碳链的酰基时,需要使用活泼的羧酰氯作酰化剂。

当 R 为芳环时,由于芳环的共轭效应,使酰基碳原子上的部分正电荷降低,从而使酰化剂的活性降低。因此,在引入芳羧酰基时也要用活泼的芳羧酰氯作酰化剂。

当脂链上或芳环上有吸电基时酰化剂的活性增强,而有供电基时则活性减弱。

由弱酸构成的酯也可以作为酰化剂,但是它们的活性比羧酸还弱。羧酰胺(例如尿素)则是更弱的酰化剂,一般很少使用。

由强酸构成的酯,例如硫酸二甲酯和苯磺酸甲酯,是烷化剂(见10.2.3),而不是酰化剂,因为强酸的酰基吸电性很强,使酯分子中烷基碳原子上的正电荷较大。

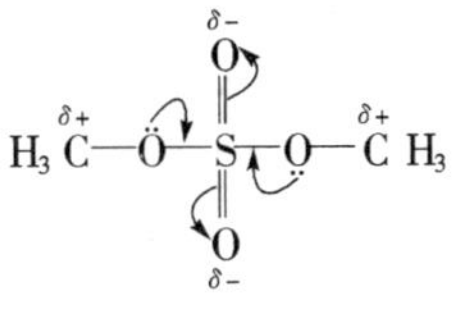

11.2 N-酰化

N-酰化是制备酰胺的重要方法。被酰化的可以是脂胺,也可以是芳胺,可以是伯胺,也可以是仲胺。上述各种酰化剂在 N-酰化中都有应用。

11.2.1 反应历程

用羧酸或其衍生物作酰化剂时,酰基取代伯氨基氮原子上的氢,生成羧酰胺的反应历程可简单表示如下:

$$R-\overset{\overset{\delta^-}{O}}{\underset{Z}{C^{\delta+}}} + :\overset{H}{\underset{H}{N}}-R' \longrightarrow \left(R-\overset{O}{\underset{Z}{C\cdots}}\overset{H}{\underset{H}{N}}-R' \right) \xrightarrow{-HZ} R-\overset{O}{C}-\overset{H}{N}-R'$$

酰化剂　　　伯胺　　　过渡配合物　　　　　　　羧酰胺

首先是酰化剂的碳酰基中带部分正电荷的碳原子向伯胺氨基氮原子上的未共用电子对作亲电进攻,形成过渡配合物,然后脱去 HZ 而形成羧酰胺。

酰基是吸电基,它使酰胺分子中氨基氮原子上的电子云密度降低,不容易再与亲电性的酰化剂质点相作用,即不容易生成 N,N 二酰化物。所以,在一般情况下容易制得较纯的酰胺,这和 N-烷化反应是不一样的。

在酰化剂 $R-\overset{O}{\overset{\|}{C}}-Z$ 分子中:Z 是—OH 时,酰化剂是羧酸;Z 是 $-O-\overset{O}{\overset{\|}{C}}-R$ 时,酰化剂是酸酐;Z 是—Cl 时,酰化剂是酰氯;Z 是—OR″时,酰化剂是羧酸酯。

11.2.2 胺类结构的影响

胺类被酰化的相对反应活性是:伯胺 > 仲胺,无位阻胺 > 有位阻胺;脂胺 > 芳胺。即氨基氮原子上电子云密度越高,碱性越强,空间位阻越小,胺被酰化的反应性越活泼。对于芳胺,环上有供电基时,碱性增加,芳胺的反应活性增加;反之,环上有吸电基时,碱性减弱,反应活性降低。

对于活泼的胺,可以采用弱酰化剂;对于不活泼的胺,则必须使用活泼的酰化剂。

11.2.3 用羧酸的 N-酰化

羧酸价廉易得,但反应活性弱,一般只有在引入甲酰基、乙酰基、羧甲酰基时才使用甲酸、乙酸和草酸作酰化剂,在个别情况下也可用苯甲酸作酰化剂。另外,羧酸酰化剂一般只用于碱性较强的胺或氨的 N-酰化。

用羧酸的 N-酰化是一个可逆过程,首先生成铵盐,然后脱水生成酰胺:

$$R-\overset{O}{\overset{\|}{C}}-OH + H_2N-R' \underset{成盐}{\rightleftharpoons} R-\overset{O}{\overset{\|}{C}}-O^-H_3\overset{+}{N}R' \xrightarrow[加热]{-H_2O} R-\overset{O}{\overset{\|}{C}}-\overset{H}{N}-R'$$

式中 R 和 R′可以是氢、烷基或芳基。

为了使酰化反应尽可能完全并使用过量不太多的羧酸,必须除去反应生成的水。脱水的方法主要有下述几种。

1)高温熔融脱水酰化法

此法可用于稳定铵盐的脱水。例如,向冰乙酸中通入氨气生成乙酸铵,然后逐渐加热到180~220 ℃进行脱水,即得到乙酰胺。用同样方法可制得丙酰胺。另外,此法也可用于高沸点羧酸和胺类的 N-酰化。例如苯甲酸和苯胺逐渐加热到225 ℃进行脱水制得 N-苯甲酰苯胺。

2)反应精馏脱水酰化法

此法主要用于乙酸与芳胺的 N-酰化。例如,将乙酸和苯胺加热到沸腾,用精馏法先蒸出含水稀乙酸,然后减压蒸出多余的乙酸,即可得到 N-乙酰苯胺。用类似的方法可制得邻甲基乙酰苯胺、对甲基乙酰苯胺、对甲氧基乙酰苯胺等中间体。

3)溶剂共沸蒸馏脱水酰化法

此法主要用于甲酸(沸点100.8 ℃)与芳胺的 N-酰化反应。因为甲酸和水的沸点非常接近,不能用一般精馏法分离,所以必须加入甲苯、二甲苯等惰性溶剂,并用共沸蒸馏法蒸出反应生成的水。用此法可制得 N-甲酰苯胺、N-甲基-N-甲酰苯胺等中间体。

应该指出,有些酰化过程在高温时容易生成焦油物,使产品颜色变深,而且用羧酸不易酰化完全。为了简化工艺过程,常常不用羧酸,而使用价格较贵的酸酐或酰氯作酰化剂。另外,有时也可以用羧酸加脱水剂的酰化法(见11.2.5.3)。

11.2.4　用酸酐的 N-酰化

在酸酐中最常用的是乙酐,其次是邻苯二甲酸酐等,有时也用到一氧化碳(甲酸酐)。用乙酐的 N-酰化反应如下式所示:

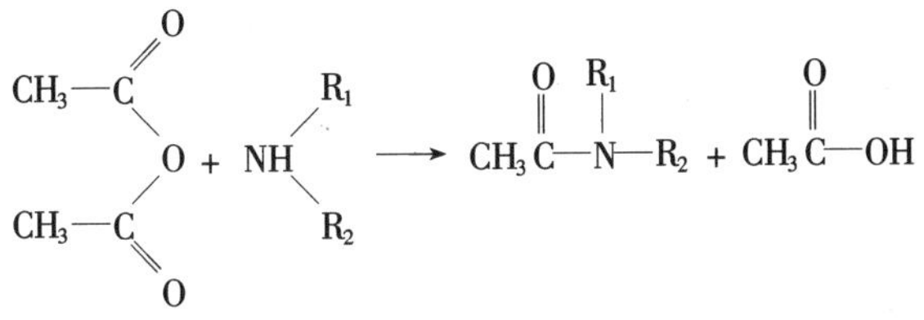

式中 R_1 可以是氢、烷基或芳基,R_2 可以是氢或烷基。这个反应不生成水,因此是不可逆的。乙酐比较活泼,酰化反应一般在 20~90 ℃即可顺利进行。乙酐的用量一般只需要过量5 % ~10 % 即可。

如果被酰化的胺和酰化产物熔点不太高,在乙酰化时可不另加溶剂。例如,从二甲胺制N,N'-二甲基乙酰胺,从间甲苯胺制间甲基乙酰苯胺。

如果被酰化的胺和酰化产物熔点较高,就需要另外加苯、甲苯、二甲苯或氯苯等非水溶性惰性有机溶剂,例如,从对氨基苯乙醚制对-N乙酰氨基苯乙醚。另外,也可以用冰乙酸或过量较多的乙酐作溶剂,例如,从 2,4-二硝基苯胺制 2,4-二硝基-N-乙酰基苯胺。

如果被酰化的胺和酰化产物易溶于水,而乙酰化的速度比乙酐的水解速度快得多,乙酰化反应也可以在水介质中进行。例如,从间苯二胺单盐酸盐的水溶液制间氨基-N-乙酰苯胺:

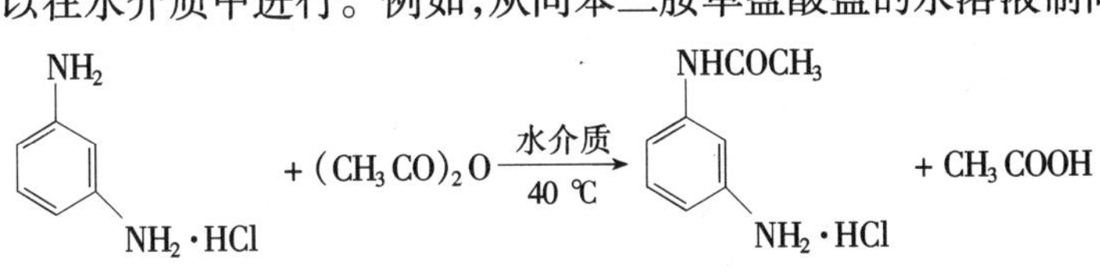

又如,从 H 酸双钠盐制 N-乙酰基-H-酸:

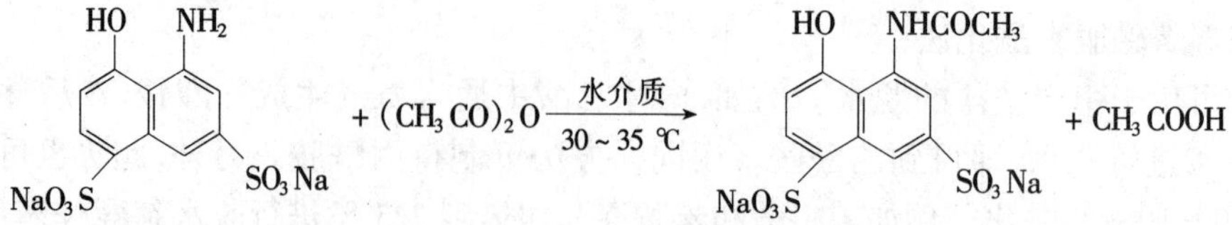

丁二酸酐、邻苯二甲酸酐、1,8-萘二甲酸酐等环状酸酐,根据反应条件的不同,可以与胺或氨反应,生成羧酸酰胺或内酰亚胺。例如:

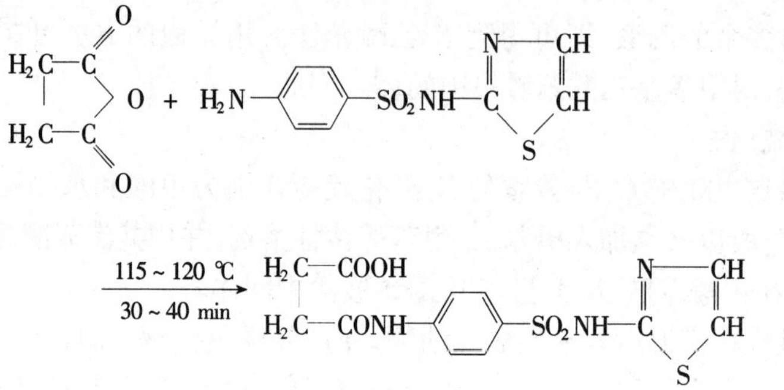

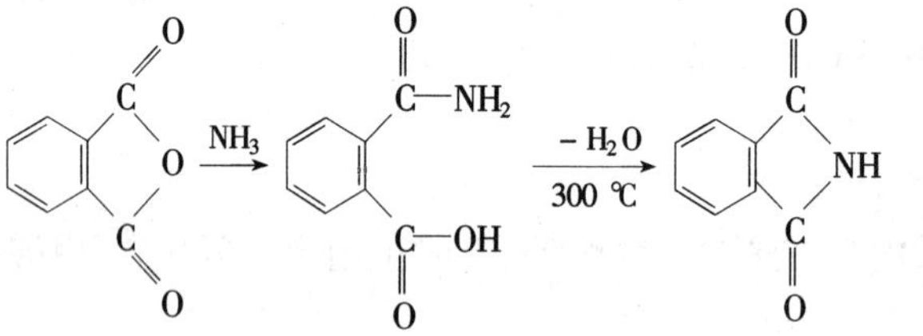

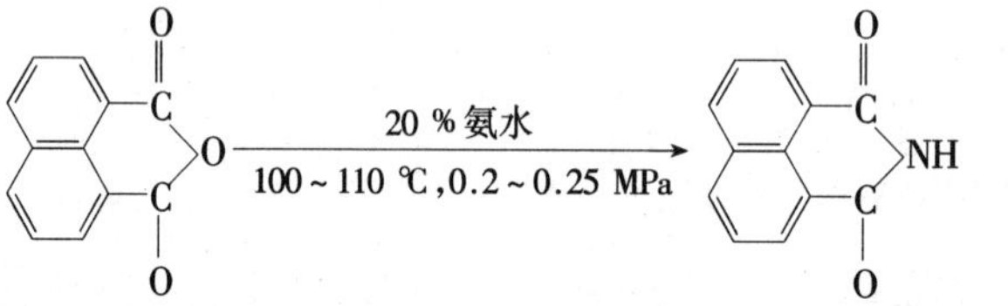

一氧化碳是甲酸的酸酐,虽然不活泼,但是可以从合成气(CO 和 H_2 的混合物)中分离出来,适用于大规模生产中作为甲酰化剂。例如,在含甲醇钠的甲醇溶液中,在 100~120 ℃和 2~5 MPa 下,通入一氧化碳和气态二甲胺可制得 N,N-二甲基甲酰胺。反应为:

$$CO + HN(CH_3)_2 \xrightarrow{\text{甲醇钠催化}} HCON(CH_3)_2$$

用类似的方法还可以制得 N-甲基甲酰胺和甲酰胺。

11.2.5　用酰氯的 N-酰化

用酰氯进行 N-酰化的反应通式如下:

$$R—NH_2 + Ac—Cl \longrightarrow R—NHAc + HCl$$

式中 R 表示烷基或芳基,Ac 表示各种酰基,这类反应是不可逆的。酰氯是比相应的酸酐更活泼的酰化剂。许多酰氯比相应的酸酐容易制备,因此常常用酰氯作酰化剂。最常用的酰氯有长碳链脂肪酸的酰氯、芳羧酰氯、芳磺酰氯、光气和三聚氰酰氯等。

酰氯都是相当活泼的酰化剂,其用量一般只需要稍稍超过理论量即可,酰化的温度也不需要太高,有时甚至要在 0 ℃或更低的温度下反应。

由于酰化产物常常是固态的,用酰氯的 N-酰化必须在适当的介质中进行。如果酰氯的 N-酰化速度比酰氯的水解速度快得多,反应可在水介质中进行。如果酰氯较易水解,就需要使用惰性有机溶剂,例如苯、甲苯、氯苯、乙酸、氯仿、二氯乙烷等。

酰化时生成的氯化氢能与游离胺结合成盐,从而降低 N-酰化反应速度,因此在反应过程中一般要加入缚酸剂来中和生成的氯化氢,使介质保持中性或弱碱性,并使胺保持游离状态,以提高酰化反应速度和酰化产物的收率。应该注意,如果介质的碱性太强,会使酰氯水解,耗用量增加。常用的缚酸剂有:氢氧化钠、碳酸钠、碳酸氢钠、乙酸钠以及吡啶和三乙胺等有机叔胺。但是,酰氯与氨或易挥发的低碳脂肪胺反应时,则可以用过量的氨或胺作为缚酸剂。在个别情况下,也可以不用缚酸剂而在高温下进行气相反应(见 11.2.5.4)。

11.2.5.1 羧酰氯的 N-酰化

羧酰氯一般是由相应的羧酸与亚硫酰氯、三氯化磷、三氯化磷加氯气或光气尾气相作用而制得的。反应为:

$$R-\overset{O}{\overset{\|}{C}}-OH + SOCl_2 \longrightarrow R-\overset{O}{\overset{\|}{C}}-Cl + SO_2\uparrow + 2HCl\uparrow$$

$$3R-\overset{O}{\overset{\|}{C}}-OH + PCl_3 \longrightarrow 3R-\overset{O}{\overset{\|}{C}}-Cl + H_3PO_3$$

$$R-\overset{O}{\overset{\|}{C}}-OH + PCl_3 + Cl_2 \longrightarrow R-\overset{O}{\overset{\|}{C}}-Cl + POCl_3 + HCl\uparrow$$

$$R-\overset{O}{\overset{\|}{C}}-OH + COCl_2 \longrightarrow R=\overset{O}{\overset{\|}{C}}-Cl + CO_2\uparrow + HCl\uparrow$$

高碳脂羧酰氯亲水性差、容易水解,其 N-酰化反应要在无水有机溶剂中和较高温度下进行(95～160 ℃),而且要用吡啶或其他叔胺作缚酸剂。如果用吡啶作溶剂效果更好,因为吡啶能与羧酰氯形成配合物而增强其酰化能力。但是吡啶毒性大、有恶臭,在工业上应尽量避免使用。

乙酰氯等低碳脂羧酰氯的 N-酰化反应速度较快,反应可以在水介质中进行。为了减少酰氯水解的副反应,要在滴加酰氯溶液的同时,不断地滴加氢氧化钠水溶液、碳酸钠水溶液或固体碳酸钠,始终控制水介质的 pH 在 7～8 左右。

苯甲酰氯及其取代衍生物的活性比低碳脂羧酰氯差一些,但一般不易水解,可以在强碱性水介质中进行 N-酰化反应。

用各种脂羧酰氯和芳羧酰氯进行 N-酰化,可以制得一系列重要的羧酰胺类产品或中间体。重要的芳羧酰氯为:

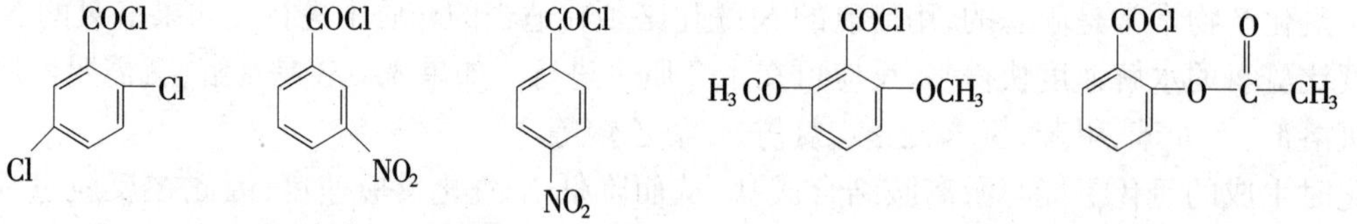

11.2.5.2　用芳磺酰氯的 N-酰化

芳磺酰氯一般是由相应的芳香族化合物与过量的氯磺酸相作用而制得的(见 5.2.4.5)。重要的芳磺酰氯有：

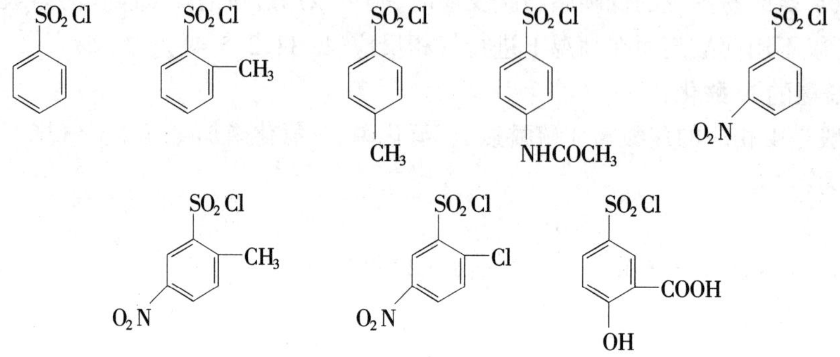

芳磺酰氯一般不易水解,N-酰化反应可在水介质中在 pH 为 8～9 时进行。例如：

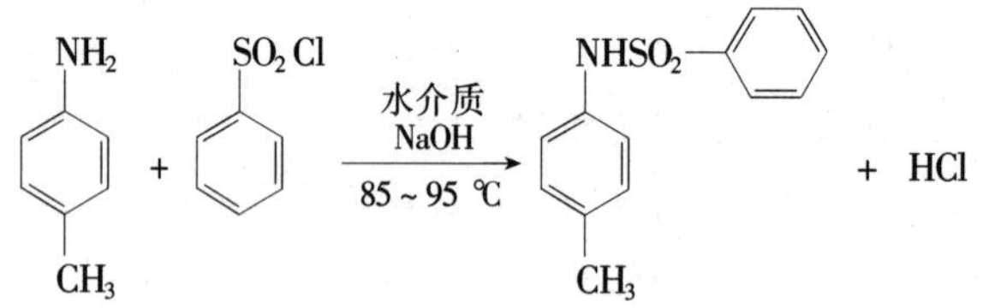

用芳磺酰氯与氨、脂胺、芳胺或杂环氨基化合物反应,可以制得一系列重要的芳磺酰胺类中间体和产品。

11.2.5.3　用芳羧酸加三氯化磷的 N-酰化

有些芳羧酸的酰化能力很弱,又不易制成工业品的酰氯,这时可以采用在酰化反应物中加入三氯化磷的 N-酰化法。此法主要用于从 2-羟基-3-萘甲酸(以下简称 2,3-酸)与苯胺制 2-羟基-3-萘甲酰苯胺。它的商品名称叫色酚 AS,是染料中间体。如果以其他芳胺衍生物代替苯胺,可制得一系列色酚。例如：

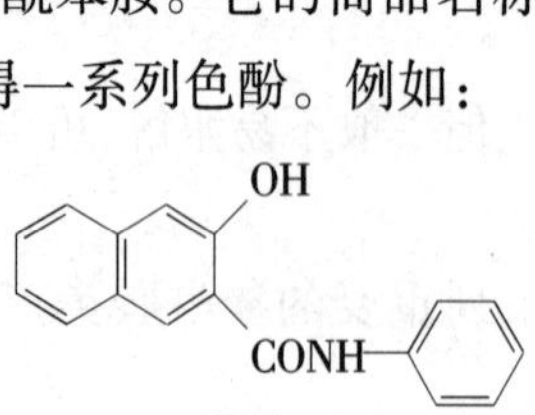

色酚AS 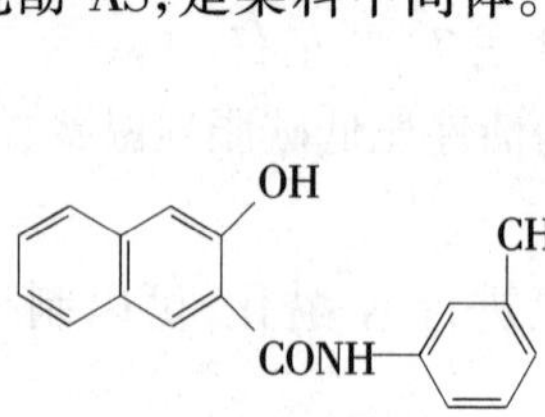　　　色酚AS-D 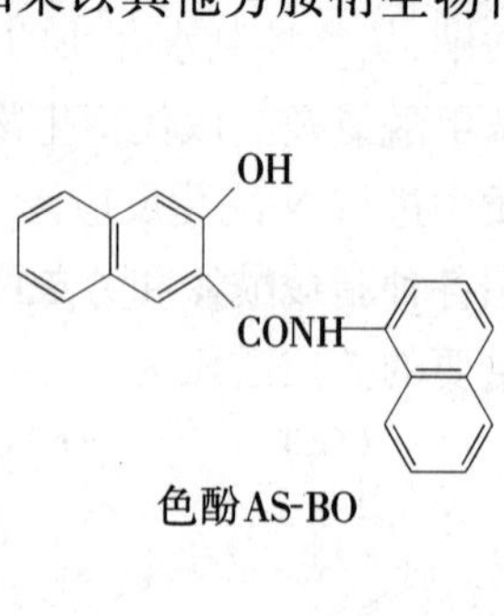　　　色酚AS-BO

按照反应时 2,3-酸的形态,可分为酸式法和钠盐法两种。

1. 酸式法

此法是先在反应器中加入氯苯(溶剂)、2,3-酸和芳胺,然后在 68～135 ℃时加入三氯化磷而完成酰化反应。其总的反应式如下：

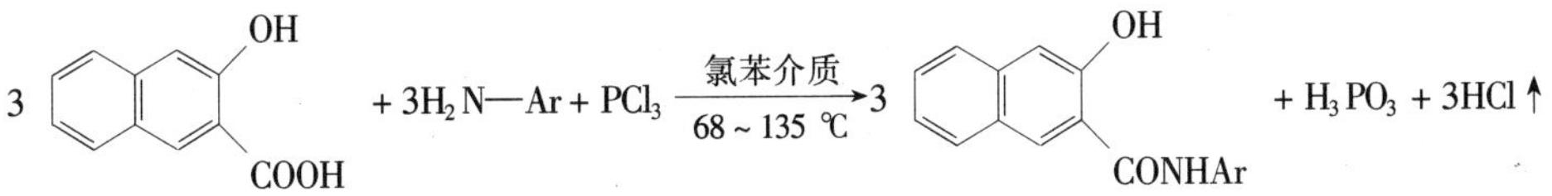

在反应过程中,可能是三氯化磷先与2,3-酸作用生成酰氯,然后酰氯与芳胺反应,也可能是三氯化磷先与芳胺作用生成磷氮化合物,然后再与2,3-酸反应。反应为:

$$5Ar—NH_2 + PCl_3 \longrightarrow Ar—N=P—NH—Ar + 3Ar—NH_2 \cdot HCl$$

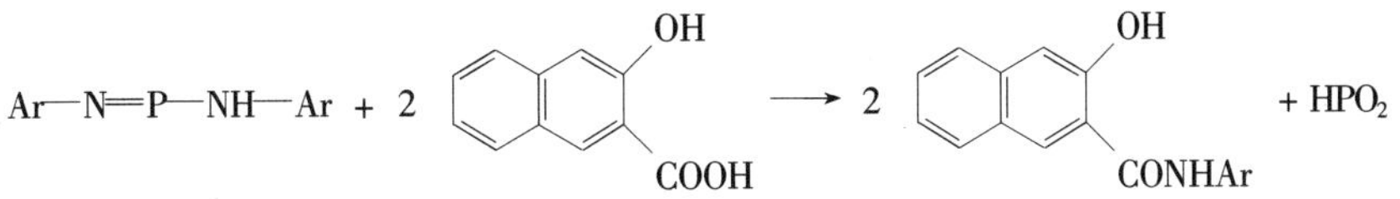

2. 钠盐法

此法是先将2,3-酸在氯苯中与氢氧化钠水溶液作用生成钠盐,蒸出部分氯苯以带出水分,然后再加入芳胺与三氯化磷进行 N-酰化。其总的反应式如下:

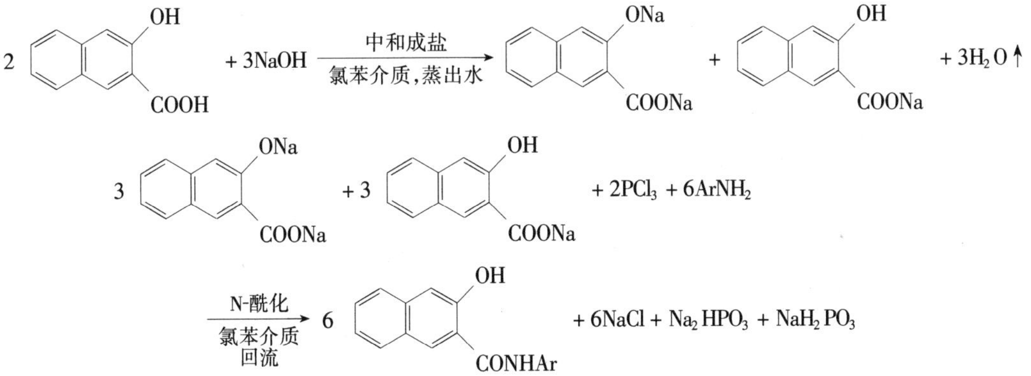

钠盐法不需要耐酸设备。对于大多数色酚来说,采用酸式法或钠盐法,产品质量和收率都相差不大。但有些色酚则必须采用酸式法,这时就需要用搪瓷反应器和石墨冷凝器等耐酸设备,以及用水吸收氯化氢的设备。

在酰化时,一般要用过量5% ~ 20%的芳胺使2,3-酸反应完全,过量的芳胺可以回收套用。但是,如果芳胺较贵或不易回收,就需要用理论量或不足量的芳胺,使芳胺反应完全。

由于三氯化磷很易水解,因此所用原料及设备都应干燥无水。三氯化磷的用量,按2,3-酸计,一般要超过理论量的20% ~ 50%。通常都采用氯苯作介质,反应在常压回流下进行。如果需要较高的反应温度,可改用二甲苯、邻氯甲苯或邻二氯苯等溶剂。色酚的收率,按2,3-酸计一般在90%以上。

除了三氯化磷法以外,专利还报道了先将2,3-酸与亚硫酰氯在甲苯中反应制成酰氯,然后再与芳胺反应的方法。此法的优点是副产的 HCl、SO_2 和过量的 $SOCl_2$ 都可以回收,含盐废水少、耗碱少。缺点是工艺复杂,亚硫酰氯的价格比三氯化磷贵。

11.2.5.4 用三聚氰酰氯的 N-酰化

三聚氰酰氯是三聚氰酸的三酰氯,其制法见15.6。在三聚氰酰氯分子中,三个氯原子依次与胺或氨的反应活性是不同的。三聚氰酰氯本身相当活泼,一酰化时要在 0 ℃ 左右进行。在三氮苯环上引入一个给电子的氨基后,另外两个氯原子的反应活性下降,所以选择合适的反应温度和水介质的 pH 值,可以制得一酰化物、二酰化物或三酰化物。例如,在制备萤光增白剂 VBL 时,三次酰化的反应温度依次提高。反应为:

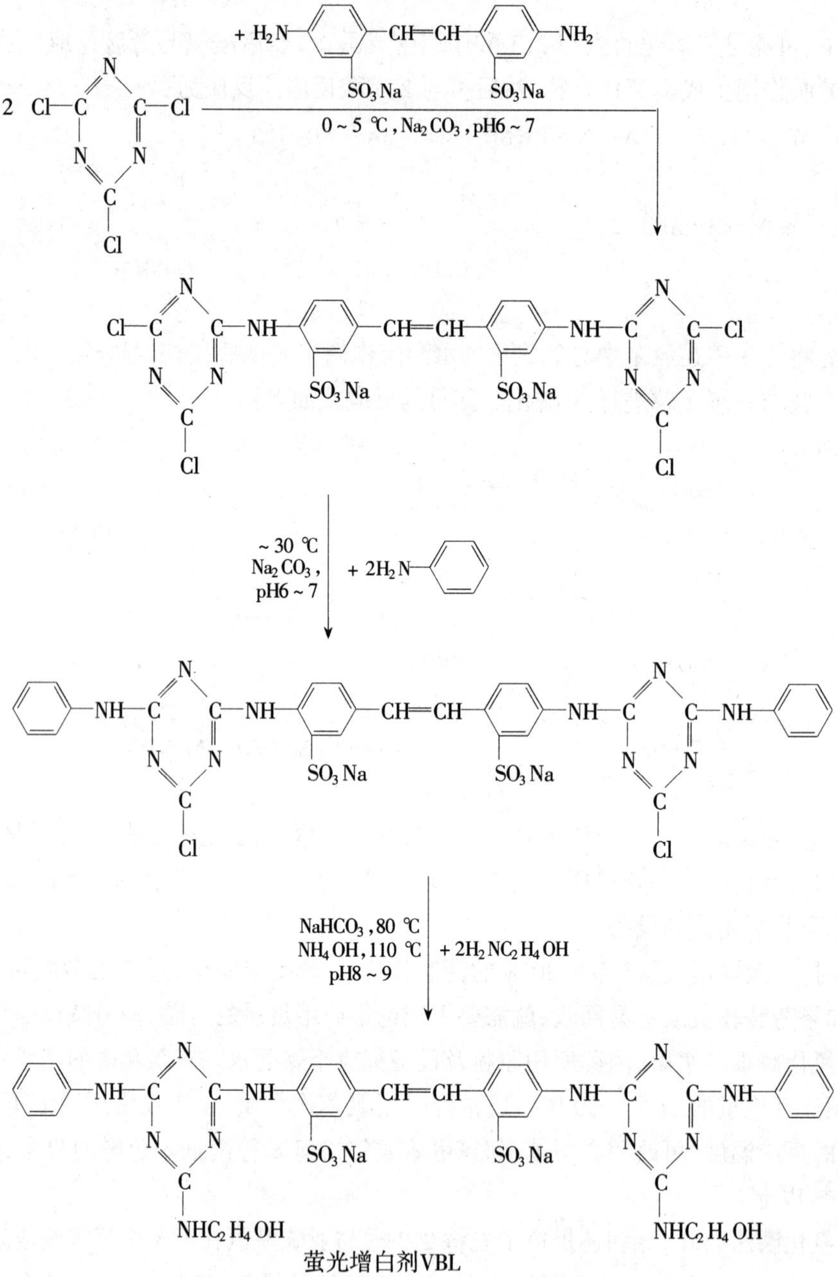

萤光增白剂VBL

一般地说,在产品中常常保留一个或两个活泼氯原子,使产品具有所需要的反应活性。例如:

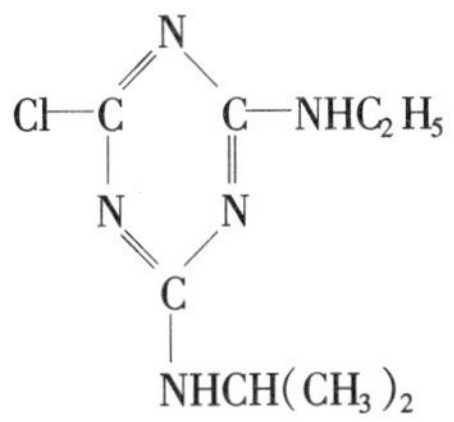

莠去津(农药除草剂) 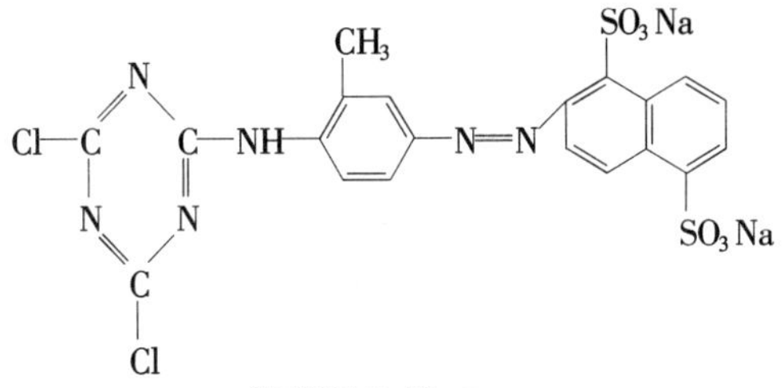　　　　染料活性黄XR

11.2.5.5　用光气的 N-酰化

光气是碳酸的二酰氯,是非常活泼的酰化剂。用光气的 N-酰化可以制得三种类型的重要产品。

1.氨基甲酰氯衍生物的制备

这是光气分子中的一个氯与胺反应而生成的产物,即

$$R—NH_2 + COCl_2 \longrightarrow R—NHCOCl + HCl$$

这类产品的制法有两种。第一种方法是先将光气在 0 ℃左右溶解于甲苯或氯苯中,然后再加入等摩尔比的胺。第二种方法是将干燥的甲胺气体与稍过量的光气在 280～300 ℃下气相反应,得气态甲氨基甲酰氯,然后冷却至 35～40 ℃,得液态产品,或者将气态产品用四氯化碳或氯苯在 0～20 ℃吸收得溶液。

用上述方法制得的胺基甲酰氯衍生物溶液一般用于与醇或酚进一步反应制备氨基甲酸酯衍生物(见 11.3.3)。

如果目的在于进一步制备异氰酸酯,还可以采用以下制法。

2.异氰酸酯的制备

将上述方法制得的胺基甲酰氯衍生物溶液加热到 100～160 ℃,放出氯化氢气体而生成异氰酸酯 $R—N{=}C{=}O$。

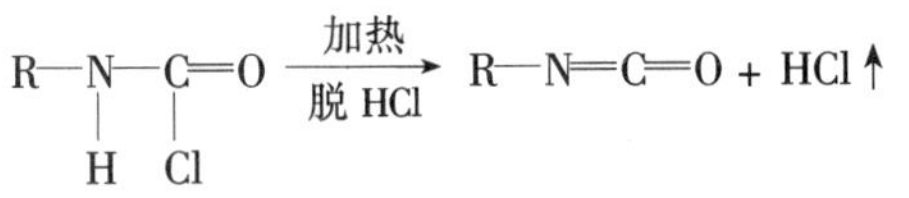

$$\underset{\substack{| \quad |\\ H \quad Cl}}{R—N—C{=}O} \xrightarrow[\text{脱 HCl}]{\text{加热}} R—N{=}C{=}O + HCl\uparrow$$

为了避免低温操作,也可以先将胺溶解于甲苯、氯苯或邻二氯苯中,通入干燥的氯化氢或二氧化碳气体生成铵盐,然后在 40 ℃～160 ℃通入光气就可以直接制得异氰酸酯。许多异氰酸酯用于制备高分子树脂、农药、医药和纺织助剂。其中产量最大的是甲苯二异氰酸酯(T.D.I.)和 4,4′-二苯基甲烷二异氰酸酯(D.M.I)。

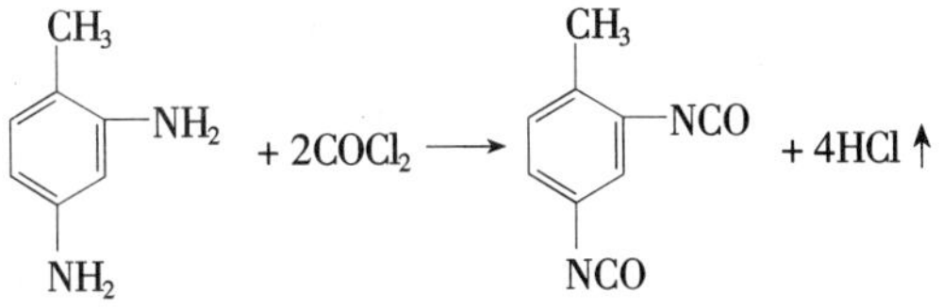

由于 T.D.I. 和 D.M.I. 的重要性,又开发了由相应硝基化合物的羰基合成法。例如,将二硝基甲苯在无水乙醇中,在 SeO_2 催化剂的存在下,于 175～180 ℃和 7 MPa 下与一氧化碳反应,几乎所有的二硝基甲苯都转变为甲苯二氨基甲酸乙酯。将后者分离出来,在烷基苯中,在环烷

酸锌催化剂的存在下加热至 250 ℃,即分解为 T. D. I。这涉及到复杂的均相配位催化反应,总的反应式可简单表示如下:

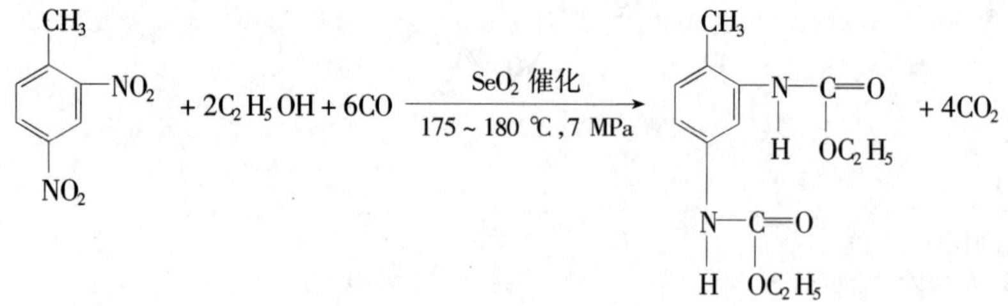

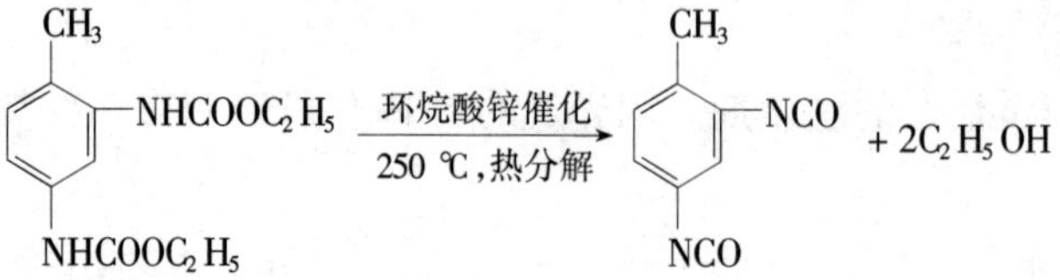

$$
\text{（二硝基甲苯）} + 2C_2H_5OH + 6CO \xrightarrow[175 \sim 180 \text{ ℃},7\text{ MPa}]{SeO_2 \text{ 催化}} \text{（二氨基甲酸乙酯甲苯）} + 4CO_2
$$

$$
\text{（二氨基甲酸乙酯甲苯）} \xrightarrow[250 \text{ ℃},热分解]{环烷酸锌催化} \text{（甲苯二异氰酸酯）} + 2C_2H_5OH
$$

光气化法是使用已久的方法,它的优点是不需要高压设备和贵重的钯催化剂,缺点是光气剧毒。羰基合成法的缺点是需要用耐高压设备,设备投资大,优点是省去硝基化合物的还原,不使用光气,成本低,是很有前途的方法。

3. 脲类衍生物的制备

将芳胺在水介质或水有机溶剂中,在碳酸钠缚酸剂存在下,于 20 ~ 70 ℃左右与光气反应,则得的产品将是对称二芳基脲。例如:

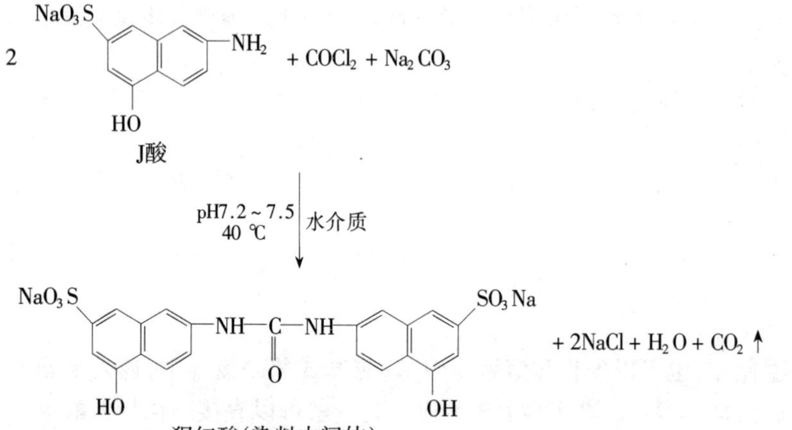

$$
2 \text{（J酸）} + COCl_2 + Na_2CO_3
$$

J 酸

$$
\xrightarrow[40 \text{ ℃}]{pH7.2 \sim 7.5 \quad 水介质}
$$

$$
\text{（猩红酸）} + 2NaCl + H_2O + CO_2 \uparrow
$$

猩红酸(染料中间体)

如果用前述的芳基异氰酸酯溶液与另一种胺反应,可以制得不对称脲。例如:

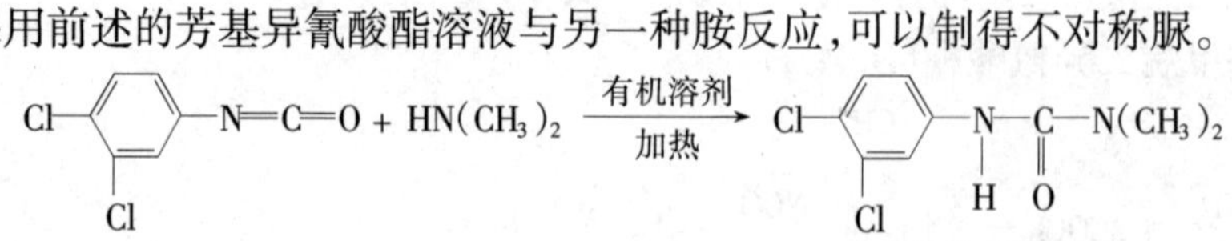

$$
\text{（3,4-二氯苯基异氰酸酯）} N{=}C{=}O + HN(CH_3)_2 \xrightarrow[加热]{有机溶剂} \text{（敌草隆）} N{-}C{-}N(CH_3)_2
$$

敌草隆(除草剂)

光气是剧毒的气体,沸点 8.3 ℃,是由一氧化碳和氯气在 220 ℃经过活性炭催化剂而制得的。反应为:

$$
CO + Cl_2 \xrightarrow[200 \text{ ℃}]{活性炭} COCl_2
$$

反应生成的光气粗品纯度约 80 %(含 CO 和 CO_2),可直接使用,也可冷冻成液体在本厂内使用,很少装入钢瓶供外厂使用。在使用光气时,应特别注意安全措施,例如,严防漏气,隔离操作,良好通风等。另外,反应后的尾气要用 0 ℃ ~ - 20 ℃的无水有机溶剂吸收回收或用碱液处理,将残余光气全部水解后才可排空。

为了避免使用剧毒的光气,又开发了代用的双光气和三光气。双光气学名氯甲酸三氯甲酯,它是由甲酸甲酯氯化而得;三光气学名二(三氯甲基)碳酸酯,它是由碳酸二甲酯氯化而得。双光气是液体,沸点 128 ℃;三光气是白色固体,熔点 79 ℃。它们的优点是使用方便,缺点是价格比光气贵,目前只用于制备产量小、产值高的精细化工产品。

$$\underset{双光气(COCl_2)_2}{Cl-\overset{\overset{O}{\|}}{C}-O-\overset{\overset{Cl}{|}}{\underset{\underset{Cl}{|}}{C}}-Cl} \qquad \underset{三光气(COCl_2)_3}{\overset{\overset{Cl}{|}}{\underset{\underset{Cl}{|}}{C}}Cl-C-O-\overset{\overset{O}{\|}}{C}-O-\overset{\overset{Cl}{|}}{\underset{\underset{Cl}{|}}{C}}-Cl}$$

在小批量生产脲类产品时也可以使用尿素作 N-酰化剂(见 11.2.6)。另外,在个别情况下,也可以用氯甲酸酯作酰化剂。例如:

$$(C_4H_9)_2NH + ClC-OC_2H_5 \longrightarrow (C_4H_9)_2N-COC_2H_5 + HCl$$
$$\hspace{3.5cm} \overset{\|}{O} \hspace{4cm} \overset{\|}{O}$$

$$(C_4H_9)N-\overset{\overset{}{}}{\underset{\underset{O}{\|}}{C}}-OC_2H_5 + POCl_3 \longrightarrow (C_4H_9)_2N-\overset{}{\underset{\underset{O}{\|}}{C}}-Cl + C_2H_5OPCl_2$$

$$(C_4H_9)N-\overset{}{\underset{\underset{O}{\|}}{C}}-Cl + HN(C_4H_9)_2 \longrightarrow (C_4H_9)_2N-\overset{}{\underset{\underset{O}{\|}}{C}}-N(C_4H_9)_2$$

11.2.6 用酰胺的 N-酰化

最价廉易得的酰胺是尿素,在小批量制备脲衍生物时也可以用尿素代替光气,其反应式可表示如下:

$$\underset{尿素}{H_2N-\overset{}{\underset{\underset{O}{\|}}{C}}-NH_2} \xrightarrow[-NH_3]{+R-NH_2} \underset{N-单取代脲}{R-NH-\overset{}{\underset{\underset{O}{\|}}{C}}-NH_2} \xrightarrow[-NH_3]{+R-NH_2} \underset{N,N'-双取代脲}{R-NH-\overset{}{\underset{\underset{O}{\|}}{C}}-NH-R}$$

将胺、尿素、盐酸和水在一起回流即可得到产品。另外,也可以不加入盐酸和水,将胺和尿素熔融蒸氨而得到产品。此法主要用于制备单取代脲,重要的产品可以举出:

$$CH_2=CHCH_2-NH-\overset{}{\underset{\underset{O}{\|}}{C}}-NH_2 \qquad H_2N-\overset{}{\underset{\underset{O}{\|}}{C}}-NHCH_2CH_2OH$$

$$\underset{}{\bigcirc}-NH-CO-NH_2 \qquad H_5C_2O-\bigcirc-NH-CONH_2$$

用此法也可制备 N,N'-二苯脲,但是在制备结构复杂的对称 N,N'-二芳基脲时,因反应不完全,精制困难,不如光气化法效果好。另外向熔融的尿素中通入气态甲胺可制得 N,N'-二甲基脲。

11.2.7 用羧酸酯的 N-酰化

羧酸酯是弱 N-酰化剂,只有当羧酸酯比相应的羧酸、酸酐或酰氯更容易获得,或者使用更方便时,才用羧酸酯作 N-酰化剂。这个反应也可以看作是酯的氨解反应。

$$R-\overset{}{\underset{\underset{O}{\|}}{C}}-OR' + H_2N-R'' \longrightarrow R-\overset{}{\underset{\underset{O\ H}{\|}}{C}}-N-R'' + HO-R'$$

式中:R 是氢或各种有取代基的烷基;R′是简单的烷基,例如甲基或乙基;R″是氢、烷基或芳基。

羧酸酯的结构对它的反应活性有重要影响。如果 R 有位阻,则酰化速度慢,需要在较高的温度或一定压力下反应。如果 R 无位阻并且有吸电基(例如氯乙酸乙酯、氰乙酸乙酯、丙二酸二乙酯、乙酰乙酸乙酯等),则 N-酰化反应较易进行。例如,氯乙酸乙酯在 10 ℃以下与氨水长时间反应,即可得到氯乙酰胺。反应为:

$$Cl-CH_2-\overset{O}{\underset{\|}{C}}-OC_2H_5 + NH_3 \xrightarrow[\text{10 ℃以下}]{\text{水介质}} Cl-CH_2-\overset{O}{\underset{\|}{C}}-NH_2 + C_2H_5OH$$

氯乙酸乙酯分子中的氯不像氯乙酸分子中的氯那样活泼,在这里并不发生氯基氨解反应(见9.6.2)。

用类似的方法,从相应的原料可分别制得氯乙酰胺、丙二酰胺和氰乙酰胺。

乙酰乙酸乙酯曾经是制备 N-乙酰乙酰芳胺的 N-酰化剂,但现在已被双乙烯酮所代替。因为现在乙酰乙酸乙酯也是由双乙烯酮与无水乙醇作用而制得的。

11.2.8 用双乙烯酮的 N-酰化

双乙烯酮是将乙酸热解得乙烯酮,然后低温二聚而制得的。反应为:

$$CH_3-\overset{}{\underset{OH}{\overset{\|}{C}}}-O \xrightarrow[750\sim780\ ℃]{\text{磷酸三乙酯催化}} CH_2=C=O + H_2O$$

$$2CH_2=C=O \xrightarrow[8\sim10\ ℃]{\text{二聚}} \overset{CH_2=C-CH_2}{\underset{O-C=O}{}}$$

双乙烯酮的优点是成本低、反应活性高、可在低温水介质中使用、酰化时间短、后处理简单、酰化收率高、产品质量好。因此,尽管双乙烯酮的生产工艺复杂、设备投资高,仍然取代了乙酰乙酸乙酯,成为制乙酰乙酰胺和乙酰乙酰芳胺的重要酰化剂。

例如,苯胺在水介质中于 0~15 ℃与双乙烯酮反应,即得到 N-乙酰乙酰苯胺:

$$\overset{CH_2=C-CH_2}{\underset{O-C=O}{}} + H_2N-\bigcirc \xrightarrow[\substack{0\sim15\ ℃\\(\text{加成 N-酰化})}]{\text{水介质}} CH_3-\overset{O}{\underset{\|}{C}}-CH_2-\overset{O}{\underset{\|}{C}}-NH-\bigcirc$$

用类似的方法可以制得一系列乙酰乙酰芳胺,它们都是重要的染料中间体。

双乙烯酮与氨水作用可制得双乙酰胺的水溶液,它是一种重要的反应剂(见15.5.1)。

$$\overset{CH_2=C-CH_2}{\underset{O-C=O}{}} + NH_3 \xrightarrow[35\sim40\ ℃]{\text{水介质}} CH_3-\overset{O}{\underset{\|}{C}}-CH_2-\overset{O}{\underset{\|}{C}}-NH_2$$

应该指出,双乙烯酮必须在 0~5 ℃的低温贮运。如果温度升高,会自身发生聚合反应,因此,双乙烯酮主要在生产厂内自用。另外,双乙烯酮具有很强的刺激性、催泪性和毒性,使用时必须注意安全。

11.2.9 过渡性 N-酰化和酰氨基的水解

过渡性 N-酰化指的是先将氨基转化为酰氨基,以利于某些化学反应(例如硝化、卤化、氯磺化、O-烷化和氧化等),在完成指定的反应后再将酰氨基水解成氨基。

在过渡性 N-酰化时,酰化剂的选择需要考虑的主要因素是:该酰氨基对于下一步反应具有良好的效果、酰化剂的价格低、酰化反应容易进行、酰化产物收率高质量好、酰氨基较易水解。重要的过渡性酰化有以下几种方法。

11.2.9.1 尿素法

尿素是最价廉易得的酰化剂。在制药厂已用于将苯胺转变为单苯脲和对称二苯脲的混合物(见 11.2.6),然后进行氯磺化、氨化和水解,以制备对氨基苯磺酰胺。反应为:

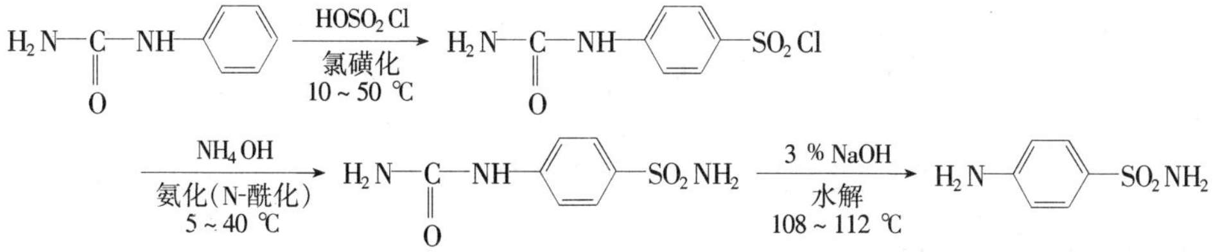

此法可避免使用价格较贵的乙酰苯胺。

当单芳基脲和二芳基脲的芳环上有磺基时,碳酰氨基可在稀碱或稀酸中加热水解。

对称二苯脲经磺化、氯化、水解脱碳酰基、再水解脱磺酸基可制得2、6-二氯苯胺。此法是1995 年天津大学唐培塈和刘振华提出的发明专利,1998 年已在浙江黄岩天宇化工厂实施,由于成本低,已取代了传统的磺胺的氯化、水解脱磺酰氨基法。2002 年天津大学已将专利权转让给天宇化工厂。

11.2.9.2 光气法

此法的优点是光气价格不贵,分子量小,1 mol 光气可酰化 2 mol 芳胺,光气用量少,光气化反应容易进行,二芳基脲收率高、质量好。缺点是许多二芳基脲在水和有机溶剂中的溶解度很小,其硝化和卤化反应较难顺利进行。另外,当芳环上没有磺酸基时,碳酰氨基要在高压釜中用水或稀氨水在 140～150 ℃(0.8～1.2 MPa)下进行水解。

11.2.9.3 乙酸和乙酐法

乙酸的优点是价格不贵。乙酐法的优点是乙酰化工艺简单、收率高,另一个优点是乙酰基容易水解。将 N-乙酰基芳胺用稍过量的稀氢氧化钠溶液在 70～100 ℃共热即可完成水解反应。另外,乙酰氨基也可在稀盐酸或稀硫酸中加热水解,此法特别适用于下一步将氨基重氮化的合成过程中。因此,乙酰化是最常用的过渡性酰化法。

但是,有时芳环上的乙酰氨基对亲电取代反应的定位能力不够强,因而不得不用其他过渡性酰化法。例如,邻甲氧基乙酰苯胺在稀硝酸中硝化时,2-甲氧基-4-硝基-乙酰苯胺的收率只有65 %。

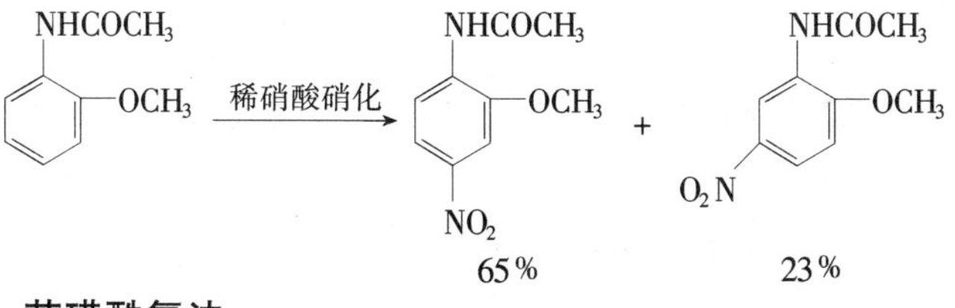

11.2.9.4 苯磺酰氯法

此法的主要优点是在稀硝酸硝化时,苯环上的苯磺酰氨基定位能力强,硝化主产物收率高、质量好。例如:

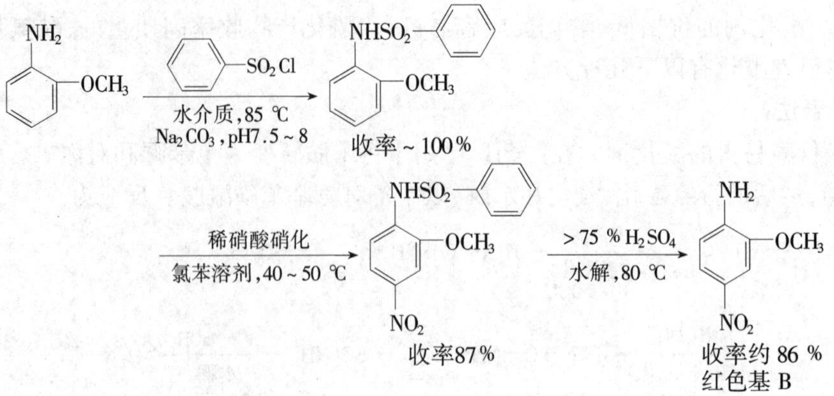

用同样方法还可以从相应的芳胺制得以下硝基芳胺：

红色基GL   红色基RL

苯磺酰胺基对于碱的作用相当稳定,在稀无机酸中仍很稳定,需要在75%以上的硫酸中才能顺利水解。

此法由于苯磺酰氯价格贵,水解时稀硫酸废液多,限制了它的应用范围。

过去曾使用生产糖精时的副产物对甲苯磺酰氯作酰化剂,因为它价格较便宜。但现在糖精的生产已改用邻苯二甲酸酐法,不再副产对甲苯磺酰氯。

11.3 O-酰化(酯化)

O-酰化指的是醇或酚分子中的羟基氢原子被酰基取代而生成酯的反应,因此又叫酯化反应。几乎所有用于 N-酰化的酰化剂都可用于 O-酰化。

11.3.1 用羧酸的酯化

所用的羧酸可以是各种脂肪酸和芳酸。由于羧酸的种类很多,所以羧酸是最常用的酯化剂。

11.3.1.1 反应历程

用羧酸的酯化一般是在质子酸的催化作用下,按双分子反应历程进行的。

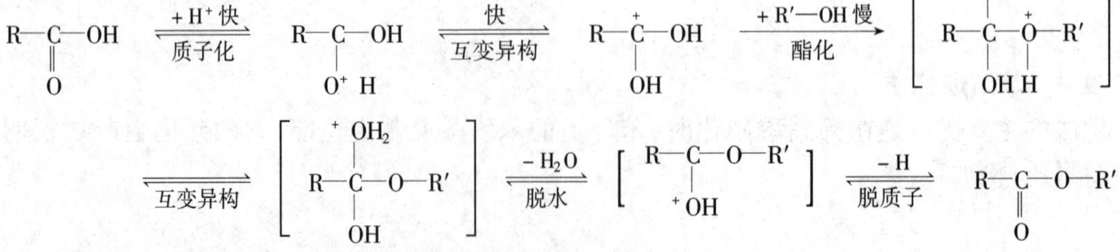

在这里,羧酸是亲电试剂,醇是亲核试剂,离去基团是水。

用羧酸的酯化是一个可逆反应,即

$$R\text{—}\underset{\underset{O}{\|}}{C}\text{—}OH + H\text{—}O\text{—}R' \xrightleftharpoons{K} R\text{—}\underset{\underset{O}{\|}}{C}\text{—}O\text{—}R' + H_2O$$

所生成的酯在质子的催化作用下又可以和水发生水解反应而转变为原来的羧酸和醇。因此,在原料和产物之间存在着动态平衡。参加反应的质子可以来自羧酸本身的解离,也可以来自另外加入的质子酸。质子酸只能加速平衡的到达,不能影响平衡常数 K。

$$K = \frac{[酯][水]}{[羧酸][醇]}$$

11.3.1.2 酯化催化剂

对于许多酯化反应,温度每升高 10 ℃,反应速度可增加一倍,因此,加热可以加速酯化反应。但是,有一些实例,只靠加热并不能有效地加速酯化,特别是对于高沸点醇(例如甘油)和高沸点酸(例如硬脂酸),不加催化剂只在常压下加热到高温,并不能有效地酯化。

已经发现,加入强酸可以有效地加速酯化。另外,许多 Lewis 酸,例如三氟化硼、三氯化铝、氯化锌和硅胶等也可以看做是酸,能促进羧酸提供质子。从表 11-1 可以看出,对乙酸甲酯的水解(同样也是对乙酸和甲醇的酯化),氯化氢的催化作用最强。例如,在醇中通入干燥的氯化氢,在低温时醇就可以与羧酸发生酯化反应。但是氯化氢的腐蚀作用强,只适用于制备批量小、产值高的酯。还应该指出,在用不饱和酸进行酯化时,氯化氢可能会发生加成副反应。

苯磺酸、硫酸氢乙酯和乙基磺酸的催化作用都相当好,而且不像硫酸那样会引起脱水和磺化等副反应。但是它们的价格较贵,只用于少数工业酯化过程。

浓硫酸的催化作用虽然不如上述几种强酸,但是效果也很好。另外,它价格低、腐蚀性小,因此是工业酯化最常用的催化剂。但是,使用浓硫酸时,脱水温度不宜超过 160 ℃,否则由于醇受质子催化,会产生副反应,例如脱水生成烯烃或醚以及异构化等。

表 11-1　用各种质子酸作催化剂时乙酸甲酯的相对水解速度

酸催化剂	相对水解速度	酸催化剂	相对水解速度
盐　　酸	100	丙 二 酸	2.87
苯 磺 酸	99.0	丁 二 酸	0.50
硫酸氢乙酯	98.7	酒 石 酸	2.30
乙基磺酸	97.9	甲　　酸	1.31
硝　　酸	91.5	乙　　酸	0.35
氢 溴 酸	89.3	氯 乙 酸	4.30
硫　　酸	54.7	二氯乙酸	23.0
草　　酸	17.46	三氯乙酸	68.2

732[#] 聚苯乙烯磺酸型阳离子交换树脂已用作某些酯化过程的催化剂。另外,硅胶在工业上用作甲醇与邻苯二甲酸酐的气固相流化床酯化的催化剂。

对于某些连续酯化过程还开发了氧化亚锡、草酸亚锡、钛酸四烃基酯等非质子酸催化剂。

11.3.1.3 醇或酚的结构的影响

从表 11-2 可以看出,伯醇的酰化速度最快,平衡常数也较大。丙烯醇虽然也是伯醇,但是羟基氧原子上的未共用电子对与分子中的双键存在共轭效应,减弱了氧原子的亲核性,所以它的酯化速度比饱和伯醇慢一些,平衡常数 K 也小一些。苯甲醇由于苯基的影响,其酯化速度和平衡常数也比相应的脂族饱和伯醇低。一般,醇分子中有空间位阻时,酯化速度和平衡常数降低,因此仲醇的酯化速度和 K 值低于伯醇。对于叔醇,如果支链靠近羧基,则酯化速度和 K 值都相当低。酚羟基由于芳环共轭效应的影响,其酯化速度和 K 值也都相当低,所以叔醇和酚的酯化一般不用羧酸,而要用酸酐、酰氯或羧酸加三氯化磷等酯化法。另外,叔醇容易与质子作用发生脱水消除反应而生成烯烃,这也使它不宜用羧酸酯化法。

表 11-2　乙酸与各种醇或酚的酯化反应转化率和平衡常数 K(等摩尔比混合,155 ℃)

醇 或 酚	转 化 率,%		平衡常数
	1 小时后①	极限	K
甲　醇	55.59	69.59	5.24
乙　醇	46.95	66.57	3.96
丙　醇	46.92	66.85	4.07
烯 丙 醇	35.72	59.41	2.18
苯 甲 醇	38.64	60.75	2.39
二甲基甲醇	26.53	60.52	2.35
二烯丙基甲醇	10.31	50.12	1.01
三甲基甲醇	1.43	6.95	0.004 9
苯　酚	1.45	8.64	0.008 9

①1 小时后的转化率可表示相对酯化速度

13.3.1.4　羧酸结构的影响

如表 11-3 所示,甲酸比其他直链羧酸的酯化速度快得多。例如,醇在过量甲酸中的酯化速度比在过量乙酸中快几千倍,随羧酸碳链的增长,酯化速度明显下降。靠近羧基有支链时,对酯化有减速作用。在碳链上的苯基,例如苯基乙酸和苯基丙酸,则并无减速作用。但是肉桂酸(苯基丙烯酸)与苯基丙酸不同,前者的双链与苯环共轭,对酯化有较大的减速作用。芳羧酸,例如苯甲酸,其酯化速度很慢。在苯甲酸的邻位有取代基时,其空间位阻对酯化有很大减速作用。高位阻的 2,6-二取代苯甲酸,用通常方法酯化时速度非常慢,但是,将高位阻的苯甲酸取代衍生物先溶于浓硫酸中,然后倒入醇中,则酯化速度很快。

表 11-3　异丁醇与各种羧酸的酯化相对速度、转化率和平衡常数 K(等摩尔比混合,155 ℃)

羧 　 酸	转 化 率,%		平衡常数
	1 小时后①	平衡极限	K
甲　酸	61.69	64.23	3.22
乙　酸	44.36	67.38	4.27
丙　酸	41.18	68.70	4.82
丁　酸	33.25	68.52	5.20
异丁酸(2-甲基丙酸)	29.03	69.51	5.20
苯基乙酸	48.82	73.87	7.99
苯基丙酸	40.26	72.02	7.60
肉 桂 酸	11.55	74.61	8.63
苯 甲 酸	6.62	72.57	7.00
对甲基苯甲酸	6.64	76.52	10.62

①1 小时后的转化率可表示相对酯化速度

应该指出,许多酸虽然酯化速度很慢,但是平衡常数却相当高,它们一旦酯化就较难水解。

11.3.1.5 用羧酸的酯化方法

用羧酸的酯化是一个可逆反应,即

$$R-\underset{O}{\overset{|}{C}}-OH + H-O-R' \overset{K}{\rightleftharpoons} R-\underset{O}{\overset{|}{C}}-O-R' + H_2O$$

由表 11-2 和表 11-3 可以看出,酯化的平衡常数 K 都不大。在使用当量的酸和醇进行酯化时,达到平衡后,反应物中仍剩余相当数量的酸和醇。为了使酸和醇或是二者之一尽可能完全反应,就需要使平衡右移。这可以采用以下几种方法。

1.用过量的低碳醇

此法操作简单,只要将羧酸和过量的醇在浓硫酸催化剂存在下回流数小时,然后蒸出大部分过量的醇,再将反应物倒入水中,用分层法或过滤法分离出生成的酯。但此法只适用于平衡常数 K 较大、醇不需要过量太多、醇能溶解于水、批量小、产值高的酯化过程,否则不经济。此法主要用于生产水杨酸乙酯、对羟基苯甲酸的乙酯、丙酯和丁酯等。

2.从酯化混合物中蒸出酯

此法只适用于酯化混合物中酯的沸点最低的情况,例如,甲酸的甲酯、乙酯和乙酸的甲酯、乙酯等。应该指出,这些酯常常会与水(甚至还有醇)形成共沸物,因此蒸出的粗酯还需要进一步精制。

3.从酯化混合物中蒸出生成的水

此法可用于以下情况:水是酯化混合物中沸点最低的组分和可用共沸蒸馏法蒸出水。

当羧酸、醇和生成的酯沸点都很高时,只要将反应物加热至 200 ℃ 或更高并同时蒸出水,甚至不加催化剂也可以完成酯化反应。例如,用此法可制备硬脂酸的单甘油脂。另外,也可以采用减压、通入惰性气体或过热水蒸气的方法在较低温度下蒸出水。例如,减压蒸水法可用于制备 $C_5 \sim C_7$ 脂肪酸的乙二醇脂或己二酸、癸二酸和邻苯二甲酸的二异辛脂等。

在制备正丁酯时,正丁醇(沸点 117.9 ℃)能与水形成共沸物(共沸点 92.4 ℃,含水38 %)。但是,正丁醇与水的相互溶解度比较小(20 ℃时,水在醇中溶解度为20.07 %,醇在水中溶解度为7.81 %)。因此,共沸物在冷凝后分成两层。醇层可以返回酯化器上的共沸蒸馏塔,再带出水,水层可以在另外的共沸蒸馏塔中回收正丁醇。因此,对于正丁醇等较高级的醇,可用简单共沸蒸馏法从酯化反应物中蒸出反应生成的水。

对于乙醇、丙醇、异丁醇等低碳醇,虽然也可以和水形成共沸物,但是这些醇能与水完全互溶,或者相互溶解度比较大,共沸物冷凝后不能分成两层。这时可以加入合适的惰性有机溶剂,再利用共沸蒸馏法蒸出水-醇-有机溶剂的三元共沸物。对溶剂的要求是:共沸点低于 100 ℃,共沸物中的含水量尽可能高一些,溶剂和水的相互溶解度非常小,共沸物冷凝后可以分离成水层和有机层两层。常用的有机溶剂有苯、甲苯、氯仿、四氯化碳、1,2-二氯乙烷等。例如,用此法可制备邻氯苯甲酸甲酯、草酸二乙酯、对羟基苯甲酸乙酯、氯乙酸乙酯等。

4.羧酸盐与卤烷的酯化法

此法主要用于制备各种苄酯和烯丙酯。例如:

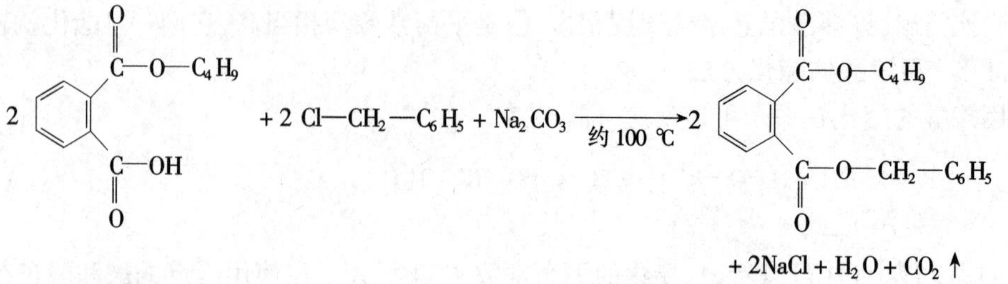

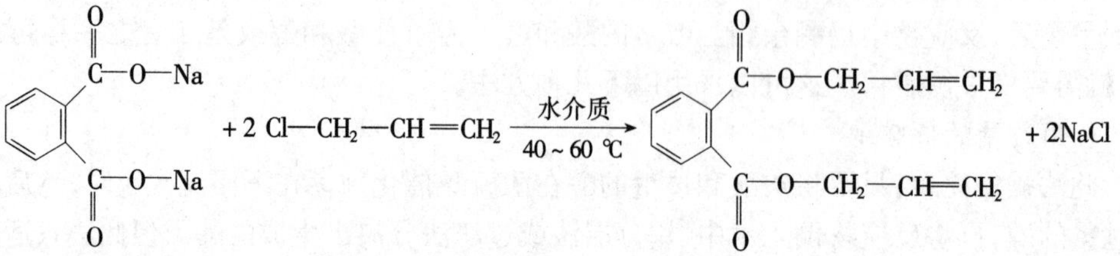

$$+ 2NaCl + H_2O + CO_2 \uparrow$$

在这里,使用氯苄和烯丙基氯而不用苄醇和烯丙醇是因为前两种比后面两种价廉易得,而且反应较易进行。加入相转移催化剂可加速酯化反应。

11.3.2 用酸酐的酯化

酸酐是较强的酰化剂。此法主要用于酸酐较易获得的情况,例如乙酐、丙酸酐、邻苯二甲酸酐、顺丁烯二酸酐等。对于立体位阻较大的叔醇和难酯化的酚类也可用酸酐进行酯化。

在用酸酐进行酯化时,常常加入酸性或碱性催化剂,例如浓硫酸、氯化锌、三氯化铁、对甲苯磺酸、吡啶、叔胺、无水乙酸钠等。酸性催化剂的作用一般比碱性催化剂强。现在工业上使用的催化剂仍然是浓硫酸,它的作用可能是提供质子先与酸酐生成酰化能力较强的酰基正离子,即

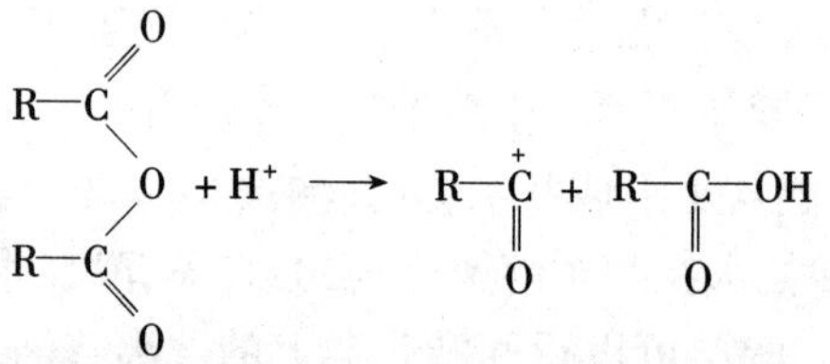

用酸酐的其他酯化方法将在下面结合实例叙述。

11.3.2.1 单酯的制备

只利用酸酐中的一个羧基可制得单酯。例如:

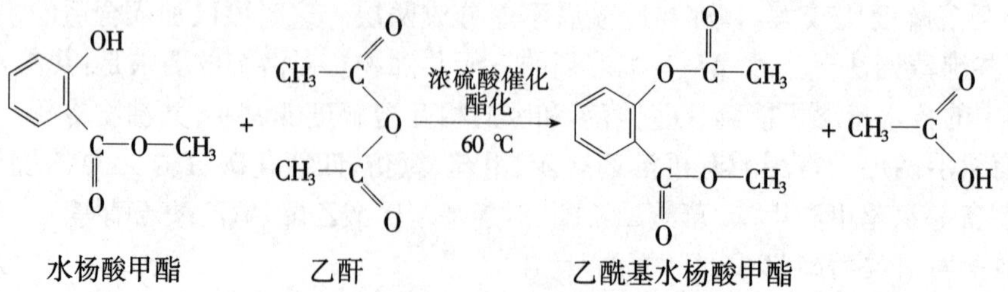

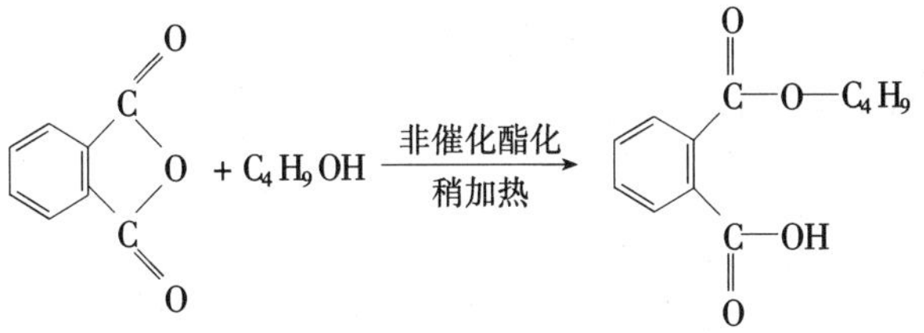

在制备单酯时不生成水,反应是不可逆的。酯化反应可在较温和的条件下进行,有的使用硫酸催化剂,有的可不用催化剂。

11.3.2.2 双酯的制备

在双酯中最重要的是邻苯二甲酸的各种二烷基酯,它们都是重要的增塑剂。

邻苯二甲酸酐与醇的双酯化是分两步进行的:首先生成单酯,然后生成双酯。第一步反应非常容易,将苯酐溶解于醇中即可生成单酯。第二步由单酯生成双酯属于用羧酸的酯化,一般需要用硫酸催化剂,并以较高的温度蒸出反应生成的水。用硫酸催化酯化法会生成少量有色杂质,产品需用活性炭脱色。在用高碳醇时,还开发了非催化高温酯化法,即利用单酯本身的质子在整个酯化过程中起自动催化作用。反应在 185~205 ℃和常压下进行,用过量的醇进行共沸精馏可连续蒸出反应生成的水,不需精制可直接得到产品。

另外,在制备邻苯二甲酸二甲酯时,还可采用以硅胶为催化剂的气-固相流化床接触催化酯化法。

当二酯的两个烷基不同时,应该使苯酐先与较高级的醇直接酯化生成单酯,然后再与较低级的醇在硫酸催化下生成双酯。利用这种方法可制备邻苯二甲酸的丁-十四酯和辛-十三酯等。

11.3.3 用酰氯的酯化

用酰氯的酯化(O-酰化)和用酰氯的 N-酰化基本上相似,可参阅 11.2.5。最常用的有机酰氯是长碳脂酰氯、芳羧酰氯、芳磺酰氯、光气、胺基甲酰氯和三聚氰酸氯等,用这些酰化剂可制得一系列有用的脂。

此外,还用到一系列无机酸的酰氯。例如,三氯化磷用于制亚磷酸酯,三氯氧磷(由三氯化磷氯化同时水解而得)、五氯化磷(由三氯化磷氯化而得,熔点 148 ℃,162 ℃升华,使用不便)和三氯化磷加氯气用于制备磷酸酯,三氯硫磷用于制备硫代磷酸酯。所制得的许多酯是重要的增塑剂、农药中间体和溶剂。

各种磷酰氯与酚作用制备酚酯时可以不加缚酸剂,允许释放氯化氢。例如:

$$3\ C_6H_5OH + PCl_3 \xrightarrow[40\ ℃]{酯化} (C_6H_5O)_3P + 3\ HCl\uparrow$$
亚磷酸三苯酯

$$(C_6H_5O)_3P + Cl_2 \xrightarrow[70\ ℃]{氯化} (C_6H_5O)_3PCl_2$$
二氯代磷酸三苯酯

$$(C_6H_5O)_3PCl_2 + H_2O \xrightarrow[80\ ℃]{水解} (C_6H_5O)_3PO + 2HCl\uparrow$$
磷酸三苯酯

各种磷酰氯与醇作用制备烷基酯时,有时允许释放氯化氢,但有时为了加速反应、控制反应或防止生成氯烷,需要加入缚酸剂。常用的缚酸剂有氨气、液氨、无水碳酸钾、氢氧化钠水溶液等。例如：

$$3 C_2H_5OH + PCl_3 \xrightarrow[\text{室温}]{\text{酯化}} (C_2H_5O)_2P\text{—OH} + C_2H_5Cl\uparrow + HCl\uparrow$$
亚磷酸二乙酯

$$3 C_2H_5OH + PCl_3 + 3 NH_3 \xrightarrow[\text{0 ℃}]{\text{酯化}} (C_2H_5O)_3P + 3 NH_4Cl$$
亚磷酸三乙酯

$$2 CH_3OH + PCl_3 + 2 NaOH \xrightarrow{\text{约0 ℃}} (CH_3O)_2\overset{\overset{\displaystyle S}{\|}}{P}\text{—Cl} + 2 NaCl + 2H_2O$$
二甲氧基硫代磷酰氯

11.3.4 酯交换法

酯交换法是将一种容易制得的酯与醇、酸或另一种酯相作用以制得所需要的酯。当用酸对醇进行直接酯化不易取得良好效果时,常常要用酯交换法。酯交换法主要有三种方式。

(1)酯醇交换法(即醇解法或醇交换法):

$$\underset{\overset{\|}{O}}{R\text{—C}}\text{—O—R}' + H\text{—O—R}'' \longrightarrow \underset{\overset{\|}{O}}{R\text{—C}}\text{—O—R}'' + R'\text{—OH}$$

(2)酯酸交换法(即酸解法或酸交换法):

$$\underset{\overset{\|}{O}}{R\text{—C}}\text{—O—R}' + \underset{\overset{\|}{O}}{R''\text{—C}}\text{—OH} \longrightarrow R''\text{—O—O—R}' + \underset{\overset{\|}{O}}{R\text{—C}}\text{—OH}$$

(3)酯酯交换法(即醇酸互换):

$$\underset{\overset{\|}{O}}{R\text{—C}}\text{—O—R}' + \underset{\overset{\|}{O}}{R''\text{—C}}\text{—O—R}''' \longrightarrow \underset{\overset{\|}{O}}{R\text{—C}}\text{—O—R}''' + \underset{\overset{\|}{O}}{R''\text{—C}}\text{—O—R}'$$

这三种方式都是利用反应的可逆性完成的,其中酯醇交换法应用最广,其次是酯酸交换法。

酯醇交换既可以采用酸催化法,也可以采用催化作用更快的醇钠催化法。例如,在制备 β-(3,5-二叔丁基-4-羟基苯基)丙酸十八酯时,不宜采用酸醇直接酯化法,而要先将相应的酸与甲醇作用制成甲酯,然后甲酯再与十八醇进行酯交换,并蒸出低沸点的甲醇,使反应完全。反应为:

HO—（苯环 带 C(CH₃)₃, C(CH₃)₃ 取代基）—CH₂CH₂—C(=O)—O—CH₃ + H—O—(CH₂)₁₇CH₃

$$\xrightarrow[105\sim130\ ℃]{CH_3ONa\ \text{催化}}$$

HO—（苯环 带 C(CH₃)₃, C(CH₃)₃ 取代基）—CH₂CH₂—C(=O)—O—(CH₂)₁₇CH₃ + CH₃OH↑
(蒸出)

该酯是优良的无毒抗氧剂,广泛用于塑料、橡胶和石油产品。另外,用季戊四醇代替十八醇可以制得季戊四醇酯,它也是优良的抗氧剂。

$$4HO-\underset{C(CH_3)_3}{\overset{C(CH_3)_3}{\bigcirc}}-CH_2CH_2-\underset{O}{\overset{\parallel}{C}}-OCH_3 + (HOCH_2)_4C$$

$$\xrightarrow[\substack{\text{二甲基亚砜}\\105\sim130\ ℃}]{\text{CH}_3\text{ONa 催化}} \left[HO-\underset{C(CH_3)_3}{\overset{C(CH_3)_3}{\bigcirc}}-CH_2CH_2-\underset{O}{\overset{\parallel}{C}}-OCH_2 \right]_4 C + 4CH_3OH\uparrow \atop (蒸出)$$

酯酸交换一般采用酸催化法,但是在使用无机酸及其酯类时,常采用盐式法。例如,由甲醇和三氯氧磷制磷酸三甲酯时,需要将中间产物磷酸二甲酯钾盐与硫酸二甲酯进行酯交换,使副产的磷酸二甲酯也转变为磷酸三甲酯。反应为:

$$5CH_3OH + 2POCl_3 + K_2CO_3 \xrightarrow[5\sim30\ ℃]{\text{无水甲醇溶剂}} (CH_3O)_3\overset{O}{\overset{\parallel}{P}} + (CH_3O)_2\overset{O}{\overset{\parallel}{P}}-OK + KCl + 5HCl\uparrow + CO_2\uparrow$$

$$(CH_3O)_2\overset{O}{\overset{\parallel}{P}}-OK + (CH_3O)_2SO_2 \xrightarrow[\text{回流}]{\text{酯交换}} (CH_3O)_3\overset{O}{\overset{\parallel}{P}} + CH_3-O-\overset{O}{\underset{O}{\overset{\parallel}{\underset{\parallel}{S}}}}-OK$$

11.4 C-酰化

C-酰化指的是碳原子上的氢被酰基取代的反应。C-酰化在精细有机合成中主要用于在芳环上引入酰基,以制备芳酮、芳醛和羟基芳酸。

11.4.1 C-酰化制芳酮

用酸酐或酰氯作酰化剂使酰基取代芳环上的氢,可制得芳酮。

11.4.1.1 反应历程

这类反应属于 Friedel-Crafts 反应,它是一个亲电取代反应。当用酰氯作酰化剂,用无水三氯化铝作催化剂时,反应历程大致如下:

首先酰氯与无水三氯化铝作用生成各种碳正离子活性中间体 A、B 和 C:

$$R-\underset{\underset{A}{}}{\overset{O}{\overset{\parallel}{C}}}-Cl + AlCl_3 \rightleftharpoons R-\overset{O}{\overset{\parallel}{\underset{}{C}}}{}^{\delta+}-Cl:\overset{\delta-}{AlCl_3} \rightleftharpoons R-\overset{\overset{\delta-}{\overset{\parallel}{O}:AlCl_3}}{\underset{B}{\overset{\parallel}{C}}}{}^{\delta+}-Cl \rightleftharpoons R-\underset{C}{\overset{O}{\overset{\parallel}{C}}}{}^{+} + AlCl_4^{-}$$

这些活性中间体在溶液中呈平衡状态,进攻芳环的中间体可能是 B 或 C,它们与芳环作用生成芳酮与三氯化铝的配合物。例如:

$$R-\underset{\underset{B}{}}{\overset{\overset{\delta-}{\overset{\parallel}{O}:AlCl_3}}{\underset{}{\overset{\delta+}{C}}}}-Cl + \bigcirc \rightleftharpoons \left[R-\overset{\overset{\parallel}{O}^{-}AlCl_3}{\underset{}{\overset{\parallel}{C}}}-\underset{\underset{+}{\overset{H}{\bigcirc}}}{}Cl \right] \xrightarrow{-HCl} \bigcirc-R-C\overset{}{=}\overset{..}{O}:AlCl_3$$

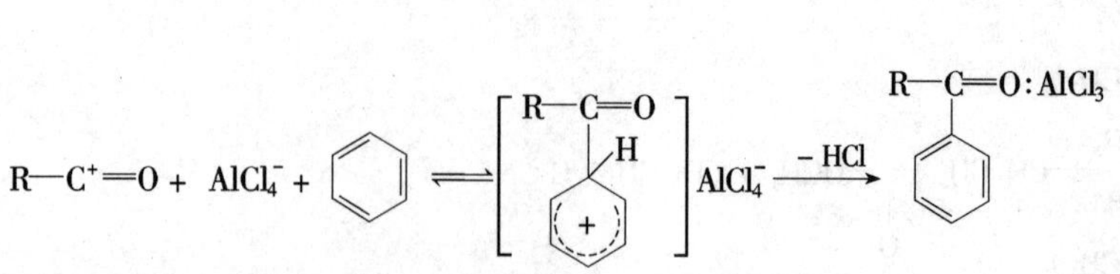

芳酮与三氯化铝的配合物经水解即得到芳酮。

　　不管是哪一种反应历程,生成的芳酮总是和 AlCl₃ 形成 1∶1 的配合物。因为配合物中的 AlCl₃ 不能再起催化作用,所以每摩尔酰氯在理论上要消耗 1 mol AlCl₃,实际上要过量10 % ~ 50 %。

　　当用酸酐作酰化剂时,它首先与 AlCl₃ 作用生成酰氯。

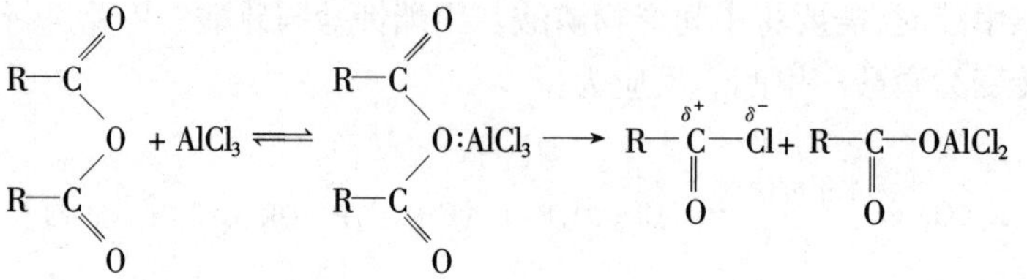

然后,酰氯再按前述历程参加反应。

　　不难看出,如果只让酸酐中的一个酰基参加酰化反应,每摩尔酸酐至少需要 2 mol AlCl₃。其总的反应式可简单表示如下:

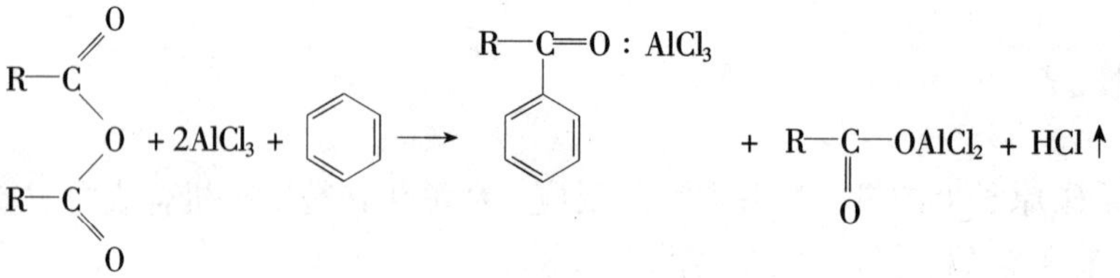

上式中的 RCOAlCl₂ 在 AlCl₃ 存在下也可以转变为酰氯。

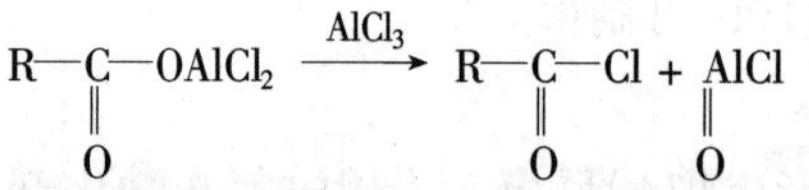

但是这个反应的转化率不高,因此实际上总是只让酸酐中的一个酰基参加反应。

11.4.1.2　被酰化物结构的影响

　　Friedel-Crafts 反应是亲电取代反应。因此,芳环上有供电基(—CH₃、—OH、—OR、—NR₂、—NHAc)时反应容易进行。因为酰基的立体位阻比较大,所以酰基主要地或完全进入芳环上已有取代基的对位,当对位被占据时,则进入邻位。氨基虽然也是活化基,但是它容易同时发生 N-酰化,因此在 C-酰化以前应该先对氨基进行过渡性 N-酰化以给予保护。但是也可以同时发生 N-酰化和 C-酰化反应。

　　芳环上有吸电基(—Cl、—NO₂、—SO₃H、—COR)时,使 C-酰化反应难进行。因此,在芳环引入一个酰基后,芳环被钝化不易发生多酰化、脱酰基和分子重排等副反应,所以 C-酰化的收率可以很高。但是,对于 1,3,5-三甲苯和萘等活泼的化合物,在一定条件下也可以引入两个酰基。硝基使芳环强烈钝化,因此硝基苯不能被 C-酰化,有时还可以用作 C-酰化反应的溶剂。

　　在杂环化合物中,富 π 电子的杂环,例如呋喃、噻吩和吡咯,容易被 C-酰化。缺 π 电子的杂环,例如吡啶、嘧啶,则很难 C-酰化。酰基一般进入杂原子的 α 位,如果 α 位被占据也可以进入 β 位。

11.4.1.3 C-酰化的催化剂

催化剂的作用是增强酰基上碳原子的正电荷,从而增强进攻质点的亲核能力。由于芳环上碳原子的给电子能力比氨基氮原子和羟基氧原子弱,所以 C-酰化通常需要使用强催化剂。

最常用的强催化剂是无水三氯化铝。它的优点是价廉易得,催化活性高,技术成熟。缺点是产生大量含铝盐废液,对于活泼的芳香族化合物在 C-酰化时容易引起副反应。

用 $AlCl_3$ 作催化剂的 C-酰化一般可在不太高的温度下进行,温度太高会引起副反应,甚至会生成结构不明的焦油物。关于 $AlCl_3$ 的理论用量在介绍反应历程时已经讨论过了,但实际上要过量 $10\% \sim 50\%$,过量太多也会生成焦油物。

使用 $AlCl_3$ 的注意事项在 10.4.3.1 已经介绍过了。还应该指出,C-酰化时生成的芳酮-$AlCl_3$ 配合物遇水会放出大量的热,因此在将 C-酰化反应物放入水中进行水解时要特别小心。

用 $AlCl_3$ 作催化剂进行 C-酰化的实例将结合溶剂的使用一起介绍。

对于活泼的芳香族化合物和杂环化合物,在 C-酰化时如果用 $AlCl_3$ 作催化剂,容易引起副反应,常常需要使用温和的催化剂,例如无水氯化锌、磷酸、多聚磷酸和三氟化硼等。例如:

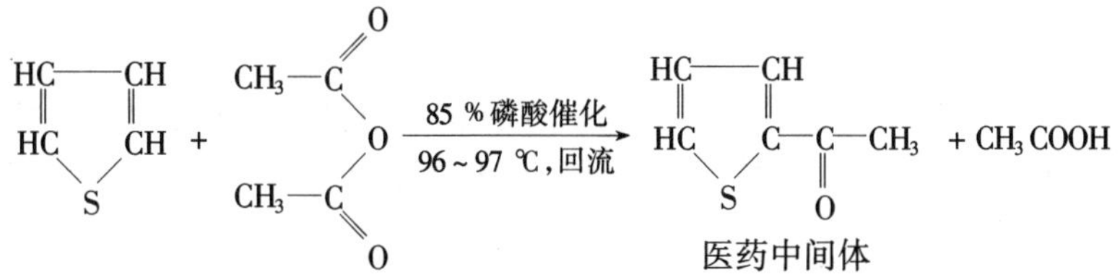

医药中间体

而对于间苯二酚这样的活泼化合物,为了避免酚羟基的 O-酰化副反应,可以用相应的羧酸作酰化剂,并用无水氯化锌作催化剂。例如:

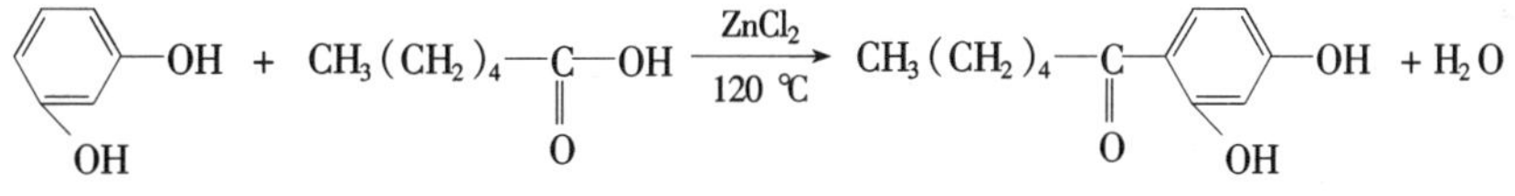

间苯二酚　　　　　己酸　　　　　　　　　　　　2,4-二羟基苯基戊基甲酮
（医药中间体）

N,N-二甲基苯胺在用光气化制米氏酮时,为了避免副反应,第一步通光气生成对位二甲氨基苯甲酰氯时,要求不用催化剂并在 $10 \sim 15\,℃$ 反应,然后慢慢升温至 $40\,℃$,再加入无水三氯化铝,并慢慢升温到 $90\,℃$ 以生成米氏酮。据专利报道,第二步反应如果在乙醚介质中进行,可缩短反应时间并提高收率,但乙醚沸点低($34.5\,℃$),回收损失大,有易燃易爆危险。反应为:

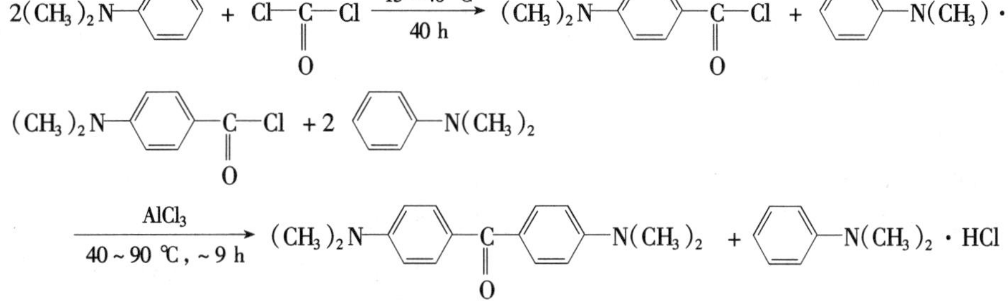

米氏酮

显然,在上述反应中是用过量的 N,N-二甲基苯胺作为缚酸剂。

273

11.4.1.4 C-酰化的溶剂

在 Friedel-Crafts 反应中,芳酮-AlCl$_3$ 配合物大都是固体或粘稠的液体,为了使反应物具有良好的流动性,常常需要使用有机溶剂。关于溶剂的选择有三种情况。

1.用过量的低沸点芳烃作溶剂

例如在由邻苯二甲酸酐与苯制邻苯甲酰基苯甲酸时,可用过量 6～7 倍的苯作溶剂,因为苯易于回收套用。反应为:

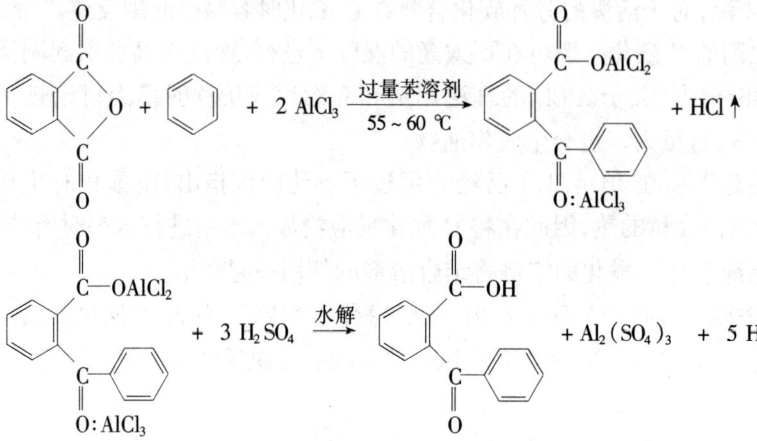

用类似的方法可以从苯酐和过量的氯苯制得邻-(对氯苯甲酰基)-苯甲酸,从苯酐与过量的甲苯制得邻-(对甲基苯甲酰基)-苯甲酸。它们都是染料中间体。

2.用过量的酰化剂作溶剂

例如 3,5-二甲基叔丁苯在用乙酐酰化时可以用冰乙酸作溶剂。反应为:

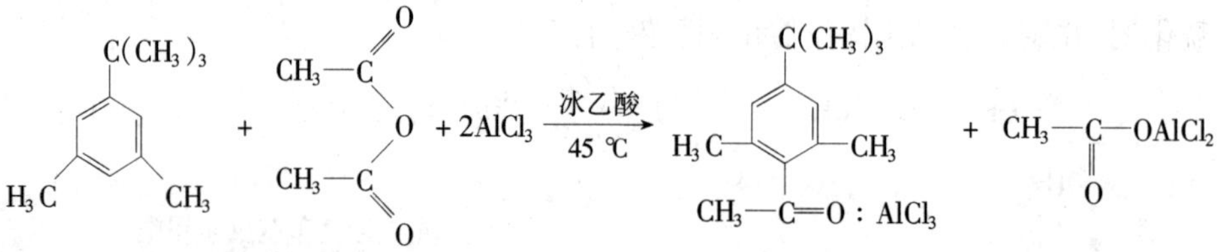

在这里,由于叔丁基的立体位阻,只能在两个甲基之间引入一个乙酰基,因此可以用与乙酐相应的冰乙酸作溶剂。

3.另外加入适当的溶剂

当不宜用某种过量的反应组分作溶剂时,就需要加入另外的适当溶剂。常用的有机溶剂有硝基苯、二氯乙烷、四氯化碳、二硫化碳和石油醚等。

硝基苯能与 AlCl$_3$ 形成配合物,该配合物易溶于硝基苯而呈均相,但是活性低,只用于对 AlCl$_3$ 催化作用敏感的反应。

二硫化碳不能溶解 AlCl$_3$,因此是非均相反应。另外,二硫化碳不稳定而且常含有其他硫化物而有恶臭,因此只用于需要温和条件的情况。例如由间二甲苯与乙酰氯制 2,4-二甲基苯乙酮时,用二硫化碳作溶剂可避免发生二乙酰化等副反应。

石油醚也不能溶解 AlCl$_3$,但是它相当稳定,可用作由异丁苯与乙酰氯制对异丁基苯乙酮的溶剂。

二氯乙烷虽然不能溶解 AlCl$_3$,但是能溶解酰氯与 AlCl$_3$ 的配合物,因此是均相反应,但在较高温度下,它可能会参与芳环上的取代反应。

应该指出,溶剂还会影响酰基进入芳环的位置。例如,从萘和乙酐制 α-萘乙酮要用非极性溶剂二氯乙烷,而由萘和乙酰氯制 β-萘乙酮则需要用强极性溶剂硝基苯。上述反应如果用二硫化碳或石油醚作溶剂,则得到 α- 和 β-萘乙酮的混合物。

11.4.2 C-甲酰化制芳醛

可以设想,如果用甲酰氯 HCOCl 或甲酐 CO 作 C-酰化剂,将会在芳环上直接引入醛基。但是甲酰氯很不稳定,即使在室温也要分解为 CO 和 HCl。而一氧化碳很不活泼,用 CO 的羰基合成反应一般要用均相配位催化剂并在高压下操作(见 3.7.5.6)而且反应产物很复杂。在工业上有实际意义的 C-甲酰化法主要是 Vilsmeier 反应和 Reimer-Tiemann 反应。

11.4.2.1 Vilsmeier 反应

此法是用甲酸的 N 取代酰胺作为 C-酰化剂,在三氯氧磷等促进剂的参与下,向芳环或杂环上引入醛基。其反应通式可简单表示如下:

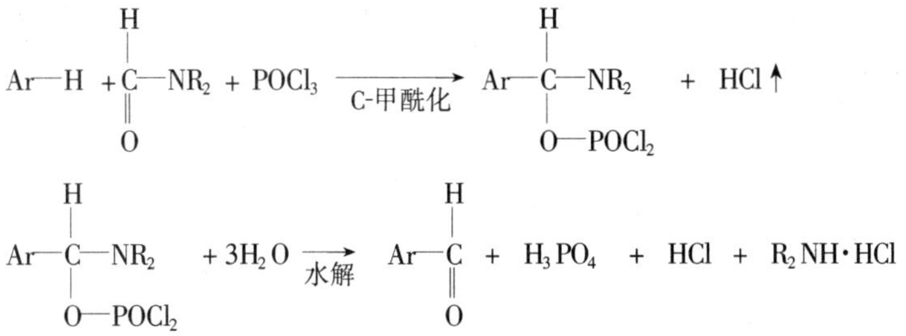

$$Ar-H + \underset{O}{\overset{H}{\underset{|}{C}}}-NR_2 + POCl_3 \xrightarrow{\text{C-甲酰化}} Ar-\underset{O-POCl_2}{\overset{H}{\underset{|}{C}}}-NR_2 + HCl\uparrow$$

$$Ar-\underset{O-POCl_2}{\overset{H}{\underset{|}{C}}}-NR_2 + 3H_2O \xrightarrow{\text{水解}} Ar-\underset{O}{\overset{H}{\underset{|}{C}}} + H_3PO_4 + HCl + R_2NH \cdot HCl$$

在上述反应中 POCl_3 是参加反应的,它的用量与 N,N-二取代甲酰胺几乎是等摩尔比,而且两者都要过量25 % ~ 40 %。

在 N-取代甲酰胺中,最常用的是 N,N-二甲基甲酰胺,因为它不仅价廉易得,而且又是溶剂。

在促进剂中最常用的是三氯氧磷,也可以用光气、亚硫酰氯、乙酐、草酰氯或无水氯化锌等。它们的作用是促进二甲胺的脱落,并与之结合。

Vilsmeier 反应只适用于芳环上或杂环上电子云密度较高的活泼化合物的 C-甲酰化制芳醛。例如 N,N-二烷基芳胺、多环芳烃、酚类、酚醚以及噻吩和吲哚衍生物等的 C-甲酰化。用此法制得的重要产品可以举出如下:

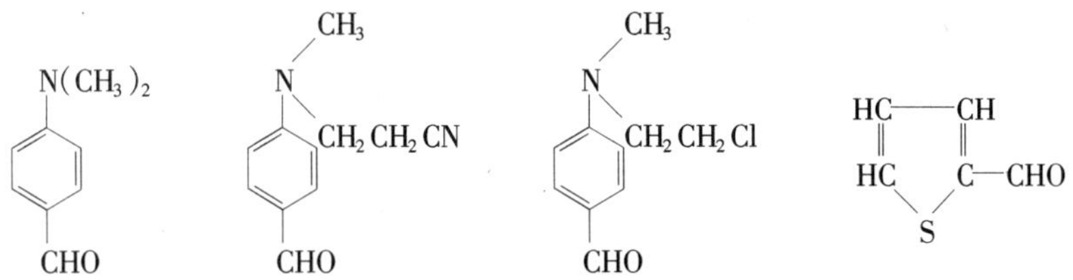

11.4.2.2 Reimer-Tiemann 反应

此法是将酚类在氢氧化钠溶液中与三氯甲烷作用,在芳环上引入醛基而生成羟基芳醛。这个反应的历程可能是氯仿在碱的作用下先生成活泼的亲电质点二氯卡宾(:CCl_2),即

$$CHCl_3 + NaOH \longrightarrow Na^+ \cdot {}^-CCl_3 + H_2O \tag{11-78}$$

$${}^-CCl_3 \rightleftharpoons :CCl_2 + Cl^-$$

然后二氯卡宾进攻酚负离子中芳环上电子云密度较高的邻位或对位，生成加成中间体 A，A 再通过质子转移生成二氯甲烷衍生物 B，B 再水解而生成羟基芳酸。例如：

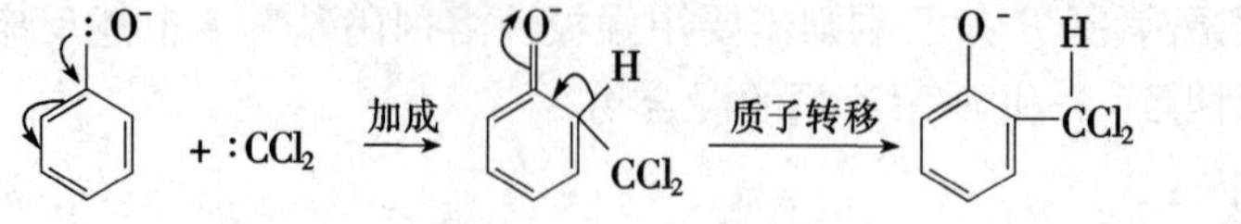

A　　B

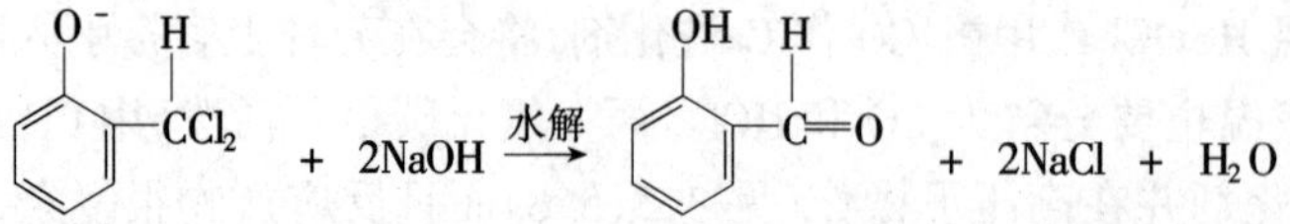

这个方法虽然收率低，但是原料价廉易得，操作简便，仍然是从苯酚制邻羟基苯甲醛（收率 37 % ~ 45 %，副产物对羟基苯甲醛8 % ~ 11 %）以及从 2-萘酚制 2-羟基-1-萘甲醛的主要方法。

11.4.3 C-酰化制芳酸（C-羧化）

用碳酸酐（即二氧化碳）对芳环进行 C-酰化，可以期望在芳环上引入羧基。但是二氧化碳很不活泼，此法只适用于活泼的酚类羧化制羟基芳酸。

无水固态苯酚钠在较高温度和压力下与二氧化碳作用，可制得邻羟基苯甲酸钠（水杨酸钠），收率可达96 % 以上。反应为：

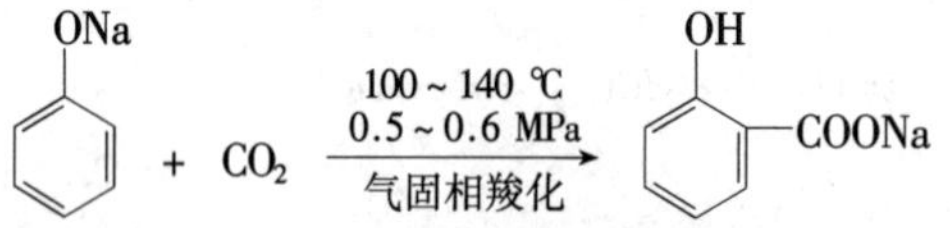

而无水苯酚钾与二氧化碳作用则得到对羟基苯甲酸钾。

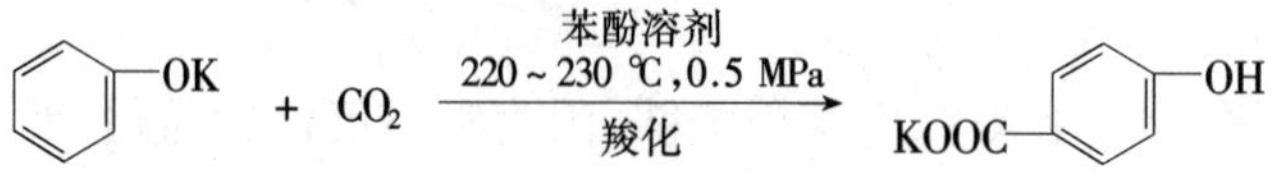

另外，水杨酸钾在 210 ~ 220 ℃加热也会重排成对羟基苯甲酸钾，而水杨酸钠则不发生这种重排。

C-羧化的反应历程还不十分清楚，一般认为无水苯酚钠与二氧化碳先形成某种配合物，使二氧化碳分子中碳原子上的正电荷增加，并以亲电试剂进攻酚羟基的邻位而生成邻羟基苯甲酸钠。反应为：

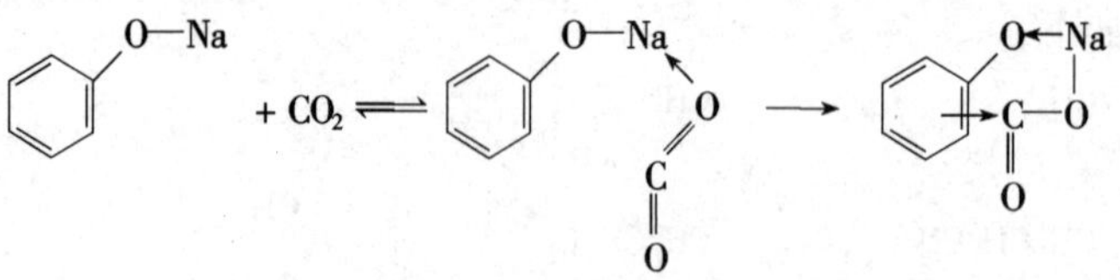

分子配合物　　π-配合物

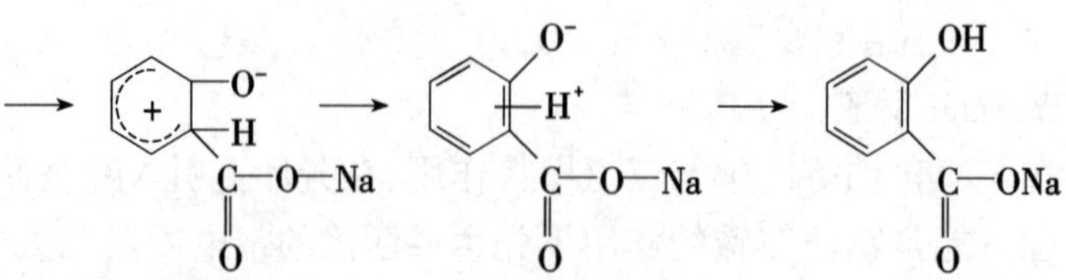

σ-配合物　　π-配合物　　水杨酸钠

苯酚钾不太容易形成分子配合物，所以 CO_2 主要进攻酚羟基的对位。但是，实际上对于

苯酚钾不太容易形成分子配合物，所以 CO_2 主要进攻酚羟基的对位。但是，实际上对于苯酚钾来说，反应可能很复杂，例如开始先生成邻羟基苯甲酸钾，然后再重排成对羟基苯甲酸钾。

无水 2-萘酚钠与苯酚钠不同，2-萘酚钠在羧化时生成 2-羟基-3-萘甲酸（简称 2,3-酸）双钠盐，同时生成游离 2-萘酚。反应为：

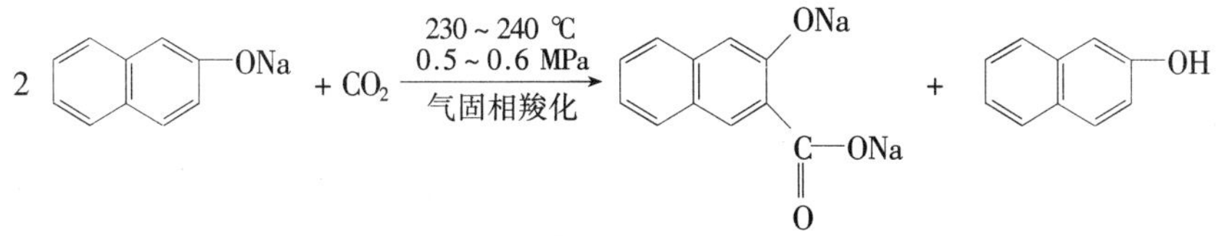

为了使羧化反应顺利进行，2-萘酚钠水溶液在脱水干燥时要制成膨松的粉状物。羧化时生成的游离 2-萘酚会使物料发粘，表面积变小，不仅增加了搅拌和粉碎的困难，还减慢了吸收二氧化碳的速度。因此，在羧化过程中要两次停止通 CO_2，改为减压蒸酚。在第三次羧化，当停止通 CO_2，锅内压力不再下降时，即反应物不再吸收 CO_2 时，就认为羧化已达终点，2,3-酸的收率按投料的 2-萘酚计约为40 %，按消耗的 2-萘酚计可达74.5 %以上。

2-萘酚钠的脱水和羧化是在同一个设备中进行的。这种气固相羧化法要用特殊结构的羧化锅。锅内装有 3～5 层固定的水平切削挡板，挡板和搅拌器的水平桨叶之间的间隙要做得很窄，两者之间的作用就像剪刀一样，能完成既是搅拌又是粉碎的任务，使酚钠盐在脱水过程中成为膨松的固体粉末。

对于 2,3-酸的生产，固相法的缺点是搅拌动力消耗大、需要安装笨重的传动装置，脱水和羧化周期长，2,3-酸收率低。为了克服上述缺点，曾提出过许多改进方案，其中溶剂法已在工业上使用，据报道用煤油作溶剂可使 2,3-酸的收率明显提高。

应该指出，对于很活泼的酚类，例如间氨基苯酚、间苯二酚和对苯二酚等，其羧化反应可以在水介质中，在碳酸氢钠存在下进行。例如：

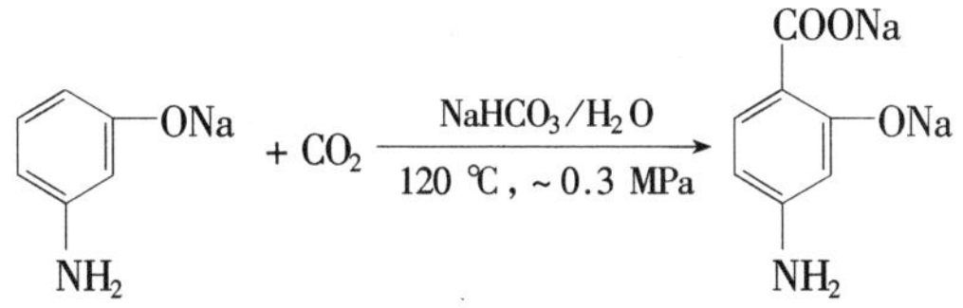

另外，用光气对芳环进行单 C-酰化制成苯甲酰氯衍生物，然后水解，也可以在芳环上引入羧基。但此法副反应多，不易控制，工业上很少采用。

参考文献

1　朱淬砺.药物合成反应.北京:化学工业出版社,1982

2　张铸勇.精细有机合成单元反应.上海:华东化工学院出版社,1990

3　唐培堃.中间体化学及工艺学.北京:化学工业出版社,1984

4　[前苏联]伏洛茹卓夫.中间体及染料合成原理.北京:高等教育出版社,1958

5　[美]Groggins P H. Unit Processes in Organic Synthesis. McGraw-Hill Book Company, Inc. Fifth Editions, 1958

6　[德]Welssermel K, Arpe H J. 工业有机化学重要原料及中间体.北京:化学工业出版社,1982

7　Olak G A. Friedel-Crafts and related reactions, vol.1～4, Interscidnce Publishers, 1963—1965

8　[日]细田丰.理论制造染料化学.技报堂,1957

9 徐克勋.精细有机化工原料及中间体手册.北京:化学工业出版社,1998

10 刘冲,司徒玉莲,申大志等.石油化工手册(第三分册,基本有机原料篇).北京:化学工业出版社,1987

11 化学工业部科学技术情报研究所.化工商品手册(有机化工原料).北京:化学工业出版社,1985

12 姚蒙正,程侣伯,王家儒.精细化工产品合成原理,第二版,北京:中国石化出版社,2000

第12章 氧 化

12.1 概述

广义地说,凡是失电子的反应都属于氧化反应。狭义地说,有机物的氧化反应主要是指在氧化剂存在下,有机物分子中增加氧或减少氢的反应。利用氧化反应除了可以制得醇、醛、酮、羧酸、醌、酚、环氧化合物和过氧化物等在分子中增加氧的化合物以外,还可用来制备某些在分子中只减少氢而不增加氧的产物。

氧化剂的种类很多,其作用特点各异。一方面是一种氧化剂可以对多种不同的基团发生氧化反应;另一方面,同一种基团也可以因所用氧化剂和反应条件的不同,给出不同的氧化产物。由于氧化剂和氧化反应的多样性,氧化反应很难用一个通式来表示。有机物的氧化涉及到一系列的平行反应和连串反应(包括过度氧化以及完全燃烧成二氧化碳和水),对于精细化工产品的生产来说,要求氧化反应按一定的方向进行,并且只氧化到一定的程度,使目的产物具有良好的选择性、收率和质量,另外,还要求成本低、工艺尽可能简单。这就要求选择合适的氧化剂、氧化方法和最佳反应条件,使氧化反应具有良好的选择性。

工业上最价廉易得而且应用最广的氧化剂是空气。用空气作氧化剂时,反应可以在液相进行,也可以在气相进行。另外,也用到许多无机的和有机的含氧化合物作为氧化剂,常称为"化学氧化剂"。此外,有时还用到电解氧化法,其基本原理和应用实例见3.9。下面将根据氧化剂和氧化方法的不同进行讨论。

12.2 空气液相氧化

烃类的空气液相氧化在工业上可直接制得有机过氧化氢物、醇、醛、酮、羧酸等一系列产品。另外,有机过氧化氢物的进一步反应还可以制得酚类和环氧化合物等一系列产品。因此,这类反应非常重要。

12.2.1 反应历程

某些有机物在室温遇到空气会发生缓慢的氧化,这种现象叫做"自动氧化"。在实际生产中,为了提高自动氧化的速度,需要提高反应温度并加入引发剂或催化剂。自动氧化是自由基的链反应,其反应历程包括链的引发、链的传递和链的终止三个步骤。

1.链的引发

这是指被氧化物 R—H 在能量(热能、光辐射和放射线辐射)、可变价金属盐或自由基·X 的作用下,发生 C—H 键的均裂而生成自由基 R·的过程。例如:

$$R\text{—}H \xrightarrow{\text{能量}} R\cdot + \cdot H \tag{12-1}$$

$$R\text{—}H + Co^{3+} \longrightarrow R\cdot + H^+ + Co^{2+} \tag{12-2}$$

$$R{-}H + \cdot X \longrightarrow R\cdot + HX$$

式中 R 可以是各种类型的烃基(将在以后讨论)。R·的生成给自动氧化反应提供了链传递物。

2.链的传递

这是指自由基 R·与空气中的氧相作用生成有机过氧化氢物的过程。反应为:

$$R\cdot + O_2 \longrightarrow R{-}O{-}O\cdot$$

$$R{-}O{-}O\cdot + R{-}H \longrightarrow R{-}O{-}O{-}H + R\cdot$$

通过上面两个反应式又可以使 R—H 持续地生成自由基 R·,并被氧化成有机过氧化氢物。它是自动氧化的最初产物。

3.链的终止

自由基 R·和 R—O—O·在一定条件下会结合成稳定的化合物,使自由基销毁。例如:

$$R\cdot + R\cdot \longrightarrow R{-}R$$

$$R\cdot + R{-}O{-}O\cdot \longrightarrow R{-}O{-}O{-}R$$

显然,有一个自由基销毁,就有一个链反应终止,使自动氧化的速度减慢。

12.2.2 烃类自动氧化的产物

烃类自动氧化的最初产物是有机过氧化氢物。如果它在反应条件下是稳定的,就可以成为自动氧化的最终产物;如果它不够稳定,将进一步分解而转化为醇、醛、酮或羧酸等化合物。例如:

(1)生成醇

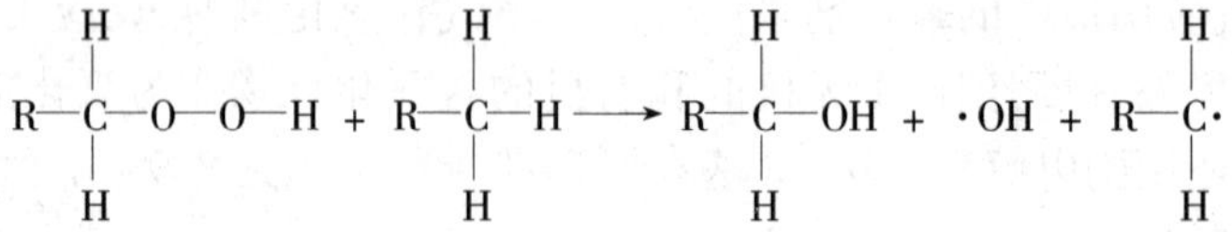

有机过氧化氢物　　被氧化的烃　　醇

(2)生成醛(或酮)

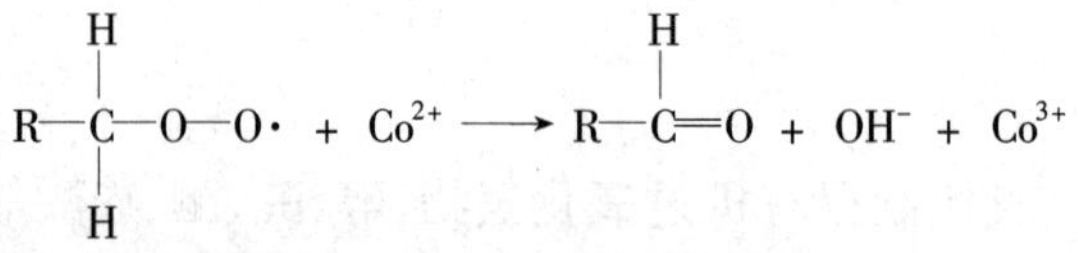

(12-3)

有机过氧化自由基　　　　　醛(或酮)

(3)生成羧酸

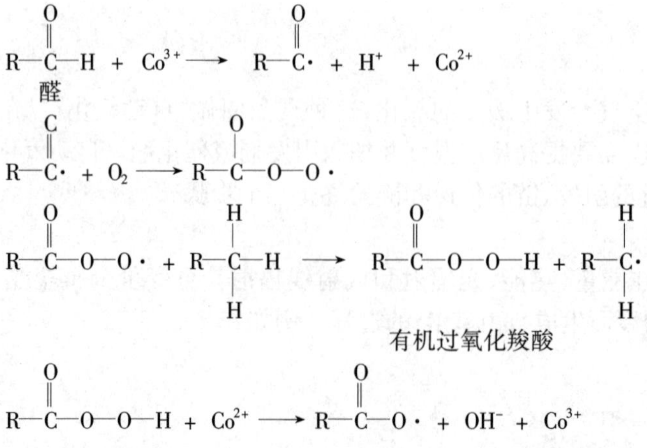

醛

有机过氧化羧酸

(12-4)

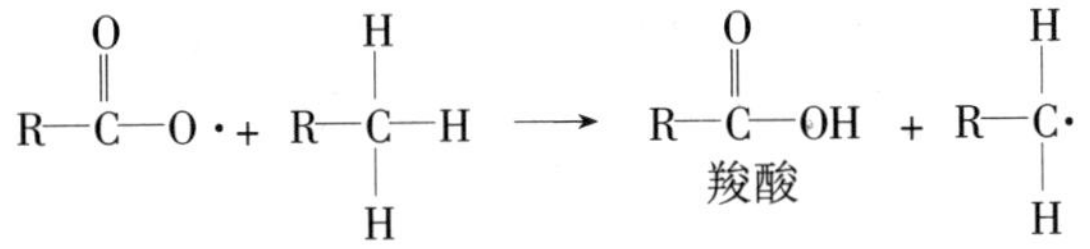

$$R-\overset{\displaystyle O}{\overset{\|}{C}}-O\cdot + R-\overset{H}{\underset{H}{\overset{|}{C}}}-H \longrightarrow R-\overset{\displaystyle O}{\overset{\|}{C}}-OH + R-\overset{H}{\underset{H}{\overset{|}{C}}}\cdot$$
羧酸

实际上,烃类在自动氧化时生成醇、醛、酮、过氧化羧酸和羧酸等产物的反应是十分复杂的,这里不详细叙述了。

12.2.3 自动氧化的主要影响因素

12.2.3.1 引发剂和催化剂

在烃类的自动氧化制醇、醛、酮和羧酸时最常用的引发剂是可变价金属的盐类,有时还加入其他辅助引发剂,采用能量或其他引发剂的方法则很少。

可变价金属盐类引发剂的优点是,按照反应式(12-2)生成的低价金属离子可以被空气中的氧再氧化成高价离子,它并不消耗,能保持持续的引发作用。因此,这类引发剂又叫自动氧化的催化剂。最常用的可变价金属是 Co,有时也用到 Mn、Cu 和 V 等,最常用的钴盐是水溶性的乙酸钴、油溶性的油酸钴和环烷酸钴,其用量一般只需要被氧化物的百分之几到万分之几。

应该指出,在不加入引发剂或催化剂的情况下,R—H 的自动氧化在反应初期进行得非常慢,通常要经过很长时间才能积累起一定浓度的自由基 R·,使氧化反应能以较快的速度进行下去。这段积累自由基 R·的时间叫"诱导期"。显然,加入引发剂或催化剂可以尽快地积累起一定浓度的自由基 R·,从而缩短诱导期。

还应该指出,可变价金属离子会促进有机过氧化氢物的分解,如前面反应式(12-3)和式(12-4)所示。因此,如果目的在于制备有机过氧化氢物,则不宜使用可变价金属盐作催化剂。在连续生产时可利用有机过氧化氢物自身的缓慢热分解产生的自由基来引发自动氧化反应。

$$R-O-O-H \xrightarrow{\text{热分解}} R-O\cdot + \cdot OH$$

12.2.3.2 被氧化物结构的影响

在烃分子中 C—H 键均裂成自由基 R·和 H·的难易程度与烃分子的结构有关。一般是叔 C—H 键(即 R_3C—H)最易均裂,其次是仲 C—H 键(即 R_2CH_2),最弱的是伯 C—H 键(即 R—CH_3 中的甲基)。例如,异丙基甲苯在自动氧化时,主要生成叔碳过氧化氢物。反应为:

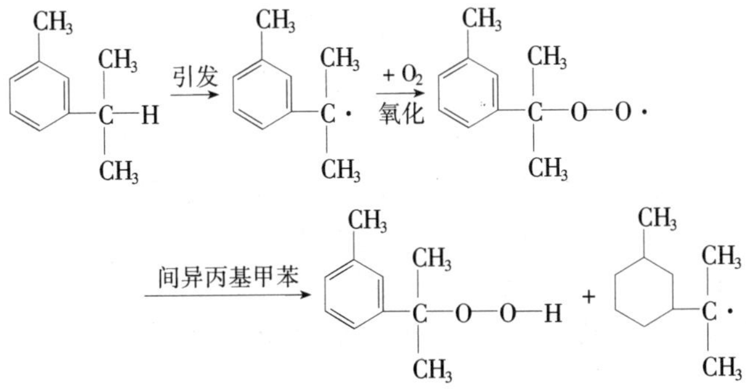

又如乙苯在自动氧化时主要生成仲碳过氧化氢物:

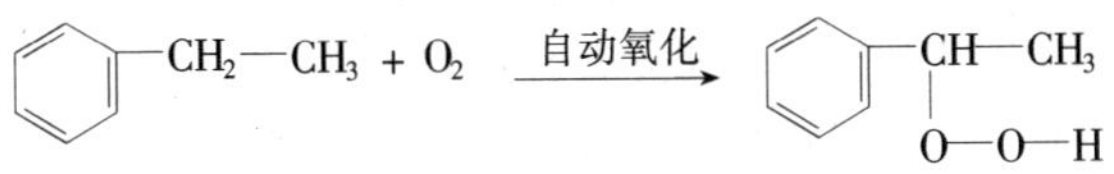

叔碳过氧化氢物和仲碳过氧化氢物在一定条件下比较稳定,可以作为自动氧化过程的最终产物(不加可变价金属盐催化剂)。乙苯在自动氧化时,如果加入钴盐催化剂,则主要生成苯乙酮。

12.2.3.3 阻化剂的影响

阻化剂是能与自由基结合成稳定化合物的物质。阻化剂会使自由基销毁,造成链终止,使自动氧化的反应速度变慢,因此,在被氧化的原料中不应含有阻化剂。最强的阻化剂是酚类、胺类、醌类和烯烃等。例如:

$$R-O-O\cdot + HO-C_6H_5 \longrightarrow R-O-O-H + \cdot O-C_6H_5$$

$$R\cdot + \cdot O-C_6H_5 \longrightarrow R-O-C_6H_5$$

因此,在异丙苯的自动氧化制异丙苯过氧化氢物时,回收套用的异丙苯中不应含有苯酚(来自异丙苯过氧化氢物的酸性分解,见12.2.5.1)和 α-甲基苯乙烯(来自异丙苯过氧化氢物的热分解)。

$$C_6H_5-\overset{\overset{\displaystyle CH_3}{|}}{\underset{\underset{\displaystyle CH_3}{|}}{C}}-O-O-H \xrightarrow{\text{热分解}} C_6H_5-\overset{\overset{\displaystyle CH_3}{|}}{C}=CH_2 + 2\cdot OH$$

而在甲苯的自动氧化制苯甲酸时,原料甲苯中不应含有烯烃,否则都会延长诱导期。

12.2.3.4 氧化深度的影响

氧化深度对于链的终止也有重要影响。对于大多数自动氧化反应,随着被氧化物转化率的提高,副产的阻化物(包括焦油物)会逐渐积累起来,使反应速度逐渐变慢。另外,随着转化率的提高,还会增加目的产物的分解和过度氧化等副反应。因此,为了保持较高的反应速度和产率,常常需要在只有一小部分原料被氧化成目的产物时就停止下来。这样,虽然原料的单程转化率比较低,但是未反应的原料可以回收循环套用。按消耗的原料计,总收率还是比较高的。当然,如果能将有机原料一次全部氧化成目的产物,将会大大简化后处理操作。例如,对-硝基甲苯-邻磺酸在锰盐或铁盐的存在下进行自动氧化制 4,4′-二硝基二苯乙烯-2,2′-二磺酸(DSD 酸)时就是如此,产品的收率可达75 % 左右。反应为:

$$2\ O_2N-C_6H_3(CH_3)(SO_3H) + O_2 \xrightarrow{\text{自动氧化}} O_2N-C_6H_3(SO_3H)-CH=CH-C_6H_3(SO_3H)-NO_2 + 2H_2O$$

12.2.4 空气液相氧化的优缺点

空气液相氧化法的主要优点是:与化学氧化法相比,不消耗价格较贵的化学氧化剂;与空气气固相接触催化氧化法相比,反应温度比较低(100 ~ 250 ℃),反应的选择性好。因此可用于制备多种类型的产品。例如,甲苯、乙苯和异丙苯用空气进行气固相接触催化氧化时都生成苯甲酸和过度氧化产物,而在空气液相氧化时,则可以分别得到苯甲酸、苯乙酮、 α-乙苯过氧化氢物和 α 异丙苯过氧化氢物。

空气液相氧化的主要缺点是:在较低反应温度下氧化能力有限,由于转化率低,后处理操作复杂;反应液是酸性的,氧化反应器需要用优良的耐腐蚀材料;一般需要加压操作,以增加氧在液相中的溶解度,从而提高反应速度、缩短反应时间,并减少尾气中有机物的夹带损失。因此,空气液相氧化法的应用受到一定的限制。

12.2.5 有机过氧化氢物的制备及应用

某些烃类在没有可变价金属盐催化剂的存在下进行自动氧化时,可以制得有机过氧化氢物。但是它们一般不作为商品出售,而是就地用于制备酚类或用作环氧化剂制取环氧化合物。

12.2.5.1 烷基芳烃的氧化-酸解制酚类

在这类反应中,最重要的是异丙苯的氧化-酸解制苯酚。异丙苯在 110 ~ 120 ℃用空气进行液相氧化可制得异丙苯过氧化氢物(简称 CHP)。因为在反应条件下,CHP 会发生缓慢的热分解而产生自由基,所以 CHP 本身就是引发剂,在正常连续操作时不需要加入任何引发剂。为了减少 CHP 的热分解损失,氧化液中 CHP 的浓度不宜过高,异丙苯的单程转化率一般在 20 % ~ 25 % 为宜。应该指出,氧化温度如果超过 120 ℃,会使 CHP 产生剧烈的自动分解链反应而导致爆炸。

CHP 在强酸性催化剂(例如硫酸或强酸性阳离子交换树脂)的存在下,很容易分解为苯酚和丙酮。其反应历程大致如下:

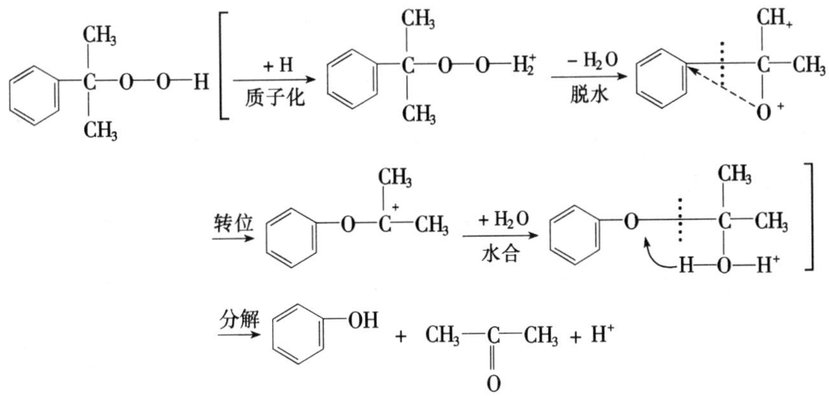

整个酸解过程是在同一个反应器中进行的。例如,将 CHP 提浓液在 60 ~ 80 ℃连续地流过装有强酸性阳离子交换树脂的反应器中,就可以得到含有苯酚和丙酮的酸解液。从异丙苯经氧化-酸解联产苯酚和丙酮,是目前世界上生产苯酚的最主要方法。

另外,利用氧化-酸解法还可以从间甲基异丙苯制间甲酚,从 2-异丙基萘制 2-萘酚。

12.2.5.2 作为环氧化剂制取环氧化合物

从乙苯或异丁烷经空气液相氧化可分别制得乙苯过氧化氢物和叔丁基过氧化氢物,它们都是重要的环氧化剂。例如,它们可以将丙烯环氧化转变成环氧丙烷:

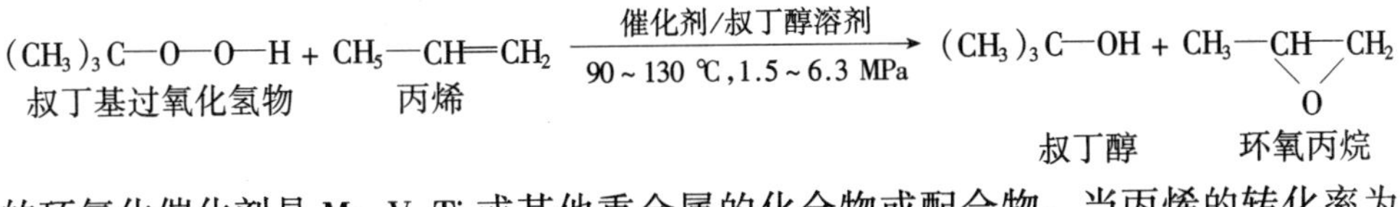

所用的环氧化催化剂是 Mo、V、Ti 或其他重金属的化合物或配合物。当丙烯的转化率为10 %时,选择性为90 %。这种间接环氧法是生产环氧乙烷(或环氧丙烷)的重要方法之一。副产的叔丁醇(或 α-甲基苯甲醇)本身也有重要用途,进一步加工成异丁烯(或苯乙烯)等二次产物。

以上先生成过氧化氢物再进行环氧化的二步法,也可以合并成一步法即共氧化法。全世界环氧丙烷总产量的30 %采用共氧化法。

12.2.6 醇的制备

烷烃的自动氧化可以设法使其停止在醇的阶段。例如,将 $C_{10} \sim C_{20}$ 的正构烷烃混合物(液体石腊)在硼酸保护剂和0.1 % $KMnO_4$ 催化剂的存在下,在 $140 \sim 200$ ℃进行自动氧化时,开始生成的仲烷基过氧化氢物在分解为仲醇时立即与硼酸作用生成耐热、耐高温的硼酸酯,从而防止了仲醇进一步氧化。反应为:

$$R-CH_2-R' \xrightarrow{O_2,自动氧化} R-\underset{\underset{H}{\overset{\overset{|}{O}}{|}-O}}{\overset{|}{C}H}-R'$$

正构烷烃　　　　　　　　仲烷基过氧化氢物

$$R-\underset{\underset{H}{\overset{|}{O}-O}}{\overset{|}{C}H}-R' + R-CH_2-R' \longrightarrow R-\underset{\underset{H}{\overset{|}{O}}}{\overset{|}{C}H}-R' + R-\overset{\cdot}{C}H-R' + OH$$

仲醇

$$3R-\underset{\overset{|}{O}H}{\overset{|}{C}H}-R' + H_3BO_3 \underset{水解}{\overset{酯化}{\rightleftharpoons}} (R-\underset{\overset{|}{O}}{\overset{|}{C}H}-R')_3B + 3H_2O$$

烷烃的单程转化率一般控制在15 % ～ 20 %,氧化液经后处理,用精馏法蒸出来反应的烷烃后,将硼酸酯水解即得到粗醇。再将粗醇进行精馏,切割成各种馏分,即得到不同碳原子数的仲醇馏分。这是工业上制造脂肪醇的重要方法之一。

12.2.7 环烷醇、酮混合物的制备

某些环烷烃在自动氧化时可以生成环烷醇和环烷酮的混合物。环己烷经自动氧化可制得环己醇和环己酮的混合物。反应为:

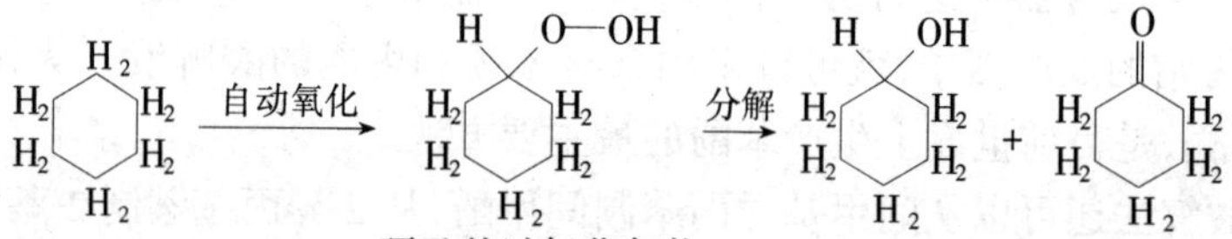

环己基过氧化氢物

过去曾用环己醇、环己酮的脱氢法生产苯酚。但是,现在由于异丙苯氧化-酸解法生产苯酚的成本低,已经反过来用苯酚的加氢法生产环己醇和环己酮。

四氢萘在乙酸钴/2-甲基-5-乙基吡啶配合物催化剂的存在下进行自动氧化,可制得四氢萘醇-四氢萘酮的混合物。反应为:

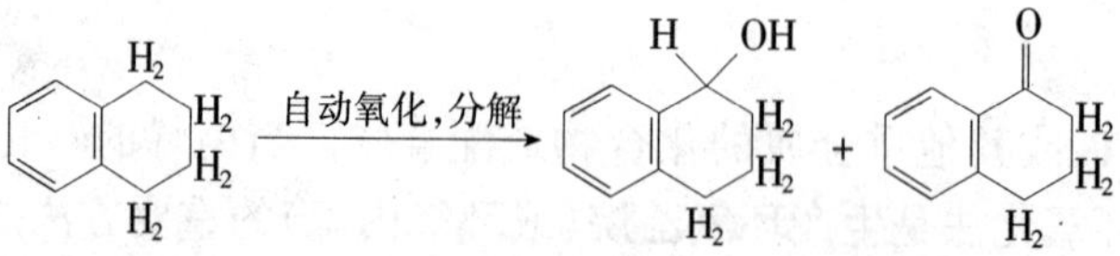

二者经气固相接触催化脱氢可制得 1-萘酚,它是重要的农药中间体。

环十二烷(见 3.7.5)经自动氧化(硼酸、150～200 ℃、常压)可制得环十二醇和环十二酮的混合物。它们是制备十二碳二酸(硝酸氧化法)和月桂酸内酰胺的中间体。

12.2.8 羧酸的制备

直链烷烃在自动氧化时首先生成仲烷基过氧化氢物,后者再经过一系列复杂的反应,发生 C—C 键的断裂,生成两个分子的羧酸。总的反应可简单表示如下:

$$R—CH_2—CH_2—R' \xrightarrow{\text{自动氧化}} R—\overset{\overset{\displaystyle |}{\vdots}}{\underset{\displaystyle O—O—H}{C}}H—CH_2—R' \xrightarrow{\text{分解,氧化}} R—\overset{\displaystyle O}{\overset{\displaystyle \|}{C}}—OH + R'—\overset{\displaystyle O}{\overset{\displaystyle \|}{C}}—OH$$

轻油(低碳烷烃混合物)或丁烷在自动氧化时(钴盐催化剂、165 ~ 175 ℃、4 ~ 5 MPa),因发生 C—C 键的断裂而生成甲酸、乙酸、丙酸、丁酸等低碳脂肪酸。

石蜡(高碳直链烷烃的混合物)在自动氧化时(锰盐催化剂、120 ~ 130 ℃、常压或加压、转化率约30 %),主要生成 $C_5 \sim C_{20}$ 的混合脂肪酸。经处理和减压精馏后,可得到 $C_5 \sim C_7$ 酸、$C_7 \sim C_9$ 酸、$C_{10} \sim C_{12}$ 酸和 $C_{10} \sim C_{20}$ 酸等馏分。氧化尾气用三辛胺吸收,还可以得到一些 $C_1 \sim C_4$ 低碳脂肪酸。此法是生产皂用酸的主要方法。

环己烷先自动氧化成环己醇-环己酮的混合物,然后在乙酸介质中进行自动氧化(铜-锰乙酸盐催化剂、80 ~ 85 ℃、0.6 MPa),即发生环的开裂而生成己二酸。另外,环己烷也可以直接氧化成己二酸(乙酸溶剂、乙酸钴和环己酮引发剂、90 ~ 95 ℃、2 ~ 2.5 MPa)。

甲苯的自动氧化可制得苯甲酸。二甲苯的自动氧化可停止在甲基苯甲酸的阶段。为了使两个甲基都氧化成羧基,需要采取特殊的措施。例如,对二甲苯的氧化制对苯二甲酸可以有三种方法。

第一种方法是在乙酸溶剂中,用钴盐或锰盐作催化剂并加入溴化物作助催化剂。溴化物的作用是促进自由基的生成:

$$HBr + Co^{3+} \longrightarrow Br\cdot + H^+ + Co^{2+}$$

$$R—H + Br\cdot \longrightarrow R\cdot + HBr$$

第二种方法是共氧化法,即同时加入乙醛、三聚乙醛或甲乙酮,它们在自动氧化时先生成过氧化氢物,可以催化对甲基苯甲酸的进一步氧化:

$$CH_3\overset{\displaystyle O}{\overset{\displaystyle \|}{C}}—H \xrightarrow[\text{自动氧化}]{O_2} CH_3—\overset{\displaystyle O}{\overset{\displaystyle \|}{C}}—O—O—H \xrightarrow{\text{热分解}} CH_3—\overset{\displaystyle O}{\overset{\displaystyle \|}{C}}—O\cdot + \cdot OH$$

第三种方法是将对甲基苯甲酸用甲醇进行酯化,生成对甲基苯甲酸甲酯,将羧基屏蔽,然后再将第二个甲基氧化成羧基。这种方法得到的产物是对苯二甲酸二甲酯。

邻二甲苯用第一种方法也可以直接氧化成邻苯二甲酸酐。它的收率比气固相接触催化氧化法高得多。但是,由于设备的严重腐蚀,投资太大,已停止使用。

除了烃类以外,从相应的醛或醇进行自动氧化,可分别制得过乙酸、乙酸、乙酐、丁酸和异戊酸等低碳羧酸。但是,这些羧酸也可以用其他方法来制备。

12.2.9 苯甲酸的氧化、脱羧制苯酚

苯甲酸在氧化铜(引发剂)和氧化镁(抑制焦油物的生成)的存在下,在 230 ~ 240 ℃ 和常压下用空气和水蒸气进行氧化-脱羧可制得苯酚。其反应历程大致如下。

(1)苯甲酸铜的热分解：

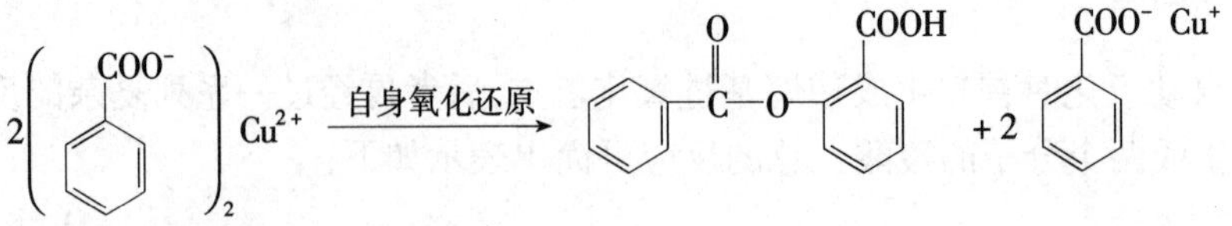

(2)苯甲酰基水杨酸水解成水杨酸：

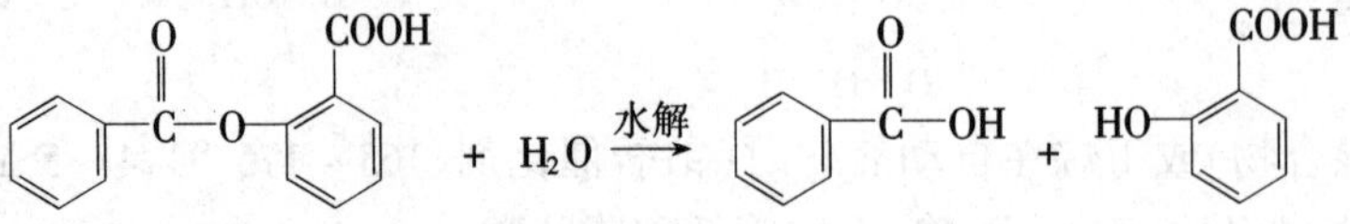

(3)水杨酸的热脱羧生成苯酚：

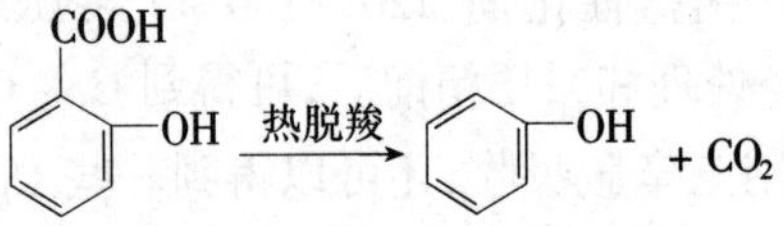

(4)苯甲酸亚铜氧化再生成苯甲酸铜：

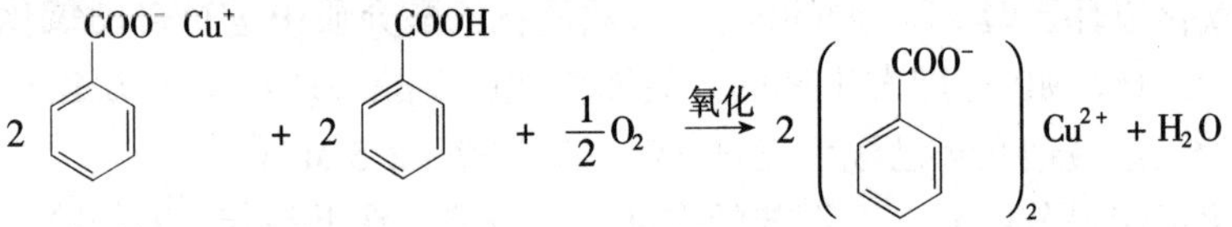

尽管反应历程很复杂，但实际上全部反应是在一个塔式反应器中同时完成的。按消耗的苯甲酸计，苯酚的收率可达88 %。此法在工业上也有使用，但不如异丙苯的氧化-酸解法更为经济，限制了它的发展。但是苯甲酸法工艺流程短，原料甲苯价廉易得。据报道，美国鲁姆斯公司又开发了新型催化剂，改用气固相接触催化氧化法可提高苯酚的收率，并且不产生废渣，有可能与异丙苯法相竞争。由于苯酚的需要量非常大，还曾经开发过苯酚的其他合成方法，其中包括苯的直接氧化法等。

12.2.10 醛类的制备

醛类不宜用自动氧化法来制备，因为醛在反应条件下容易进一步氧化。乙醛的合成方法很多，其中的一种空气液相氧化法是均相配位催化法（参阅 3.7.5.5）。此法是将乙烯在含有氯化钯和氯化铜的盐酸水溶液中，在 $120 \sim 130 \ ℃$ 和 $1.0 \sim 1.2 \ MPa$ 下用空气进行氧化而完成的。其反应历程比较复杂，总的反应过程简单表示如下。

(1)乙烯被二价钯氧化成乙醛：

$$CH_2 = CH_2 + Pd^{II} Cl_2 + H_2O \longrightarrow CH_3 - CHO + 2HCl + Pd^0$$

(2)零价钯被氯化铜氧化成二价钯：

$$Pd^0 + 2Cu^{II} Cl_2 \longrightarrow Pd^{II} Cl_2 + 2Cu^I Cl$$

(3)一价铜被空气氧化成二价铜：

$$2Cu^I Cl + 2HCl + \frac{1}{2} O_2 \longrightarrow 2Cu^{II} Cl_2 + H_2O$$

在这里，因为零价钯不能直接被空气氧化成二价钯，所以采用了氧和 Cu^I / Cu^{II} 的离子循环。

12.3 空气的气固相接触催化氧化

12.3.1 优缺点

将有机物的蒸气与空气的混合气体在高温(300~500 ℃)下通过固体催化剂,使有机物适度氧化,生成目的产物的反应叫做气固相接触催化氧化。

气固相接触催化氧化的主要优点是:①与化学氧化相比,它不消耗价格很贵的氧化剂;②与空气液相氧化相比,它可以使被氧化物基本上完全参加氧化反应,后处理比较简单,不需要溶剂,对设备没有腐蚀性,设备投资费用低。例如,前面已经提到(12.2.8),邻二甲苯用空气液相氧化法制邻苯二甲酸酐,虽然收率高,但终因后处理复杂、设备腐蚀严重、投资太大,因而不能与邻二甲苯的气固相接触催化氧化法相竞争。

气固相接触催化氧化法的主要缺点是:①不仅要求有机原料和氧化产物在反应条件下有足够的热稳定性,而且要求目的产物在反应条件下对于进一步氧化有足够的化学稳定性;②不易筛选出能满足多方面要求的性能良好的催化剂,例如,从对二甲苯的氧化制对苯二甲酸时,由于产物中的两个羧基不能像邻苯二甲酸那样形成环状酸酐,容易发生脱羧副反应,使收率下降,因此对二甲苯的氧化制对苯二甲酸不得不采用空气液相氧化法(见12.2.8)。

气固相接触催化氧化法在工业上主要用于制备某些醛类、羧酸、酸酐、醌类和腈类(氨氧化法)等产品。

12.3.2 醛类的制备

醛类容易进一步氧化,所以气固相接触催化氧化只适用于个别醛类的制备,并要求选用接触时间短的高效温和催化剂,并控制氧的用量,一般还要用水蒸气将空气稀释。

12.3.2.1 烯烃的氧化制醛

此法主要用于丙烯的氧化制丙烯醛:

$$CH_2{=}CH{-}CH_3 + O_2 \longrightarrow CH_2{=}CH{-}CHO + H_2O$$

丙烯醛主要用于生产甘油和蛋氨酸等产品,最大生产装置可年产2.4万吨丙烯醛。

为了避免双键的氧化和其他深度氧化副反应并提高丙烯的转化率,催化剂的筛选非常重要。一般都使用高效高选择性的多组分催化剂,其中性能最好的主催化剂是氧化钼-氧化铋、氧化锑-氧化锡。原料丙烯、空气和水蒸气的摩尔比约为1∶10∶2,使用过量一倍的氧(空气)是为了提高丙烯的转化率,加入大量水蒸气是为了调节反应气体中氧的浓度低于爆炸下限,并有利于移除反应热。氧化反应在固定床反应器中于350~450 ℃和0.1~0.2 MPa下进行。气固相接触时间约为0.8 s,丙烯醛的收率一般在79 %以上。据报道,在最佳条件下,丙烯的转化率可达97 %,丙烯醛的收率可达92 %。

12.3.2.2 醇的氧化制醛

此法在工业上主要用于从甲醇制甲醛,有脱氢氧化法和氧化法两种制法。

1.脱氢氧化法

甲醇的脱氢氧化法开发较早,其反应式如下:

$$CH_3OH \xrightleftharpoons{\text{脱氢}} HCHO + H_2$$

$$\text{吸热}, \Delta_f H_m^{\ominus} = +84 \text{ kJ/mol}(20 \text{ kcal/mol})$$

$$H_2 + \frac{1}{2}O_2 \xrightarrow{\text{氧化}} H_2O$$

$$\text{放热}, \Delta_f H_m^{\ominus} = -243 \text{ kJ/mol}(-58 \text{ kcal/mol})$$

$$CH_3OH + \frac{1}{2}O_2 \xrightarrow{\text{氧化}} HCHO + H_2O$$

$$\text{放热}, \Delta_f H_m^{\ominus} = -159 \text{ kJ/mol}(-38 \text{ kcal/mol})$$

脱氢氧化法的特点是:不要求脱落的氢完全氧化成水,因此可以用低于化学计算量的空气;它可以减少深度氧化副反应,而且热效应低;由于空气量少,可在高于甲醇爆炸上限(37 %)的条件下操作。

脱氢氧化的催化剂是银,可以是银丝网、负载在低比表面载体(浮石或金钢砂)上的银、结晶银或电解银。

为了脱氢,反应温度要高达 600~720 ℃。在 600~650 ℃,甲醇转化不完全,需要再循环;在 680~720 ℃,加水后甲醇几乎全部单程转化。操作压力略高于常压。水还对银催化剂的寿命有好处,因为它能减轻微红热的薄层银晶体的烧结,延缓催化剂的活性下降,这样,催化剂的寿命可达 2~4 个月。用过的催化剂可用电解法回收银。催化剂对于其他微量金属以及卤素和硫很敏感,因此,原料甲醇和空气中不应含有这类杂质。由于催化剂的高活性,气固接触时间只需 0.0045 s 左右,因此,甲醇的进料速度可以高达 1.9 t/(m³ 催化剂·h)。

由于热效应比较小,可以使用无热交换装置的绝热反应器。

离开反应器的气体用废热锅炉快速冷却至 150 ℃以下(0.1~0.3 s),并用水吸收,经后处理可得到37 %~42 %甲醛溶液。反应的选择性约为91 %,甲醛的收率为87.5 %。应该指出,用甲醇脱氢氧化法制得的甲醛溶液中总是含有较多未反应的甲醇(0.5 %~3 %)。

2．氧化法

甲醇的氧化法制甲醛,最初未受到重视,发展缓慢。后来由于工业上迫切需要含低甲醇的高浓度甲醛,才促使甲醇氧化法开发成功。为了减少目的产物甲醛水溶液中甲醇的含量,甲醇的氧化法要用大过量的空气,以提高甲醇的转化率。另外,为了抑制深度氧化要用温和的催化剂,实际上使用的是铁-钼氧化物催化剂,催化剂的寿命可长达两年。由于反应的热效应大,要用列管式固定床反应器。在 350~450 ℃时,甲醇的单程转化率为95 %~99 %,甲醛的选择性为91 %~94 %,收率可达91 %~92 %。产品中通常含40 %~50 %甲醛,0.3 %~1.0 %甲醇。

乙醛的生产主要采用乙烯的均相本位催化空气氧化法(见 12.2.10)。但乙醇的脱氢氧化法制乙醛,工艺技术要求低、设备投资少,国内主要采用此法。

另外,从相应的醇利用脱氢氧化法还可以分别制得正丁醛和异戊醛等脂醛。这些醛也可以用其他合成方法来制备。

12.3.3 羧酸和酸酐的制备

气固相接触催化氧化法主要用于制备热稳定性好而且抗氧化性好的羧酸和酸酐。例如,从丁烯、丁烷、C₄ 馏分或苯的氧化制顺丁烯二酸酐,从邻二甲苯或萘的氧化制邻苯二甲酸酐,从均四甲苯的氧化制均苯四甲酸二酐,从苊的氧化制 1,8-萘二甲酸酐,从 3-甲基吡啶的氧化制

3-吡啶甲酸(烟酸),以及从 4-甲基吡啶的氧化制 4-吡啶甲酸(异烟酸)等。

为了便于精制氧化产物,要求被氧化原料基本上单程完全转化,而且氧化不足的中间产物也尽可能地少,这就要求使用大过量的空气,并使用高活性的 V_2O_5 作主催化剂,至于助催化剂则是多种多样的。

12.3.3.1　萘的氧化制邻苯二甲酸酐(简称苯酐)

萘的氧化制苯酐自 1926 年已采用气固相接触催化氧化法。所用的催化剂是多孔型 V_2O_5-K_2SO_4/SiO_2。K_2SO_4 的作用是抑制深度氧化副反应。催化剂的负荷为 40 g/(L 催化剂·h),接触时间 4~5 s,反应温度为 360~370 ℃。苯酐的理论收率为81.3 %~84.8 %,质量收率为94 %~98 %。

当时所用的固定床氧化器比较小,月生产能力只有 75~100 t。此后,固定床氧化器逐渐放大,生产能力不断提高。但是固定床法存在以下缺点:

(1)大型固定床氧化器加工技术要求高,造价高;

(2)传热系数小,列管轴向温差大,热点温度高,会影响收率;

(3)为了在低于萘的爆炸下限操作,空气-萘的质量比要高达 30~25∶1,空压机的动力消耗大;

(4)反应气体中苯酐的浓度低,热熔冷凝器的负荷大。

1944 年又开发了萘的流化床氧化法。它的主要优点是:

(1)流化床反应器加工制造易,造价低;

(2)使用微球形粉状多孔催化剂,可强化催化剂与原料气的传质与传热,整个反应器温度均匀,有利于提高收率;

(3)能直接向流化床中喷萘,可在萘的爆炸限内操作,空气-萘的质量比可降低到 10~12∶1,可降低空压机的动力消耗;

(4)反应气体中苯酐的浓度高,冷却至 140 ℃时可使40 %~60 %苯酐以液态冷凝下来,可降低热熔冷凝器的负荷。

现在已能设计年生产能力 5~7 万吨的大型流化床氧化器(氧化器直径5.5 m)。

12.3.3.2　邻二甲苯的氧化制苯酐

焦油萘的资源有限,石油萘价格较贵,于是发展了邻二甲苯氧化制苯酐的工艺。邻二甲苯在气固相接触催化氧化时,中间产物邻甲基苯甲酸容易发生热脱羧副反应而影响收率。为了减少这个副反应,就要求使用表面型催化剂。但是表面涂层催化剂不耐磨损,不能使用流化床氧化器,这就促进了大型固定床氧化器的发展。1973 年已能制造直径 6 m、列管 21 600 根的大型固定床氧化器,单台生产能力可达 3.6 万吨/年。

根据所用催化剂的不同,又分为低温低空速、高温高空速和低温高空速三种工艺,其中低温高空速工艺应用最广。该工艺所用催化剂的活性组分是 V_2O_5-TiO_2,载体是低比表面的三氧化二铝或带釉瓷球等。催化剂可制成环形或球形。氧化条件是:列管外熔盐温度 370~375 ℃,管内床层热点温度 470~480 ℃,各管内热点温差 10 ℃,催化剂的负荷 210 g/(L·h),接触时间约 1 s。这种工艺的优点是:

(1)向热空气流中喷射气化的邻二甲苯,然后立即进入氧化器,可在爆炸限内操作,空气-邻二甲苯的质量比可由 30~33∶1 降低到 22∶1;

(2)可节省空压机的动力消耗,减轻热熔冷凝器的负荷;

(3)按纯邻二甲苯计,质量收率可达109 %(理论收率82.8 %);

(4)也可用于萘的氧化制苯酐,按纯萘计质量收率可达98 % ~ 100 %(理论收率84.8 % ~ 86.5 %);

(5)催化剂寿命长,可使用三年以上。

12.3.4 蒽的氧化制蒽醌

蒽醌是重要的染料中间体。蒽的氧化制蒽醌,在工业上最初是用重铬酸钠氧化法,后来都改用蒽的气固相接触催化氧化法。所用催化剂的专利很多,但都是以 V_2O_5 为活性组分。氧化温度和催化剂组成有关,一般在 400 ℃ 左右。所用氧化器一般是列管式固定床,近年来也有工厂用流化床氧化器。

蒽的熔点和沸点都很高(分别为 217 ℃ 和 354 ℃),蒽的气化需要很高的温度。早期为了防止蒽的自燃,用空气和水蒸气的混合物在 260 ℃ 使蒽气化,现在有的工厂已改用 400 ℃ 的热空气使液态蒽在 260 ~ 280 ℃ 快速气化。空气与蒽的质量比约为 50 ~ 100∶1。由于空气比相当大,反应气体在冷却时,副产的少量邻苯二甲酸酐和顺丁烯二酸酐不会冷凝析出,因此可以直接制得纯度97 % 以上的蒽醌结晶。

所用的原料一般是纯度在90 % 以上的精蒽。由于蒽的精制过程复杂,有的工厂使用纯度为85 % 的半精蒽。

蒽氧化法制蒽醌的主要优点是:工艺过程简单,能充分利用炼焦副产,而且不消耗其他原料。现在此法仍然是工业上的主要方法,但是,由于蒽的资源有限,精制过程复杂,因此还需要用其他方法来合成蒽醌(见 15.2.1)。

12.3.5 氨氧化法制腈类

氨氧化是指将带甲基的有机物与氨和空气的气态混合物用气固相催化氧化法制取腈类的反应。反应为:

$$2R—CH_3 + 3O_2 + 2NH_3 \longrightarrow 2R—CN + 6H_2O$$

氨氧化最初用于从甲烷制氢氰酸,从丙烯制丙烯腈。后来又用于制芳腈,例如,从甲苯及其衍生物可分别制得苯腈、邻氯苯腈、间苯二腈和对苯二腈等,从相应的甲基吡啶还可以制得3-氰基吡啶和4-氰基吡啶。

甲基芳烃的氨氧化用 V_2O_5 作主催化剂。另外,还要加入 P_2O_5、MoO_3、Cr_2O_3、BaO、SnO_2、TiO_2 等助催化剂以改善 V_2O_5 的选择性。载体一般是粗孔硅胶。不同的氨氧化过程,其催化剂组成和操作条件也各有差异。

例如,间二甲苯的氨氧化制间苯二腈,使用 V_2O_5-MoO_3-P_2O_5-Cr_2O_3/SiO_2 粉状催化剂和流化床反应器。用接近理论量的氨和空气,并在水蒸气的稀释下在 400 ~ 415 ℃ 反应,间二甲苯单程完全转化,间苯二腈的质量收率在93 % 以上(理论收率77 % ,纯度91 %)。催化剂的负荷为100 ~ 150 kg 间二甲苯/(kg 催化剂·h),接触时间 3 s。

另外,对苯二腈也可以从对甲基异丙苯(得自松节油)的氨氧化来制备。

12.3.6 乙烯的环氧化制环氧乙烷

环氧乙烷是重要的化工原料,其世界年产量已超过 1 000 万吨。环氧乙烷的生产,最初采用乙烯的氯化水解法(见 13.2.1)。1938 年已开始改用乙烯与空气或氧气的气固相接触催化直接氧化法。

乙烯环氧化催化剂的活性组分是银。大部分研究结果表明,银的催化作用是银原子吸附氧分子,生成分子态或双原子态吸附氧,即

$$O_2 + Ag \longrightarrow O_2^- (吸附) + Ag^+$$

然后,分子态吸附氧与乙烯发生选择性的环氧化反应,生成环氧乙烷和单原子态吸附氧,即

$$6\ O_2^- (吸附) + 6\ CH_2=CH_2 \longrightarrow 6CH_2\underset{O}{-}CH_2 + 6O^- (吸附)$$

单原子态吸附氧会与另一分子乙烯反应生成二氧化碳和水:

$$6\ O^- (吸附) + CH_2=CH_2 \longrightarrow 2\ CO_2 + 2\ H_2O + 6\ 吸附中心$$

因此,其总的反应式为

$$7\ CH_2=CH_2 + 6\ O_2 \longrightarrow 6\ CH_2\underset{O}{-}CH_2 + 2\ CO_2 + 2\ H_2O$$

如果按上式生成的环氧乙烷不再被氧化,则按此历程,乙烯直接氧化成环氧乙烷的选择性的极限值为 6/7,即 85.7 %。事实上,在工业生产中乙烯直接氧化成环氧乙烷的选择性通常只有 65 % ~ 75 %。选择性低的原因,除了环氧乙烷的进一步氧化成二氧化碳和水以外,还由于 4 个相距较近的空白银原子可以使吸附的氧分子解离成单原子态吸附氧:

$$O_2 + 4\ Ag(邻近) \longrightarrow 2\ O^{2-}(吸附) + 4\ Ag^+(邻近)$$

为了抑制上述吸附过程,可以在反应气体中掺入少量二氯乙烷。因为氯原子有较高的吸附热,它能优先迅速地占领银催化剂表面上的活性吸附点,可有效地抑制氧分子的解离吸附。

银催化剂的优点是选择性好。为了抑制深度氧化副反应,要用低比表面载体,制成表面涂层催化剂,为此,必须使用固定床反应器。催化剂的活性和选择性还与载体、助催化剂(抑制剂和活化剂)以及催化剂的制备方法有关。这方面的专利很多,但均属各有关厂商的技术秘密。

乙烯的直接氧化最初用空气作氧化剂,为了避免深度氧化副反应,乙烯的单程转化率不能太高,为此要用两个串联的氧化器。通过第一个氧化器,乙烯的转化率控制在 35 % 左右(240 ~ 280 ℃,1 ~ 3 MPa、接触时间 1 ~ 4 s),选择性约为 70 %。反应气体用水吸收法分离出环氧乙烷后,大部分气体循环返回第一反应器,少部分气体经过第二个氧化器,再经过吸收分出环氧乙烷。尾气中仍含有少量未反应的乙烯,还要经过净化氧化器使乙烯完全燃烧,然后才能排入大气。空气氧化法的缺点是尾气需要净化、催化剂寿命短、工艺流程复杂、乙烯的消耗定额高。原因是空气中含有大量惰性气体氮以及对催化剂有害的气体。

为了克服空气氧化法的缺点,后来又发展了氧气氧化法。此法只需要一台氧化器,通过氧化器,经水吸收塔后排出的气体大部分直接返回氧化器,少部分经脱除二氧化碳后也可返回氧化器。此法的优点是:工艺流程简单、投资少、收率高、乙烯消耗定额低,氧化器生产能力大,催化剂寿命长,需要排放的尾气极少,不需要催化燃烧净化器。此法的另一个特点是,要利用副产二氧化碳的循环来调整反应气体中乙烯和二氧化碳的浓度,以防止爆炸。

环氧乙烷的另一工业生产是共氧化法(见 12.2.5.2)。

在工业上曾用丙烯的直接环氧化法制环氧丙烷,但因选择性差、收率低,未能工业化。目前环氧丙烷的生产是采用丙烯-氯丙醇法(见 13.2.2)和丙烯的间接氧化法(见 12.2.5.2)。但目前仍在开发丙烯的各种直接氧化法。

12.4 化学氧化

12.4.1 优缺点

为了讨论方便,把空气和纯氧以外的其他氧化剂统称为"化学氧化剂",并把使用化学氧化剂的反应统称为"化学氧化"。

1.化学氧化法的优点

主要是反应条件比较温和、容易控制、操作简便,只要选择合适的化学氧化剂,就有可能得到良好的结果。由于化学氧化剂的高选择性,它可以用于制备醇、醛、酮、羧酸、酚、醌以及环氧化合物和过氧化合物等一系列有机产品。尤其是对于产量小、价值高的精细化工产品,使用化学氧化法尤为方便。

2.化学氧化法的缺点

主要是化学氧化剂价格较贵。虽然某些化学氧化剂的还原产物可以回收利用,但仍有三废治理问题。另外,化学氧化大都是分批操作,设备生产能力低,有时对设备腐蚀严重。由于以上缺点,以前曾用化学氧化法制备的大吨位有机化工产品现在已经改用空气氧化法。

12.4.2 化学氧化剂的类型

化学氧化剂大致分为以下几种类型:

(1)金属元素的高价化合物,例如,$KMnO_4$、MnO_2、Mn_2O_3、$Mn_2(SO_4)_3$、CrO_3、$Na_2Cr_2O_7$、PbO_2、$Ce(SO_4)_2$、$Ce(NO_3)_4$、$SnCl_4$、$FeCl_3$ 和 $CuCl_2$ 等;

(2)非金属元素的高价化合物,例如,HNO_3、N_2O_4、$NaNO_3$、$NaNO_2$、H_2SO_4、SO_3、$NaClO$、$NaClO_3$ 和 $NaIO_4$ 等;

(3)其他无机富氧化合物,例如,臭氧、双氧水、过氧化钠、过碳酸钠和过硼酸钠等;

(4)有机富氧化合物,例如,有机过氧化氢物、有机过氧酸、硝基苯、间硝基苯磺酸、2,4-二硝基氯苯等;

(5)非金属元素,例如,卤素和硫磺。

各种化学氧化剂都有它们自己的特点。其中属于强氧化剂的主要有:$KMnO_4$、MnO_2、CrO_3、$Na_2Cr_2O_7$、HNO_3,它们主要用于制备羧酸和醌类,但是在温和条件下也可用于制备醛和酮,以及在芳环上直接引入羟基。其他的化学氧化剂大部分属于温和氧化剂,而且局限于特定的应用范围。下面只简要介绍几种重要的化学氧化剂,其他化学氧化剂的应用可查阅有关文献。

12.4.3 化学氧化剂举例

12.4.3.1 高锰酸钾

高锰酸的钠盐容易潮解,因此总是制成不潮解的钾盐。高锰酸钾分子中的锰是正7价的,它的氧化能力很强,主要用于将甲基、伯醇基或醛基氧化为羧基。

在酸性水介质中,锰由正7价被还原成正2价,它的氧化能力太强,选择性差,只适用于制备个别非常稳定的氧化产物;但锰盐难于回收,工业上很少使用酸性氧化法。

在中性或碱性水介质中,锰由正 7 价被还原为正 4 价,也有很强的氧化能力。此法的优点是选择性好,生成的羧酸以钾盐或钠盐的形式溶解于水,产品的分离精制简便,副产的二氧化锰有广泛的用途。反应为

$$2 KMnO_4 + H_2O \longrightarrow 3[O] + 2MnO_2 + 2KOH$$

将甲基氧化成羧基时,羧基完全形成钾盐,而且还生成等摩尔的游离氢氧化钾,使介质呈碱性。反应为:

$$R—CH_3 + 2 KMnO_4 \longrightarrow R—COOK + 2 MnO_2 + KOH + H_2O$$

将伯醇基氧化成羧基时,也生成一些游离氢氧化钾:

$$3 R—CH_2OH + 4 KMnO_4 \longrightarrow 3R—COOK + 4 MnO_2 + KOH + 4 H_2O$$

但是,将醛基氧化为羧基时,为了使羧酸完全转变成可溶于水的盐,还需要另外加入适量的氢氧化钠,才能使溶液保持中性或弱碱性。反应为:

$$3 R—CHO + 2 KMnO_4 + NaOH \longrightarrow 2 RCOOK + R—COONa + 2 MnO_2 + 2 H_2O$$

用高锰酸钾在碱性或中性介质中进行氧化时,操作非常简便,只要在 $40 \sim 100$ ℃下将稍过量的固体高锰酸钾慢慢加入到含被氧化物的水溶液或水悬浮液中,氧化反应就可以顺利完成。过量的高锰酸钾可以用亚硫酸钠将它破坏掉。过滤除去不溶性的二氧化锰后,将羧酸盐的水溶液用无机酸进行酸化,即得到相当纯的羧酸。例如,用此法可从 2-乙基己醇(异辛醇)或 2-乙基己醛(异辛醛)的氧化制 2-乙基己酸(异辛酸),从对氯甲苯的氧化制对氯苯甲酸。

用高锰酸钾氧化时,如果生成的氢氧化钾会引起副反应,可以向反应液中加入硫酸镁来抑制其碱性。

$$2 KOH + MgSO_4 \longrightarrow K_2SO_4 + Mg(OH)_2 \downarrow$$

例如,在从 3-甲基-4-硝基乙酰苯胺的氧化制 2-硝基-5-乙酰氨基苯甲酸时,加入硫酸镁可避免乙酰氨基的水解。反应为:

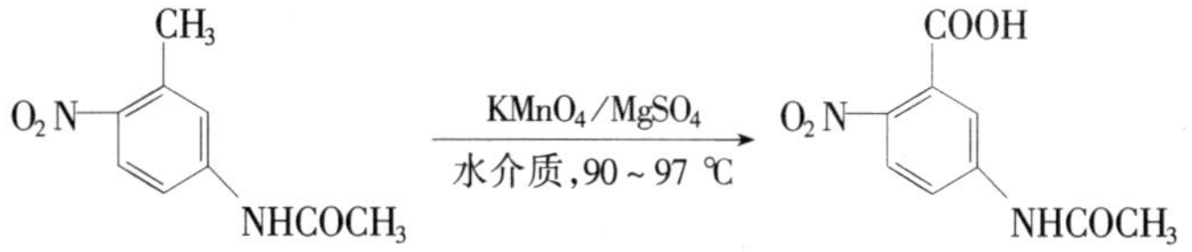

12.4.3.2 二氧化锰

二氧化锰可以是天然的软锰矿的矿粉(含 MnO_2 60 % ~ 70 %),也可以是用高锰酸钾氧化时的副产物。二氧化锰一般是在各种不同浓度的硫酸中使用。其氧化反应可简单表示如下:

$$MnO_2 + H_2SO_4 \longrightarrow [O] + MnSO_4 + H_2O$$

在稀硫酸中氧化时要用过量较多的二氧化锰,在浓硫酸中氧化时可使用过量较少的二氧化锰。

二氧化锰是比较温和的氧化剂,可用于制芳醛、醌类以及在芳环上引入羟基等。例如,从对氯甲苯的氧化可制得对氯苯甲醛(70 % 硫酸,70 ℃),从苯胺的氧化可制得对苯醌(20 % 硫酸,5 ~ 25 ℃),从 1,4-二羟基蒽醌的氧化可制得 1,2,4-三羟基蒽醌(100 % 硫酸,140 ~ 150 ℃)。

12.4.3.3 三价硫酸锰

三价硫酸锰是温和的氧化剂,主要用于将甲基氧化成醛基。例如,从甲苯-2,4-二磺酸的氧化可制得苯甲醛-2,4-二磺酸(浓硫酸介质,120 ~ 125 ℃)。三价硫酸锰很容易吸水,在水溶液中会逐渐分解。在生产中是将硫酸锰的浓硫酸溶液用二氧化锰氧化而得,在上述氧化反应中,副产的硫酸锰结晶可以回收套用。

另外,三价硫酸锰的水溶液还可用于从甲苯及其衍生物的氧化制苯甲醛及其衍生物。用过的二价硫酸锰的水溶液可在电解槽中再氧化成三价硫酸锰循环使用(即间接电解氧化法,见3.9.7)。

12.4.3.4　重铬酸钠

重铬酸钠虽然比较容易潮解,但是它比重铬酸钾的价格便宜得多,在水中溶解度大,故在工业上一般都使用重铬酸钠。它通常是在各种浓度的硫酸中使用。其氧化反应可简单表示如下:

$$Na_2Cr_2O_7 + 4\,H_2SO_4 \longrightarrow 3\,[O] + Cr_2(SO_4)_3 + Na_2SO_4 + 4\,H_2O$$

副产的 $Cr_2(SO_4)_3$ 和 Na_2SO_4 复盐称"铬矾",可用于制革工业和印染工业,也可将 $Cr_2(SO_4)_3$ 转变为 Cr_2O_3,用于颜料工业。

重铬酸钠主要用于将芳环侧链的甲基氧化成羧基。例如,从对硝基甲苯的氧化制对硝基苯甲酸等。

重铬酸钠在中性或碱性水介质中是温和的氧化剂,可用于将—CH_3、—CH_2OH、—CH_2Cl、—CH=$CHCH_3$ 等基团氧化成醛基。

在化学工业的初期,重铬酸盐氧化法的应用比较广泛。但是,重铬酸盐价格贵,含铬废液处理费用高,因此许多重铬酸盐氧化法已逐渐被其他氧化法所代替。

12.4.3.5　硝酸

硝酸除了用作硝化剂、酯化剂以外,也用作氧化剂。只用硝酸氧化时,硝酸本身被还原为 NO_2 和 N_2O_3。

$$2\,HNO_3 \longrightarrow [O] + H_2O + 2\,NO_2\uparrow$$

$$2\,HNO_3 \longrightarrow 2\,[O] + H_2O + N_2O_3\uparrow$$

在矾催化剂存在下进行氧化时,硝酸可以被还原成无害的 N_2O,并提高硝酸的利用率。

$$2\,HNO_3 \longrightarrow 4\,[O] + H_2O + N_2O$$

硝酸氧化法的主要缺点是:腐蚀性强,有废气需要处理,在某些情况下会引起硝化副反应。硝酸氧化法的优点是:价廉,对于某些氧化反应选择性好,收率高,工艺简单。

硝酸氧化法的最主要用途是从环十二醇/酮混合物(见 12.2.7)的开环氧化制十二碳二酸:

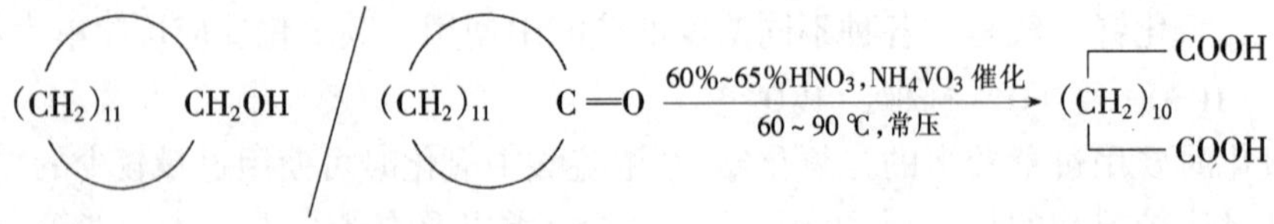

此法的优点是选择性好、收率高、反应容易控制。按醇/酮合计,质量收率120 %,产品中约含十二碳二酸90 %,C_{10} ~ C_{12} 二酸合计98 %以上。

硝酸氧化法的另一重要用途是从环己酮/醇混合物氧化制己二酸。

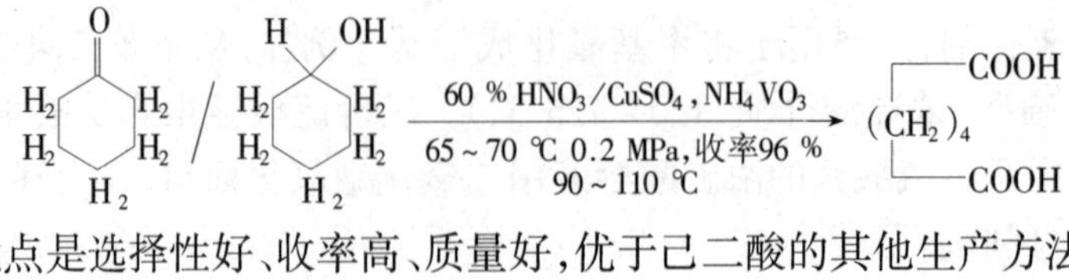

此法的优点是选择性好、收率高、质量好,优于己二酸的其他生产方法。

12.4.3.6 过氧化氢(双氧水)

过氧化氢俗称双氧水,它是比较温和的氧化剂。市售双氧水的浓度通常是42 % 或30 % 的水溶液。双氧水的最大优点是在反应后本身变成水,无有害残留物,即

$$H_2O_2 \longrightarrow H_2O + [O]$$

但是,双氧水不够稳定,只能在低温下使用,这就限制了它的使用范围。在工业上,它主要用于制备有机过氧化物和环氧化合物。

1.制备有机过氧化物

双氧水与羧酸、酸酐或酰氯作用可生成有机过氧化物。

甲酸或乙酸在硫酸存在下与双氧水作用,然后中和,可分别制得过甲酸或过乙酸的水溶液。例如:

$$CH_3-\overset{O}{\underset{}{C}}-OH + H_2O_2 \xrightarrow{H_2SO_4} CH_3-\overset{O}{\underset{}{C}}-O-OH + H_2O$$

酸酐与双氧水作用可直接制得过氧二酸。例如:

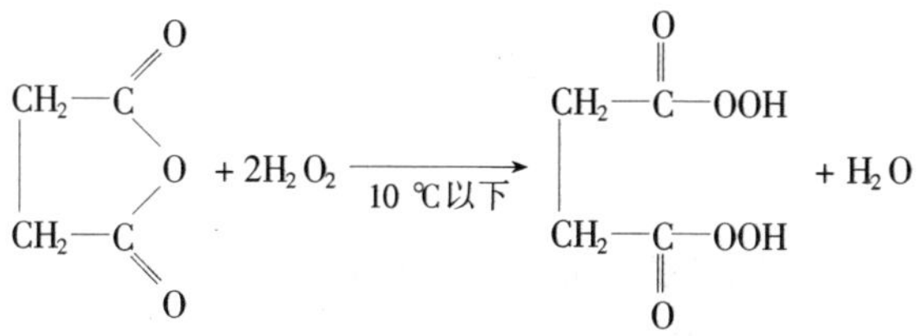

$$\begin{array}{c}CH_2-\overset{O}{\underset{}{C}}\\ \\ CH_2-\overset{O}{\underset{}{C}}\end{array}\!\!O + 2H_2O_2 \xrightarrow{10\text{ ℃以下}} \begin{array}{c}CH_2-\overset{O}{\underset{}{C}}-OOH\\ \\ CH_2-\overset{O}{\underset{}{C}}-OOH\end{array} + H_2O$$

苯甲酰氯与双氧水的碱性溶液相作用可制得过氧化苯甲酰:

$$2\,C_6H_5COCl + H_2O_2 + 2\,NaOH \longrightarrow C_6H_5\overset{O}{\underset{}{C}}-O-O-\overset{O}{\underset{}{C}}-C_6H_5 + 2\,NaCl + 2\,H_2O$$

氯代甲酸酯(烷氧基甲酰氯)与双氧水的碱性溶液相作用可制得多种过氧化二碳酸酯:

$$2\,R-O-\overset{O}{\underset{}{C}}-Cl + H_2O_2 + 2NaOH \longrightarrow R-O-\overset{O}{\underset{}{C}}-O-O-\overset{O}{\underset{}{C}}-O-R + 2\,NaCl + 2\,H_2O$$

其中重要的酯有二异丙酯、二环己酯、双-2-苯氧乙基酯等。

有机过氧化物主要用作自由基型聚合反应的引发剂,另外,有些也用作氧化剂、漂白剂或交联剂。应该指出,有机过氧化物都具有强氧化性,对催化剂、干燥剂、铁、铜及冲击和摩擦都比较敏感,有爆炸危险性,一般都是以湿品在低温贮存和运输。

另外,有机过氧化物还可以进一步转化制得其他产品。例如,将环己烷在甲醇中与双氧水反应,生成甲氧基环己基过氧化物,再用催化剂将它开环二聚生成十二碳二酸双甲酯,再经碱性水解可制得十二碳二酸。反应为:

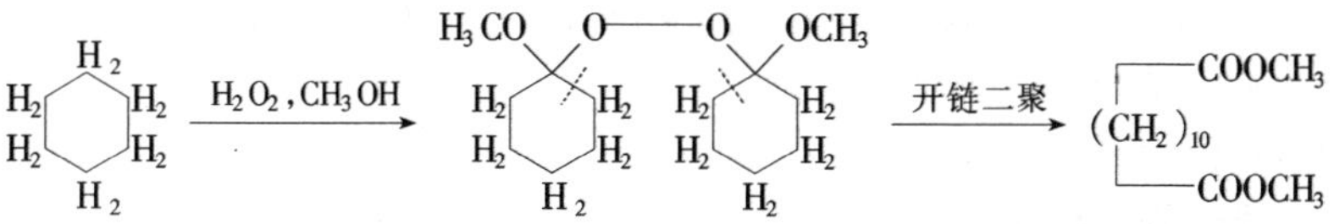

此法是日本最近开发的新工艺。据报道,虽然溶剂回收负荷大,但与传统工艺相比,具有流程短、总收率高、原料易得、产品纯度高、成本低等优点。传统的工艺是丁二烯环三聚生成环十二碳三烯(见 3.7.5.2),加氢生成环十二碳烷、再经自动氧化生成环十二醇/酮混合物(见 12.2.7)。最后经硝酸氧化生成十二碳二酸(见 12.4.3.5)。

2.制备环氧化合物

双氧水与不饱和酸或不饱和酯作用可制得环氧化合物。例如,精制大豆油在硫酸和甲酸(或乙酸)存在下与双氧水作用可以制得环氧大豆油。反应为:

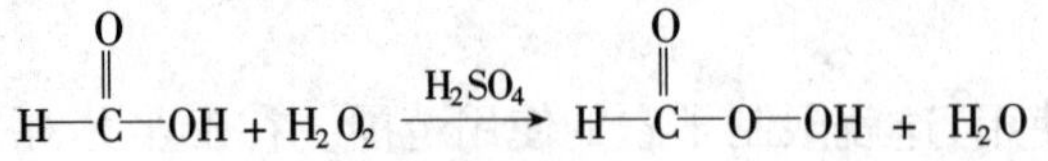

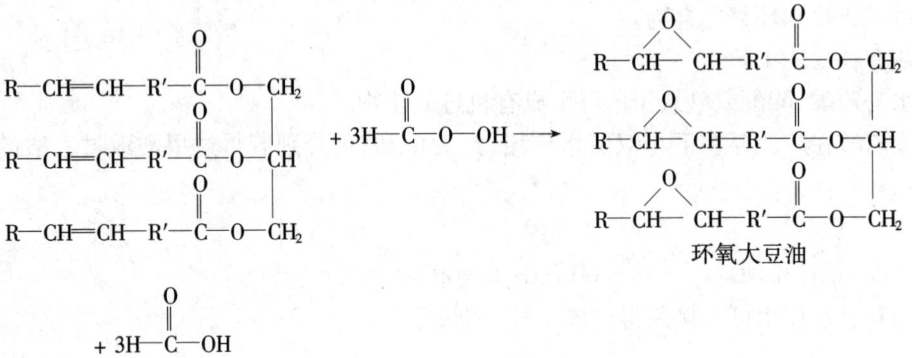

$$
\overset{O}{H-\overset{\|}{C}-OH} + H_2O_2 \xrightarrow{H_2SO_4} \overset{O}{H-\overset{\|}{C}-O-OH} + H_2O
$$

环氧大豆油

用同样的方法可以从许多高碳不饱酸酯制得相应的环氧化合物,它们都是性能良好的无毒或低毒的增塑剂。

另外,环氧化合物还可用于进一步反应,以制备羟基化合物。例如,将顺丁烯二酸用双氧水环氧化,然后水解,可制得2,3-二羧基丁二酸(酒石酸)。反应为:

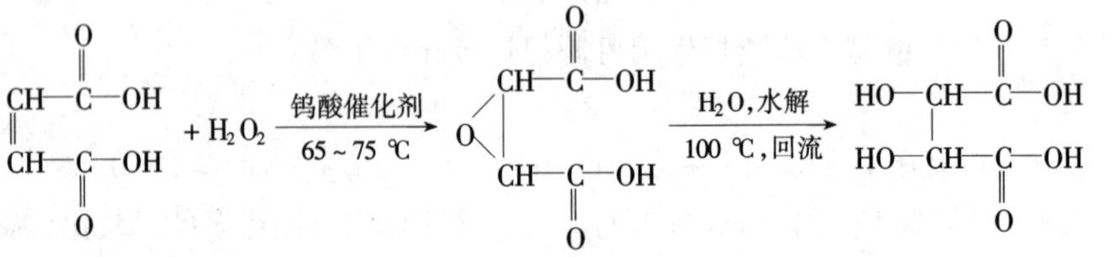

3.制备对苯二酚和邻苯二酚

苯酚在无机酸的存在下,用过甲酸(或双氧水与羧酸的混合物)在90 ℃进行氧化,可以联产对苯二酚和邻苯二酚。根据反应条件的不同,其比例约在6:4到4:6之间。此法已经工业化,比传统的苯胺先用二氧化锰氧化成对苯醌再还原的方法三废少(见12.4.3.2)。对苯二酚的另一工业生产方法是对-二异丙苯的氧化-酸解法(见12.2.5)。

参考文献

1 唐培堃.中间体化学及工艺学.北京:化学工业出版社,1984

2 张铸勇.精细有机合成单元反应.上海:华东化工学院出版社,1990

3 [德]Welssermel K, Arpe H J.工业有机化学,重要原料及中间体.北京:化学工业出版社,1982

4 朱淬砺.药物合成反应.北京:化学工业出版社,1982

5 王葆仁.有机合成反应(上).北京:科学出版社,1981

6 [英]Hucknall D J.烃类选择氧化.北京:科学出版社,1981

7 周敬思等.环氧乙烷与乙二醇.北京:化学工业出版社,1979

8 曹钢.异丙苯法生产苯酚丙酮.北京:化学工业出版社,1983

9 李世新.过氧乙酸性质及应用.北京:化学工业出版社,1983

10 上海桃浦化工厂.过氧乙酸的生产及应用.上海:上海人民出版社,1975

11　上海市石油化学研究所,上海高桥化工厂.丙烯氧化合成丙烯腈.北京:燃料化学工业出版社,1972

12　大庆石油化工总厂,北京化工学院.丙烯腈生产工艺与操作.北京:燃料化学工业出版社,1973

13　顾良荧.合成酯肪酸化学及工艺学.北京:轻工业出版社,上册 1984,下册 1987

14　己内酰胺生产及应用编写组.己内酰胺生产及应用.北京:烃加工业出版社,1988

15　吉林化学工业公司电石厂.乙烯氧化法合成醋酸.北京:化学工业出版社,1979

16　[英]Hancock E G.苯及其工业衍生物.北京:化学工业出版社,1982

17　[英]Hancock E G.甲苯、二甲苯及其工业衍生物.北京:化学工业出版社,1987

18　[英]Miller S A.乙烯及其工业衍生物.北京:化学工业出版社,1980

19　[英]Hancock E G.丙烯及其工业衍生物.北京:化学工业出版社,1982

20　[前苏联]Pouep B A 等.萘的催化氧化.北京:中国工业出版社,1965

21　金松寿.有机催化.上海:上海科学技术出版社,1986

22　华东工学院等.基本有机化工工艺学.北京:化学工业出版社,1990

23　徐日新.石油化学工业基础.北京:石油化学工业出版社,1983

24　Dumas T. Oxidation of Petrochemicals, chemistry and Technology. Applied Science publishers, 1974

25　Davis A G. Organic Peroxides. Butterworths, 1961

26　[前苏联]伏洛茹卓夫.染料及中间体合成原理.北京:高等教育出版社,1958

27　[美]Groggins P H. Unit Processes in Organic Synthsis, McGraw-Hill Book Company, Inc. Fifth Edition 1958

28　[日]小田良平.酸化.北京:化学工业出版社,1963

29　石油化学工业部化工设计院.国外石油化工概况.北京:石油化学工业出版社,1978

30　上海市化学工业局设计室.论苯酐生产.1980

31　上海化工学院.煤化学和煤焦油化学.上海:上海人民出版社,1976

32　[日]细田丰.理论制造染料化学.上海:上海人民出版社,1976

33　徐克勋.精细有机化工原料及中间体手册.北京:化学工业出版社,1998

34　刘冲,司徒玉莲,申大志等.石油化工手册(第三分册,基本有机原料篇).北京:化学工业出版社,1987

35　化学工业部科学技术情报研究所.化工商品手册(有机化工原料).北京:化学工业出版社,1985

36　张澍声.精细化工中间体工业生产技术.染料工业,1996

37　姚蒙正,程侣伯,王家儒.精细化工产品合成原理,第二版.北京:中国石化出版社,2000

第 13 章　水　解

13.1　概述

水解是指有机化合物 X—Y 与水的复分解反应。水中的氢进入一个产物,氢氧基则进入另一个产物。水解的通式简单表示如下:

$$X—Y + H—OH \longrightarrow X—H + Y—OH$$

水解的方法很多,最常用的方法是碱性水解,其次是酸性水解,还有气固相接触催化水解和酶催化水解等方法。

芳香族重氮盐的水解和酰胺的水解已分别在 8.4.2.1 和 11.2.9 讨论。本章只讨论卤素化合物的水解、芳磺酸及其盐类的水解、芳环上硝基的水解、芳伯胺的水解、酯类的水解以及碳水化合物的水解等。

13.2　脂链上卤基的水解

脂链上的卤基比较活泼,它与氢氧化钠水溶液在较温和的条件下相作用即可生成相应的醇:

$$R—X + NaOH \longrightarrow R—OH + NaX$$

除了氢氧化钠以外,也可以用价廉的温和碱性剂,例如碳酸钠和氢氧化钙(石灰乳)等。

上述水解属于亲核取代反应。脂链上各种卤素在水解时的活泼性次序是:

$$I > Br > Cl$$

脂链上的氟非常稳定,很难水解。

考虑到氯比溴价廉易得,工业上主要使用氯基水解法,只有在个别情况下才使用溴基水解法。

用氯基水解法制备脂肪醇,要消耗氯气和碱性剂,并副产无机盐废液,现在许多脂肪醇的生产已改用其他更经济的合成路线(见 12.2.6 和 14.2),但是,有一些重要的产品仍需采用氯基水解法。

13.2.1　乙烯的氯化水解制环氧乙烷

$$Cl_2 + H_2O \longrightarrow HOCl + HCl$$

$$CH_2 {=} CH_2 + HOCl \xrightarrow{\text{加成氯化}} HOCH_2CH_2Cl$$

$$2\,HOCH_2CH_2Cl + Ca(OH)_2 \xrightarrow[\text{环合}]{\text{水解,脱 HCl}} 2\,CH_2{-}CH_2 + CaCl_2 + 2\,H_2O$$

在上述反应中,生成环氧乙烷的选择性按乙烯计可达 80 %,但是,此法要消耗氯,并副产氯化钙。1975 年以后,环氧乙烷的大型生产都已改用乙烯的直接氧化法(12.3.6)。

13.2.2　丙烯的氯化水解制环氧丙烷

环氧丙烷也是重要的化工产品。在工业上曾企图用丙烯的直接氧化法生产环氧丙烷,但无论是气固相接触催化氧化法,还是液相氧化法都处于研究开发阶段,尚无工业化的报道。60 年代,乙烯的氯化水解法制环氧乙烷的设备已逐渐闲置,若将这套设备稍加改动,即可用于丙烯的氯化水解法制环氧丙烷。其反应式简单表示如下:

$$Cl_2 + H_2O \longrightarrow HOCl + HCl$$

$$2\ CH_3-CH=CH_2 \xrightarrow[\text{加成氯化}]{HOCl} CH_3-\underset{\underset{OH}{|}}{CH}-CH_2Cl\ +\ CH_3-\underset{\underset{Cl}{|}}{CH}-CH_2OH$$

$$\xrightarrow[\text{水解环合}]{10\%\ Ca(OH)_2} 2CH_3-CH-CH_2 \atop \underset{O}{\diagdown\diagup}$$

丙烯与含氯水溶液相作用生成的 1-氯-2-丙醇和 2-氯-1-丙醇,两者不经分离与过量的石灰乳相作用,即发生水解脱氯化氢环合反应而生成环氧丙烷。由氯丙醇生成环氧丙烷的收率约为 95 %,按丙烯计总收率约为87 % ~ 90 %。此法目前是工业上生产环氧丙烷的主要方法。此法的优点是环氧丙烷收率高,可以使用纯度不高的丙烯,工艺成熟,设备简单,可利用原来生产环氧乙烷的设备。此法的缺点是消耗大量的氯和生石灰,并副产大量氯化钙稀溶液。因此,国外正在进行多方面的开发研究工作。

一个重要的改进方法是利用氯化钠(或氯化钾、溴化钠、碘化钠等)的水溶液在电解时阳极室生成氯、阴极室生成氢氧化钠的原理,在阳极室通入丙烯与含氯水溶液相作用生成氯丙醇,然后将生成的氯丙醇分离出来,在阴极室与氢氧化钠作用生成环氧丙烷。由于两个反应在同一个电解槽中进行,在阳极室虽然消耗了氯,但是氯又回到了阴极室,并不产生无机盐废液。此法的优点是避免了氯醇法中氯化钙处理困难的问题,缺点是耗电量高。据报道,美国道化学公司在联邦德国已筹建年产 15.5 万吨生产装置。

环氧丙烷的另一个工业生产方法是丙烯的间接氧化法(见 12.2.5.2)。

13.2.3　丙烯的氯化水解制 1,2,3-丙三醇(甘油)

甘油最初主要来自油脂的皂化水解制肥皂(见 13.7),但随着合成洗涤剂的出现,肥皂的生产日益减少,而甘油的需要量却日益增加。目前合成甘油已占世界甘油总产量的一半以上。在合成法中丙烯的氯化水解法约占80 %,是最重要的合成法。从丙烯制甘油包括四步反应。

(1)丙烯高温取代氯化制烯丙基氯:

$$CH_2=CH-CH_3 + Cl_2 \xrightarrow[\text{自由基取代氯化}]{450 \sim 500\ ℃} CH_2=CH-CH_2Cl$$

(2)烯丙基氯与次氯酸加成氯化制二氯丙醇:

$$CH_2=CH-CH_2Cl \xrightarrow[\text{加成氯化}]{HOCl,25 \sim 30\ ℃,pH0.5 \sim 2.0} \underset{\underset{OH}{|}}{CH_2}-\underset{\underset{Cl}{|}}{CH}-CH_2Cl\ +\ CH_2-\underset{\underset{OH}{|}}{CH}-CH_2Cl \atop \underset{Cl}{|}$$

(3)二氯丙醇的石灰乳水解脱氯化氢环合制环氧氯丙烷:

$$\underset{\substack{OH\ \ Cl \\ (Cl)\ (OH)}}{CH_2-CH-CH_2Cl} \xrightarrow[\text{脱氯化氢水解环合}]{Ca(OH)_2,50\sim90\ ℃} \underset{O}{CH_2-CH-CH_2Cl}$$

(4)环氧氯丙烷水解制甘油:

$$\underset{O}{CH_2-CH-CH_2Cl} \xrightarrow[\text{水合}]{+H_2O} \underset{\substack{OH\ \ OH}}{CH_2-CH-CH_2Cl} \xrightarrow[\text{脱氯化氢水解环合}]{-HCl \atop NaOH} \underset{\substack{OH\ \ O}}{CH_2-CH-CH_2}$$

$$\xrightarrow[\text{水合}]{+H_2O} \underset{\substack{OH\ OH\ OH}}{CH_2-CH-CH_2}$$

实际上,最后一步环氧氯丙烷水解生成甘油的全过程是在一个反应器中同时完成的。将环氧氯丙烷与含10 % NaOH 和1 % Na_2CO_3 的水溶液在 CO_2 压力下,在150 ℃和1.37 MPa 连续地经过一个水解锅,得到含盐的甘油水溶液,它经过四个多效蒸发器浓缩脱盐,再减压蒸馏即得到纯度99 %以上的甘油。按环氧氯丙烷计,收率约93 %。国内改用15 %混合碱(其中 NaOH : Na_2CO_3 摩尔比为 1:3±0.5),用两锅串联水解,操作压力 1 MPa,第一锅和第二锅的水解温度分别为 150 ℃和 170 ℃,双锅停留时间可缩短为 25 min。水解液中甘油的浓度可提高到13.5 %,甘油的收率可提高到98 %。

考虑到丙烯的氯化水解法合成甘油要消耗氯,并副产大量含氯化钙和氯化钠的废水,又开发了以丙烯为原料合成甘油的许多其他方法,但都尚未广泛应用。

13.2.4 苯氯甲烷衍生物的水解

苯环侧链甲基上的氯也相当活泼,其水解反应在弱碱性缚酸剂或酸性催化剂的存在下很容易进行。通过这类水解反应可以制得一系列产品。

13.2.4.1 苯一氯甲烷(一氯苄)的水解制苯甲醇

一氯苄与碳酸钠水溶液在 63~103 ℃长时间共热,可得到苯甲醇,收率约为70 %～72 %,主要副产物是二苄醚。

主反应 $2C_6H_5CH_2Cl + Na_2CO_3 + H_2O \longrightarrow 2C_6H_5CH_2OH + 2NaCl + CO_2\uparrow$

副反应 $2C_6H_5CH_2OH + 2C_6H_5CH_2Cl + Na_2CO_3 \longrightarrow 2C_6H_5CH_2-O-CH_2C_6H_5 + 2NaCl + CO_2\uparrow$

如果将一氯苄与碳酸钠水溶液充分混合并在高温(180~275 ℃)和高压(1~6.8 MPa)通过反应区,水解时间只需要几分钟。连续法的优点是反应快,生成的二苄醚很少。如果在水解物中加入苯、甲苯等非极性溶剂,则副产二苄醚还可进一步减少。

用类似的方法还可以从对苯撑二甲基氯的水解制对苯二甲醇。

13.2.4.2 苯二氯甲烷(二氯苄)的水解制苯甲醛

二氯苄比一氯苄容易水解,一般都采用酸性-碱性联合水解法。

酸性水解

    $C_6H_5CHCl_2 + H_2O \longrightarrow C_6H_5CHO + 2HCl\uparrow$

碱性水解

    $C_6H_5CHCl_2 + Na_2CO_3 \longrightarrow C_6H_5CHO + 2NaCl + CO_2\uparrow$

酸性水解最初用浓硫酸做催化剂,废酸分层后可循环套用。后来改用氧化锌-磷酸锌做催化剂,其用量只需二氯苄质量的0.125 %。将二氯苄在上述催化剂存在下加热至 132 ℃,然后慢慢滴入水,就会使一部分二氯苄水解成苯甲醛,并蒸出氯化氢。酸性水解后,再加入适量碳酸钠水溶液并回流一定时间,即可使剩余的二氯苄完全水解为苯甲醛。

通常,甲苯侧链氯化制得的二氯苄中总是含有一定量的三氯苄,它在碱性水解时转变为苯甲酸钠,可从碱性水解母液中回收得到副产苯甲酸。

用类似方法制得的苯甲醛衍生物还有:

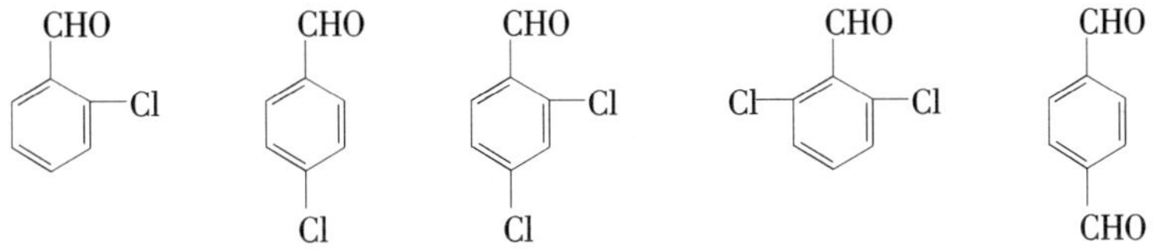

另外,苯甲醛的生产还可以采用甲苯的间接电解氧化法(见 3.9.7)。

13.3 芳环上卤基的水解

13.3.1 氯苯的水解制苯酚

氯苯分子中的氯基很不活泼,它的水解需要极强的反应条件,在工业上曾经用氯苯的水解法制苯酚。水解的方法有两种。

1.碱性高压水解法

将10 % ~ 15 %氢氧化钠水溶液和氯苯的混合液在 360 ~ 390 ℃、30 ~ 36 MPa 下连续地通过高压管式反应器进行水解,停留时间约 20 min,除生成苯酚外,还副产二苯醚。

$$C_6H_5Cl + 2NaOH \longrightarrow C_6H_5ONa + NaCl + H_2O$$

$$C_6H_5ONa + C_6H_5Cl \longrightarrow C_6H_5-O-C_6H_5 + NaCl$$

此法的缺点是要消耗氯和氢氧化钠、副产废盐水,并需要使用耐腐蚀的高压管式反应器。

2.常压气固相接触催化水解法

将氯苯和水的气态混合物预热到 400 ~ 450 ℃,通过 $Ca_3(PO_4)_2/SiO_2$ 催化剂,氯苯即水解为苯酚,氯苯的单程转化率约为10 % ~ 15 %。反应为:

$$C_6H_5Cl + H_2O \longrightarrow C_6H_5OH + HCl$$

上述水解是吸热反应,由于热效应小,可使用绝热反应器。由于催化剂活性下降很快,使用几分钟后即需活化,因此需要用四台反应器轮换活化,以保持连续生产。水解时副产的盐酸可用于苯的氧化氯化法制氯苯(见 4.2.4):

$$C_6H_6 + HCl + 1/2O_2 \longrightarrow C_6H_5Cl + H_2O$$

气相水解法制苯酚,理论上可以不消耗氯和氢氧化钠,但由于两步反应的转化率都比较低,反应产物的分离后处理过程相当复杂。

现在,氯苯的水解法制苯酚已被异丙苯的氧化-酸解法(见12.2.5.1)代替。

13.3.2 多氯苯的水解

二氯苯分子中的氯虽然稍微活泼一些,但是氯基的水解仍需相当强的反应条件。多氯苯分子中的氯要活泼一些,但是氯基的水解也需要比较强的反应条件。

13.3.2.1 邻二氯苯的水解

邻二氯苯的碱性部分水解可得到邻氯苯酚。但此法需要高纯度的邻二氯苯,并且要用高压反应器。邻氯苯酚的工业生产是由苯酚在苯溶剂中于 26 ℃下用氯气进行一氯化,得到一氯苯酚混合物,然后用精馏法分离出邻氯苯酚,同时联产对氯苯酚(见 4.2.5.1)。

邻二氯苯的碱性完全水解可以得到邻苯二酚(硫酸铜催化剂、管式高压反应器,180 ~ 190 ℃,停留时间 50 ~ 60 min),但此法只用于小规模生产。在许多国家,邻苯二酚是用苯酚的氧化法制对苯二酚时的联产物(见 12.4.3.6)。

13.3.2.2 对二氯苯的水解

将对二氯苯和氢氧化钠的甲醇溶液在硫酸铜催化剂存在下,在高压釜中于 225 ℃反应,可得到对氯苯酚。对氯苯酚的另一个生产方法是将熔融的苯酚在 40 ~ 50 ℃用二氯硫酰(SO_2Cl_2)进行氯化,然后将氯化混合物冷冻,使对氯苯酚结晶析出(见 4.2.5.1)。

13.3.2.3 1,2,4,5-四氯苯的水解

将 1,2,4,5-四氯苯与氢氧化钠的甲醇溶液在 130 ~ 150 ℃、0.5 ~ 1.4 MPa 反应可得到 2,4,5-三氯苯酚。

13.3.2.4 六氯苯的水解

将六氯苯用上述方法水解可得五氯苯酚。此过程也可以不用甲醇作溶剂,但需要更强的反应条件(30 %氢氧化钠溶液、230 ~ 240 ℃、2.6 MPa)并使用氧化铜催化剂。

13.3.3 硝基氯苯类的水解

当苯环上氯基的邻位或对位有硝基时,由于硝基的强吸电性作用的影响,苯环上与氯基相连的碳原子上的电子云密度显著降低,亲核反应活性显著增加,使氯基较易水解。因此,只需要用稍过量的氢氧化钠水溶液,在较温和的反应条件下即可进行水解。例如:

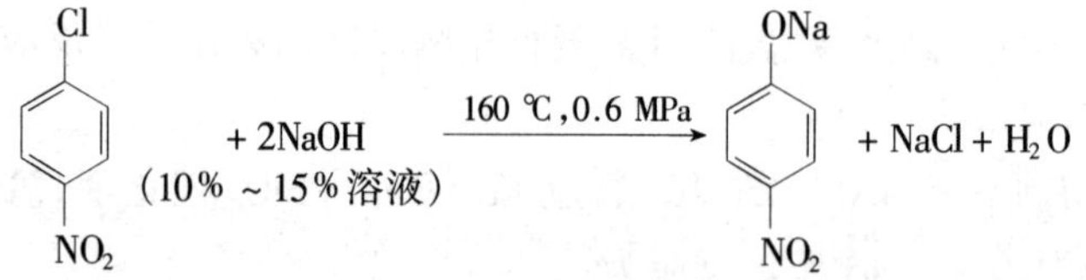

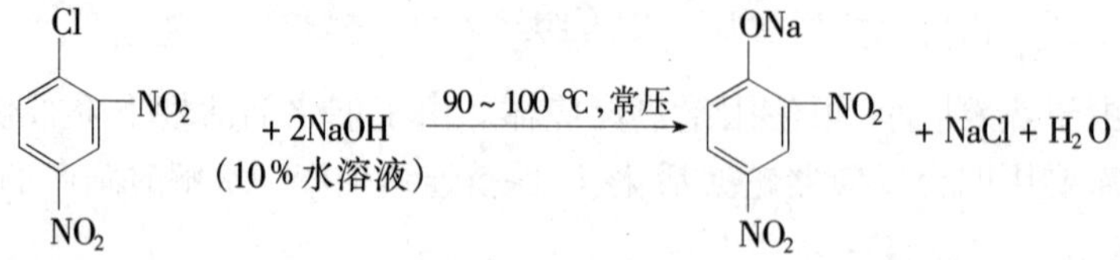

用氯基水解法还可以制得以下邻硝基酚类。例如:

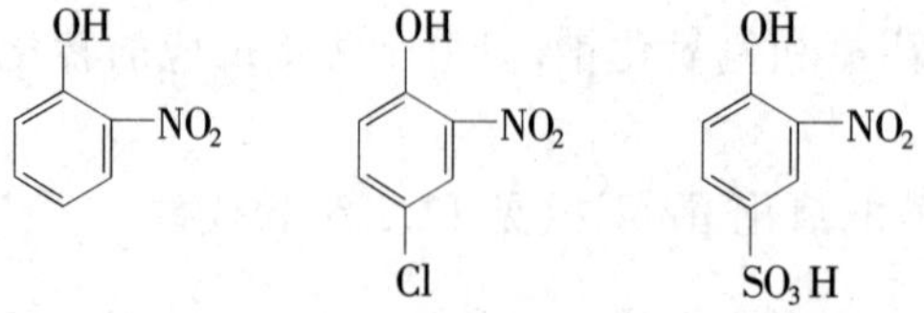

用苯酚的硝化法制备一硝基苯酚和 2,4-二硝基苯酚的方法,现在工业上已不采用。

上述硝基酚类经还原后,可制得相应的邻氨基酚和对氨基酚,它们都是重要的中间体。

13.3.4 蒽醌环上卤基的水解

蒽醌环上 α-位的氯基,特别是溴基比较活泼。例如,1-氨基-2,4-二溴蒽醌在浓硫酸中、硼酸存在下,在 120 ℃进行酸性水解,可制得 1-氨基-2-溴-4-羟基蒽醌:

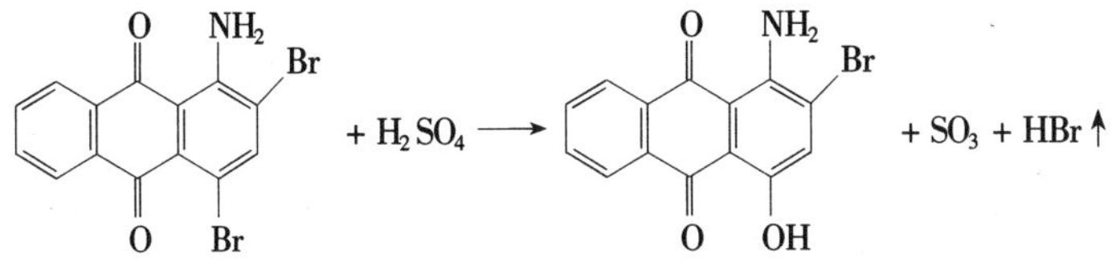

在这里,用浓硫酸水解法的原因,一方面是为了使反应物溶解,另一方面是因为碱性水解法会引起副反应。

用类似的反应条件还可以从 1-氨基-2,4-二氯蒽醌的水解制 1-氨基-2-氯-4-羟基蒽醌。

13.4 芳磺酸及其盐类的水解

脂链上的磺基非常稳定。例如,乙基磺酸与浓苛性钠水溶液或浓硫酸共热都不水解,但是连在芳环上的磺基则比较容易水解,而且随水解介质的不同,所得产品也不同。

13.4.1 芳磺酸的酸性水解

某些芳磺酸在稀硫酸介质中发生磺基被氢原子置换的水解反应,即

$$Ar-SO_3H + H_2O \xrightarrow[\text{加热}]{\text{稀硫酸}} Ar-H + H_2SO_4$$

这时磺基以硫酸的形式脱落下来,实际上这是磺化的逆反应,并且是亲电取代反应历程(5.2.1)。

酸性水解可用来除去芳环上已经引入的磺基,其应用实例见 2-萘磺酸钠的制备(5.2.4.1)、J 酸的制备(13.4.2.4)和安安蓝 B 色基的制备(10.2.8.1)。

13.4.2 芳磺酸盐的碱性水解(碱熔)

芳磺酸盐在高温下与熔融苛性碱相作用使磺基被羟基所置换的水解反应又叫"碱熔"。碱熔是亲核取代反应,磺基以亚硫酸盐的形式从芳环上脱落下来。碱熔反应用以下通式表示:

$$Ar-SO_3Na + 2NaOH \longrightarrow Ar-ONa + Na_2SO_3 + H_2O$$

生成的酚钠盐用无机酸(例如硫酸)酸化,即转变成游离酚:

$$2Ar-ONa + H_2SO_4 \longrightarrow 2Ar-OH + Na_2SO_4$$

另外,酸化时也可以不用硫酸,而用亚硫酸钠或碳酸钠中和磺化反应物时产生的二氧化硫或二氧化碳。例如:

$$2Ar-SO_3H + Na_2SO_3 \longrightarrow 2Ar-SO_3Na + H_2O + SO_2\uparrow$$

$$2Ar-ONa + SO_2 + H_2O \longrightarrow 2Ar-OH + Na_2SO_3$$

磺酸盐的碱熔是工业上制备酚类的重要方法之一。其优点是技术要求不高;缺点是消耗大量的酸和碱,废液多,工艺落后。对于许多大吨位的酚类,例如苯酚、间甲酚和 1-萘酚,大部分工厂已改用其他废液少的合成路线。例如,苯酚的生产已主要采用异丙苯的氧化-酸解法

(见 12.2.5.1),间甲酚的生产已改用间甲基异丙苯的氧化-酸解法(见 12.2.5.1),1-萘酚的大型生产已改用四氢萘的氧化-脱氢法(见 12.2.7)。

13.4.2.1 碱熔剂

最常用的碱熔剂是苛性钠,因为它价廉易得。当磺酸盐不够活泼而需要更活泼的碱熔剂时,可使用苛性钾。苛性钾的价格比苛性钠贵得多,为了减少苛性钾的用量,可使用苛性钾和苛性钠的混合碱。混合碱的另一优点是熔点可低于 300 ℃。例如无水苛性钠和无水苛性钾的熔点分别为 327.6 ℃和 410 ℃,而等量苛性钠和苛性钾的混合物,如果含有 7 % ~ 8 % 的水和少量碳酸钠,其熔点可下降到 167 ~ 168 ℃。

13.4.2.2 磺酸盐结构的影响和碱熔方法

碱熔的难易和反应条件的选择主要取决于磺酸的分子结构。苯磺酸钠的活泼性较低,要求较高的碱熔温度(300 ~ 340 ℃)。萘环上 α-位磺基比 β-位磺基活泼一些。例如,α-萘磺酸钠可在 300 ℃碱熔,而 β-萘磺酸钠则需要在 320 ~ 340 ℃碱熔。萘多磺酸在碱熔时总是 α-位的磺基优先被羟基所置换。

芳环上有另外的磺基(即多磺酸)时,由于它的吸电性,使被置换的磺基活化,碱熔容易进行。但是,芳环上有其他强吸电基时,则容易引起副反应。例如,在碱熔条件下,硝基会引起氧化-还原副反应,氯基也容易被羟基所置换,氰基则水解成羧基,羧基可发生脱羧副反应。芳环上有羧基或氨基等供电基时,对磺基的碱熔起钝化作用。因此,多磺酸在碱熔时,第一个磺基的碱熔比较容易,但转变成羟基磺酸以后,羟基使磺基钝化。所以在多磺酸的碱熔时,选择适当的反应条件可以使分子中的磺基全部被置换生成多元酚,或使部分磺基被置换成羟基,生成羟基磺酸。对于氨基磺酸类的碱熔,为了避免发生氨基被羟基所置换的副反应,需要使用较温和的反应条件,并使用活泼性较强的碱熔剂,例如苛性钠和苛性钾的混合物。

碱熔的方法主要有三种,即使用熔融碱的高温碱熔法,使用碱溶液的中温碱熔法和蒽醌磺酸的碱熔法。

13.4.2.3 用熔融碱的常压高温碱熔法

此法主要用于磺基不活泼的情况,并且可以使多磺酸中的磺基全部置换成羟基。用此法制得的重要产品有:

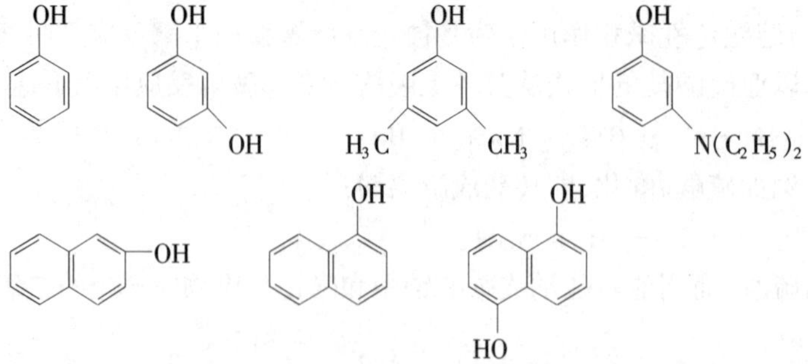

用熔融碱的碱熔,目前在工业上都采用分批操作。碱熔锅砌在炉灶内,以煤气、天然气、重油或煤作燃料。先在碱熔锅内加入熔融的碱,为了保持一定的碱熔温度(例如 285 ~ 320 ℃),磺酸盐的浓溶液或湿滤饼要用几小时慢慢地加到碱熔锅中。但是,在加料完毕后,要快速升温(例如加热到 320 ~ 340 ℃)并保持十几到几十分钟,使反应完全,并立即放料。应该指出,不必要地延长反应时间会增加副反应。高温碱熔时,温度的控制非常重要,温度偏高易引起副反应或物料的焦化;温度偏低,不仅会延长反应到达终点的时间,甚至会导致凝锅事故。

高温碱熔时,碱的过量可以很少。一般每个磺基的碱熔只需要约 2.5 mol 的碱(约过量 25 %)。因为碱的用量少,物料比较粘稠,无机盐的存在会影响碱熔物的流动性,使物料变得很稠,甚至结块造成局部过热、焦化、甚至燃烧。在无机盐中硫酸盐的影响最大,因此,所用磺酸盐的浓溶液或湿滤饼,应尽量减少其中硫酸钠的含量。例如,2-萘磺酸钠湿滤饼要用碱熔时,副产的亚硫酸钠溶液充分洗涤,以除去滤饼中 α-萘磺酸钠,并减少硫酸钠的含量。又如,间苯二磺酸钠盐溶液要用冷冻法,使其中的硫酸钠尽量结晶析出。

另外,为了保持碱熔物的流动性,在碱熔开始时,苛性碱中应含有5 % ~ 10 %的水,这些水虽然在碱熔过程中被蒸发,但是可以由磺酸盐带入的水和反应生成的水补充。在碱熔后期,还需要在碱熔物的表面通入适量的水蒸气,这不仅是为了保持碱熔物中的水分含量,还为了避免碱熔物与空气接触,保持酚类不受氧化。

1. 苯酚的制备

由苯的磺化-碱熔法生成苯酚要消耗大量的硫酸和氢氧化钠,并生成大量无机盐,已无发展前途。苯酚的工业生产现在主要采用异丙苯的氧化-酸解法(见 12.2.5.1)。

2. 间苯二酚的制备

由苯的二磺化-碱熔法生产间苯二酚,现在仍是工业上的主要方法。有几家公司试图用间二异丙苯的氧化-酸解法生产间苯二酚,但因副产物太多,未能工业化。间苯二酚的特点是在碱熔物酸化后的无机盐水溶液中溶解度很大,要用乙醚、戊醇或二异丙醚将其萃取出来,然后再用蒸馏法精制。

3. 2-萘酚的制备

萘的高温磺化-碱熔法仍是生产 2-萘酚的主要方法,中国是主要生产国。但此法无机盐废液多,废水的生物耗氧量高。美国氰胺公司又开发了以萘和丙烯为原料的2-异丙萘氧化-酸解法(见 10.4.4.1 和 12.2.5.1),并已建立了年产 3 000 ~ 3 600 吨的生产装置。因对原料萘的含硫量要求很严,限制了它的扩大生产。

4. 1-萘酚的制备

1-萘酚的中小型生产仍采用萘的低温磺化-碱熔法或 1-萘胺的水解法(见 13.6.1)。但是,在美国已改用四氢萘的氧化-脱氢法(见 12.2.7),因为美国生产农药西维因要用大量的 1-萘酚。

5. 间-N,N-二乙氨基苯酚(间羟基-N,N-二乙基苯胺)的制备

它是由间-N,N-二乙氨基苯磺酸钠的碱熔制得的。由于二乙氨基的供电性很强,磺基强烈钝化,因此要用氢氧化钠和氢氧化钾的混合碱作碱溶剂,在 270 ~ 280 ℃投料,最后碱熔温度 320 ℃。

13.4.2.4 用碱溶液的中温碱熔法

此法主要用于将萘多磺酸、氨基或羟基萘多磺酸中的一个磺基置换成羟基,而其他的磺基或氨基仍保持不变。由于上述化合物中的第一个磺基比较活泼,所以碱熔的温度可以低一些(180 ℃ ~ 270 ℃)。

如果使用70 % ~ 80 %浓碱液,碱熔过程可在常压下进行。考虑到反应液中有磺酸盐、酚盐和无机盐存在,碱熔温度略高于相应浓度碱溶液的沸点(见表 13-1)。

但是,有时为了避免萘环上氨基的水解,需要使用浓度较低的碱溶液。如果碱熔温度超过

碱溶液在常压下的沸点，碱熔过程就要在高压釜中进行，这时操作压力与碱的浓度和碱熔温度有关。

在用稀的碱溶液进行碱熔时，为了保持溶液中碱的浓度和反应物的流动性，每个磺基的碱熔，有时要用 6～8 mol 的碱(即理论量的 3～4 倍)或更多一些。

表 13-1 苛性钠水溶液在常压下的沸点

浓度，%	沸点，℃	浓度，%	沸点，℃	浓度，%	沸点，℃
14.53	105	48.32	149	88.89	240
23.08	110	60.13	160	93.02	260
26.21	115	69.97	180	95.92	280
33.77	120	77.53	200	98.47	300
37.58	125	84.03	220	100	318.4

1.γ 酸的制备

γ 酸是染料中间体，由 G 盐经碱熔和氨解而制得。

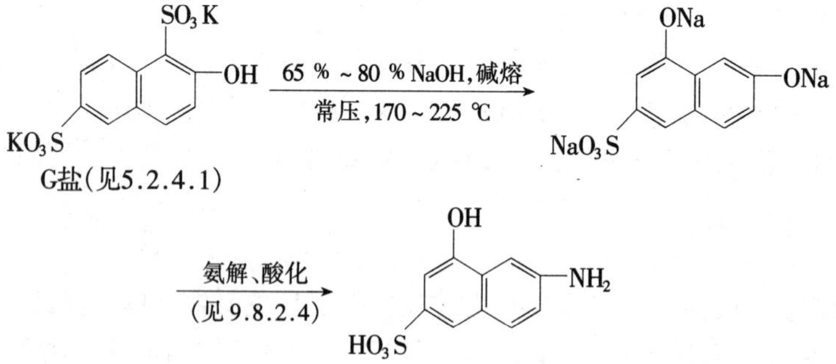
SO3K
OH
KO3S
G盐(见5.2.4.1)
65 %～80 % NaOH，碱熔
常压，170～225 ℃
ONa
ONa
NaO3S
氨解、酸化
(见 9.8.2.4)
OH
NH2
HO3S

γ酸

2.J 酸的制备

J 酸也是染料中间体，由吐氏酸经磺化、酸性水解和碱熔而制得。反应为：

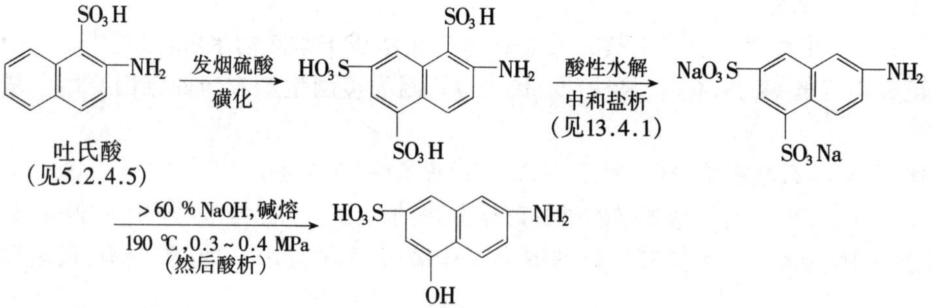
SO3H
NH2
吐氏酸
(见5.2.4.5)
发烟硫酸
磺化
HO3S
SO3H
NH2
SO3H
酸性水解
中和盐析
(见13.4.1)
NaO3S
NH2
SO3Na
>60 % NaOH，碱熔
190 ℃，0.3～0.4 MPa
(然后酸析)
HO3S
NH2
OH

J酸

3.H 酸的制备

H 酸也是染料中间体，由萘经三磺化、硝化、还原制成 T 酸的酸性铵钠盐，然后用稀的碱溶液在 178～182 ℃进行加压碱熔而制得。反应为：

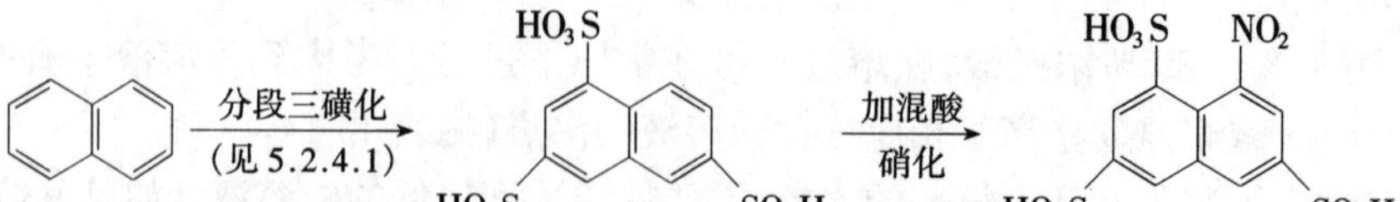
分段三磺化
(见 5.2.4.1)
HO3S
HO3S
SO3H
加混酸
硝化
HO3S
NO2
HO3S
SO3H

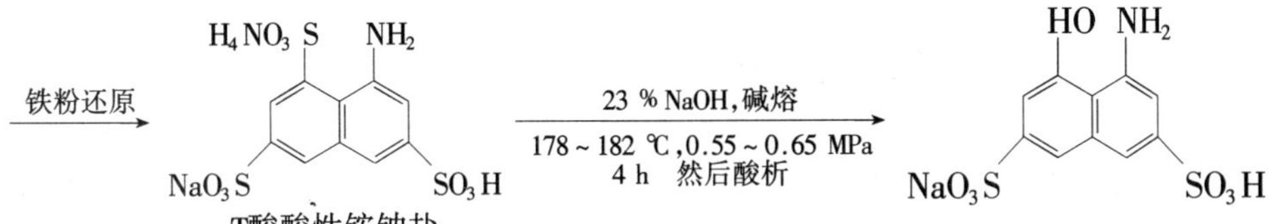

T酸性铵钠盐 → H酸单钠盐

反应条件：铁粉还原；23% NaOH,碱熔，178~182 ℃,0.55~0.65 MPa，4 h 然后酸析

4.1-甲基-2-乙氨基苯酚的制备

它都是由相应的氨基磺酸经碱熔而制得的。由于甲氨基和乙氨基的钝化作用,要用氢氧化钠和氢氧化钾混合碱的浓溶液作碱溶剂。例如：

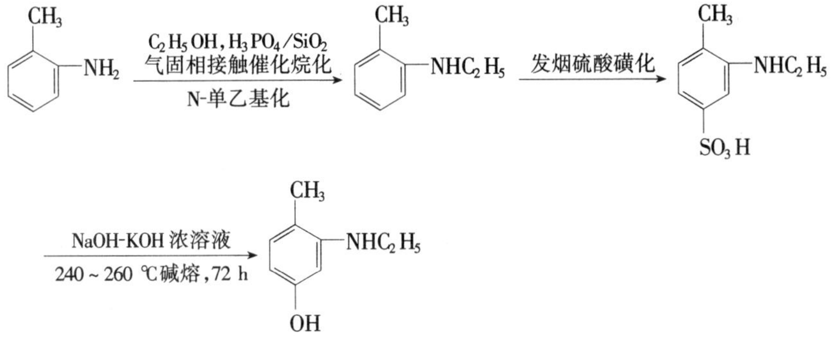

反应条件：C$_2$H$_5$OH,H$_3$PO$_4$/SiO$_2$ 气固相接触催化烷化 N-单乙基化；发烟硫酸磺化；NaOH-KOH 浓溶液 240~260 ℃碱熔,72 h

13.4.2.5 蒽醌磺酸的碱熔

1.氧化碱熔法

蒽醌系的 β 位磺酸,如果在相邻的 α 位没有其他取代基,在用苛性钠水溶液进行碱熔时,不仅原来 β 位的磺基被羟基所置换,而且相邻的 α 位也引入了一个羟基,即在 α 位发生了氧化反应。如果在反应物中没有加入适当的氧化剂,则蒽醌分子中的 9,10-位羰基将同时被还原成羟基。反应为：

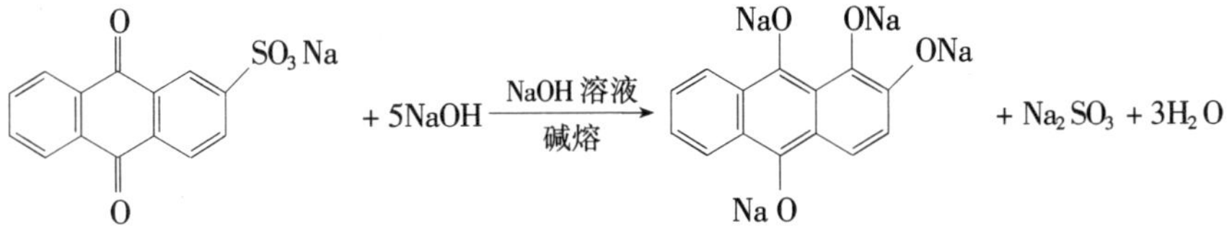

如果在反应液中加入适当的温和氧化剂,则最终产品是 1,2-二羟基蒽醌,它是染料中间体,商品名茜素。反应为：

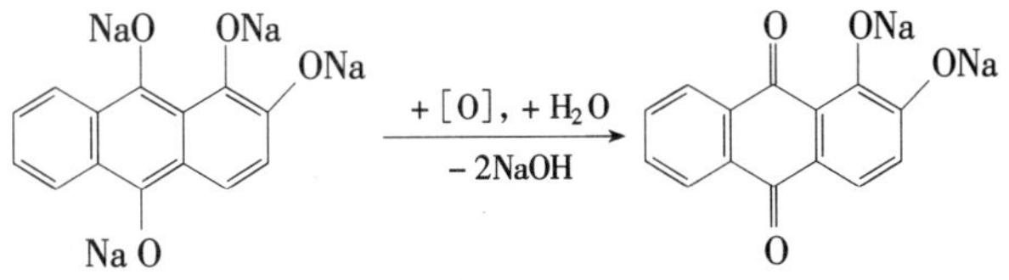

上述方法称为氧化碱熔法。工业上在制备茜素时所用的温和氧化剂是硝酸钠,用40 % ~ 50 % 氢氧化钠水溶液在 190 ℃和 0.8 MPa 进行碱熔。

2.石灰碱熔法

蒽醌系磺酸在氢氧化钙水悬浮液中进行碱熔时,不会在芳环上引入另外的羟基。用石灰碱熔法可以从相应的蒽醌磺酸制得 1,5-和 1,8-二羟基蒽醌。反应也是在高压釜中进行的。值得指出的是,在从蒽醌的磺化制备 1,5-和 1,8-二磺酸时要用汞作定位剂,废水应严格处理以防止汞害。

13.5 芳环上硝基的水解

芳环上的硝基对于碱的作用相当稳定。此法只用于从 1,5-和 1,8-二硝基蒽醌的碱熔制 1,5-和 1,8-二羟基蒽醌。为了避免氧化副反应,不用苛性钠而用无水氢氧化钙作碱溶剂。反应要在无水非质子传递强极性溶剂环丁砜中、280 ℃左右进行。用环丁砜作溶剂不仅是因为它沸点高,对热和碱的稳定性好,还因为它可以使 Ca^{2+} 溶剂化,使 OH$^-$ 成为活泼的裸负离子(3.4.5.2)。此法由于碱熔产物的分离精制和溶剂回收等问题,目前尚未工业化。

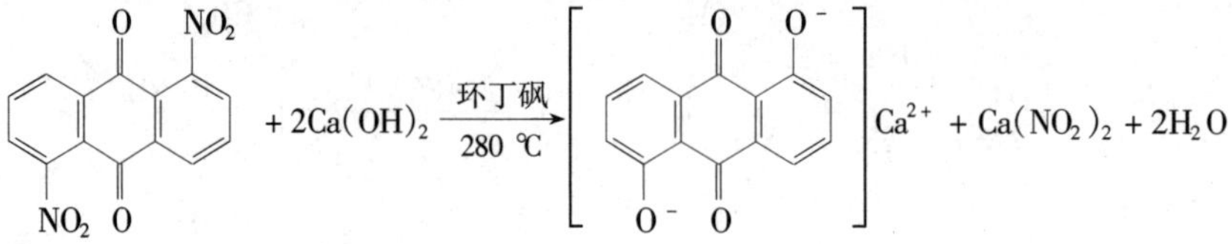

13.6 芳环上氨基的水解

为了在芳环上引入羟基,也可以采用先硝化、还原引入氨基,然后将氨基水解为羟基的方法,此法比其他合成路线步骤多,因此只用于 1-萘酚及其磺酸衍生物的制备。在工业上,芳伯胺的水解有三种方法,各有一定的应用范围。

13.6.1 氨基的酸性水解

此法在工业上主要用于从 1-萘胺的水解制 1-萘酚。反应是在稀硫酸中、高温和压力下进行的。此法的优点是工艺过程简单。缺点是要用搪铅的高压釜,设备腐蚀严重,生产能力低,酸性废水处理量大。1-萘酚的其他生产方法见 12.2.7 和 13.4.2.3。

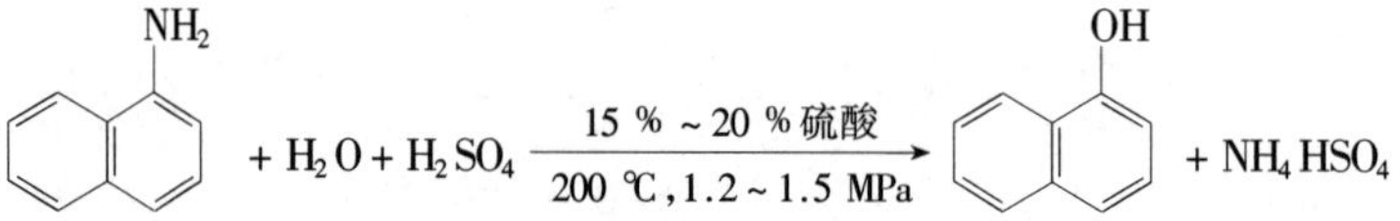

用酸性水解法还可以从相应的 1-萘胺磺酸衍生物制备以下 1-萘酚磺酸衍生物。

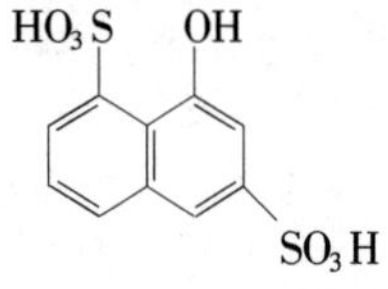

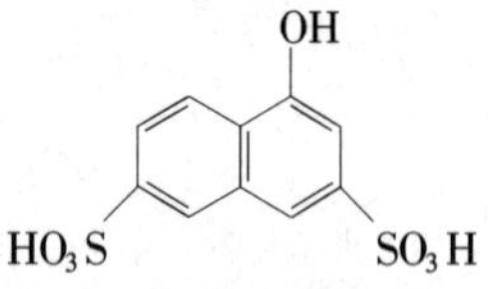

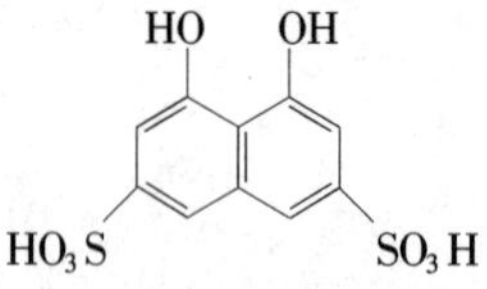

由以上实例可以看出,在稀硫酸中萘环上 β-位的磺基和 1-氨基迫位的磺基都不会被水解掉,但是 1-氨基的 4-位和 5-位的磺基将同时被水解掉。因此在从相应的氨基萘磺酸制备 1,4-和 1,5-萘酚磺酸时,不能用酸性水解法,而必须用亚硫酸氢钠水解法(见 13.6.3)。

还应该指出,从 1,8-氨基萘磺酸制 1,8-萘酚磺酸时,也不采用酸性水解法或亚硫酸氢钠水解法,而是采用氨基的重氮化-水解法(见 8.4.2.1)。

另外,变色酸的制备也可以采用 T 酸铵钠盐或 H 酸的碱性水解法(见 13.6.2)。

13.6.2 氨基的碱性水解

在磺基碱熔时,如果提高碱熔温度,可以使萘环上 α 位的磺基和 α 位的氨基同时被羟基所置换。此法只用于变色酸的制备:

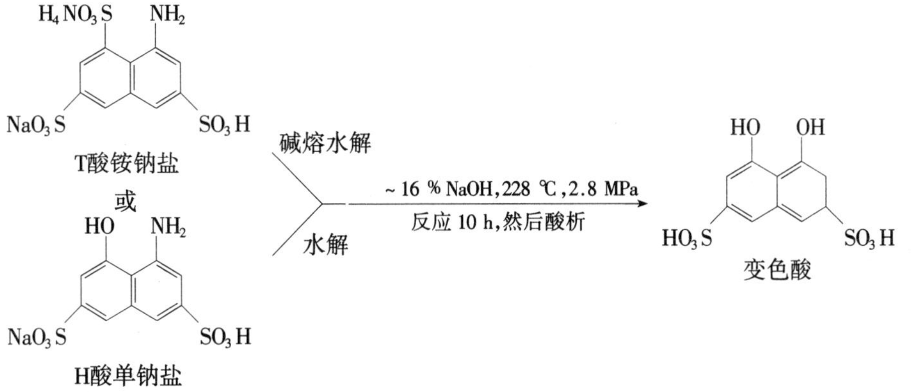

13.6.3 氨基用亚硫酸氢钠水解

某些 1-萘胺磺酸在亚硫酸氢钠水溶液中,常压沸腾回流(100~104 ℃),然后用碱处理,即可完成氨基被羟基置换的反应。上述反应也称"布赫勒反应"。一般认为它是萘酚在亚硫酸氢铵水溶液中转变为相应的萘胺的逆反应(见 9.8.2.1)。

在工业上,此法用于从 1,4-和 1,5-萘胺磺酸制 1,4-萘酚磺酸(NW 酸)和 1,5-萘酚磺酸(劳仑酸)。但是,在 1-位氨基的邻位、间位和迫位有磺基时,对布赫勒反应有阻碍作用,限制了此法的应用范围(见 9.8.2.2)。

13.7 酯类的水解

酯类的水解是在镓离子(H_3O^+)、氢氧负离子(OH^-)或酶的催化作用下进行的。酯的水解是可逆反应,加入酸可以使反应加速,但是对于平衡几乎没有影响。水解时加入足够的碱,不仅使反应加速,而且使反应生成的酸完全转变为盐。

工业上最重要的酯类水解过程是植物油或动物油的水解,即油脂和脂肪的水解。油脂和脂肪都是脂肪酸的甘油脂。三元脂中的三个脂肪酸可以是相同的或不同的,其脂肪链 R 可以是饱和的,也可以是不饱和的。油脂水解时,常常得到混合脂肪酸。

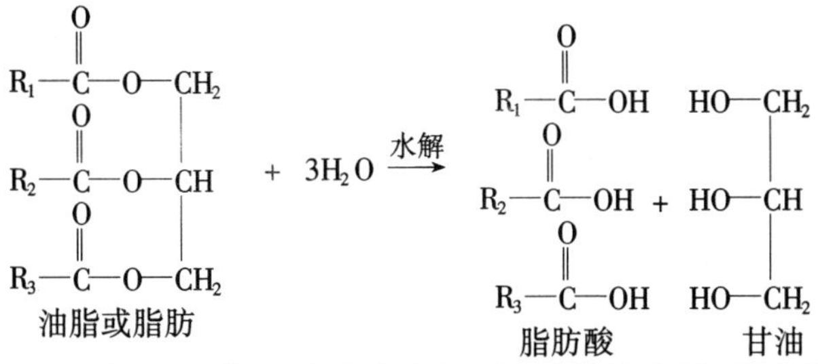

油脂和脂肪如果用苛性钠溶液水解,得到的是脂肪酸钠(肥皂)和甘油,此法叫做"皂化水解"。

如果目的产物是脂肪酸,为了节省碱和酸,一般都采用水蒸气的酸性水解法,它又分为常压水解法和加压水解法两种。以蓖麻油的水解为例,常压水解时需要加入乳化剂,以帮助油-水两相充分混合接触。常用的乳化剂有萘磺酸-脂肪酸和十二烷基苯磺酸等。加压水解法一般用氧化锌做催化剂,水解物料的比例是油∶水∶氧化锌的质量比为1∶0.4∶0.005。水解过程在塔式反应器中进行,从塔底通入直接水蒸气加热,保持155~160 ℃和0.6~0.8 MPa,水解10 h。另外,油脂和脂肪的水解也可以不加催化剂和乳化剂,在高温、高压下(250~260 ℃,5 MPa)连续通过塔式反应器进行水解。

水解产物静置分层后,下层是甘油水溶液,可以从中回收甘油。上层是粗品脂肪酸,精制后即得到成品脂肪酸。

从油脂水解制得的脂肪酸主要有下面几种。

(1)蓖麻油酸,是从蓖麻油水解制得的。主要成分是蓖麻酸(12-羟基-十八碳-9-烯酸),含量约80 %~90 %,其余是油酸、亚油酸和硬脂酸。

(2)油酸(顺式十八碳-9-烯酸),是从动植物油在乳化剂存在下,于105 ℃水解而得。将粗油酸经一次压榨出固态硬脂酸,再经脱水、减压蒸馏、冷冻、二次压榨除去凝固的软脂酸,即得成品油酸。

(3)亚油酸(顺,顺-9,12-十八碳二烯酸),是从豆油或红花油经皂化水解,然后酸化、精制而得。

(4)月桂酸(十二烷酸),是从椰子油、月桂油或山苍子油水解而得,同时副产癸酸。

(5)硬脂酸(十八烷酸),是由加氢硬化(提高凝固点)的动植物油经常压水解而得。

13.8 碳水化合物的水解

碳水化合物的水解是将植物原料中的多缩己糖(纤维素和淀粉等)水解为单己糖(葡萄糖、果糖、甘露蜜糖、半乳糖等),或是将多缩戊糖(半纤维素)水解为单戊糖(戊醛糖等)。

$$\underset{\text{淀粉}}{(C_6H_{10}O_5)_n} + nH_2O \xrightarrow{\text{水解}} \underset{\text{单己糖}}{nC_6H_{12}O_6}$$

$$\underset{\text{麦芽糖}}{C_{12}H_{22}O_{11}} + H_2O \xrightarrow{\text{水解}} \underset{\text{单己糖}}{2C_6H_{12}O_6}$$

$$\underset{\text{半纤维素}}{(C_5H_8O_4)_n} + nH_2O \xrightarrow{\text{水解}} \underset{\text{戊醛糖}}{nC_5H_{10}O_5}$$

1.葡萄糖的制备

玉米、土豆、甘薯等淀粉的水解大量用于生产葡萄糖。这个水解反应过去主要采用硫酸催化法,现在主要改用酶催化法,所用的水解酶是葡萄糖淀粉酶。根据各种水解酶的不同,在工业上可用来生产其他单己糖。水解酶也用于饲料的发酵糖化。

2.戊醛糖和糠醛的制备

多缩戊糖用稀硫酸水解可生成戊醛糖,同时脱水生成糠醛:

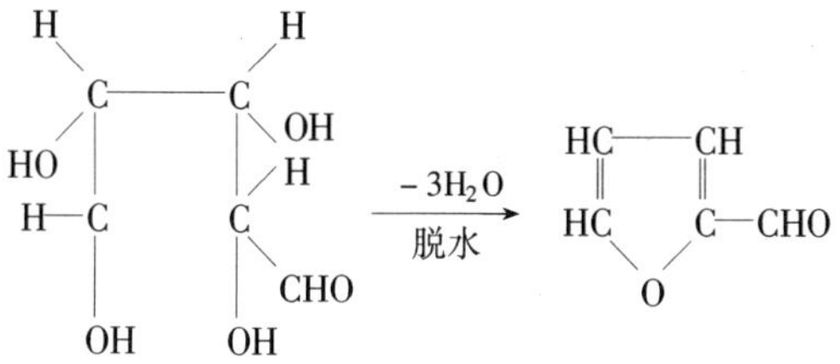

戊醛糖 　　　　　 糠醛(呋喃甲醛)

　　糠醛是重要的化工原料和溶剂。生产糠醛的原料是含有多缩戊糖的农副产品,例如玉米心、棉子壳和油茶果壳等。大中型生产时,采用加压水解法。水解锅需要用耐酸或钢板衬里,在锅内靠近底部装有一个箅子。原料在入锅前先在输料装置中与5%(质量)稀硫酸混合,硫酸的用量约为物料质量的30%~50%。装料完毕后,从锅的底部通入直接水蒸气,当压力升至0.4~0.6 MPa时,慢慢打开顶部的排气阀,将含糠醛的水蒸气引入冷凝器,即得到稀的糠醛水溶液。用精馏法蒸出糠醛-水的共沸物(含糠醛35%),共沸液分层后,上层的水溶液含糠醛7%~10%,循环回精馏塔;下层的粗糠醛含醛量在90%以上,经碱洗除去副产的乙酸后,再经减压蒸馏,即得到精糠醛。为了减少硫酸消耗量,可将蒸出糠醛后的残渣用压榨法榨干,并用少量水洗涤。回收的含硫酸母液和洗液套用于下一批水解。每生产1吨糠醛,约消耗17.6吨棉子壳或10.5吨玉米心。小厂用玉米心制糠醛时,为了避免使用高压釜、中压锅炉并省去精馏操作,改用直接火加热常压水解法。在水解液中除了加入很少的硫酸以外,还需要加入适量的食盐、卤块或芒硝,以减少对设备的腐蚀,并提高水解液的沸点。大规模生产糠醛时可采用连续水解法。

参考文献

1　唐培堃.中间体化学及工艺学.北京:化学工业出版社,1984

2　张铸勇.精细有机合成单元反应.上海:华东化工学院出版社,1990

3　朱淬砺.药物合成反应.北京:化学工业出版社,1982

4　[前苏联]伏洛茹卓夫.中间体及染料合成原理.北京:高等教育出版社,1958

5　[美]Groggins P H. Unit Processes in Organic Synthesis, McGraw-Hill Book Company. Inc. Fifth Fditions, 1958

6　[德]Welssermel K, Arpe H J.工业有机化学,重要原料及中间体.北京:化学工业出版社,1982

7　刘冲,司徒玉莲,申大志等.石油化工手册(第三分册,基本有机原料篇).北京:化学工业出版社,1987

8　[日]细田丰.理论制造染料化学,技报堂,1957

9　周敬思等.环氧乙烷与二乙二醇.北京:化学工业出版社,1980

10　[英]Miller S A.乙烯及其工业衍生物.北京:化学工业出版社,1982

11　[英]Hancock E G.丙烯及其工业衍生物.北京:化学工业出版社,1982

12　徐克勋.精细有机化工原料及中间体手册.北京:化学工业出版社,1998

13　化学工业部科学技术研究所.化工商品手册(有机化工原料、下册).北京:化学工业出版社,1985

14　姚蒙正,程侣伯,王家儒.精细化工产品合成原理,第二版.北京:中国石化出版社,2000

第 14 章　缩　合

14.1　概述

缩后反应的涵义很广,凡是两个分子通过反应失去一个小分子生成一个较大分子的反应,以及两个分子通过加成反应生成一个较大分子的反应都可称"缩合反应"。本章只讨论其中脂链中亚甲基和甲基上的酸性活泼氢被取代而形成新的碳-碳键的缩合反应,它既包括 C-烃化反应,又包括 C-酰化反应,但有共同的特点,因此单列一章。通过这类反应可制得一系列重要产品。

14.1.1　脂链中亚甲基和甲基上氢原子的酸性

脂链中亚甲基和甲基上连有较强的吸电基时,这个亚甲基或甲基上的氢一般都表现出一定的酸性,其酸性值可以用 pKa 值表示,即酸性值越强,pKa 值越小,如表 14-1 所示。

表 14-1　各种活泼甲基和活泼亚甲基化合物的酸性值(以 pKa 表示)

化合物类型 CH_3 —Y	pKa	化合物类型 X—CH_2 —Y	pKa
CH_3 —NO_2	9	$N \equiv C-CH_2-\underset{O}{\overset{}{C}}-OC_2H_5$	9
$CH_3-\underset{O}{\overset{}{C}}-C_6H_5$	19	$CH_2(COCH_3)_2$	9
$CH_3-\underset{O}{\overset{}{C}}-CH_3$	20	$CH_3-\underset{O}{\overset{}{C}}-CH_2-\underset{O}{\overset{}{C}}-OC_2H_5$	10.7
$CH_3-\underset{O}{\overset{}{C}}-OC_2H_5$	约24	$CH_2(CN)_2$	11
$CH_3-C \equiv N$	约25	$CH_2(\underset{O}{\overset{}{C}}-OC_2H_5)_2$	13
$CH_3-\underset{O}{\overset{}{C}}-NH_2$	约25		

由表 14-1 可以看出,各种吸电基 Y 对 α-甲基上氢原子的活化能力次序如下:

$$—NO_2 \quad > \quad \underset{O}{\overset{}{-C}}-R \quad > \quad \underset{O}{\overset{}{-C}}-OR \quad > \quad —C \equiv N \quad > \quad \underset{O}{\overset{}{-C}}-NH_2$$

而在亚甲基上连有两个吸电基 X 和 Y 时,亚甲基上氢原子的酸性明显增加。

14.1.2 一般反应历程

上述吸电基 α 位碳原子上的氢具有一定的酸性,因此在碱(B)的催化作用下,可脱去质子而形成碳负离子。例如:

$$CH_3-\overset{\underset{\displaystyle O}{\|}}{C}-H + B \underset{脱质子}{\overset{快}{\rightleftharpoons}} \left[\,^-CH_2-\overset{\underset{\displaystyle O}{\|}}{C}-H \rightleftharpoons CH_2=\overset{\underset{\displaystyle O^-}{|}}{C}-H \right] + BH^+$$

碳负离子　　　氧负离子

$$CH_2(\overset{\underset{\displaystyle O}{\|}}{C}-OC_2H_5)_2 + B \underset{脱质子}{\overset{快}{\rightleftharpoons}} \,^-CH(\overset{\underset{\displaystyle O}{\|}}{C}-OC_2H_5)_2 + BH^+$$

碳负离子

这种碳负离子可以与醛、酮、羧酸酯、羧酸酐以及烯键、炔键和卤烷发生亲核加成反应或亲核取代反应,形成新的碳-碳键而得到多种类型的产物。对于不同的缩合反应需要使用不同的碱性催化剂,这将在以后分别叙述。

这类缩合反应一般都采用碱催化法,至于酸催化法则很少采用,一般反应历程见2.6.2。

14.2 醛醇缩合反应(Aldol 缩合)

含有活泼 α-氢的醛或酮在碱或酸的催化作用下生成 β-羟基醛或 β-羟基酮的反应统称为 Aldol 缩合反应,中文译名是醛醇缩合反应。

14.2.1 催化剂

Aldol 缩合反应一般都采用碱催化法。最常用的碱性催化剂是氢氧化钠水溶液,有时也用氢氧化钾、碳酸钾、氢氧化钡、氢氧化钙以及醇钠和醇铝等。

14.2.2 反应历程

以乙醛的自身缩合为例,它在碱的作用下先脱质子生成碳负离子,后者再与另一分子乙醛中的羰基碳原子发生亲核加成反应而生成 3-羟基丁醛(英文名 Aldol)。

$$CH_3-\overset{\underset{\displaystyle O}{\|}}{C}-H + OH^- \underset{脱质子}{\overset{快}{\rightleftharpoons}} \left[\,^-CH_2-\overset{\underset{\displaystyle O}{\|}}{C}-H \longrightarrow CH_2=\overset{\underset{\displaystyle O^-}{|}}{C}-H \right] + H_2O$$

乙醛　　　　　　　碳负离子　　　氧负离子

$$CH_3-\overset{\delta^+}{\underset{\underset{\displaystyle O_{\delta^-}}{\|}}{C}}-H + \,^-CH_2-\overset{\underset{\displaystyle O}{\|}}{C}-H \underset{亲核加成}{\overset{慢}{\longrightarrow}} CH_3-\overset{\underset{\displaystyle O^-}{|}}{CH}-CH_2-\overset{\underset{\displaystyle O}{\|}}{C}-H$$

乙醛　　　　　　碳负离子　　　　　　　　氧负离子

$$\underset{(加质子)}{\overset{+H_2O/-OH^-}{\rightleftharpoons}} CH_3-\underset{\underset{\displaystyle OH}{|}}{CH}-CH_2-\overset{\underset{\displaystyle O}{\|}}{C}-H$$

3-羟基丁醛

以上两式的各步反应都是可逆的,其中决定反应速度的最慢步骤是亲核加成反应。

如果醛分子中含有两个以上活泼 α 氢,而且反应温度较高和催化剂的碱性较强,则 β-羟

基醛可以进一步发生消除反应,脱去一分子水而生成 α,β-不饱和醛。例如:

$$CH_3-CH-CH_2-C-H \xrightarrow[\text{消除脱水}]{\text{加热,或酸催化}} CH_3-CH=CH-C-H + H_2O$$

$$\qquad\quad \overset{|}{OH} \qquad\quad \overset{\|}{O} \qquad\qquad\qquad\qquad\qquad\qquad \overset{\|}{O}$$

$\qquad\quad$ 3-羟基丁醛 $\qquad\qquad\qquad\qquad\qquad$ α,β-丁烯醛

但是,实际上消除脱水反应是另外在酸催化剂(例如稀硫酸、草酸等)存在下完成的。

$\qquad$上述生成 α,β-不饱醛和 α,β-不饱和酮的反应也叫 Aldol 缩合。

14.2.3 醛醛缩合

$\qquad$醛醛缩合可分为同分子醛的自身缩合和异分子醛之间的交叉缩合两大类。它们在工业生产中都有重要用途。在工业上最价廉易得的醛是甲醛和乙醛,它们在 Aldol 缩合反应中应用最广。

14.2.3.1 同分子醛自身缩合

$\qquad$这类反应的重要实例是乙醛的自缩脱水得 α,β-丁烯醛,然后催化加氢得正丁醛或正丁醇:

$$CH_3-CH=CH-C-H \xrightarrow[\text{催化加氢}]{+H_2} CH_3-CH_2-CH_2-C-H$$

$\qquad\qquad\qquad\quad \overset{\|}{O} \qquad\qquad\qquad\qquad\qquad\qquad\quad \overset{\|}{O}$

$\qquad\quad$ α,β-丁烯醛 $\qquad\qquad\qquad\qquad\qquad$ 正丁醛

$$\xrightarrow[\text{催化加氢}]{+H_2} CH_3-CH_2-CH_2-CH_2OH$$

$\qquad\qquad\qquad\qquad\qquad$ 正丁醇

$\qquad$正丁醛自缩、脱水、加氢可制得 2-乙基己醇(异辛醇),它大量用于制邻苯二甲酸二异辛酯等增塑剂。反应为:

$$CH_3-CH_2-CH_2-C-H + OH^- \underset{\text{脱质子}}{\rightleftharpoons} \overset{CH_3-CH_2}{\overset{|}{-CH-C-H}} + H_2O$$

$\qquad\qquad\qquad\qquad\quad \overset{\|}{O} \qquad\qquad\qquad\qquad\qquad\qquad\qquad \overset{\|}{O}$

$\qquad\qquad$ 正丁醛 $\qquad\qquad\qquad\qquad\qquad\qquad$ 碳负离子

$$CH_3-CH_2-CH_2-C-H + \overset{CH_3-CH_2}{\overset{|}{-CH-C-H}} \underset{+H^+}{\overset{\text{亲核加成}}{\rightleftharpoons}} CH_3-CH_2-CH_2-\overset{CH_2CH_3}{\overset{|}{CH}}-\overset{|}{CH}-C-H$$

$$\overset{\|}{O} \qquad\qquad\qquad\qquad\quad \overset{\|}{O} \qquad\qquad\qquad\qquad\qquad\qquad\qquad \overset{|}{OH} \quad \overset{\|}{O}$$

$\qquad\quad$ 正丁醛 $\qquad\qquad\qquad$ 碳负离子 $\qquad\qquad\qquad\qquad\qquad$ 2-乙基-3-羟基己醛

$$\xrightarrow[\text{消除脱水}]{-H_2O} CH_3-CH_2-CH_2-\overset{CH_2CH_3}{\overset{|}{C}}=C-H \xrightarrow[\text{催化加氢}]{+2H_2} CH_3-CH_2-CH_2-\overset{C_2H_5}{\overset{|}{CH}}-CH_2OH$$

$$\qquad\qquad\qquad\qquad\qquad\qquad\qquad\quad \overset{\|}{O}$$

$\qquad\qquad\qquad\qquad\quad$ 2-乙基-α,β-己烯醛 $\qquad\qquad\qquad\qquad\qquad$ 2-乙基己醇(异辛醇)

14.2.3.2 异分子醛的交叉缩合

$\qquad$这类反应可能生成四种羟基醛(如果继续脱水,则产物更多)。

$$R-CH_2-C-H + R'-CH_2-C-H \xrightarrow[\text{缩合}]{OH^- \text{催化}} R-CH_2-CH-\overset{|}{CH}-C-H$$

$$\overset{\|}{O} \qquad\qquad\qquad \overset{\|}{O} \qquad\qquad\qquad\qquad\qquad\qquad \overset{|}{OH} \ \overset{|}{R'} \ \overset{\|}{O}$$

$$+ R'-CH_2-\overset{|}{CH}-\overset{|}{CH}-C-H + R-CH_2-\overset{|}{CH}-\overset{|}{CH}-C-H + R'-CH_2-\overset{|}{CH}-\overset{|}{CH}-C-H$$

$$\qquad\quad \overset{|}{OH} \ \overset{|}{R} \ \overset{\|}{O} \qquad\qquad\quad \overset{|}{OH} \ \overset{|}{R} \ \overset{\|}{O} \qquad\qquad\quad \overset{|}{OH} \ \overset{|}{R'} \ \overset{\|}{O}$$

但是实际上,根据原料醛的结构和反应条件的不同,所得产物仍有主次之分,甚至因可逆平衡过程而主要给出一种产物。

异分子醛在碱催化下交叉缩合时,一般是 α-碳原子上含活性氢较少(即含取代基较多)的醛形成碳负离子,然后与 α-碳原子上含氢较多(即含取代基较少)的醛的羰基碳原子发生亲核加成反应。例如,正丁醛和乙醛缩合、脱水、加氢主要得到 2-乙基丁醛(异己醛):

$$CH_3-CH_2-CH_2-C-H + OH^- \xrightarrow[\text{脱质子}]{-H_2O} \underset{CH_3-CH_2}{\overset{}{-C-C-H}} + H_2O$$

丁醛   碳负离子

$$CH_3-C-H + {^-}CH-C-H \xrightarrow[\text{亲核加成}]{\text{碱催化}} CH_3-C-CH-C-H \xrightarrow[\text{加质子}]{+H_2O/-OH} CH_3-CH-CH-C-H$$

乙醛   碳负离子   氧负离子   2-乙基-3-羟基丁醛

$$\xrightarrow[\text{消除脱水}]{-H_2O} CH_3-CH=C-C-H \xrightarrow[\text{催化加氢}]{+H_2} CH_3-CH_2-CH-C-H$$

2-乙基-α,β-丁烯醛   2-乙基丁醛(异己醛)

14.2.3.3 Cannizzaro 反应

没有 α 氢的醛,例如甲醛、苯甲醛、2,2-二甲基丙醛和糠醛等,它们虽然不能发生自身缩合反应,但是在碱的催化作用下可以发生歧化反应,生成等摩尔比的羧酸和醇。其中一摩尔醛作为氢供给体,自身被氧化成酸;另一摩尔醛则作为氢接受体,自身被还原成醇。其反应历程如下:

$$R-C-H + OH^- \xrightarrow{\text{亲核加成}} R-\overset{OH}{\underset{O^-}{C}}-H$$

醛   氧负离子

$$R-\overset{OH}{\underset{O^-}{C}}-H + R-\overset{\delta^+}{C}-H \xrightarrow[\text{慢}]{\substack{\text{氢转移} \\ \text{亲核加成}}} R-C-OH + R-C-H \underset{\text{快}}{\rightleftharpoons} R-C-O^- + R-C-H$$

酸   醇负离子   酸负离子   醇

因此,Cannizzaro 反应既是形成 C—O 键的亲核加成反应,又是形成 C—H 键的亲核加成反应。

Cannizzaro 反应也可以发生在两个不同的没有 α 氢的醛分子之间,叫做交叉 Cannizzaro 反应,见 14.2.3.4。

14.2.3.4 甲醛与其他醛的交叉缩合

甲醛不含有 α 氢,它不能自身缩合,但是甲醛分子中的羰基却容易同含有活泼 α 氢的醛所生成的碳负离子,发生交叉缩合反应,主要生成 β-羟甲基醛。例如,甲醛与异丁醛缩合可制得 2,2-二甲基-2-羟甲基乙醛:

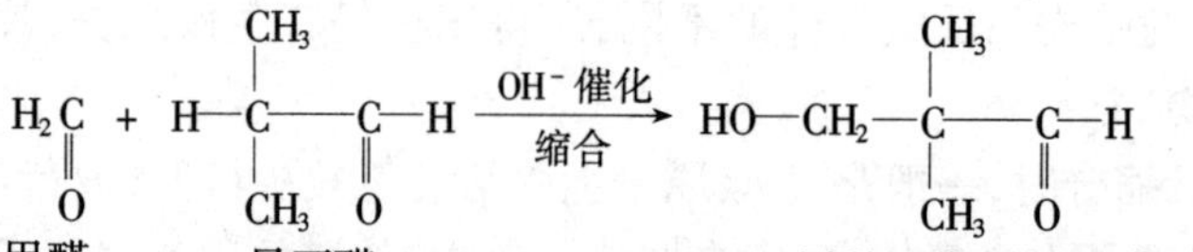

甲醛　异丁醛　2,2-二甲基-2-羟甲基乙醛

这个没有 α 氢的高碳醛在碱性介质中可以与甲醛进一步发生交叉 Cannizzaro 反应。这时高碳醛中的醛基被还原成羟甲基(醇基),而甲醛则被氧化成甲酸。例如异丁醛与过量的甲醛作用,可直接制得 2,2-二甲基-1,3-丙二醇(季戊二醇):

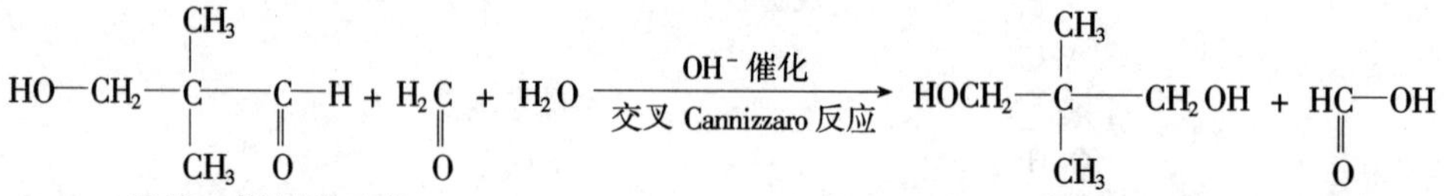

2,2-二甲基-2-羟甲基乙醛　2,2-二甲基-1,3-丙二醇　甲酸

利用甲醛向醛或酮分子中的羰基 α 碳原子上引入一个或多个羟甲基的反应叫做羟甲基化或 Tollens 缩合。利用这个反应可以制备多羟基化合物。例如,过量甲醛在碱的催化作用下与含有三个活泼 α 氢的乙醛结合可制得三羟甲基乙醛,它再被过量的甲醛还原即得到季戊四醇:

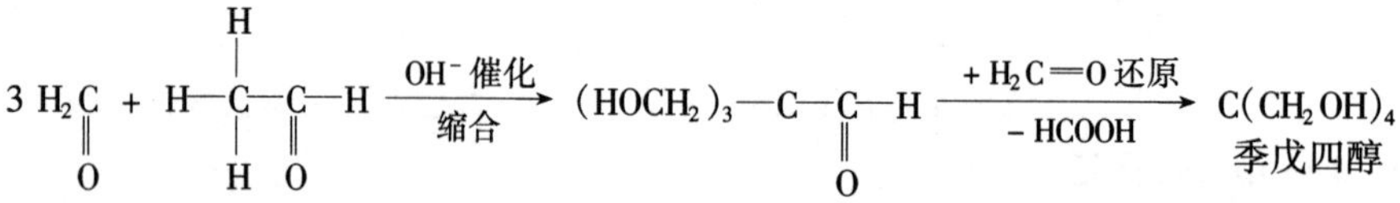

季戊四醇

14.2.3.5　芳醛与其他醛的交叉缩合

芳醛也没有羰基 α 氢,但是它可以与含有活泼 α 氢的脂醛缩合,然后消除脱水生成 β-苯基 α,β-不饱和醛。这个反应又叫做 Claisen-Schimidt 反应。例如,苯甲醛与乙醛缩合可制得 β-苯基丙烯醛(肉桂醛):

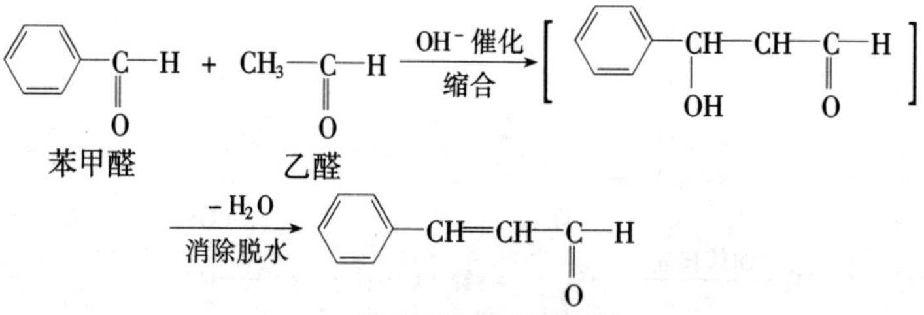

苯甲醛　乙醛

β-苯基丙烯醛(肉桂醛)

14.2.4　酮酮缩合

14.2.4.1　对称酮的自身缩合

这类缩合反应的产物比较单纯。例如,丙酮在 20 ℃通过固体氢氧化钠进行自身缩合,可制得 4-甲基-4-羟基-2-戊酮(双丙酮醇):

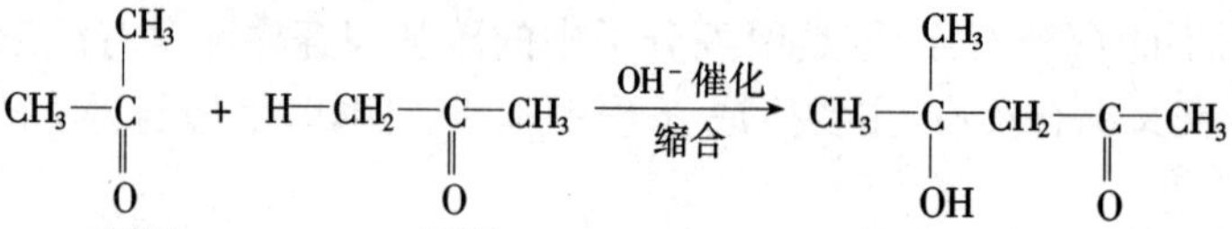

丙酮　丙酮　4-甲基-4-羟基-2-戊酮

双丙酮醇进一步反应可以制得一系列产品。例如:

$$CH_3-\underset{\underset{OH}{|}}{\overset{\overset{CH_3}{|}}{C}}-CH_2-\underset{\overset{\|}{O}}{C}-CH_3 \xrightarrow[\text{催化加氢}]{+H_2} CH_3-\underset{\underset{OH}{|}}{\overset{\overset{CH_3}{|}}{C}}-CH_2-\underset{\underset{OH}{|}}{C}H-CH_3$$

双丙酮醇   2-甲基-2,4-戊二醇

$$\downarrow \; \overset{-H_2O}{\text{消除脱水}}$$

$$CH_3-\overset{\overset{CH_3}{|}}{C}=CH-\underset{\overset{\|}{O}}{C}-CH_3 \xrightarrow[\text{加氢}]{+H_2} CH_3-\overset{\overset{CH_3}{|}}{C}H-CH_2-\underset{\overset{\|}{O}}{C}-CH_3 \xrightarrow[\text{加氢}]{+H_2} CH_3-\overset{\overset{CH_3}{|}}{C}H-CH_2-\underset{\underset{OH}{|}}{C}H-CH_3$$

4-甲基-3-戊烯-2-酮   4-甲基-2-戊酮   4-甲基-2-戊醇

14.2.4.2 不对称酮的交叉缩合

这类反应虽然可能生成四种产物,但是通过可逆平衡可以主要生成一种产物。这时,脱质子反应主要发生在羰基 α-位含活泼氢较多的碳原子上。例如,丙酮与甲乙酮缩合,主要得到 2-甲基-2-羟基-4-己酮,它再消除脱水、加氢可制得 2-甲基-4-己酮。反应为:

$$CH_3-\underset{\overset{\|}{O}}{\overset{\overset{CH_3}{|}}{C}} \; + \; CH_3-\underset{\overset{\|}{O}}{C}-CH_2-CH_3 \underset{\text{缩合}}{\overset{OH^- \text{催化}}{\rightleftharpoons}} CH_3-\underset{\underset{OH}{|}}{\overset{\overset{CH_3}{|}}{C}}-CH_2-\underset{\overset{\|}{O}}{C}-CH_2-CH_3$$

丙酮   甲乙酮   2-甲基-2-羟基-4-己酮

$$\overset{-H_2O}{\underset{\text{消除脱水}}{\longrightarrow}} CH_3-\overset{\overset{CH_3}{|}}{C}=CH-\underset{\overset{\|}{O}}{C}-CH_2-CH_3 \underset{\text{催化加氢}}{\overset{+H_2}{\rightleftharpoons}} CH_3-\overset{\overset{CH_3}{|}}{C}H-CH_2-\underset{\overset{\|}{O}}{C}-CH_2-CH_3$$

2-甲基-3-己烯-4-酮   2-甲基-4-己酮

14.2.5 醛酮交叉缩合

醛酮交叉缩合既可以生成 β-羟基醛,又可以生成 β-羟基酮,不易得到单一产物。然而,不含活泼 α 氢的甲醛或苯甲醛与对称酮缩合时,则能得到单一的产物。例如,甲醛与过量丙酮缩合,然后消除脱水可制得 3-丁烯-2-酮:

$$CH_3-\underset{\overset{\|}{O}}{C}-CH_3 \; + \; \underset{\overset{\|}{O}}{C}H_2 \underset{\text{缩合}}{\overset{OH^- \text{催化}}{\rightleftharpoons}} CH_3-\underset{\overset{\|}{O}}{C}-CH_2-CH_2-OH \overset{-H_2O}{\underset{\text{消除脱水}}{\longrightarrow}} CH_3-\underset{\overset{\|}{O}}{C}-CH=CH_2$$

丙酮   甲醛   4-羟基-2-丁酮   3-丁烯-2-酮

14.3 羧酸及其衍生物的缩合

由表 14-1 可以看出,一个羧酯基($-\underset{\overset{\|}{O}}{C}-OR$)对 α 氢的活化作用比酮基($-\underset{\overset{\|}{O}}{C}-R$)和醛基($-\underset{\overset{\|}{O}}{C}-H$)对 α 氢的活化作用低。但是,在亚甲基上除了连有酯基以外,还连有另一个吸电基时;则亚甲基上氢原子的酸性明显增加,其活性比醛基、酮基的 α 氢高得多,较易脱质子形成碳负离子,然后与醛、酮、羧酸酯、羧酰胺、腈或卤烷等发生缩合反应。

简单的羧酸酯和酸酐在较强条件下也能脱质子形成碳负离子,然后发生缩合反应。

没有 α 氢的酯不能形成碳负离子,但是它们可以与由其他亚甲基化合物形成的碳负离子发生缩合反应(见 14.3.3,酮酯 Claisen 缩合)。

14.3.1　Perkin 反应

Perkin 反应指的是脂肪族酸酐在相应的脂肪酸碱金属盐的催化作用下与芳醛(或不含 α-氢的脂醛)缩合生成 β-芳基丙烯酸类化合物的反应。它也是一个亲核加成反应,其反应历程可简单表示如下:

$$
\text{R—CH}_2\text{—C—ONa} \underset{\text{离解}}{\rightleftharpoons} \text{R—CH}_2\text{—C—O}^- + \text{Na}^+
$$

羧酸盐(催化剂)　　　　　　　羧酸负离子

$$
\text{R—CH}_2\text{—C—O—C—CH}_2\text{—R} + \text{R—CH}_2\text{—C—O}^-
$$

羧酸酐　　　　　　　　　　　羧酸负离子

氢转移 → ⁻CH—C—O—C—CH₂—R + R—CH₂—C—OH
　　　　　R　O　　　O
羧酸酐碳负离子(亲核试剂)　　羧酸

Ar—C—H + ⁻CH—C—O—C—CH₂—R —亲核加成→ [Ar—C(H)(O⁻)—CH(R)—C—O—C—CH₂—R]
芳醛　　羧酸酐碳负离子　　　　　　　　　　　负离子中间体

+H⁺, −H₂O (消除脱水) → Ar—CH=C—C—O—C—CH₂—R　+H₂O(水解) → Ar—CH=C—C—OH + R—CH₂—C—OH
　　　　　　　　　　　R　　　　O　　　　　　　　　　　　　　　R　　　　　　羧酸
β-芳基-2-烷基丙烯酸-羧酸酐　　　　　　　　　　β-芳基-2-烷基丙烯酸

羧酸酐是活性较弱的亚甲基化合物,而羧酸盐催化剂又是弱碱,所以反应温度要求较高($150\sim200\ ^\circ\text{C}$)。催化剂一般用无水羧酸钠,但有时钾盐的效果比钠盐好,反应速度快,收率也较高。

Perkin 反应的收率与芳醛上取代基的性质有关。环上有吸电基时,亲核加成反应易进行,收率较高。反之,苯环上有供电基时,则亲核加成反应较难进行,收率也低,甚至不能发生反应。

这个反应最简单的应用实例是乙酐与苯甲醛缩合制 β-苯基丙烯酸(肉桂酸)。乙酐和丙酐与水杨醛的环合反应见 15.3.3.1 和 15.3.3.2。

14.3.2　Knoevenagel 反应

这个反应指的是含有强活泼亚甲基的化合物 $\text{X—CH}_2\text{—Y}$ 在氨、胺或它们的羧酸盐的催化作用下,脱质子以碳负离子亲核试剂的形式与醛或酮的羰基碳原子发生 Aldol 型缩合,生成 α, β-不饱和化合物的反应。其详细反应历程尚未取得肯定意见,这里只写出其总的反应通式:

$$\underset{R^2}{\overset{R^1}{>}}C=O + H_2C\underset{Y}{\overset{X}{<}} \xrightarrow[\text{脱水缩合}]{\text{弱碱催化}} \underset{R^2}{\overset{R^1}{>}}C=C\underset{Y}{\overset{X}{<}} + H_2O$$

式中：R^1、R^2 为脂烃基、芳烃基或氢；X、Y 为吸电基。

常用的强活泼亚甲基化合物有氰乙酸酯、乙酰乙酸酯、丙二酸酯、丙二酸、氰乙酰胺、丙二酸单酯单酰胺以及丙二腈和硝基甲烷等。

常用的催化剂有吡啶、哌啶、乙二胺、氨基丙酸等有机碱，它们的羧酸盐以及氨和乙酸铵。这类催化剂的特点是：它们只能使含有强活泼亚甲基的化合物脱质子转变为碳负离子，而对于亚甲基不够活泼的醛或酮，则不能使它们脱质子转变为碳负离子，因此可以避免 Aldol 缩合副反应；另一方面，这类催化剂可以使醛或酮形成 Schiff 碱或亚胺，成为亲电型的中间过渡态，从而有利于与亲核型的碳负离子 X—CH—Y 发生缩合反应。

$$\underset{R^2}{\overset{R^1}{>}}C=O + NH_4^+ \rightleftharpoons \underset{\substack{R^2\\ N^+H_3}}{\overset{R^1}{|}}C-OH \xrightarrow[-H_2O]{\text{脱水}} \underset{R^2}{\overset{R^1}{>}}C=\overset{+}{N}H_2 + H_2O$$

　　　醛或酮　　　　　　　　亲电加成　　　　　　　　　亚胺正离子中间体

$$\underset{Y}{\overset{X}{>}}CH_2 \rightleftharpoons \underset{Y}{\overset{X}{>}}\overset{-}{C}H + H^+$$

活泼亚甲基化合物　　脱质子　　碳负离子

$$\underset{R^2\ ^+NH_2}{\overset{R^1}{|}}C + \ ^-CH\underset{Y}{\overset{X}{<}} \xrightarrow{\text{亲核加成}} \left[\underset{\substack{R^2\\ NH_2}}{\overset{R^1}{|}}C-CH\underset{Y}{\overset{X}{<}} \rightleftharpoons \underset{\substack{R^2\\ ^+NH_3}}{\overset{R^1}{|}}C-\underset{\substack{H\\ Y}}{\overset{X}{|}}C \right]$$

$$\xrightarrow{\text{脱}\ NH_4^+} \underset{R^2}{\overset{R^1}{>}}C=C\underset{Y}{\overset{X}{<}} + NH_4^+$$

α,β-不饱和化合物

在这里 NH_4^+ 并不消耗，所以只需要催化剂量就可以了。

为了除去反应生成的水，常常用苯、甲苯等有机溶剂共沸带水，以促进反应的完全。

这个反应在精细有机合成中，特别是药物合成中应用很广。例如，氰乙酸乙酯与甲乙酮在乙酸铵/乙酸或氨基丙酸/乙酸的催化作用下，在苯中回流带出反应生成的水，可制得 α-氰基-β-甲基 β-戊烯酸乙酯：

$$\underset{H_3C}{\overset{C_2H_5}{>}}C=O + H_2C\underset{CN}{\overset{COOC_2H_5}{<}} \xrightarrow[\text{脱水缩合}]{-H_2O} \underset{H_3C}{\overset{C_2H_5}{>}}C=C\underset{CN}{\overset{COOC_2H_5}{<}} + H_2O$$

丙二酸在吡啶的催化作用下与醛缩合、脱羧可制得 β-取代丙烯酸：

$$R-\underset{H}{\overset{}{C}}=O + H_2C\underset{COOH}{\overset{COOH}{<}} \xrightarrow[\text{脱水缩合}]{-H_2O} R-\underset{H}{\overset{}{C}}=C\underset{COOH}{\overset{COOH}{<}} \xrightarrow[\text{脱羧}]{-CO_2} R-\underset{H}{\overset{}{C}}=CH-COOH$$

这个反应叫做 Knoevenagel-Doebner 反应。用这个反应制备 β-取代丙烯酸衍生物的优点是,可适用于有各种取代基的芳醛或脂醛的缩合,反应条件温和、速度快、收率高、产品纯度高。但是,丙二酸的价格比乙酐贵得多,在制备肉桂酸等 β-芳基丙烯酸时,不如 Perkin 反应经济(见 14.3.1 以及 15.3.3.1 和 15.3.3.2)。

14.3.3　酯酯 Claisen 缩合

这个反应指的是酯的亚甲基活泼 α-氢在强碱性催化剂的作用下,脱质子形成碳负离子,然后与另一分子酯的羰基碳原子发生亲核加成并进一步脱 RO^- 而生成 β-酮酸酯的反应。

最简单的典型实例是两分子乙酸乙酯在无水乙醇钠的催化作用下缩合,生成乙酰乙酸乙酯:

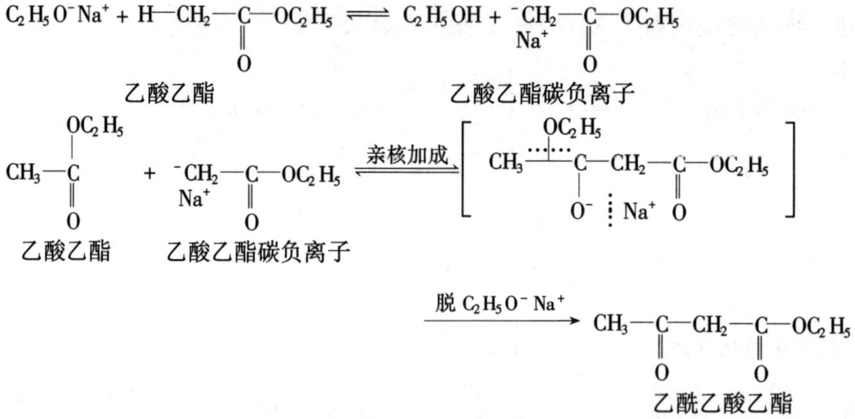

酯酯缩合可分为同酯自身缩合和异酯交叉缩合两类。

异酯缩合时,如果两种酯都有活泼 α 氢,则可能生成四种不同的 β-酮酸酯,难以分离精制,没有实用价值。如果其中一种酯不含活泼 α 氢,则缩合时有可能生成单一的产物。常用的不含活泼 α 氢的酯有甲酸酯、苯甲酸酯、乙二酸二酯和碳酸二酯等。例如,苯乙酸乙酯在乙醇钠的催化作用下与乙二酸二乙酯缩合、酸化、再经热脱羰可制得苯基丙二酸二乙酯。

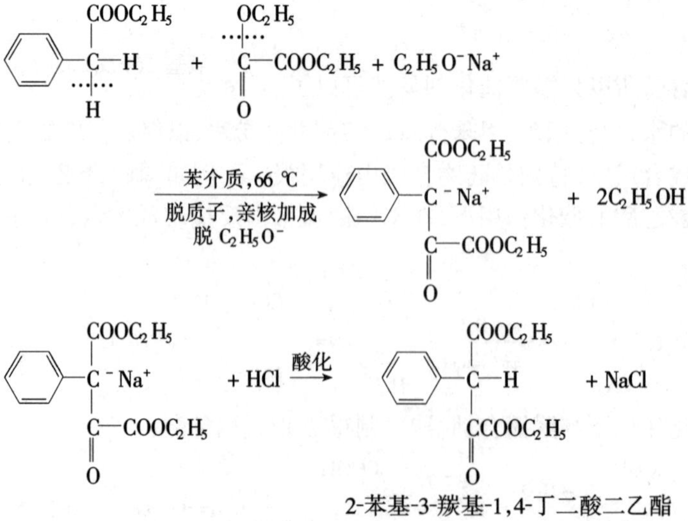

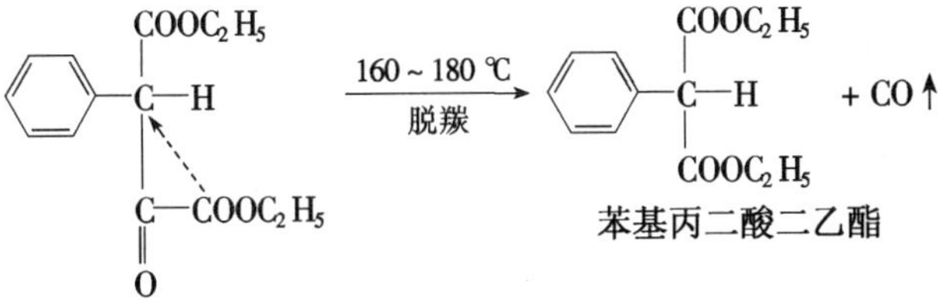

苯基丙二酸二乙酯

为了促进酯的脱质子转变为碳负离子,需要使用强碱性催化剂。最常用的碱是无水醇钠,当醇钠的碱性不够强,不利于形成碳负离子,同时也不够使产物 β-酮酸酯形成稳定的钠盐时,就需要改用碱性更强的叔丁醇钾、金属钠、氨基钠、氢化钠或三苯甲烷钠等。因为碱催化剂必须使 β-酮酸酯完全形成稳定的钠(或钾)盐,所以催化剂的用量要多于原料酯的用量(摩尔)。

为了避免酯的水解,缩合反应要在无水溶剂中进行。一般可用苯、甲苯、煤油等非质子传递非极性溶剂。有时为了使碱催化剂或 β-酮酸酯的钠盐溶解,可用二甲基甲酰胺、二甲基亚砜、四氢呋喃等非质子极性或弱极性溶剂。另外,用叔丁醇钾作催化剂时可用叔丁醇作溶剂,用氨基钠作催化剂时可用液氨作溶剂。

与两种都含活泼 α 氢的异酯缩合相类似的例子是氰乙酰胺与乙酰乙酸乙酯的缩合与环合(见 15.4.4)。

14.3.4　酮酯 Claisen 缩合

如果酯和酮都有活泼 α-氢,而酯 α-氢的酸性比酮 α-氢的酸性低,则与 Knoevenagel 反应相反,强碱性催化剂使酮优先脱质子形成碳负离子,然后与酯的羰基碳原子发生亲核加成反应和脱烷氧基负离子反应而生成 β-二羰基化合物。例如,丙酮在甲醇钠的催化作用下与甲氧基乙酸甲酯缩合可制得 1-甲氧基-2,4-戊二酮:

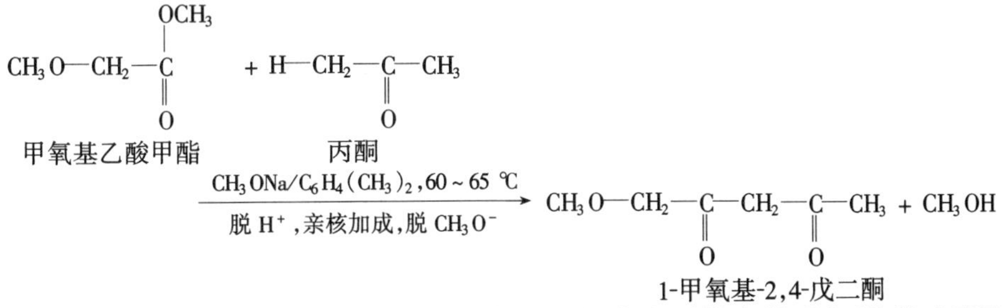

在上述反应中酯的羰基碳原子是亲电试剂,如果它的亲电活性太低,则可能发生酮酮自身缩合副反应。另外,酯 α-氢的酸性如果比酮 α-氢高,则可能发生酯酯自身缩合和 Knoevenagel 副反应。如果酯不含有活泼 α-氢,则容易得到单一的产物。

例如,丙酮在金属钠的催化作用下与甲酸缩合可生成 1-羰基-3-丁酮(或烯醇型钠盐)。它与甲醇在硫酸氢甲酯的酸催化作用下发生脱水缩醛反应而生成 1,1-二甲氧基-3-丁酮(缩醛反应见 10.3.5)。

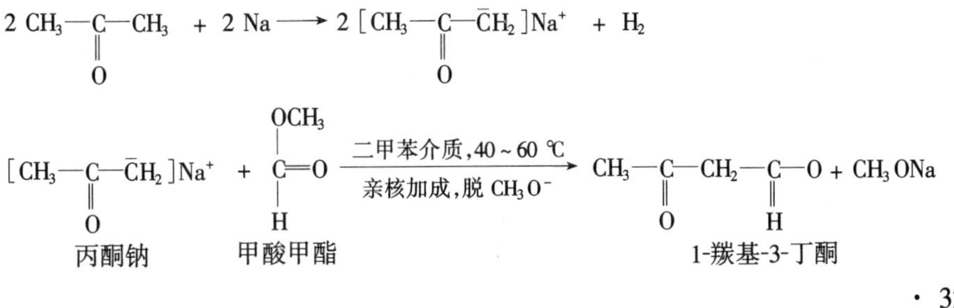

$$CH_3-\underset{\underset{O}{\|}}{C}-CH_2-\underset{\underset{H}{|}}{C}=O + 2\ CH_3OH \xrightarrow[\text{脱水缩醛化}]{20\ ℃,pH\approx7.1} CH_3-\underset{\underset{O}{\|}}{C}-CH_2-\underset{\underset{H}{|}}{C}(OCH_3)_2 + H_2O$$

1,1-二甲氧基-3-丁酮

酯酮 Claisen 缩合的反应条件与酯酯 Claisen 缩合基本相似。

14.3.5 亚甲基活泼氢与卤烷的反应

亚甲基上的活泼氢在强碱作用下脱质子生成的碳负离子可以与卤烷发生亲核取代反应而在亚甲基上引入一个或两个烷基。例如,丙二酸二乙酯在无水乙醇钠的存在下与正丁基氯作用可制得正丁基丙二酸二乙酯:

$$CH_3CH_2CH_2CH_2-Cl + Na^{+\ -}\underset{\underset{COOC_2H_5}{|}}{\overset{\overset{COOC_2H_5}{|}}{C}}H$$

$$\xrightarrow[\text{脱 H}^+,\text{亲核取代,脱 Cl}^-]{C_2H_5ONa/C_2H_5OH,75\ ℃,0.3\sim0.35\ MPa} C_4H_9-\underset{\underset{COOC_2H_5}{|}}{\overset{\overset{COOC_2H_5}{|}}{C}}H + NaCl$$

如果用乙醇钠作催化剂,一般可用乙醇作溶剂。在这里,醇的酸性必须低于亚甲基上活泼氢的酸性。对于某些在醇介质中难烷化的活泼亚甲基化合物,可在苯、甲苯、二甲苯或煤油等非质子传递非极性溶剂中,用金属钠取代亚甲基上的活泼氢,形成碳负离子。

当亚甲基上有两个活泼氢时,可以在亚甲基上引入一个或两个烷基。在引入两个不同的烷基时,应该先引入较大的伯烷基,后引入较小的伯烷基,因为大烷基卤化物的反应活性比小烷基卤化物低。或者先引入伯烷基,后引入仲烷基,因为仲烷基的空间位阻比伯烷基大,而仲烷基丙二酸二乙酯的酸性又比伯烷基丙二酸二乙酯低,所以如果先引入仲烷基,就不易再引入第二个烷基了。例如,在制备 2-乙基-2-异戊基丙二酸二乙酯时,先用异戊基溴引入异戊基,然后用溴乙烷引入乙基。

如果要引入两个仲烷基,使用活性更大的氰乙酸乙酯比用丙二酸二乙酯效果更好。

在制备 2-乙基-2-苯基丙二酸二乙酯时,不能用丙二酸二乙酯为原料进行苯基化和乙基化,因为卤苯的活性太低,苯基化很难进行。这时要用苯乙酸乙酯和乙二酸二乙酯的酯酯缩合法来合成 2-苯基丙二酸二乙酯(见 14.3.3)。

14.3.6 Darzens 缩合

这个反应指的是 α-卤代羧酸酯在强碱的作用下活泼 α 氢脱质子生成碳负离子,然后与醛或酮的羰基碳原子进行亲核加成,再脱卤素负离子而生成 α,β-环氧羧酸酯的反应。其反应通式简单表示如下:

$$\underset{\underset{R^2}{|}}{\overset{\overset{R^1}{|}}{C}}=O + H-\underset{\underset{X}{|}}{\overset{\overset{R^3}{|}}{C}}-COOC_2H_5 \xrightarrow[\text{脱 H}^+,\text{亲核加成}]{(CH_3)_3C-ONa} \left[\underset{\underset{R^2}{|}\ \underset{O^-}{|}}{\overset{\overset{R^1}{|}\ \overset{R^3}{|}}{C}}-\overset{}{C}-COOC_2H_5 \atop \quad X\right]$$

$$\xrightarrow[\text{脱 X}^-,\text{环合}]{-X} \underset{R^2}{\overset{R^1}{>}}C\overset{}{\underset{O}{\diagdown\diagup}}C-COOC_2H_5$$

常用的强碱有醇钠、氨基钠和叔丁醇钾等。其中叔丁醇钾的碱性很强,效果最好,因为脱落的卤素负离子要消耗碱,所以每摩尔 α-卤代羧酸酯至少要用 1 mol 碱。

在缩合时,为了避免卤基和酯基的水解,反应要在无水介质中进行。

所用的 α-卤代羧酸酯一般都是 α-氯代羧酸酯。另外,这个反应也可用于 α-氯代酮的缩合。

这个反应除用于脂醛时收率不高外,用于芳醛、脂酮、脂环酮以及 α,β-不饱和酮时都可得到良好结果。

由 Darzens 缩合制得的 α,β-环氧酸酯用碱性水溶液使酯基水解,再酸化成游离羧酸,并加热脱羧可制得比原料所用的酮(或醛)多一个碳原子的酮(或醛)。其反应通式如下:

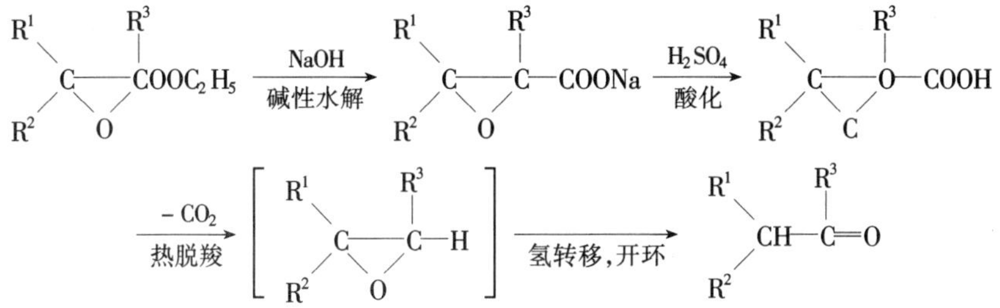

这个反应对于某些酮或醛的制备有一定的用途。例如由 2-十一酮与氯乙酸乙酯综合、水解、酸化、热脱羧可制得 2-甲基十一醛:

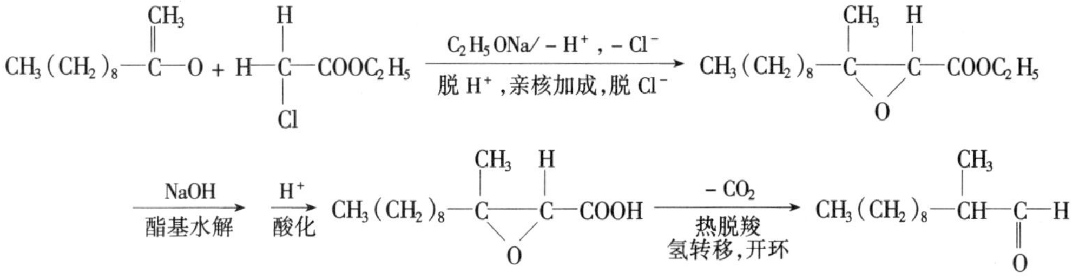

参考文献

1　朱淬砺.药物合成化学.北京:化学工业出版社,1982

2　张铸勇.精细有机合成单元反应.上海:华东化工学院出版社,1990

3　徐克勋.精细有机化工原料及中间体手册.北京:化学工业出版社,1998

4　唐培堃.中间体化学及工艺学.北京:化学工业出版社,1984

5　[德]Welssermel K, Arpe H J.工业有机化学、重要原料及中间体.北京:化学工业出版社,1982

6　[前苏联]伏洛茹卓夫.染料及中间体合成原理.北京:高等教育出版社,1958

7　化学工业部科学技术情报研究所.化工商品手册(有机化工原料).北京:化学工业出版社,1985

8　顾可权.有机合成化学.上海:上海科学技术出版社,1987

9　刘冲,司徒玉莲,申大志等.石油化工手册(第三分册,基本有机原料篇).北京:化学工业出版社,1985

10　姚蒙正,程侣伯,王家儒.精细化工产品合成原理.第二版.北京:中国石化出版社,2000

第 15 章　环　合

15.1　概述

　　环合反应指的是在有机化合物分子中形成新的碳环或杂环的反应。有时也称"闭环"或"成环缩合"。在形成碳环时,当然是以形成碳-碳键来完成环合反应的。在形成含有杂原子的环状结构时,它可以是以形成碳-碳键的方式来完成环合反应,也可以是以形成碳-杂原子键(C—N、C—O、C—S 等键)来完成环合反应,在个别情况下,也可以是在两个杂原子之间成键(例如 N—N、N—S 键)来完成环合反应。例如:

　　(1)C—C 键环合:

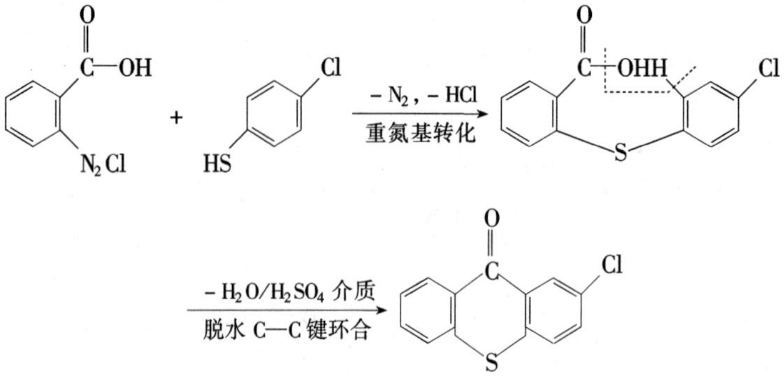

2-氯硫杂蒽酮
(医药中间体)

$$\tag{15-1}$$

　　(2)C—S 键环合:

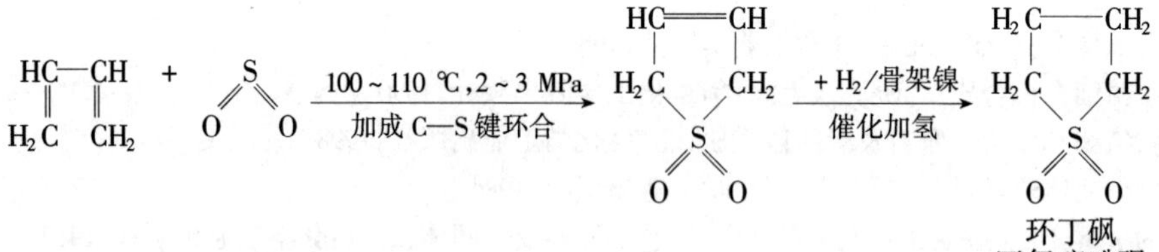

环丁砜
四氢噻吩砜
(优良溶剂)

$$\tag{15-2}$$

　　(3)N—N 键环合:

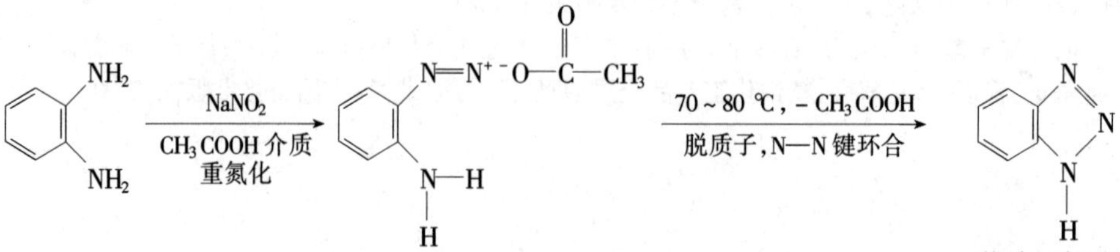

苯并三氮唑
(有机中间体,试剂)

$$\tag{15-3}$$

环合反应的类型很多,而且所用的反应剂也是多种多样的。因此,不能像其他单元反应那样,写出一个反应通式,也不能提出一般的反应历程和比较系统的一般规律。但是,根据大量事实可以归纳出以下一些规律。

(1)具有芳香性的六员碳环以及五员和六员杂环都比较稳定,而且也比较容易形成。所以本章主要讨论形成上述环状结构的环合反应。

(2)绝大多数环合反应都是由两个分子之间先在适当位置发生反应、成键、连接成一个分子,但是还没有形成新的环状结构。然后,在这个分子内部的适当位置发生环合反应而形成新的环状结构。如前面式(15-1)和式(15-3)所示。

(3)有一些环合反应是由两个分子之间在两个适当位置同时发生反应,成键而形成新的环状结构。这类反应叫做"协同反应"。例如下式所示:

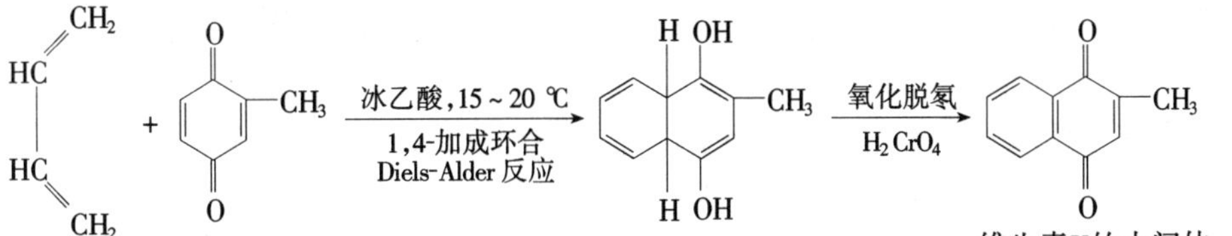

维生素K的中间体

除了少数以双键加成方式形成环状结构的环合反应以外,大多数环合反应在形成环状结构时,总是脱落某些简单的小分子,例如水、氨、醇、卤化氢和氢等。

(5)为了促进上述小分子的脱落,常常需要使用缩合促进剂。例如,脱水环合常常在浓硫酸介质中进行。脱氨和脱醇环合常常在酸或碱的催化作用下完成。脱卤化氢环合常常需要缚酸剂,有时还需要催化剂。脱氢环合常常在无水三氯化铝或苛性钾的存在下进行,有时则需要在弱氧化剂($NaNO_2$、$NaNO_3$、$NaClO_3$、H_2SO_4、S_2Cl_2 或空气等)的存在下进行。

(6)为了形成杂环,起始反应物之一必须含有杂原子。究竟选用什么起始反应物,一方面取决于目的产物的结构,另一方面还要考虑这个起始反应物是否价廉易得,所发生的各步反应是否容易进行等问题。这将结合具体产品的制备叙述。

15.2 形成六员碳环的环合反应

在形成碳环时,总是以形成碳-碳键来完成环合反应。其反应物之一常常含有碳基(例如醛、酮、羧酸、酸酐或酰氯),并且在环合时常常脱落一个小分子(H_2O、HCl、H_2 等)。有时反应物之一是含有双键或叁键的化合物(乙烯、丁二烯、苯乙烯等),这时环合反应常常是不脱落小分子的加成反应。

15.2.1 蒽醌及其衍生物的制备

蒽醌是重要的染料中间体,另外也大量用作纸浆蒸解助剂及其他方面。蒽醌最初以炼焦副产的精蒽为原料,经气固相接触催化氧化而得(见 12.3.4)。但蒽的来源受到炼焦工业和钢铁工业发展的限制,因此,在工业上又开发了许多利用环合反应来合成蒽醌的方法,现扼要介绍如下。

15.2.1.1 邻苯二甲酸酐(简称苯酐)缩合法
由苯酐与苯合成蒽醌的反应有如下过程。

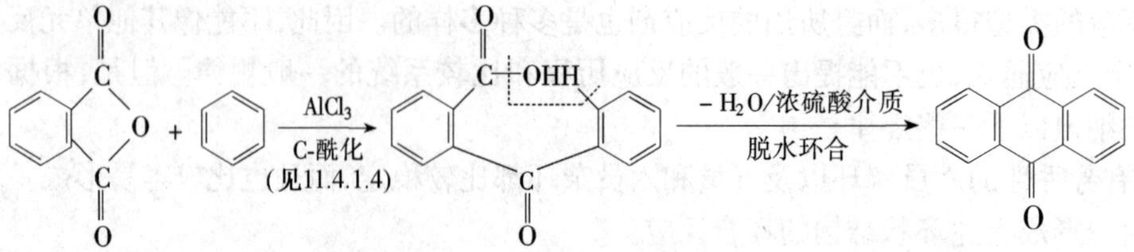

第二步脱水环合反应,为了促进水分子的脱落,反应在98 %浓硫酸中进行,只要在130～140 ℃保温3 h,即可得到蒽醌。收率可达理论量的98 %,产品纯度可达99 %。

这是最早采用的合成蒽醌法。此法虽然存在消耗大量无水三氯化铝和浓硫酸,并且有大量废液需要处理的缺点,但是由于此法技术成熟、收率高,目前仍是工业上合成蒽醌主要方法。

为了减少硫酸用量,甚至避免使用硫酸,曾经提出过几种脱水环合的专利。另外,为了避免使用无水三氯化铝和硫酸,还曾经提出将苯酐与苯进行气固相接触催化反应,一步直接制得蒽醌的专利,但均未见工业化报道。

苯酐缩合法除了用于制蒽醌以外,用类似的方法还可以从苯酐和氯苯制2-氯蒽醌,从苯酐和乙苯制2-乙基蒽醌。但是,对二氯苯不够活泼,它与苯酐缩合制1,4-二氯蒽醌时收率很低。

对苯二酚比较活泼,只要将它与苯酐在浓硫酸中于硼酸的保护下于160 ℃反应,即可同时完成C-酰化和脱水环合两步反应,从而得到1,4-二羟基蒽醌。按消耗的对苯二酚计,收率可达理论量的75 % ～ 90 %。

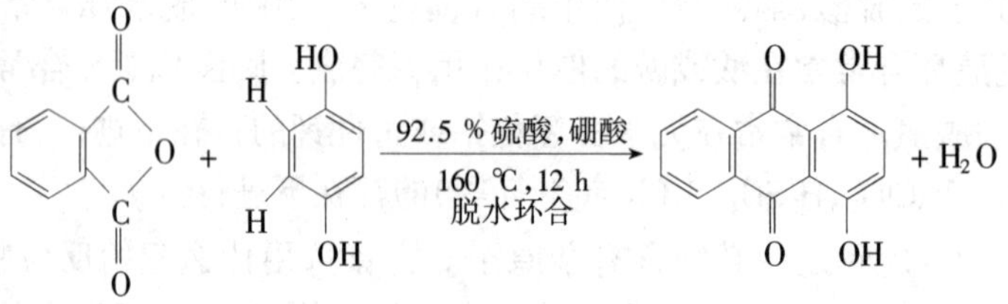

另外,从对氯苯酚与苯酐反应也可以一步直接制得1,4-二羟基蒽醌。按对氯苯酚计,收率可达理论量的90 %。

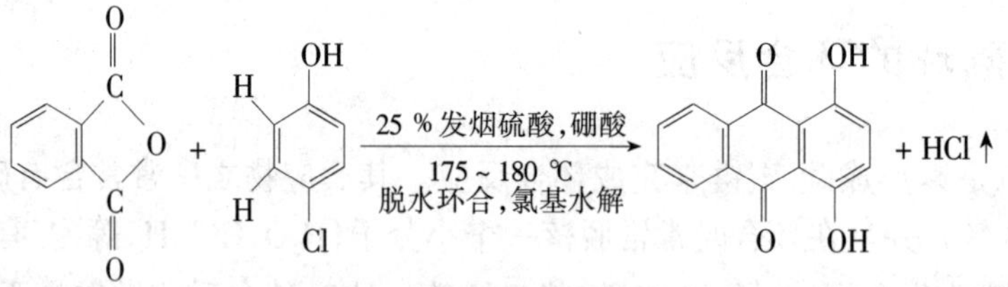

显然,在这里同时发生了氯基水解反应。上述两种方法在工业上均有采用,可根据原料供应情况选用。另外,将对苯二酚和苯酐与 AlCl₃-NaCl 在200～220 ℃熔融,也可以一步直接制得1,4-二羟基蒽醌,但未见工业化报道。

当苯甲酰基的苯环上有硝基时,脱水环合相当困难,因此,不能用苯酐的硝基衍生物来制备硝基蒽醌。

15.2.1.2　苯乙烯法

此法是德国 BASF 公司在70年代开发的。其主要化学反应如下:

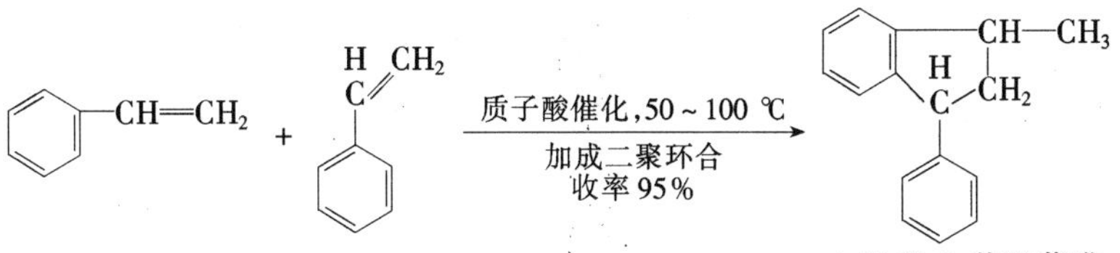

$$1\text{-甲基-3-苯基茚满}$$

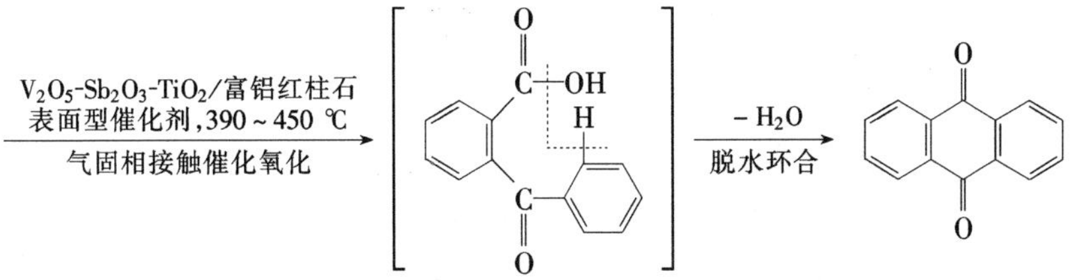

此法的优点是以苯乙烯为原料,三废少。据报道1973年已建厂,现正改进技术。

15.2.1.3 萘醌法

此法以萘和丁二烯为原料,包括三步反应:

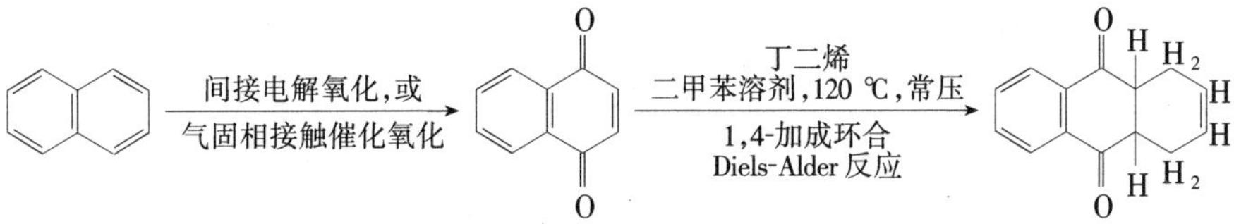

1,4,4a,9a四氢蒽醌

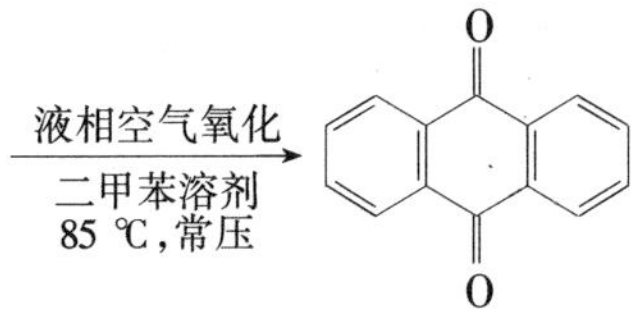

此法不仅用于生产蒽醌,还可用于从1-硝基萘醌和丁二烯制1-硝基蒽醌,从萘醌和2-氯-1,3-丁二烯制2-氯蒽醌,从萘醌和2-甲基-1,3-丁二烯制2-甲基蒽醌。可能是由于丁二烯容易自身聚合生成焦油物等原因,目前只有日本川崎化成一家公司曾采用此法。

15.2.2 苯绕蒽酮的制备

苯绕蒽酮是染料中间体,其结构式如下:

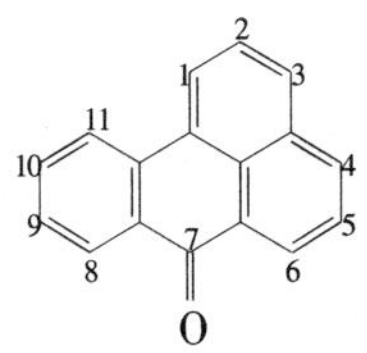

苯绕蒽酮是以蒽醌和甘油为原料制得的。对于反应历程有不同意见,A.M.Лукин 认为,当向蒽醌的硫酸溶液中先加入甘油生成丙烯醛。再加入还原剂时,蒽醌主要被还原成9-羟基二氢蒽酮-10(蒽酮酚),并与丙烯醛发生脱水环合反应而生成苯绕蒽酮。

$$CH_2OHCHOHCH_2OH \xrightarrow[\text{脱水}]{\text{浓硫酸}} CH_2=CH-CHO + 2H_2O$$

甘油 丙烯醛

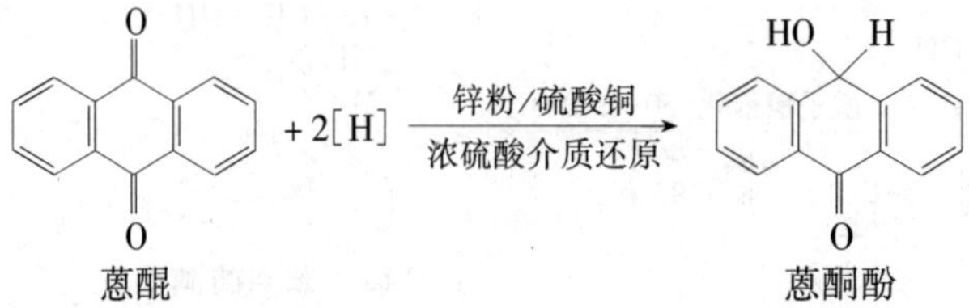

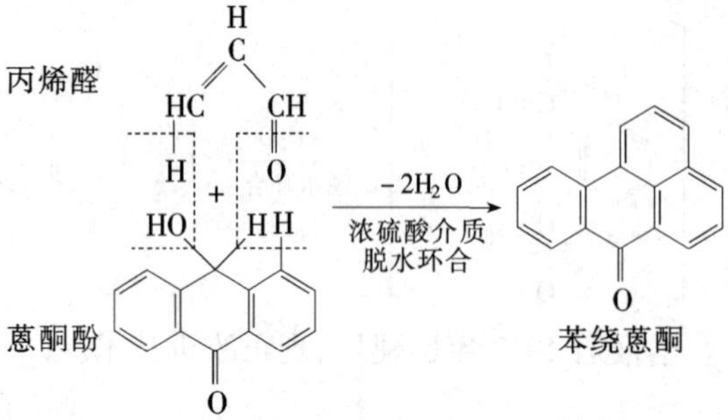

在实际生产中,上述三步反应是在一个反应器中同时完成的。将蒽醌溶于浓硫酸中,加入含有硫酸铜的甘油水溶液,然后在 $100 \sim 150 \ ℃$ 加入锌粉-甘油悬浮液即生成苯绕蒽酮。将反应物放入水中稀释,再经分离精制,即得成品,收率可达理论量的90 % 。当用苯酐缩合法合成蒽醌时(15.2.1.1),可以将中间产物苯甲酰基苯甲酸在浓硫酸中脱水环合成蒽醌后,不经分离直接制备苯绕蒽酮。

15.3 形成含一个氧原子的杂环的环合反应

为了形成含有一个氧原子的杂环,所用的主要起始原料常常含有羟基、烷氧基、酯基或可烯醇化的羰基等含氧基团。环合反应可以是以形成碳-氧键的形式完成,也可以是以形成碳-碳键的形式完成,在个别情况下也可以用氧化的形式完成。

15.3.1 四氢呋喃的制备

呋喃又名氧茂,是含一个氧原子的五员杂环,其结构式为:

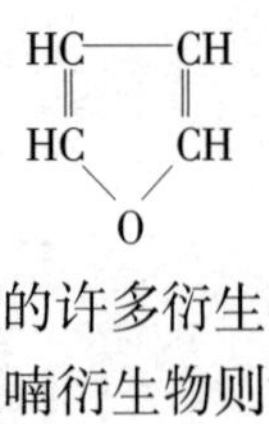

呋喃的许多衍生物是以糠醛(呋喃甲醛,见 13.8.2)为起始原料经过结构改造而制得的,但有些呋喃衍生物则需要通过环合反应来制备。这里只介绍四氢呋喃的制备。

四氢呋喃是重要的溶剂和中间体,它的工业生产有四个合成路线。

1. 糠醛的催化脱羰基-加氢法

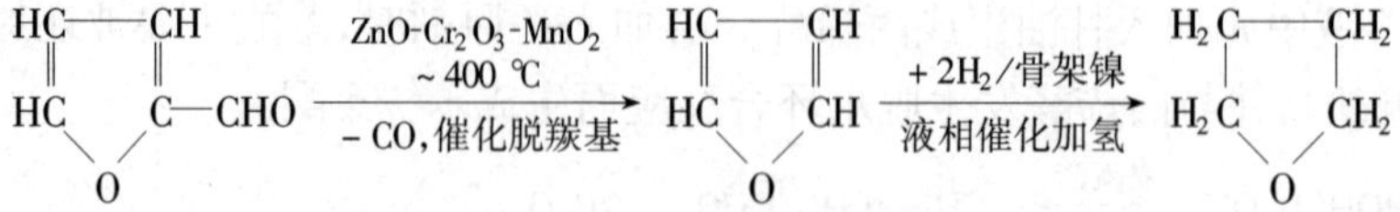

此法是最早采用的方法。因糠醛来自农副产品加工,成本高,现在已逐渐被以石油化工为原料的合成法所取代。

2．顺丁烯二酸酐的催化加氢法

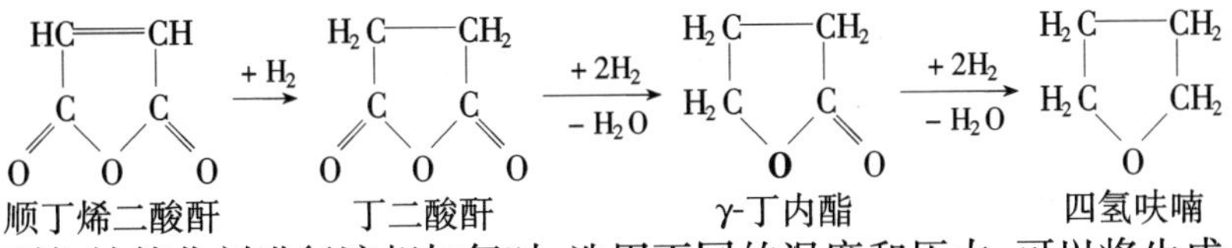

顺丁烯二酸酐　　　丁二酸酐　　　γ-丁内酯　　　四氢呋喃

当使用镍-铼催化剂进行液相加氢时，选用不同的温度和压力，可以将生成 γ-丁内酯和四氢呋喃的摩尔比调节在 1:0.1 到 1:4 的范围内。在一次加氢联产 γ-丁内酯和四氢呋喃时，可将上述摩尔比调节在 1:3~4。另外，也可以主要生成 γ-丁内酯，然后在 Ni-Co-ThO$_2$/SiO$_2$ 催化剂存在下，在 250 ℃ 和 10 MPa 进行气固相接触催化加氢，开环生成 1,4-丁二醇，然后再脱水环合生成四氢呋喃。

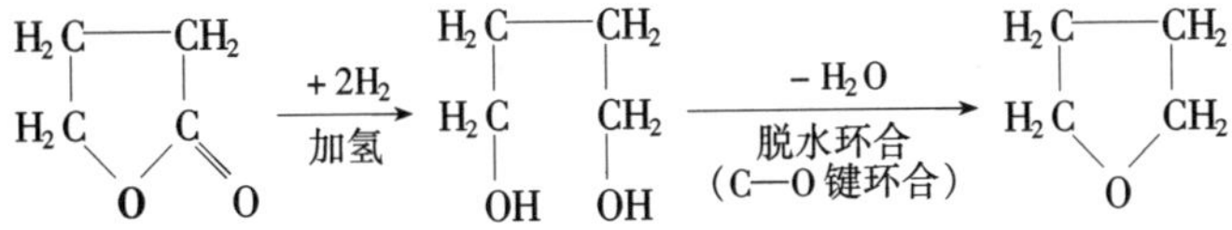

近年来因丁烯氧化法和丁烷氧化法制顺丁烯二酐的开发成功，使顺酐成本下降，顺酐的催化加氢已成为生产呋喃的主要方法。

3．1,4-丁二醇的脱水环合法

脱水环合催化剂可以是磷酸、硫酸或强酸性阳离子交换树脂。在反应器中加入 1,4-丁二醇(沸点 230 ℃)和催化剂，加热至 110~120 ℃，即沸腾蒸出四氢呋喃(沸点 66 ℃)和水。不断地补充 1,4-丁二醇，它几乎定量地转变成四氢呋喃。

关于 1,4-丁二醇的制备，除了 γ-丁内酯的气固相接触催化加氢法以外，还有许多其他方法，可查阅有关文献。

4．1,3-丁二烯的氧化环合-加氢法

丁二烯用空气氧化可脱氢环合生成呋喃，再加氢即得到四氢呋喃。此法在国外已工业化。

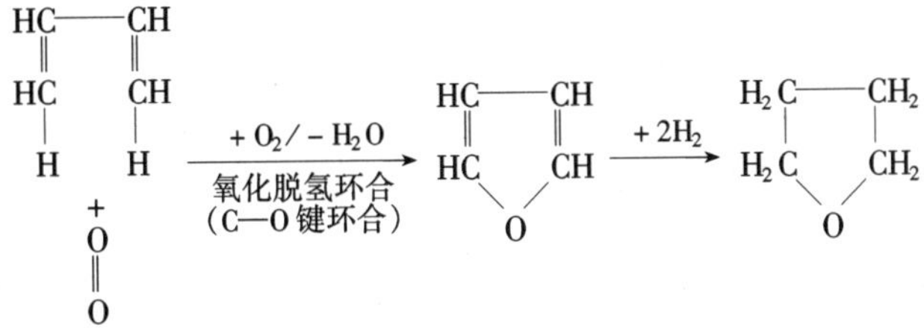

15.3.2　氧茚及其衍生物的制备

氧茚又名苯并呋喃，化学结构式为：

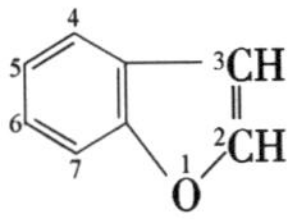

从结构式可以看出，它是一个在苯环连有氧原子的环醚。因此，这类化合物可以用邻位有羟基的苯酚和 α-卤代羰基化合物为起始原料，两者先通过 O-烷化反应形成苯氧醚键，然后再通过脱水 C—C 键环合而生成目的产物。

15.3.2.1　苯并呋喃的制备

苯并呋喃是有机原料，也可用于制古马隆树脂。它是煤焦油的副产物，也可以用合成法来将水杨醛先用氯乙酸进行 O-烷化,得到邻甲酰基苯氧乙酸,然后在无水乙酸钠存在下,在乙酐和冰乙酸介质中回流,即发生脱水 C—C 键环合反应和脱羧反应而生成苯并呋喃:

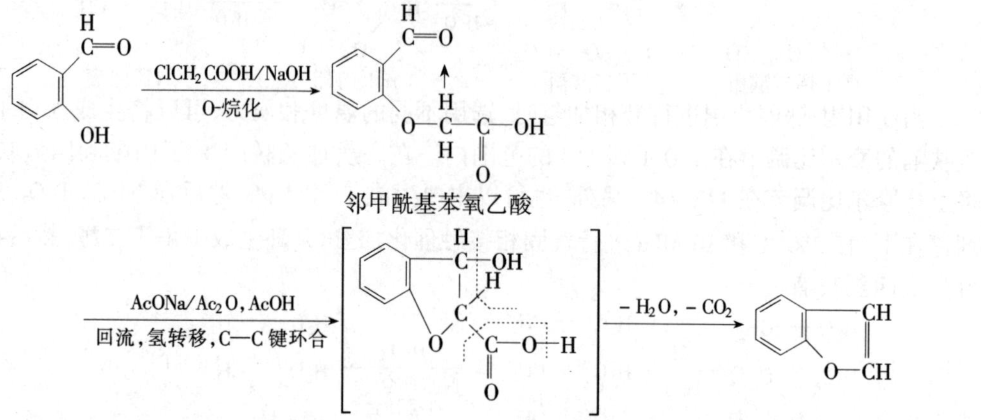

邻甲酰基苯氧乙酸

在邻甲酰基苯氧乙酸分子中,由于苯环上邻位甲酰基(醛基)活泼性和醚键上羰基的两个 α-氢的活泼性,使脱水 C—C 键环合反应容易进行。

15.3.2.2　2-乙酰基苯并呋喃的制备

它是医药中间体,可用水杨醛和氯丙酮为起始原料,通过 O-烷化和脱水 C—C 键环合反应来制备:

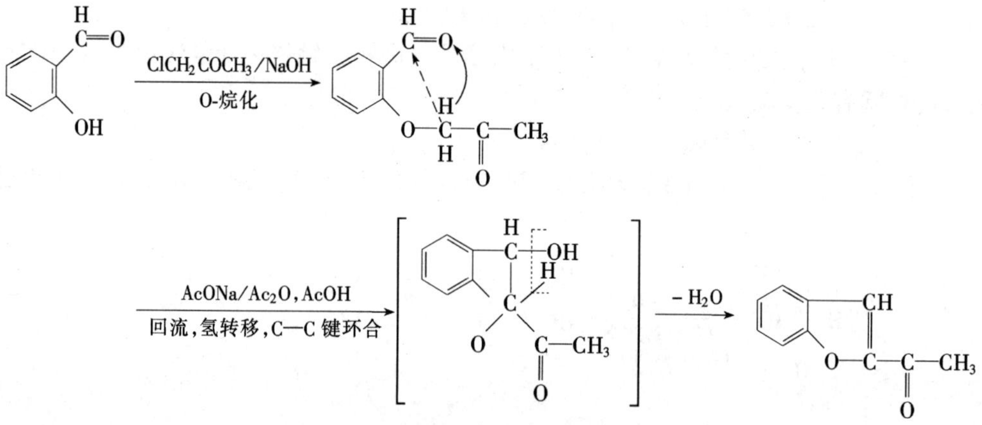

15.3.3　香豆素及其衍生物的制备

香豆素的化学名称是 1,2-氧萘酮,又名 1,2-吡喃酮,其化学结构为:

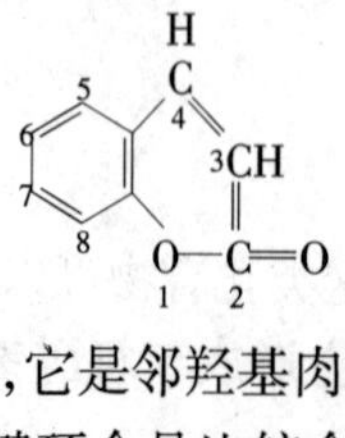

可以看出,它是邻羟基肉桂酸的内酯。因此,首先合成邻羟基肉桂酸或其衍生物,接着进行脱水 C—O 键环合是比较合适的合成路线。有时也需要采用其他合成路线。

15.3.3.1　香豆素的制备

香豆素是重要的香料,由水杨醛与乙酐在无水乙酸钠的催化作用下,在 180～190 ℃先发生 Perkin 反应(见 14.3.1),生成邻羟基肉桂酸,同时发生脱水 C—O 键环合而制得：

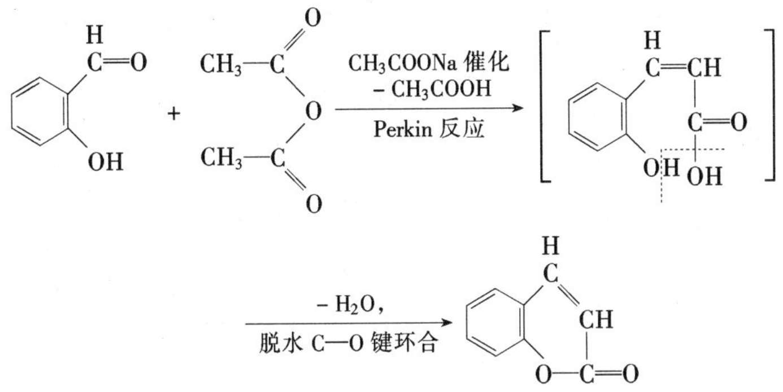

15.3.3.2　3-甲基香豆素的制备

3-甲基香豆素是有机中间体,也是香料,是用水杨醛和丙酸酐在丙酸钠存在下,通过 Perkin 反应和脱水 C—O 键环合反应而制得的：

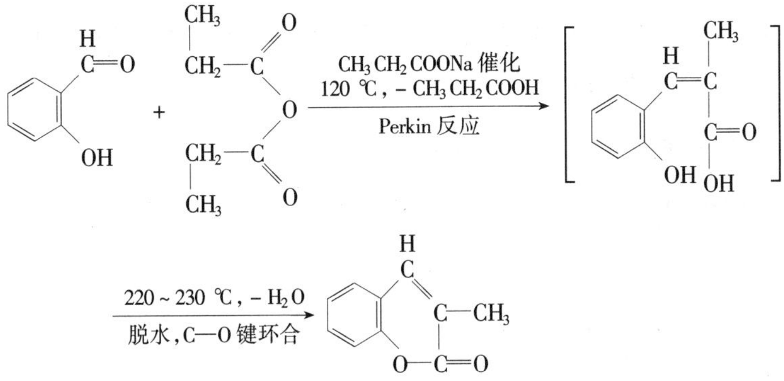

15.3.3.3　6-甲基香豆素的制备

6-甲基香豆素是有机中间体和香料。它的制备不采用上述 Perkin 反应的合成路线,而采用以对甲酚和反丁烯二酸为原料的合成路线。将对甲酚与反丁烯二酸在72 % 硫酸中加热,在酚羟基的邻位发生双键加成反应,并脱甲酸生成 2-羟基-5-甲基肉桂酸,然后发生脱水 C—O 键环合而得到 6-甲基香豆素。

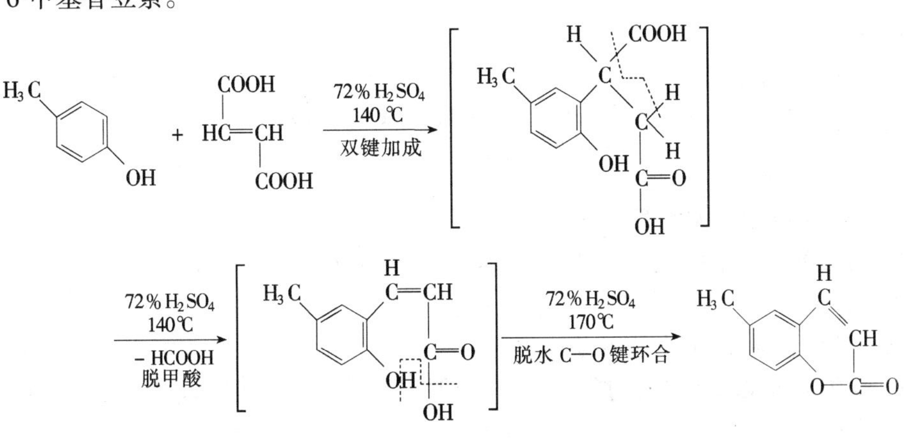

15.3.3.4　4-羟基香豆素的制备

4-羟基香豆素是医药中间体。它的制备也不采用 Perkin 反应,而以水杨酸为起始原料,先制成 O-乙酰基水杨酸甲酯,然后在液体石腊中于无水碳酸钠存在下,在 240～260 ℃进行脱甲醇 C—C 链环合而得到的，收率只有15 %。如果改用金属钠脱甲醇，收率可提高到18 %。

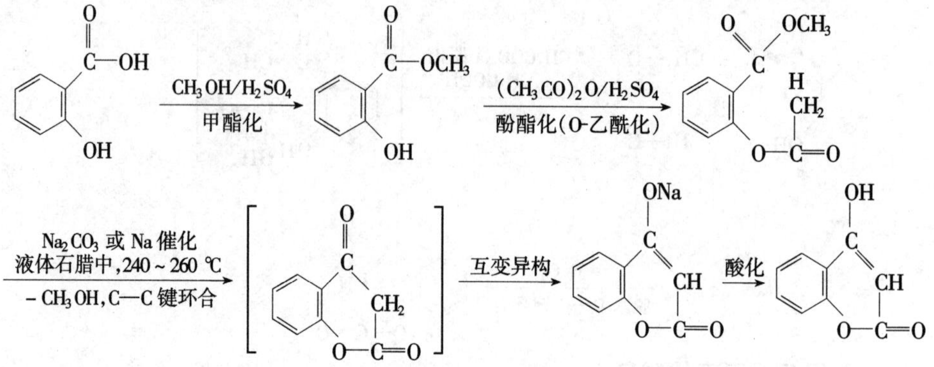

15.4　形成含一个氮原子的杂环的环合反应

为了形成含一个氮原子的杂环，所用的一种起始原料常是氨或伯胺，有时也用仲胺、酰胺和肼。环合反应主要是 C—N 键环合，有时也用 C—C 键环合。

15.4.1　吡咯及其衍生物的制备

吡咯又名氮茂，化学结构是：

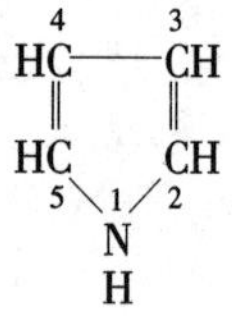

吡咯 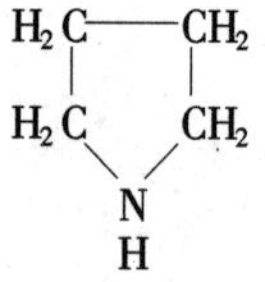　　　四氢吡咯

四氢吡咯又名吡咯烷，它的许多衍生物有重要用途。这类化合物大都是通过氨解反应制得的。

15.4.1.1　吡咯的制备

吡咯在工业上是由呋喃与氨在 400 ~ 500 ℃通过氧化铝催化剂，发生氨解-脱水环合反应而制得的：

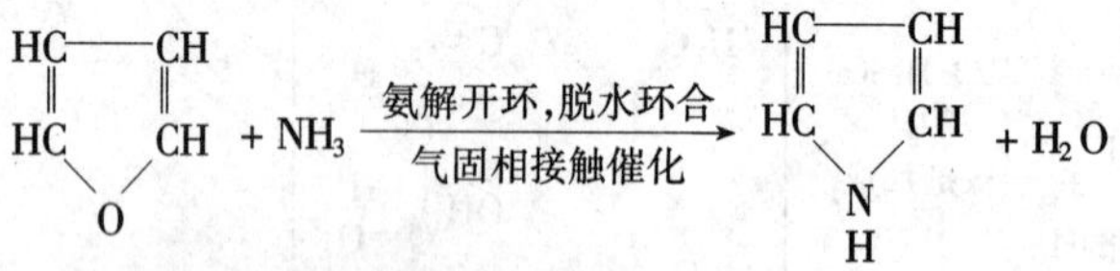

15.4.1.2　N-甲基-2-吡咯烷酮的制备

它是重要的优良溶剂，也是有机中间体，从结构上看，是 N-甲基-γ-丁内酰胺。工业生产有三种方法。

工业上比较成熟的方法是 γ-丁内酯与甲胺的氨解法。将 γ-丁内酯与甲胺按 1∶1.15 的摩尔比在 250 ℃和 6 MPa 连续通过管式反应器，即得到目的产物，收率90 %。反应为：

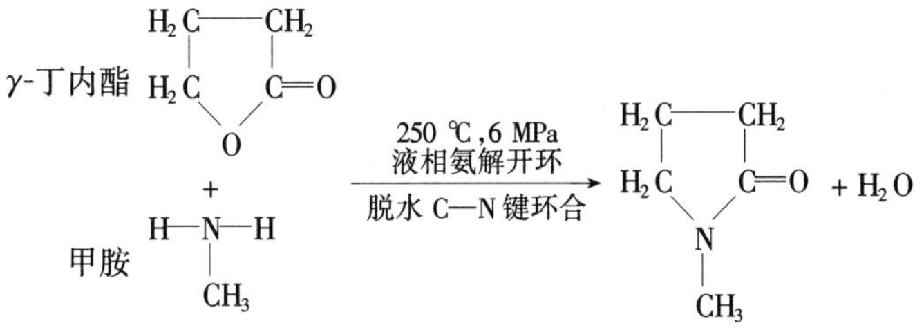

另一种方法是丁二酸与甲胺的 N-酰化、脱水 C—N 键环合,部分加氢法:

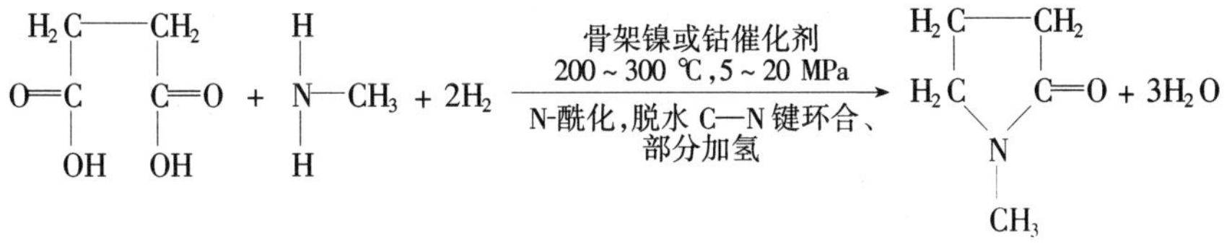

最近开发的新方法是以顺丁烯二酸酐为原料,不预先加氢成 γ-丁内酯或丁二酸,而直接与甲胺和氢气反应,一步 N-酰化环合、加氢而得到目的产物。

另外,以氨代替甲胺,用同样的方法可制得 2-吡咯烷酮。它也是重要的中间体和溶剂。

15.4.2 吲哚及其衍生物的制备

吲哚又名氮茚或苯并氮茂,化学结构为:

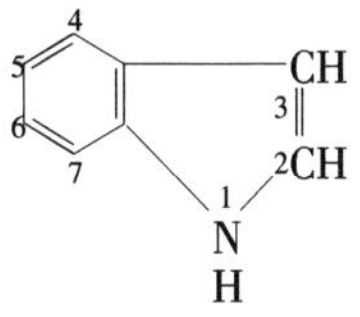

从结构上可以看出,苯环和一个氮原子相连。因此,这类化合物一般是以苯系伯胺为主要起始原料而制得。

15.4.2.1 以邻乙基苯胺为起始原料

将邻乙基苯胺在氮气流中、于 660～680 ℃下通过三氧化铝催化剂,即发生脱氢 C—N 键环合反应而制得吲哚:

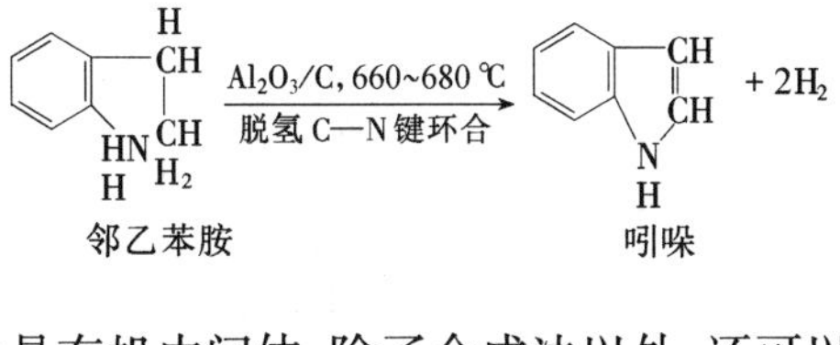

吲哚是有机中间体,除了合成法以外,还可以从高温炼焦的煤焦油中分离而得。

此法只适用于合成高温热稳定性好的吲哚本身,不适用于制备吲哚的取代衍生物。

15.4.2.2 以苯系伯胺和 α-卤代羰基化合物为起始原料

此法的重要实例是靛蓝的生产。将苯胺先用氯乙酸进行 N-烷化制成苯氨基乙酸钠,再将后者在氨基钠-氢氧化钠-氢氧化钾的熔融物中在 225 ℃进行碱熔,即发生脱 NaOH、C—C 键环合反应而生成 β-羟基吲哚钠盐。最后向碱熔物的水溶液中通入空气进行氧化脱氢,即得到靛蓝。反应为:

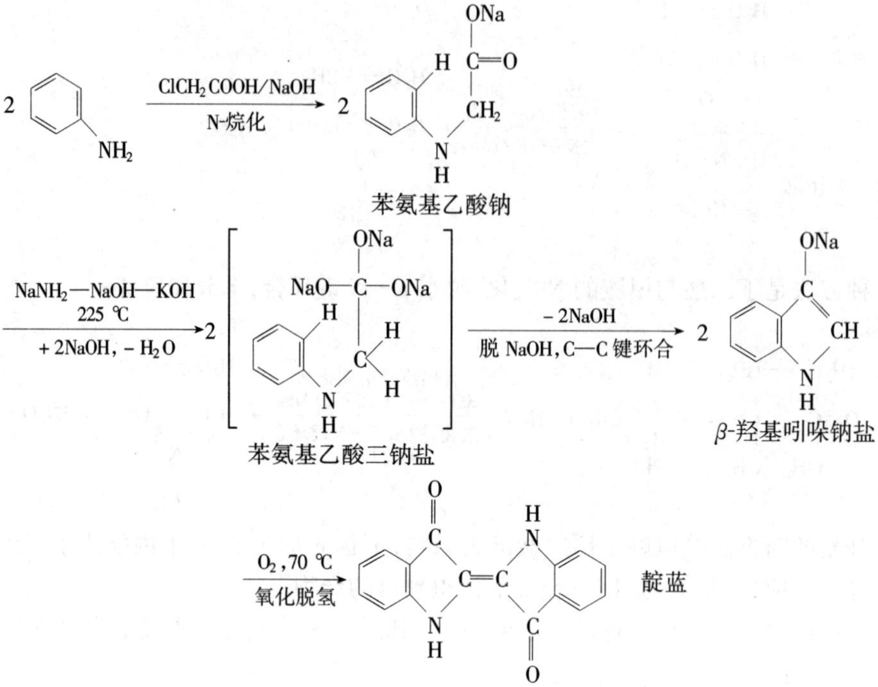

15.4.2.3 以芳肼和酮为起始原料

这个方法非常特殊,但却很实用。例如,将苯胺重氮化并还原成肼,然后与稍过量的甲乙酮在25 %硫酸中、80～100 ℃下反应,先生成苯腙,接着发生一系列复杂的反应而生成 2,3-二甲基吲哚,收率约70 %～85 %。

上述反应的历程还不十分清楚,可能是苯腙先发生互变异构和重排反应,发生 N—N 键断裂,然后发生 C—N 键环合和脱氨、脱质子反应而生成目的产物。其可能的反应历程如下:

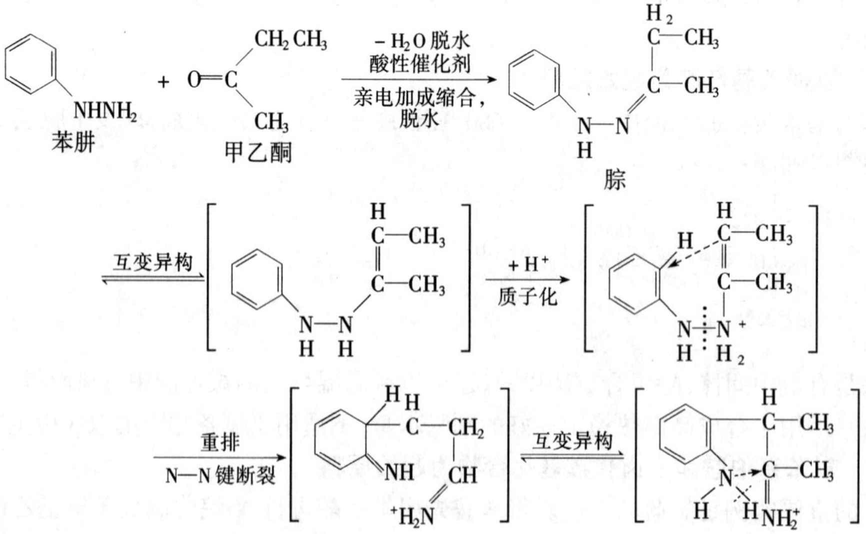

$$\xrightarrow{\text{C—N 键环合}} \left[\ \right] \xrightarrow[\text{脱氨,脱质子}]{-NH_3,\ -H^+}$$

2,3-二甲基吲哚

这类反应所用的酸性催化剂可以是硫酸、乙酸、氯化氢的乙醇溶液或乙酸溶液、熔融无水氯化锌或在惰性溶剂(二甲苯、萘、甲基萘)中的无水氯化锌等。

用类似的方法,可以从苯肼和丙酮制得 2-甲基吲哚,由苯肼和苯乙酮制得 2-苯基吲哚。它们都是染料中间体。

15.4.3 吡啶和烷基吡啶的制备

吡啶又名氮苯,化学结构为:

吡啶和烷基吡啶最初是从煤焦油分离而得,后来由于需要量日益增加,现在已改用合成法为主。在合成法中,吡啶环上的氮原子是由氨或丙烯腈提供的,主要有三种方法。

15.4.3.1 以氨和醛为起始原料

第一个用此法实现工业化的产品是 2-甲基-5-乙基吡啶。它是由 30 % ~ 40 % 氨水和乙醛或三聚乙醛在液相中于乙酸铵催化剂存在下,在 220 ~ 280 ℃、10 ~ 20 MPa 连续反应而得。其反应历程还不清楚,有可能是乙醛先二缩脱水生成 2-丁烯醛(14.2.3.1),后者氨解生成 2-丁烯-4-烯亚胺。后者再与丁烯醛发生 C—N 键加成和氢转移而生成 N-(2-丁烯基)-N,N-(1-甲基-3-羟基-2-丙烯基)亚胺。后者再脱水发生 C—C 键环合而生成目的产物。可能的反应历程如下:

$$2CH_3\!-\!CHO \xrightarrow[\text{脱水缩合}]{-H_2O} CH_3\!-\!CH\!=\!CH\!-\!\overset{H}{\underset{}{C}}\!=\!O \xrightarrow[\text{氨解(见 9.3.2)}]{+NH_3,\ -H_2O} CH_3\!-\!CH\!=\!CH\!-\!\overset{H}{\underset{}{C}}\!=\!NH$$

乙醛　　　　　　　　　　2-丁烯醛　　　　　　　　　　　2-丁烯-4-烯亚胺

2-丁烯-4-烯亚胺　+　2-丁烯醛 $\xrightarrow[\text{氢转移}]{\text{C-N 键加成}}$ N-(2-丁烯基)-N,N-(1-甲基-3-羟基-2-丙烯基)亚胺

$$\xrightarrow[\text{脱水 C—C 键环合}]{-H_2O}\ \ \text{2-甲基-5-乙基吡啶}$$

总的反应式可以表示为:

$$4CH_3CHO + NH_3 \longrightarrow CH_3CH_2-C \begin{matrix} H \\ \| \\ C \end{matrix} \begin{matrix} \\ CH \\ \end{matrix} + 4H_2O \tag{15-4}$$

按乙醛计,2-甲基-5-乙基吡啶的选择性可达70%,副产物主要是2-甲基吡啶和4-甲基吡啶(比例3:1)和较高级的吡啶。生成2-甲基吡啶的总反应式可简单表示如下:

$$6\ CH_3CHO\ +\ 2\ NH_3 \longrightarrow 2 \quad + 3\ H_2O\ +\ H_2 \tag{15-5}$$

显然,采用高压操作是为了抑制生成甲基吡啶的脱氢副反应。

如果不采用高压液相反应,而将氨和乙醛的气态混合物在常压、350~500℃下通过 Al_2O_3 或 Al_2O_3-SiO_2 催化剂进行气固相接触催化反应,则主要生成2-甲基吡啶和4-甲基吡啶(1:1)。

如果改用氨与乙醛和甲醛的混合物进行气固相接触催化反应,则主要生成吡啶和3-甲基吡啶。两者的比例取决于原料中乙醛和甲醛的相对用量。生成吡啶的总反应式有以下两种可能:

$$2\ CH_3CHO\ +\ HCHO\ +\ NH_3 \longrightarrow C_5H_5N\ +\ 2\ H_2O\ +\ 2\ H_2$$

$$CH_3CHO\ +\ 3\ HCHO\ +\ NH_3 \longrightarrow C_5H_5N\ +\ 4\ H_2O$$

上述三种方法都已用于工业生产。另外,氨与丙烯醛在气相、350~400℃下反应,也可以得到吡啶和3-甲基吡啶。此法只有日本一家公司采用。

15.4.3.2 以氨和乙炔或乙烯为起始原料

将氨和乙炔在420℃通过 $ZnSO_4$-H_3BO_3-Al_2O_3 催化剂,可发生脱氢环合反应,主要生成4-甲基吡啶。此法已在工业上采用。

$$3\ HC\equiv CH\ +\ NH_3 \longrightarrow \quad +\ H_2$$

另外,将氨和乙烯在液相、$PdCl_2$-$CuCl_2$ 均相配位催化剂和空气存在下,在100~300℃和3~10 MPa下反应,可得到2-甲基吡啶和2-甲基-5-乙基吡啶。按乙烯计,总选择性约为80%。$PdCl_2$-$CuCl_2$ 催化剂和空气的作用是将乙烯氧化成乙醛(见3.7.5.5),然后乙醛和氨按式(15-4)和式(15-5)进行反应。此法是日本钢化学公司开发的新方法。

15.4.3.3 以丙烯腈和丙酮为起始原料

这是荷兰国家矿业公司开发的新方法,据称已用于生产2-甲基吡啶。第一步反应是在异丙胺催化剂存在下,使丙烯腈与丙酮发生加成 C-烷化反应生成5-氧代己腈,按丙烯腈和丙酮计,选择性在80%以上。第二步反应是5-氧代己腈在氢气存在下,在高温通过 Ni/SiO_2 或 Pd/Al_2O_3 催化剂发生脱水 C—N 键环合反应,得到2-甲基吡啶或它的加氢产物。

$$NC-CH=CH_2 + CH_3-C-CH_3 \xrightarrow[\text{亲核加成,C-烷化}]{\text{异丙胺催化}} NC-CH_2-CH_2-CH_2-C-CH_3$$
$$\quad\quad\quad\quad\quad\quad\ \ \ \| \quad\quad\quad\quad\quad\quad\quad\quad\quad\quad\quad\quad\quad\quad\quad \|$$
$$\quad\quad\quad\quad\quad\quad\ \ \ O \quad\quad\quad\quad\quad\quad\quad\quad\quad\quad\quad\quad\quad\quad\quad O$$
$$\text{丙烯腈}\quad\quad\quad\quad\text{丙酮}\quad\quad\quad\quad\quad\quad\quad\quad\quad\quad\quad\quad\text{5-氧代己腈}$$

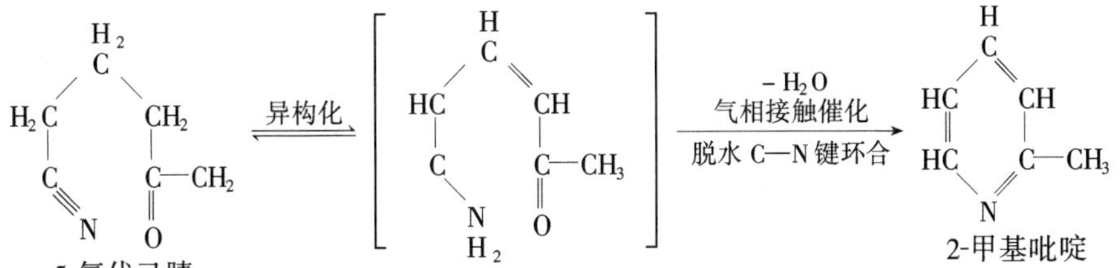

异构化

5-氧代己腈

－H$_2$O
气相接触催化
脱水 C—N 键环合

2-甲基吡啶

15.4.4　吡啶酮衍生物的制备

某些 6-羟基-(1-H)-2-吡啶酮衍生物(以下简称吡啶酮)是重要的染料中间体。吡啶酮有三种互变异构体。

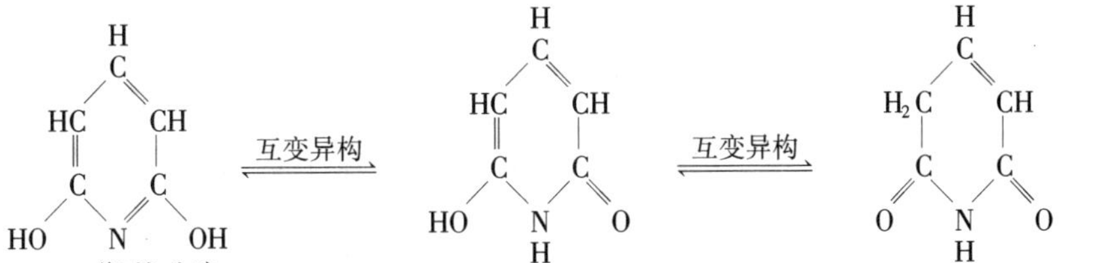

2,6-二羟基吡啶
(烯醇型)

互变异构

6-羟基-(1-H)-2-吡啶酮
(酮型)

互变异构

(1-H)-2,6-吡啶二酮
(2-戊烯二酸内酰亚胺)

从结构上看,可以考虑先用两个小分子化合物,通过形成 C—C 键来合成 2-戊烯二酸或它的酸酐、双酯、单酯或单酯-单酰胺,然后再进行 C—N 键环合而得到 2-戊烯二酸的内酰亚胺。考虑到原料易得,反应较易进行等因素,其中最有实际意义的是以氰乙酰胺和 β-酮酸酯为起始原料,先脱水生成 2-戊烯二酸单酯-单酰胺,然后脱醇生成吡啶酮取代衍生物的合成路线。例如,将氰乙酰胺和乙酰乙酸乙酯在乙醇介质中,在碱性催化剂(氢氧化钠、氢氧化钾或哌啶等)的存在下加热,就可顺利制得 2-氰基-3-甲基-2-戊烯二酸内酰亚胺(Ⅰ),即 3-氰基-4-甲基-6-羟基-(1-H)-2-吡啶酮(Ⅱ)。收率可达 85 % ~ 95 %。

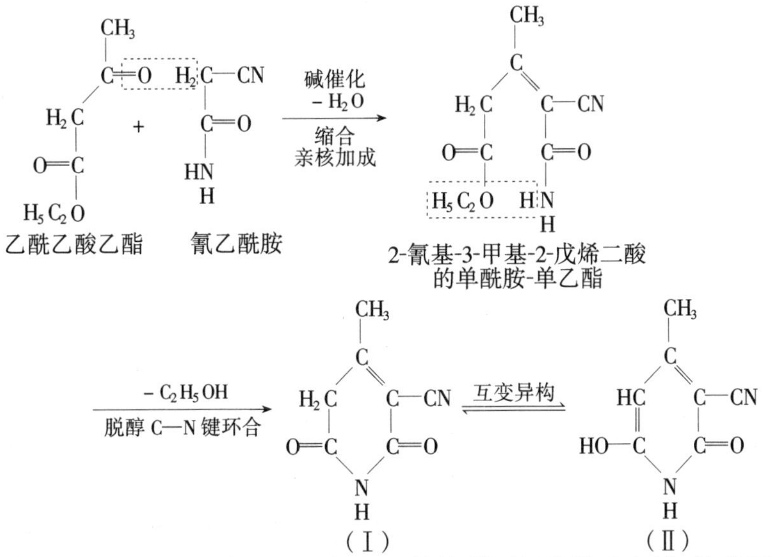

乙酰乙酸乙酯　　　氰乙酰胺

碱催化
－H$_2$O
缩合
亲核加成

2-氰基-3-甲基-2-戊烯二酸
的单酰胺-单乙酯

－ C$_2$H$_5$OH
脱醇 C—N 键环合

互变异构

(Ⅰ)　　　　　　　　　(Ⅱ)

在这里,选用氰乙酰胺作起始原料的目的是利用氰基的吸电性,使分子中氰基和羰基之间亚甲基上的两个 α 氢活化,容易与乙酰乙酸乙酯分子中的羰基发生亲核加成脱水缩合反应。

氰乙酰胺很容易从氰乙酸乙酯与氨水作用而得(见 11.2.7):

$$NC-CH_2-\overset{\displaystyle O}{\overset{\|}{C}}-OC_2H_5 + NH_3 \xrightarrow{20\ ^\circ\text{C}} NC-CH_2-\overset{\displaystyle O}{\overset{\|}{C}}-NH_2 + C_2H_5OH$$

因此,也可以用氰乙酸乙酯代替氰乙酰胺,在氨水-乙醇溶液中与乙酰乙酸乙酯进行上述反应。

另外,乙酰乙酸乙酯也可以用价廉易得的乙酰乙酰胺(双乙酰胺,见 11.2.8)来代替。即先生成 2-氰基-3-甲基-2-戊烯二酸的双酰胺,接着发生脱氨 C—N 键环合反应而得到目的产物。

在上述反应中,氨水用甲胺、乙胺、乙二胺或芳伯胺来代替,还可以制得一系列在 1-位氮原子上有取代基的吡啶酮。如果用在 α-位有烷基或芳基的乙酰乙酸乙酯(或酰胺),还可以制得在 5-位上有烷基或芳基的吡啶酮衍生物。

还应该提到,上述吡啶酮分子中的氰基可以在浓硫酸、中等浓度硫酸或碱性介质中,在适当温度下水解成氨甲酰基(—CONH$_2$)、羧基或者脱去羧基。

另外,以氰乙酰胺和甲氧基乙酰丙酮(β-二羰基化合物)为起始原料,在稀碱液中反应,可以制得 3-氰基-4-甲氧甲基-6-甲基-(5-H)-2-吡啶酮。它是制维生素 B$_6$ 的中间体。反应过程如下:

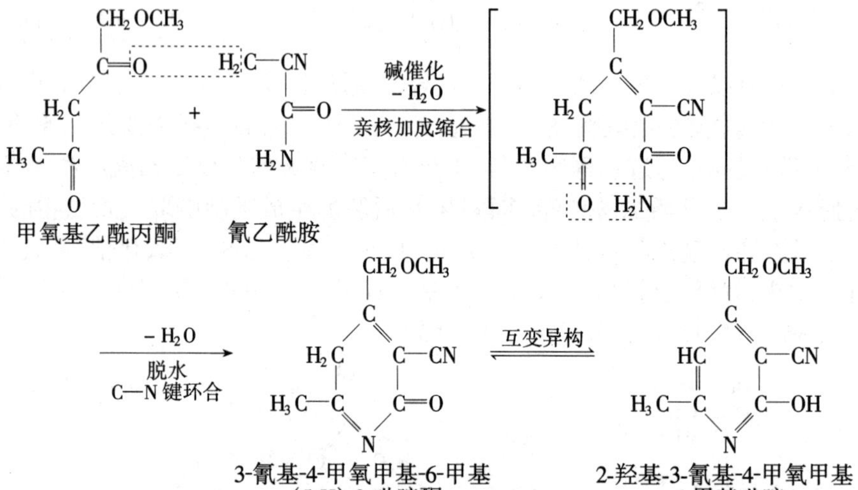

15.4.5　喹啉及其衍生物的制备

喹啉又名 1-氮萘,化学结构为:

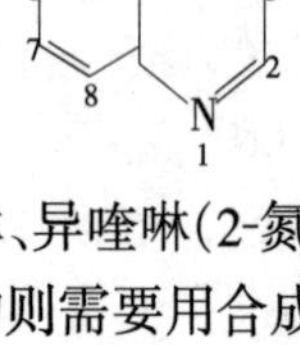

喹啉、异喹啉(2-氮萘)、2-甲基喹啉和 4-甲基喹啉,可以从煤焦油分离而得,但是喹啉的许多衍生物则需要用合成法来制备。合成的方法很多,其中合成的杂环上没有取代基的喹啉衍生物的最佳方法,是以苯系伯胺和丙烯醛为起始原料的 Skraup 反应。Skraup 反应是在浓硫酸介质中,在温和氧化剂存在下进行的。因此,所用的丙烯醛也可以由甘油在反应介质浓硫酸中脱水而生成:

$$CH_2OH—CHOH—CH_2OH \xrightarrow[\text{浓硫酸}]{-2H_2O \atop \text{介质}} CH_2{=}CH—CHO$$

例如,将邻氨基苯酚、甘油和温和氧化剂邻硝基苯酚在浓硫酸中于 135～140 ℃加热,即依次发生甘油脱水生成丙烯醛,丙烯醛与邻氨基酚发生亲电加成 N-烷化、脱水 C—C 键环合,以及氧化脱氢等反应而得到 8-羟基喹啉。它是医药、染料和农药中间体。

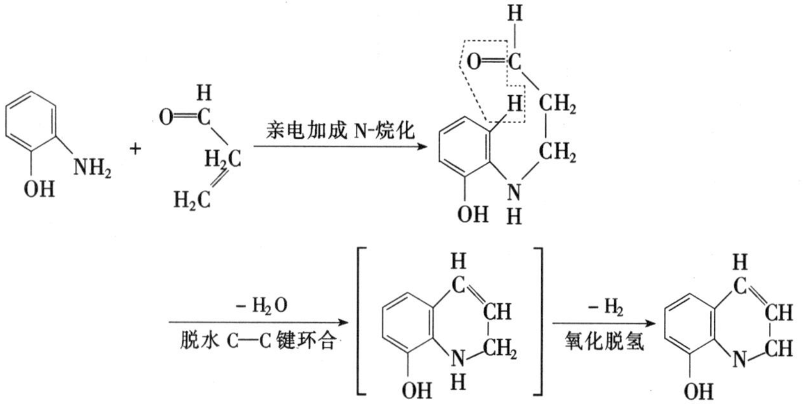

用类似的方法,可以从邻-硝基-对-甲氧基苯胺和甘油制得 6-甲氧基-8-硝基喹啉(碘和碘化钾催化-硫酸氧化)。应该指出,如果苯胺环上有对硫酸敏感或在高温易裂解的基团(例如乙酰基和氰基),则不发生 Skraup 反应。

另外,如果改用取代的 α,β-不饱和醛或 α,β-不饱和酮,也可以制得在杂环上有取代基的喹啉衍生物,但是反应困难,收率较低。

15.5 形成含两个氮原子的杂环的环合反应

15.5.1 吡唑酮衍生物的制备

吡唑又名二氮茂,化学结构为:

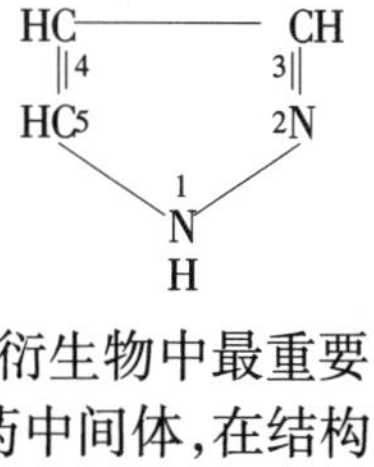

吡唑衍生物中最重要的是在 3-位上有取代基的 1-芳基-5-吡唑酮衍生物。它们是重要的染料、医药中间体,在结构上有三种互变异构体:

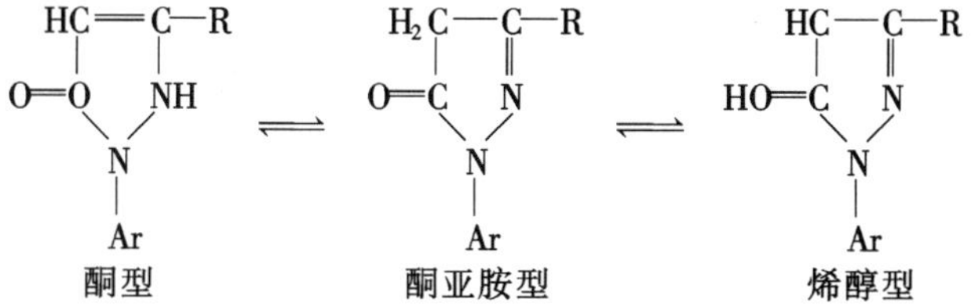

上式中的 R 可以是烷基、芳基、羧基、羧乙酯基(—COOC$_2$H$_5$)等取代基,Ar 可以是苯基、萘基以

及有取代基的苯基或萘基。最重要的吡唑酮衍生物有：

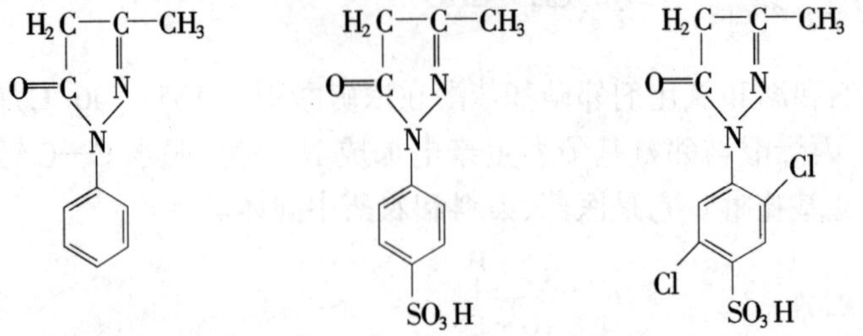

在上述结构中，五员杂环上有两个相连的氮原子，其中一个氮原子又和芳环相连，因此，这类化合物的最佳制法是以相应的芳肼为起始原料。芳肼很容易与含有羰基的醛或酮生成腙。为了使吡唑环的 5-位具有羰基，3-位具有各种取代基，可以选用含有二个羰基的 β-二酮(1,3-二酮)与芳肼作用，先生成腙，接着发生内分子 C—N 键环合反应而生成 1-芳基-5-吡唑酮衍生物。例如，将苯肼与乙酰乙酰胺(或乙酰乙酸乙酯)在适当 pH 值的水介质中加热，即得到 1-苯基-3-甲基-5-吡唑酮：

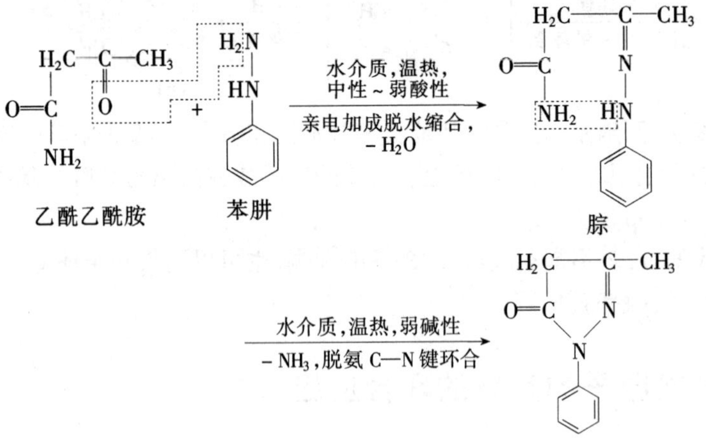

乙酰乙酰胺　　苯肼　　　　　　　　　　　　　　　腙

水介质，温热，中性～弱酸性
亲电加成脱水缩合，
$-H_2O$

水介质，温热，弱碱性
$-NH_3$，脱氨 C—N 键环合

为了在吡唑环上的 3-位或 4-位具有一定的取代基，可以选用不同结构的 β-酮酸酯或 β-酮酰胺。例如，用 2-羰基丁二酸二乙酯与苯肼反应可制得 1-苯基-3-羧乙酯基(或 3-羧基)-5-吡唑酮。它们是彩色电影染料的中间体。

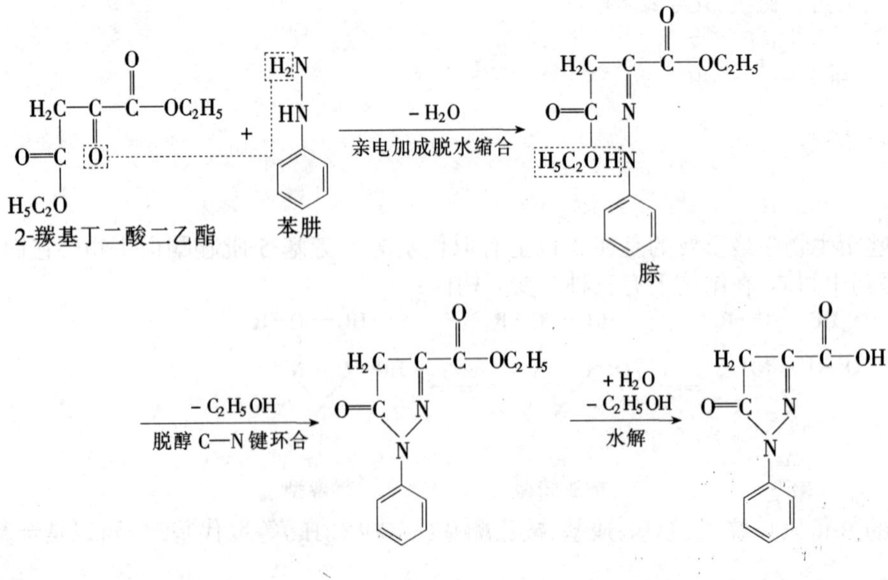

2-羰基丁二酸二乙酯　　苯肼　　　　　　　　　　　　腙

$-H_2O$
亲电加成脱水缩合

$-C_2H_5OH$
脱醇 C—N 键环合

$+H_2O$
$-C_2H_5OH$
水解

15.5.2 苯并咪唑及其衍生物的制备

苯并咪唑又名间二氮茚,化学结构为:

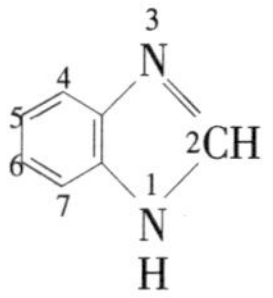

分子中苯环上相邻的位置各连接一个氮原子,因此最常用的制备方法是以邻苯二胺及其在苯环上有取代基的衍生物作为主要起始原料。

15.5.2.1 以邻苯二胺和羧酸为起始原料

例如邻苯二胺与甲酸在 95～98 ℃共热可制得苯并咪唑。它是医药中间体。

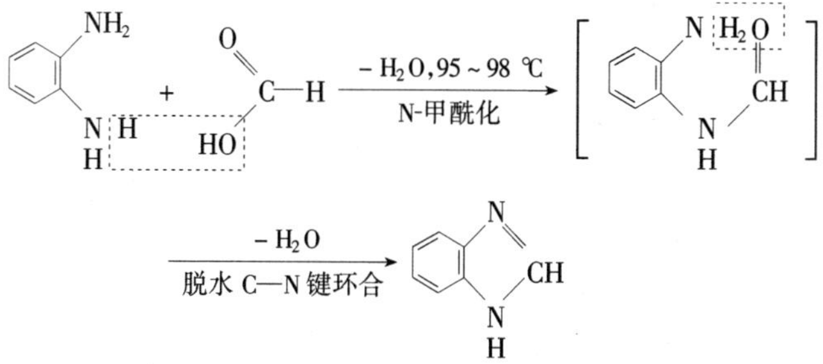

又如,将邻苯二胺与二氯乙酸在稀盐酸介质中回流,可制得 2-(二氯甲基)苯并咪唑,它是染料中间体。反应为:

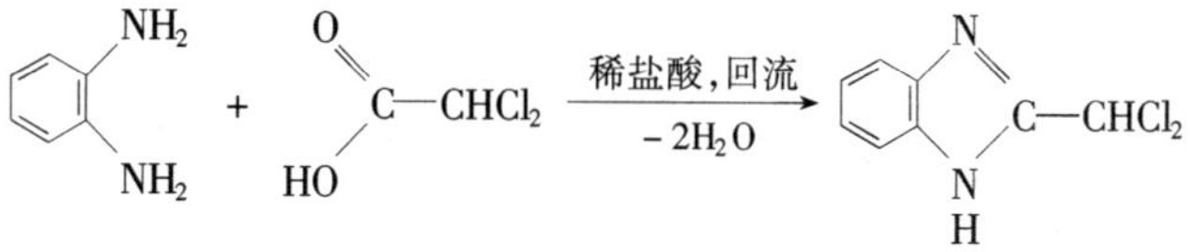

当两个分子的邻苯二胺与一分子的多碳二元酸在稀盐酸中加成时,可制得双苯并咪唑,其中有些品种是荧光增白剂。反应为:

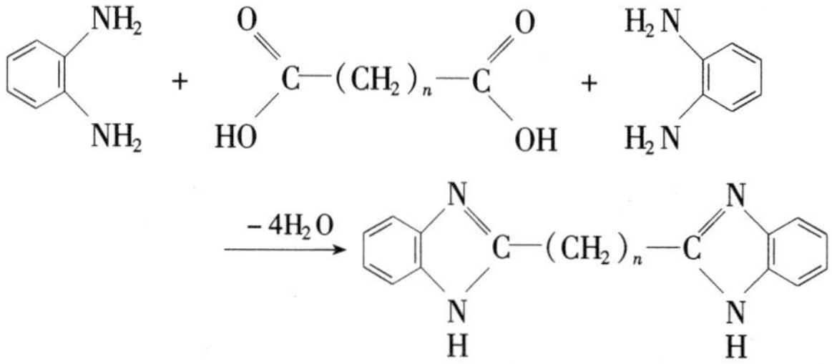

乙二酸和丙二酸比较特殊,它们与邻苯二胺反应时并不生成双苯并咪唑,而分别给出六员杂环和七员杂环化合物:

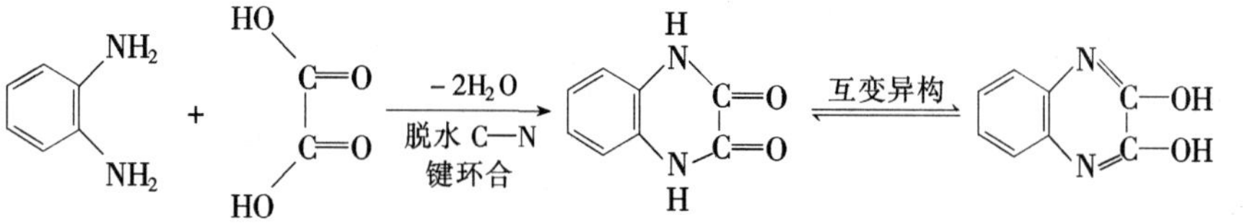

邻苯二胺　　乙二酸　　　　　乙二酰邻苯二胺　　　　　　2,3-二羟基苯并吡嗪

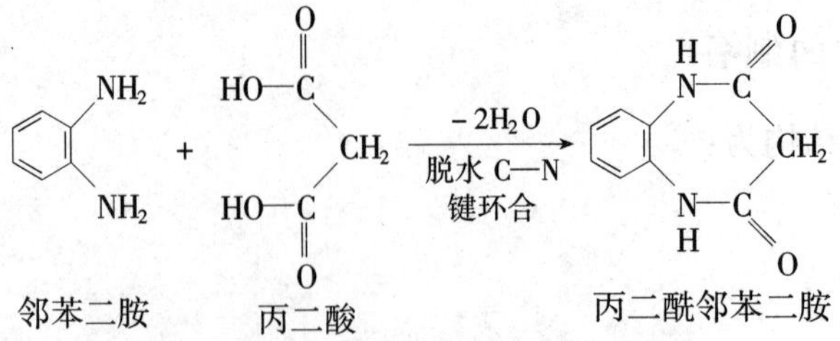

邻苯二胺　　　　丙二酸　　　　　　　丙二酰邻苯二胺

15.5.2.2　以邻苯二胺和碳酸或尿素为起始原料

邻苯二胺与二氧化碳在水介质中于 200 ℃和高压下反应,可制得(3-H)苯并咪唑-2-酮(即 2-羟基苯并咪唑),它是染料中间体。反应为:

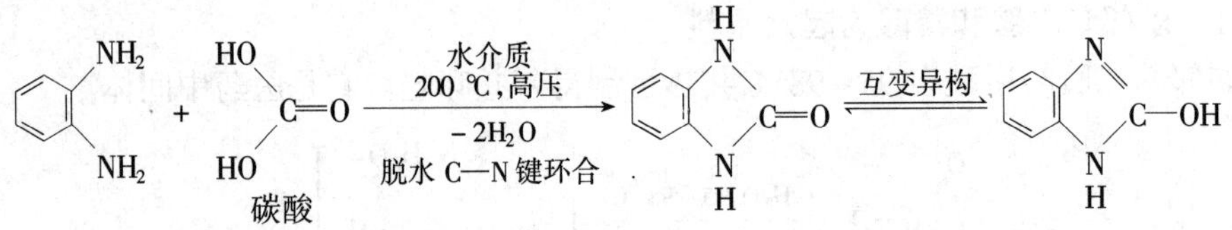

如果用尿素(碳酸二酰胺)代替碳酸,反应可以在固相球磨机型反应器中常压下进行。反应为:

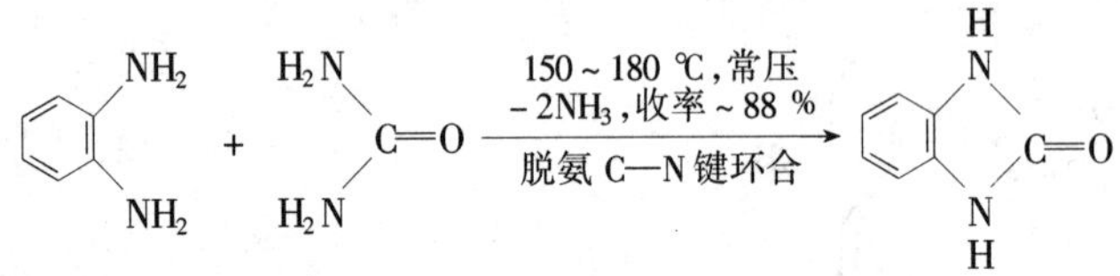

对于苯并咪唑酮的制备,专利还报道了邻二氯苯与氨水和碳酸钠在高温高压下反应,先发生邻二氯苯的氨解,同时与碳酸环合直接得到苯并咪唑酮的方法。

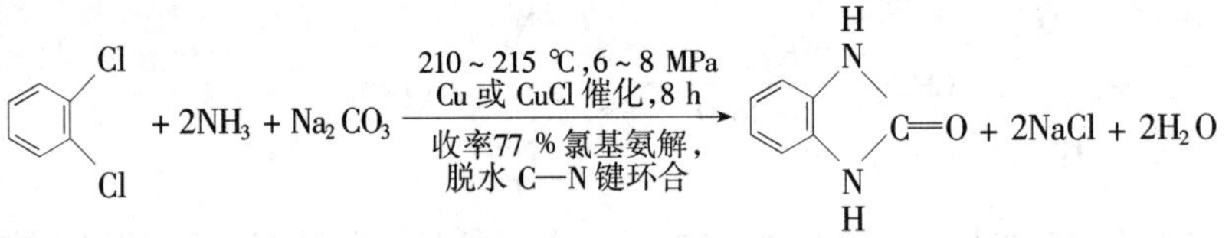

15.5.2.3　以邻苯二胺和腈类为起始原料

例如邻苯二胺与氰氨基甲酸甲酯进行脱氨环合,可制得 2-甲氧羰基亚胺基苯并咪唑。它是农药,商品名称"多菌灵"或"杀菌灵"。反应为:

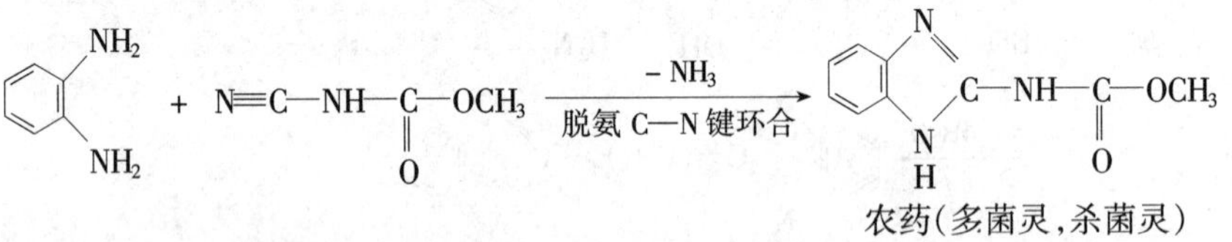

农药(多菌灵,杀菌灵)

利用这个方法可以制得在 2-位上有取代基的苯并咪唑衍生物。

15.5.2.4　以邻苯二胺和二硫化碳为起始原料

例如,将邻苯二胺和二硫化碳进行脱硫化氢 C—N 键环合可制得 2-巯基苯并咪唑。它是橡胶的抗氧剂,二次防老剂。反应为:

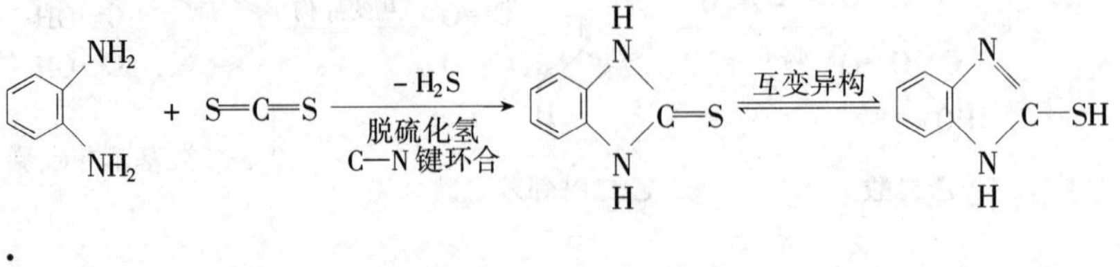

另外,从4-甲基邻苯二胺与二硫化碳环合还可以制得2-巯基-5-甲基-苯并咪唑。它也是橡胶的二次防老剂。

15.5.3 嘧啶衍生物的制备

嘧啶又名间二氮苯,化学结构为:

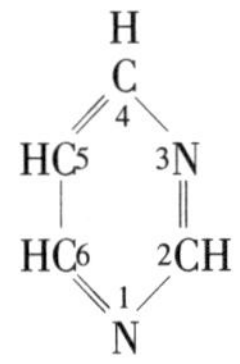

在嘧啶分子中,2-位碳原子和两个氮原子相连。因此,制备嘧啶化合物最常用的起始原料是在同一碳原子上连有二个氨基的化合物,与之相作用的另一个起始原料则是1,3-二羰基化合物。

连在同一碳原子上的二氨基化合物主要是尿素 $(H_2N)_2C \Longrightarrow O$、硫脲 $(H_2N)_2C \Longrightarrow S$、胍 $(H_2N)_2C \Longrightarrow NH$ 和脒 $R—C(NH_2)\colon NH$ 等。选用上述二氨基化合物,可以使制得的嘧啶化合物的2-位碳原子上具有羟基、巯基、氨基或烷基等取代基。

1,3-二羰基化合物的类型很多,它可以是1,3-二醛、1,3-二酮、1,3-醛酮、1,3-醛酯、1,3-酮酯、1,3-二酯、1,3-醛腈、1,3-酮腈、1,3-酯腈或1,3-二腈等。选用适当的1,3-二羰基化合物可以使制得的嘧啶化合物的4-位、5-位或6-位具有所需要的取代基。

应该指出,在实践中并非所有设想的环合反应都能取得满意结果。但是,如果精心选用合适的起始原料和反应条件,再配合其他反应,就可以制得许多在嘧啶杂环上有两个、三个或四个取代基的衍生物。还应该指出,有些嘧啶化合物如果改用非常规的合成路线,更为经济方便。

15.5.3.1 2,4,6-三羟基嘧啶(巴比妥酸)的制备

巴比妥酸的传统制法是将尿素与丙二酸二乙酯在乙醇钠的催化作用下进行脱醇 C—N 键环合:

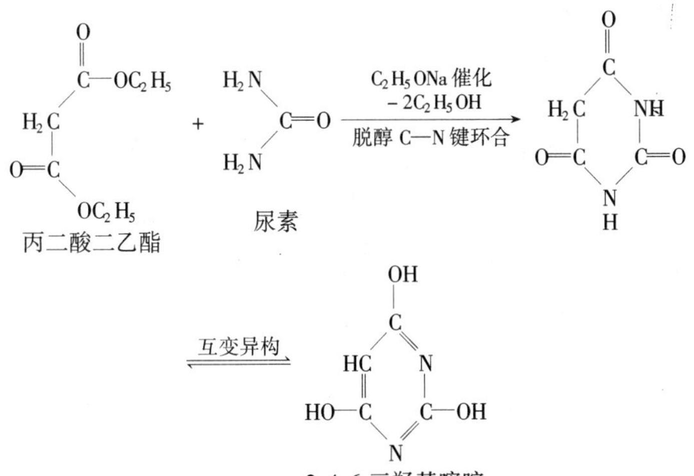

2,4,6-三羟基嘧啶

制备丙二酸二乙酯的起始原料是氯乙酸。氯乙酸先与氰化钠作用生成氰乙酸钠,后者在浓硫

343

酸的催化作用下与乙醇作用,即水解酯化生成丙二酸二乙酯。但按此法合成巴比妥酸操作复杂,收率较低。

20 世纪 70 年代又出现了以尿素与氰乙酸钠相作用的新方法。将二者在水-乙酸介质中,以乙酐为脱水剂在 53～56 ℃先进行 N-酰化,生成氰乙酰脲。后者在40 ％苛性钠水溶液中,在20～25 ℃进行氰基水解,脱水 C—N 键环合,得到 2,4-二羟基-6-氨基嘧啶。最后在 2M 盐酸中回流水解,即得到巴比妥酸。反应历程如下:

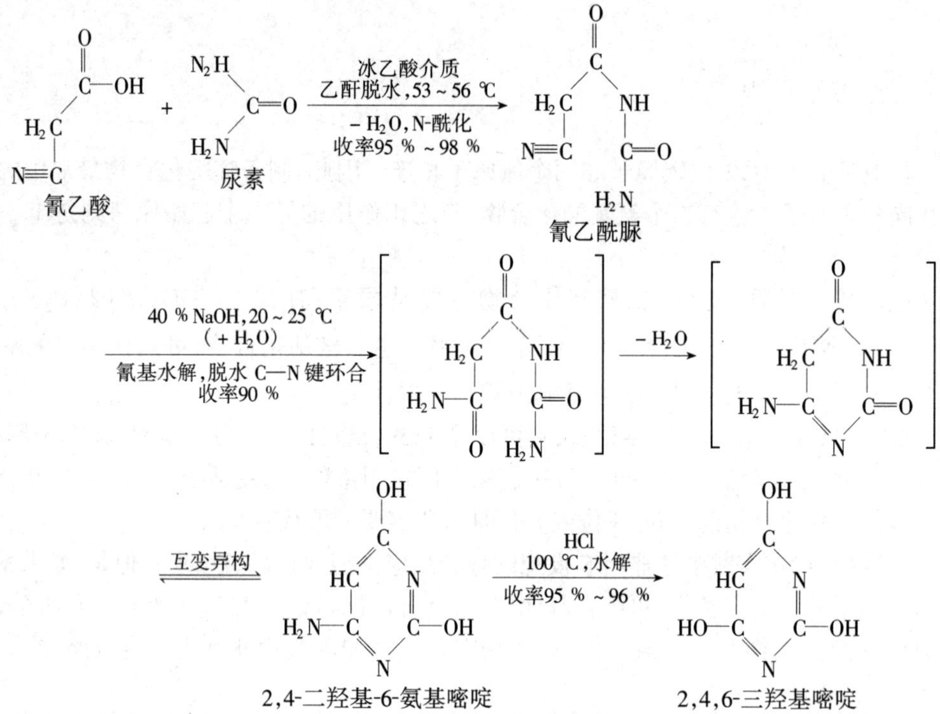

氰乙酸　＋　尿素
冰乙酸介质
乙酐脱水,53～56 ℃
－ H₂O,N-酰化
收率95 ％～98 ％
氰乙酰脲

40 ％NaOH,20～25 ℃
（＋H₂O）
氰基水解,脱水 C—N 键环合
收率90 ％

－ H₂O

互变异构

2,4-二羟基-6-氨基嘧啶

HCl
100 ℃,水解
收率95 ％～96 ％

2,4,6-三羟基嘧啶

按氰乙酸钠计,总收率可达82 ％～84 ％。此法尽管反应步骤多一些,但操作简单得多,而且反应都很顺利,是生产巴比妥酸的好方法。

15.5.3.2　2,4,5,6-四氯嘧啶的制备

它的制备采用巴比妥酸的氯化法:

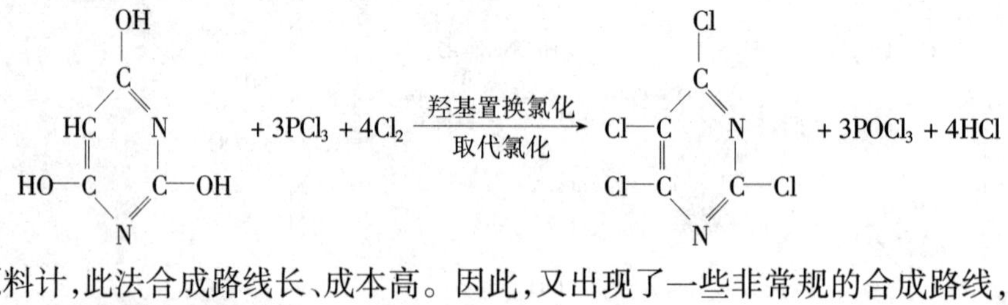

＋3PCl₃＋4Cl₂
羟基置换氯化
取代氯化
＋3POCl₃＋4HCl

按起始原料计,此法合成路线长、成本高。因此,又出现了一些非常规的合成路线,其中效果较好的是 3-二甲氨基丙腈的氯化环合法。其总的反应式如下:

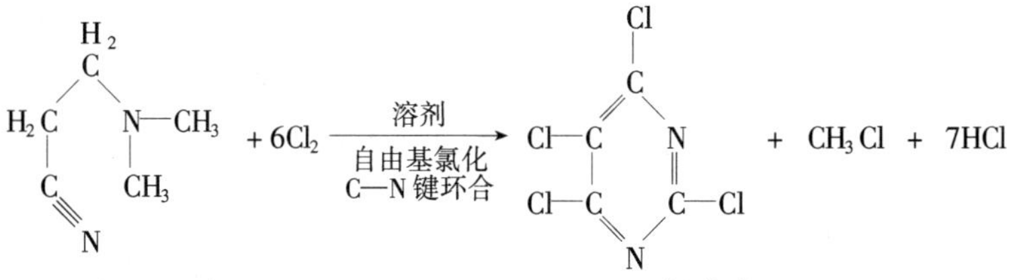

| 3-二甲氨基丙腈 | 2,4,5,6-四氯嘧啶 |

这个反应的历程非常复杂,目前还不十分清楚。此法由于原料价廉易得,过程简单,可一步直接得到目的产物,曾用于工业生产。

15.6　三聚氰酰氯的制备

三聚氰酰氯(简称三聚氯氰)是重要的有机中间体,其世界年产量已达 10 万吨以上。它的工业生产是采用氯氰的三聚加成环合法:

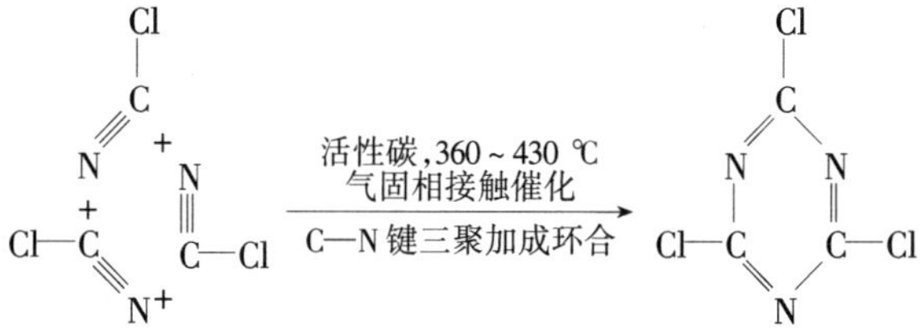

| 氯氰 | 三聚氰酰氯 |

上述反应在工业上有三种方法,即液相法、气相法和加压法。最常用的是气固相接触催化法。所用催化剂是加有金属盐助催化剂的活性炭。将干燥的氯氰在 360～430 ℃通过装有催化剂的固定床或流化床反应器即生成三聚氰酰氯。将反应气体用彻底干燥的冷空气直接快速冷却,即得到白色粉状产品。

所用原料氯氰的制备,在工业上采用氢氰酸的氯化法。即

$$HCN + Cl_2 \longrightarrow CNCl + HCl$$

15.7　形成含一个氮原子和一个硫原子的杂环的环合反应

15.7.1　噻唑衍生物的制备

噻唑又名 1,3-硫氮茂,化学结构为:

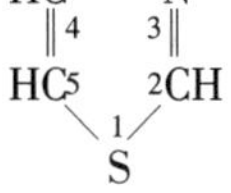

从结构上可以看出,在 2-位碳原子上连有一个硫原子和一个氮原子。因此,最简便的起始原料是硫氰酸钠或硫脲。例如,将硫脲与氯乙醛在盐酸中常温即可发生环合反应而生成 2-氨基噻唑的盐酸盐。它是制备磺胺噻唑药物的中间体。反应为:

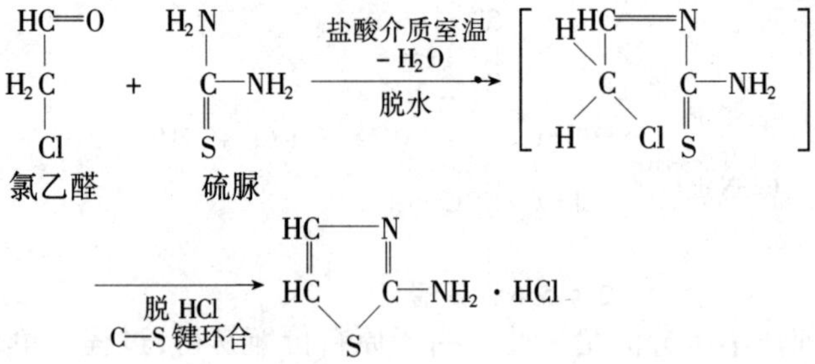

氯乙醛　　硫脲

15.7.2　苯并噻唑衍生物的制备

苯并噻唑的化学结构为:

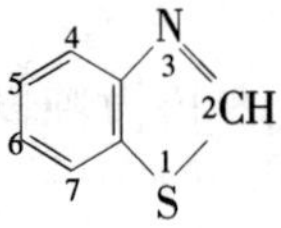

从结构上可以看出,在苯环的相邻位置有一个硫原子和一个氮原子,另外,2-位碳原子也和硫原子、氮原子相连。因此可以考虑用一个苯系伯胺和一个含 C—S 键的化合物作为起始原料。

15.7.2.1　2-氨基苯并噻唑的制备

它是染料中间体。将苯胺、硫氰酸钠在氯仿介质中,硫酸存在时于 60～65 ℃反应先得到苯基硫脲:

$$Na—S—C\!\!=\!\!N + H_2SO_4 \longrightarrow H—S—C\!\!=\!\!N + NaHSO_4$$

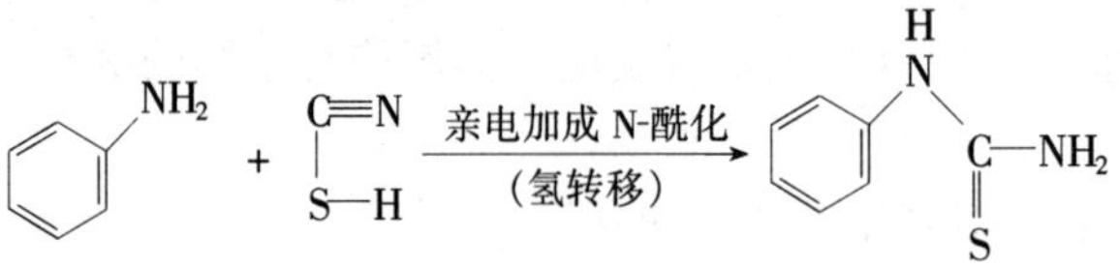

然后,将苯基硫脲在氯仿介质中,用亚硫酰氯进行氧化脱氢 C—S 键环合,即得到 2-氨基苯并噻唑:

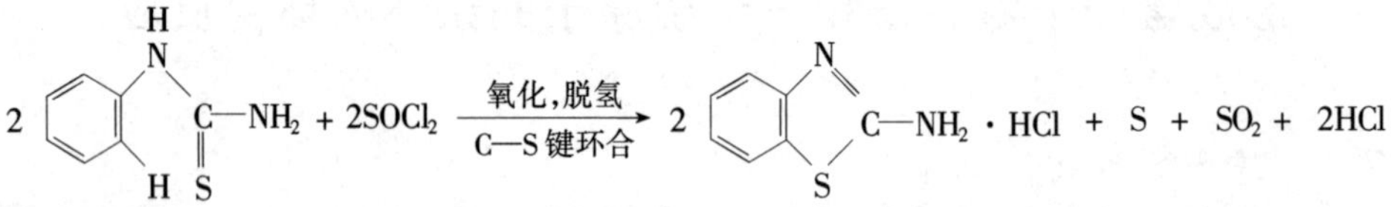

用类似的方法,从对甲氧基苯胺与硫氰酸钠可以制得 6-甲氧基-2-氨基苯并噻唑。

15.7.2.2　2-巯基苯并噻唑的制备

它是通用型橡胶硫化促进剂,还是有广泛用途的中间体,工业生产有高压法和低压法两种。

高压法以苯胺和二硫化碳为起始原料,在氧化剂硫磺的存在下,在 250 ℃和 8 MPa 进行氧化脱氢环合而得到目的产物。反应为:

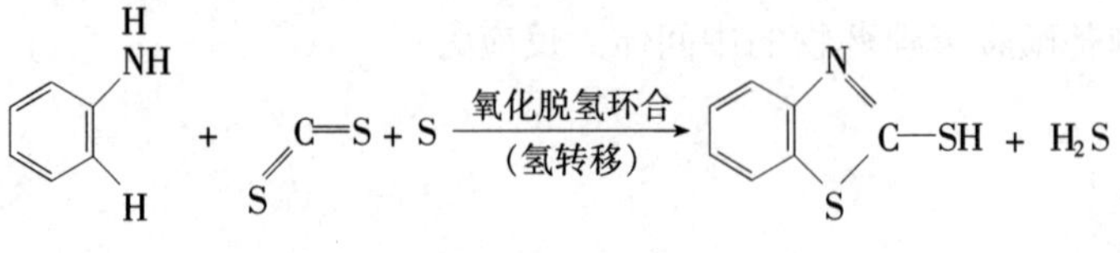

此法虽然需要高压釜,但是原料成本低,每吨产品只消耗约 650 kg 苯胺。按苯胺计,收率约为理论量的84.6 %,因此,在经济上较为合理。

参考文献

1 唐培堃.中间体化学及工艺学.北京:化学工业出版社,1984

2 朱淬砺.药物合成反应.北京:化学工业出版社,1982

3 张铸勇.精细有机合成单元反应.上海:华东化工学院出版社,1990

4 〔美〕Groggins P H. Unit Processes in Organic Synthesis. McGraw-Hill Bool Company. Inc. Fifth Editions, 1958

5 〔前苏联〕伏洛茹卓夫.中间体及染料合成原理.北京:高等教育出版社,1958

6 〔德〕Welssermel K, Arpe H J.工业有机化学,重要原料及中间体.北京:化学工业出版社,1982

7 徐克勋.精细有机化工原料及中间体手册.北京:化学工业出版社,1998

8 〔日〕细田丰.理论制造染料化学.技报堂,1957

9 刘冲,司徒玉莲,申大志等.石油化工手册(第三分册,基本有机原料篇).北京:化学工业出版社,1987

10 化学工业部科学技术研究所.化工商品手册(有机化工原料).北京:化学工业出版社,1985

11 〔美〕迈耶斯.有机合成中的杂环化合物.北京:化学工业出版社,1985

12 花文廷.杂环化学.北京:北京大学出版社,1990

13 袁开基,夏鹏.有机杂环化学.北京:人民卫生出版社,1984

14 姚蒙正,程侣伯,王家儒.精细化工产品合成原理,第二版.北京:中国石化出版社,2000

第16章 聚 合

16.1 概述

聚合反应用于制备高分子化合物。高分子化合物是分子量极大的一类化合物,一般大于1 000。它们多数是有机物也有部分是无机物。一般而言,一个化合物的分子量如果达到该化合物物理、化学性质不因分子量再稍有不同而变化,该化合物就叫高分子化合物。

高分子化合物广泛应用于生产和生活中,使用最早最广泛的是塑料、橡胶及合成纤维制品。新一代聚合材料的研究成功使它的应用范围更加广泛。近30年来,工程塑料和复合材料的迅速发展,新的高分子材料逐渐代替或部分代替原有材料,如代替钢、铝、有色金属及其他金属的轻质结构材料,用于制造飞机、船舶、车辆以节约能源。随着科学技术的进步,特种高分子材料迅速蓬勃的发展对促进信息、宇航、生物工程高科技领域的发展起了很大作用。"特种"在此指的是具有特定的性能,如耐高温、高强度、特优绝缘性、光导性等。也有人称它们为精细高分子。精细是指产量小、产值高、制造工艺技术复杂。功能高分子是此范畴中的一个重要部分。"功能"是指这类高分子除了力学特性外还有其他功能性,例如,高度选择能力的化学反应性,薄膜的选择透气性、透液性和透离子性,催化性,相转移性,光敏性,光致变色性,光导性,导电性,磁性,生物活性,粘合性,凝聚性等。

由于高分子的这些奇特功能,已广泛应用于许多方面,而且有极大的发展前途,因而引起各国科学工作者的极大重视。功能高分子涉及范围广泛、品种繁多,目前尚未有统一的分类方法。一般按其功能性及用途进行分类,重要的有如下几类:①高分子试剂,②高分子催化剂,③反应性低聚物,④生物医用高分子,⑤仿生高分子,⑥具有物理光、电性能的功能高分子等。

16.1.1 基本概念

1.单体

它是指构成高分子化合物重复结构单元的低分子化合物。例如,聚氯乙烯分子式为:

$$\cdots CH_2-CH-CH_2-CH-CH_2-CH-CH_2-CH\cdots$$

它是由小分子化合物氯乙烯($CH_2=CH-Cl$)经聚合反应而成,氯乙烯为单体。

—CH_2—CH— 称为重复结构单元。聚氯乙烯简写为 $\left(CH_2-CH\right)_n$ 。

2.高聚物

重复结构单元很多(如 10^3 以上)时称为高聚物。

3.链节和高分子链及链段

在线形高分子里常把一个重复结构单元称为高分子链的一个链节。链节连接起来成为高分子链。高分子中可以独立运动的一个区段称为链段,是由十几个到上百个链节组成。

4.聚合度

一条高分子链所含的链节数目称为聚合度,即下面表达式中的数目 n。

$$M = nM_0$$

式中:M 表示聚合物分子量;M_0 表示链节分子量;n 表示聚合度。

16.1.2　聚合物的特性

1.结构特征

(1)聚合物的分子都是由数目很大(一般为 $10^3 \sim 10^5$)的重复结构单元,以共价键连接在一起的。分子量巨大是聚合物的根本特点之一,所以聚合物又称高分子化合物或高聚物。

(2)高分子链的几何形状可以是线形、支链形或交联成网状和体型结构。

(3)高分子链与链之间靠范德华引力、氢键力等聚集在一起,成为晶态或非晶态的结构。两者可同时存在于一种高聚物中。

(4)聚合物材料的组成中一般总混有其他添加剂,形成更复杂的结构。这种添加剂可以是低分子的也可以是另一种高分子物质。

2.性能特征

(1)高分子的巨大分子量直接影响到它的外观、沸点、熔点等物理性能。

(2)聚合物的高分子量和分子量大小的不均一性、分子形态的多样性,使它在性能上与低分子化合物有很多不同。例如,它具有高弹性,在溶剂中的溶解非常缓慢,溶液性质也不服从低分子溶液的有关规律。

(3)同一种聚合物既有固态性质又有液态性质,一般无气态性质,因分子量太大几乎无挥发性。

(4)同一种高分子物质可以根据使用要求不同,加工成塑料、纤维或橡胶。

(5)一般高聚物材料都有相对密度小、强度大、耐化学腐蚀性好,加工成型方便等特征。

16.1.3　聚合物的分类

有多种分类方法,其中较常用的有两种。

1.按主链的结构分类

1)碳链聚合物

大分子的主链完全由碳原子组成,取代基可以是其他原子。绝大多数烯烃类聚合物即属此类,例如,聚乙烯、聚氯乙烯、聚苯乙烯、聚乙烯醇等。

2)杂链聚合物

大分子主链上除碳原子外还有氧、氮、硫等杂原子的聚合物,例如聚酯、尼龙 6 等。

3)元素有机聚合物

大分子主链中没有碳原子,而是由硅、氧、硼、氮、硫等原子组成;侧基可以是含碳氢的有机基团,例如有机硅树脂、有机硼化物等。

4)无机高分子

大分子的主链及侧链均无碳原子,有时将其归入元素高分子,例如聚氯化磷腈等。

2.按性能和用途分类

塑料、橡胶、合成纤维三者很难严格区分,可根据使用要求不同,用不同的加工方式制成。有时将聚合反应制得的未经加工成型的聚合物叫树脂,此外还有涂料、粘合剂及功能高分子等。

16.2 缩合聚合

使单体变为聚合物的反应称为聚合反应。聚合反应主要有缩合聚合、加成聚合两类。

缩合聚合简称缩聚,也称逐步聚合。具有两个以上活性官能团的低分子物质,通过分子间的缩合反应形成高分子化合物的反应称为缩聚反应。由于生成高分子化合物时反应是一步一步进行的,因此也称为逐步聚合反应。一般在反应中有小分子物质伴生(H_2O、HCl、ROH 等),例如,涤纶树脂是对苯二甲酸和乙二醇之间反应脱去 H_2O 生成的聚对苯二甲酸乙二醇酯。

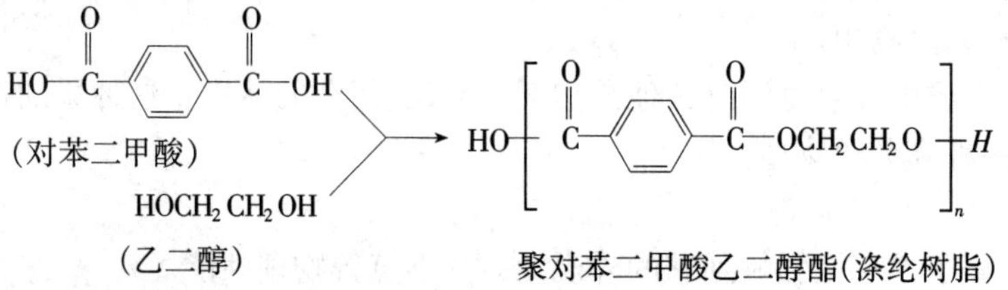

$$\text{(对苯二甲酸)} \quad \text{(乙二醇)} \longrightarrow \text{聚对苯二甲酸乙二醇酯(涤纶树脂)} \tag{16-1}$$

缩聚反应首先是两个单体之间发生缩合反应:

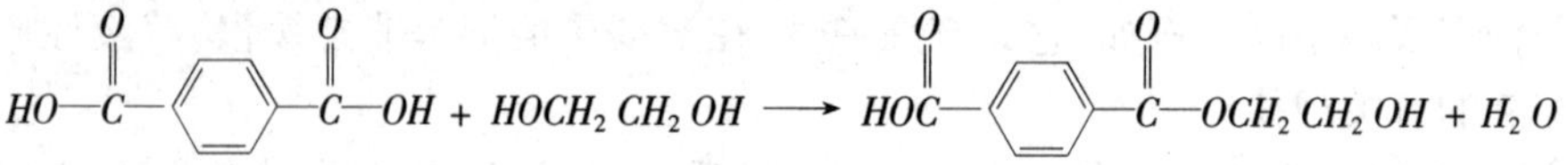

$$HO-C--C-OH + HOCH_2CH_2OH \longrightarrow HOC--C-OCH_2CH_2OH + H_2O \tag{16-2}$$

初次缩合后分子两端仍有两个 $—OH$,可以继续进行反应,它与第三、第四……单体再发生缩合反应,这样逐步进行下去最终得到产物。只有单体分子中均含有两个以上活性官能团时,才可经缩聚反应生成高分子化合物。当官能团数多于 2 时,根据原料的配比和反应进行的程度,可以得到支链或交联成网的高聚物。有些反应也并无小分子化合物生成。

16.2.1 缩聚反应分类

按照原料单体的种类和数目不同可以分为均缩聚、异缩聚(也称杂缩聚)和共缩聚三类。

1.均缩聚

均缩聚是同一种单体分子之间进行的缩聚,例如:

$$H_2N(CH_2)_5C-OH + H_2N(CH_2)_5C-OH \xrightarrow{-H_2O} \cdots \xrightarrow{-H_2O} H\left[HN(CH_2)_5-C\right]_n OH + nH_2O$$

$$\text{ω-氨基己酸} \quad \text{ω-氨基己酸} \quad \text{尼龙6(聚己内酰胺)}$$

$$\tag{16-3}$$

2.异缩聚

异缩聚是两种不同单体分子之间进行的缩聚。例如:

$$H_2N-(CH_2)_6-NH_2 + HO\underset{\underset{O}{\|}}{C}-(CH_2)_4-\underset{\underset{O}{\|}}{C}OH \xrightarrow{-H_2O} \cdots\cdots$$

己二胺　　　　　　　　　　　己二酸

$$\xrightarrow{-H_2O} H\left[HN-(CH_2)_6-NH-\underset{\underset{O}{\|}}{C}-(CH_2)_4-\underset{\underset{O}{\|}}{C}\right]_n OH + nH_2O \qquad (16\text{-}4)$$

尼龙66

3. 共缩聚

两种以上含双官能团的单体或两种单体但含有三个不同官能团之间进行的缩聚,生成混合链节的高分子化合物。例如:

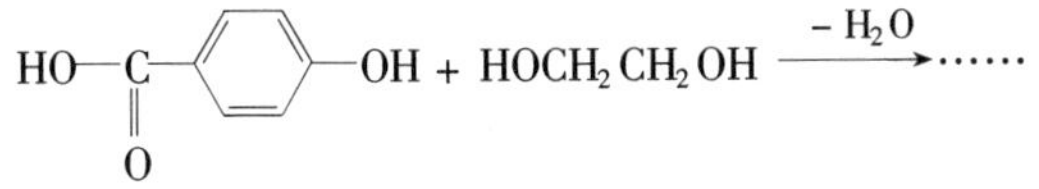

$$HO-\underset{\underset{O}{\|}}{C}-\bigcirc-OH + HOCH_2CH_2OH \xrightarrow{-H_2O} \cdots\cdots$$

对羟基苯甲酸　　　　乙二醇

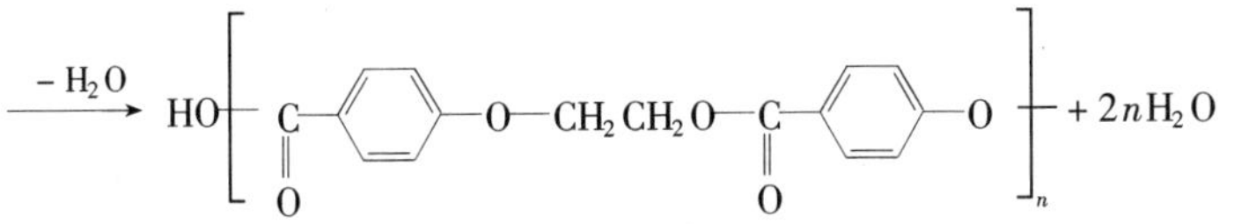

$$\xrightarrow{-H_2O} HO\left[\underset{\underset{O}{\|}}{C}-\bigcirc-O-CH_2CH_2O-\underset{\underset{O}{\|}}{C}-\bigcirc-O\right]_n + 2nH_2O \qquad (16\text{-}5)$$

聚醚酯

按产物的几何结构不同可以分为线形缩聚、网状缩聚或体形缩聚。线型缩聚生成的是线形高分子,如涤纶和尼龙。体形缩聚生成分子链间交联成网状或空间三维方向都交联(称为体形)的高分子化合物,例如,酚醛树脂、醇酸聚酯树脂等。

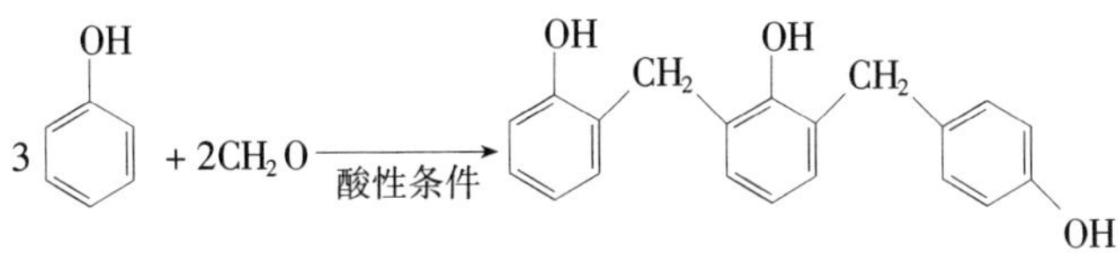

线形酚醛树脂

加入六亚甲基四胺固化

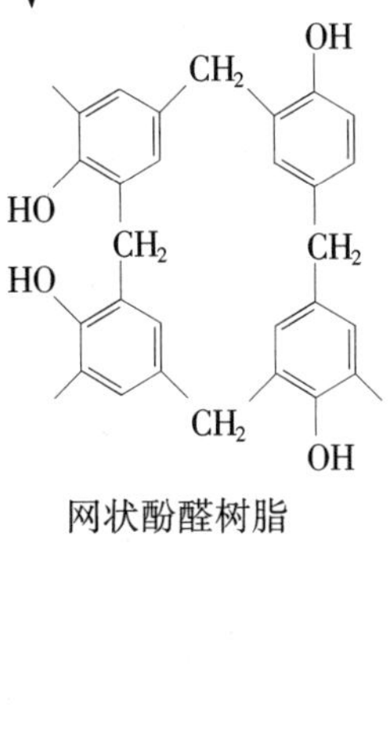

网状酚醛树脂

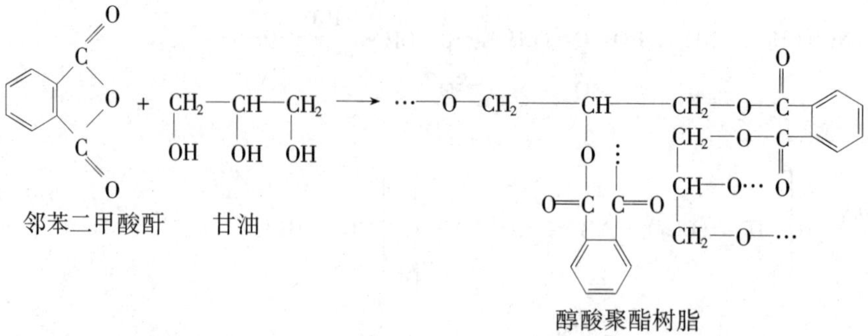

邻苯二甲酸酐　　甘油　　　　　　　　　　　　　　　　　醇酸聚酯树脂

16.2.2　缩聚反应的一般特征

缩聚反应类似于小分子的缩合反应,只是单体分子上可进行的反应位置比小分子缩合反应要多,生成高聚物的过程也较复杂。以生成聚酯和聚酰胺为例,有如下特征。

(1)反应中有小分子物质脱掉,因而大分子链节组成与单体组成不同。例如,聚酰胺(尼龙66)比原料组成减少了水分子,如式(16-4)及(16-1)等所示。

(2)生成高分子链的过程常常经过多次逐步可逆的反应,以二元酸和二元醇的聚合反应为例,如式(16-1)所示。每步反应都是可逆的,要使反应进行得较完全,必须采取加热、减压等措施移除反应中生成的小分子物质,使平衡向生成物方向移动。

(3)缩聚反应复杂,副反应多。它包括链增长反应(正反应)、链裂解反应(逆反应)、链交换反应、失去活性端基反应、成环反应及官能团的分解反应等。

16.2.3　反应历程

由原料单体借缩聚方法形成高聚物的反应可以分为链开始(引发)、链增长和链终止三个阶段,但与一般自由基反应历程不同。

1.链的开始

链的开始阶段仅有部分原料单体分子之间的相互作用。

$$a{-}A{-}a + b{-}B{-}b \rightleftharpoons a{-}AB{-}b + ab$$

2.链的增长

链的增长可以通过上述缩合物与原料单体间逐步作用而实现,它是一个连串的可逆平衡过程:

$$a{-}AB{-}b + a{-}A{-}a \rightleftharpoons a{\left[AB\right]}A{-}a + ab$$
$$a{\left[AB\right]}A{-}a + b{-}B{-}b \rightleftharpoons a{\left[AB\right]}_2 b + ab$$
$$\vdots$$
$$a{\left[AB\right]}_n b + a{-}A{-}a \rightleftharpoons a{\left[AB\right]}_n A{-}a + ab$$
$$a{\left[AB\right]}_n A{-}a + b{-}B{-}b \rightleftharpoons a{\left[AB\right]}_{n+1} b + ab$$

导致链增长的主要反应是两个增长链之间的相互作用,例如:

$$a{\left[AB\right]}_n b + a{\left[AB\right]}_m b \rightleftharpoons a{\left[AB\right]}_{n+m} b + ab$$

理论上缩聚反应可逐步进行到官能团几乎消耗完毕,生成无限大的高分子为止。但实际上缩聚反应产物的分子量只有 1~2 万左右,远远低于加聚物的分子量。这是因为发生了链终止反应。

3.链的终止

造成链终止的原因有物理因素和化学因素。物理因素是反应体系中官能团浓度降低和介质的粘度增加使彼此间碰撞机会减少,生成的小分子伴生物也难以排除,所以抑制了链的增长。化学因素是原料非等摩尔比及单体官能团在缩聚过程中发生变化而使缩聚反应无法继续进行。

16.2.4 影响因素

1.单体结构与配比

若参加缩聚反应的单体含有两个官能团时仅生成线形高分子,若其中有一种单体含有两个以上的官能团时,则可形成支化的或网状的高分子。前者如尼龙66、涤纶等,后者如酚醛树脂等。

当两种单体发生缩聚反应时,应严格按等摩尔配料,这样生成的聚合物分子量大,否则分子量将变小。有时为了制得某一分子量的高分子产物,在反应物中加入某些单官能团的化合物(例如苯甲酸、乙酸),它可以封闭大分子链的端基使之不能进一步反应。这些单官能团的物质称为"端基封闭剂",一般加入量不超过单体质量的1%。

2.催化剂

缩聚反应中常常加入一定量的催化剂来加快达到缩聚平衡的速度以及调节缩聚产物的结构和性能。例如,在酚醛树脂的生产中可用酸或碱作催化剂。在涤纶树脂生产中可用 $Zn(CH_3COO)_2$、$Mn(CH_3COO)_2$、$Co(CH_3COO)_2$、Sb_2O_3 等作催化剂。

3.杂质

有些杂质如 ROH、 <chem>COOH 苯环</chem>、 <chem>OH 苯环</chem>、H_2O 等的存在会使大分子的端基被封闭或使已生成的大分子水解、醇解,从而妨碍了高分子量缩聚物的生成。

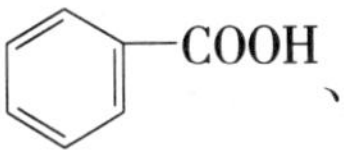

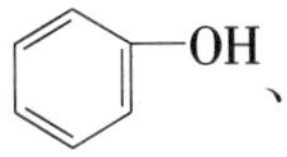

4.温度

提高温度可使反应速度加快,也有利于小分子物质的蒸出,使平衡向生成高分子的方向移动。但反应温度并非越高越好,因为高温可引起大分子链的降解或失去端基,或由于某一单体蒸发而破坏了单体的等摩尔比,从而使聚合物的分子量降低。

5.压力

压力降低有利于排除低分子副产物,从而减少逆反应,有利于平衡向生成高分子方向移动,因此缩聚反应后期多在减压条件下进行。

16.3 加聚反应

含不饱和碳-碳键的单体经加成聚合而形成高分子的反应称为加聚反应,例如:

$$n CH_2{=}CH \longrightarrow -(CH_2-CH)_n$$
$$\quad\quad\;| \quad\quad\quad\quad\quad\;\;\;| $$
$$\quad\quad X \quad\quad\quad\quad\quad\;\;\; X$$

X 表示 H、Cl、CN、苯环及杂环等。

加聚反应速度快、产物分子量大,聚合物链节组成与单体组成相同。通过加聚反应可制得一系列重要高分子物质,例如聚乙烯、聚氯乙烯、聚苯乙烯、聚丙烯腈、聚丙酰胺、聚甲基丙烯酸酸甲酯、聚四氟乙烯等。

16.3.1 反应特征

(1)绝大多数加聚反应是不可逆的链反应,反应在几秒内即可完成。

(2)链增长反应主要是通过单体逐一加在链的活性中心上,在整个反应中单体的浓度逐渐减少。

(3)反应过程中迅速生成的高聚物,分子量很快可达很大(几十万)的定值。

(4)单体随反应时间逐步减少,大分子的产量随时间而增加,但分子量不变。

(5)聚合物的链节组成与单体的组成相同。

16.3.2 加聚反应类型

16.3.2.1 按参加加聚反应的物料种类分类

1.均聚

由一种单体进行的加聚反应称为均聚,例如聚乙烯、聚氯乙烯、聚苯乙烯等。

2.共聚

由两种以上单体进行的加聚反应称为共聚,例如,丁二烯和苯乙烯通过共聚而生成丁苯橡胶。

16.3.2.2 按反应历程分类

1.自由基聚合反应

引起反应的活化中心是自由基,这时的聚合反应称为自由基聚合。

2.离子型聚合反应

引起反应的活化中心是正、负离子,这时的聚合反应称为离子型聚合。

自由基聚合是引发剂分子均裂产生的自由基引起的聚合反应。

$$R\!:\!-Z \longrightarrow R\cdot + Z\cdot \qquad R\cdot 为自由基$$

离子型聚合是催化剂分子异裂生成正、负离子而引起的:

$$B\!:\!+\!:\!Z \longrightarrow B^+ + Z^- \qquad B^+ 为正离子$$

$$A\!:\!+\!:\!Z \longrightarrow A^- + Z^+ \qquad A^- 为负离子$$

16.3.3 自由基加聚的反应历程

它是以自由基为活性中心的链反应。整个反应过程可分为链的引发、链的增长、链的转移和链的终止四个阶段。

16.3.3.1 链的引发

链的引发可以借助光照、加热、辐射实现。但工业上以加入引发剂最为方便和易于控制。使用较普遍的引发剂有过氧化苯甲酰、偶氮二异丁腈。例如:

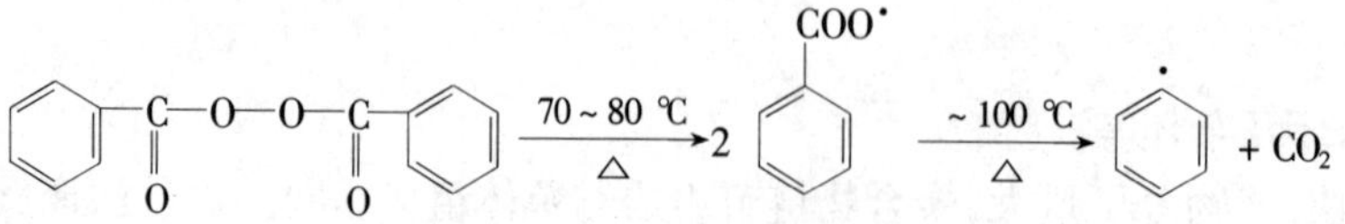

过氧化苯甲酰

COO·

和 均可引发加聚反应。

$$CH_3-\underset{\underset{CN}{|}}{\overset{\overset{CH_3}{|}}{C}}-N=N-\underset{\underset{CN}{|}}{\overset{\overset{CH_3}{|}}{C}}-CH_3 \quad \xrightarrow[\triangle]{40\sim50\ ℃} \quad 2CH_3-\underset{\underset{CN}{|}}{\overset{\overset{CH_3}{|}}{C}}·+N_2$$

偶氮二异丁腈

也可以使用氧化—还原引发体系,例如:

$$H_2O_2+Fe^{2+}\longrightarrow Fe^{3+}+OH^-+OH·$$

氧化—还原引发体系适合于水溶性单体聚合,并可在常温下进行。

　　由引发剂分解产生的自由基称为初级自由基(以 R· 表示),当 R· 作用于烯烃单体时,使其双键 π 电子云激发并分离成两个 p 电子。R· 与其中一个 p 电子结合成 σ 键,另一个 p 电子形成新的自由基,称为单体自由基。

　　由于引发剂分解所需的活化能较高,所以它是反应较慢的一步,也是决定反应速度的一步。

16.3.3.2　链的增长

　　形成的自由基不断与单体分子起加成作用而形成大分子链自由基,它是聚合反应的主要阶段。例如:

$$R-CH_2-\underset{\underset{Cl}{|}}{CH}·+CH_2=\underset{\underset{Cl}{|}}{CH}\longrightarrow R-CH_2-\underset{\underset{Cl}{|}}{CH}-CH_2-\underset{\underset{Cl}{|}}{CH}·$$

（链自由基）

$$\underset{\underset{Cl}{|}}{\overset{CH_2=CH}{|}}\quad\longrightarrow\cdots\cdots\longrightarrow R\underset{\underset{Cl}{|}}{[CH_2-CH]_n}CH_2-\underset{\underset{Cl}{|}}{CH}·$$

（链自由基）

链增长的活化能比链引发的活化能要低,所以它的反应速度较快,很快即可完成。链的增长是多次重复进行的连反应,在反应中放出大量的聚合热。链自由基的活性并不因链的增长而减弱,在反应终止前一直可激发单体分子,使之成为大分子链自由基,因此聚合物的分子量可以很高。链增长过程决定着聚合物的分子量大小和高聚物的分子结构。

16.3.3.3　链的终止

　　链增长到一定程度时,自由基失去活性而使链反应终止,最后形成无活性的高分子聚合物。链终止方式主要是两个链自由基之间的双基终止,例如:

$$\cdots\cdots-CH_2-\underset{\underset{Cl}{|}}{CH}·+·\underset{\underset{Cl}{|}}{CH}-CH_2-\cdots\cdots\longrightarrow\cdots\cdots CH_2-\underset{\underset{Cl}{|}}{CH}-\underset{\underset{Cl}{|}}{CH}-CH_2$$

链终止的活化能比链增长的活化能要低,所以链终止较容易进行。但是在整个聚合反应过程中,在反应体系里单体的浓度较高而自由基的浓度较低,自由基与单体的接触机会较多,一旦生成自由基即与周围的单体起作用,自由基之间的接触则较少,所以不易发生链的终止,因此在聚合反应过程中,链增长是主要反应。

16.3.3.4 链的转移

在链增长过程中,链自由基可以与低分子(单体、引发剂、溶剂)或其他大分子作用,把活性转移给后者,自身成为中性高分子,这些反应均称为链的转移。

1.向单体转移

例如:

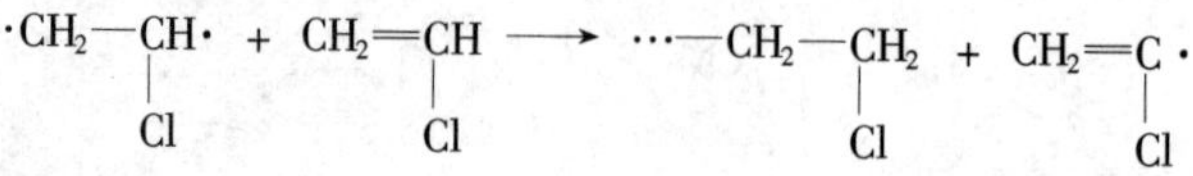

$$\cdots CH_2-CH\cdot + CH_2=CH \longrightarrow \cdots CH_2-CH_2 + CH_2=C\cdot$$
$$\qquad\quad | \qquad\qquad | \qquad\qquad\qquad\qquad | \qquad\qquad |$$
$$\qquad\quad Cl \qquad\qquad Cl \qquad\qquad\qquad\qquad Cl \qquad\qquad Cl$$

2.向引发剂转移

当反应体系中引发剂用量过多时很容易发生向引发剂的转移。这种转移实际上等于降低了引发剂的引发效率。例如:

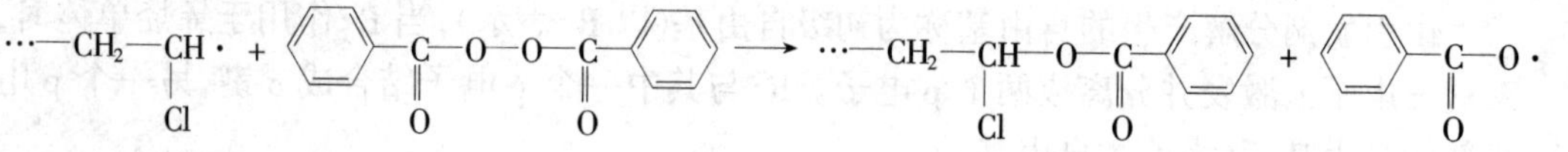

$$\cdots CH_2-CH\cdot + C_6H_5COO-OOCC_6H_5 \longrightarrow \cdots CH_2-CH-O-COC_6H_5 + C_6H_5CO\cdot$$

3.向溶剂转移

若所用溶剂为四氯化碳时,按下式转移:

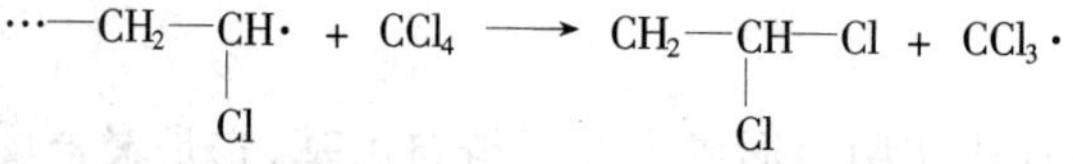

$$\cdots CH_2-CH\cdot + CCl_4 \longrightarrow CH_2-CH-Cl + CCl_3\cdot$$
$$\qquad\quad | \qquad\qquad\qquad\qquad\qquad | $$
$$\qquad\quad Cl \qquad\qquad\qquad\qquad\qquad Cl$$

在溶液聚合中这种链转移普通存在。发生这种转移使增长的活性链终止,因此溶液聚合法得到的聚合物分子量不高。

4.向大分子转移

链自由基可以向大分子链转移,使已经终止的大分子链上产生自由基,它与单体相遇时可产生支链,两个这种自由基结合可形成交联聚合物。例如:

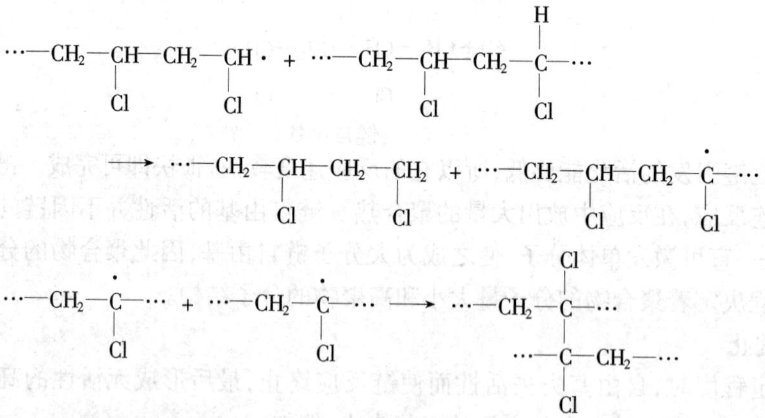

链转移实际上都是活性中心的转移,活性中心的总数并不减少。若新形成的自由基的活性不比原来的低,则链转移的结果仅影响聚合物分子量大小,并不影响聚合反应速度。若新形成的自由基的活性比原来的低,不仅影响聚合物分子量的大小,还会减缓或完全阻止聚合反应的进行,前者称为缓聚作用,后者称为阻聚作用。

16.3.4 自由基加聚的影响因素

1.温度

温度对聚合反应速度和聚合物分子量均有很大影响。温度升高引发剂分解速度加快,使自由基增多,加快了引发过程,同时也使链增长和链终止反应速度加快,因此总的聚合反应速度加快。一般聚合反应温度每上升 10 ℃,总的反应速度常数增大 3~4 倍。但是,反应温度提高,自由基数目会增加,使链终止反应加快。由于高分子在高温下的裂解作用使聚合物的分子量下降,此外,温度的升高还会影响高聚物的结构和性能。

聚合反应是放热反应。反应温度高,反应速度加快,放出的热量若来不及移出,会使反应体系局部过热,严重时会引起反应器爆炸。

由于上述原因,一般聚合反应的温度不宜过高。

2.引发剂浓度

引发剂浓度增大使反应体系中产生的自由基数目增多,从而加速了聚合反应,但高聚物的分子量变小。由于自由基浓度增大使它们相互之间作用的机会增加,容易发生链的终止,从而使高聚物分子量下降。

3.单体浓度

单体分子数目越多,反应机会增大,聚合反应速度加快。单体浓度增加也可以使高聚物的分子量增大。

4.压力

压力的变化对液相的聚合反应影响不大,但对气相聚合反应来说,随着反应压力的增高,聚合反应速度加快,聚合物的分子量增大。

16.3.5 离子型加聚反应

离子型聚合反应是合成高聚物的重要方法之一。它是借助催化剂作用使单体活化成为带正电荷或负电荷的活性离子,然后按离子型反应机理进行的反应速度极快的链反应。根据活性离子的不同,又分为正离子型、负离子型和配位负离子型加聚反应三类。基本反应式见 16.3.2.2。

1.正离子型加聚

能发生正离子聚合反应的是含强供电基的单体,活性中心是正离子,例如,异丁烯、苯乙烯、乙烯基醚类,可使单体的双键上带有负电荷。催化剂是广义的酸,例如 BF_3、$AlCl_3$、$TiCl_4$、$SnCl_4$、$SbCl_5$ 等等,并需要少量的 H_2O、ROH、HX 等含活泼氢的化合物为助催化剂。

2.负离子型加聚

能发生负离子聚合反应的是含吸电基的单体,活性中心是负离子,例如,丙烯腈、苯乙烯(苯环在此是吸电的)。催化剂是广义的碱,例如氨基钠($NaNH_2$)、氨基钾(KNH_2)、碱金属及烷基金属化合物(RMe)等。

3.配位负离子加聚

乙烯、丙烯、苯乙烯等 α-烯烃在一种典型的配位催化剂,例如 $Al(C_2H_5)_3/TiCl_4$ 作用下,单体与催化剂配位,而聚合反应的链增长是在负离子上进行,所以称为配位负离子聚合。

16.4 共聚反应

16.4.1 特点

使用两种或两种以上单体进行的聚合反应称为共聚反应,生成的产物称为共聚物。这样的聚合物比单一单体形成的均聚物的性能有所改善,它保留了均聚物的某些特征。共聚物的物理、化学、力学性能取决于大分子链节的性质、相对数量以及排列方式,据此可以在一定程度上控制聚合物的性能,以满足实际应用的需要。例如,ABS 树脂是一种三元共聚物,是丙烯腈(A)、丁二烯(B)、苯乙烯(S)组成的共聚物。它保留了聚丙烯腈的耐溶剂性和强韧性,聚丁二烯的高弹性和耐冲击性,聚苯乙烯的透明性和易加工性,因而 ABS 的综合性能良好。

通过共聚可以引入各种具有极性或非极性侧链基团和双链节,根据各链节的性质、相对数量及排列方式而使共聚物的各种性能得以改善。共聚反应是改善聚合物性能和用途的一种重要途径。

除此之外,有些单体自身不易进行均聚反应,如 1,2-二苯乙烯 $\left(\begin{matrix} HC\!\!=\!\!CH \\ \bigcirc \quad \bigcirc \end{matrix}\right)$、顺丁烯二酸酐 $\left(\begin{matrix} CH\!\!=\!\!CH \\ C \quad\quad C \\ O \quad\quad O \end{matrix}\right)$、顺丁烯二酸二酯,但它们可以和其他单体进行共聚反应。甚至某些无机物如 CO、SO_2 也可以作为单体,通过共聚反应制备一些特殊性能的聚合物,这样就扩大了单体的来源范围。

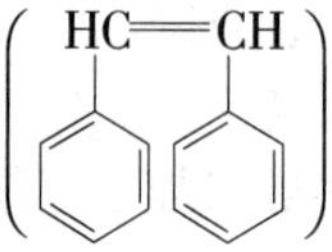

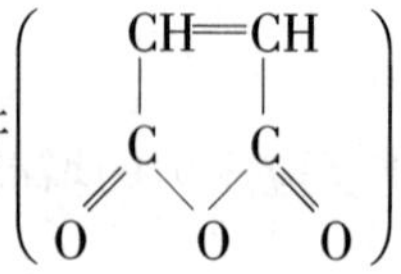

需要指出,并非任何两种可以分别进行均聚的单体在一起时一定会发生共聚反应。

16.4.2 共聚物的分类

1.无规共聚物

共聚物中两种单体(分别以 A、B 表示)的排列顺序没有规律性,例如:

······—A B B A B A A A B B B A A— ······

大多数二元共聚物属于此种情况。例如氯乙烯和乙酸乙烯酯的共聚物:

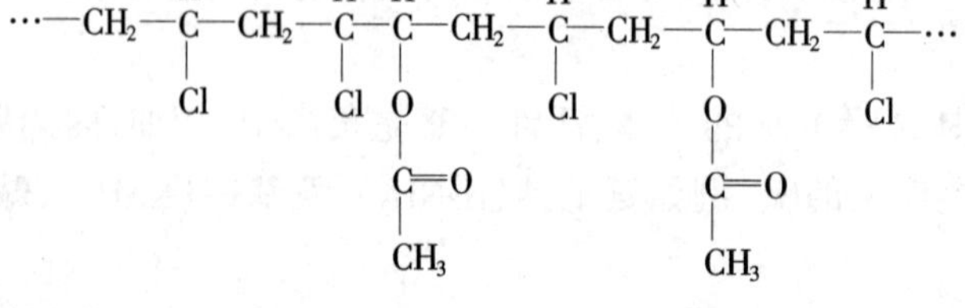

2.交替共聚物

共聚物中两种单体交替地排列······—ABABABAB—······,例如,等摩尔比的苯乙烯和顺丁烯二酸酐共聚所得产物。

3.接枝共聚物

共聚物的主链是一种单体组成,支链是另一种单体组成。例如:

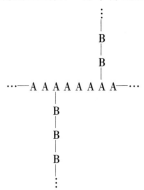

4.嵌段共聚物

共聚物中两种单体结构单元各自排列成段,二段长短可以不同。例如:

····—A A A A A A B B B ··· B B A A A A—····

实际上共聚物中很难找到完全单一的一种排列方式,多数情况是仅以某一种排列方式为主。

16.4.3 反应历程

共聚反应的历程与前节所述的均聚反应的历程基本相同。它可以按自由基历程,也可以按离子型历程进行。

按自由基历程进行时也包括链的引发、链的增长、链的终止、链的转移等步骤,但共聚反应不是单一的单体而是两个或两个以上单体参加聚合反应。

链的引发

$$引发剂 \longrightarrow R\cdot$$

$$R\cdot + A \longrightarrow RA\cdot$$

$$R\cdot + B \longrightarrow RB\cdot$$

链的增长

$$····—A\cdot + A \xrightarrow{k_{aa}} ····—AA\cdot$$

$$····—A\cdot + B \xrightarrow{k_{ab}} ····—AB\cdot$$

$$····—B\cdot + A \xrightarrow{k_{ba}} ····—BA\cdot$$

$$····—B\cdot + B \xrightarrow{k_{bb}} ····—BB\cdot$$

链的终止

$$····—A\cdot + \cdot A—···· \longrightarrow A_x$$

$$····—B\cdot + \cdot B—···· \longrightarrow B_x$$

$$····—A\cdot + \cdot B—···· \longrightarrow AB$$

两种单体主要消耗在链增长反应里,链增长反应对共聚物组成影响最大。

16.4.4 单体在共聚反应中的相对活性

在共聚反应中,经常发现单体的配料比与聚合物中单体组成比例不一致,用同一种单体与不同的另一种单体进行共聚时,进入共聚体的组成比例也不一样。主要因为,单体在不同的共聚体中表现出不同的活性,或者说单体在共聚反应中表现出以不同的"竞争能力"进入共聚物中。

从反应历程(链的增长)可以看出,末端为…—A·的链自由基可与 A 或 B 单体起反应,末端为…—B·的链自由基也可与 A 或 B 单体起反应。它们的反应速度常数分别用 k_{aa}、k_{ab}、k_{ba}、k_{bb} 来表示,它表明…—A·,…—B·与单体 A 或 B 反应之间的竞争能力的大小。定义:

$$\gamma_a = \frac{k_{aa}}{k_{ab}}, \quad \gamma_a \text{ 为单体 A 的竞争率;}$$

$$\gamma_b = \frac{k_{bb}}{k_{ba}}, \quad \gamma_b \text{ 为单体 B 的竞争率。}$$

γ_a 的数值大小表示就…—A·自由基而言,单体 A 比单体 B 参加共聚的反应速度快多少倍,也可以说活泼多少倍。γ_b 的值也有相同的意义。不同共聚体系的竞争率 γ_a、γ_b 的数值已通过实验方法做了测试,在一般的聚合物手册或有关书籍中均可查到。从对 γ_a 和 γ_b 的分析可以预测单体在共聚反应中的相对活性和共聚物的结构特征。

$\gamma_a > 1$,$\gamma_b > 1$ 时,表示对于链自由基…—A·而言,单体 A 比单体 B 活泼;对于链自由基…—B·而言,单体 B 比单体 A 活泼。亦即表示两种单体都倾向于各自发生均聚而难于共聚。$\gamma_a \gg 1$,$\gamma_b \gg 1$ 时,表示不能发生共聚,只能发生均聚。

$\gamma_a = \gamma_b = 1$ 时,即 $k_{aa} = k_{ab}$,$k_{ba} = k_{bb}$,说明两种单体 A 和 B 对于两种链自由基…—A·和…—B·的相对活性均相等,这时两种单体的配比如何共聚物中两种单体链节的组成就如何。这种共聚物也叫恒组分共聚物。

$\gamma_a = \gamma_b = 0$ 时,即表示 $k_{aa} = 0$,$k_{bb} = 0$,说明两种单体 A 和 B 都不能均聚,只能共聚。

$\gamma_a < 1$,$\gamma_b < 1$ 时,表示两种单体进行共聚反应的能力比均聚反应大,故可得无规共聚物。γ_a、$\gamma_b \leqslant 1$ 时,其值越小且接近于 0 时,则表明交替共聚的倾向越大,可得到接近交替的共聚物。

$\gamma_a < 1$,$\gamma_b > 1$ 时,表明单体 A 进行共聚的能力较大,单体 B 进行均聚的能力较大,可得到嵌段共聚物;而 $\gamma_a > 1$,$\gamma_b < 1$ 时,与上述情况正相反,也得到嵌段共聚物。

单体竞争率是共聚反应中很重要的一个参数,其数值大小与单体结构(例如与单体的极性、取代基的电子效应和空间效应及与链自由基形成过渡态的可能性与稳定性等)有关,同时也受到温度等条件的影响。

16.5 聚合物的化学反应

聚合物与小分子化合物相似,有它特定的物理性质和化学性质。高分子物质使用一段时间后某些性能发生了变化,这是因为高分子化合物起了化学变化。与小分子化合物不同,高分子化合物分子链很长,可以起化学变化的位置很多,如端基、侧基官能团,链中的弱键等都是可以起化学变化的位置。因此,高分子的化学反应更具有多样性和复杂性。这些化学反应大致分为两大类。

1)反应前后聚合度大致相同,仅是侧基发生变化

这类反应与低分子有机化合物的有关化学反应十分类似。

2)反应前后聚合度有变化的化学反应

并联或扩链反应能使聚合度变大,如橡胶的硫化;而降解反应可使聚合度变小,如聚苯乙烯的热分解。上述两类反应无论哪一类,对于研究高聚物的性能,制取新的高聚物以及研究延长高聚物材料的使用寿命都有非常重要的意义。

参考文献

1 陈义镛.功能高分子.上海:上海科学技术出版社,1988
2 徐支祥译.聚合物科学与工程学基本原理.北京:科学出版社,1988
3 朱永群.高分子基础.杭州:浙江教育出版社,1985